JAHRBUCH WISSENSCHAFTSFREIHEIT

3. BAND

Jahrbuch Wissenschaftsfreiheit (JWF)

3. BAND

Jahrbuch Wissenschaftsfreiheit

3. Band

Wissenschaft und Agendawissenschaft

Herausgegeben vom

Netzwerk Wissenschaftsfreiheit e. V.

Duncker & Humblot · Berlin

Bibliografische Information der Deutschen Nationalbibliothek

Die Deutsche Nationalbibliothek verzeichnet diese Publikation in der Deutschen Nationalbibliografie; detaillierte bibliografische Daten sind im Internet über http://dnb.d-nb.de abrufbar.

Satz: L101 Mediengestaltung, Fürstenwalde
Druck: Prime Rate Zrt., Budapest, Ungarn

Produktnummer: 2942-4364/3
ISSN 2942-4364 (Print) | 2942-4356 (Online)
ISBN 978-3-428-19791-0 (Print)

Gedruckt auf alterungsbeständigem (säurefreiem) Papier
entsprechend ISO 9706 ♾

Verlagsanschrift: Duncker & Humblot GmbH, Carl-Heinrich-Becker-Weg 9,
12165 Berlin, Germany | E-Mail: info@duncker-humblot.de
Internet: https://www.duncker-humblot.de

Jahrbuch Wissenschaftsfreiheit, 3 (2026): 5–6
https://doi.org/10.3790/jwf.2026.1472800

Vorwort

Im vergangenen Jahr gab es die bekannten Konflikte um die Wissenschaftsfreiheit: Vorträge wurden abgesagt, Referenten ausgeladen, Wissenschaftler beschimpft und bedroht. Das sind Gefährdungen und Verstöße gegen die Wissenschaftsfreiheit, die nach wie vor Kernthema des Netzwerks Wissenschaftsfreiheit sind. Dagegen geht das Netzwerk mit Pressemitteilungen, Briefen und Unterstützungsleistungen für betroffene Wissenschaftler vor.

Eine mindestens ebenso große Gefahr für die Wissenschaftsfreiheit resultiert aber aus der Abkehr von der Wissenschaftlichkeit als solcher. Immer mehr Wissenschaftler und ganze Disziplinen orientieren sich nicht mehr am Ziel der Erkenntnis, sondern verfolgen das Ziel der Veränderung der Gesellschaft in ihrem Sinne. Diese von uns sogenannten Agendawissenschaften versuchen nicht selten, durch entsprechende Netzwerke und Berufungspolitik in den Kommissionen zur Neubesetzung von Stellen die klassischen Wissenschaften zu verdrängen und medial und in ihren Kontakten zur Politik die Dominanz zu gewinnen. Die Kampagnen zu ihrer Delegitimierung sind bereits seit vielen Jahren bekannt. Das hat sich besonders deutlich im Bereich des Israel-Gaza-Konflikts gezeigt, betrifft auch aber viele andere Felder. Besonders stark betroffen sind die Geisteswissenschaften, aber auch in anderen Disziplinen ist das Phänomen nicht mehr unbekannt. Zu präzisieren ist, dass es nicht um die Verantwortung der einzelnen Wissenschaftler geht, sondern um die Wissenschaft als solches. Verschwindet die klassische, an Erkenntnis orientierte Wissenschaft, verliert sie auch ihre Legitimation: warum sollte ein Staat eine Wissenschaft fördern, die keine Erkenntnisse liefert, sondern eine Ideologie durchsetzen möchte?

Diesem Phänomen möchte sich das diesjährige Jahrbuch des Netzwerks im Schwerpunkt widmen. Dazu zählen die Beiträge von Geiger („Agendawissenschaft – Auftragsforschung für den ideologischen Bedarf“), Saint-Mont („Wissenschaft und ihre Antipode(n)“) und Dik („Mytho – logische Wissenschaft Zur Paradoxie der Grenzziehungen“). Der speziellen Frage der Regelung der Wissenschaftsfreiheit und des verfassungsrechtlichen Begriffs der Wissenschaft im Grundgesetz widmet sich der Beitrag von Bull („Wissenschaft, Nicht-Wissenschaft und Aktivismus“). Das Jahrbuch möchte aber nicht seinerseits eine bestimmte Agenda verwirklichen (was den Herausgebern oft vorgeworfen wird), sondern eine Kontroverse ermöglichen. Das zeigt der Beitrag von Schönecker („Agendawissenschaft als normatives Engagement. Eine kurze Verteidigung"), der hinsichtlich der Agendawissenschaften zu konträreren Einschätzungen kommt und damit die Diskussion belebt (an der Fortführung die Herausgeber sehr interessiert sind). Die Beiträge von Haas („Entstehung und Ziele der French «Theory» in den Hochschulen (Teil I)" und „Die obsoleten epistemischen Voraussetzungen der French «Theory» (Teil II)") widmen sich der Entwicklung der Agendawissenschaften und ihrer geisteswissenschaftlichen Grundlagen und zeigen ihre strukturellen Probleme auf. Der Beitrag von Mukerji („Agenda-Skeptizismus: Wie Cancel Culture Pseudowissenschaften vor Kritik schützt – und was das mit Wissenschaftsfreiheit zu tun hat") zeigt anhand der Ereignisse um die Gesellschaft zur wissenschaftlichen Untersuchung von Parawissenschaften (GWUP) das Vorgehen und die Methodik der Agendawissenschaften beispielhaft auf.

Aber nicht nur die Geisteswissenschaften sind von Agenda- und Pseudowissenschaften bedroht; für die Medizin zeigt Hübner („Gibt es Parallelen zwischen Alternativer Medizin und Postmoderne? Und was lernen wir daraus für eine gute Patientenversorgung?") Bedrohungen der Wissenschaft durch Teile der sog. Alternativmedizin und deren Nähe zu Verschwörungstheorien auf.

Weniger dem Thema Agendawissenschaft, sondern eher der Wissenschaftsfreiheit und tabuisierten Debatten zugeordnet sind die Beiträge von Lengyel („Die Herausforderung der Gleichrangigkeit Ungarn, Deutschland und die Europäische Union"), Leonhardt („Liberal oder autoritär? Der moderne Progressivismus im Gleichstellungs- und Zuwanderungsrecht") und Zweifel („Cancel Culture USA: Ein Zwischenbericht").

Die Herausgeber

Jahrbuch Wissenschaftsfreiheit, 3 (2026): 7
https://doi.org/10.3790/jwf.2026.1472899

Inhaltsverzeichnis

AUFSÄTZE

Duncker & Humblot · Berlin

Jahrbuch Wissenschaftsfreiheit, 3 (2026): 9–22
https://doi.org/10.3790/jwf.2026.1472801

Aufsätze

Agendawissenschaft

Auftragsforschung für den ideologischen Bedarf*

Von *Gebhard Geiger***

Abstract

Ihrem Selbstverständnis zufolge wird die Agendawissenschaft beherrscht von der Annahme emanzipatorischer Interessen, die sie dogmatisch als Reaktion auf gruppenbezogene soziale Ungleichheit und Diskriminierung auffasst. Die Annahme erfolgt unabhängig davon, ob Ungleichheit empirisch als Folge von rechtlicher (politischer, ...) Diskriminierung oder von anderen Einflussfaktoren nahegelegt wird, die im freien demokratischen, wirtschaftlichen oder beruflichen Wettbewerb entstehen. Grundsätzlich kann soziale Ungleichstellung auf vielen unterschiedlichen Einflussfaktoren gleichzeitig beruhen, die mit Chancenungleichheit und Diskriminierung nicht notwendig etwas zu tun haben. Um sie zu erfassen, hat die wissenschaftliche Erforschung sozialer Ungleichheit ein breites Instrumentarium an geeigneten statistischen Methoden der sogenannten multivariaten Varianz- und Faktorenanalyse entwickelt, von denen die Agendawissenschaft jedoch keinen Gebrauch macht. Die Ergebnisse lehnt sie in dogmatischer, ideologischer Apperzeptionsverweigerung ab.

Schlüsselwörter: Agendawissenschaft, Auftragsforschung, Ideologie, Methodologie

Agenda-Driven Science: Commissioned Research for Ideological Demands

Agenda-driven science assumes the existence of an emancipatory interest, dogmatically perceiving it as a social response to group-related discrimination and inequity. The assumption is made independently of whether, empirically, social inequality fol-

---

* Überarbeitete und erweiterte Fassung eines Vortrags gleichen Titels, vom Verfasser an der Universität Siegen gehalten am 19.07.2025 im „workshop – wissenschaftsfreiheit".

** Prof. Dr. phil. habil. Dr. rer. nat. Gebhard Geiger, School of Management, Institut für Finanzmanagement und Kapitalmärkte, Technische Universität München, Arcisstr. 21, 80333 München. E-Mail: g.geiger@tum.de.

lows from legal (political, etc.) discrimination or is constrained by other factors arising in open democratic, economic or professional competition. In fact, social inequality may be due to many different causes simultaneously, which need not necessarily correlate with unequal opportunity and discrimination. To explain them, scientific research on social inequality provides a wide array of instruments of suitable statistical methods of variance and multivariate factor analysis, which, however, agenda-driven science ignores. It rather rejects the results obtained with the use of these instruments in a dogmatic, ideological denial of apperception.

Keywords: agenda-driven science, commissioned research, ideology, methodology

I. Einführung

Verschiedene aktuelle Entwicklungen im deutschen Hochschulsystem, aber auch Trends an zahlreichen Universitäten des Auslands, haben Forschungs- und Lehrtätigkeiten Raum und öffentliche Aufmerksamkeit verschafft, die dem Wissenschaftsbetrieb fremd sind. Sie arbeiten nachweislich, erstens, mit pseudowissenschaftlichen Verfahren beziehungsweise, was auf das Gleiche hinausläuft, geben fälschlicherweise vor, mit wissenschaftlichen Methoden zu arbeiten. Zweitens betreiben sie damit Meinungslenkung der Öffentlichkeit weit über die wissenschaftliche Fachwelt hinaus, oft gezielte, planmäßige politisch-ideologische Indoktrination. In diesem Sinne verfolgen sie eine politische Agenda. Je nach ideologischem Bedarf hindern ihre Verfechter aus politischen Gründen andere Lehrmeinungen an der Ausbreitung, indem sie Zensur ausüben, getarnt als wissenschaftliche Kritik. Sie betreiben Meinungsherrschaft statt Aufklärung.

Der vorliegende Beitrag behandelt einige elementare Erscheinungsformen und Beispiele dieser „Agendawissenschaften"[1] aus wissenschaftstheoretischer Sicht. Er geht dabei davon aus, dass die praktischen und angewandten Wissenschaften häufig und typischerweise wissenschaftsfremden (ökonomischen, politischen, …) Interessen dienen. Man erkennt das daran, dass sie oft ganz oder teilweise Auftragsforschung betreiben. Dennoch unterscheiden sie sich von Agendawissenschaft insofern, als das anwendungsbezogene, praktische und technische Wissen und Können, das sie vermitteln und wofür sie vom Auftraggeber bezahlt werden, mit wissenschaftlichen Erkenntnis- beziehungsweise Ausbildungsmethoden[2] erworben wird. Weiterhin lassen sich bei Fragen oder Zweifeln ihre Ergebnisse mit diesen Mitteln und Methoden systematisch

---

1 *Kostner*, S., „Disziplinieren statt argumentieren", Aus Politik und Zeitgeschichte Nr. 46, 2021, S.17–21.

2 Zum Wissenschaftsbegriff, der diesem Beitrag zugrunde liegt, siehe *Geiger*, G., „Herrschaft statt Wissenschaft – Wissenschaftstheoretische und wissenschaftssoziologische Anmerkungen zur *political correctness* in Forschung und Lehre", Jahrbuch Wissenschaftsfreiheit, 1. Band, Berlin 2024, Duncker & Humblot, S. 105–117.

überprüfen, das heißt der Kritik unterziehen. Wie in der Grundlagenforschung auch, ist hierzu ein begrifflich-methodischer Erkenntnisapparat erforderlich, der sowohl objektivistisch[3],[4], als auch hinreichend operationalisierbar[5] und valide[6] ist, um Hypothesen, Erwartungen oder Behauptungen kognitiv zu begründen, sie insbesondere wissenschaftlich-methodisch zu bestätigen beziehungsweise anzuzweifeln. Wird dieser Apparat ebenso in Fällen der anwendungsorientierten Forschung im vollen, methodisch fundierten Umfang genutzt, sind die Ergebnisse definitionsgemäß, das heißt, gemäß dem begrifflichen Verständnis von wissenschaftlicher Erkenntnis, *nicht* von den (wirtschaftlichen, politischen, weltanschaulichen, …) Forderungen beziehungsweise Auffassungen der Auftraggeber oder Interessenten bestimmt. Sie sind dies nicht, selbst wenn sie zum Vorteil der Auftraggeber genutzt („instrumentalisiert“) werden können, was in aller Regel – auftragsgemäß – auch der Fall ist. In diesem methodologisch definierten Sinn ist die Wissenschaft selbstbestimmt (autonom, frei): Ihre Autonomie ist eine notwendige „Betriebsbedingung“ für die Forschung und Voraussetzung für *wissenschaftliche* Erkenntnis. Im Gegensatz zum Streit der Meinungen am Stammtisch, im Feuilleton oder im Parlament, hat sie in Erkenntnisfragen, wenn nicht das einzige, so doch das letzte Wort.[7] Das steht ihr zumindest vorläufig zu, bis ihr Urteil früher oder später der Kritik unterzogen wird und die Kritik ihrerseits nach wissenschaftsspezifischen Erkenntnisstandards verfährt. Als Prozess der wissenschaftlichen Meinungs- oder Urteilsbildung folgt sie auch bei einer kritischen Revision ihrer Befunde keinerlei politisch, moralisch (ökonomisch, rechtlich, …) motivierten Korrektur oder Richtlinie und erst recht keiner Zensur.

In einem ersten Umriss ist dies das Bild der Wissenschaft und Wissenschaftsfreiheit, dem im Folgenden die Agendawissenschaft gegenübergestellt wird.[8]

---

[3] Siehe The Stanford Encyclopedia of Philosophy (Summer 2023 Edition), im Folgenden zitiert als „SEP“. Wie in Fn. 2 wird dieses internetgestützte Lexikon der Philosophie (https://plato.stanford.edu/) hier wegen seiner fachlichen Qualität und zahlreichen weiterführenden Literaturhinweisen bei gleichzeitiger Knappheit der Darstellung als Standardreferenz für wissenschaftstheoretische Begriffe benutzt.

[4] SEP, Stichwort „Scientific Objectivity“.

[5] SEP, Stichwort „Operationalism“.

[6] *National Research Council*, Assessing the Reliability of Complex Models – Mathematical and Statistical Foundations of Verification, Validation, and Uncertainty Quantification, Washington, D. C. 2012, The National Academies Press.

[7] In Erkenntnisfragen hat die Wissenschaft nur eine unter vielen Stimmen, darunter solche, die das Alltagswissen, das praktische oder technische, handwerkliche Fachwissen, die individuelle Lebenserfahrung usw. verleiht.

[8] Eine treffende, rein funktionale Kennzeichnung der Wissenschaft und Wissenschaftsautonomie findet sich im Beschluss des Ersten Senats des Bundesverfassungsgerichts vom 28. Oktober 2008 – 1 BvR 462/06 –, RN 40): „Den Kernbereich wissen-

II. Agendawissenschaft – Missionsauftrag statt Lehrauftrag

Im Fall der Auftragsforschung wird das Gebot der Wissenschaftsautonomie hingegen verletzt, wenn der Auftraggeber den Verlauf der Forschungsarbeit und vor allem das Ergebnis vorschreibt, beispielsweise ein Gefälligkeitsgutachten „kauft". Eine Verletzung liegt nicht nur dann vor, wenn der Kostenträger ausschließlich sein kommerzielles Interesse verfolgt, zu Reklamezwecken etwa ohne Verträglichkeitsnachweis eine „wissenschaftlich erwiesene" Umweltverträglichkeit seiner Produkte oder Dienstleistungen in Anspruch nimmt. Sie ist auch dann gegeben, wenn man die Forschung weltanschaulich motivierten „emanzipatorischen Interessen"[9] unterwirft, wie das seitens der akademischen Parteigänger der „Sexismus-" oder „Rassismusforschung" oder der „Dekolonialisierung der Geschichtswissenschaft" nur allzu häufig geschieht. Beispiele hierzu werden in den folgenden Abschnitten betrachtet, hauptsächlich in IV und V.

Ihrem Selbstverständnis zufolge wird die Agendawissenschaft – theoretisch und erst recht ihrem praktischen Anspruch nach – beherrscht von der Annahme emanzipatorischer Interessen, die sie dogmatisch als die Folgen von gruppenbezogener sozialer Ungleichheit und Diskriminierung auffasst. Das soll heißen, dass sie gesellschaftlichen Gruppen ein emanzipatorisches Interesse unterstellt, wann immer die fraglichen Gruppen rechtlich oder in irgendeiner anderen Beziehung sozialer Ungleichbehandlung ausgesetzt sind. „Dogmatisch" bedeutet, dass die Unterstellung im jeweiligen Anwendungsfall von vornherein und unkritisch (ohne methodische Überprüfung) vorgenommen wird und entsprechend durch neue Erkenntnisse auch später nicht mehr korrigiert werden kann. Insbesondere erfolgt sie unabhängig davon, ob sie empirisch als Folge einer (rechtlichen, politischen, …) Diskriminierung oder aber von anderen Einflussfaktoren nahegelegt wird, zum Beispiel ob und gegebenenfalls wie sie im freien demokratischen, wirtschaftlichen oder beruflichen Wettbewerb entsteht.[10] Denn grundsätzlich kann soziale Ungleichstellung auf

---

schaftlicher Betätigung stellen die auf wissenschaftlicher Eigengesetzlichkeit beruhenden Prozesse, Verhaltensweisen und Entscheidungen bei der Suche nach Erkenntnissen, ihrer Deutung und Weitergabe dar." Wissenschaftsfreiheit als Grundgesetznorm ist der Schutz dieser Eigengesetzlichkeit vor fach- und sachfremden Eingriffen in Forschung und Lehre. Wissenschaftsspezifisch ist demzufolge nicht die Suche nach Erkenntnissen oder gar nach „der Wahrheit", sondern die Eigengesetzlichkeit und erwiesene kognitive und praktische, wenngleich begrenzte Leistungsfähigkeit der Nachweisverfahren, die die Wissenschaft einsetzt.

[9] Analog, aber nicht zu verwechseln mit dem von J. Habermas so genannten „emanzipatorischen Erkenntnisinteresse". Siehe *Habermas*, J., Erkenntnis und Interesse, Frankfurt am Main 1968, Suhrkamp, S. 244.

[10] Zum Dogmatismus als einem Kriterium zur Unterscheidung zwischen Ideologie und Wissenschaft siehe *Geiger*, G., a. a. O., S. 110–114.

vielen unterschiedlichen Einflussfaktoren gleichzeitig beruhen, die auf untereinander wechselwirkende oder auf andere Weise, zum Beispiel rein zufällig, korrelieren, die aber mit Chancenungleichheit und Diskriminierung nicht notwendig etwas zu tun haben. Um sie zu erfassen, hat die wissenschaftliche Erforschung sozialer Ungleichheit ein breites Instrumentarium an geeigneten statistischen Methoden der sogenannten multivariaten Varianz- und Faktorenanalyse[11] entwickelt, von denen die Agendawissenschaft jedoch keinen Gebrauch macht. Die Ergebnisse lehnt sie in dogmatischer, ideologischer Apperzeptionsverweigerung ab.[12] Ein in der fachlichen und nichtfachlichen Öffentlichkeit heftig umstrittenes Beispiel ist die Messung von angeborenen Unterschieden des menschlichen Kognitionsverhaltens, sofern sie zwischen Individuen wie auch zwischen Gruppen auftreten und statistisch nachweisbar sind. Gemessen wird dabei von den Kognitionspsychologen der Proportionalanteil der genetischen Varianz an der beobachtbaren Variabilität („phänotypischen" Varianz) des kognitiven Verhaltens (Intelligenzquotient, IQ) innerhalb und zwischen irgendwelchen Bevölkerungsgruppen, denen jeweils das Forschungsinteresse gilt. Lassen sich statistisch auch Gruppenunterschiede in den IQ-Verteilungen nachweisen, ziehen sich die Messungen regelmäßig den Vorwurf des „Rassismus" zu. Mit dem Rassismus-Vorwurf wird die wissenschaftliche Debatte beendet und das Thema der agendawissenschaftlichen Weiterbehandlung überlassen.

Man mag die politischen Interessen teilen oder nicht, die hinter irgendwelchen emanzipatorischen Bestrebungen stehen, ebenso den Glauben an das Dogma ihrer Ursache und gesellschaftlichen Auswirkungen: Definitionsgemäß handelt es sich jedenfalls um subjektive politische Einstellungen gegenüber tatsächlichen oder willkürlich angenommenen Sachverhalten gesellschaftlicher Ungleichheit. Als solche sind sie, so oder so, nicht in irgendeinem Sinne kognitiv begründet, schon gar nicht durch methodisch geregelte Forschung, die den Kriterien der Objektivität und Validität genügt. Das schließt andererseits nicht aus, dass sie in den Gegenstandsbereich der empirischen Sozialwissenschaften, der theoretischen sozialwissenschaftlichen Analysen oder der Analysen der praktischen Philosophie fallen. Denn eine objektive theoretische Darstellung subjektiver, interessengeleiteter politischer Auffassungen ist grundsätzlich immer möglich.[13] Anhand eines weithin bedeutsamen

---

[11] *Bartholomew*, D. J./*Steele*, F./*Galbraith*, J./*Moustaki*, I., Analysis of Multivariate Social Science Data, London 2008, 2. Aufl., Taylor and Francis.

[12] „… nicht sein kann, was nicht sein darf". Siehe *Geiger*, G., a. a. O., Abschn. IV.

[13] Die Tatsache, dass es soziologische Forschung und „evidenzbasierte" politische Beratung gibt, die allgemeinen Objektivitätsstandards der empirischen Wissenschaft folgen, stützt sich auf diesen Sachverhalt. Wissenschaftstheoretische Beiträge zu ihrer Begründung finden sich in der sozial- und kulturwissenschaftlichen Literatur bereits lange vor Max Webers entschlossener Hinwendung zu diesem Problemkreis (Gesam-

Beispiels: Die vielzitierte Norm- und Wertfreiheit der (empirischen) Wissenschaft besagt, dass Handlungsrichtlinien und -präferenzen, Interessen usw. in der wissenschaftlichen Darstellung ausschließlich als subjektive Haltungen behandelt werden, als persönlicher Glaube an den Wert oder die Pflicht, auf eine vorgegebene Art und Weise zu handeln, an denen Individuen und Gruppen ihr Verhalten orientieren. Als subjektive Einstellungen gehören sie somit zu den Untersuchungsgegenständen und nicht zu den Ergebnissen der Forschung. Dies gilt unabhängig davon, ob ihr Verpflichtungsgehalt – nämlich diese Orientierung – in einem anderen, etwa rationalistischen, rechtlichen, moralischen oder religiösen Sinn verstanden wird oder nicht: Von der empirischen Sozialwissenschaft werden sie beschrieben, aber nicht (normativ) gefordert.

Oft wird das Bestehen auf einer norm- und wertfreien Wissenschaft als naiver wissenschaftstheoretischer Positivismus[14] hingestellt, als eine „szientistische Auffassung von jeglicher Wissenschaft, Soziologie und Gesellschaftstheorie inbegriffen."[15] Der Positivismusvorwurf zieht sich durch die Debatten vom „Positivismusstreit in der deutschen Soziologie" über die „postmodernen" Neuerungsversuche des (De-)Konstruktivismus und (Post-)Strukturalismus in Philosophie und Sozialwissenschaft bis hin zu den jüngsten Äußerungen zum Selbstverständnis der Agendawissenschaften (s. u.). Er knüpft in der Regel an folgende zwei Behauptungen an, die sich hauptsächlich auf die Sozial- und Geisteswissenschaften beziehen. Erstens, die Forschung sei Teil ihres eigenen Gegenstandsbereiches und in diesem Sinne selbstbezogen („selbstreferentiell"). Zweitens, dass sie dem institutionellen Betrieb der Wissenschaft, der Wissenschaftspolitik, der interessengebundenen Verwertung ihrer Ergebnisse und anderen Vorgaben unterworfen wäre; es handele sich dabei eben um jene Normen und Wertungen, die – auch nicht anders als die grundgesetzlich garantierte Wissenschaftsfreiheit – zu ihren gesellschaftlichen „Betriebsbedingungen" zählen und somit Einfluss auf ihre Ergebnisse nehmen würden.

Dem Positivismusvorwurf liegt jedoch ein allgemeines, durchgängiges Unverständnis empirisch-wissenschaftlicher Objektivität zugrunde: Objektivität hat nichts zu tun mit intersubjektiver Übereinstimmung zwischen irgendwelchen Fachleuten, und eine subjektive Meinung geht auch nicht dadurch in

---

melte Aufsätze zur Wissenschaftslehre, 1922) oder in der erkenntnistheoretischen und methodologischen Tradition, die die Akademie für Soziologie e. V. (Sitz in Mannheim) fortführt.

[14] Auffassung, der zufolge sich die Wissenschaft nur mit dem Bestehen von Sachverhalten befasst, nicht jedoch mit deren Bewertung und schon gar nicht mit irgendwelchen Verpflichtungen oder Anreizen, sie gezielt zu verändern.

[15] *Adorno*, T. W., in: *Adorno*, T. W. u. a. (Hg.), Positivismusstreit in der deutschen Soziologie, Darmstadt 1976, 5. Aufl., S. 9.

objektives Wissen über, dass sie von allen geteilt wird. Objektiv[16] ist vielmehr die begriffliche und theoretische *Darstellung* der Forschungsresultate, sofern sie ausschließlich den Untersuchungsgegenstand (Ereignis, Zustand, ...), seine Eigenschaften und seine Beziehungen zu anderen Gegenständen und Ereignissen im Untersuchungsbereich beschreibt. Ihr Wissensgehalt entspricht im Wesentlichen dem, was man in der Computerlinguistik unter „semantischer Information"[17] versteht. Sie enthält keinerlei explizite Angaben über irgendwelche Personen oder Gruppen, die über diese Information verfügen, noch nimmt sie ausdrücklich Bezug auf persönliche Befindlichkeiten, Auffassungen, Standpunkte oder Verwendungsabsichten. Die dargestellten Hypothesen, Theorien oder Modelle mögen dabei wissenschaftlich-methodisch mehr oder weniger begründet, richtig oder falsch sein. Wesentlich ist vielmehr, dass auch objektive wissenschaftliche Ergebnisse im weiteren Fortgang der Forschung einer strikt methodisch ausgerichteten Überprüfung („Erkenntniskritik") unterliegen und dabei die Möglichkeiten der Korrektur bis hin zur Widerlegung offenlassen.[18]

Man macht sich die Unterscheidung zwischen der objektiven (rein gegenstandsbezogenen, deskriptiven) und der subjektiven Darstellung eines Sachverhalts leicht anhand des folgenden Beispiels klar. Die Feststellung: „Durch die neue Hochschulgesetzgebung erhalten die Hochschulen mehr Rechte" ist objektiv im Sinne von „rein gegenstandsbezogen". Sie drückt ausschließlich das Ergebnis einer gesetzlichen Regelung aus, die der Hochschulreform dient. Wer in welcher (politischen) Absicht die Feststellung trifft, wird dabei weder erläutert noch überhaupt erwähnt. Angenommen nun, ein Hochschulexperte stellt fest: „Die Hochschulen brauchen mehr Rechte." Diese zweite Feststellung ist subjektiv. Sie beschreibt keine Folgen der Hochschulreform (hier: mehr Rechte für die Hochschulen), sondern drückt nur eine Expertenmeinung zur hochschulpolitischen Lage aus. Ob sie zutrifft oder nicht, hängt ausschließlich davon ab, ob der Experte die ihm unterstellte Auffassung vertritt oder nicht. Sie hängt nicht einmal davon ab, ob er eine realistische Einschätzung der Erfolgschancen seiner Reformpläne hat oder bloß wahlkampfwirksame Wunschvorstellungen äußert: Sie informiert nicht über die Hochschulreform, sondern fordert sie. Anders läge der zweite Fall nur, wenn der hochschulpolitische Beobachter sein Urteil auf systematische, valide Erkenntnis-

---

[16] Um genau zu sein, müsste man an diesem Punkt zwischen „objektiv" als „rein gegenstandsbezogen" und „objektivistisch" im Sinn von „Objektivität (also den reinen Gegenstandsbezug) betreffend" unterscheiden. Von einem mehrdeutigen, aber bequemeren und suggestiven Sprachgebrauch sind hier aber keine Missverständnisse zu erwarten.

[17] Siehe etwa *Reischer*, J., „Zeichen, Information, Kommunikation", Dissertation Universität Regensburg 2006, https://epub.uni-regensburg.de/10483/1/ZeichenInfoKomm.pdf.

[18] *Geiger*, G., a. a. O., S. 113–114.

methoden stützten würde und – was wesentlich ist – er die methodische Fundierung seines Urteils explizit zum Ausdruck brächte. Er könnte sich zum Beispiel ausdrücklich auf gesetzlich vorgeschriebene Hochschulaufgaben beziehen, die zu erfüllen es „nach Lage der Dinge“ (erfahrungsgemäß, theoretisch, praktisch, …) notwendig ist, den Hochschulen mehr Rechte als bisher einzuräumen. Damit würde auch dem Prädikat „Die Hochschulen brauchen …“ ein meinungsunabhängiger Sinn verliehen, und der zweite Beispielsatz wäre ebenfalls eine objektive Sachverhaltsbeschreibung. Ob der Sachverhalt tatsächlich besteht oder nicht, ist gleichermaßen für seine objektive Beschreibung wie für seine subjektive Einschätzung unerheblich.

Das Beispiel läuft auf die bekannte Einsicht hinaus, dass Expertenumfragen subjektive Meinungsbilder, aber keine Forschungsdaten liefern. Es zeigt jedoch auch, was wissenschaftliche Erkenntnis leisten muss, um theoretische wie praktische Fragen mittels systematischer Methoden – im Gegensatz zu individuellem Dafürhalten – zu beantworten. Was „objektiv“ und „meinungsunabhängig“ im konkreten Anwendungsfall bedeuten, unterliegt dabei zumeist erheblichen wissenschaftstheoretischen Stilisierungen (Idealisierungen). Aber die Wissenschaft hat gelernt, sie auf eine – in Grenzen – „fehlertolerante“ Art und Weise zu berücksichtigen: durch systematische, methodisch fundierte Erkenntniskritik, mit iterativen, rekursiven, approximativen und heuristischen Verfahren, statistischen Tests zufallsabhängiger Befunde, der Nutzung von Modellen und Simulationen, mittels vergleichender Methoden sowie nicht zuletzt mit der Unterscheidung von theoretischen und „metatheoretischen“ Fragen (s. u.) und vielem anderem mehr. Hierzu gehört eben auch die hypothetische Beschreibung von Individuum, Gesellschaft, Geschichte und Natur unabhängig von der subjektiven Stellungnahme des Beobachters. Wäre sie nicht möglich, gäbe es keine wissenschaftliche Erkenntnis und keine Kritik. Es gäbe höchstens den kommunikativen Austausch von subjektiven Ansichten ohne Wissens- und Informationsgehalt, dafür aber mit einem gutgemeinten (ethischen) oder herrschaftlichen (politischen) Verpflichtungsanspruch. Der bloße Meinungsaustausch besteht unter diesen Voraussetzungen dann, wie so oft im politischen Alltag, in einem Schlagabtausch suggestiver Bekundungen, Bezichtigungen, Missionsaufträge und Handlungsappelle einschließlich solcher zur Gewaltanwendung. Im Hochschulbereich und über ihn hinaus suchen Meinungsbekundungen dieser Art oft als Agendawissenschaft die politisch-weltanschauliche Agitationswirkung. Mit wissenschaftlicher Theoriebildung und Lehre haben sie nichts zu tun.

III. Fehlende Validität der Agendaforschung

Der Verzicht auf subjektive Stellungnahmen bei der Darstellung von Forschungsergebnissen hat auch eine zentrale Aufgabe beim Schutz wissenschaftlicher Erkenntnis vor systematischen Fehlern[19], die als solche nicht immer und nicht grundsätzlich zu vermeiden sind. Unter systematischen Fehlern versteht man den Einfluss von exogenen Wirkungsfaktoren auf den untersuchten Zustand oder das Geschehen, die verdeckt auftreten und oft schwer zu erkennen sind („Störvariable" im Sprachgebrauch der angewandten Statistik). „Exogen" bedeuted, dass sie das Untersuchungsergebnis beeinflussen, ohne systematisch und explizit in die Untersuchung miteinbezogen zu sein. Man kann jedoch versuchen, sie mittels ebenso systematischer Fehlerkontrollen abzuschätzen und aufzudecken, um die Forschung angesichts grundsätzlich fehlerbehafteter Ergebnisse mit Hilfe zuverlässiger (valider) Methoden „auf der Spur zu halten".

Eine Forschungsstrategie zur Validierung von Methoden und Ergebnissen ist es, subjektive Stellungnahmen des Wissenschaftlers bei der wissenschaftlichen Begriffs- und Theoriebildung systematisch zu vermeiden. Denn sonst kann jedes beliebige und noch so bornierte, subjektive Dafürhalten absichtlich als fundamentale und fundamental wirksame „Störvariable" in die Darstellung rein sachbezogener Forschungsergebnisse eingeschleust werden. Einzelne Agendawissenschaften wie die „feministische Wissenschaft" oder die „Genderforschung" machen von dieser Möglichkeit ausgiebig Gebrauch (s. u.). Sie gehen davon aus, dass wissenschaftliche Erkenntnis abhängig ist von den Geschlechterrollen der Wissenschaftler und Wissenschaftlerinnen in der Gesellschaft, und nennen die Forderung einer rein deskriptive Wissensvermittlung „positivistisch" und „unkritisch". Was dabei als Kritik gelten soll, setzt jedoch ein anderes Wissenschaftsverständnis voraus, eine Pseudowissenschaft, die nicht der Erkenntnis, sondern der Diffamierung ihres Gegenstands dient. Es wird allgemein als „Gesellschaftskritik" und in der normativen Demokratietheorie als „Herrschaftskritik" bezeichnet. Damit schützt die Agendawissenschaft ihre Ergebnisse nicht durch Validität der Erkenntnisverfahren, sondern exponiert sie politisch-weltanschaulich motivierten Unterstellungen, Vorwürfen und willkürlichen Assoziationen missbräuchlicher Art zum Zweck der politischen Agitation. Das hat viel mit Scharlatanerie und nichts mit Erkenntniskritik zu tun.

Jede Art der Forschung muss ihre Aufgaben nicht nur unter naturgesetzlich gegebenen physischen Bedingungen, sondern auch unter geschichtlich und gesellschaftlich wandelbaren Voraussetzungen lösen, die selbst Gegenstand der kultur- und sozialwissenschaftlichen Forschung und Theoriebildung sind.

---

[19] *Geiger*, G., a. a. O., S. 109.

Die Situation hat einerseits zur Folge, dass die Forschung einen Selbstbezug aufweist. So ist beispielsweise die von der Agendawissenschaft geforderte Herrschaftskritik zugleich Aussage und Gegenstand der agendawissenschaftlichen Theorie. Andererseits ist bekannt, dass selbstbezügliche Theorien zu Paradoxien und logisch widersprüchlichen Ergebnissen führen. Von der antiken griechischen Philosophie bis zur Grundlegung der modernen Logik und Mathematik ließ diese Situation viele Erkenntnisphilosophen am Sinn der wissenschaftlichen Theoriebildung grundsätzlich zweifeln.[20] Erst seitdem man gelernt hat, mit geeigneten syntaktischen und semantischen („metasprachlichen", „metatheoretischen") Mitteln zwischen dem fachwissenschaftlichem Gebrauch von Theorien einerseits und metatheoretischen, zum Beispiel logischen Analysen von Theorien andererseits zu unterscheiden, können die logischen und semantischen Paradoxien der Selbstreferenz vermieden werden. Das klingt kompliziert und sehr abstrakt. Aber in vielen Anwendungsfällen genügt der Gebrauch der Umgangssprache zusammen mit jeweils einer eigens hervorgehobenen (d. h. metasprachlichen) Kennzeichnung der zu untersuchenden Theorie und ihrer sprachlichen Ausdrücke, um metatheoretische Untersuchungen logisch widerspruchsfrei führen zu können. Die Wissenschaft verzichtet damit lediglich auf eine „Theorie für alles und sonst nichts". Mit der Beschränkung auf das Stückwerk aus Theorie, Metatheorie und weiter – analog – Metametatheorie … erzielt sie hingegen nachweislich ungeahnte und bis dahin unerreichte Grade der Präzisierung und Zuverlässigkeit ihres Wissens.

Die Überlegungen zur strikten Unterscheidung von Theorie und Metatheorie machen es logisch erforderlich, politisch und weltanschaulich motivierte Forderungen der *political correctness*, Gendergerechtigkeit, „ethischen" Zulässigkeit und ähnliche normative Urteile der Agendawissenschaften aus der erfahrungswissenschaftlichen Theoriebildung auszugliedern. Will man dennoch an solchen Forderungen festhalten, muss man im Sinne einer notwendigen Minimalanforderung der methodischen Korrektheit den Diskurs hierüber auf die metatheoretische Ebene verlagern. Meist tritt damit auch der ideologische Charakter der agendawissenschaftlichen Ansprüche besonders deutlich hervor. Gleiches gilt hinsichtlich der Unterscheidung zwischen praktischer Wissenschaft und Agendawissenschaft im eingangs angedeuteten Sinn.

Abschließend ist darauf hinzuweisen, dass die bis hierher skizzierten Überlegungen zur Validität wissenschaftlicher Verfahren sich nicht nur auf die Erfahrungswissenschaften beziehen, sondern *mutatis mutandis* sich auch auf die Kultur- und Geisteswissenschaften ausdehnen lassen. Dies zeigen, auf unterschiedliche Weise zwar, aber von agendawissenschaftlichen Willkürannahmen frei, viele erkenntnis- und wissenschaftstheoretische Analysen von David

---

[20] SEP, Stichworte „Liar Paradox" und „Self-Reference and Paradox".

Hume und Immanuel Kant bis hin zu Max Weber und schließlich zur modernen mathematischen Theorie- und Modellbildung mit Anwendungen auch in Philosophie, Sozialwissenschaft und Theoretischer Informatik. Besonders aufschlussreich in dieser Hinsicht ist tatsächlich die Mathematik. Als exakte und breit anwendbare Disziplin ist sie eben nicht nur eine quantitative (Zahlen-)Wissenschaft, sondern auch Sprach-, Struktur- und vor allem eine Geisteswissenschaft.[21]

IV. Beispiele

(A) Feminismus und die Forderung nach einer feministischen Wissenschaft zählen zu den wissenschaftsgeschichtlich ältesten Beispielen der Agendawissenschaft im eingangs skizzierten Sinn.[22] Unter Feminismus versteht man eine soziale Bewegung, die über die rechtliche Gleichstellung hinaus auch die Gleichstellung und Gleichbehandlung von Frauen und Männern in anderen sozialen Belangen durchzusetzen bestrebt ist, vor allem bei der Regelung von Dominanz- und Führungsbeziehungen („Frauenemanzipation"). In diesem Sinne ist der Feminismus eine politische Bewegung, deren Motiven, Forderungen und Zielen sich anzuschließen oder diese abzulehnen auf eine persönliche Stellungnahme hinausläuft (Wertschätzung, Präferenz, normative Forderungen …). Sie kann als ein Musterbeispiel für das Eindringen politischer Ressentiments in die empirische Forschung und Theoriebildung gelten. Verschärft wird dieser Eindruck durch das feministische Dogma, Wissenschaft und Erkenntnistheorie hätten die Aufgabe, die „Situiertheit" von Wahrnehmung und Erkenntnis in die Theoriebildung mit einzubeziehen. Mit Situiertheit ist gemeint, dass die soziale Stellung der Frau ein spezifisch weibliches Verständnis von wissenschaftlicher Erkenntnis einschließt. Das Wissen um diese Stellung zu fördern, ist eine empirisch-wissenschaftliche Aufgabe, unter anderem der Wissenschaftssoziologie. Hier zwischen Gesellschaftstheorie, ihrem Gegenstandsbereich und ihrer Metatheorie, der die feministische Wissenschaftstheorie zuzuordnen wäre, nicht zu unterscheiden, öffnet der ideologischen Willkür und schließlich der Agendawissenschaft Tür und Tor.

(B) Bei der Genderforschung handelt es sich um eine um inhaltliche und methodische Perspektiven erweiterte Variante der feministischen Wissenschaft: hauptsächlich, erstens, die herkömmliche, „binäre" Einteilung der menschlichen Spezies in die biologischen Geschlechter „Mann" und „Frau" (*sex*), in der wissenschaftlichen Behandlung ersetzt durch die Bezugnahme auf soziologisch definierte Geschlechterrollen (*gender*); und zweitens, Inter-

---

21 „Strukturwissenschaft" soll heißen, dass sie sich auf universelle Weise zur Abbildung (Darstellung, Modellieren) von Strukturen und Beziehungen eignet.

22 SEP, Stichwort „Feminist Epistemology and Philosophy of Science".

und Transsexualität zwecks einer erweiterten und differenzierten Zuschreibung von Geschlechterrollen, die angestrebt wird. Die Behandlung begrifflicher Unterschiede zwischen *sex* und *gender* in der Gendertheorie und -forschung beruht auf nachweislich krassen methodischen Fehlern und Fehleinschätzungen (fehlende Validität) sogenannter „postmoderner“ wissenschaftstheoretischer Positionen, insbesondere des „Sozialkonstruktivismus“ bzw. des „Dekonstruktivismus“.[23] Das Resultat ist Auftragsforschung im „emanzipatorischen Interesse“, also mit einem erkenntnisleitenden Interesse zwar, aber ohne wissenschaftliche Erkenntnis und mit Emanzipation als einem politisch geforderten, von vornherein festliegenden Ergebnis.

(C) Das Verhältnis von Biologie und Sozialwissenschaft sticht hervor nicht nur als Schlachtfeld der agendawissenschaftlichen Agitation, sondern auch des wissenschaftstheoretischen Unverständnisses. Es bietet Raum für eine weithin theoretisch und methodisch fehlerhafte Behandlung dieses Verhältnisses zum Zweck der systematischen Diskreditierung wissenschaftlicher Befunde als „rassistisch“, „sexistisch“, „diskriminierend“ u. ä.[24]

(D) Als letztes Beispiel in diesem Überblick bietet sich die Dekolonialisierung der Geschichtswissenschaft an. Bei einer Tagung (11. Europäisches Geschichtsforum, 2023) der Heinrich-Böll-Stiftung wird „Dekolonialisierung“ ungewollt wie folgt als Agendawissenschaft vor Augen geführt:

> „*Dekolonialisierung* ist … ein Kampfbegriff [Anm.: gemeint ist vermutlich „Schimpfwort“] von Unabhängigkeitsbewegungen, die sich gegen … koloniale Formen von Herrschaft und Ausbeutung richten. Zugleich ist er in Forschung und historischer Debatte … etabliert als Auseinandersetzung mit überkommenen Formen von Wissenschaft, die koloniale Herrschafts- und Wissensstrukturen nicht kritisch analysieren, sondern selbst befestigen oder sogar produzieren.“[25]

Typisch an diesem Zitat sind die „überkommenen [*sic*!] Formen von Wissenschaft“, denen nicht die erkenntniskritische Analyse, sondern der politische Vorwurf gilt. Der Seitenhieb gegen die „überkommenen Formen von Wissenschaft“ macht das Vorurteil erkenntlich: Es gibt überkommene Formen von unvergleichlich leistungsstarker Wissenschaft. Um den agendawissenschaftlichen Eindruck zu vermeiden, müsste die Formulierung nach dem hier

---

[23] *Geiger*, G, a. a. O., S. 113–114.

[24] Ausgewählte Beiträge zu interdisziplinären wissenschaftsphilosophischen, bio- und sozialwissenschaftlichen sowie kulturhistorischen Fragen finden sich in *Geiger*, G., Evolutionary Instability – Locical and Material Aspects of a Unified Theory of Biosocial Evolution, Berlin 1990, Springer. *Ders*., Verhaltensökologie der Technik – Zur Anthropologie und Soziologie der technischen Optimierung, Wiesbaden 1998, Westdeutscher Verlag (Springer Fachmedien).

[25] *Astaki-Bardeh*, J., Konferenzbericht des 11. Europäischen Geschichtsforums: Dekolonisiert Euch! der Heinrich Böll Stiftung, https://www.boell.de/de/2023/11/29/11-europaeisches-geschichtsforum-dekolonisiert-euch.

vorliegenden Wissenschaftsverständnis etwa folgendermaßen geändert werden:

„Da *Dekolonialisierung* auch als Kampfbegriff von politischen Bewegungen genutzt wird, muss er in wissenschaftlichen Analysen in einem rein deskriptiven Sinn neu und unabhängig definiert werden. Die Neudefinition eignet sich dazu, koloniale Herrschafts- und Ausbeutungsstrukturen konsistent mit den empirischen Befunden zu beschreiben und die theoretischen Beschreibungen (nicht die Herrschaftsstrukturen selbst!) kritisch zu analysieren."

Das Prädikat „muss" drückt dabei einen objektiv bestehenden Zwang aus, nämlich eine begriffslogische Notwendigkeit zwecks Definition eines geeigneten Begriffs zur empirisch-wissenschaftlichen Hypothesen- und Theoriebildung. Die empirische Forschung und ebenso die analytisch-theoretische Wissenschaft „befestigen" oder „produzieren" keine Herrschaft. Das tut, wenn schon, die Politik selbst. Unterscheidet man nicht zwischen Theorie und Gegenstand der Theorie, Politik und Wissenschaft von der Politik, dem historischen Geschehen und der Geschichtswissenschaft, dann ist es mit der Wissenschaft vorbei und die Agitation hat das Wort.

V. Genderforschung, der Wissenschaftsrat und die Vorspiegelung wahrer Tatsachen

Es folgen abschließend einige zusätzliche Anmerkungen zur Genderforschung als Agendawissenschaft, um spezifische Eigenschaften der Agandawissenschaft anhand dieses Beispiels weiter zu erläutern. Die kurzgefasste Darstellung der fraglichen Eigenschaften und Anmerkungen hierzu gehen aus von den *Empfehlungen zur Weiterentwicklung der Geschlechterforschung in Deutschland* des Wissenschaftsrats (WR).[26] Die Begriffe „Geschlechterforschung" im umfassenden Sinne des WR und „Genderforschung" als enger gefasster Begriff sind offenbar nicht ganz bedeutungsgleich, überschneiden sich aber nach Umfang und Inhalt in vielerlei Hinsicht.

„Die häufig eingenommene machtkritische und emanzipatorische Perspektive der Geschlechterforschung ist kein Spezifikum dieses Forschungsfeldes … Ein emanzipatorisch-aufklärerisches Ziel zu verfolgen, steht nicht im Widerspruch zum Status der Wissenschaft." (WR, S. 8)

„Machtkritisch", „emanzipatorisch", „herrschaftskritisch", „gesellschaftskritisch" u. dgl. sind keine Wissenschaftsattribute, sondern beschreiben politische Bestrebungen – eben eine „Agenda". Die Wissenschaft rechtfertigt und tadelt keine Machtansprüche. Sie beschreibt sie und erklärt, wie sie funktionieren. Dieses funktionale Wissen lässt sich praktisch-politisch nutzen („in-

[26] Wissenschaftsrat, Empfehlungen zur Weiterentwicklung der Geschlechterforschung in Deutschland, Köln 2023, Wissenschaftsrat.

strumentalisieren"), aber das besorgen die Politik und die Politiker nach ganz anderen Urteils- und Handlungsmaßstäben als denen methodisch geschulter Erkenntnisspezialisten. Umgekehrt, Genderforschung, die als „Machtkritik" betrieben wird, bezeichnet etwas fälschlich als „Forschung", das unter den Begriff der politischen Gegnerschaft fällt. Sie lässt sich somit instrumentalisieren zu Zwecken der Meinungsmanipulation, aber nicht der Aufklärung im Sinne von Erkenntniskritik. Erkenntniskritik hat mit agendawissenschaftlicher Herrschaftskritik nichts zu tun. Hier irrt der WR erneut.

Der Dogmatismus der Genderforschung behandelt *sex* und *gender* als „soziale Konstrukte". Er ignoriert die geradezu erdrückenden biologischen Erkenntnisse zur adaptiven[27] Natur der zweigeschlechtlichen Fortpflanzung beim Menschen und vielen (aber nicht allen) Tier- und Pflanzenarten (s. auch „Hermaphroditismus", „Parthenogenese" u. a.).

Die Operationalisierbarkeit von Begriffen und die Validität von Methoden sind in der Genderforschung über weiteste Strecken unverstandene und anscheinend lästige, weil die *gender*-Dogmen herausfordernde Probleme. Sie spielen als solche auch in den *Empfehlungen* des WR keine Rolle. An dieser Stelle hätte der Wissenschaftsrat fachlich begründete Beratungskompetenz ins Spiel bringen können, sofern er über sie verfügte.

Man kann diese Unterscheidungen genauer und anhand aufschlussreicher Beispiele weiter erläutern. Dazu bedarf es der Gegenüberstellung der Dogmen der feministischen Erkenntnis-(Wissenschafts-)Theorie beziehungsweise der einen oder anderen ihrer zahlreichen Varianten einerseits mit modernen, gleichermaßen analytisch wie pragmatisch orientierten Positionen andererseits, die für das Verständnis der empirischen und praktischen Wissenschaften grundlegend sind. Die Gegenüberstellung verspricht weiterhin für den, der sich beraten lassen will, fruchtbar zu sein, geht über das vorliegende Thema jedoch weit hinaus.

---

27 „Adaptiv" im Sinne der Darwinschen Evolutionstheorie.

Jahrbuch Wissenschaftsfreiheit, 3 (2026): 23–47
https://doi.org/10.3790/jwf.2026.1472802

Wissenschaft und ihre Antipode(n)

Von *Uwe Saint-Mont**

Abstract

Ziel des Beitrags ist eine knappe Charakterisierung von *Wissenschaft* einerseits und ihrer Antipoden andererseits. Insbesondere die ideologisch motivierte und politisierende *Agendawissenschaft* wird als Antithese zur Wissenschaft beleuchtet. Beide Ansätze sind fundmental verschieden, was aktuell an den Hochschulen zu erheblichen Spannungen führt. Der Autor ist Wissenschaftler und argumentiert im Sinne der Aufklärung, also eines klassischen Wissenschaftsverständnisses.

Schlüsselwörter: Wissenschaftstheorie, Wissenschaft, Pseudowissenschaft, Agendawissenschaft, Demarkation

Science and its Alternative(s)

The aim of this article is to provide a concise characterization of science on the one hand and its antipodes on the other. In particular, ideologically motivated and politicized agenda science is examined as the antithesis of science. The two approaches are fundamentally different, which is currently leading to considerable tension at universities. The author is a scientist and argues in the sense of the Enlightenment, i.e., a classical understanding of science.

Keywords: philosophy of science, science, pseudoscience, agenda science, demarcation

* Prof. Dr. Uwe Saint-Mont, Statistiker, Hochschule Nordhausen. E-Mail: Uwe.Saint-Mont@hs-nordhausen.de.

> Certainement qui est en droit de vous rendre absurde est en droit de vous rendre injuste.
>
> (Voltaire 1765)
>
> Wer Sie dazu bringen kann, Absurditäten zu glauben, dem gelingt es auch, Sie zu Verbrechen anzustiften (meine Übersetzung).

I. Wissenschaft, eine Definition

Was unterscheidet Wissenschaft von anderen Unternehmungen? Unter dem Stichwort „Demarkationsproblem“ haben Philosophen jahrzehntelang versucht, diese Frage zu klären. Insbesondere wurden zahlreiche Kriterien vorgeschlagen, mit deren Hilfe man Wissenschaft von Nicht-Wissenschaft und Pseudowissenschaft abzugrenzen vermag. Darunter sind

1. Falsifizierbarkeit (jede wissenschaftliche Hypothese muss an der Realität scheitern können),
2. Empirisch-experimentelle Ausrichtung und damit eng verwandt: die Suche nach Wahrheit,
3. Systematik/Methodik/Struktur, sowohl was empirische Untersuchungen als auch theoretische Erklärungen betrifft,
4. Kumulativität: Ergebnisse bauen aufeinander auf, es werden Fortschritte erzielt, die sich schließlich zu einem wissenschaftlichen Bild der Welt verdichten.

Alle diese Aspekte haben etwas für sich. Anstatt sie ein weiteres Mal hin und her zu wenden, ist es hier zielführender, nochmals ganz von vorne zu beginnen: Worum geht es eigentlich beim Projekt „Wissenschaft“ und wann ist es erfolgreich?

Unstrittig ist seit Galileo Galilei moderne Wissenschaft

1. empirisch-evidenzbasiert – also systematisch beobachtend und experimentell, aktiv die Umwelt und uns selbst erforschend,
2. rational und präzise – also analytisch-quantitativ-modellierend (Mathematik und Logik spielen eine große Rolle),
3. realtitätsnah – es wird sehr darauf geachtet, dass die Theorie einen geringen „Abstand“ zur Praxis oder Anwendung hat. Bestenfalls gehen Wissenschaft und Technik Hand in Hand.

Anders gesagt: Jede wissenschaftliche Disziplin hat einen Gegenstandsbereich, mit dem sie sich beschäftigt: Die Biologie mit dem Leben, die Soziologie mit sich zu Gruppen und Gesellschaften organisierenden Menschen, die

Informatik mit Information und deren Verarbeitung usw. Problematisch wird es nur, wenn nicht klar ist, ob es überhaupt einen Gegenstandsbereich gibt. Deshalb ist heute die Metaphysik eher in Vergessenheit geraten, und wir suchen auch nicht mehr intensiv nach einer Antwort auf die mittelalterliche Frage, wie viele Engel denn auf eine Nadelspitze passen.

Letztlich möchte Wissenschaft verstehen, was vor sich geht und die zugehörigen, oft verborgenen Mechanismen aufdecken. Mit Modellen und Theorien will sie, sehr knapp gesagt, beschreiben und erklären, wie die Welt (bzw. ein kleiner Teil derselben) funktioniert. Das heißt, zur konkreten empirischen Ebene der Beobachtungen und der Erfahrung gesellt sich eine abstrakte, konzeptionelle Ebene der Begriffe, Argumente, Hypothesen und Erklärungsmuster.

Dabei stellt sich schnell heraus, dass es sehr vorteilhaft ist, rational zu denken, logisch korrekt zu argumentieren und Ideen so transparent darzustellen, dass sie für andere nachvollziehbar und überprüfbar werden. Verbale Präzision ist ein Muss, formale Exaktheit noch besser und die Grundsatzentscheidung, das Quantitative dem Qualitativen vorzuziehen, fiel schon in der frühen Neuzeit.

II. Der entscheidende Schritt

Schnell wurde auch erkannt, dass beide Ebenen – Theorie und Praxis, das allgemeine Muster und der spezielle Befund – im Prozess wissenschaftlichen Erkenntnisgewinns eine Rolle spielen und miteinander wechselwirken. Deduktion heißt der Schritt vom Allgemeinen zum Speziellen. Präzisiert man ihn, so kommt man zur Logik, die kein geringerer als Aristoteles schon wesentlich vorangebracht hat. Doch er kannte und benannte auch deren Gegenteil: Induktion, also den Schritt vom Konkreten zum Abstrakten.

Über diese fundamentale Asymmetrie haben sich spätestens seit Hume (1748) Generationen von Philosophen den Kopf zerbrochen. Zwar ist es überzeugend – deduktiv – von viel Information zu wenig(er) Information überzugehen. Mathematiker nennen dies beweisen, d.h. sie folgern logisch-streng aus allgemeinen Bedingungen (Annahmen) eine konkrete Aussage, typischerweise Lemma, Satz oder Theorem genannt.

Das Gegenteil ist jedoch offenkundig schwierig. Wie viele konkrete Fälle muss man kennen, um von diesen zu einem allgemeingültigen Gesetz übergehen zu dürfen? Was kann man über eine allgemeine Hypothese sagen, wenn man nur über eine gewisse, schmale Datenbasis verfügt? Wann ist eine Verallgemeinerung gerechtfertigt bzw. lässt sich überhaupt induktiv schließen? Mit Hume ist das Induktionsproblem virulent geworden und spätestens mit Popper ist die Skepsis so sehr gewachsen, dass Broad (1952) die Induktion schließlich *the glory of science and the scandal of philosophy* nannte.

Anstatt nun erneut die Möglichkeiten und Fallstricke von Deduktion und Induktion zu diskutieren, beleuchten wir den letzten der obigen drei Punkte: Realitätsnähe. Denn egal wie nun genau das Allgemeine und das Spezielle voneinander abhängen – offensichtlich haben konkretes, empirisches Wissen und abstraktes, theoretisches Denken oftmals wenig miteinander zu tun. Selbst ohne grundlegende biologische Kenntnisse hat die Menschheit jahrhundertelang recht erfolgreich Landwirtschaft betrieben. Man ackerte und pflanzte, die Halme wuchsen und die Früchte gediehen, doch niemand wusste so recht warum. Andererseits gab es Akademien, Klöster, Schulen und schließlich Universitäten, wo brillante Geister – häufig hinter hohen Mauern – große Systeme ersonnen, Texte kopierten und illuminierten, mit ihren Kommentaren bereicherten und sogar originelle Probleme erörterten – doch blieb dies allesamt recht folgenlos.

Collingwood (1942) nennt den Grund: *Thought is primarily practical; and only in the second place theoretical [...] without theory there would only be a few rudimentary types of practice, but without practice there would be no theory at all.*

Das heißt, beide Bereiche des Wissens – konkret und abstrakt – haben wenig Berührungspunkte. Bis in die Neuzeit gab es eine tiefe Kluft zwischen oft recht nützlicher konkreter Alltagserfahrung und zumeist wenig fruchtbaren allgemeinen Erklärungsansätzen. Hochgradig spekulative philosophische Systeme, z.B. die Lehre von den vier Grundelementen, Schöpfungsmythen und viele theologische Schriften über den Zweck der Welt helfen wenig, wenn man einen Kranken heilen oder auch nur ein Haus bauen möchte. Selbst das abstrakte Denken der Mathematik wird leicht weltfremd: der Satz des Pythagoras über die Längen der Seiten eines rechtwinkligen Dreiecks ist nützlich, doch schläft kein Architekt schlecht, wenn er nicht weiß, ob die Kreiszahl π rational oder irrational ist. Erst recht interessierte eine Antwort auf die Frage, ob es neben der alltäglichen Euklidischen Geometrie noch andere Geometrien gibt, zwei Jahrtausende lang nur wenige Gelehrte.

In der Antike und lange danach war es die Ausnahme, dass sich der Welt enthobenes abstraktes Denken und praktische Erfahrung sinnvoll ergänzten und wechselseitig befruchteten. Zwar ließen schon im alten Babylon astronomische Beobachtungen die Mathematik erblühen, aber die Idee experimenteller Physik konnte sich selbst im klassischen Griechenland nicht durchsetzen. Hippokrates, Galen und Ibn Sina waren großartige Ärzte, doch sie begründeten keine medizinische Wissenschaft, die systematisch aus Erfolg und Misserfolg gelernt hätte. Womöglich am wichtigsten: Die antiken Griechen kannten zwar die Dampfmaschine, doch erwuchs aus dieser Kuriosität keine Industrielle Revolution.

Erst mit Newton änderte sich dies ein für allemal. Er ist der bedeutendste Wissenschaftler der letzten Jahrhunderte, weil es ihm gelang, die erste tragfähige Brücke zwischen hochgradig abstrakten Ideen und konkreten Erfahrungen zu bauen. Mit wenigen Begriffen (Zeit, Raum, Streckenlänge, Geschwindigkeit, Beschleunigung, Masse, usw.) und gerade einmal vier höchst allgemeinen Prinzipien gelang es ihm, alle mechanischen Phänomene zu beschreiben! Die Distanz zwischen der Ebene seiner vier Axiome und der Ebene konkreter Beobachtungen könnte größer kaum sein – gleichwohl regieren Newtons Gesetze die physikalische Welt (auch wenn wir seit etwa 100 Jahren anmerken müssen, dass diese „lediglich" eine exzellente Approximation der wahren Sachverhalte sind).

Auf keinen Fall darf man die zentrale Bedeutung der Mathematik für seinen Erfolg übersehen. Ohne Differential- und Integralrechnung keine Newtonsche Mechanik. D. h. nur mithilfe eines neuen, von ihm selbst entwickelten mathematischen Formalismus lässt sich die Welt der physikalischen Phänomene theoretisch „einfangen", also adäquat beschreiben. Genauer gesagt liefert sein neuer Zweig der Mathematik das entscheidende Werkzeug: Differentialgleichungen beschreiben einen Vorgang und deren Lösung ist das, was sich denn auch wirklich ereignet, die „Bewegungsgleichung" des Systems.

Vielleicht charakterisiert die folgende, häufiger erzählte Anekdote am besten das enge und zugleich äußerst fruchtbare Zusammenspiel von Mathematik und Physik seit Newton (Cohen 1986). Nach einem Vortrag des Mathematikers Kac stand der Physiker Feynman auf und sagte: *If all mathematics disappeared, it would set physics back exactly one week.* Ohne zu zögern antwortete Kac: *Precisely the week in which God created the world.*

Wenn es überhaupt eine Methode gibt, die Zauberei sehr nahe kommt, so hat Newton sie gefunden. Zahlreiche nachfolgende Generationen haben diesen Ansatz dann, bis heute, perfektioniert.

III. Die moderne Welt

Zumindest im Rückblick fällt es nicht schwer zu erklären, warum die oben beschriebene „wissenschaftliche" Herangehensweise so erfolgreich gewesen ist.

- Empirisch-evidenzbasiert vorzugehen zielt darauf ab, sich der Realität zu stellen und sich an den Fakten zu orientieren.
- Rational und präzise zu sein bedeutet, faktenbasiert und folgerichtig zu denken und dann auch zu argumentieren.

– Die anzustrebende Realitätsnähe bringt schließlich beides zusammen: der Mensch der Moderne lebt im Diesseits und konzentriert seine Kräfte auf die Erfassung und Gestaltung der materiellen Welt.

Ganz konkret machte Newtons spezifische Theorie Schule: Seine Mechanik wurde erfolgreich auf andere Teilgebiete der Physik ausgeweitet, und mit dem systematischen Studium von Funktionen und abstrakter Strukturen ging auch die Mathematik konsequent über den antiken Rahmen hinaus. Die *unreasonable effectiveness of mathematics in the natural sciences* hat Wigner (1960) und viele andere verblüfft, doch ist unbestritten, dass mit den von ihr zur Verfügung gestellten Hilfsmitteln auch die Chemie und die Biologie in der Lage waren, dem quantitativ-experimentellen Vorbild der Physik erfolgreich nachzueifern. Die Wirtschaftswissenschaften, die Soziologie und die Psychologie folgten, bis schließlich im 20. Jahrhundert die Medizin auf diesen erfolgreichen weil Fortschritt bringenden Pfad einschwenkte.

In der Ökonomie, den Sozial- und Geisteswissenschaften ist der menschliche Einfluss zwar größer, denn wir selbst schaffen gesellschaftliche Institutionen, erlassen Gesetze und setzen ökonomische Rahmenbedingungen, doch ändert dies nichts an der Stärke rationaler Argumente und der „Autorität der Erfahrung“ (Hume). Auch wenn der Rahmen, innerhalb dessen der Mensch auf diesen Feldern gestalterisch tätig werden kann, größer ist als in den klassischen Naturwissenschaften (wo es feststehende Gesetze gibt), letztendlich müssen sich auch unsere Ideen, Regeln, Konstruktionen, Maßnahmen und Handlungen in der realen Welt bewähren.

„Funktioniert's?“ ist eine zwar knappe, aber doch ganz entscheidende Frage, die auch im sozialen Bereich häufiger gestellt werden sollte. Während *make it work* die Maxime jedes Ingenieurs ist, glauben trotz über hundertjähriger gegenteiliger Erfahrung selbst heute noch viele an den Sozialismus und andere vermeintlich heilsbringende Systeme (Zitelmann 2018).

Je besser man so in der Lage ist, ein Gebiet zu durchdringen, es also eher quantitativ als nur qualitativ zu erfassen, umso näher liegen auch nicht-triviale Anwendungen. Wenn man weiß, was warum geschieht, lassen sich die Bedingungen auch so wählen, dass das passiert, was man selbst will. Die Kunst des Maschinenbaus besteht darin, bekannte – also hinreichend gut verstandene – Sachverhalte so zu benutzen, dass ein Gerät eine bestimmte Aufgabe erfüllt.

Kurz gesagt gehen fundiertes Wissen und technisches Können Hand in Hand. Ein Erfolg wie die Mondlandung ist spektakulär, doch ist es die Technik, auf der sie beruht, nicht minder. Social Engineering versucht gesellschaftliche Strukturen zu verbessern, doch bleiben dessen Erfolge eher überschaubar, nicht zuletzt weil das nötige Verständnis fehlt. Wie so oft bringt es Feynman (1988) auf den Punkt: *What I cannot create, I do not understand.*

Im obigen Sinne „gute“ Wissenschaft hat bislang immer Fortschritte gemacht – zuweilen sehr beeindruckende – und die mit ihr einhergehende Technik die Welt, in der wir leben, revolutioniert. Es genügt, Namen wie Kopernikus, Darwin oder Einstein zu nennen um anzudeuten, welche immensen geistigen Umwälzungen diese angestoßen haben. Die damit einhergehende philosophische Bewegung der Aufklärung – Sapere aude! Habe Mut, dich deines eigenen Verstandes zu bedienen (Kant 1784) – und schließlich die industrielle(n) Revolution(en) haben nicht nur unseren Horizont immens erweitert, sondern auch unsere Lebenserwartung verdoppelt, den materiellen Wohlstand vervielfacht und die weltweite Kommunikation über alle Grenzen hinweg ermöglicht. Summa summarum sind wir auf diesem Weg mittlerweile im Anthropozän angekommen.

Heuser (1980) fasst eindrucksvoll zusammen: „Das Studium [der modernen Mathematik] ist nicht die müßige Träumerei weltfremder Gehirne in elfenbeinernen Türmen – es wird uns ganz im Gegenteil aufgedrängt durch das tief im Menschen wurzelnde Bestreben, die uns umgebende Welt zu verstehen und aus ihrem Verstehen heraus zu gestalten [...] Es hat im engsten Bunde mit den Naturwissenschaften – von ihnen befruchtet und ihnen die Früchte zurückgebend – unsere Welt in den letzten dreihundert Jahren so tiefgreifend umgestaltet, daß die Wirkungen der großen politischen Revolutionen demgegenüber verblassen und eher oberflächlich und peripher anmuten. Wer von der Weltfremdheit der Mathematik spricht, dem muß die moderne Welt wahrlich sehr fremd geworden sein.“

Im Zuge dieser Entwicklung hat sich auch das „wissenschaftliche Denken und Arbeiten“ immer weiter ausgebreitet. Das liegt zum einen an dessen intrinsischen Vorzügen, zum anderen aber auch an allen Erfolgen, die mit seiner Hilfe erzielt wurden. Deshalb fragen wir nach Fakten, Daten, Studien und Experimenten, auf deren Grundlage wir uns ein fundiertes Urteil bilden können. Wir erwarten, dass Maßnahmen rational begründet und systematisch evaluiert werden. Und schließlich ist auch das Galileo Galilei zugeschriebene Diktum (Kleinert 1988), alles zu messen was messbar ist und messbar zu machen, was es noch nicht ist, fast zu einer Selbstverständlichkeit geworden.

Ernsthaft nach Erkenntnissen zu streben, die Realität in allen ihren Facetten immer besser zu beschreiben, zu erklären und zu verstehen charakterisiert moderne Wissenschaft in einem Satz.

IV. Gute, schlechte und Pseudowissenschaft

Das Gegenteil guter Wissenschaft ist zunächst einmal schlechte Wissenschaft. Zum Beispiel werden seit Jahrzehnten in den Sozialwissenschaften und weit darüber hinaus qualitative Methoden immer beliebter – obwohl sie wenn immer mehr Befunde gegen sie sprechen, halten deren Vertreter an den eigenen Überzeugungen fest. Ganz im Sinne von Hegel (1817), der vermeintlich formulierte: „Wenn die Tatsachen nicht mit der Theorie übereinstimmen – umso schlimmer für die Tatsachen."

Wer heute noch die Gestirne, deren Positionen und Konstellationen mit Charaktereigenschaften von Menschen und deren Schicksal in Zusammenhang bringt, ist kein moderner Mensch. Wer alle Studien nicht wahrhaben will, die die Wirkungslosigkeit homöopathischer Mittel und das Nichtvorhandensein parapsychologischer Effekte zeigen, stellt sich nicht der Realität. Mehr noch: er ignoriert fundamentale wissenschaftliche Erkenntnisse, z. B. dass Hellsehen ohne einen Sensor wie das Auge, die Übermittlung eines Signals oder einen gewissen Energiefluss unmöglich ist. Eine verschwindende Dosis kann ebenso wenig eine Wirkung entfalten wie ein Mensch durch reine Geisteskraft (und ohne weitere Hilfsmittel) ein Objekt zu bewegen vermag. Pseudowissenschaften widersprechen oft nicht nur den Tatsachen, sie sind schon in sich selbst unstimmig, ja unsinnig. Würden z. B. homöopathische Medikamente durch Verdünnung wirkungsvoller, so dürfte man sie auf gar keinen Fall einfach in den Ausguss schütten.

Vorstellungen, die sich trotz der Last aller Beweise hartnäckig halten und sozusagen immer wieder auftauchen heißen auch *unsinkable rubber ducks,* also nicht versenkbare Gummi-Enten. In den Worten einer hiernach befragten künstlichen Intelligenz: *unsinkable rubber duck metaphorically represents a belief or idea that persists despite being repeatedly debunked or proven false [...]. It highlights the idea that some beliefs are so deeply ingrained that they are not easily swayed by facts or logical reasoning.*

Unverrückbare Glaubenssätze, unlogisches Denken und skurrile Vorstellungen über uns selbst und die Welt sind älter als die Wissenschaft, und es wird sie wohl immer geben. Sie haben zwar eine gewisse Überzeugungskraft, und es ist verblüffend, wie lange viele Menschen an Merkwürdiges glauben (erst recht, wenn man ihnen etwas früh eintrichtert, bevor sie sich mit kritischem Denken wehren können). Doch auch wenn sie die Wissenschaften mehr oder minder beeinträchtigen, ist es doch ein tröstlicher Gedanke, dass sie historisch gesehen nicht in der Lage waren, deren Siegeszug aufzuhalten.

V. Ideologie als Gegenposition

Bei ideologisch fest verwurzelten Dogmen ist dies anders. Über manch' krude Idee oder vermeintliche Fakten – sei es bei Aristoteles oder in der Schedelschen Weltchronik – lässt sich nachträglich schmunzeln. Nicht jedoch über ideologische Gewissheiten, die von vielen geglaubt, sehr ernst genommen und mit allen verfügbaren Mitteln durchgesetzt wurden. Mit ihrer sehr realen

Macht sind diese sehr wohl in der Lage, Einsichten zu verzögern, die Entwicklung von Forschungsgebieten zu verlangsamen und sogar das Unternehmen Wissenschaft insgesamt zu gefährden.

Wie der Name schon sagt ist für jede Ideologie kennzeichnend, dass sie auf der Ideenebene beginnt. Gewisse, oft auf eine Autorität zurückgehende Sätze werden als nicht weiter zu hinterfragende axiomatische Wahrheiten behandelt. Die Anhänger einer solchen Lehre sind fest davon überzeugt, dass es keine Alternativen gibt. Sozusagen (ideo-)logisch zwingend muss etwas so sein, wie sie mutmaßen.

Aufgrund dessen ist Ideologie jedweder Couleur die natürliche Gegenspielerin von Wissenschaft. In Galileis Worten (1612) sollten wir nämlich nicht von der Natur verlangen, „sich an das anzupassen, was uns als die beste Ordnung erscheint", sondern – anders herum – unseren Verstand an der Realität ausrichten. Über 300 Jahre später sagt denn auch ein eminenter Wissenschaftler (Keynes, ca. 1930) ganz selbstverständlich: *When my information changes, I alter my conclusions* [bekannter als: *When the facts change, I change my mind*] und fügt hinzu: *What do you do, Sir?* Ein Ideologe würde antworten: Ich bleibe meinem Glauben treu – trotz der Fakten. Warum? Die mir offenbarte Wahrheit, die Autorität meines Lehrers und dessen Regeln sind für mich unanfechtbar, triftiger als alles, was gegen sie sprechen mag.

Eine solche paradoxe Logik stabilisiert die eigene Ideenwelt. Es gilt nicht nur, dass, egal was kommt, (m)eine Überzeugung so bleibt wie sie ist. Mehr noch – der Glaube an die eigenen Überzeugungen wächst, je weniger für letztere spricht. Folgerichtig war „die Realität ist eher parteifeindlich" während der kommunistischen Diktatur im Osten Deutschlands ein geflügeltes Wort, und der paradoxen Logik folgend musste immer mehr bürokratische Planwirtschaft die Defizite der bereits überreichlich vorhandenen Vorgaben beheben. Anstatt das Steuern mit starren, langfristigen Entwürfen prinzipiell in Frage zu stellen wurden ständig mehr ambitionierte Pläne entworfen, beschlossen und umgesetzt – mit den bekannten Folgen.

Lifton (1961) gelang es, ideologisch-totalitäre Systeme mit wenigen Worten zu charakterisieren:

1. Milieukontrolle (*Milieu Control*). Das heißt, in einem selbst kontrollierten Rahmen wird eine Informationsblase geschaffen und aufrechterhalten.
2. Mystische Manipulation (*Mystical Manipulation*). Mit den zur Verfügung stehenden (Zwangs-)Mitteln wird das Individuum zu den adäquaten Emotionen und richtigem Verhalten im Sinne des „höheren Zwecks" gedrängt.
3. Forderung nach Reinheit (*The Demand for Purity*). Das heißt, es gibt die guten Gläubigen, die zur Gemeinschaft gehören und die Unreinen, gegen die mit Vehemenz vorgegangen wird.

4. Kult des Geständnisses (*The Cult of Confession*). Verfehlungen, insbesondere das Abweichen vom richtigen Glauben, sind eine schwere Sünde. Vergebung von Scham und Schuld erlangt man durch öffentliche Beichte, also eine persönliche Demütigung.
5. Sakrale Lehre (*The "Sacred Science"*). An der Doktrin der Ideologie, ihrem Begründer und der Partei, die sie vertritt, sind keine Zweifel erlaubt.
6. Sprachveränderung (*Loading the Language*). Die Sprache wird modifiziert um mit ihr auch das Denken nachhaltig zu verändern bzw. zu verkürzen.
7. Kollektivismus (*Doctrine over Person*). Die erleuchtete Gruppe und deren Bedürfnisse sind wichtiger als das Individuum, das sich anzupassen hat. Auch die Geschichte wird im Sinne der herrschenden Doktrin umgeschrieben.
8. Aberkennung der Existenzberechtigung (*The Dispensing of Existence*). Die Gläubigen gehören zu einer Gemeinschaft von Gleichen. Andersdenkende sind hingegen rechtlos.

Diese Charakteristika finden sich, zuweilen exzellent literarisch ausgearbeitet, auch bei allen Kritikern solcher Systeme. Huxley (1932), Orwell (1946, 1949) und Bradbury (1953) machten sehr deutlich, dass totalitäre Machtansprüche immer die Folge ideologischen Gedankenguts sind. Ihre mittlerweile klassischen Dystopien thematisieren deshalb das ohnmächtige Individuum in übermächtigen staatlichen Kontroll-Strukturen. (*Big Brother is watching you* ...)

Ideologien wissen mit Schlagworten zu überzeugen. Sie kommunizieren in einfachen Sätzen – Parolen – denen man schwer widersprechen kann. Wie religiöse Glaubensgemeinschaften wollen sie eigentlich Gutes, doch bewirken sie regelmäßig das genaue Gegenteil. Der Islam ist die Religion des Friedens und Christen sollten aufgrund der Bergpredigt sogar ihre Feinde lieben. Das hinderte beide nicht daran, einen tausendjährigen Krieg gegeneinander zu führen, der immer noch schwelt. Die Exzesse moderner Glaubenseiferer sind genauso zahlreich und noch besser dokumentiert.

Kurz gesagt verfolgen Ideologen eine Agenda, meist wollen sie die Welt besser machen oder sie sogar „retten". Das heißt, sie haben ein Sendungsbewusstsein und verbreiten mit großer Entschlossenheit ihre Heilslehre in der Welt. Widerstände sind dazu da, überwunden zu werden – mit noch mehr persönlichem Einsatz, aber auch mithilfe von Zwangsmitteln, die regelmäßig durch den Dienst an der „großen Sache" gerechtfertigt werden.

Kritik, insbesondere von außen und selbst wenn sie nur sachlich und konstruktiv gemeint ist, wird nicht ernst genommen, sondern ist aus dem Weg zu räumen. Zumindest verhindern ideologisierte Überzeugungen wie die Folgenden effektiv jegliches Zuhören und damit auch Verständnis:

sozial variable Rolle zu ersetzen (Voß 2010). Die Begründung ist, dass das Geschlecht bei der Geburt nicht dokumentiert, sondern lediglich „zugewiesen“ wird. Mithin ist es variabel und mittels eines persönlichen Willensakts modifizierbar.

Wie gemäß Lifton ebenfalls zu erwarten, geht mit alledem auch eine sprachliche Modifikation einher. Die Theorie der Sprechakte postuliert, dass Sprache nicht nur beschreibt, sondern ebenso auf die Realität einwirkt, also Realität schafft (Austin 1962). Deshalb wird ausgehend von den Hochschulen und mittlerweile weit darüber hinaus durch die Hintertür, also entgegen alle Grammatik, die übliche Sprachentwicklung sowie demokratische Gepflogenheiten eine „gendergerechte“ Sprache etabliert. Wehe dem (der?) Kritiker:in, der/die dieses Treiben hinterfragt. Denn dann, man lese George Orwells 1984, wird man/frau schnell zur Unperson erklärt, geht „Neusprech“ doch mit Denkverboten und zu ahndenden Gedankenverbrechen einher. Für „Neuschreib“, möchte man hinzufügen, gilt das erst recht.

Die obige Aufzählung ließe sich mühelos fortsetzen. Pluckrose und Lindsay (2021) gebührt das Verdienst, eine Vielzahl von *cynical theories* zusammengetragen und einer gründlichen Kritik unterzogen zu haben. Noch etwas aktueller sind Murray (2022) und Schröter (2024). Diese Autoren wenden sich ausdrücklich nicht gegen legitime Anliegen benachteiligter Gruppen – wohl aber gegen extremistische Tendenzen jeglicher Herkunft und Ausrichtung. Denn leider gibt es gerade im Umfeld von „Elitehochschulen“ viele Radikale, die basierend auf sehr fragwürdigen pseudowissenschaftlichen *studies* und mit polarisierenden Parolen hantierend zentrale Errungenschaften der Aufklärung in Frage stellen. Wer missliebige Meinungen reflexartig als *hate speech* diffamiert und zahllose „Meldestellen“ (für oder gegen was auch immer) einrichtet, zeigt deutlich, dass er fern aller Toleranz die offene Gesellschaft fundamental transformieren will.

VIII. Brave New Science

Man wünschte sich, folgende Geschichte zu lesen: Bald nach ihrem Aufkommen bemerkten Wissenschaftler die obige Ideologie, sahen die mit ihr einhergehenden Gefahren und setzten sich entschieden gegen sie zur Wehr. Innerhalb weniger Jahre wurden diverse *studies* als *higher superstition* (Gross und Levitt 1994) bzw. *fashionable nonsense* (Sokal und Bricmont 1998) entlarvt und ihre Vertreter (Aktivisten ihrer Sache) wieder aus dem universitären Umfeld gedrängt.

Dies war auch kaum anders zu erwarten, sind doch die beiden zentralen Ideen des sozialen Konstruktivismus (siehe Pluckrose und Lindsay 2021, S. 31, Hervorhebungen im Original)

- *The postmodern knowledge principle:* Radical scepticism about whether objective knowledge or truth is obtainable and a commitment to cultural constructivism,
- *The postmodern political principle:* A belief that society is formed of systems of power and hierarchies, which decide what can be known and how,

kaum mehr als verwegene Hypothesen, für die empirisch fast nichts spricht. (Wie viele mit Elektrizität betriebene Geräte hat der Leser heute schon benutzt? Elektronen, Moleküle und selbst Gehirnzellen scheinen keine kulturellen Relativisten zu sein.) Also wurden sie gemäß Carl Sagan's Standard *extraordinary claims require extraordinary evidence* schnell wieder aufgegeben.

Die tatsächliche Entwicklung war jedoch leider eine ganz andere. Ausgehend von den Sozial-, den Geisteswissenschaften und der (insbesondere französischen) Philosophie, wurden die Hochschulen in den letzten Jahrzehnten immer ideologischer. In dem Maße, in dem die empirisch-rationale Bodenhaftung verloren ging, hatten auch immer radikalere Thesen Konjunktur; machte nicht der solide Gelehrte, sondern der Parteigänger und gewitzte Opportunist Karriere. Die traditionelle Geisteswissenschaft legte viel Wert auf präzise Definitionen, deren semantische Interpretation und die korrekte Verwendung von Wert- und Normbegriffen. Sie ging recht vorsichtig, zuweilen sogar subtil zu Werke und suchte mit zahlreichen Iterationen des hermeneutischen Zirkels ihrem Gegenstand – den maßgeblich von bzw. vom Menschen geschaffenen Werken und seiner Kultur – gerecht zu werden.

Heute ist diese Zurückhaltung verflogen. Ausgreifende Interpretationen und grandiose Entwürfe haben die Faktenebene weit hinter sich gelassen und Schlagworte wie „Dekonstruktion" (Derrida), „Narrativ" (Lyotard), System (Luhmann) oder „Macht/Wissen" (Foucault) die sorgfältige Argumentation verdrängt. Anstatt akribisch kulturelle Einrichtungen, Güter und Errungenschaften zu studieren, darüber gehaltvolle Texte zu verfassen und nuancierte Urteile abzugeben, übertreffen sich postmoderne Autoren eher darin, oft ohne das notwendige Fachwissen (Snow 1959, Sokal 2008) unverständliche Texte zu produzieren – dokumentiert im *bad writing contest* mit Judith Butler als prominentester Gewinnerin – und zu publizieren (Bulhak 1996, *the grievance studies affair* 2017/18).

So kam es, dass sich trotz einiger Eindämmungsversuche die woke Ideologie immer weiter ausbreitete, ein Fach nach dem anderen in Mitleidenschaft gezogen wurde. Methodisch kann man von einem 400-jährigen Rückschritt sprechen, werden die oben hervorgehobenen Hypothesen des sozialen Konstruktivismus doch mittlerweile als axiomatische Glaubenssätze aufgefasst und mit dogmatischem Eifer verteidigt. Eben dies negiert Galileo Galileis zentrale und äußerst erfolgreiche Einsicht, dass unsere Vorstellungen der Realität anzupassen seien – und eben nicht anders herum.

Erst als die Erweckungsbewegung die Naturwissenschaften erreichte stieß sie auf ernsthaften Widerstand (Maroja 2022). Es war nicht das erste Mal, dass die Evolutionstheorie unter Beschuss geriet, nun mit der Argumentation, dass sie tradierte Schöpfungsmythen diskriminiere und Darwin, wie viele seiner Viktorianischen Zeitgenossen, Rassist gewesen sei. Doch bei Ad-hominem Scheinargumenten ließ es die Bewegung nicht bewenden. Eine Sonderausgabe von *nature* (Nobles et al. 2022), einer der renommiertesten wissenschaftlichen Zeitschriften überhaupt, mit dem Titel *Racism. Overcoming science's toxic legacy* zeigt, wohin die Reise geht, und es verblüfft denn auch nicht, dass mittlerweile fast alles „umstritten" sein kann. Chen (2012), die u. a. *critical animal studies* betreibt, problematisiert sogar die binäre Unterscheidung zwischen tot und lebendig.

Ist selbst darüber noch hinausgehend die grundlegende empirische Orientierung der Wissenschaft nicht mehr Konsens, da „weißer" Herkunft (Prescod-Weinstein 2020, Sokal 2023), so kann man auch der Mathematik unverblümt vorwerfen, eurozentrisch, suprematistisch oder toxisch-männlich zu sein – ganz in der Tradition der Feministin Harding (1986), die behauptete, Newtons epochemachende Principia sei ein *rape manual*. Man fragt sich, was solche Ergüsse noch mit wissenschaftlicher Forschung zu tun haben.

IX. Brave New World?

Manche Geistes- und zu viele schlechte Sozialwissenschaftler sehen regelmäßig in jeder Ungleichheit, jeder Differenz, eine Diskriminierung. Sodann übertreffen sich „engagierte" Kolleg:innen darin, immer neue benachteiligte Gruppen ausfindig zu machen, welche durch einschlägige Maßnahmen zu fördern seien. (Das stimmt nicht ganz, denn warum thematisiert eigentlich niemand, dass Männer um einige Jahre früher sterben als Frauen?)

Jede einzelne solche Initiative mag etwas für sich haben, denn natürlich gibt es bis heute ungerechtfertigte Bevorzugung/Benachteiligung, Intoleranz und bildungsferne Gesellschaftsschichten, die vielerorts unterrepräsentiert sind. In ihrer Gesamtheit laufen jedoch alle Bemühungen, Diskriminierung aktiv zu beseitigen, auf eine Abschaffung des Leitungsprinzips hinaus.

Zum einen ist logisch gesehen die gezielte Förderung einer Gruppe A äquivalent zur Benachteiligung der Gruppe Nicht-A. Wer junge Bewerber bevorzugt einstellt, benachteiligt damit automatisch auch alle älteren Erwerbssuchenden. Werden nun viele benachteiligte Gruppen, etwa mittels Quoten gefördert, so sorgt dies gleichzeitig dafür, dass jene, die zu keiner der präferierte Gruppen gehören massiv benachteiligt werden. (Der mittlerweile fast schon sprichwörtliche alte weiße Mann.)

Zum anderen bedeutet Meritokratie, die Herrschaft der „Verdienstvollen", dass Fähigkeiten und Können im Vordergrund stehen. Das Genie sollte das Rennen machen, nicht der „intersektional", also vielfach Benachteiligte. Aufgrund dieses Leistungsprinzips kann man in der zugehörigen, gleichnamigen Gesellschaft dann auch die berechtige Erwartung hegen, dass fähige Leute ihren Aufgaben gewachsen sind, mit der Konkurrenz zumindest mithalten können und manche sogar Hervorragendes zuwege bringen.

Das Gegenteil ist der Fall, sollten Kompetenz bei der Personalauswahl oder Fachlichkeit bei der Verteilung von Ressourcen eine untergeordnete Rolle spielen. Geben Politkommissare bzw. zeitgemäßer *DEI officers,* welche primär aufgrund ihrer Gesinnung ausgewählt werden, den Ton an, so ist es wichtiger, dass die richtige Haltung gezeigt als dass gute Arbeit geleistet wird. *Go woke, go broke* ist deshalb mehr als ein politischer Slogan, es ist eine empirische Hypothese, für die einiges spricht. Insbesondere führen Abbot et al. (2023) für das aktuelle Wissenschaftssystem aus, was geschieht, wenn Fähigkeiten und Leistung von anderen Kriterien – insbesondere der Zugehörigkeit zu einer bevorzugten Gruppe – verdrängt werden.

Folgerichtig sackt dann zumindest das Niveau ab, und aus Orten des regen Austauschs von Ideen – gerade auch von originellen und unangepassten – werden ideologische Kaderschmieden. Falls schließlich sogar Selbstverständlichkeiten wie die physische Realität des biologischen Geschlechts geleugnet werden, ist es bis ins Absurde nicht mehr weit. Dann werden auch

- Selbstbestimmungsgesetze erlassen, die es erlauben, jedes Jahr das Geschlecht zu wechseln,
- Vergewaltiger in Frauengefängnissen untergebracht,
- Geschlechtsumwandlungen schon bei minderjährigen Jugendlichen befürwortet (*gender-affirming care*),
- gesundheitsgefährdende Krankheiten wie Adipositas oder Anorexia nervosa mit dem Hinweis auf *body positivity* übergangen und
- körperliche Einschränkungen primär als sozial konstruiert angesehen (*disability studies*).

Selbstredend ist für die von einer solchen Heilslehre erweckten Zeitgenossen auch

> ein Zusammenschluss von Wissenschaftlerinnen und Wissenschaftlern mit dem gemeinsamen Anliegen, die Freiheit von Forschung und Lehre gegen ideologisch motivierte Einschränkungen zu verteidigen und zur Stärkung eines freiheitlichen Wissenschaftsklimas beizutragen (Netzwerk Wissenschaftsfreiheit 2021)

eine Zumutung (Schönecker 2024).

Eine gravierende Folge hiervon ist, dass eben jene Aktivist:innen die Autonomie der Wissenschaft von innen heraus erschüttern, durch ihr Verhalten die Wissensfreiheit am meisten gefährden. Wer in seinem Bereich cancelt darf sich nicht wundern, wenn er seine Gegner auf dieselbe Idee bringt. Und wer keine andere Leistung vorzuweisen hat, als andere zu maßregeln muss damit rechnen, dass seine eigene wenig produktive Arbeitsstelle früher oder später wegfällt. (Wie viele Gleichstellungsbeauftragte braucht man bzw. frau?)

Allgemeiner gesagt: Je weniger Hochschulen in der Lage sind, sich selbst vernünftig zu steuern und insbesondere Lehrmeinungen zu vertreten, die den gesunden Menschenverstand nicht beleidigen, desto wahrscheinlicher wird es, dass die Politik von außen korrigierend eingreift. Dies war letztmals um die Jahrtausendwende der Fall, als die akademische Selbstverwaltung daran scheiterte, ausufernde Studienzeiten in den Griff zu bekommen. Unter dem Korsett der sie mit Verschulung und Bürokratie erstickenden Bologna-Reform leiden die Universitäten bis heute. (Wer behauptet ernsthaft, die zahllosen Modul- und Systembeschreibungen, Vor-Ort-Begehungen, Akkreditierungen und Auflagen hätten die Qualität der Abschlüsse erhöht? Viele Ressourcen verschlungen haben diese Maßnahmen sicherlich.)

Aktuell ist die Wahrscheinlichkeit leider noch höher, dass bei der nun anstehenden Umgestaltung über das Ziel hinausgeschossen wird und Reformatoren ans Werk gehen, die selbst hochgradig ideologisiert sind. Je eifriger jene sich ihrer Aufgabe annehmen, je nachhaltiger sie von ihrer Mission überzeugt sind, desto mehr Vorgaben, bis hin zu expliziten Verboten, werden sie auch machen. Damit verlieren sie schnell den Grundsatz aus den Augen, auf dem alles beruht:

> Kunst und Wissenschaft, Forschung und Lehre sind frei. Die Freiheit der Lehre entbindet nicht von der Treue zur Verfassung. (Grundgesetz, Artikel 5(3))

Literaturverzeichnis

Abbot, D./*Bikfalvi*, A./*Bleske-Rechek*, A. L./*Bodmer*, W./*Boghossian*, P./*Carvalho*, C. M./*Ciccolini*, J./*Coyne*, J. A./*Gauss*, J./*Gill*, P. M. W./*Jitomirskaya*, S./*Jussim*, L./*Krylov*, A. I./*Loury*, G. C./*Maroja*, L./*McWhorter*, J. H./*Moosavi*, S./*Nayana Schwerdtle*, P./*Pearl*, J./*Quintanilla-Tornel*, M. A./*Schaefer*, H. F., III/*Schreiner*, P. R./*Schwerdtfeger*, P./*Shechtman*, D./*Shifman*, M./*Tanzman*, J./*Trout*, B. L./*Warshel*, A./*West*, J. D. (2023): In Defense of Merit in Science. Journal of Controversial Ideas 3(1), 1; doi:10.35995/jci03010001.

Agricola, I./*Heller*, L./*Schilders*, W./*Schubotz*, M./*Taylor*, P./*Vega*, L. (2025): Fraudulent Publishing in the Mathematical Sciences. Joint Recommendations of the IMU and the ICIAM. arXiv, 11. Sep. 2025 DOI: 10.48550/arXiv.2509.09877 und Notices of the AMS, October 2025.

Austin, J. L. (1962): How to do things with words. Clarendon Press, Oxford.

Bloor, D. (1976): Knowledge and Social Imagery. University of Chicago Press, Chicago.

Biagioli, M./*Lippman*, A. (eds., 2020): Gaming the Metrics: Misconduct and Manipulation in Academic Research. The MIT Press, Cambridge Mass.

Bradbury, R. (1953): Fahrenheit 451. Ballantine Books, New York.

Broad, C. D. (1952): Ethics and The History of Philosophy, Routledge.

Bulhak, Andrew C. (April 1, 1996): On the Simulation of Postmodernism and Mental Debility using Recursive Transition Networks. Department of Computer Science Technical Report 96/264. Monash University.

Bultmann, D. (2017): Kambodscha unter den Roten Khmer. Die Erschaffung des perfekten Sozialisten. Schöningh, Paderborn.

Carroll, A. E. (2018): Peer Review: The Worst Way to Judge Research, Except for All the Others. The New York Times, 5 Nov. 2018. https://www.nytimes.com/2018/11/05/upshot/peer-review-the-worst-way-to-judge-research-except-for-all-the-others.html.

Chagnon, N. (2013): Noble Savages: My Life Among Two Dangerous Tribes – The Yanomamo and the Anthropologists. Simon & Schuster, New York.

Chen, M. Y. (2012): Animacies: Biopolitics, Racial Mattering, and Queer Affect. Durham, NC: Duke University Press.

Cohen, J. E. (1986): A Life of the Immeasurable Mind. The Annals of Probability 14(4), 1139–1148.

Collingwood, R. G. (1942): The New Leviathan. Clarendon Press, Oxford.

Feynman, R. P. (1988): Das Zitat stand an seiner Tafel als er starb. Siehe https://www.quora.com/What-did-Richard-Feynman-mean-when-he-said-What-I-cannot-create-I-do-not-understand.

Feynman, R. P. (1991): „Sie belieben wohl zu scherzen, Mr. Feynman!" Piper, München.

Fischer, K. (2004): Spielräume wissenschaftlichen Handelns – Die Grauzone der Wissenschaftspraxis. Freiheit und Verantwortung in Forschung, Lehre und Studium. Die ethische Dimension der Wissenschaft 34. Bildungspolitischen Forum, 27. Februar 2004 in Berlin, 41–109.

Galilei, G. (1612): Brief an Federico Cesi in Rom. In: Favaro, A. (Hrsg.), Galileo Galilei: Le Opere, Edizione nazionale, Florenz (1890–1909).

Gross, P. R./*Levitt*, N. (1994): Higher Superstition. The Academic Left and its Quarrels with Science. John Hopkins Univ. Press, Baltimore und London.

Harding, S. G. (1986): The Science Question in Feminism. Cornell Univ. Press, Ithaca und London.

Hegel, G. W. F. (1817): „Wenn die Tatsachen nicht mit der Theorie übereinstimmen – umso schlimmer für die Tatsachen" ist mit großer Wahrscheinlichkeit ein Falschzitat. Siehe https://falschzitate.blogspot.com/2020/08/wenn-die-tatsachen-nicht-mit-der.html.

Heuser, H. (1980): Lehrbuch der Analysis, Teil 1. Teubner.

Hossenfelder, S. (2024): Das hässliche Universum: Warum unsere Suche nach Schönheit die Physik in die Sackgasse führt. S. Fischer.

Hume, D. (2008): An Enquiry Concerning Human Understanding. Oxford University Press, New York, Erstausgabe: 1748.

Huxley, A. (1932): Brave New World. Chatto & Windus, London.

Ioannidis, J. P. (2005): Why most published research findings are false. PLOS Medicine 2(8), e124.

Ioannidis, J. P. (2012): Why Science Is Not Necessarily Self-Correcting. Perspectives on Psychological Science. 7(6), 645–654.

Kant, I. (1784): Beantwortung der Frage: Was ist Aufklärung? Berlinische Monatsschrift 12, 481–494.

Keynes, J. M. (ca. 1930): Für mehrere Quellenangaben die auf die Weltwirtschaftskrise verweisen. Siehe https://en.wikiquote.org/wiki/John_Maynard_Keynes.

Kleinert, A. (1988): „Messen, was messbar ist." Über ein angebliches Galilei-Zitat. Berichte zur Wissenschaftsgeschichte 11, 253–255.

Lifton, R. J. (1961): Thought Reform and the Psychology of Totalism: A Study of "Brainwashing" in China. W. W. Norton & Co., New York.

Luhmann, N. (1984): Soziale Systeme – Grundriss einer allgemeinen Theorie. Suhrkamp, Frankfurt am Main.

Maroja, L. (2022): An Existential Threat to Doing Good Science. The Free Press, 11. Juli 2022. https://www.thefp.com/p/an-existential-threat-to-doing-good.

McLemore, M. R. (2021): The Complicated Legacy of O. E. Wilson. Scientific American, 29. Dezember 2021. https://www.scientificamerican.com/article/the-complicated-legacy-of-e-o-wilson/.

Murray, D. (2022): The War on the West. How to prevail in the age of unreason. HarperCollinsPublishers, London.

Netzwerk Wissenschaftsfreiheit (2021): https://www.netzwerk-wissenschaftsfreiheit.de/ueber-uns/manifest/.

Nobles, M./*Womack*, C./*Wonkam*, A./*Wathuti*, E. (guest editors): RACISM. Overcoming science's toxic legacy. Nature special issue, 22 October 2022.

Orwell, G. (1946): Animal Farm. Harcourt, Brace and Company, New York.

Orwell, G. (1949): Nineteen Eighty-Four. Secker & Warburg, London.

Pinker, S. (2012): The Better Angels of Our Nature: A History of Violence and Humanity. Penguin. (Deutsche Übersetzung: Gewalt: Eine neue Geschichte der Menschheit. S. Fischer).

Pinker, S. (2018): Enlightenment Now: The Case for Reason, Science, Humanism, and Progress. Viking. (Deutsche Übersetzung 2018: Aufklärung jetzt. Für Vernunft, Wissenschaft, Humanismus und Fortschritt. Eine Verteidigung. S. Fischer).

Pluckrose, H./*Lindsay*, J. (2021): Cynical Theories: How Activist Scholarship Made Everything about Race, Gender, and Identity – And Why this Harms Everybody. Swift Press.

Prescod-Weinstein, C. (2020): Making Black women scientists under white empiricism: The racialization of epistemology in physics. Signs: Journal of Women in Culture and Society 45(2), 421–447.

Schönecker, D. (2024): Unreflektiert, verlogen oder dumm? Eine Glosse zur „Offenen Stellungnahme zum Vorgehen der Bundesbildungsministerin angesichts des offenen Briefes Berliner Hochschullehrer:innen". https://www.netzwerk-wissenschafts freiheit.de/unreflektiert-verlogen-oder-dumm-eine-glosse-zur-offenen-stellung nahme-zum-vorgehen-der-bundesbildungsministerin-angesichts-des-offenen-briefes-berliner-hochschullehrerinnen/.

Schröter, S. (2024): Der neue Kulturkampf: Wie eine woke Linke Wissenschaft, Kultur und Gesellschaft bedroht. Herder, Freiburg i. B.

Snow, C. P. (1959): The two Cultures. Cambridge University Press, Cambridge.

Sokal, A. (2008): Beyond the Hoax. Oxford University Press, Oxford.

Sokal, A. (2023): „White Empiricism" and „The Racialization of Epistemology in Physics": A critical analysis. Journal of Controversial Ideas 3(2), 1, doi:10.35995/jci03020001.

Sokal, A. D./Bricmont, J. (1998): Fashionable Nonsense. Postmodern Intellectuals' Abuse of Science. Picador, New York.

Solschenizyn, A. (2008): Der Archipel Gulag. Fischer TB, Frankfurt a. M. Erstausgabe: 1973.

Squazzoni, F./*Brezis*, E./*Marušić*, A.(2017): Scientometrics of peer review. Scientometrics 113, 501–502. https://doi.org/10.1007/s11192-017-2518-4.

Stokes, P. (2004): Philosophy: 100 Essential Thinkers. Index Books, Kettering.

Tukey, J. W. (1969): Analyzing Data: Sanctification or Detective Work? American Psychologist 24, 83–91.

Tukey, J. W. (1986): Data Analysis and Behavioral Science or Learning to Bear the Quantitative Man's Burden by Shunning Badmandments. Kapitel 8 (187–390), in: Jones, L. V. (Hrsg., 1986), The collected works of J. W. Tukey, Bd. III: Philosophy and Principles of Data Analysis: 1949–1964. Chapman & Hall, London.

Voltaire (1765): Questions sur les miracles (11. Brief). Œuvres complètes de Voltaire, Garnier, 1879, Bd. 25.

Voß, H.-J. (2010): Making Sex Revisited. Dekonstruktion des Geschlechts aus biologisch-medizinischer Perspektive. transcript Verlag, Bielefeld.

Watzlawick, P. (1976): Wie wirklich ist die Wirklichkeit? Wahn, Täuschung, Verstehen. Piper, München.

Watzlawick, P. (1981): Die erfundene Wirklichkeit – Wie wissen wir, was wir zu wissen glauben? Piper, München.

Jahrbuch Wissenschaftsfreiheit, 3 (2026): 49 – 104
https://doi.org/10.3790/jwf.2026.1472803

Entstehung, Strategien und Ziele der French «Theory» in den Hochschulen (Teil I)

Von *Henriette Haas**

Abstract

Mündige, intellektuell unabhängige Bürger sind Machtbesessenen ein Dorn im Auge. Schon Lenin hat 1902 einen gnostischen Führungs-Anspruch von „Schlauköpfen" gefordert, nachdem sich die Massen nicht für die marxistische Revolution gewinnen ließen („Dummköpfe"). Danach plante Gramsci die unfreundliche Übernahme des Bildungswesens. Ebenfalls in den 1930er Jahren kamen Manipulationsstrategien von der rechtsextremen Seite, namentlich von Heidegger und Schmitt hinzu. Dies alles fügte der Kultautor Foucault ab den 1960er Jahren zu einem politisch-psychologisch ausgeklügelten Masterplan einer „Antiwissenschaft" zusammen. Primär sollen damit die politische Mitte, der demokratische Rechtsstaat und die (redlichen) Humanwissenschaften diskreditiert und zersetzt werden. In der Vorlesung „In Verteidigung der Gesellschaft" von 1976 initiierte er die späteren post-kolonialen, Antirassismus- und Gender-Studies. Sie werden unter dem Oberbegriff „Theory" subsummiert.

Als angebliche Forschungsmethoden hat Foucault mit Heideggers Obskurantismus das analytische Denken, die aristotelische Logik verteufelt und zurückgedrängt und es durch archaische impulsive Assoziationen ersetzt, geleitet von niedrigen Instinkten (mit Schmitts Ideen). Zu Foucaults Arsenal an Denkfehlern gehört eine inquisitorische Begrifflichkeit („Biopolitik", „Diskontinuität", „Genealogie", „Diskursanalyse").

Als Taktik hat Foucault das Einfordern von „Rechten" (x-beliebigen) vorgeschlagen, mit der eine von ihm konstruierte „Unter-Rasse" einen neuen „Rassenkrieg" unter umgekehrten Vorzeichen entfesseln sollte. Die nicht konsensfähigen radikalen Ziele wurde nach seinem Tod mit Deck-Publikationen einkleidet, um die Demagogie und den Missbrauch des Nationalsozialismus zu Propagandazwecken zu maskieren. Laclau und Mouffe haben 1985 die frühe Postkolonialismus/Gender-Themensetzung als Ideenplagiate neu aufgelegt, haben den Übergang vom Alt-Marxismus aufgegleist, und verkauften es mit dem beschönigenden Etikett „radikale Demokratie".

Dem post-marxistischen Umsturz-Phantasma fehlt jegliches Konzept zur Verbesserung der sozialen Ordnung. Gleichwohl finden in den Bildungsinstitutionen im Kreis der Anhängerschaft Mobilisierungen und Aufrufe zur Gewalt statt. Die Ideologie läuft

* Prof. Dr. phil. Henriette Haas, Titularprofessorin (im Ruhestand) am Psychologischen Institut der Universität Zürich, https://www.psychologie.uzh.ch/de/institut/ueber-uns/angehoerige/titular/haas.html. E-Mail: henriette.haas@psychologie.uzh.ch.

zwar unter linker Flagge, lässt sich aber nicht in ein links-rechts Schema einordnen. Nebst den prätendierten Gerechtigkeitsansprüchen trägt es nihilistische, opportunistische und erzreaktionäre Züge (z.B. Antisemitismus).

Schlüsselwörter: Foucault, Machtstrategien, Propaganda, Obskurantismus, Gewalt, Nihilismus, Antisemitismus

French «Theory»'s Origins, Strategies and Goals in Higher Education (Part I)

Intellectually independent and responsible citizens have been an unwanted factor for those who are obsessed with power. In 1902, Lenin had already demanded a Gnostic claim to leadership of „wise men", when the masses (the „fools") could not be won over to proceed with Marx's revolution. After that, Gramsci planned an unfriendly takeover of the education system. Also in the 1930s right-wing extremists, namely Heidegger and Schmitt developed and added their own political manipulation strategies. From the 1960s onwards, the cult-author Foucault combined all of this into a politically and psychologically sophisticated master plan of an „anti-science". Its primary goals are to discredit and disintegrate the political center, the democratic constitutional state and the (honest) human sciences. His 1976 lecture „Society must be defended" he initiated what later became post-colonial, anti-racism and gender studies, all running under the umbrella term „Theory".

As pretended research methods, the sophist demonized and pushed back analytic thinking, Aristotelian logic, with Heidegger's obscurantist ideas and replaced it with archaic impulsive associations, guided by base instincts (with Schmitt's ideas). His arsenal of fallacies includes an inquisitorial terminology („biopolitics", „discontinuity", „genealogy", „discourse analysis").

As a tactic, Foucault proposed the demand for „rights" (any rights whatsoever) with which a „sub-race" (constructed by him) was to unleash a new „race war" under the opposite signs. These radical goals, unfit to ever find democratic support, were disguised with cover publications to mask the demagogy and abuse of National Socialism for propaganda purposes. After his death, in 1985, Laclau and Mouffe reissued the early postcolonialism/gender theme as plagiarism of ideas, providing it with a transition from traditional Marxism, and sold it under the euphemistic label of „radical democracy".

The post-Marxist subversion and revolution phantasm lacks any concept for the improvement of the social order. Nevertheless, mobilizations and calls for violence are taking place in higher education among supporters. Although the ideology runs under a left-wing flag, it cannot be classified into a left-right scheme. In addition to the pretended claims to justice, it bears nihilistic, opportunistic and reactionary traits (such as antisemitism).

Keywords: Foucault, power strategies, propaganda, obscurantism, violence, nihilism, antisemitism

I. Kontroversen zwischen politischer Agenda, Wissenschaftsfreiheit und Überprüfbarkeit

1. Der Name «Theory» ist Programm[1]

Erst vor wenigen Jahren hat die breitere Öffentlichkeit bemerkt, wie stark das Bildungswesen von einer intoleranten Strömung mit einer radikalen Agenda und teilweise absurden Sophistereien dominiert wird. Um das Problem aufzuklären, wird zuerst die Entstehung dieser Mode abgehandelt und der themenübergreifende Kern ihrer politischen Agenda.

Wie ich hier belegen werde, wurde die unfreundliche Übernahme der Wissenschaft, um sie zu ideologisieren und politisch zu instrumentalisieren, erstens von langer Hand geplant und zweitens basiert sie auf obsoleten Voraussetzungen über Erkenntnissuche und über die Belastbarkeit der Ergebnisse. Die Problematik war von Anfang an bekannt, die Kritik ist aber um die Jahrtausendwende verstummt. Laermann warnte 1986:

> „Diese Wissenschaftsmode will allen Ernstes die letzte sein. Noch vor ihrem eigenen Ende möchte sie das der Wissenschaften erleben. Das macht ihre Katastrophenbereitschaft weniger lächerlich als gefährlich.“[2]

Die Strömung läuft unter wechselnden Namen. In der Öffentlichkeit bekannt sind nur die Themen der Advocacy-Fächer: Post-Kolonialismus, Genderstudies, Critical Race Theory, Intersektionalität und (manchmal) Wissenschafts- oder sonstige Geschichte. Im Fokus dieser Abhandlung stehen die dahinter stehende Herleitung der Ideen und philosophischen Voraussetzungen dafür. Sie zeigen die Entstehung des Nährbodens, auf dem politische Intoleranz, Zensur und Propaganda, Antisemitismus, sowie eine allgemeine Polarisierung der Gesellschaft wachsen.

Wer die Entstehungsgeschichte und die getarnte Intention zur Machtübernahme dieser Seilschaften nicht kennt, vermag viele ihrer Narrative nicht als Entstellungen zu erkennen. Der mediale Diskurs ist anders fokussiert als derjenige an die breite Fachöffentlichkeit und beide unterscheiden sich nochmals von den Schriften und Meinungen, die bei den Eingeweihten der politischen Zentren der «Theory»-Aktivisten zirkulieren.

Die erkenntniskritischen Postulate der Strömung wurden einerseits als „post-moderne Kondition“ nach Jean-François Lyotard bekannt, der 1979 alle philosophischen Legitimationen für eine universell gültige Rationalität für

---

[1] Zur Abgrenzung gegen Zitate werden Wörter, von deren semantischem Anspruch ich mich distanziere, in französischen Anführungszeichen geführt (z.B. «Theory», oder «Diskursanalyse», die m.E. keine Wissenschaft darstellen, sondern Rhetorik).

[2] *Laermann* 1986, S. 41 und S. 43.

II. «Theory» als Gemengelage von marxistischem und reaktionärem Gedankengut zur Umsetzung einer „passiven Revolution“ in den Bildungsinstitutionen

1. Lenins subversive Strategien „Was tun“ von 1902 und die Einführung der Gnosis

Als sich um 1900 abzeichnete, dass sich die „Proletarier aller Länder“ nicht zu einer revolutionären Einheit vereinigen würden (anders als Marx und Engels gemeint hatten),[18] entwickelte Wladimir Iljitsch Lenin eine alternative Strategie. In seiner Schrift „*Was tun?*“ (1902) wies er den Intellektuellen eine zentrale Führungsrolle zu. Das Klassen-Bewusstsein entstand nicht automatisch aus den materiellen Lebensbedingungen (dem Sein).[19] Daher müsse es von einer Avantgarde erweckt und gelenkt werden.

Lenin definierte vier Funktionen dieser intellektuellen «Avantgarde»: Propagandist, Agitator, Publizist und Unterstützer des Terrors. Der Propagandist wirke vor allem durch Schrift, der Agitator durch Rede.[20] Entscheidend sei es, als Publizist politische Enthüllungen zu organisieren:[21]

> „Was den Appell an die Massen zur Aktion betrifft, so wird das von selbst kommen, sobald es eine energische politische Agitation, lebendige und aufrüttelnde Enthüllungen geben wird. Jemand auf frischer Tat ertappen und ihn sofort vor aller Welt brandmarken – das wirkt schon an sich besser als jeder ‚Appell‘, das wirkt oft so, dass man nachher nicht mehr feststellen kann, wer eigentlich an die Menge ‚appelliert‘ und wer eigentlich diesen oder jenen Plan der Demonstration vorgeschlagen hat.“[22]

Die Intellektuellen sollten nach Lenin den revolutionären Kampf selbständig führen: „natürlich mit Hilfe des Terrors.“[23] Damit führte er ein autoritäres Führungsmodell in den Marxismus ein. Seine Unterscheidung zwischen „Schlauköpfen“ (Berufsrevolutionären) und „Dummköpfen“ (den Massen) konstituiert ein gnostisches Verhältnis von Auserwählten und Hörern. Für akademische Eliten bot dieses Modell einen besonderen Anreiz: Sie konnten ihre privilegierte Stellung mit einer sozial-revolutionären Mission verknüpfen und sich als geistige «Hirten» über die Masse inszenieren.

Lenin verschob den Schwerpunkt der marxistischen Theorie von der Selbstorganisation der Arbeiterklasse hin zu einer gesteuerten Revolution durch In-

---

[18] *Marx/Engels* 1848, S. 31.

[19] Cf. *Laclau/Mouffe* 1985, S. 85.

[20] *Lenin* 1902, Kap. IIIb, S. 94.

[21] *Lenin* 1902, Kap. IIIc, S. 97.

[22] *Lenin* 1902, Kap. IIIc, S. 100.

[23] *Lenin* 1902, Kap. IIId, S. 106.

tellektuelle. Damit legte er die Grundlage für ein hierarchisches, autoritäres Verständnis von politischer Führung, das später vielfältige Anschlussmöglichkeiten für Demagogen und Potentaten eröffnete.

2. Gramscis „passive Revolution" durch die Eliten in der Zwischenkriegszeit (1930er)

Nachdem der Leninismus in der Praxis gescheitert war, griff Antonio Gramsci in den 1930er Jahren die Idee einer intellektuellen Führungsrolle erneut auf und baute sie aus. Als Verfolgter und Opfer des Faschismus bietet seine Person großes Identifikationspotential, zumal er sich als Gefangener Mussolinis nie die Hände mit realer Politik nass gemacht hatte.

In seinen *Gefängnisheften* entwickelte er die Strategie der „passiven Revolution". Diese beinhalte eine schrittweise Transformation gesellschaftlicher Strukturen, angeleitet durch die kulturelle Vorherrschaft der Eliten, ohne unmittelbare Gewalt.[24] Die 68er Linke attribuiert Gramsci eine „kapitale" und seinen Tagebüchern eine „zentrale" „Wichtigkeit" für die Verbesserung des Images des Marxismus-Leninismus nach Stalin.[25]

Nach Gramscis Konzept sollen die intellektuellen «Eliten» die Bildungsinstitutionen erobern. Dort sollen sie den klassisch-humanistischen Syllabus ersetzen, der die ganze formale Logik suggeriere.[26] Um die Volksmassen zu führen und zu organisieren, sollte dieser Syllabus der „Degeneration" durch neue ideologische Inhalte ersetzt werden.[27] Den Schwerpunkt verlegte Gramsci von direkter politischer Aktion weg, hin zum „Kampf um die Hegemonie" und zur „Strukturierung der sozialen Verhältnisse" unter „intellektueller Führung".[28]

Politisch brisant ist, dass Gramscis zentrale Gegner nicht die rechten Bewegungen und autoritären Herrscherfiguren sind. Stattdessen richtet sich seine Kritik gegen die parlamentarische Demokratie mit ihrem repressiven „Staatsapparat" und gegen „traditionelle Intellektuelle". Dieser Gesellschaft wird de facto ein «faschistoider Kern» unterstellt. Es gelte, so Gramsci, sie ideologisch zu überwinden und in eine neue Elite einzugliedern. Er schrieb:

> „The apparatus of state coercive power which ‚legally' enforces discipline on those groups who do not ‚consent' either actively or passively. This apparatus is, however,

24 *Gramsci* 1971, S. 194 f., 289–300, 308–311.

25 *Laclau/Mouffe* 1985, S. 3, 7, 41 f.

26 *Gramsci* 1971, S. 180, 184, 185.

27 *Gramsci* 1971, S. 180, 194.

28 *Laclau/Mouffe* 1985, S. 57, 66–69.

constituted for the whole of society in anticipation of moments of crisis of command and direction when spontaneous consent has failed.“[29]

„The mode of being of the new intellectual […] is active participation in practical life, as constructor, organiser, ‚permanent persuader‘ […] One of the most important characteristics of any group that is developing towards dominance is its struggle to assimilate and to conquer ‚ideologically‘ the traditional intellectuals“.[30]

Gramsci modernisierte Lenins Strategie und legte den Grundstein für die spätere ideologische Durchdringung von Bildungsinstitutionen. Als Verfolgter im Faschismus genießt er hohes Ansehen bei vielen Linken. Gleichwohl bleibt sein Ansatz problematisch, weil er demokratische Strukturen und unabhängige Intellektuelle als Gegner definierte. Bedenklich stimmt das Ansinnen, mit dem Eingriff ins Bildungssystem auf Kinder, Jugendliche und junge Erwachsene einzuwirken, deren Hirnentwicklung noch nicht abgeschlossen ist. Mit der Wendung gegen den Humanismus und gegen das logische Denken untergräbt er die kognitiven und sozialen Fähigkeiten. Damit bricht die Basis für die geistige Mündigkeit der Bürger und für das Verständnis und für das Einhalten von Treu und Glaube weg.

3. Der Einfluss reaktionärer «Denker» in der Zwischenkriegszeit

Nach dem Ersten Weltkrieg erstarkten autoritäre Professoren, die die liberalen Demokratien und den Rationalismus der Aufklärung infrage stellten. Besonders einflussreich wurden der Philosoph Martin Heidegger und der Staatsrechtler Carl Schmitt. Beide lieferten theoretische Grundlagen, die politische Mythenbildung und Propaganda begünstigten, wenn nicht geradezu herausforderten.

Seit je her ist das Volk, das sich den Omnipotenz-Fantasien der Eliten nicht spontan beugen will, den machtbewussten Demagogen jeglicher Couleur ein Dorn im Auge. Sie sehen ihre Ambitionen vom Liberalismus und der Aufklärung bedroht. Die gravierendsten Angriffe auf die aristotelische Logik stammten ursprünglich von Wirtschaftsliberalen und Ultrarechten. Edward Bernays publizierte 1928 in New York seine berühmte Anleitung „Propaganda“, wie man das angebliche „Chaos“ mit Hilfe von „bewusster und intelligenter Manipulation“ besser „organisieren“ könne:

„The conscious and intelligent manipulation of the organized habits and opinions of the masses is an important element in democratic society. Those who manipulate this unseen mechanism of society constitute an invisible government which is the true ruling power of our country.“[31]

---

29 *Gramsci* 1971, S. 145.

30 *Gramsci* 1971, S. 142.

31 *Bernays* 1928, S. 9.

Im Fokus solcher Angriffe auf die Psyche der Menschen steht erstens das essenzielle Rechtsprinzip von *Treu und Glaube*,[32] welches die Kommunikation von Privaten und dem Staat regelt. Es fordert allseits Verbindlichkeit und Ehrlichkeit, namentlich die Konsistenz der Aussagen untereinander und ihre Korrespondenz mit Wirklichkeit. Im Wesentlichen entspricht es den Prinzipien der aristotelischen Logik.[33] Dementsprechend suchten Heidegger und Schmitt auf die Urteilsfähigkeit mündiger Bürger negativ einzuwirken. Heidegger tat es via eine Diskreditierung des logischen Denkens und mit Sophismen, wohingegen Schmitts Strategie auf Emotionen und niedrige Instinkte abzielte. Seine Theorien befassen sich mit dem Politischen als Freund/Feind Schema, mit den Antagonismen in der Bevölkerung, dem Herrschen und dem Krieg.

Die beiden (späteren) Nazi-Professoren Heidegger und Schmitt fischten ihre Ideen aus dem trüben Teich der fragmentarischen Überlieferung der Vorsokratiker (ca. 500 v. Chr.) und der Irrlehre des Manichäismus (ca. ab 250 n. Chr.). Es handelt sich um archaische Denkweisen, die sie zur Lockerung des Realitätsbezugs und zur Mobilisierung von Emotionen und aggressiven Instinkten nutzten.

Heidegger plädierte 1931/32 für einen naiven Realismus,[34] der die „Zusammengehörigkeit von Offenbaren und Verbergen (Sein und Schein)" anerkenne. Die sinnlich wahrgenommene Äusserlichkeit der Dinge, die Aletheia (griech. Ἀλήθεια als Unverborgenheit) sei demnach eine ursprüngliche Wahrheit, befand er mehrfach. Die aristotelische Logik reduzierte er auf eine technische Disziplin und lehnt sie kategorisch ab,[35] denn „zum Wesen der Wahrheit" gehöre „die Unwahrheit".[36] Damit löste Heidegger jegliche Grenzen zwischen Redlichkeit, Täuschung und bewusster Lüge auf.

Nach seiner formellen Entnazifizierung machte sich Heidegger 1955/56 ans Entwerten der aristotelischen Metaphysik (ca. 300 v. Chr.). Diese befasst sich

---

[32] In Deutschland wirkt das Prinzip „Treu und Glaube" vornehmlich im Privatrecht und ist im Bürgerlichen Gesetzbuch § 242 oder auch in § 138 Abs. 1 der Zivilprozessordnung verankert; es durchzieht die gesamte Rechtsordnung und gilt selbst ohne ausdrückliche Normierung als allgemeiner Rechtsgrundsatz. In der Schweiz steht es in der Verfassung Art. 5 Ziff. 3. In Österreich leitet der Oberste Gerichtshof (OGH) den Grundsatz v. a. aus §§ 914 f. und § 1295 des Allgemeinen Bürgerlichen Gesetzbuches sowie aus der Verkehrssitte ab (z. B. OGH 1 Ob 158/74 (RS 0017859) vom 7. Oktober 1974).

(Anm. Mein Dank geht an Dr. René Rosenau, LL.M. bei Höcker Rechtsanwälte/ Köln für seine hilfreichen Hinweise).

[33] *Aristoteles* (übersetzt von Bonitz 1890), 4. Buch, Kap. VI und VII, 1011b.

[34] *Heidegger* 1931/32, S. 87.

[35] *Heidegger* 1931/32, S. 225.

[36] *Heidegger* 1931/32, S. 319 f.

mit der Suche nach Ursachen und Wirkungen hinter den sichtbaren Phänomenen. Um 1700 herum hat Gottfried Wilhelm Leibniz' das Metaprinzip von der Vernunft (ratio) und den tieferen Zusammenhängen in der Natur auf den Punkt gebracht: Die „ratio ist in der Natur enthalten" und „deshalb sei es eher so, dass etwas existiere, als dass nichts existiere" (lat. „nihil est sine ratione" und „ratio est in natura, cur aliquid potius existat quam nihil").[37] Heidegger übersetzte Leibniz' Metaprinzip unzureichend und reduzierte es auf den „Satz vom Grund".[38] Daraus verfertigte er dann irreführende Metaphern, so wie das Wortspiel «Grund = Abgrund» und beschwor eine Endzeitstimmung herauf.[39] Leibnitz' Satz handelt von der qualifizierten Erkenntnissuche: Das lateinische „ratio" kommt von „zählen" und bedeutet im übertragenen Sinn „Logik, Vernunft", und die fortwährende wissenschaftliche Vertiefung in der Suche nach Zusammenhängen. Heidegger umgab den (falsch übersetzten) „Satz vom Grund", mit dem Frame einer „merkwürdig zwielichtige[n], um nicht zu sagen, gefährliche[n] Gegend".[40]

Der Satz von der Ratio kann sich natürlich nicht selbst mit Vernunft begründen. Er beruht auf Erfahrung. Daraus leitete Heidegger ein Paradox ab (eine sog. Antinomie). Er griff zu einem Bild: „hier ringelt sich etwas in sich selber ein, […] wie eine Schlange".[41] Für die bibelkundige Leserschaft von damals war die Anspielung auf die Vertreibung aus dem Paradies nach dem Essen des Apfels vom Baum der Erkenntnis offensichtlich. Repetitiv beschwor Heidegger das Atomzeitalter als Argument gegen die Vernunft herauf„[42] als Symbol für die Fähigkeit der Menschheit, sich selbst zu vernichten. Er lastete die Gefahr allein der Technologie an. Die Rolle von Kulturtheoretikern in der Förderung von Konflikt, Täuschung und Aggression (u.a. seine eigene im Nationalsozialismus) übersah er geflissentlich.

Schon 1927 in „Sein und Zeit" hatte Heidegger nämlich ein manipulatives Konzept von Geschichtsschreibung für die politische Agitation entwickelt, genannt „Geschichte der Gegenwart".[43] Im Kapitel „Ursprung der Historie" fasste er die Zeitachse, die äußere Realität und die menschliche Erkenntnis zur angeblichen «Einheit» zusammen. Er negierte den Pluralismus erkennender Subjekte und stützte in verschleiernder Weise die Idee, dass unmündige Bürger mit gefälligen Klitterungen und falschen Zukunftsversprechen bei

---

[37] *Heidegger* 1955/56, S. 3, 43; *Leibniz*, in: Gerhard (Hrsg.) 1890, Bd. 7: Philosophische Abhandlungen X: S. 301; VIII: S. 19.

[38] NB, die Übersetzung von „ratio" mit „Grund" entsprach nur früheren Versionen dieser Ideen z.B. Cicero.

[39] *Heidegger* 1955/56, S. 77, 83 f., 87.

[40] *Heidegger* 1955/56, S. 18.

[41] *Heidegger* 1955/56, S. 20.

[42] *Heidegger* 1955/56, S. 9, 45, 47, 51, 64, 83, 119, 151, 178–182, 188 f.

[43] *Heidegger* 1927: SZ, S. 393.

Stange gehalten werden müssten.[44] Zusammengefasst: das Heidegger-Amalgam.

Mit seinen bildhaften Assoziationen, unzutreffenden Metaphern und seiner Privatsprache praktiziert Heidegger eine obskurantistische Rhetorik. Er vereinnahmt die Leser mit Widersprüchlichem und Nebulösem, denn festlegen will er sich auf nichts: „Vielleicht ist eine Definition [der Wahrheit] gerade am weitesten entfernt von einem Erfassen des Wesens.“[45] Seine gestelzten Wendungen lassen meinen, es stecke philosophischer Tiefgang dahinter. Demgegenüber will er dem Volk nahelegen, es solle sein Denken besser am oberflächlichen Schein und am subjektiven Fühlen orientieren, denn die allgemein verbindliche kommunikative Vernunft und die Wissenschaften seien ein „Abgrund“.[46] Seine Predigt vom oberflächlichen Schein, dessen Gründe man nicht eruieren dürfe, ist der intellektuellen Neugier, der Autonomie-Suche von jungen Erwachsenen, weg aus der Abhängigkeit von Autoritäten, ihrem Lernen und der Entwicklung ihrer Urteilskraft wenig förderlich.

Heidegger und Schmitt (zu dem wir später kommen) verband eine tiefe Skepsis gegenüber Rationalität, Liberalismus und demokratischer Pluralität. Ihre Schriften lieferten Werkzeuge, um politische Lügen, Irrationalismus und autoritäre Machtansprüche zu rechtfertigen. Später griffen postmoderne Theoretiker zentrale Elemente dieser Denktradition auf – häufig ohne deren politische Herkunft offenzulegen.

4. Der frivole Flirt der linken Intellektuellen mit den Nazi-Philosophen

Ungeachtet von dessen Vergangenheit und der völkischen Anklänge in „Sein und Zeit“,[47] wurde Heidegger von namhaften französischen Autoren, die die NS-Herrschaft des Vichy-Regimes noch selbst erlebt hatten, zu neuem Ansehen verholfen, etwa von Jean-Paul Sartre und Jacques Derrida.[48] Auch Foucault, der ihn plagiiert, aber nicht zitiert hat,[49] gestand auf dem Sterbebett, dass er schon ab 1951 von Heidegger tief beeinflusst gewesen sei und tonnenweise Notizen hatte.[50] Adorno hingegen empörte sich über die „Heideggerei“ in Paris.[51]

---

44 Cf. *Haas* 2025, Abs. III.1–III.3, S. 187–192.

45 *Heidegger* 1931/32, S. 64.

46 *Heidegger* 1955/56, S. 87, 165.

47 Ein Beispiel dazu liefert *Megill* 1985, S. 118f.; weiteres cf. *Goldschmidt* 2023.

48 *Sartre* 1943, S. 12, 15, 20f., etc. (insgesamt 82 Erwähnungen).

49 *Haas* 2025, Abs. III.2. S. 189.

50 *Foucault* 28.6.–5.7.1984: DE IV.354, S. 703, Interview vom 29.5.1984.

51 *Felsch* 2018, S. 115.

Carl Schmitt wurde ebenfalls von «Progressiven» aus der Versenkung geholt. In Wohngemeinschaften der 1970er Jahre in Berlin waren viele Linksintellektuelle der Debatten des orthodoxen Marxismus überdrüssig und suchten einen frischen Wind.[52] Sie fanden ihn bei Schmitt[53] und bei Foucault, der privat mit diesen Verlegerkreisen verkehrte.[54]

Foucault lebte vor, wie man die Naziphilosophen verschweigt und sich an deren Stelle auf Nietzsche beruft. Seine Adepten imitieren ihn und begehen die gleichen handwerklichen oder ideologischen Fehler, indem sie gewisse Quellen unbesehen übernehmen.[55] Bei den angeblichen Nietzsche-Zitaten handelt es sich oft um den von dessen Schwester, Elisabeth Förster-Nietzsche, einer glühenden Nationalsozialistin, manipulierten Nachlass von 1906.[56] Das war schon ab 1965 bekannt: „Die unter dem Titel ‚Der Wille zur Macht'[57] bekannte Zusammenstellung ist unhaltbar […] aus vielen Gründen unglaubhaft,"[58] weil die krakelige Handschrift des teilerblindeten späten Nietzsche die Lesbarkeit verunmöglicht.

Dem Wirken der Kulturtheoretiker kommt einem – im Vergleich zu den Technologien – nicht minder bedeutungsvollen Anteil am Wohlergehen der Menschheit zu. Anders als technologische Erfindungen, die nicht mehr verschwinden (solange sie funktionsfähig sind), geraten Ideologien scheinbar in Vergessenheit, nachdem sie durch politische Umtriebigkeit entsetzliches Unglück und und Leid mitverursacht hatten und in Misskredit gerieten. Gerade die Beispiele Heideggers und Schmitts belegen, dass unheilvolle politische Agenden und gefährliche Strategien erhalten bleiben. Sie lehren uns, wie schnell es gehen kann, bis sie hinter den Kulissen wieder zum Leben «erweckt» und von neuen Autoren unter neuem Etikett rezykliert werden.

---

52 *Felsch* 2018, S. 154–169.

53 *Felsch* 2018, S. 202–205, 211–213, 234.

54 *Felsch* 2018, S. 137: persönliches Treffen bei Foucault zuhause.

55 Etwa einer der Gründungsväter des ZGW: *Tanner* 2005: Klio, S. 49 f.

56 *Nietzsche* 1906, in: *Förster-Nietzsche/Gast* (Hrsg): Nachlaß.

57 Nietzsche in: *Förster-Nietzsche/Gast* 1917: WM.

58 *Schlechta* 1965: Philologischer Nachbericht, in: Nietzsche Werke V, S. 1393. Quellenkritik dazu: Karl Schlechta kann nicht unbesehen übernommen werden. Er war bekennender Nationalsozialist gewesen (NSDAP Mitglied) (*Klee* 2016, S. 537 f.). Seine Kritik am Nietzsche Nachlass hat sich aber bestätigt, cf. Stanford Encyclopedia zu Nietzsche. Da Foucault Heidegger und Schmitt konzeptuell und als Plagiate kritiklos übernimmt, müsste er auch Schlechta übernehmen und ein großes Fragezeichen hinter Nietzsches „Wille zur Macht" setzen.

5. Foucaults Propaganda-Manifest der „Biopolitik“ (1976–1979)

Nachdem der Kommunismus der Ostblockstaaten (ab der Stalin Ära) die Glaubwürdigkeit des Marxismus-Leninismus stetig und immer tiefer zerrüttet hatte,[59] ersetzte Foucault die Doktrin Anfangs 1976 durch einen neuen Historizismus. Seine Vorlesung „In Verteidigung der Gesellschaft“ (VG)[60] verengt die Geschichte der Moderne auf eine „Biopolitik“, welche in Europa seit dem 18. Jahrhundert dominiere, und eine generalisierte Form der nationalsozialistischen Rassehygiene[61] und „Bevölkerungstechnologien“ sei.[62] Der Rassismus sei der „grundlegende Mechanismus“ der Biopolitik, „der Bruch zwischen dem was leben dürfe, und dem was sterben müsse“.[63] Die Quellen für seine Begriffe blieb er auch hier, wie so oft, schuldig.[64] Sarasin, als bedeutendster Foucault-Kenner im deutschsprachigen Raum, fasst die heutige Auslegung davon zusammen als jener

> „sich in der Moderne besonders ausformenden Machttyps, der auf das Leben und dessen Steigerung ausgerichtet ist. […] hin zur eigentlichen Regulation der Bevölkerung in ‚qualitativer‘ Hinsicht, letztlich bis zur eugenisch motivierten Ausmerzung von ‚lebensunwertem Leben‘.“[65]

a) Verblüffend enge Verwandtschaft von Foucaults Konzepten mit denen Carl Schmitts

In Tat und Wahrheit handelt es sich bei dieser Vorlesung um eine Brandrede, eine Polemik im wörtlichen Sinn.[66] Als destruktiven Kern reaktivierte Foucault den „Rasse“-Gedanken. Der Begriff bezeichnete ursprünglich jegliche Populationen, (z.B. Marx benannte 1867 die Warenbesitzer, Arbeiter und Aristokraten als „Racen“).[67] Alfred Ploetz definierte dann 1904 mehrere Bedeutungen, so die „Menschenrasse“ als Ganze, die „Vitalrasse“ als beliebige

---

59 *Laclau/Mouffe* 1985: Vorwort zur 2. engl. Aufl. 2001, S. viii.

60 Der Überprüfbarkeit halber nutze ich die englische Übersetzung (Society Must Be Defended Abk. SD), da nur diese open access verfügbar ist und für nicht-französisch Sprechende verständlich.

61 *Sarasin* 2005: Foucault Einführung, S. 166–171.

62 *Sarasin* 2003: zweierlei Rassismus, in: Stingelin (Hrsg.), S. 77.

63 *Foucault* 1975/76: VG, am 17.3.1976, S. 254.

64 Der Begriff erscheint 1927 in einem rumänischen Blatt „Buletin Eugenic si Biopolitic“: https://documente.bcucluj.ro/web/bibdigit/periodice/buletineugenicsibiopolitic/.

65 *Sarasin* 2005: Foucault Einführung, S. 167.

66 Abgehandelt in *Haas* 2024, *Haas* 2025.

67 *Schmitz-Berning* 2000, S. 481; *Marx* 1867: Kapital: S. 135, 214, 239, 449, 500f., 734f., 763.

Population und die „Systemrasse“ als Kategorisierung nach Hautfarben.[68] Darauf pfropften die Rassisten noch eine Ordnungsrelation auf.[69] Der seit Ende 19. Jahrhundert aufstrebende Rassismus und der Nationalsozialismus missbrauchten das „Rasse“-Wort als politischen Kampfbegriff mit den bekannten, verheerenden Folgen.

Nach dem Krieg ergriffen namhafte Kulturwissenschaftler, u.a. Claude Lévi-Strauss, mit der UNESCO-Erklärung von 1952 die Initiative, um „Rasse“ als politisch gefährliches Konzept aus der Wissenschaft zu verbannen.[70] Von den UNESCO-Bemühungen gegen den Rassismus schreibt Foucault nichts. Vielmehr füllte er als Zauberlehrling das Wort „Rasse“ mit neuen Inhalten (Herrschende vs. alle Devianten, die sich mit ihnen nicht „mischten“) und ersetzte damit Marxens „Klasse“.[71] Entgegen seiner eigenen Kritik an wissenschaftlichen Ordnungssystemen[72] führte Foucault zehn Jahre später mit seiner Neuauflage des Rasse-Gedankens eine grobe, menschenfeindliche Kategorisierung mit essentiellen Exklusivitätsmerkmalen ein (im „nicht mischen“),[73] ein historisch bekannter, brandgefährlicher Spaltpilz der Gesellschaft. Mit seiner „binären“-Polemik unter der missverständlichen Flagge einer „Genealogie“ verband er die „Hoffnung“, dass ein neuer „Rassenkrieg“ (sic) mit umgekehrtem Vorzeichen ausbreche.[74] Via seine Definitionen öffnete er zugleich Tür und Tor für Neuauflagen des universellen und explosiven Verschwörungsmythos' schlechthin: für den Antisemitismus.[75] Dafür waren Teile der Linksextremen schon immer empfänglich (ausgehend von Marx selbst).[76]

Innerhalb dieser Agenda ist das «Social Justice»-Thema nur ein Mittel zum Zweck. Foucault gleiste das Behaupten und Einfordern von Rechten (NB. nicht von gleichen Rechten, sondern x-beliebigen) als Kampfmittel für den Umsturz und als Flagge für den Protest auf.[77]

Die politische Agitation von 1976 ist derart hässlich und extrem, dass sie akademisch selten zitiert wird und wenn, dann nur unter Auslassung der übelsten Provokationen oder mit Schönreden. Sie zirkulierte jahrzehntelang auf Kassetten und diente dem inneren Zirkel der akademischen «Theory»-

---

[68] *Schmuhl* 2003, S. 28–30; *Ploetz* 1904, S. 11.

[69] *Kühl* 2014, S. 17.

[70] UNESCO 1952: The Race Concept.

[71] *Haas* 2025, Abs. II.3, S. 183.

[72] *Foucault* 1966: OD.

[73] Cf. *Simmel* 1908, S. 692.

[74] *Foucault* 1975/76: VG, am 4.2.1976, S. 88 kombiniert mit 21.1.1976, S. 57.

[75] *Foucault* 1975/76: VG, am 4.2.1976, S. 88; ausgeführt in *Haas* 2024, S. 204–207.

[76] Dazu: *Elbe* 2024; *Späti* 2006; *Marx* 1843: Judenfrage.

[77] *Foucault* 1975/76: VG, am 21.1.76, S. 52.

Lobby als revolutionäre Doktrin. Das Schüren von Furor hinter den Kulissen scheint offenbar identitätsstiftend gewirkt zu haben. Erst 1997 kam der ganze Text dank der Handnotizen schriftlich editiert heraus.[78] Im ideengeschichtlichen Hintergrund konvergiert er auffällig mit den explosiven Ideen des nationalsozialistischen Staatsrechtlers Carl Schmitt (ohne dass dieser je namentlich genannt würde).

Foucaults «binäre Analyse» beruht auf dem petitio prinicipii Trugschluss, die dichotome Spaltung, die erst nachzuweisen wäre, wird einfach als Prämisse voraussetzt. Sie scheidet kategorisch zwischen „den Gerechten und den Ungerechten, den Herrschenden und denen, die gehorchen müssen, den Reichen und den Armen, den Mächtigen und den Werktätigen".[79] Die Aufteilung der Gesellschaft in „Freund und Feind" ist nichts anderes als Schmitts Idee des „Politischen" von 1932, als „ideale Form tiefgreifender Machtsicherung". Schmitt definierte den „Feind" als „der Andere, der Fremde, und es genügt zu seinem Wesen, dass er in einem besonders intensiven Sinne existenziell etwas Anderes und Fremdes ist."[80] Diese Definition ist der Ursprung des heute als „Othering" bekannten Ausschluss-Mechanismus. Foucault übernahm sie eins zu eins.[81]

Schmitt fand 1923: „Zur Demokratie gehört also notwendig erstens Homogenität und zweitens – nötigenfalls – die Ausscheidung oder Vernichtung des Heterogenen."[82] Bei Foucault erscheinen das „Heterogene" und dessen Vernichtung ebenfalls. Es drehe sich alles um die „Souveränität über Leben und Tod", das Recht die Gegenseite „töten" zu dürfen:[83]

> „Similarly, the theme of the binary society which is divided into two races or two groups with different languages, laws, and so on will be replaced by that of a society that is, in contrast, biologically monist. Its only problem is this: it is threatened by a certain number of heterogeneous elements which are not essential to it, which do not divide the social body, or the living body of society, into two parts, and which are in a sense accidental. Hence the idea that foreigners have infiltrated this society, the theme of the deviants who are this society's by products."[84]

Sodann behauptet Foucault, „Politik [sei] die Fortsetzung des Krieges mit anderen Mitteln" und fragt rhetorisch, wer die These von Clausewitz in ihr Gegenteil umgedreht habe?[85] Es war wieder Schmitt – aber von Foucault darf

---

78 Webseite *Gallimard*: 27.2.1997.

79 *Foucault* 1975/76: VG, am 28.1.1976, S. 74.

80 *Schmitt* 1932, S. 14 (Dt.).

81 *Foucault* 1975/76: VG, am 17.3.1976, S. 255 f.

82 *Schmitt* 1923/2017, S. 14 (Dt.).

83 *Foucault* 1975/76: VG, am 17.3.1976, S. 239 f.

84 *Foucault* 1975/76: VG, am 28.1.76, S. 80 f.

85 *Foucault* 1975/76: VG, am 7.1.1976, S. 15 und am 21.1.1976, S. 48, 61 f.

man es nicht erfahren.[86] Schmitt schreckte nämlich noch davor zurück, die Clausewitz-Verdrehung direkt zu unterstützen. Foucault hingegen bejahte das plagiierte Postulat ohne jedes Wenn-und-aber.

Schmitts und Foucaults Ideen vereinigen sich ferner dort, wo beide Thomas Hobbes' Idee eines friedfertigen Sozialvertrags (1651) kategorisch ablehnen[87] und ihm vorwerfen, gesellschaftliche Antagonismen zu missachten resp. strategisch zu verschleiern.[88] Beiden ist Hobbes Unterscheidung zwischen Privatem und Öffentlichem ein Gräuel; sie wollen den politischen Kampf auf jeder Ebene forcieren.[89]

Während Schmitt 1932 noch vor der Idee eines finalen Krieges, mit dessen Sieg der endgültige Frieden einkehren würde, warnte, tat Foucault alles, um genau diesen verheerenden Krieg herbeizureden. Es solle ein „Rassen-Krieg" mit umgekehrten Vorzeichen sein, für den endgültigen Sieg der angeblichen „Unterrasse" (O-Ton),[90] die wegen ihrer Unterdrückung automatisch zu den «Gerechten» gehöre. Hier der Vergleich:

> *Schmitt* (1932): „in der Form des jeweils ‚endgültig letzten Krieges der Menschheit' ab. Solche Kriege sind notwendigerweise besonders intensive und unmenschliche Kriege, weil sie, über das Politische hinausgehend, den Feind gleichzeitig in moralischen und anderen Kategorien herabsetzen und zum unmenschlichen Scheusal machen müssen, das nicht nur abgewehrt, sondern definitiv vernichtet werden muss, also nicht mehr nur ein in seine Grenzen zurückzuweisender Feind ist."[91]

> *Foucault* (21.3.1976): „Why do we have to rediscover war? Well, because this ancient war is a […] permanent war. We really do have to become experts on battles, because the war has not ended, because preparations are still being made for the decisive battles, and because we have to win the decisive battle. In other words, the enemies who face us still pose a threat to us, and it is not some reconciliation or pacification that will allow us to bring the war to an end. It will end only to the extent that we really are the victors."[92]

> *Foucault* (28.3.1976): „It was not exactly racist discourse whose history I was tracing and that I was praising: it was the discourse of race war or race struggle. […] It was a reworking of that old discourse, which at that point was already hundreds of years old, in sociobiological terms, and it was reworked for purposes of social con-

---

[86] *Schmitt* 1932, S. 16 (Dt.).

[87] *Foucault* 1975/76: VG, am 21.1.1976, S. 50; und *Schmitt* 1938/1996 Kap. IV, S. 49 (Engl.).

[88] *Schmitt* 1932, S. 40 f (Dt.) versus *Foucault* 1975/76: VG, am 4.2.76 S. 91, 97 f.

[89] *Schmitt* 1938/1996, Kap V, S. 56 (Engl.) versus *Foucault* 1975/76: VG, z.B. am 21.1.1976, S. 61.

[90] *Foucault* 1975/76: VG, am 21.1.1976, S. 61 f.

[91] *Schmitt* 1932, S. 24 (Dt.).

[92] *Foucault* 1975/76: VG, am 21.1.76, S. 51.

servatism and, at least in a certain number of cases, colonial domination. [...] I was indeed praising the discourse of race war."[93]

Man kommt nicht um die Feststellung herum, dass Foucault von Schmitt abgeschrieben und sein Gedankengut nochmals zugespitzt hat, und zwar in beträchtlichen Teilen.

b) Ausgefeilte Verschleierungsmanöver zur Legitimierung der Demagogie

Die martialische Sprache der Vorlesung von 1976 im Abgleich mit späteren Vorlesungen zur Biopolitik ist in Diagramm 1 zusammengestellt.

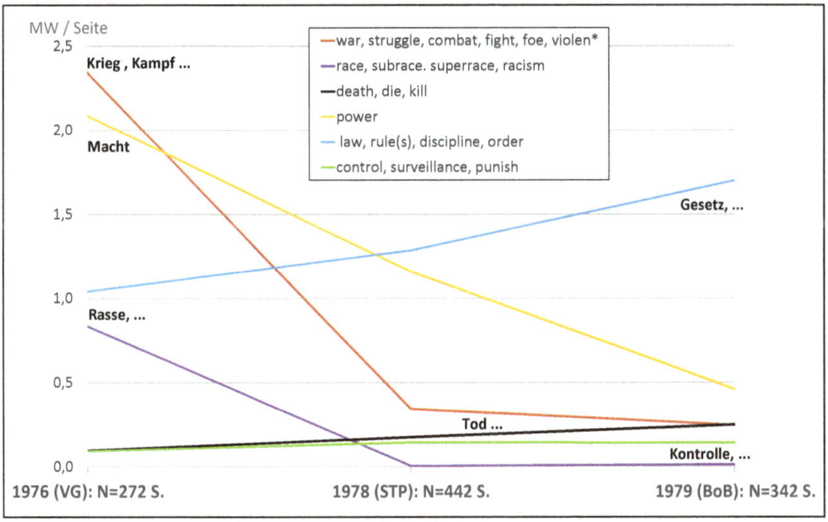

Abb. 1: Zeitreihen von inflammatorischer Rhetorik 1976 und Tarnen des Biopolitik-Narrativs (1978–1979)

Statistische Auszählung der Häufigkeiten der Termini am 16. 8. 2025 mit ChatGTP 3.0 der englischen (open access) Versionen der Vorlesungen.[94] Nur Text aus Foucaults Feder wurde gezählt (Kommentare und Fußnoten von Herausgebern nicht). Zeitreihen der Mittelwerte (MW) pro Seite mit MS Excel erstellt.

Die Begriffe „Krieg, Kampf, ...", hat der Demagoge in der Vorlesung „Verteidigung der Gesellschaft" 1976 (VG) N = 637 mal (auf 272 Seiten) verwendet. Die Begriffsbedeutungen dehnt er im Dienst des Aufbauschens unendlich weit aus, als sogenanntes Concept-Creep, das den Anschein von Unrecht und

93 *Foucault* 1975/76: VG, am 28. 1. 1976, S. 63.

94 *Foucault*, Michel: Lectures at the Collège de France, 1975/76: VG; 1977/78: STP; 1978/79: BoB.

Schadensanspruch semantisch maximieren soll.[95] Die Begriffe „Rasse“ und „Rassismus“ (inkl. vereinzelt in der NS-Form als „Unterrasse“ und „Überrasse“) kamen N = 227 mal vor und das Wort „Macht“ N = 567 mal.

Nachträglich, aber noch im selben Jahr, am 17. November 1976,[96] erwähnte Foucault die „Biopolitik“ in weit weniger polemischer Diktion am Rande.[97] Dies ermöglicht es allen Nachfolgern, die Einführung des Konzepts in ein unverfänglicheres Werk umzudatieren. Offenbar scheint es nicht opportun, wenn zu viele politisch Andersdenkende von der polemischen Agitation zwischen dem 7. Januar und dem 17. März 1976 (in SD) erführen.[98] Foucault-Insider nutzen das oder werden davon in die Irre geleitet, wenn sie sich an eine breitere Öffentlichkeit wenden.

Die späteren Vorlesungen des französischen Star-Professors über «Biopolitik» scheinen weniger auffällig, aber nur, solange man ihre Funktion in der Ausgestaltung der Initialzündung von 1976 nicht kennt. In den Jahren 1977–1979 hat Foucault seine deterministische Großerzählung verfeinert und besser getarnt.

Die Neuauflagen und Ergänzungen der Biopolitik-Thesen (1978–1979) laufen auf Deutsch unter dem Titel „Gouvernementalität“ (die Mentalität des Regierens) und sind in bürokratischen Jargon gekleidet. Darin kommen die Signal-Wörter, die auf die Schaltkreise der Angst und der Aggression abzielen, um die niederen Instinkte zu wecken und Schmitts Freund/Feind Schema kaum mehr vor (siehe Abb. 1).

In der Vorlesung „Sicherheit, Territorium, Bevölkerung“ (STP) von 1978 negiert Foucault die Legitimität des demokratischen Rechtsstaates, der Justiz,[99] der Schulen, Armee, um als sie reine Macht-und Disziplinierungsinstrumente zur Normalisierung darzustellen. Er knüpft damit an Althussers Ideen über eine „Pluralität der Staatsapparate“, die „mit Gewalt funktionierten“, an. Zur Aktualisierung der marxistischen Theorie (nach Gramscis Konzept) gelte es, diese alle ins Visier zu nehmen und zu bekämpfen.[100] Foucault

---

95 Vgl. *Haslam* 2016 zu dieser Rhetorik.

96 *Foucault* 17. 11. 1976: volonté de savoir, bei Editions Gallimard (Dt. „Der Wille zum Wissen“). Catalogue *Gallimard*: 17. 11. 1976.

97 *Foucault* 17. 11. 1976: volonté de savoir, S. 183–189.

98 *Sarasin* 25.3.2020 online an die Öffentlichkeit, versus vorher: *Sarasin* 2005: Foucault Einführung, S. 166 nur gedruckt.

99 *McGowan* 1991, S. 227.

100 *Althusser* 1970, S. 6–8; vgl. mit *Foucault* 1977/78: STP, am 25. 1. 1978, S. 25 f., Althussers „Pluralität“ erscheint dort als „Multiplizität“. Althussers und Gramscis Namen hat Foucault weggelassen.

fügt zu Althussers Liste noch die „Dressierung" hinzu. «Dressierung» erfolge beispielsweise beim Impfen durch die „medizinische Polizei" (sic).[101]

Unerwünschte Nebenwirkungen der Demokratien, die nie völlig zu vermeiden sind, welche aber auch nicht einfach dem Staat, den Parteien oder den Regierenden angelastet werden können, weil sie z. T. auf Missbräuchen der rechtstaatlichen Ordnung resultieren, bauscht er zur programmatischen Absicht auf:

> „In den Vorlesungen zur Geschichte der Gouvernementalität von 1977–1979 bezieht Foucault das Konzept der Biopolitik […] grundsätzlich auf die Regierungsform des Liberalismus und den liberalen Staat. Denn mit der Verallgemeinerung der politischen Souveränität müssen ‚die Rechtssubjekte selbst wie eine Souveränität erscheinen, die eine Regierung leiten muss.' Von hier aus nehme ‚die Organisationslinie einer ‚Biopolitik' ihren Ausgangspunkt'; daher müsse der Liberalismus als allgemeiner Rahmen der Biopolitik untersucht werden. […] Insofern bleibt Foucaults Konzept der Biopolitik als Instrument einer kritischen Gegenwartsanalyse ein Torso, allerdings ein Torso mit vielen Schnittstellen für mögliche theoretische Weiterentwicklungen."[102]

Foucault delegitimierte die Freiheit und Verantwortung der Bürger.[103] In den Abhandlungen der «Gouvernementalität»[104] (STP und BoB) 1977–1979 stecken Vorschläge, wie die Umsturz-Agenda mit historischer Kritik als «Weiterentwicklungen» vorangetrieben werden könne.

Hier beobachtet man, wie sich die Verschiebung der Bedeutung des Worts „Biopolitik" abspielt. Neben seiner ersten Bedeutung von 1976 als maßlose Übertreibung und Hetze mit einem tief reaktionären Kern wird es mit einem zweiten Kleid umgeben, das terminologisch an vorbestehende linke Ideologie anschlussfähig ist und weniger Angriffsfläche bietet. Anwender, welche die Begriffsdefinition von „Biopolitik" offen lassen, können damit den radikalisierten Eingeweihten eine verschlüsselte Botschaft senden, die da lautet: «Lasst die Wissenschaft und die Demokratie in einem Rassenkrieg untergehen!». Gegen außen können sich solche Anwender jedoch hinter der Schutzbehauptung verstecken, ihre Verwendung des Begriffs. sei diejenige der „Gouvernementalität" und der Begriff sei lediglich ein „Torso". Die Doppelzüngigkeit von Extremisten wird auch *dog-whistling* genannt, in denen verfassungsfeindliche, antidemokratische oder antisemitische Inhalte mit mehrdeutigen Codes ausgedrückt werden können, ohne dass man die Autoren dafür belangen könnte.[105]

---

101 *Foucault* 1977/78: STP, am 25. 1. 1978, S. 87.

102 *Sarasin* 2005: Foucault Einführung, S. 171.

103 *Foucault* 1977/78: STP, am 1. 3. 1978, S. 264.

104 Cf. *Purtschert/Meyer/Winter* 2008: Einleitung, S. 12.

105 Konrad Adenauer Stiftung, Rechtsextremismus, rechtsextreme Codes, (online: https://www.kas.de/de/web/extremismus/rechtsextremismus/rechtsextreme-codes).

c) „Vulkane des Wahnsinns“ ausbrechen lassen als nihilistische Agenda

Der demagogische Aufruf zum «Rassenkrieg» von 1976 kann es mit den unheilvollsten Texten der Weltgeschichte aufnehmen, z. B. mit Schillers Reiterlied. Es enthielt mit dem forschen Reiterspruch das spätere Motto der NSDAP.[106] Stillschweigend übergehen die Exegeten Sarasin sowie Purtschert, Meyer und Winter die inflammatorische Rhetorik, den Manichäismus zur Maximierung politischer Konflikte und den als „Hoffnung“ formulierten Aufruf zum Krieg. Gar nichts erfahren ihre Leser darüber, dass die reaktionären Machtstrategien von Nazi-Philosophen stammen.[107]

Bezeichnend für Michel Foucaults Umsturz-Phantasma ist seine Konzeptlosigkeit zur Verbesserung der sozialen Ordnung. Er weist keinen einzigen konstruktiven Vorschlag aus und agierte ins Nichts hinaus, fasziniert von der Fantasie, dass „Vulkane des Wahnsinns“ die ältesten Gesetze der Welt zerstören würden (wie es sein Biograph formulierte).[108] Dieses Versagen als politischer Philosoph wurde immer wieder moniert.[109] Völlig offen bleibt, wie – nach der Zerstörung der Demokratie und einem «gewonnenen Rassenkrieg» – eine «gütige und gerechte Autorität» konstituiert werden solle, welche die Freiheit der Einzelnen und die Prosperität der Gesellschaft garantieren könnte.

d) Double Bind mit paradoxer Kommunikation als strategisches Mittel

Gegenüber den Folgen seines Tuns stahl sich Foucault jeweils mit paradoxer Kommunikation aus der Verantwortung. Zur jeweils gleichen Sache praktizierte er ein Hin-und-Her von Anheizen und Beschwichtigen. Unhaltbare oder extreme Einlassungen wechseln sich mit gemäßigt wirkenden Argumenten ab, zuweilen dementierte er seine Exzesse oder wollte sich auf nichts behaften lassen. Zu jeder krassen These hat es wieder irgendwo eine scheinbar harmlose Form oder ein Bestreiten, gefolgt von neuen Provokationen, Aufrufen resp. Mäßigungen und Bestreiten. Exemplarisch dazu: Am 15. März 1978 (in STP) erlitt Foucault einen Rückfall in die Brandrede von 1976 (VG) und berief sich auf Jean Genets Artikel in Le Monde als «Orientierungshilfe»:

> „We arrive at the idea that there is no antinomy between violence and reason, in things concerning the state at least. Creating an opposition – which you will no doubt recognize if you read the article by Genet in Le Monde last September* […]

---

[106] *Haas* 2017.

[107] *Sarasin* 2003: zweierlei Rassismus, in: Stingelin (Hrsg.); *Sarasin* 2005: Foucault Einführung, S. 166–171; *Purtschert/Meyer/Winter* 2008: Einleitung, S. 12.

[108] *Miller* 1993, S. 276 (Dt.).

[109] Von *Kohler* 1992, S. 181, von *Neiman* 2023, S. 114; von *Megill* 1985, S. 197; von *McGowan* 1991, S. 69.

one must distinguish between violence and brutality, because brutality is violence ‚committed only on the whim of particular individuals,' while acts of violence ‚committed by the wise in concert' are coups d'État."[110]

Genet hatte dort seine Begeisterung für Andreas Baader, Ulrike Meinhof, Holger Meins und die Rote-Armee-Fraktion kundgetan. Den Eindruck, dass MΦ ein RAF-Sympathisant gewesen sei, wollten die Herausgeber des Bandes im Jahr 2007 mit der Fußnote unbedingt korrigieren: Foucault habe seit 1977 „klar" signalisiert, dass er „den Terrorismus und das Blut" der Baader-Bande nicht akzeptiere. Dafür bemühen sie allerdings nur das posthume Wort eines Freundes (Claude Mauriac) von 1986, dem er sich „anvertraut" habe. Andere berichten, dass Foucault die RAF für ein ideologisches Relikt aus dem 19. Jahrhundert hielt.[111] Es gibt eine Reihe posthumer Zeugen und nicht alle vermitteln ein sehr positives Bild. Wenn man das Wort des einen für bare Münze nimmt, müsste man mit den anderen gleich verfahren.

Die paradoxe Kommunikation als ein Mittel, um andere Menschen zu verunsichern, zu lähmen, oder sogar psychisch krank zu machen, war zu jener Zeit in aller Munde. Bateson, Jackson, Haley, und Weakland adressierten sie (1956–1972) unter dem Namen „double bind".[112] Obwohl Foucault sich nie auf die Palo-Alto-Schule bezogen hat, ist es höchst unwahrscheinlich, dass er als Psychologe nichts davon gewusst haben sollte.[113]

Die gezielte Duplizität hat sowohl eine offensive als auch defensive Funktion. Sie ist auch heute beliebt bei der Anhängerschaft, um die Gegner argumentativ auflaufen zu lassen – sofern diese das Macht-Spiel nicht durchschauen und als solches adressieren.

6. Foucaults Masterplan als «spezifischer Intellektueller»

Das «Biopolitik»-Narrativ will die Demokratie als unwirksame Staatsform entlarven. Sarasin, als wohl bedeutendste Foucault-Kenner im deutschsprachigen Raum, interpretiert die Brandrede von 1976 als eine völlige Ohnmacht der demokratischen Strukturen:

„Deutlicher kann man es nicht sagen die Biomacht [...] infiltriert durchdringt und überschwemmt tendenziell [...] jede Form von politischer Souveränität, um sie ihren eigenen Gesetzmäßigkeiten und Notwendigkeiten zu unterwerfen."[114]

110 *Foucault* 1977/78: STP, am 15.3.1978, S. 345.

111 *Felsch* 2018, S. 140.

112 *Bateson/Jackson/Haley/Weakland* 1963; *dieselben* 1956; *Bateson* 1972.

113 Beispielsweise *Lyotard* 1979, S. 59 kannte die Palo-Alto-Schule.

114 *Sarasin* 2003: zweierlei Rassismus, in: Stingelin (Hrsg.), S. 60.

Für Kenner des Originals (VG) ist die beschönigende Tendenz des Exegeten allerdings unübersehbar, wenn er sich etwa auf Laclau und Mouffe bezieht oder beiläufig einfließen lässt, „Biomacht“ würde „nicht um die Tötung von Leben“ kreisen.[115]

Foucault wollte hingegen viel weiter gehen und mit seiner «Anti-Wissenschaft» den Umsturz der demokratischen Staaten herbeiführen. In diesem Rahmen sollten die Human-Wissenschaften endgültig disqualifiziert werden.[116]

a) Foucaults Rollen als Propagandist, Agitator, Publizist, Terror- und Gewaltunterstützer

Kurz nach der Brandrede erfand Foucault (in Anlehnung an Gramsci) den „spezifischen Intellektuellen“ als neues Etikett für sich und seine Gefolgschaft aus der bürgerlichen «Elite», im Gegensatz zum universellen Intellektuellen. Die ersteren (und damit sich selbst) nannte er „Experten-Weisen“. Sie sollten die Verbindung zwischen Theorie und (politischer) Praxis herstellen, indem sie sich in „lokale, spezifische Kämpfe“ begeben.[117] Nebst den (nicht deklarierten) programmatischen Anleihen an Gramsci, die er mit Angriffen auf die humanwissenschaftliche Forschung umsetzte und konkretisierte, ließ Foucault keines der vier Aktionsfelder Lenins aus (ohne ihn zu nennen):

Als *Propagandist* konzipierte er das Biopolitik-Narrativ, das eine politische Welterklärung und einen Umsturz-Plan vorsieht (demokratischen Rechtsstaat und Wissenschaft delegitimieren, Rassenkrieg wiederbeleben, Rechte fordern).

Als *Agitator* organisierte er ab 1969, dem Erhalt der Tenure in Paris, unzählige Demonstrationen und hielt nicht nur das Megafon, sondern warf Steine auf Polizisten, wobei er peinlich darauf achtete, seinen Samtanzug nicht zu beschmutzen.[118]

Als *Publizist* agierte er lebenslang in Symbiose mit der Presse. Seine Interviews füllen vier Bände.[119] Diesem Vorbild leben einige Schüler nach und schaffen sich eine Machtbasis – besonders gegenüber den Hochschulen, welche die mediale Kritik fürchten wie der Teufel das Weihwasser. Die von Lenin skizzierte Skandalisierungsaufgabe hat MΦ mit seinen lang und breit ausge-

---

115 *Sarasin* 2003: zweierlei Rassismus, in: Stingelin (Hrsg.), S. 68 f., 61.

116 *Marti* 1988, S. 47.

117 *Foucault* 29. 11 – 5. 12. 1976: DE III.184, S. 109.

118 *Miller* 1993, S. 260, 277, 301, 19 (Dt.).

119 *Défert/Ewald* 1994: Dits et écrits I – IV, 1954 – 1988.

schlachteten grauslichen Details salonfähig gemacht.[120] Das Thema «Biopolitik» eignet sich hervorragend als Melkkuh für einen unredlichen investigativen Journalismus, der davon profitiert, dass er Medizin, Justiz und Verwaltung mit faktisch falschen Vorwürfen eindecken kann. Wegen des Persönlichkeitsschutzes von betroffenen Auskunfts-Personen (als Patienten, unter Beistandschaft, etc.) dürfen die zu Unrecht beschuldigten Fachleute die Dinge oft nicht wirksam richtigstellen. Das audiatur et altera pars tritt hinter den Rechten von Schutzbefohlenen zurück. Redliche Fachleute müssen dann als Prügelknaben herhalten, bis eine Kommission die Vorwürfe prüft und bestreitet – falls überhaupt je, und wenn, dann mit langer Verspätung. Dies tun Kommissionen i. d. R. ebenfalls ohne den Sachverhalt öffentlich und umfassend richtig zu stellen. Das hieße nämlich wiederum, die falschen Zeugnisse und die wahren Lebensumstände derer, die die Presse mit faktenwidrigen Behauptungen gefüttert hatten, zu benennen. Schließlich romantisierte Foucault 1978–1979 die Idee des fundamentalistisch-religiösen Umsturzes durch Ayatollah Khomeini im Iran – entgegen allen Warnungen von Intellektuellen und Frauen, und ließ die Verfolgten nachher schmählich im Stich.

Millers Biografie bezeugt Foucaults Rolle als *Terror- und Gewaltunterstützer.* Die Liste aller Stellungnahmen für Kriminelle, für Terror, Gewalt und Selbstjustiz, pädosexuelle Ausbeutung und sogar Sadismus ist lang. Sie umfasst das Unterschreiben einer Petition für die Entkriminalisierung des Kindsmissbrauchs[121] und eine zugunsten der Publikation des sadistisch-rassistischen Pornobuchs „Eden, Eden, Eden“ von Guyotat.[122] Um sie in eine Verantwortung für das Ästhetisieren und die Huldigungen an die Taten und Schutzbehauptungen eines Sadisten und barbarischen Mörders hinein zu ziehen, rekrutierte Foucault Studenten für den Pierre Rivière-Band.[123] Weiter kämpfte er 1977 gegen die Auslieferung des RAF-Terroristen Klaus Croissant an die BRD. Urplötzlich plädierte er für die Rechtsstaatlichkeit, nachdem er 1971 die Abschaffung der Justiz gefordert hatte und dafür militiert hatte, dass jeder erregte Mob auf der Straße selber entscheiden könne, wen er „töten müsse“,[124] angeleitet durch selbsternannte «Eliten».

---

120 *Foucault* 1975: S, S. 9–15, 44–46, 56, 61, 67, 71, usw. (Dt.); resp. Part one, Part two, 1 (Engl.).

121 Cf. auf: *Dolto* 8. 7. 1977: Revision du Code pénal.

122 *Hennig* 4. 8. 2016 zu *Gyotat*, Pierre: Eden, Eden, Eden, Paris 1970.

123 *Miller* 1993, S. 329–334 (Dt.); *Foucault* 1973: Rivière, S. 231, 238 f. (Dt.).

124 *Gordon/Foucault* 1980, S. 13, und S. 6, 26; cf. *Haas* 2024, S. 206.

b) Die psychologisch konzipierte Manipulations-Agenda ab 1961

Als *Propagandist* verfasste der Pariser Starprofessor nicht nur die Biopolitik-Ideologie, sondern er wirkte konzeptionell auf ungleich tieferer Ebene auf die Kognition seiner Schüler ein. «Theory»-Vertreter verstehen seine „Werkzeugkiste" als entgrenzende Forschungspraxis und relativistisch begründete Spielart im Umgang mit Textdaten. Doch dahinter steckt wesentlich mehr.

Seine fulminante Karriere startete mit der Dissertation 1961 über die „Geschichte des Wahnsinns" (N.B. nicht der Psychiatrie).[125] Wer genau liest, entdeckt den Keim zum politischen Master-Plan schon dort, wenn er weiß, wie das Buch zu lesen ist. Natürlich ist das erst ex post möglich. «Der Wahnsinn» ist bei Foucault ein Konglomerat aller möglicher Devianzen und Äußerungen. Hier zeichnet er bereits einen Kniff zur Wahrnehmungsveränderung des Publikums vor, nämlich das Überdehnen (Concept Creep) und Verengen der Bedeutung (Wortklauberei) von Begriffen, das im Dienst der Skandalisierung steht.

Das geheime Rezept des «Großdenkers» steckt jedoch im „Punkt Null", an den er zurückzukehren gedenke, dort, wo Vernunft und Wahnsinn noch nicht geschieden seien.[126] Den ebenfalls der „Heideggerei" verfallenen Mentoren des Doktoranden musste die Idee vertraut vorkommen: Der «Punkt Null» wäre historisch vor zweieinhalbtausend Jahre anzusiedeln; er entspricht dem vorsokratischen Wahrheitsverständnis des Offensichtlichen, der Aletheia, aus den Fragmenten von Heraklit und Parmenides (beide ca. 520–460 v. Chr.).[127] Ebenfalls bei Heidegger finden wir einen Satz zur „Raserei des ausschließlich rechnenden Denkens und seiner riesenhaften Erfolge".[128] Der „Punkt Null" mutet daher irgendwie philosophiehistorisch an.

Die Spurensuche nach der Inspiration hinter der «Werkzeugkiste» («Diskursanalyse», «Antiwissenschaft» und «Genealogie») führt uns zu den Diplomen in Psychopathologie und experimenteller Psychologie (1952) des späteren «Denkers». Durch Vermittlung von Althusser war der junge Foucault 1951–1955 Lehrbeauftragter an der Ecole Normale Supérieure (ENS), wo er sich intensiv mit den Ursachen psychologischer Phänomene befasste.[129] In den frühen psychologischen Texten bezog er sich explizit auf Iwan Pawlow, Eugen Bleuler und Sigmund Freud.[130] Im Gegensatz zu Historikern und Phi-

---

125 *Foucault* 1961, (Engl.): Madness and Civilization.

126 *Foucault* 1961: WG, Preface S. ix (Engl.), S. 7 (Dt.).

127 *Heidegger* 1931/32, S. 13 f., 53, 95, 103, 157.

128 *Heidegger* 1955/56, S. 189.

129 *Basso* 2022, S. 15–22.

130 *Basso* 2022, S. 24 f; *Foucault* 1954, 6 f., 14, 16, 23–25, 32, 37–41, 44–48, 82–86, 89, 92–94, 97, 100, 105–107, 111.

losophen[131] wundern sich Psychowissenschaftler darüber, weshalb der studierte Psychologe Foucault das archaische, irrationale Denken (welches allen Menschen eigen ist und mobilisiert, aber auch kontrolliert werden kann) als großes Thema ihrer Disziplin gänzlich verschweigt. Man würde erwarten, dass er die Entdeckungen um das Fin de Siècle beschriebe, wenn er sie schon im Visier hat. Doch lässt er sein Buch vorher enden, womit das Thema unter den Tisch fällt, ohne dass nicht-fachkundige Leser davon erführen.

Pawlow hatte Ende des 19. Jahrhunderts die klassische Konditionierung entdeckt, mit der ein Hund eine Verbindung zwischen einem Signal und der Erwartung einer Trieb-Befriedigung erlernen kann.[132] Es sind die Vorläufer von Wörtern, genauer gesagt von Symbolen.

Sigmund Freud hat den Begriff des Primärprozesses 1900 in seiner Traumdeutung eingeführt:

> „Der Primärvorgang strebt nach Abfuhr der Erregung, um mit der so gesammelten Erregungsgröße eine Wahrnehmungsidentität herzustellen; der Sekundärvorgang [d. h. das logische, wache Denken] hat diese Absicht verlassen und an ihrer Statt die andere aufgenommen, eine Denkidentität zu erzielen."[133]

Im Primärprozess produziert man bloße (rational nicht begründbare) Assoziationen zwischen Wörtern, Bildern und Trieben; zufällige Verknüpfungen, die durch individuelle lebensgeschichtliche Ereignisse entstanden sind.

Eugen Bleuler kreierte 1916 den Terminus des unlogischen und selbstbezogenen „autistischen Denkens" in der Fantasie,[134] welches allen Menschen eigen ist, auch dem seiner eigenen Berufsgattung, der Ärzteschaft, mithin den Experten schlechthin.[135]

In modifizierter Form leben die Konzepte von Pawlow, Freud und Bleuler heute weiter: Kahnemann unterscheidet zwischen dem schnellen, assoziativen Denken im Alltag und dem langsamen, analytischen, das erheblich mehr Konzentration und Intelligenz erfordert.[136]

Foucault hat die Frage nach dem Nullpunkt zwar gestellt, aber nicht beantwortet. Somit kann sie weder erkenntnistheoretisch noch historisch gemeint

---

131 Z.B. der Philosoph *Kohler* (1992, S. 160) kann mit dem „Punkt Null" nichts anfangen.

132 *Clark* 2004, S. 282–284.

133 *Freud* 1900: Traumdeutung, Kap. VII, S. 607. Anm. Foucault verschweigt 1961 Bleuler und Pawlow gänzlich, Freud nennt er nur pro forma, ohne die Traumdeutung 1900 oder Idee des Primärprozesses zu erwähnen.

134 *Bleuler* 1916, S. 33 (N.B. „autistisches Denken" bei Bleuler hat nichts mit der heutigen Diagnose des Autismus-Spektrums zu tun).

135 *Bleuler* 1921.

136 *Kahnemann* 2011.

gewesen sein. Eher handelt es sich dabei um eine subtil eingefädelte Suggestion, ein Nudging. Es stupst die Fantasie der Leserschaft an, die aufgrund der Lektüre des einseitigen Buches meinen muss, die Vernunft sei nicht das, was sie vorgebe, sondern sie sei auf der gleichen Stufe wie der «Wahnsinn» angesiedelt (oder darunter), weil – so Foucault – die Psychiatrie ihre Wissenschaftlichkeit bloß prätendiere.[137]

Später fabrizierte er die „Anti-Wissenschaft" mit ihrer absichtlich irrationalen, nicht-kausalen Quellenauswahl.[138] Die heute unter der Bezeichnung «Diskursanalyse Foucaultscher Prägung» und «Genealogie» umgesetzten Rezepte bestehen nun just darin, das archaische Denken zu fördern, mit Essentialisierung, Pauschalisierung, Eklektizismus bei den Quellen, nicht kontextualisierter, subjektiver «Oberflächen»-Auslegung von Sätzen und Begriffen und dem Einsatz von Fiktion.[139] Diese leitete Foucault in wenig greifbaren Sätzen[140] und mit irreführenden Metaphern her.[141]

Die Aufklärungs-Lücke über die archaische, irrationale Kognition kommt der später aufgegleisten, sogenannten «Diskursanalyse»[142] und «Genealogie»[143] strategisch sehr entgegen. Dort wird er sich einen „glücklichen Positivisten" nennen[144] und nichts anderes propagieren als die Regression auf das oberflächliche, assoziative und von egozentrischen Wünschen getragene Denken, welches das anstrengende analytische Schlussfolgern für unnötig erklärt.

Zur «Genealogie» lieferte Foucault überhaupt keine Heuristik für die Wahrheitssuche mehr, denn sie ist nicht nötig: Ihre Resultate stehen bereits fest. Anders als man meinen könnte, ist «Genealogie» (nach dem Vorbild Nietzsches)[145] nämlich keine Suche nach historischen Ursprüngen oder Erbschaften aus der Vergangenheit,[146] sondern der Sinn des Wortes wurde umgedreht. Sie sei eine neue „effektive" Geschichtsschreibung, welche „Diskontinuitäten" erfasse (auch paraphrasiert mit «Bruch»). „Diskontinuität" definiert

---

137 *Foucault* 1961: WG, S. 126 (Dt.), (Engl. S. 275).

138 *Foucault* 1975/76: VG, am 7. 1. 1976, S. 7–9.

139 *Haas* 2025, Abs. IV.2–IV.3 S. 200–2004 zu *Foucault* 1969: AW, Kap. II.1, II.4, III.3, III.4, S. 43, 75, 159, 174, 178–179, 246, 292) (Dt.); *Foucault* 1966: OD; *Sarasin* 2007: Diskursanalyse, S. 201, 204–205, 214.

140 *Weyrother*, 24. 5. 2021.

141 Besprechung in *Haas* 2024, S. 202–203; und *Haas* 2025, Abs. IV.2–IV.3, S. 200–2004.

142 *Foucault* 1966: OD; *Foucault* 1969: AW.

143 *Foucault* 1971: NGH.

144 *Foucault* 1969: AW, Kap. III.4, S. 182 (Dt.).

145 *McGowan* 1991, S. 11; *Foucault* 1971: NGH, S. 142, 144–146.

146 *Foucault* 1969: AW, Kap. IV.2, S. 205 (Dt).

Foucault so, dass sie in der „Usurpation der Macht" bestehe, welche die Umdrehung der bisherigen Verhältnisse bewirke. Nichts anderes gilt als Bruch.[147] Längerfristige Entwicklungen zählen demnach nicht zu «genealogischen» Ereignissen nach Foucaults Idee und lassen sie sich mit Hilfe dieses Konzepts unter den Teppich kehren.

Er ging noch weiter, denn 1971 stand für ihn bereits fest, welche «Fakten» alle zukünftigen «genealogischen» Studien «finden» werden: Jeder Wissensdurst sei von „Bösartigkeit", von „etwas Mörderischem" durchdrungen, welches „dem Glück der Menschheit im Wege stehe".

> „It finds that all these forms and transformations are aspects of the will to knowledge: instinct, passion the inquisitor's devotion;·cruel subtlety, and malice."[148]

> „The historical analysis of this rancorous will to knowledge reveals that all knowledge rests upon injustice (that there is no right, not even in the act of knowing, to truth or a foundation for truth) and that the instinct for knowledge is malicious (something murderous, opposed to the happiness of mankind)."[149]

Hier enthüllt sich wieder der petitio principii Fehlschluss, der die erwünschten Resultate einfach als Prämisse voraussetzt und sich so der Notwendigkeit des faktischen Nachweises entledigt (engl. begging the question). Zugleich vermag dieser Sophismus als Dogma die unvoreingenommene Neugier zu hemmen und zu behindern: Jedes Wissen und jede Erkenntnissuche seien grundsätzlich böse.

In einer «genealogischen» Hermeneutik zählen jegliche demokratischen Aushandlungs-Prozesse (namentlich Entscheide, Verträge, Regierung, sogar Abwehr von Unrecht),[150] jegliche Tätigkeit von Fachleuten und selbst jeder Kampf von Oppositionellen (z. B. gegen den Nationalsozialismus und Rassismus) automatisch zu den «Kontinuitäten» der «Biopolitik», denn der geforderte radikale Umsturz erfolgte deswegen nicht. Innerhalb dieses Dogmas können alle Akteure als «bösartig, mörderisch» und «gegen das Glück der Menschheit» porträtiert werden. «Genealogie», «Biopolitik» und «Diskontinuität» bilden somit eine Art trojanisches Pferd der Geschichtsschreibung.

---

[147] *Foucault* 1971: NGH, S. 154.
[148] *Foucault* 1971: NGH, S. 162.
[149] *Foucault* 1971: NGH, S. 163.
[150] *Foucault* 1971: NGH, S. 154.

c) Fallbeispiel einer «Genealogie»[151]

Mit explizitem Gebrauch der Begrifflichkeit aus Foucaults „Genealogie"[152] setzt ein Protagonist des ZGW zur Pauschalverunglimpfung an: Nach 1945 habe eine „erstaunliche Kontinuität" in eugenischem Denken und Praxis in der Schweiz und in Schweden geherrscht.[153] Dass es viele Eugenik-Skeptiker und Verteidiger des Patientenwillens gegeben hat, kommt nicht vor. Entsprechende Archivfunde werden von dieser Schule unter dem Deckel gehalten.[154] Wer ihr vorwerfen würde, das Veto der Quellen sei verletzt, könnte zurechtgewiesen werden, er hätte von aktueller Geschichtswissenschaft nichts verstanden. Tatsächlich haben in der Schweiz und in Schweden keine Umstürze stattgefunden – aber es gab sehr wohl Aufklärung und Opposition gegen eine menschenfeindliche Rassenhygiene.[155] Im Namen desjenigen, der sich auf nationalsozialistische Philosophen stützt und der 1976 den Begriff „Rasse" neu belebt hat und einen „Rassenkrieg" auszulösen hoffte, werden nun die vergleichsweisen zahmen Psychiater von vor 1968 gescholten.[156]

Anhand der Anwendung wird deutlich, dass die Begriffe «Biopolitik», «Genealogie» und «Diskontinuität» rhetorische Waffen zum Fabrizieren einer inquisitorischen Beschuldigungshermeneutik sind, die keiner Fakten mehr bedarf. Als Manöver und politisches Kampfmittel erleichtert sie Lenins Skandalisierung und schaffen vielfache Synergien zum investigativen und anwaltschaftlichen Journalismus.[157]

Hochinteressant sind hier die Quellenverweise, oder vielmehr deren Mangelhaftigkeit. Die Referenz zu Foucaults missverständlichen und irreführenden Begriffen „Genealogie" und „Kontinuität/Diskontinuität"[158] fehlt ganz. Weiter schreibt Tanner, Foucault habe das Konzept „Biopower" im Jahr 1979 „in seinen Vorlesungen" am Collège de France „eingeführt" (sic).[159] Danach erwähnt er, dass Foucault in „Will to Knowledge" (Original „la volonté de savoir") noch mehr zum Konzept „beobachtet" hätte. Zu 1979 fehlen jedoch jegliche Angaben über Titel und Seitenzahlen. Zu „Will to Knowledge" steht

151 *Tanner* 2007; *Tanner* 2012.

152 *Tanner* 2012, S. 461, 472.

153 *Tanner* 2007, S. 107, 111; *Tanner* 2012, S. 472, 461.

154 *Haas* 2019a; *Haas* 2019b; *Haas* 2020a; *Haas* 2020b; *Haas* 5.11.2021; *Haas/Preuß-Wössner* 2022; *Haas/ILL* 2022.

155 *Haas* 2019a; *Haas* 2020a.

156 *Tanner* 2012, S. 472.

157 Man findet darin exakt die Mechanismen der Skandalisierung, wie sie *Kepplinger* 2012 beschreibt.

158 *Foucault* 1971: NGH.

159 *Tanner* 2012, S. 477.

das Jahr der Übersetzung 1998,[160] nicht etwa das Erscheinungsdatum Ende 1976; welches dem 1979 „eingeführt“ widerspricht. So kommen politisch uneingeweihte Leser gar nicht auf die Idee, Foucaults Schriften von 1971 und 1976 zu konsultieren.

d) Die Agitation des «Sprengmeisters»

Foucault hat seine Strategie psychologisch professionell aufgegleist. Sie agiert auf jeder Ebene – philosophisch, historisch und (in aller Heimlichkeit) auch psychologisch. Philosophisch soll eine Rückkehr zum (als natürlich verstandenen) vorsokratischen Denken stattfinden, in der die Dinge bloß nach ihrem Schein beurteilt werden. Explizit soll die Geschichte der westlichen Demokratien und Menschenrechte zu einer «Biopolitik des Tötens» umdefiniert werden, wie sie im Nationalsozialismus auf die Spitze getrieben wurde. Sodann solle die Epoche der Post-Moderne erst mit einer gewaltsamen Revolution im «Rassenkrieg» enden. Mit seinen psychologischen Manipulationen hat Foucault die Forschungsmethodik in die subjektive Willkür archaischen Denkens und Fühlens verwandelt. Zur Manipulation gehört, dass er seinen Lesern die selbstbemitleidende Legitimationslüge des Hauptkriegsverbrechers Albert Speer als seriöse Geschichtsschreibung über das Dritte Reich verkauft[161] und damit den achtlosen Umgang mit dem Nationalsozialismus vorexerziert und salonfähig macht. Psychologisch schädlich greift diese Machenschaft in die kognitive und affektive Entwicklung und in das Hirnwachstum junger Erwachsener ein. Mit ihren Simplifizierungen, der oberflächlichen Auslegungsweise, der Dichotomisierung in gut/böse und den Denkverboten, reduziert sie die Komplexität der synaptischen Vernetzung und wirkt verdummend. Mit dem Concept-Creep-Aufbauschen und der inquisitorischen Sündenbocksuche[162] stimuliert sie Aggressivität und reduziert die Empathiefähigkeit der Heranwachsenden.[163] Foucaults Anhängerschaft hat die historischen Fehlschlüsse ihres extremen «Denkers» in den ebenfalls inflationär aufgeblähten Begriff der «epistemischen Gewalt» gekleidet:

---

160 *Tanner* 2012, S. 477, Fn 83.

161 *Foucault* 1975/76: VG, am 17.3.1976, S. 260, 264; im Einklang mit Speer war auch Carl Schmitt der Meinung, Deutschland sei das „grösste Opfer des Krieges“ gewesen (*Neiman* 2023, S. 137).

162 *Kostner* 2022, S. 16; *Haslam* 2016.

163 Die Prüfung dieser Zusammenhänge mit Hilfe empirischer Studien wäre indiziert, z.B. an College-Absolventen in den USA, deren SAT-Scores beim Eintritt bekannt sind, womit sich nach 4 Jahren der Einfluss verschiedener Fächer auf die Psyche bei vergleichbarer Ausgangslage messen lässt, beispielsweise mit Linguistischer Textanalyse nach James Pennebaker (LIWC).

„Epistemische Gewalt bezeichnet demnach Ungleichheits-, Macht und Herrschaftsverhältnisse, die in hegemonialen Formen von Wissen angelegt, aber gleichzeitig für deren Analyse unsichtbar sind. Implizit hinterfragt epistemische Gewalt die Trennung von Wissen(schaft) und Gewalt.“[164]

Kostner bemerkt dazu, wie diese Rhetorik die Spaltung der Gesellschaft in rigide Opfer/Täter-Gruppen vorantreibt, denn es handelt sich um eine

„zunehmende Ausdehnung der Vorstellung dessen, was Menschen als Gewalt erleben und was sie emotional schädigt. [...] Aus Sicht der Vertreter der identitätslinken Läuterungsagenda können nur Träger von Opferidentitäten emotionale (Mikro-) Verletzungen geltend machen. Andersherum heißt das, dass nur die Träger von Schuldidentitäten sprachliche Gewaltakte begehen können.“[165]

Michel Foucaults umfassende Desinformations- und Propaganda-Strategie kann ohne weiteres mit denen der CIA und der Sowjetunion im kalten Krieg konkurrenzieren.[166] Das Navigieren zwischen der verborgenen Infiltration und der öffentlichen Agitation hat Foucault perfekt beherrscht. Die Agitation ist unabdingbar, um genügend erregbare Gemüter zum Aufstellen radikaler Truppen zu rekrutieren, auch wenn sie die heimliche Infiltration ein Stück weit offenlegt und verrät.

Wie er seine Rolle als «spezifischer Intellektueller» konkret ausübte, enthüllte MΦ in Zeitungsinterviews. Bei Roger-Pol Droit sagte er im Juni 1975, er sei ein „Sprengmeister“ und strebe „eine Belagerung, einen Krieg und eine Zerstörung“ an; er sei nicht wirklich für Zerstörung, aber man müsse die Mauern einstürzen lassen.[167] Er betreibe „keine Philosophie“ und „keine überprüfbare Wissenschaft“. Er fabriziere eine Werkzeugkiste, Taktiken „wie Operationsmesser, Molotowcocktails oder unterirdische Stollen“ Diese bot er überall feil.[168]

„Wenn die Leute [...] irgend einen Satz, eine Idee oder eine Analyse benutzen wollen [...] um die Machtsysteme kurzzuschließen, zu disqualifizieren oder zu zerschlagen, einschließlich eventuell der Machtsysteme, derer meine Bücher entspringen, [...] umso besser.“[169]

Die allererste Ausgabe der ZGW-Zeitschrift „Nach Feierabend“ von 2005 widmet 30 Seiten der «Sprengmeister»-Mission und laviert ebenfalls hin-und-her zwischen dem Setzen eines aggressiven Leitmotivs und einer verharmlo-

---

164 *Roth/Winkel/Scheele* 2022, S. 19.

165 *Kostner* 2022, S. 16f.

166 Eines darf man Foucault nicht anlasten: Gegenüber der linken Idealisierung der Sowjetunion war er nicht opportunistisch gewesen, sondern diesbezüglich war er unabhängig und redlich, cf. *Miller* 1993, S. 83 (Dt. Version).

167 *Foucault* 1975: „je suis un artificier“, *Sprengmeister* 2005, S. 187.

168 *Foucault* 17.–23. 3. 1975*:* DE II.152, S. 725.

169 *Foucault* 21.2.1975: DE II.151, S. 720.

senden Rechtfertigung davon.[170] Die Gewaltaufrufe werden als bloße Metaphern unter Zuhilfenahme des erwähnten Claude Mauriac schön geredet, der bezeugt habe, dass Foucault gegen den RAF-Terror gewesen sei (nur ein posthumes Zeugnis).[171] Das Abwechseln zwischen Ankündigungen einer revolutionären Agenda, die für die Rekrutierung neuer Anhänger und zur Verbreitung des Gedankenguts unerlässlich ist, und Beschwichtigungen der Öffentlichkeit gegen außen, ist typisch, es wurde schon von Foucault praktiziert. Wie wir sehen werden, sind das keineswegs nur Phantasmen aus den 1970er Jahre geblieben, sondern sie werden heute positiv rezipiert und unter dem Titel «Forschung» neu lanciert, um Studierende für einen ziellosen und irrationalen Kampf in Endzeit-Stimmung zu gewinnen.

Mehrfach verabschiedete Foucault sich von der Wissenschaftlichkeit: „Was ich mache, ist […] keine Wissenschaft, von der man die Rechtfertigungen oder Beweise verlangen könnte, die man zu Recht von einer Wissenschaft verlangt."[172] Er praktiziere „eine Art historische Fiktion", von der er sich erhoffe, dass daraus Inferenzen gezogen würden, die einen Effekt auf die gegenwärtige Geschichte hätten.[173]

Als Rahmenerklärung seines Tuns für eine teleologische Instrumentalisierung von Geschichte[174] schrieb Foucault im Vorwort zur *Archäologie*: „Man frage mich nicht, wer ich bin, und man sage mir nicht, ich solle der gleiche bleiben".[175] Im Schlusswort mutierte das „ich" zum „wir":

> „die Vernunft, die alle diese neuen ‚Wahrheiten' herstellt, überwachen wir ganz besonders […] Dem, der sich dieser Festung nähert, in die wir uns geflüchtet haben und die wir fest zu verteidigen beabsichtigen, werden wir mit der Bewegung, die die Entweihung verhindert, wiederholen: Noli tangere!"[176]

Welches Selbstverständnis hat jemand, den man nicht entweihen darf; der sich der Debatte über seine Aussagen verweigert?

---

170 *Gugerli/Hagner/Hampe/Orland/Sarasin/Tanner* 2005: Nach Feierabend: Editorial, S. 8.

171 *Sarasin* 2005: Sprengmeister, S. 206.

172 *Foucault* 1975, Sprengmeister 2005, S. 187; *Foucault* 1969: AW, Kap. V, S. 206 f. (Engl.), S. 293 (Dt.).

173 *Foucault* Winter-Frühjahr 1980: DE IV.280, S. 40; und 1969: AW, Kap. V, S. 206 f. (Engl.), S. 293 f. (Dt.).

174 *Sarasin* 2005: Sprengmeister, S. 212.

175 *Foucault* 1969: AW, Introduction, S. 17 (Engl.), S. 30 (Dt.).

176 *Foucault* 1969: AW, Kap. V, S. 202 f. (Engl.), S. 288–289 (Dt.).

III. Entwicklungen und Tarnungen nach Foucaults Tod

1. Laclau und Mouffes „Radikaldemokratie" (1985) als Anschluss und Travestie

a) Der Post-Marxismus

Nach Foucaults Tod 1984 wollten Ernesto Laclau und Chantal Mouffe seine Ideen in einer neuen theoretischen Rahmung anschlussfähig machen. Ihr Buch „Hegemony and Socialist Strategy Towards a Radical Democratic Politics" (HSS 1985) präsentiert den Ansatz einer „Radikaldemokratie". Sie holen die Marxisten bei ihren vertrauten Autoren und deren Vokabular ab und führen sie gleitend in die «Theory» über. Statt des Klassenkampfs rücken sie kollektive Identitäten in den Vordergrund: Minderheiten, die sich gegen Diskriminierung formieren sollten,[177] um eine „hegemoniale Reartikulation" der Gesellschaft initiieren.[178]

Die Hauptquelle ihrer theoretischen Reflexion fanden Laclau und Mouffe im Poststrukturalismus.[179] Ohne Foucaults Vokabular zu erklären, zogen sie dessen „Genealogie" und „Archäologie" von Diskursen hinzu.[180] Mit verblüffender Parallelität zu Foucaults Agitprop von 1976 ersetzen auch sie Marxens Klassenidentität durch essentialistische Identitätskonstruktionen,[181] als Kampf gegen Rassismus und Diskriminierungen sexueller Minderheiten. Dieser führe zu einer Politisierung, die „viel radikaler als jede uns bisher bekannte sei", weil sie den Unterschied zwischen Privaten und Öffentlichem tangiere.[182] Apriori sei „die Essenz eines Subjekts zu determinieren" als ein „System von Differenzen, das jede soziale Identität als Positivität konstruiert", womit dann (irgendwann) alle Antagonismen beseitigt seien.[183] In der versprochenen Beseitigung der Antagonismen schimmert die Möglichkeit der Abkehr vom kompromisslosen Umsturz-Willen Foucaults durch, was die «Radikal-Demokratie» für sozialdemokratische Parteien anschlussfähig erscheinen lässt. Man erkennt unschwer, wie daraus ein Schubladendenken à la „Intersektionalität"

---

177 *Laclau/Mouffe* 1985, S. 154; *Foucault* 1975/76: VG, am 21.1.1976: S. 51; am 28.1.1976: S. 77; am 4.2.1976: S. 88; am 17.3.1976: S. 255 f.

178 *Laclau/Mouffe* 1985, S. xii.

179 *Laclau/Mouffe* 1985, Preface 2nd ed. 2001, S. xi.

180 *Laclau/Mouffe* 1985, zu Genealogie: S. 7 (zu Kontinuität/Diskontinuität S. viii), zu Archäologie: S. 105.

181 *Laclau/Mouffe* 1985, S. 154; *Foucault* 1975/76: VG, 21.1.1976: S. 51, 28.1.1976: S. 77, 4.2.1976: S. 88, 17.3.1976: S. 255 f.

182 *Laclau/Mouffe* 1985, S. 181.

183 *Laclau/Mouffe* 1985, S. 153 f.

(1989)[184] und „Critical Race Theory" (1994)[185] abgeleitet werden konnte, welches die individuellen Persönlichkeiten und die Weltpolitik deterministisch auf wenige Merkmale reduzieren wollen.

Weiter verlangen Laclau und Mouffe die Einführung einer „Pluralität von Räumen".[186] Damit desavouieren sie die säkularen universellen Menschenrechte. Sie nehmen Parallelgesellschaften in Kauf, in denen Frauen, Homosexuelle, Juden und andere religiöse Minderheiten diskriminiert, gewaltsam schikaniert und verfolgt werden dürfen. Ihre angebliche Radikaldemokratie untergräbt somit den Schutz der Grundrechte und nährt sich vom reaktionären Denken Schmitts: „Die politische Welt ist ein Pluriversum, kein Universum".[187]

Im Abgleich mit dem Ehrgeiz, als Intellektuelle eine weltbewegende Führung zu übernehmen,[188] bleiben Laclau und Mouffes konzeptuelle Vorschläge armselig. Sie enden mit dem vagen Versprechen einer „neuen Matrix des Imaginären"[189] und umschiffen die realen politischen Probleme: Das Zusammenspiel von Recht, Staat und Wirtschaft, damit Innovation, Prosperität ebenso wie ökologische Nachhaltigkeit und soziale Sicherheit ermöglicht werden. Kein Thema für sie ist das weltweite Unglück der Herrschaft von Diktatoren, failed States, Terror, organisiertem Verbrechen und Milizen, die sich hartnäckig halten können. Dafür flüchteten sie in Phrasen gegen den „Neo-Liberalismus",[190] gegen die „individuelle Freiheit"[191] und gegen den „bürgerlichen Individualismus".[192]

Auch sie propagieren eine zuspitzende und fiktionale «Geschichtsschreibung», die sich von den wirklichen Ereignissen entfernt und der „Infragestellung und Neubestimmung des Selbstverständnisses von Subjekt und Gesellschaft" dient.[193] Auch sie fordern den Verzicht auf das universale (logische) Denken „mit seiner impliziten Behauptung eines privilegierten Zugangspunktes zu ‚der Wahrheit', die nur von einer begrenzten Zahl von Subjekten erreicht werden kann."[194] Ihr hochtrabender Stil (wie Heidegger und Foucault), der eine Expertokratie zelebriert, dürfte für die überwältigende Mehrheit der

---

184 *Crenshaw* 1989, S. 139–167.

185 Symposium: Critical Race Theory, California Law Review 82(4), July 1994, zit. in: *Delgado/Stefancic* 2001, S. 14.

186 *Laclau/Mouffe* 1985, S. 190.

187 *Schmitt* 1932, S. 41 (Dt.).

188 *Laclau/Mouffe* 1985, Preface 2nd ed., S. vii.

189 *Laclau/Mouffe* 1985, S. 155, auch S. 190.

190 *Laclau/Mouffe* 1985, S. xiv, 169, 172.

191 *Laclau/Mouffe* 1985, S. 172, 175 f.

192 *Laclau/Mouffe* 1985, S. 184.

193 *Rzepka/Straßenberger* 2014, S. 221; *Laclau/Mouffe* 1985, S. 4, 152–155, 190.

194 *Laclau/Mouffe* 1985, S. 191 f.

Menschen unlesbar sein. Elbe seziert philosophisch-filigran alle Verästelungen der unauflösbar widersprüchlichen und unrealistischen Verstrickungen Laclau und Mouffes.[195] Er entlarvt das «Werk» als scholastisches Gedankengebäude von autoritärem Charakter – im Volksmund würde man es ein Gespinst nennen.[196]

b) Konkordanz zu Foucault und Schmitt ohne Quellenangaben

Bei der Lektüre der merkt man anhand der Begrifflichkeiten rasch, dass die «Radikaldemokratie» von Anleihen an Schmitt[197] und an Foucault kontaminiert ist, trotzdem taucht der Name Schmitt nicht einmal auf. ChatGPT 3.0 bezeichnet die Ähnlichkeiten gar als «Konkordanz». Foucault wird nur auf acht Seiten zitiert, das Wort «Biopolitik» und die Brandrede (VG 1976) sind nirgends erwähnt und dennoch entspricht das «radikaldemokratische» Programm Punkt für Punkt dem «Sprengmeister»-Plan; welch unglaublicher Zufall! Das Buch lässt nichts vom aggressiven Machtanspruch Foucaults verlautbaren und lässt ihn gesitteter tönen.

Foucault, Laclau und Mouffe ahnten nicht, dass ein Data Mining mit AI heute systematische semantische Textvergleiche anstellen kann, die ihr Vorgehen aufdecken.[198] Diagramm 2 zeigt ergänzend einen Verlauf und die Transformation (grün) der von HSS 1985 «geborgten» Inhalten aus nicht-anschlussfähigen Schriften.

Die blauen Kästchen verweisen auf weitere Ideenanleihen aus dem «Biopolitik»-Konzept, inklusive der Gouvernmentalität. Die roten zeigen, dass mehr als eine von Schmitts Schriften als Inspiration unreferenziert Einlass gefunden hat. Wie Foucault stützen sich seine Popularisierer in HSS auch auf Schmitts Freund/Feind Schema. Nicht immer übernehmen sie dessen Postulate telquel, sondern sie spitzen noch mehr zu. Die Angaben in den Kästchen der AI sind zwar unvollständig, das Schema hat aber didaktische Qualitäten: Wer den genannten Stichwörtern in den elektronischen Versionen der genannten Werke nachgeht, versteht den Jargon besser und kann sich über die Ideologien schneller und tiefer kundig zu machen.

---

195 *Elbe* 2021, S. 180–203.

196 *Elbe* 2021, S. 181, 200.

197 *Elbe* 2021, S. 181, 200.

198 Bemerkung zur Zuverlässigkeit von ChatGPT 3.0: Die Resultate der AI müssen konsequent überprüft und ergänzt werden. Sie liefern wertvolle Zusatzinformation und eine andere Perspektive, sie sind aber nicht vollständig und können u. U. falsch sein. Beispielsweise wurde Schmitts „Pluriversum" nicht entdeckt. Ebensowenig hat die AI die von *Foucault* 1975/76: VG, am 7. 1. 1976, S. 7–9 geforderte Abkehr vom logischen Denken und dessen Diabolisierung gefunden.

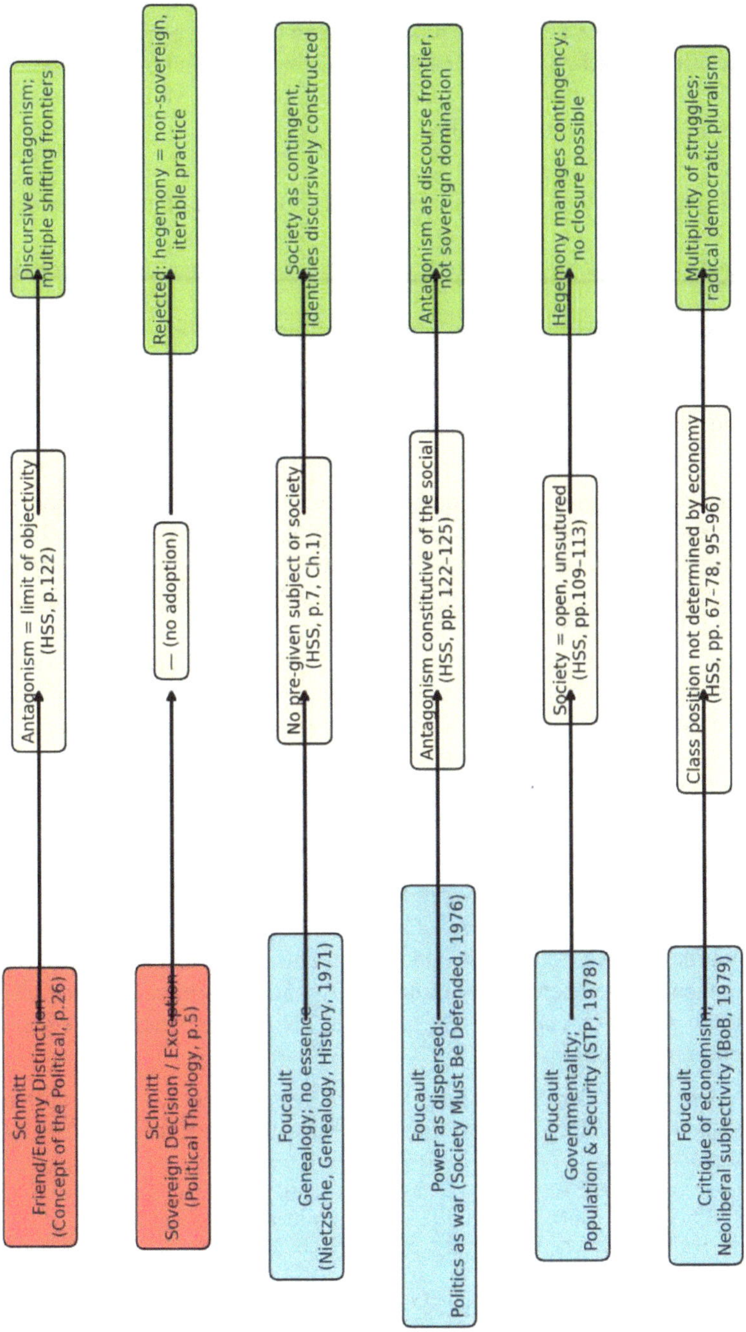

Abb. 2: Weitere konzeptuelle Anleihen von Laclau & Mouffes HSS 1985 bei Schmitt und Foucault

Erstellung mit ChatGTP 3.0 am 25.8.2025 basierend auf den englischen (open access) Versionen.[199]

Ein weiterer Konkordanz-Fund erscheint nicht in Abb. 2. Zusammengefasst befand Schmitt 1923 den „rationalistischen Glauben in die produktive Kraft der politischen Dialektik", der jeder liberalen Demokratie innewohnt, als ihr Versagen.[200] Genau an dieser Schwäche wollen Laclau und Mouffe ansetzen, um die Radikalisierung voranzutreiben.[201]

2. Entwicklung einzelner Themen: eingeweihte und ahnungslose Nutzer

a) Plädoyer zugunsten von Vertretern der guten Ansätze aus der «Theory»

Neben dem Klüngel militanter «spezifischer Intellektueller» existiert eine große Gruppe unvoreingenommener Nutzer der «Theory», eine Mehrheit, die über die politischen Absichten der Eingeweihten zu wenig informiert war und nun langsam auf Distanz geht, allerdings still und leise.

Man darf sich in der Kritik an der «French Theory» keinesfalls deren Vorgehensweise zu eigen machen und nun pauschal alle, die sich je davon haben inspirieren lassen, unter «Verdacht» stellen. Es gibt natürlich kein paramilitärisch geführtes Umsturz-Komplott, sondern nur eine umtriebige Interessenlobby, die sich aus unterschiedlich denkenden und handelnden Forschern zusammensetzt. Die Frage von Wissenschaftlichkeit und Redlichkeit stellt sich bei den inhaltlichen Schwerpunkten, die Foucault gesetzt hat, nicht. Man kann niemandem einen Vorwurf daraus machen, wenn er Thesen zur Macht der Diskurse und zu Verästelungen der Macht durch subtile Formen von Disziplinierung untersucht. Dies sind völlig legitime und berechtigte wissenschaftliche Themen, genau wie es Antisemitismus, Rassismus, Sexismus, Kolonialismus und die Justiz- resp. Psychiatriekritik sind. Selbstredend muss die Demokratie begründete Kritik aushalten können.

Den mehrheitlich sehr seriös arbeitenden Autoren, welche die Eugenik- und Rassismus-Geschichte aufgearbeitet haben, die anfänglich auch von Idealisten getragen wurde und die totalitär geendet hat, verdanken wir eine dezidierte Warnung gegen die verheerende Wirkung der Agenda-Wissenschaft. Rassenhygiene sollte als abschreckendes Beispiel und als Lektion aus der Vergangenheit genommen werden.

Anders sieht es bei der Anwendung und der Vermittlung von fehlerhafter und unredlicher Methodik aus. Dort muss im Einzelfall die Wissenschaftlich-

---

199 *Laclau/Mouffe* 1985; *Foucault*: Lectures at the Collège de France: 1975/76: VG; 1977/78: STP; 1978/79: BoB; *Schmitt* 1922/1985: Political Theology; *Schmitt* 1923/1985: Crisis of Parliamentary Democracy; *Schmitt* 1932/1996: Concept of the Political.

200 *Schmitt* 1923/1985: Crisis, S. xxxi, 35–50.

201 *Laclau/Mouffe* 1985, S. 99, 177f., 183, 191.

keit oder Redlichkeit eines Werks geprüft werden: Hat der Autor seine Begriffe definiert und korrekt referenziert? Hat er die Daten systematisch erhoben und alle Quellen ordnungsgemäß deklariert? Hat er allfällige Überlieferungslücken (missing data) bezeichnet? Halten seine Quellenangaben zu den Thesen einer Nachprüfung stand (Replizierbarkeit)?

Inhaltlich problematisch, unwissenschaftlich, u. U. sogar unredlich, sind Geschichtsklitterungen, welche ehrbare Akteure und Organisationen als Bauernopfer ins Visier nehmen und zu Sündenböcken machen (z. B. damalige kolonialismuskritische Ethnologen, Eugenik-skeptische Genetiker, usw.), oder auch wenn Studien von den Fakten abheben, Entstellungen produzieren, neue Formen von Hass und Unterdrückung sähen (z. B. diejenigen des politischen Islam), zur Gewalt aufrufen, und den Terrorismus legitimieren.

b) Die Entstehung neuer, von Agenden getriebenen Gedankengebäude

Nach der Jahrtausendwende haben sich wissenschaftliche Aktivisten – unbemerkt von der Öffentlichkeit und selbst von Kollegen – unter diversen apolitisch und unverfänglich tönenden Flaggen wie „Geschichte des Wissens“[202] und „Geschichte der Gegenwart“ gruppiert,[203] und nutzen zuweilen Foucaults codierte Terminologie.

An der Themenwahl der linken Historiker ist allerdings nichts auszusetzen – im Gegenteil sie ist ebenso relevant, wie spannend. Foucaults Gespür für die Probleme der Moderne darf ihm als Verdienst angerechnet werden und ist positiv zu würdigen: namentlich, dass er neue historische Forschungsfelder erschlossen hat, wie die Geschichte der Sexualität und des Geschlechtsverständnisses, die Geschichte der Medizin und Psychiatrie, sowie die des Kolonialismus.[204] Diese Pionierleistung wurde als solche breit rezipiert[205] und umgesetzt.

Wenige Jahre Foucaults Tod, trat 1989 die „Intersektionalität“ auf den Plan[206] und 1994 die „Critical Race Theory“.[207] Beide konstruieren Täter/Opfer-Hierarchien, welche essentialistisch einige Formen von Diskriminierung und Unterdrückung anerkennen, sie zueinander in Ordnungsrelationen

---

202 Webseite ZGW an der ETH 2005–2022.

203 Webseite online Magazin GdG.

204 *Foucault* 1975/76: VG, am 21. 1. 76, S. 60, am 28. 1. 76, S. 63, 77, am 4. 2. 76, S. 103, am 17. 3. 76, S. 257.

205 *Sarasin* 2003: zweierlei Rassismus, in: Stingelin (Hrsg.), S. 65.

206 *Crenshaw* 1989, S. 139–167.

207 Symposium: Critical Race Theory, California Law Review 82(4), July 1994, zit. in: *Delgado/Stefancic* 2001, S. 14.

setzen und andere Diskriminierungs- und Unterdrückungsformen leugnen oder zum politischen Schweigen verdammen, weil sie sich in der „intersektionalen Matrix“ unterzuordnen hätten oder gar den „Tätern“ zugeordnet werden. Mit dieser Agenda werden Frauen, Juden, homosexuelle Männer, vom Islamismus verfolgte Minderheiten wie die Bahai, Jesiden, Alewiten, Sufi, Drusen, die Christen im Nahen Osten und Afrika, ebenso sowie „Weiße“ und Asiatisch-Stämmige aus der mittellosen Unterschicht diskriminiert und ihr Anspruch auf gleiche Rechte und auf ein Leben ohne Gewalt wird auf einer internationalen und akademischen Bühne geleugnet.

Als radikale und realitätsferne Weiterung der „Biopolitik“ konstruierte Judith Butler 1990 ihre Genderstudies-Schule, die den Sexualdimorphismus zum rein kulturellen Phänomen erheben will und sich damit faktisch gegen biologische Frauen, ihre Rechte und politischen Bedürfnisse wendet.[208]

Sehr konsequent hat schließlich Achille Mbembe 2003[209] Foucaults Brandrede von 1976 ausgeschlachtet, inklusive Schmitt und Heidegger, um eine Verschwörungslegende gegen Israel als angeblicher „Apartheids-Staat“ zu lancieren und den islamistischen Terror als „Märtyrertum“ zu adeln. Im Gefolge entstand das sog. „Siedlerkolonialismus“-Konzept, welches paradigmatische Feindbilder für linksextreme und islamistische Fanatiker bereit stellt, gegen die sich der «globale Kampf gegen Kapitalismus, Imperialismus und Unterdrückung» richten müsse.[210]

Der angeblich innovative Ansatz der «Theory» versucht, auch in klassische Fächer wie Sprachwissenschaften, Soziologie, Psychologie, Recht und Medizin einzudringen und hat sich in einigen schon sehr breit machen können (Islamwissenschaft, Stadtsoziologie, …).

Die universitär abgesegneten Narrative mit ihrer kruden gut/böse Spaltung der Welt bedienen natürlich ebenfalls die Potentaten und Kriegsfürsten im globalen Süden, sowie die gewaltbereiten Gruppen der westlichen Hemisphäre.

3. Devote Anhängerschaft der „aesthetics of collapse“ und einer „Politik des Nichts“

In letzter Zeit beobachtet man eine sich vertiefende Devotion von dezidierten Foucault-Anhängern versus eine Opposition junger Kulturwissenschaftler gegen die «Theory».

---

208 *Butler* 1990.

209 *Mbembe* 2003.

210 *Kirsch* 2025, S. 105–154.

a) Der Nachwuchs kleidet seine Andacht in Euphemismen

Eine gläubige Nachwuchs-Generation präsentiert sich heute ohne martialisches Vokabular, nicht als die Verteidiger der Advocacy, die sie sind, sondern, als ob sie neutrale Beobachter eines kontingenten Verlaufs der Wissensgeschichte wären. Wie wenn dieser zum offiziellen Kanon der «Forschung» gehöre, bezeichnen sie ihre akademischen Ziele als „more culturally focussed and politically engaged [...] a ‚critical' set of view [...] as an effort to challenge relevant beliefs, including those offered [...] in the name of science".[211]

Die von allem Reaktionären gereinigte Fassade des Foucaltianischen Umsturz-Programms klingt objektiv, bezieht sich (rein abstrakt) oft auf die linke und die rechte Politik, wie wenn diese gleichermaßen an den Universitäten vertreten wäre. Die plakative Sprache des politischen Extremismus schweigt hier. Dafür erfahren wir in geschliffenen Wendungen von:

> „alternativen Formen der Wissensproduktion."
>
> „eigenständigem politischem Engagement von Wissenschaftler*innen außerhalb der staatlich erwünschten Rollen und Funktionen."
>
> „Vielmehr situierten sich diese Wissenschaftler*innen bewusst mit ihrem Wissen und ihrer Forschung in gesellschaftspolitischen Auseinandersetzungen und erarbeiteten damit wissenschaftliche Strategien zur Gestaltung gesellschaftlicher Entwicklungen."
>
> „vielfältigen Interaktionen zwischen dem Wissen von Wissenschaftler*innen und den heterogenen Erscheinungsformen des Politischen."[212]

Der «Sprengmeister» tritt unverfänglich unter dem Titel eines „zeitgenössischen Beobachters" der 1970er Jahre auf die Bühne.[213] Als solcher hätte er das Auftauchen „‚spezifischer Intellektueller', die mit ihren je spezifischen Kenntnissen, Arbeitsbedingungen und Positionen hegemoniale Wahrheits- und Machtgefüge hinterfragten", „diagnostiziert"[214] – nicht etwa propagiert und befeuert. Wer das zugehörige Zitat aus den *Dits et Ecrits* von 1976[215] nicht nachliest, ahnt nicht, dass es sich um ein Pamphlet mit dem Plan der «passiven Revolution» handelt. Alle maßgeblichen Ideen Gramscis finden sich darin, nur sein Name nicht. Von den „lokalen Kämpfen", in welche sich „spezifische Intellektuelle" gemäß Foucault hineinbegeben sollen, erfahren wir von der Nachwuchs-Generation nichts. Kritiker dieser Agenda, wie Elbe

---

211 *Smith* 2006, S. 5.

212 *Germann/Held/Wulz* 2022, S. 437–441.

213 *Germann/Held/Wulz* 2022, S. 440 f.

214 *Germann/Held/Wulz* 2022, S. 440.

215 *Foucault* 29.11–5.12.1976: DE III.184, S. 109.

2021, Kostner, Kohler, Megill, Marti, McGowan, Strasser, Evans, Laermann, etc. kommen nämlich keine zu Wort.

Nur der akademische Werdegang der drei Autoren und ihre langjährige Affiliation lässt ahnen, was mit dem Exposé gemeint sein könnte. Sie alle gehören zu den geförderten «Kronprinzen» der einflussreichsten Ordinarien im ZGW.[216] Dort wurde Foucault als intellektueller Leitstern zelebriert von vergleichsloser Bedeutung, quasi auf der Höhe eines Charles Darwin.[217]

b) «Universitäre Forschung» zelebriert eine nihilistische Revolution auf dem „Gendercampus"

Wie «alternative Formen der Wissensproduktion» und «heterogene Erscheinungsformen des Politischen», «außerhalb staatlich erwünschter Rollen» konkret aussehen können, erfährt man im oben besprochenen Artikel nicht, obwohl zwei der Autoren nach der Abwicklung des ZGW auf dem Gendercampus der Universität Bern aktiv wurden.[218]

Unter strategischer Leitung der Lehrstuhlinhaberin Patricia Purtschert[219] wurde 2019 dort offiziell gepredigt, Beziehungen zur Gewalt ins Handlungsrepertoire aufzunehmen und die Zerstörung der Hochschulen voranzutreiben. Purtschert, eine Schülerin von Judith Butler, die ein „Vorbild" für sie sei,[220] ist Foucault-Kennerin und proaktive Vertreterin des «Biopolitik»-Narrativs (inkl. SD 1976).[221] An diesem sogenannten «Kongress» – bevor die Cancel Culture öffentlich unter Beschuss geriet – war eine «Koryphäe» aus den USA geladen. Halberstam hat damals ein bisschen aus dem Nähkästchen geplaudert:

> „Prof. Dr. Jack Halberstam braucht bloss den Raum zu betreten und schon sind alle wieder wach und gebannt. Von der Columbia University angereist hält die Koryphäe der Queer Studies einen Vortrag mit dem Titel ‚Destitution, Dereliction, Disorder and Dispossession'. [...] ‚Let's destitute the world', wie Halberstam die Autor*innengruppe ‚Unsichtbares Komitee' zitiert. Er verkörpert Radikalität, ruft dazu auf, über feministische und queere Beziehungen zur Gewalt zu sinnieren, diese (wieder) neu zu denken und in unser Handlungsrepertoire aufzunehmen. [...] Was sollen wir also tun? Halberstam hat eine klare Antwort darauf: Die Welt rückbauen und abbau-

[216] Ehemalige im ZGW-Doktoratsprogramm: Pascal Germann und Lukas Held beide bei Prof. Philipp Sarasin. Monika Wulz war langjährige Leiterin des Doktoratsprogramms des ZGW.

[217] *Sarasin/Hänggi* 7.–12.2.2009: WOZ.

[218] Universität Bern, Gendercampus Mitglieder: Pascal Germann, Monika Wulz.

[219] Universität Bern, Gendercampus: Team and Academic Board.

[220] *Belser* 2017, S. 57; zu Butler siehe *Scholz* 24.11.2023.

[221] *Purtschert/Meyer/Winter* 2008: Einleitung, S. 12.

en. Die Universität enteignen und das Gesetz abschaffen. Die Pharmaindustrie mittellos und uns selbst unregierbar machen, [...] Diese Alternativen Futuritäten erhofft sich Halberstam aus seinem destruktiven Projekt. [...] Gestärkt durch die wunderbare Verpflegung der Seeland-Bäuerinnen erwartet uns die zweite Keynote schon zur Mittagszeit. [...] Auch ausserhalb der Keynotes waren die zwei Tage gefüllt mit Debatten, Diskussionen sowie kollektivem Denken und Fühlen. [...] Konkrete Strategien und Taktiken des Widerstands wurden vorgestellt, hinterfragt und weiterentwickelt."[222]

Unterstützt wurde diese «Fachtagung» u. a. von der Schweizerischen Akademie der Geistes- und Sozialwissenschaften (SAGW) und den Universitäten Bern und Lausanne.[223]

Der Inhalt des Vortrags dürfte dem zum gleichen Thema am CIIS auf YouTube gleichen.[224] Als „alternative Futurität" fordert Halberstam dort ein politisches Handeln unter dem Motto: „Queerness should ‚build a politics of nothing' and stay there". Das CIIS sei der Ort, where „radical transformation happens".[225]

Ein weiterer Tagungsbericht zur Berner «Konferenz» im Kampf für das «Nichts» – ebenfalls eine «wissenschaftliche Publikation» – lässt verlauten, es sei um künstlerische Produktionen des „feministischen Widerstands" gegangen. Damit „ließen sich, so Halberstam, relevante und aktualisierbare Utopien finden, die eine radikale Dekonstruktion der Verhältnisse vornehmen und neoliberale Deutungen von Agency und Fortschritt ablehnen."[226] Gemäß Tagungsberichten scheint der Event von der Atmosphäre des «kollektiven Denkens und Fühlens» getränkt gewesen zu sein. Eigenes Denken von Hörern wäre Agency, eine Selbstermächtigung zu unabhängiger Reflexion. Sie stünde jedoch nach dieser «Lehrmeinung» unter dem Verdacht des «Neoliberalismus».

Im politischen Agieren in die Leere hinaus, versehen mit dem «Handlungsrepertoire» der neugedachten «Gewalt» und der Forderung, die Universitäten zu zerstören, steht Halberstam ganz in der «Tradition» Foucaults.

Infolge dieses „Münchhausen-Projekts" (wie es der politische Philosoph Georg Kohler einst betitelte)[227] darf man sich nicht wundern, wenn der Rechtspopulismus (Donald Trump und seine Spindoktoren, die in der Ivy-League darin ausgebildet worden sind) die «Werkzeugkiste» ebenfalls nutzt,

---

222 *Kohler/Illmer* Okt. 2019.

223 Universität Bern, Gendercampus: Fachtagung 12.–13. 9. 2019.

224 *Halberstam* 23. 5. 2021, Youtube: https://www.youtube.com/watch?v=uSn9om6tbI4, ca. min 34.

225 California Institute of Integral Studies CIIS.

226 *Siemer* 2020, S. 159.

227 *Kohler* 1992, S. 161.

um das Machtsystem, dessen Foucaults Bücher entsprang, zu zerschlagen. Dass damit auch seriöse Forschung zerstört wird, ist die traurige Bilanz des simplifizierenden, spaltenden Denkens von Hochschulabsolventen aus dem Dunstkreis der «Theory».

4. Opposition und Innovation außerhalb der Hochschulen

a) Wachsende Opposition einer neuen Generation unabhängiger Denker aus eigener Kraft

In den letzten Jahren entwickelte sich jedoch innerhalb derselben Berufsgruppe eine kritische Gegenbewegung gegen den «Theory»-Klüngel. Jüngere Wissenschaftler – oft selbst mit Migrationshintergrund oder Queer – kritisierten den dogmatischen Charakter dieser Strömung. Teilweise ist die Gegenbewegung sogar aus dem Inneren der Schule entstanden.

Sie monieren die Instrumentalisierung von Minderheiten sowie den Mangel an echter intellektueller Freiheit innerhalb der «Theory». Die historische Aufarbeitung von Kolonialismus, Rassismus und Sexismus ist selbstverständlich geboten. Hingegen erweist die Nutzbarmachung dieser Themen für undurchsichtige Agenden selbsternannter «spezifischer Intellektueller» den von Rassismus, Sexismus und Antisemitismus Betroffenen und der Sache der Chancengleichheit keinen guten Dienst. Viele Nachfahren von Immigranten, viele Frauen, Juden und Queers wollen nicht als Token fungieren. Sie erlauben es sich, selber zu denken, denn für sie ist Freiheit „keine Metapher“.[228] Erken hat als Student das Klima in den postkolonialen linken Studiengängen am eigenen Leib erfahren.[229] Autoren mit migrantischem Hintergrund wie er, beklagen (zu Recht) den Rassismus der tiefen Erwartungen der «woke» Bewegung, den linken Antisemitismus, den Hass auf feministisch-migrantische Personen und das im Stich lassen der aufgeklärten Muslime, der Juden, Homo- und Bisexuellen, der transidentifizierten Menschen und Feministinnen, die den politischen Islam und seine Menschenrechtsverletzungen kritisieren.

b) Auf der Suche nach neuen Orten für Innovation

Allerdings müssen die jungen unabhängigen Forscher einen sehr hohen Preis für ihre Zivilcourage bezahlen. Für viele bedeutet die Kritik an der herrschenden «Lehrmeinung» einen Bruch mit den Universitäten, der ihnen die Forscherlaufbahn verschließt. Die Minderheiten, die den Islamismus kritisie-

---

228 *Vukadinović* 2018.

229 *Erken*, in: *Vukadinović* 2024, S. 166–172.

ren, sind zusätzlich dem Risiko schwerster Drohungen und Gewalt ausgeliefert.

Innovation findet zunehmend außerhalb akademischer Institutionen statt.

IV. Bilanz

1. Zur Demarkation zwischen Denkanstößen und faustischem Pakt

Hier schon Demarkationslinien ziehen zu wollen, wäre verfrüht. Dazu bedarf es mehrerer Untersuchungen einer größeren Zahl von Texten aus der politischen Philosophie, die sich irgendwo zwischen Denkanstößen oder Provokation einerseits, und Manipulation respektive Aufforderungen zur Gewalt andererseits, ansiedeln. Einige Unterschiede zeichnen sich schon ab.

Nietzsche provozierte gern, und wollte die Menschheit von der „Tyrannei" der Logik «befreien».[230] Im Unterschied zu ihm, der als freier, unzeitgemäßer Denker Massenbewegungen skeptisch gegenüberstand, lassen gewisse Postmodernisten sich mit Heidegger und Schmitt blind auf den Pakt mit der Macht ein. Von der Position eines Universalgelehrten aus kann es legitim und sinnvoll sein, mit Denkanstößen zu operieren (wie Nietzsche), weil auch solche manchmal erstaunlich nahe an einer (noch nicht erkannten) Grundwahrheit liegen können – aber keinesfalls müssen. Sie können u. U. den Fortschritt in relevanter Weise stimulieren. Vor 1933 konnte man Teile von Heideggers Texten noch als eine Form von Sprachmeditation zur Verlangsamung des städtisch gehetzten Lebens verstehen. Mit seinem Eintritt in die NS-Hierarchie wurden seine Schriften für deren völkische Ideologie und Propaganda verwendbar und verkauften ihren philosophischen Anspruch. Sobald ihre Urheber einen Faustischen Pakt eingehen, können Denkanstöße und Provokationen zu feststehenden Lügen umgemünzt und ideologisch verkrustet werden.

Der zweite Unterschied zwischen Nietzsche einerseits, und Heidegger und Foucault andererseits, sind die Verschleierungen. Nietzsches Sprache ist prägnant und verständlich. Er hatte es nicht nötig, sich hinter überlangen Sätzen und einer schwammigen Privatsprache zu verstecken wie die Heideggers und Foucaults, die das Bewusstsein der Leser vereinnahmen und sie unmerklich zu simplifizierenden und oberflächlichen Denkmodi verleiten. Heidegger referenziert seine Quellen allerdings wesentlich zuverlässiger als Foucault. Lyotard wiederum bewegt sich auf deutlich höherem analytischem und deontologischem Niveau als Foucault und Heidegger. Vielfach ist er transparenter und legt sich stärker fest. Das würde ihn zu einem seriösen Diskussionspartner machen, verwendete er nicht permanent einige Termini des Vernebelns, Ver-

---

230 *Nietzsche* 1886: MA, I.6.

wischens und Leugnens. Die Verallgemeinerungen «Narrative» und «Sprachspiele»,[231] angewendet auf wissenschaftliche Studien, lässt jegliche Erkenntnis in einen undefinierbaren Sumpf von Irrationalität und Subjektivität versinken, z. B. Einsteins Relativitätstheorie unterschiede sich im Wahrheitsgehalt in nichts von einem verleumderischen Tweet. Seltsamerweise sabotiert Lyotard immer wieder seinen eigenen Erkenntnisstand.

Schmitt stellt ein anderes Abgrenzungsproblem dar. Er wirkt rational und schreibt gut und verständlich. Viele Ausführungen sind unbestreitbar interessant und treffen teilweise zu. Aber als Ganzes zeugt sein Werk von einer erschreckenden Kälte, einem Zynismus in den zwischenmenschlichen Beziehungen und den politischen Zielvorstellungen des Zusammenlebens. Maßgeblich dafür sind die Auslassungen und die defätistischen Diskreditierungen aller Möglichkeiten, die aggressive Natur der Menschen durch soziale und ökonomische Bindungen zu mäßigen. Letztendlich muss man das demokratische Leben wollen und fördern, man muss etwas dafür tun. Der Eindruck lässt einen nicht los, dass Schmitt den demokratischen Kompromiss und ein friedliches Zusammenleben nicht wirklich wollte.

2. Sukzessive Transformationen und Verschleierungen der Wissenschaftstravestie

Ideologisch kann die Entstehung der «Theory» mit der Metapher einer russischen Puppe von sukzessiven Transformationen verglichen werden. Sie ist zur Travestie der Forschung geworden.

1) Die innerste, kleinste Puppe ist Lenins autoritärer Führungsanspruch von «Intellektuellen» und seine Umsturz-Taktiken.
2) Die zweit-innerste Puppe besteht aus Propaganda-Rezepten der reaktionären, späteren Nationalsozialisten Schmitt und Heidegger.
3) Als dritte Puppe fungiert Gramscis Infiltrationsstrategie der Bildungsinstitutionen, sein Angriff auf die demokratischen Institutionen und auf die Psyche von Kindern und Jugendlichen.
4) Michel Foucault trat mit der «Werkzeugkiste» zum Fabrizieren unterschwelliger Manipulationen, dem «Biopolitik»-Narrativ, der «Genealogie» und seinem «Rassenkrieg» als vierte und einflussreichste Puppe auf den Plan. Er mobilisierte und nutzte das gesamte Arsenal der politischen und psychologischen Machtstrategien.
5) Dass die Delegitimierung des demokratischen Souveräns mit dem „Biopolitik"-Narrativ und seine Bevormundung durch „spezifische Intel-

[231] *Lyotard* 1979; Details cf. in Teil II.

lektuelle“ bei den Stimmbürgern und den Parteien der Mitte keine Begeisterung auslösen würde, war auch den Postmarxisten klar und so erfanden sie eine schönere Verpackung. Die fünfte Puppe produzierten Laclau und Mouffe, indem sie den Kerngehalt von Foucault, Gramsci, Heidegger und Schmitt unter dem Etikett «Radikaldemokratie» verkauften.

6) Danach erfolgte der Ausbau der verschiedenen Themen wie Genderstudies, Post-Kolonialismus, Science Studies, wobei auch die «Werkzeugkiste» mit Weiterungen von zweifelhaftem Wert versehen wurde, etwa Latours «Akteur-Netzwerk-Theorie».[232]

7) Last but not least nähren sich revolutionäre linke Grüppchen ideologisch schon seit jeher vom Antisemitismus,[233] tlw. aus herkömmlichen irrationalen Beweggründen wie Neid und tlw., um damit aggressive und kriminelle Anhänger zu gewinnen.[234] Als «Antizionismus» verkleidet, reserviert er sich eine halbwegs plausible Bestreitbarkeit.

Die dargelegten Transformationen bestehen einerseits aus Anstachelungstaktiken zur Agitation und Propaganda und andererseits aus Verschleierungsmanövern vor den Geldgebern und vor der weiteren Öffentlichkeit. Sie machen die strategische Raffinesse des wissenschafts- und demokratiefeindlichen Programms aus. Es segelt unter der Social Justice-Flagge, die legitim scheint und von den Epigonen laufend ausgebaut wurde. Das eigentliche Programm hinter dieser Flagge zirkuliert nur unter Auserwählten – einem harten Kern.

3. Der Kult mit Michel Foucault als Ikone MΦ

Trotz oder vielleicht wegen seines Irrlichterns zwischen außerparlamentarischer Opposition, Mao, Khomeini und Neoliberalismus,[235] hat sich um Foucault herum ein Kult gebildet. Sein Name ist zur Ikone geworden, die mit der Person nichts mehr zu tun hat. Aus den Widerrufen stricken unkritische Jünger eine Legende, die ihren MΦ als «Weisen» erscheinen lässt – unter diskreter Auslassung oder dem Schönreden der vielen Flecken auf seiner Weste.[236] Andere Anhänger sind sich des wissenschaftlichen Ungenügens und des zweifelhaften Rufs bewusst und hängen ihren Glauben nicht an die große Glocke, sie verwenden aber gleichwohl die «Werkzeugkiste» oder stützen sich auf den Post-Marxismus von Laclau und Mouffe und weiteren Protagonisten der Gegenaufklärung.

---

232 *Latour* 1996 in: *Daston* (Hrsg.) 2000.

233 *Marx* 1843: Judenfrage; mehr darüber in *Haas* 2024.

234 *Haas* 2024, S. 204, 208.

235 Cf. *Miller* 1993.

236 Cf. *Miller* 1993.

Selbstredend hat diese Strömung auch ihre internen Streitigkeiten und Kontrahenten. Dies tut dem Einfluss, den sie in einigen Fächern errungen hat, keinen Abbruch. Der Geltungsdrang und die institutionell verankerte Macht der Postmodernisten wurden erst vor wenigen Jahren mit dem Phänomen der Cancel Culture bekannt. Anfänglich stand die Fachöffentlichkeit den Hexenjagden der Tugend-Apostel hilflos gegenüber. Mittlerweilen vergeht kaum ein Monat, in dem nicht neue Kritik an den Auswüchsen laut wird.

4. Fazit: Post-Marxismus zwischen reaktionärem Elaborat und Popanz in Endzeitstimmung

Es scheint prima Vista nicht plausibel, dass ausgerechnet Kulturtheoretiker, die sich als progressiv verorten, erzreaktionäres Gedankengut verbreiten und dessen Vertreter – u. a. die Zudiener der NS-Wissenschaft – vor der Aufklärung verschonen möchten. Doch dieser Einwand stützt sich nur auf äußerliche, parteipolitische Slogans wie „Bündnis gegen Rechts", „Antifaschismus", „Anti-Rassismus". Mit solchen plakativen Bekenntnissen in der öffentlichen Arena ist es de facto nicht weit her. Die Zielvorstellung, die hinter den Kulissen innerhalb der «spezifischen Intellektuellen» an den Hochschulen gepflegt wird, ist eine andere – es ist diejenige des Faustischen Pakts: Erstens will die innere Agenda die nationalsozialistische Herkunft ihrer Vorgehensweise verschleiern. Zweitens soll die demokratische Mitte angegriffen werden, um den eigenen elitären Ansprüchen zum Durchbruch zu verhelfen. Wegen notorischen Beweismangels zu den unfairen Anwürfen an die verfemten Universalgelehrten und die Demokraten, will diese Interessengruppe die wirklichen Faschisten, Nazifreunde und Rassisten verblassen lassen. Nur so erscheint ihre Desinformation zum Zweck der «genealogischen», «diskursanalytischen» Delegitimierung des Rechtsstaates und der redlichen Wissenschaft als «Biopolitik» überhaupt plausibel. Die Social Justice Agenda eignet sich zur Legitimation von Machtgelüsten, unterstützt den akademischen Ehrgeiz (innerhalb der Blase) und kann für (persönliche) aggressive Triebabfuhr missbraucht werden. Diejenigen, die dem nicht ahnungslos ausgeliefert waren, und eine allfällige Deckmantel-Funktion benutzen, verraten sich oft durch Doppelmoral.

Unbestritten ist, dass die Moderne auch Nachteile in Form einer gewissen Disziplinierung hervorgebracht hat und dass diese einer politischen Debatte und Kontrolle bedürfen, damit sie nicht überschießen. Allerdings hat die Neuzeit den Menschen Freiheiten undenkbaren Ausmaßes beschert, die faktisch niemand aufgeben will. Diese nun leichtfertig mit einer ziellosen Revolution zugunsten des Irrationalen zu opfern, entspricht einer Dystopie in Weltuntergangsstimmung.

Politisch lässt sich daher die «Theory» kaum einordnen, auch wenn sie unter der Fahne der Linken läuft. Innerhalb der Progressiven hat sich mithin eine qualifizierte Opposition dagegen herausgebildet, früher waren es etwa Laerman und Dörner, heute Mounk[237] oder Neiman. Neiman bezeichnet die Botschaften der «woken Gemeinde» zu recht als „reaktionär".[238] Sie nennt mehrere Widersprüche in den angeblichen Werten: Die Reduktion allen Strebens auf Machtgewinn, welche die Möglichkeit einer gerechteren gesellschaftlichen Ordnung leugnet;[239] den Essentialismus,[240] der mit der Stereotypisierung von Menschen in «Identitäts»-Schubladen einhergeht, das Verteufeln von Aufklärung und Vernunft[241] inklusive der anachronistischen «Dekonstruktion» vergangener Aufklärer, welche ebenfalls jeglichen Fortschritt leugnen will.[242] Den politischen Idealen und Hoffnungen aller (echt) Progressiven widerspricht diese defätistische Ideologie zutiefst, wenn sie ihnen denn bewusst würde.

Letztlich verkauft diese «Theory» ein sehr attraktives Packet an den Nachwuchs. (a) Mit Lenin, Gramsci und Foucault vermittelt es eine Auserwähltheit als «spezifische Intellektuelle». (b) Versehen mit den rhetorischen Waffen Schmitts, Heideggers und Foucaults gesellt sich ein ungeheures Machtgefühl hinzu. (c) Umgekehrt hingegen verhilft Gramsci zu einer ehrenvollen Identifikation mit Faschismus-Verfolgten. (d) Zugleich sind «Diskursanalyse» und «Genealogie» simple rhetorische Techniken, weit unter dem Niveau regulärer akademischer Methoden angesiedelt. Dementsprechend schnell sind sie zu erlernen und einfach zu praktizieren. (e) Die mindere Denkleistung wird jedoch vom Relativismus kompensiert, der ein falsches Selbstbewusstsein von intellektueller und moralischer Überlegenheit über alle anderen Wissenschaften vermittelt.

Last but not least hat die Verankerung der «Theory» in den Medien und Hochschulen, in den NGOs, der Verwaltung und im HR-Bereich einen bedeutenden Stellen-Etat für Absolventen der Kulturfächer generiert, die früher unter dem Damoklesschwert brotloser Berufe standen. So ist ein veritabler politischer Komplex in der Zivilgesellschaft entstanden, der von öffentlichen Geldern maßgeblich finanziert wird, ohne je gewählt worden zu sein. Als Folgen der über Jahrzehnte hinweg angepassten Politagenda mit immer raffi-

237 *Mounk* 2023 in ähnlicher Argumentation wie Neiman.

238 *Neiman* 2023, S. 111, 119; (NB. die Schreibende ist diesbezüglich völlig einverstanden, schließt sich aber den restlichen politischen Ideen und Programmen von Dörner, Mounk und Neiman deshalb *nicht* automatisch an).

239 *Neiman* 2023, S. 42, 74–80, 114, 127.

240 *Neiman* 2023, S. 13 f.

241 *Neiman* 2023, S. 41–43, 80–85.

242 *Neiman* 2023, S. 110–127.

nierteren Techniken konnte der «Theory»-Kult an den Hochschulen, bei Forschungsfinanzierern und in den akademischen Verlagen Tritt fassen.

Als «Ausbildung» zukünftiger Journalisten hatte das ganze Programm enorme Auswirkungen auf die Medien gezeigt (wie von Lenin 1902 geplant).[243] Von den Medien aus, mit denen sie Synergien unterhalten, spielen nun einige wenige Professoren ihre Macht gegenüber den Hochschul-Hierarchien aus und schüchtern sie ein. Auch unerfahrene Studenten oder abhängige Doktoranden beteiligen sich in jugendlichem Eifer oder werden mit Anreizen eingespannt,[244] um Stimmungsmache oder Cancel Culture für eine ganze Lobby verfassen.[245]

Ein Teil «linksradikaler» Professoren, Doktoranden und Studenten, hat eine Blase erschaffen,[246] die einen reaktionären Popanz vertritt. Ohne die Verzagtheit vieler Hochschulleitungen und Forschungsfinanzierer wäre er längst in sich zusammengesackt.

Trotzdem wird, wer Science Bashing und Demokratieabschaffung aus der «höheren Warte» der relativistischen Biopolitik-Moral betreibt, sich früher oder später unweigerlich der Herkunft des eigenen Gedankenguts stellen müssen.

Die Entstehungsgeschichte der French «Theory» allein genügt allerdings nicht, um einer allfälligen Entfremdung und Unterwanderung des Bildungswesens zu begegnen. Zusätzlich dazu bedarf es einer genauen Prüfung der Haltbarkeit der erkenntnistheoretischen, methodischen Postulate hinter der «Diskursanalyse» und der «Genealogie» innerhalb ihres konstruktivistisch-relativistischen Rahmens (Fortsetzung in Teil II[247]).

Literaturverzeichnis

Althusser, Louis: For Marx, 1965, Penguin 1969. Original: Pour Marx, Paris 1965.

Althusser, Louis: Idéologie et appareils idéologiques d'État. La Pensée, 151, juin 1970.

Aristoteles: Aristoteles' Metaphysik, Erste Hälfte, Buch I–IV, Bonitz, Hermann (Übers.), Berlin 1890.

Basso, Elisabetha: Young Foucault, mit Vorwort von Harcourt, Bernard, New York 2022.

---

243 Cf. *Haas* 2025, Abs. I.2–I.4, S. 175–179, Abs. III.1, S. 189.

244 Z.B. *Weller* 15.11.2018 GdG vs. *Seaman* 2019, der alleine dagegen gehalten hat, wohingegen der damalige Rektor der UZH geschwiegen hat.

245 Cf. *Haas* 2025, Abs. I.1, S. 174 f., III.3, S. 192.

246 *Elbe* 2021, S. 181, 200.

247 *Haas* 2026b.

Bateson, Gregory: Steps to an Ecology of Mind: Collected Essays in Anthropology, Psychiatry, Evolution, and Epistemology, Chicago 1972.

Bateson, Gregory/*Jackson*, Don D./*Haley*, Jay/*Weakland*, John H.: A note on the double bind – 1962. Family Process 2(1), 1963, S. 154–161.

Bateson, Gregory/*Jackson*, Don D./*Haley*, Jay/*Weakland*, John H.: Toward a theory of schizophrenia. Behavioral Science 1(4), 1956, S. 251–264.

Belser, Katharina: Patricia Purtschert, Professorin für Geschlechterforschung: Vorbilder machen Undenkbares denkbar, in: Eidgenössische Kommission für Frauenfragen (Hrsg.), Bern 2017. S. 56–59.

Bernays, Edward: Propaganda, New York 1928.

Bleuler, Eugen: Das autistisch-undisziplinierte Denken in der Medizin und seine Überwindung, 2. verb. Aufl., Berlin 1921.

Bleuler, Eugen: Lehrbuch der Psychiatrie, Berlin 1916.

Bischof, Rita: Souveränität und Subversion. Batailles Theorie der Moderne, München 1984.

Butler, Judith: Gender Trouble: Feminism and the Subversion of Identity. New York 1990.

California Law Review 82(4): Symposium: Critical Race Theory, July 1994.

Clark, Robert E.: The classical origins of Pavlov's conditioning. Integrative Physiological & Behavioral Science 39.4, Okt. 2004, S. 279–294.

Crenshaw, Kimberlé: Demarginalizing the Intersection of Race and Sex: A Black Feminist Critique of Antidiscrimination Doctrine, The University of Chicago Legal Forum 1, 1989, S. 139–167.

Delgado, Richard/*Stefancic*, Jean (eds.): Critical Race Theory: An Introduction, New York 2001.

Derrida, Jacques: Of Grammatology, 1967, corrected edition, Gayatri Chakravorty Spivak (trans.), Baltimore 1998.

Dörner, Klaus: Bürger und Irre, 1969, 2. Aufl., Frankfurt/M. 1984.

Droit, Roger-Pol: Foucault, Michel. „Je suis un artificier.“ Entretien avec Roger-Pol Droit Michel Foucault, Info, juin 1975.

Elbe, Ingo: Antisemitismus und postkoloniale Theorie, Berlin 2024.

Elbe, Ingo: Gestalten der Gegenaufklärung. Untersuchungen zu Konservatismus, politischem Existentialismus und Postmoderne, 2. Aufl., Würzburg 2021.

Erken, Emrah: Jean Ziegler. Ein dekolonialer Ideologe avant la lettre, in: Vukadinović, Vojin Saša (Hrsg.): Siebter Oktober Dreiundzwanzig. Berlin 2024, S. 166–186.

Evans, Richard, J.: In Defence of History, London 1997.

Feyerabend, Paul: Against Method, London 1975. (Dt. Wider den Methodenzwang, Frankfurt/M.).

Foucault, Michel: A Preface to Transgression. 1963, in: Bouchard, Donald F. (ed.), Language, Counter-Memory, Practice: Selected Essays and Interviews, Ithaca NY 1977, S. 29–52.

Foucault, Michel: Dits et écrits I–IV, in: Défert, Daniel/Ewald, François (éds.) Paris; (DE I: 1954–69; DE II: 1970–75; DE III: 1976–79; DE IV: 1980–88).

Foucault, Michel: Histoire de la folie à l'âge classique. Paris 1961. (Engl.) Madness and Civilization. History of Insanity in the Age of Reason, in: Gordon, Colin (ed.), New York 1988. (Dt.) Wahnsinn und Gesellschaft, Frankfurt a. M. 1973. (WG).

Foucault, Michel: Histoire de la sexualité I. La volonté de savoir, Paris 17. 11. 1976.

Foucault, Michel: „Ich bin ein Sprengmeister". Ein Gespräch über die Macht, die Wissenschaften, die Genealogie und den Krieg, Interview mit Droit, Roger-Pol, Juni 1975: „Je suis un artificier", in: Nach Feierabend. Zürcher Jahrbuch für Wissensgeschichte 1, 2005, S. 187–204.

Foucault, Michel: L'archéologie du savoir. Paris 1969. Engl. Archaeology of Knowledge, New York 1972. Dt. Archäologie des Wissens, Frankfurt/M. 2015. (AW).

Foucault, Michel: Les mots et les choses. Paris 1966. (Engl.) The Order of Things, New York 1994 (Dt.) Die Ordnung der Dinge, 24. Aufl. Frankfurt/M. 2017. (OD)

Foucault, Michel: Maladie mentale et personnalité, Paris 1954.

Foucault, Michel (Hrsg.): Moi Pierre Rivière, ayant egorgé ma mère, ma soeur et mon frère,… (1835). Paris 1973. Dt. Der Fall Rivière herausgegeben von Michel Foucault, 3. Aufl. Frankfurt/M. 2016.

Foucault, Michel: Nietzsche, Genealogy, History. 1971, in: Bouchard, Donald F. (ed.), Language, Counter-Memory, Practice: Selected Essays and Interviews, Ithaca NY 1977, S. 139–164. (NGH).

Foucault, Michel: Security, Territory, Population, Lectures at the Collège de France 1977/78, in: Senellart, Michel (ed.), London 2009. (STP).

Foucault, Michel: Society Must Be Defended, Lectures at the Collège de France 1975/76, in: Bertani, Mauro/Fontana, Alessandro (eds.). London 2003. (Original: Il faut défendre la société, Paris 1997. Dt. In Verteidigung der Gesellschaft, Frankfurt/M.). (VG).

Foucault, Michel: Surveiller et punir. Naissance de la prison, Paris 1975. (Engl.) Discipline and Punish: The Birth of the Prison, New York 1999. (Dt.) Überwachen und Strafen. Die Geburt des Gefängnisses, Frankfurt/M. 1977. (ÜS).

Foucault, Michel: The Birth of Biopolitics. Lectures at the Collège de France 1978/79, Senellart, Michel (ed.), London 2008. (BoB).

Foucault, Michel/*Gordon*, Colin: Power/Knowledge: Selected Interviews and Other Writings 1972–1977, New York 1980.

Freud, Sigmund: Traumdeutung. 1900. Gesammelte Werke II/III. London 1942.

Germann, Pascal: Laboratorien der Vererbung: Rassenforschung und Humangenetik in der Schweiz, 1900–1970, Göttingen 2016.

Germann, Pascal/*Held*, Lukas/*Wulz*, Monika: Scientific Political Activism – eine Annäherung an das Verhältnis von Wissenschaft und politischem Engagement seit den 1960er Jahren, NTM Zeitschrift für Geschichte der Wissenschaften, Technik und Medizin 30.4.2022, S. 435–444.

Gugerli, David/*Hagner*, Michael/*Hampe*, Michael/*Orland*, Barbara/*Sarasin*, Philipp/*Tanner*, Jakob: Editorial, Nach Feierabend 2005, S. 7–11.

Goldschmidt, Georges-Arthur: Heidegger und die deutsche Sprache, Freiburg i.B. 2023.

Gramsci, Antonio: Selections From The Prison Notebooks. London 1971.

Haas, Henriette: Die obsoleten epistemologischen Voraussetzungen der French «Theory», (Teil II), in: Netzwerk Wissenschaftsfreiheit e.V. (Hrsg.): Jahrbuch Wissenschaftsfreiheit 3, Berlin 2026, S. 105–184. (2026b).

Haas, Henriette: „Nichts ist wahr, alles ist erlaubt": Die Folgen von Martin Heideggers „Geschichte der Gegenwart" und Michel Foucaults «Diskursanalyse» auf Medien und Hochschulen, in: Netzwerk Wissenschaftsfreiheit e.V. (Hrsg.), Jahrbuch Wissenschaftsfreiheit 2, Berlin 2025, S. 173–212.

Haas, Henriette: Antisemitische Desinformation und Propaganda im Gewand von Wissenschaft. Anti-Kolonialismus und Anti-Zionismus auf dem Prüfstand, in: Praxis der Rechtspsychologie 34(2), 2024, S. 201–212.

Haas, Henriette: „Zeitgeschichte im Würgegriff der Geschichte" [sic!]. Anmerkungen zur akademisch prämierten Skandalisierung, Medialex 9: 5.11.2021.

Haas, Henriette: Is there a skeleton in the closet of the Julius Klaus Foundation? Jahrbuch der Schweizerischen Gesellschaft für Familienforschung 47, 2020, S. 221–264. (2020a)

Haas, Henriette: Stringente Beweisführung und begründete Zweifel versus Schein-Beweise, Kriminalistik 74(11), 2020, S. 692–707. (2020b)

Haas, Henriette: Per me si va tra la perduta gente. Der Briefwechsel der Botaniker Otto Renner und Alfred Ernst während der NS-Zeit, Annals of the History and Philosophy of Biology 23, 2019, S. 157–195. (2019a)

Haas, Henriette: Obskurantismus als Gegenspieler zur kriminalistischen Aufklärung, Kriminalistik 73(10), 2019, S. 615–622. (2019b)

Haas, Henriette: Die gefährlichsten Sätze der Welt. Wie junge Menschen dazu verführt werden, sich gewalttätigen Gruppen anzuschliessen und in den Krieg zu ziehen, in: J. Baer, Josette/Rother, Wolfgang (Hrsg.), Terror, Angst und Schrecken, Basel 2017, S. 133–154.

Haas, Henriette/*Ill*, Christoph: Befragungstechnik und Aussagenvalidität in internen Ermittlungen, in: Bazzani, Claudio/Ferrari-Visca, Reto/Nadelhofer, Simone (Hrsg.), Interne Untersuchungen. Eine umfassende Darstellung der rechtlichen und praktischen Aspekte, inklusive Amts- und Rechtshilfe und Kooperation mit Behörden, Basel 2022, S. 383–443.

Haas, Henriette/*Preuß-Wössner*, Johanna: „Unser Zangger" – ein „Freund des Nationalsozialismus". Der Gerichtsmediziner Heinrich Zangger (1874–1957) im Zentrum eines Netzwerkes an der Universität Zürich und dem Internationalen Komitee vom Roten Kreuz, Jahrbuch der Schweizerischen Gesellschaft für Familienforschung, 49, 2022, S. 241–269.

Halberstam Jack: On Destitution, Dereliction, Depreciation and Dispossession. Key Note California Institute of Integral Studies, Youtube, May 23, 2021.

Haslam, Nick: Concept creep: Psychology's expanding concepts of harm and pathology. Psychological Inquiry 27(1), 2016, S. 1–17.

Heidegger, Martin: Der Satz vom Grund, Gesamtwerk, Band 10, Frankfurt/M. 1956.

Heidegger, Martin: Sein und Zeit, 1927, 11. Aufl., Tübingen 1967 (SZ).

Heidegger, Martin: Vom Wesen der Wahrheit, Gesamtwerk, Band 34, Frankfurt/M. 1931/32.

Hennig, Matthias: Mit 1003 PS durch die Wüste (zu Guyotats Eden Eden Eden), Neue Zürcher Zeitung 4. 8. 2016.

Kahnemann, Daniel: Thinking Fast and Slow, New York 2011.

Kepplinger, Hans Mathias: Die Mechanismen der Skandalierung, München 2012.

Kirsch, Adam: Siedlerkolonialismus. Ideologie, Gewalt und Gerechtigkeit, Berlin 2025.

Klee, Ernst: Das Personenlexikon zum Dritten Reich. Wer war was vor und nach 1945?, Hamburg 2016.

Kohler, Georg: Ordnung und Lebendigkeit. Michel Foucaults kritische Theorie des „zoon politikon", in: Höffe, Otfried (Hrsg.), Der Mensch – ein politisches Tier, Stuttgart 1992, S. 157–187.

Kohler, Pascal/*Illmer*, Lea Dora: Gewalt und Protest: ein Nach- und Neudenken, Tagungsbericht, „Violent Times, Rising Protests. Strukturen, Erfahrungen und Gefühle", Gendercampus, Bern Okt. 2019.

Kostner, Sandra: Hochschulen in den 2020er-Jahren. Intellektuelle Vielfalt oder intellektuelle Lockdowns?, in: Kostner, Sandra (Hrsg.), Wissenschaftsfreiheit, Zeitschrift für Politik (ZfP) Sonderband 10, 2022, S. 7–30.

Laclau, Ernesto/*Mouffe*, Chantal: Hegemony and Socialist Strategy: Towards a Radical Democratic Politics, 2. Aufl., London 1985. (HSS).

Laermann, Klaus: Lacancan und Derridada. über die Frankolatrie in den Kulturwissenschaften, in: Michel, Karl Markus (Hrsg.), Sprachlose Intelligenz?, Kursbuch 84, 1986.

Latour, Bruno: On the partial existence of existing and nonexisting objects, 1996, in: Daston, Lorraine (ed.), Biographies of Scientific Objects, Chicago 2000, S. 247–269.

Leibniz, Gottfried Wilhelm: Die philosophischen Schriften: Scientia generalis, in: Gerhardt, Carl Immanuel (Hrsg.), Band VII, Berlin 1890.

Lenin, Wladimir Iljitsch: Was tun? Brennende Fragen unserer Bewegung, in: Lenin, Wladimir Iljitsch, Werke, Band 5, 1902, S. 355–549.

Lyotard, Jean-François: The Postmodern Condition: A Report on Knowledge. 1979, in: Theory and History of Literature, Vol. 10, Manchester 1984.

Marti, Urs: Michel Foucault, München 1988.

Marx, Karl: Das Kapital. Kritik der politischen Ökonomie, Band 1, Hamburg 1867.

Marx, Karl: Zur Judenfrage. 1843, in: Marx, Karl/Engels, Friedrich – Werke, Band 1, Berlin/DDR 1976, S. 347–377.

Marx, Karl/*Engels* Friedrich: Das Manifest der kommunistischen Partei, London 1848. (Dt. Ausgabe von 1872).

Mbembe, Achille: Necropolitics, Public Culture, 15(1), 2003, S. 11–40.

McGowan, John: Postmodernism and its Critics. Ithaca NY 1991.

Megill, Allan: The Prophets of Extremity. Nietzsche, Heidegger, Foucault, Derrida, Berkeley 1985.

Miller, James: Die Leidenschaft des Michel Foucault, 1993, Dt. Köln 1995. (Original: The Passion of Michel Foucault, New York 1993).

Mounk, Yascha: The Identity Trap, New York 2023.

Neiman, Susan: Woke ≠ Links, Berlin 2023.

Nietzsche, Friedrich, in: Förster-Nietzsche, Elisabeth/Gast, Peter (Hrsg.), Aus dem Nachlaß der Achtzigerjahre. Nietzsches Werke, Band 9: Versuch einer Umwerthung aller Werthe, aus dem Nachlaß 1884–1888, 2. Ausgabe, Leipzig 1906.

Nietzsche, Friedrich: Menschliches und Allzumenschliches, Leipzig 1886 (MA).

Nietzsche, Friedrich, in: Förster-Nietzsche, Elisabeth/Gast, Peter (Hrsg.), Wille zur Macht, Nachlasskompilation, Leipzig 1917. (WM).

Ploetz, Alfred: Die Begriffe Rasse und Gesellschaft und die hiervon abgeleiteten Disziplinen, in: Archiv für Rassen- und Gesellschaftsbiologie 1, 1904, S. 2–26.

Purtschert, Patricia/*Meyer*, Katrin/*Winter*, Yves (Hrsg): Gouvernementalität und Sicherheit. Zeitdiagnostische Beiträge im Anschluss an Foucault, Bielefeld 2008.

Roth, Julia/*Winkel*, Heidemarie/*Scheele*, Alexandra: Geschlecht – Gewalt – Global. Gewalt im Zentrum weltweiter Angriffe auf Frauen- und Geschlechterrechte. Einleitung, Femina Politica –Zeitschrift für feministische Politikwissenschaft 31(2), 2022, S. 9–29.

Rzepka, Vincent/*Strassenberger*, Grit: Für einen konfliktiven Liberalismus. Chantal Mouffes Verteidigung der liberalen Demokratie. Zeitschrift für Politische Theorie 5(2), 2014, S. 217–233.

Sarasin, Philipp: Diskursanalyse, in: Goertz, Hans-Jürgen (Hrsg.), Grundkurs Geschichte, 3. Aufl., Reinbek b. Hamburg 2007, S. 199–217.

Sarasin, Philipp: Krieg und Wahrheit. Michel Foucault als Sprengmeister. Nach Feierabend. Zürcher Jahrbuch für Wissensgeschichte 1, 2005, S. 205–219.

Sarasin, Philipp: Michel Foucault zur Einführung. Hamburg: Juni 2005.

Sarasin, Philipp: Mit Foucault die Pandemie verstehen? Geschichte der Gegenwart (GdG) 25.3.2020.

Sarasin, Philipp: Zweierlei Rassismus? Die Selektion des Fremden als Problem in Michel Foucaults Verbindung von Biopolitik und Rassismus, in: Stingelin, Martin (Hrsg.) Biopolitik und Rassismus, Frankfurt/M. 2003, S. 55–79.

Sarasin, Philipp/*Hänggi*, Marcel: Darwin und Foucault. „Darwin baut die Brücke zwischen Kultur und Natur". Die Wochenzeitung, WOZ 7.–12.2.2009.

Sartre, Jean-Paul: L'être et le néant, Paris 1943.

Schlechta, Karl: Philologischer Nachbericht, in: Friedrich Nietzsche Werke V (1. Aufl. München 1965), Frankfurt/M. 1969, S. 1383–1432.

Schmitt, Carl: Der Begriff des Politischen. München 1932. (Engl.) The Concept of the Political. Chicago 1996.

Schmitt, Carl: Die geistesgeschichtliche Lage des heutigen Parlamentarismus, 1923, 10. Aufl. Berlin 2017. (Engl.) The Crisis of Parliamentary Democracy, 1923, Cambridge, MA 1985.

Schmitt, Carl: Politische Theologie, 1922, 2. Aufl. Leipzig 1934. (Engl.) Political Theology, Chicago 1985.

Schmitt, Carl: The Leviathan in the State Theory of Thomas Hobbes: Meaning and Failure of a Political Symbol, 1938, London 1996. (Original) Der Leviathan in der Staatslehre des Thomas Hobbes. Sinn und Fehlschlag eines politischen Symbols, Stuttgart 1982.

Scholz, Anna-Lena: Unease over Judith Butler, Die Zeit 24.11.2023.

Seaman, Andrea: Will „Geschichte der Gegenwart" keine offene Debatte?, Schweizer Monat 1063, Feb. 2019.

Siemer, Denise: „Violent Times, Rising Protests. Structures, Experiences and Feelings". Fachtagung der Schweizer Gesellschaft für Geschlechterforschung, Feministische Studien 38(1), 2020, S. 159–162.

Simmel, Georg: Soziologie. Untersuchungen über die Formen der Vergesellschaftung, Leipzig 1908.

Smith, Barbara Herrnstein: Scandalous Knowledge: Science, Truth, and the Human, Durham, NC 2006.

Späti, Christina: Die schweizerische Linke und Israel: Israelbegeisterung, Antizionismus und Antisemitismus zwischen 1967 und 1991, Essen 2006.

Strasser, Peter: Wirklichkeitskonstruktion und Rationalität. Ein Versuch über den Relativismus, Freiburg i.Br. 1980.

Tanner, Jakob: Eugenics before 1945, Journal of Modern European History 10(4), Nov. 2012, S. 458–479.

Tanner, Jakob: Eugenik und Rassenhygiene in Wissenschaft und Politik seit dem Ausgehenden 19. Jahrhundert: ein Historischer Überblick, in: Zimmermann, Michael (Hrsg.), Zwischen Erziehung und Vernichtung. Zigeunerpolitik und Zigeunerforschung im Europa des 20. Jahrhunderts, Stuttgart 2007, S. 109–121.

Tanner, Jakob: Klio trifft Hermes. Interpretationsprobleme in der Geschichtswissenschaft, in: Dalferth, Ingolf U./Stoellger, Philipp (Hrsg.), Interpretation in den Wissenschaften, Würzburg 2005, S. 41–58.

UNESCO: The Race Concept: Results of an Inquiry, Paris 1952.

Vukadinović, Vojin Saša (Hrsg): Freiheit ist keine Metapher. Berlin 2018.

Vukadinović, Vojin Saša (Hrsg.): Siebter Oktober Dreiundzwanzig. Antizionismus und Identitätspolitik, Berlin 2024.

Weller, Maurice: „Free thinkers welcome!“ Die Uni Zürich bietet libertären Aktivisten ein Forum. Geschichte der Gegenwart (GdG) 25. 11. 2018.

Weyrother, Anton: Aufräumarbeiten im Diskurs „Archäologie des Wissens“ von Michel Foucault, Webseite Weyrother Literaturbetrieb 24. 5. 2021.

Andere Quellen

(Webseiten besucht am 1. Dez. 2025)

Buletin Eugenic si Biopolitic:
https://documente.bcucluj.ro/web/bibdigit/periodice/buletineugenicsibiopolitic/

California Institute of Integral Studies CIIS:
https://www.youtube.com/@IntegralEducation

ChatGPT 3.0 (open AI):
https://chatgpt.com/

Dolto, Françoise (Webseite) 8. 7. 1977, Revision du Code pénal:
https://www.dolto.fr/fd-code-penal-crp.html

Foucault, Michel MΦ:
https://foucault.info/articles/

Gallimard (Verlag), Catalogue:
https://www.librairie-gallimard.com/livre/9782020231695-il-faut-defendre-la-societe-cours-au-college-de-france-1976-michel-foucault/
https://www.gallimard.fr/catalogue/la-volonte-de-savoir/9782070295890

Gendercampus, Universität Bern:
https://www.gendercampus.ch/de/ueber-gender-campus/team-und-academic-board
https://www.gendercampus.ch/de/person/pascal-germann;
https://www.gendercampus.ch/de/person/monika-wulz
https://www.gendercampus.ch/de/sggf/aktivitaeten/fachtagungen/fachtagung-2019

Geschichte der Gegenwart (GdG), online Magazin:
https://geschichtedergegenwart.ch/

Henriette Haas (Webseiten, Bibliografie):
https://www.henriette-haas.com/Biblio.html
https://www.psychologie.uzh.ch/de/institut/ueber-uns/angehoerige/titular/haas.html
https://geschichts-validitaet.com/

Konrad Adenauer Stiftung, Rechtsextremismus, rechtsextreme Codes:
https://www.kas.de/de/web/extremismus/rechtsextremismus/rechtsextreme-codes

Linguistic Inquiry and Word Count (LIWC), Linguistische Textanalyse:
https://www.liwc.app/

Nach Feierabend 2005 (Zeitschrift):
https://www.diaphanes.de/buch/detail/82

Schweizerischer Nationalfonds (SNF), Grants:
https://data.snf.ch/grants/grant/114537
https://data.snf.ch/grants/grant/135829

Stanford Encyclopedia of Philosophy zu Nietzsche:
https://plato.stanford.edu/entries/nietzsche/#WillPowe

Youtube, Halberstam May 23, 2021:
https://www.youtube.com/watch?v=uSn9om6tbI4

Zentrum Geschichte des Wissens (ZGW):
https://www.zgw.ethz.ch/de/home.html
https://www.zgw.ethz.ch/de/mitglieder.html
https://www.zgw.ethz.ch/de/veroeffentlichungen.html
https://www.zgw.ethz.ch/de/doktoratsprogramm.html

Jahrbuch Wissenschaftsfreiheit, 3 (2026): 105 – 184
https://doi.org/10.3790/jwf.2026.1472804

Die obsoleten epistemologischen Voraussetzungen der French «Theory» (Teil II)

Von *Henriette Haas**

Abstract

Die üblichen Postulate der poststrukturalistischen «Theory» erweisen sich bei näherer epistemologischer Betrachtung als Trugschlüsse und aus der Zeit gefallen. Entgegen gewissen Behauptungen aus dem posthumen Nietzsche-Nachlass, von Heidegger, Derrida, Foucault, Lyotard, Smith und deren Anhängern: (1) ist Sprache keineswegs eine inhaltslose Hülle; (2) gibt es sehr wohl eine Zeitachse und Kausalitäten, die den Wirkungen immer vorausgehen; (3) ist die Logik keine menschliche Erfindung, sondern gehört zu den Naturgesetzen (Leibnitz und Gödel) und so kann der Abgleich zwischen Hypothesen und materieller Realität langfristig durch Korrespondenzrelationen 2. Ordnung sehr wohl vollzogen werden (Strasser); (4) beinhaltet die Anwendung von Relativismus als ob er selbst eine Methode sei, keine höhere Erkenntniswarte, sondern führt zu oberflächlichen Scheinbeweisen und zur Intransparenz; (5) verkörpert die Vernunft historisch gesehen keineswegs das Böse im Menschen, sondern führt – richtig und mit gutem Willen angewendet – zur zwischenmenschlichen Verständigung, zu Demokratie und Wohlstand.

Namhafte «Theory» Adepten konstruieren bloßen Obskurantismus mit ihren Narrativen. Sie haben es schlicht versäumt, sich über die relevanten methodischen Entwicklungen des 20. Jahrhunderts kundig zu machen. Diese sind (a) die Entdeckungen der Evolutionsbiologie und kognitiven Psychologie über die Wirksamkeit der Sprache für die Evolution der Menschheit; (b) Peirces Abduktion tauglicher Erklärungen für Sachverhalte in offenen Systemen unter unendlich vielen Einflüssen; (c) Russells Definition wissenschaftlicher Hypothesen für Verbindlichkeit und Transparenz; (d) Bridgmans pragmatische Konzeptdefinitionen durch Operationalisierung; (e) Tarskis und Strassers Wahrheits-Überprüfung, ergänzt durch eine transparente und vollständige Deklaration der Datenerhebung inkl. der Missings, so dass historische Studien die Vorschrift der Quellentreue nach Koselleck erfüllen; (f) Russells Instruktion zur Vermeidung von paradoxer Kommunikation durch selbstreferentielle Antinomien mittels der hierarchischen Trennung verschiedener Ebenen der Forschungsprozedur und auf der Metaebene: dem Skeptizismus.

* Prof. Dr. phil. Henriette Haas, Titularprofessorin (im Ruhestand) am Psychologischen Institut der Universität Zürich, https://www.psychologie.uzh.ch/de/institut/ueber-uns/angehoerige/titular/haas.html. E-Mail: henriette.haas@psychologie.uzh.ch.

Doch wer ist eigentlich befugt, darüber zu entscheiden, ob die Aristotelische Logik und Metaphysik die universell gültige Heuristik für das wissenschaftliche Denken sei? So lautet Juvenals Wächterfrage. Sie klärt sich pragmatisch und demokratisch ganz von selbst mit der Performativität der Wissenschaften. Als Konsumenten bezeugen wir alle tagtäglich tausendfach unseren unerschütterlichen Glauben in das gesamte untereinander verstrebte Wissenschaftsgebäude (Korrespondenz 2. Ordnung), und damit an dessen Pfeiler, die Mathematik und Logik.

Schlüsselwörter: French Theory, Post-Strukturalismus, Epistemologie, Relativismus, Trugschlüsse, falsche Prämissen, Obskurantismus

French «Theory»'s False and Obsolete Epistemological Premises (Part II)

Upon close epistemological inspection the common postulates of poststructuralist «Theory» prove to be fallacies and outdated. Contrary to certain assertions from the posthumous Nietzsche estate, from Heidegger, Derrida, Foucault, Lyotard, Smith and their followers: (1), language is by no means an empty shell; (2), there is indeed a timeline and causalities that always precede the effects; (3), logic is not a human invention, but belongs to the laws of nature (Leibnitz and Gödel) and so the comparison between hypotheses and material reality can very well be carried out by correspondence relations of the 2nd order (Strasser) in the long term; (4), applying relativism as if it were itself a method does not contain a higher perspective of knowledge, but leads to superficial pseudo-proofs and to a lack of transparency; (5), from a historical perspective reason does not represent evil in man, but leads – applied correctly and in good faith – to interpersonal understanding, democracy and prosperity.

With their narratives some notable «Theory» adepts construct mere obscurantism. They have simply failed to inform themselves about the relevant methodological developments of the 20th century. These are: (a) the discoveries of evolutionary biology and cognitive psychology about the role of language for the evolution of mankind; (b) Peirce's abduction of suitable explanations for facts found within open systems under an indefinite number of influences; (c) Russell's Definition of scientific hypotheses as binding and transparent propositions, (d) Bridgman's pragmatic definition of scientific concepts through their operationalization, (e) Tarski's and Strasser's truth evaluation functions, supplemented by a transparent and complete declaration of the data collection including the missings, so that historical studies can meet the Koselleck's requirement of source fidelity; (f) Russell's instructions on how to avoid logical paradoxes caused by self-referential antinomies through the hierarchical separation of the levels of the research procedure and on the meta-level: skepticism.

Yet, who decides if Aristotelian logic and metaphysics are the universal heuristics of reasoning, indeed? This is called the guardian problem by Juvenalis. It solves itself in a pragmatic and democratic manner by the performativity of the Sciences. As consumers, we all testify thousands of times every day about our unshakable faith in the entire scientific edifice (correspondence of the 2nd order). Therefore, everybody believes in mathematics and logic as its pillars.

Keywords: French Theory, post-structuralism, epistemology, relativism, fallacies, false premises, obscurantism

I. Richtigstellung der fehlerhaften Voraussetzungen der «Theory»

Der ideengeschichtliche Hintergrund der Agendawissenschaft in den Science-, Postcolonial- und Gender-Studies aus dem Corpus der sog. postmodernen French «Theory» wurde in Teil I abgehandelt. Für sich allein genommen genügt er jedoch nicht, um den mit unwissenschaftlichen Rezepten und propagandistischer Ausrichtung fabrizierten Publikationen wirksam entgegenzuhalten. Hinter politischen Vereinnahmungen der Forschung steht nämlich ein massiver Konflikt rund um die Methodik der Wahrheitssuche. Hochschulen und Forschungsfinanzierer stehen im Spannungsfeld zwischen dem herkömmlichen, geregelten Wissenschafts-Verständnis und demjenigen der performativen, poststrukturalistischen «Theory».[1] Diese hat sich von der universellen aristotelischen Logik verabschiedet und vertritt eine soziologische Konsens-These innerhalb von Partikulargruppen.[2]

Für die Konklusion tun sich anhand zahlreicher Beispiele aus den «Laboratorien» der Advocacy Fächer neue Wege auf, wie man dem Phänomen didaktisch und juristisch besser beikommen könnte.

1. Geltende Normen der Wissenschaft: Treu und Glaube als rechtliche Einbindung in die aristotelische Metaphysik

Man kann nicht genug betonen, wie wichtig das bona fides Prinzip aus dem römischen Recht für das friedliche Zusammenleben und die Prosperität der Gesellschaft ist. Treu und Glaube[3] als Verhaltensregel für ehrliches Sprechen und Handeln von Staat und Privaten fusst auf der Logik. Ohne diese sozialpsychologische Errungenschaft im Zusammenleben wird jede Kommunika-

---

[1] Zur Abgrenzung gegenüber Zitaten werden Wörter, von deren semantischem Anspruch ich mich distanziere, in französischen Anführungszeichen geführt (z. B. «Theory», «Diskursanalyse», die m. E. keine Wissenschaft darstellen, sondern Rhetorik).

[2] Vertreten z. B. von *Smith* 2006, S. 116.

[3] In Deutschland wirkt das Prinzip „Treu und Glaube" vornehmlich im Privatrecht und ist im Bürgerlichen Gesetzbuch § 242 oder auch in § 138 Abs. 1 der Zivilprozessordnung verankert; es durchzieht die gesamte Rechtsordnung und gilt selbst ohne ausdrückliche Normierung als allgemeiner Rechtsgrundsatz. In der Schweiz steht es in der Verfassung Art. 5 Ziff. 3. In Österreich leitet der Oberste Gerichtshof (OGH) den Grundsatz v. a. aus §§ 914 f. und § 1295 des Allgemeinen Bürgerlichen Gesetzbuches sowie aus der Verkehrssitte ab (z. B. OGH 1 Ob 158/74 (RS 0017859) vom 7. Oktober 1974).

(Anm. Mein Dank geht an Dr. René Rosenau, LL.M. bei Höcker Rechtsanwälte/ Köln für seine hilfreichen Hinweise).

tion – privat oder öffentlich – jedes Gesetz und jeder Vertrag, ja jegliche Beziehung vollkommen sinnlos.

Aristoteles' Metaphysik ist das wohl einflussreichste Werk über das menschliche Denken schlechthin.[4] Sie beinhaltet die Logik, die Konsistenz der Aussagen untereinander, die Korrespondenz der Aussagen zu den Fakten sowie die Suche nach Faktoren und Ursachen hinter den Phänomenen. Diese Prinzipien verleihen der Wissenschaft ihre hohe Glaubwürdigkeit, im Rahmen der Regeln von Transparenz und Redlichkeit, die im 20. Jahrhundert ausformuliert wurden. Das Befolgen dieser Qualitätsstandards wird reglementarisch eingefordert und die Öffentlichkeit meint, sei seien damit gewährleistet. Der Standard wissenschaftlicher Publikationen besteht erstens in der ergebnisoffenen Suche der maßgeblichen Literatur, Daten und Archivalien, zweitens im inhaltlich und formal korrekten Zitieren und Zusammenfassen gelesener Texte und Zahlen, drittens im transparenten Deklarieren der vorgefundenen Datenbasis und der Hypothesen, die über die Fakten hinausführen sowie der für die Datenerhebung und -Analyse verwendeten Methoden. Diese Vorschriften grenzen Wissenschaft offiziell von unwissenschaftlichen Narrativen ab. In postmodernem Jargon werden die aristotelische Logik und Metaphysik, die für alle gilt, hingegen als politisch unkorrekter „Universalismus" abgetan.

Nur diese Transparenz gewährleistet das Prinzip der Intersubjektivität. Es gilt für jegliche Edition von einmal auf einem Datenträger registrierter Daten (Archivalien, Messwerte, Fragebogenantworten, oder in der Literatur benannte Daten und Interpretationen), denn es verlangt,

> „dass der Benutzer sich auf die Quellenedition verlassen können muss. Er muss mit der Edition in gewisser Hinsicht so arbeiten können wie mit dem Original, das irgendwo in einer Bibliothek, einem Archiv oder einem Privathaushalt liegt –."[5]

Auf dem Papier gelten Selbstwidersprüche, Verstöße gegen das Veto der Quellen,[6] unvollständige Deklaration der Quellenbasis oder ihrer Lücken, schwammige Konzepte, Offenlassen oder Verschleiern der verwendeten Vorgehensweise, das Vermischen der Fakten mit aktuellen Hypothesen darüber, eklektizistischer Umgang mit Daten (*cherry picking*), sowie unverständliche Sprache als unwissenschaftlich[7] oder gar unlauter. Die Tatbestände der Unredlichkeit[8] lauten demzufolge: „Vorspiegelung angeblicher Tatsachen", wobei das „falsche oder irreführende Zitieren aus Arbeiten oder angeblichen Arbeiten Dritter" dazu gehört, ebenso wie die „Fälschung", welche „die Löschung

---

4 *Aristoteles* 1890, 4. Buch, Kap. VI und VII, 1011b.

5 *Seiffert* 2006, Bd. 2, S. 79–80.

6 *Koselleck* 1977, Bd. 1, S. 45–46.

7 *Stone*, May 1992, S. 189.

8 SAMW 2021: Kodex, 23, Abs. 5.2.2 und 5.2.3; DFG 2024, VerfOwF § 2, § 3, § 4.

von Daten oder Ergebnissen und deren Darstellung beinhalten. Die absichtliche Fehlinterpretation von Forschungsergebnissen stellt ebenfalls eine Fälschung dar." Nach geltendem deutschem Recht sind darüber hinaus auch Ideenplagiate unredlich.

2. Postmoderne Opposition gegen Methodik und Deontologie

Gegen die Forderung der inneren Konsistenz und der Korrespondenz der Behauptungen zu den Fakten, ebenso wie gegen das metaphysische Hinterfragen der von bloßem Auge sichtbaren Phänomene laufen einige «Theory»-Vertreter Sturm. Sie haben sich seit den 1960ern von den deontologischen Normen der Wissenschaftlichkeit verabschiedet – auch bezüglich solcher Studien, deren Behauptungen durchaus mit der Datenbasis auf dem Radar der Verfasser abgeglichen werden können, beispielsweise denen der Wissenschafts-, der Kolonialismus- und Nationalsozialismus-Geschichte. Ihr Tenor lautet:

> „Diese Vorstellung, Subjektivität könne durch Technikeinsatz überwacht und wild wuchernde Phantasien durch Methodenzwang wirksam eingedämmt werden, versah das neue Modell von Wissenschaftlichkeit mit einer Aura des moralisch Besseren. Der gute Wissenschaftler war der, welcher sich in Enthaltsamkeit übte, der sein objektives Erkenntnisideal über interpretierende Leidenschaft stellte und der Verführung, die von der Einbildungskraft ausging. nicht erlag. Wer diesen Normen nicht genügen wollte, wurde als Fälscher oder Versager aus der Scientific Community ausgeschlossen. Resultat war eine Moralisierung der Objektivität."[9]

Ähnliche Einsprüche lauten: „Methodos als ‚Weg des Nachgehens' wurde zur Grundlage für Nachvollziehbarkeit und Nachprüfbarkeit. Die Methode stieg zum Garanten für Gewissheit auf."[10] Beliebt ist ferner, der Wissenschaft „universale Wahrheitsansprüche" oder die Suche nach „historischer Wahrheit" anzukreiden.[11] Indessen bleiben die genannten Autoren jegliche Belege schuldig: Welche zeitgenössischen Forscher haben wann, wo und mit welchen Worten «Gewissheit» garantiert oder die «universale Wahrheit» respektive «Objektivität» beansprucht? Ohne Quellen ist das ein Strohmann-Argument. Falsche Unterstellungen bilden einen wichtigen Argumentationspfeiler von Relativisten/Konstruktivisten. Oft fließen sie implizit ein, so dass man sie während des flüssigen Lesens kaum bemerkt.

Zahlreiche Ismen, „Rationalismus", „logischer Positivismus", „Objektivismus", „Universalismus", „Referentialismus", „kruder Empirizismus",[12] lassen

---

[9] *Tanner* 2005: Klio, S. 43.

[10] *Tanner* 2005: Klio, S. 49–50.

[11] *Germann* 2010; *Sarasin* 2003, S. 11.

[12] *Smith* 2006, S. 1, 7, 9, 31, 37, 55, 57.

eine herablassende Haltung der postmodernen Relativisten gegenüber der demokratischen Rechts-Setzung und -Sprechung erkennen – ganz besonders was das Prinzip von Treu und Glaube anbelangt, das aber nie erwähnt wird.

3. Das Wächter- und Demarkationsproblem

Wer wacht eigentlich darüber, ob Professoren, Sachverständige und Reviewer sich an die Codices von *academic good conduct* halten? Wer entscheidet darüber, ob sich die Geschichtswissenschaft, die Gender-, Postcolonial- und Science-Studies (und weitere Kulturfächer) den Standards der Redlichkeit entziehen dürfen? Sind Experten, die der gleichen Seilschaft angehören wie ein beschuldigter Autor, noch unbefangen?[13] Dies wird mit Juvenalis das Wächterproblem genannt: „quis custodiet ipsos custodes?",[14] auf Deutsch: Wer überwacht eigentlich die Wächter?

Gemäß geltenden Normen verläuft die Grenze zwischen Wissenschaft und weniger strengen Formaten weitgehend entlang der Einhaltung der aristotelischen Logik: Untersagt sind Duplizität und Täuschung, d. h. Selbstwidersprüche und Verstöße gegen das Veto der Quellen, die bei der Erfassung der Rohdaten auf dem Radar des Autors lagen.

Leider wurde das Demarkationsproblem von den hermeneutischen Fächern sträflich vernachlässigt, schon nur die Gretchenfrage danach wird tabuisiert, und das nicht bloß in der «Theory»-Seilschaft. Wo und wie setzt man Grenzen zur Unwissenschaftlichkeit und Unredlichkeit für hermeneutische Studien? Wie lassen sich die regulären Standards praktisch durchsetzen? Letztlich bedarf es dafür einer juristischen Auslegepraxis nach Treu und Glaube, analog derjenigen im Medienrecht und zu den Ehrverletzungstatbeständen, allerdings nach den strengeren Maßstäben der akademischen Redlichkeit.

Hier sollen einige Grundlagen für eine zukünftige didaktische und juristische Praxis bereitgestellt werden. Die Entstehungsgeschichte der Agenda Wissenschaft mit Teil I dient der Information an vorgesetzte Instanzen, damit sie sich anhand der zitierten Autoren überhaupt kundig machen können, welche Ideologien, Schulmeinungen und politischen Ziele hinter einer suspekten Studie stehen. Zweitens sollen hier mit Teil II die epistemologischen Prinzipien bereitgestellt werden, welche die falschen Prämissen aufdecken, auf denen dubiose Studien aufbauen.

---

[13] Cf. *Jesse* 1988, S. 527.

[14] *Iuvenalis*: Liber 2, VI. 345.

II. Fünf Postulate, welche die «Theory» in den Rang von Prämissen erhebt

Ausgehend von einer falschen Prämisse (sog. Proton Pseudos, PP) lässt sich bekanntlich jeder Unsinn stringent begründen. Die folgenden Postulate waren nicht perfekt trennscharf voneinander abzugrenzen. Das liegt – wie man sehen wird – in der Natur ihrer Falschheit.

Der Fairness halber möchte ich vorausschicken, dass nicht alle ehemaligen oder gegenwärtigen «Theory»-Anhänger alle folgenden Postulate mit der gleichen Wichtigkeit versehen oder sie anwenden. Man findet löbliche Abweichungen sowie implizite, dialektisch unaufgelöste Widersprüche dazu,[15] aber es gibt auch innovative Verbesserungen,[16] und adäquate Nuancierungen.[17] Seit einigen Jahren entsteht nun eine umfangreiche und solide begründete Kritik von Kennern der Materie.[18] Anders als einige Gestalten des „Zentrums Geschichte des Wissens" (ZGW) und des „Gender Campus",[19] zwei Schweizer Hochburgen der «Theory», haben sich etwa die meisten deutschen und schweizerischen Historiker, die in der vorbildlichen Nachkriegs-Tradition der NS-Aufklärung stehen, von Forderungen, wie dem „freien Fabulieren" und dem Fabrizieren „einer Art historischer Fiktion"[20] nicht beeindrucken lassen. Viele dürften aus allen Wolken fallen, wenn sie die lokale Archivlage zu den Elaboraten einiger Kollegen erführen und überblicken könnten.[21]

---

15 *Haas* 2025a, Abs. VIII, S. 206 f.

16 Z.B. *Grimm* 2011, S. 30–31, 134, 150, 156; *Ritter* 2009.

17 Z.B. *Bernet* 2013, S. 115 grenzt sich von einer monokausal-einseitig konzipierten, sog. «kritischen» Sozialgeschichte zugunsten einer multifaktoriellen Betrachtungsweise ab und führt dies dann auch durch.

18 Z.B. *Chaouat* 2024, *Elbe* 2021, 2024, *Erken* 2018; *Vukadinović* 2018, 2024.

19 ETH: Zentrum Geschichte des Wissens (ZGW); Universität Bern: Gender Campus.

20 *Tanner* 2005: Klio, S. 45; *Foucault* DE IV.280, S. 40;

21 Diese lieferten das Hintergrundwissen, mit dem die hier kritisierten Fehlleistungen aufgedeckt werden konnten, z.B. *Cassata* 2011; *Eichhorn* 2012; *Gausemeier* 2005; *Grimm* 2011; *Hoßfeld* 2016; *Hoßfeld/John/Stutz* 2003, *Junker* 2003, *Krementsov* 2006, 2005; *Kröner/Toellner/Weisemann* 1994; *Kühl* 2014; *Roll-Hansen* 2010; *Schmuhl* 2003, 2005; *Weiss* 2010. Sie und ihre verlässlichen Schweizer Kollegen (z.B. *Huonker/Ludi* 2001; *Huonker* 2003; *Jäggi* 2004; *Keller* 1995; *Koller* 2021; *Puenzieux/Ruckstuhl* 1994; *Ritter* 2009; *Vonèche Cardia* 2012) wurden im gleichen Zug mit deutschen und schweizerischen Archivalien zu den betreffenden Themen stichprobenmäßig transnational überprüft und erwiesen sich als belastbar (cf. *Haas* 2019a; 2019b; 2020a; 2020b; *Haas* 5.11.2021; *Haas/Preuß-Wössner* 2022; *Haas/Ill* 2022). Andere Advocacy Fächer, namentlich die Postcolonial- und Genderstudies im Ausland, habe ich nicht untersucht; kann mir daher keine Meinung über die Lage im deutschsprachigen Raum bilden.

1.1 Proton Pseudos 1: Sprache als «inhaltslose Hülle»

a) Von Nietzsche zum Poststrukturalismus

Das erste Proton Pseudos der «Theory» ist der Poststrukturalismus – eine conditio sine qua non. So meinte Foucault, Sprache sei gewissermaßen eine „inhaltslose Hülle“ – wobei dieser Satz dann ebenfalls inhaltslos ist.[22] Er gleicht den Ideen Nietzsches[23] aufs Haar, bleibt aber unreferenziert. Erst später holte Foucault das Versäumte nach: „Für Nietzsche gibt es kein ursprünglich Bezeichnetes“.[24] Das Vervollständigen der weiteren unbelegten Anspielungen überließ er seinen Exegeten: „Wahrheit“ sei bloß ein „bewegliches Heer von Metaphern“,[25] oder auch: die „Unterscheidung zwischen Tatsachen und Interpretationen ist allerdings ebenso problematisch wie jene zwischen Fakten und Fiktionen“.[26] Nietzsches Provokationen wandten sich gegen das naiv-optimistische Wahrheitsverständnis einiger Naturwissenschaftler des 19. Jahrhunderts. Mit diesen Stellen werde zuweilen „regelrechter Unfug getrieben“, schreibt ein Nietzsche-Spezialist.[27] Sie ohne jede Erörterung der zwischenzeitlichen Entwicklungen (von Peirce, Russell, Bridgman, Tarski, Strasser) auf heutige Verhältnisse zu übertragen, ist ein Anachronismus.

Stone, ein Kritiker der Postmodernisten, war von der Sorge um die Glaubwürdigkeit der Geschichtswissenschaft getragen, wenn sie in eine «Dekonstruktion» münde, die sich weder um die Intentionen der Autoren, noch um die Wahrheit schere:

> „according to which there is nothing besides the text, each one open to personal interpretation irrespective of the intentions the author. Texts thus become a mere hall of mirrors reflecting nothing but each other, and throwing no light upon the ‚truth‘ which does not exist.“[28]

Joyce, der sich angesprochen fühlte, betitelte Stones Mahnung als „Schlachtruf“, basierend auf „unverdauten Empirismus“ und „Phantasmagorien“, letzt-

---

[22] *Foucault* 1966: OD, Kap. 4.II, S. 125 (Dt.).

[23] *Nietzsche* 1873, WL.1. In der Bibliographie von Foucaults OD 1966 (S. 468 dt.) steht nur eine 3-bändige Nietzscheausgabe von Schlechta. Darin müsste man die relevanten Stellen selber suchen. In der französischen Version fehlt überhaupt jegliche Literaturliste.

[24] *Sarasin* 2005: Sprengmeister, S. 210 zit. aus *Foucault* 1967: NFM, S. 276.

[25] *Tanner* 2005: Klio, S. 54 zitiert *Nietzsche* 1873: WL.1;

[26] *Tanner* 2005: Klio, S. 52 enthält die unreferenzierte Anspielung auf *Nietzsche* 1906: Nachlass, 27.481: Es gäbe keine Tatsachen „nur Interpretationen“, ohne jede Quellenkritik. Darüber hinaus ist die Aussage irreführend, cf. Abs. II.3.2.c.

[27] *Wermuth* 2022, S. 9.

[28] *Stone* May 1991, S. 217.

lich eine Art „Verschwörungstheorie" gegen die Kultur-Linke.[29] Er insistierte: Ereignisse der Vergangenheit ließen sich nie von den politischen und konzeptuellen Vereinnahmungen unterscheiden, weil die Sicherheit der materiellen Verbindung zum Sozialen zerbrochen sei:

> „The major advance of ‚post-modernism' needs to be registered by historians: namely that the events, structures and processes of the past are indistinguishable from the forms of documentary representation, the conceptual and political appropriations, and the historical discourses that construct them. [...] The certainty of a materialist link to the social is likewise broken."[30]

Das Paraphrasieren von Dogmen macht diese allerdings nicht wahrer. Repetitive Bekenntnisse dienen mehr der Selbstsuggestion. Sie lenken von Widersprüchlichkeiten ab und bekräftigen innere Gewissheiten.

b) Die Travestie einer Fachsprache: Genealogie, Diskontinuität, Biopolitik, Diskursanalyse

Das Proton Pseudos 1 verführt Autoren zum Jonglieren mit der Sprache. Begriffe werden (oft implizit) ihres Inhalts entleert und mit neuen Inhalten gefüllt (z. B. Foucault mit «Rasse»).[31] Dies kann bis hin zum Gegenteil ihrer (manchmal zeitbedingten) lexikalischen Bedeutung gehen (z. B. Rheinberger mit «rigoros» in Fallbeispiel Nr. 6, Abs. II.4.1.c).

Hier das Glossar zentraler Begriffe, die von der Öffentlichkeit missverstanden werden. Allzu oft wollen die Autoren sie nicht dechiffrieren und lassen die Leser über den Ursprung dieser «methodischen Konzepte» im Dunkeln.

1) «Genealogie»: Entgegen seinem lexikalischen Sinn, beinhaltet der Begriff „Genealogie" innerhalb der «Theory» keine Suche nach historischen Ursprüngen, der Herkunft oder einem politisch-kulturellem Erbe, sondern einzig die Spaltung zwischen „Kontinuität" und „Diskontinuität" (auch „Bruch" genannt). «Genealogische» Studien sind nicht ergebnisoffen, denn ihr Resultat steht von vornherein dogmatisch fest. Nach Foucault würden alle finden, dass jegliches Wissen von einem „bösartigen", ja „mörderischen" „Willen zur Macht" durchdrungen sei.[32]
2) «Kontinuität»/«Diskontinuität»: Foucault hat damit 1971 einen rhetorischen Kniff geschaffen: „Diskontinuität" besteht ausschließlich im revolutionären Umsturz der gesamten Machtverhältnisse. Folglich tritt sie unter demokratischen Verhältnissen gar nie auf. Schablonenartig können so alle

---

[29] *Joyce* Nov. 1991, S. 204–205.

[30] *Joyce* Nov. 1991, S. 208–209.

[31] *Haas* 2026: Teil I, Abs. II.5.a; *Haas* 2024, S. 205.

[32] *Foucault* 1971: NGH, S. 163.

demokratischen und forscherischen Veränderungsprozesse – z.B. die Opposition einiger früherer Anthropologen gegen die Kolonialherrschaft, oder der damalige genetische Nachweis der Unwissenschaftlichkeit[33] des NS-Gesetzes „zur Verhütung erbkranken Nachwuchses"[34] – pseudo-historisch als angebliche „Kontinuität" zum Kolonialismus, Rassismus, Sozialdarwinismus und Nationalsozialismus geframt und verunglimpft werden.

3) «Biopolitik»: Da sich Politik ohnehin mit dem Lebendigen befasst, tendieren historische Laien dazu, das Konzept „Biopolitik" zu überlesen. In Wirklichkeit unterstellt „Biopolitik" eine Pauschal-Anklage an die modernen westlichen Demokratien. Foucault verengte in seiner Brandrede von 1976 (VG) die Geschichte der Moderne auf ein Kontinuum nationalsozialistischer Rassehygiene. Seit dem 18. Jahrhundert dominiere sie alle westlichen Demokratien und würde alle Bürger permanent kontrollieren, überwachen und dabei rassistisch und sozialdarwinistisch aussondern, „was leben dürfe, und [...] was sterben müsse".[35] Chaouat beschrieb diese Verzerrung der Gesellschaftskritik als „‚Hitlerisierung' der Moderne und die Normalisierung des Hitlerismus". Foucault leitete nämlich seine angebliche «Großerzählung» direkt und explizit unter Zuhilfenahme der Täter-Opferumkehr in den Memoiren des Hauptkriegsverbrechers Albert Speer ab. Dessen Geschichtslüge über das Dritte Reich übernahm er kommentarlos und erhob sie den Status einer seriösen wissenschaftlichen Arbeit in der Historiografie.[36]

4) «Diskursanalyse»: Entgegen seinem lexikalischen Sinn, beinhaltet der Begriff „Analyse" hier keine Auflösung der Diskurse in ihre ursprünglichen, historisch kontextualisierten Bestandteile. Es handelt sich vielmehr um ein Arsenal unklarer, sich zuweilen widersprechender „anti-hermeneutischer" Rezepte, welche die Regeln der modernen pragmatischen Linguistik und der seriösen Historiografie über den Haufen werfen. Es wird von einigen Anhängern als oberflächliches und subjektives Ausschlachten von Zeichen gehandhabt. Zudem dürfe man jegliche Interpretation essentialistisch auf die Person des Interpreten reduzieren (der *ad hominem* Trugschluss).[37] Diese sog. „Werkzeugkiste" wird unkritisch verwendet, z.B. indem jeder Kritiker der «Theory» oder ihrer Adepten reflexartig in eine politisch rechte Ecke gestellt wird. Damit erübrigt sich jegliche inhaltliche Auseinandersetzung mit den Texten und der Kritik daran.

---

33 *Haas* 2020a: Skeleton, S. 246f.

34 NS Gesetz zur Verhütung erbkranken Nachwuchses, 14. Juli 1933.

35 *Foucault* 1975/76: VG, am 17.3.1976, S. 254; Kritik in Elbe 2024, S. 106–109.

36 *Chaouat* 2024, S. 170; *Foucault* 1975/76: VG, am 17.3.1976, S. 260, 264.

37 Ausgeführt in *Haas* 2025a, Abs. I.1 S. 175–177, Abs. IV S. 200–204; *Haas* 2024, S. 202f.

Solche Kniffe in den Postcolonial-, Gender-, und Science-Studies bilden die Travestie eines Fachvokabulars. Es ist nicht beschreibend, sondern gleist eine Inquisitions-Hermeneutik auf. Apriori schuldig sind Wissenschaft, der demokratische Rechtsstaat und damit alle, die sie unterstützen und die nicht eine gewaltsame Revolution anstrebten. Der Jargon wird als rhetorische Allzweckwaffe verwendet, ohne dass die Anschuldigungen durch historische Dokumente substantiiert sein müssen, und alternativ dazu, in dem solche herausgepickt, entstellt oder falsch kontextualisiert werden. Letztlich ist nichts davon richtig belegt und Quellen, die genannt werden, beinhalten nur schwache Zusammenhänge oder sogar gar keine. Laien werden mit solchen Elaboraten an der Nase herumgeführt. Trotzdem dürften es Kritiker es schwer haben, eine unredliche Täuschung geltend zu machen, denn disziplinintern gelten sie als «Fachtermini».[38]

---

[38] Hier die Chronologie eines Versuchs der offiziellen Aufdeckung bei Pascal Germann, Autor von Fallbeispiel Nr. 1:

2017: Anzeige wegen Fehlverhaltens, nachdem ich anhand der Sekundärliteratur einen ersten Einblick in die fehlende Quellenvalidität vieler Behauptungen gewonnen hatte.

2019: Das Verfahren wurde ohne ausreichenden, zwingend gebotenen Abgleich zwischen Substrat und Resultat der Dissertation eingestellt und Germann «vollumfänglich» entlastet. Als Sachverständiger fungierte Mitchell Ash, ein Mitwirkender des Doktorandenkolloquiums des ZGW. Er hatte die Dissertation schon in ihren Anfängen begleitet (z.B. 2012 in Zürich) und stellte für seine „Stellungnahme" (sic) keine Unbefangenheitserklärung aus. Das Gutachten ist zudem unvollständig; selektiv lässt es mehrere gelieferte Rechtsschriften mit Belegen und Hinweisen einfach weg und ignoriert den damaligen Stand der Forschung zu den Themen der Anzeige (z.B. *Cassata* 2011, S. 177; *Eichhorn* 2012; *Gausemeier* 2005, S. 297ff.; *Grimm* 2011, S. 17ff., 102ff., 156; *Hoßfeld/John/Stutz* 2003, S. 23f., 48f., 68, 520, 524, 532, S. 544f., S. 553f., 653, 1019, 1023, 1026, 1039, 1042, 1120; *Keller* 1995, S. 105ff., 256ff.; *Krementsov* 2006 S. 386, darin *Crew* 16.9.1939; *Kröner/Toellner/Weisemann* 1994, S. 90ff., 108f., 141f., 124f.; *Junker* 2003, S. 146ff.; *Roll-Hansen* 2010, S. 85f.; *Schmuhl* 2005, S. 278; *Weiss* 2010, S. 198–218, 294–300, 353ff.). Mein explizites Angebot, Belege auf Verlangen zu liefern, ignoriert es. Es vollzieht weder den Abgleich der Thesen des Buches mit den gedruckten Quellen von damals (u.a. *Crew* 16.9.1939; *Punnett* 1941; und weitere in *Haas* 2019a; *Haas* 2020a) noch den mit den massgeblichen Archivalien des Deutschen Bundesarchivs in Berlin, denen des Staatsarchivs des Kanton Zürich oder denen der Julius Klaus Stiftung. Die letzteren wurden mir erst sehr spät im Verfahren (Mitte Feb. 2019) zugänglich gemacht und wurden trotz meiner rechtzeitigen Meldung über ihre hohe Relevanz (am 1.4.2019, inkl. *Haas* 2019a) im Entscheid zur Verfahrenseinstellung vom 7.5.2019 nicht berücksichtigt.

2021: Als erste und einzige unabhängige Instanz befand die Rekurskommission der Hochschulen am 27.5.2021 (E6ba): „dass das Gutachten [von Prof. Ash] nicht konkret gegliedert ist in eine Prüfung der Vorbringen der Rekurrentin und eine Bewertung der Dissertation, sondern, dass Vorbringen, Abklärungen und Fazit ineinanderfliessen." Ende 2021 erschien eine Stimmungsmache in einer dem anwaltschaftlichen Journalismus verpflichteten Zeitschrift mit grenzwertigen Verdächtigungen. Die Universität

Das gezeigte Vokabular klingt zunächst recht abstrakt. Damit man sich ein besseres Bild derartiger Narrative machen kann, habe ich zu den Postulaten jeweils Beispiele aus den «Laboratorien» der «Theory» beigefügt. Sie demonstrieren erstens den Kontrast zwischen den gezielten Schüssen auf vergangene Epochen und Akteure und dem «Ungefähren», in dem ihre Belege und ihre Terminologie angesiedelt sind. Er könnte größer nicht sein. Zweitens illustrieren die Fallbeispiele eine bizarre Mischung aus prätendierter linksprogressiver Agenda einerseits und den reaktionären Inhalten andererseits, die sie zuweilen verbreiten.

Gegenüber den Autoren gilt die Unschuldsvermutung. Die hier aufgezeigten Verzerrungen, Auslassungen und Sinnentstellungen werden im vorliegenden Kontext nicht als Ausdruck individueller Täuschungsabsicht verstanden, sondern als Folge paradigmatisch vorgeprägter Fragestellungen, Begriffsverwendungen und Instruktionen, welche selektive Wahrnehmung und Interpretation begünstigen.[39]

c) Fallbeispiel Nr. 1 zum PP 1: „Rassische Differenzkategorien", Verstöße gegen das Veto der Quellen und „kontrollierte Anachronismen" sollen Foucaults «Biopolitik»-Narrativ bestätigen

Als reguläre historische Oberbegriffe dienen „natürliche Ordnungen" und „Rassismus" zur Bezeichnung des Biologismus, der Hierarchien von angeblich höher- oder minderwertigeren Menschen je nach Hautfarbe, Geschlecht oder anderen Merkmalen postulierte.[40]

Ein Doktorand übernahm die am ZWG vermittelte «Lehre» und verfing sich darin mit zahlreichen Fehlleistungen. Nichtsdestotrotz wurde sein Buch

---

Zürich hat jedoch nie irgendein Verfahren gegen mich anhand genommen, offensichtlich waren die Anwürfe an den Haaren herbeigezogen (cf. Webseite Haas).

2023: Nach der Veröffentlichung diverser Kritikpunkte mit Hilfe des Nachweises der relevanten Archivalien und des aktuellen Stands der Forschung (*Haas* 2019a; 2019b; 2020a; 2020b; *Haas* 5.11.2021; v.a. nach *Haas/Preuß-Wössner* 2022; *Haas/Ill* 2022) hat bei der Universität Zürich augenscheinlich ein Umdenken eingesetzt. Sie hat die Forschungsfreiheit 2023 mit einem Dankesbrief für „alle" meine Beiträge zu Lehre und Forschung gestützt (in umfassendem Bewusstsein meiner Publikationen gegen die «Theory» und ihre Repräsentanten von 2019 bis Ende 2022, die ich im Open Access Archiv ZORA deponiert hatte, cf. Literaturliste).

2024: Nochmaliger Versuch, in der Studierendenzeitung ZS eine Verunglimpfung gegen mich zu lancieren – unter Umgehung der journalistischen Sorgfaltspflicht. Herausgeber und Autorin haben sich jedoch entschuldigt und den Artikel vom Netz genommen.

39 cf. *Haas* 2025b.

40 *Gausemeier* 2005; *Kühl* 2014, S. 17; *Etzemüller* 2015, S. 88, 95.

zweimal preisgekrönt.[41] Seine Dissertation wolle eine Schweizer „Hochphase" der Rassenforschung und Humangenetik von 1900 bis 1970 im Kontext von „Machtgefällen" (speziell: Kolonialismus, psychiatrische Kliniken, Militär) „transnational" und „global" herausarbeiten.[42]

Hier geht es zuerst um das Kapitel über die Blutgruppenstudien aus den 1950er Jahren im Kanton Graubünden, zur Zeit als die Blutspende eingeführt wurde. Daran würden nämlich, gemäß Autor, „zentrale Problemstellungen", seiner Arbeit „adressiert".[43] Damals existierten Anhaltspunkte, dass unter den deutschsprachigen Walsern die begehrte Blutgruppe Null und Rhesus negativ besonders häufig vorkäme. So verglichen die Forscher diese Population (damals noch „Rasse" genannt) mit derjenigen aus den benachbarten romanischsprachigen Dörfern.[44]

Chronologisch-semantisch eingeordnete und übersichtliche Definitionen der zentralen Begriffe „Rasse" und „Rassismus" sucht man bei Germann vergeblich, obwohl er die Koryphäen auf diesem Gebiet anderweitig zitiert.[45] Alles bleibt schwammig. Als nicht fest umrissene Wortneuschöpfungen operiert er mit den Pleonasmen „Differenzkategorien", „Differenz-Semantiken" und „Differenzwissen". Bei oberflächlicher Lektüre versteht man nicht, was das soll; schließlich besteht jede Kategorisierung, jede Semantik, jedes Wissen aus Differenzen.[46] Erst zum Schluss des Buches, nach über einem Dutzend nebulöser Anwendungen, löst sich das Rätsel des Sinns dieser Pleonasmen anhand der Verdichtung der Anklagen:

> „Auch nach 1945 blieb soziales und rassisches Differenzwissen für wichtige Bereiche der medizinisch-genetischen Forschung konstitutiv. […] Solche Kontinuitäten […]"
>
> „Die Walseruntersuchungen sind ein irritierendes Beispiel dafür, wie rassische Deutungsmuster, Differenzkategorien und Klassifikationspraktiken auch noch in der Nachkriegszeit eine erstaunliche Überzeugungs- und Anziehungskraft ausübten. In gewisser Weise bilden sie geradezu einen Höhepunkt der Schweizer Rassenforschung."[47]

---

[41] *Germann* 2016, der 2019 entlastet wurde, siehe Fussnote 38; Germanns CV auf der Webseite der Universität Bern.

[42] *Germann* 2016, S. 8–14.

[43] *Germann* 2016, S. 7–8, 10, ausgeführt in Kap. 4, ab S. 309; speziell zu Moor-Jankowski und Knoll: S. 340–419.

[44] *Moor-Jankowski/Huser* 1959, S. 16.

[45] *Schmuhl* 2003, S. 29: zu den Definitionen von „Rasse"; *Kühl* 2014, S. 17: Definition von Rassismus (Germann zitiert die Werke von Schmuhl und Kühl mehrfach, z. B. S. 12, 21, 32, 144, 223, 457 und S. 38, 43, 100, 145, 339, 462).

[46] *Germann* 2016, S. 155, 376 und 231 und 307.

[47] *Germann* 2016, S. 307 und 376 (analoge Anspielungen: S. 313, 334, 406).

Der Zusatz „Differenz-“ ergibt dann – und nur dann – einen Sinn, wenn er als mathematische Ordnungsrelation für Rassen-Hierarchien interpretiert wird. So werden Germanns «Werke» denn auch kolportiert.[48] Eine ausreichende und gebotene Erklärung über die ursprüngliche Bedeutung des Wortes „Rasse“, als Populationen (ohne Hierarchie) ging dem Autor irgendwie unter.[49] Obwohl er die Begriffsklärungen Schmuhls als „erhellend“ lobt, lässt er die Nuancierungen des Begriffs „Rasse“ in einem anachronistischen Nebel von Indefinitionen verschwimmen. Was für Forschungsanträge unter der Hitler-Diktatur gegolten hatte, überträgt er umstandslos auf die Schweiz der Nachkriegszeit. Ein solches Vorgehen wird in «Theory» Kreisen als „kontrollierte Anachronismen“ legitimiert.[50] „Differenzkategorien“ insinuieren, in den Blutgruppenstudien sei rassistisches Denken im Spiel gewesen. Nachvollziehbare Belege gibt es dafür keine.

Dafür wird eine Umkehr aller humanistischen Werte praktiziert: Der Schweizer NSDAP-Sportarzt Wilhelm Knoll, als (vorübergehender – nach dem Auffliegen seiner Vergangenheit – entlassener) Leiter der damaligen Studien, kommt glimpflich davon. Wohingegen der polnische Widerstandskämpfer Jan Moor-Jankowski (1924–2005) mit Andeutungen von Nazi-Schmutz beworfen und schlecht gemacht wird.[51] Eine solche Entwertung hat dieser nicht im Geringsten verdient.[52] Als Einstieg wird adäquat gewürdigt, dass Moor-Jankowski sich als 15-Jähriger dem polnischen Widerstand angeschlossen hatte, Juden mit gefälschten Papieren zur Flucht verholfen und am Warschauer Aufstand teilgenommen hatte, ins KZ kam, und eine Kriegsverletzung erlitten hatte, bevor in die Schweiz kam und Medizin studierte.[53] Danach entgleitet der Tonfall, in dem zuerst die kleine Gruppe der Blutgruppenforscher, zu der Moor-Jankowski als Assistent (ohne Führungsbefugnisse) gehört hatte, in eine menschenfeindliche Ecke gestellt wird. In einem Auf-und-ab von Lob und Schelte wird Moor-Jankowski als ein käuflicher, gefallener Held porträtiert, der in einem Projekt zur „biopolitischen Bevölkerungskontrolle“

48 Z.B. *Schär/Darman* 14.2.2023, S. 84.

49 *Schmitz-Berning* 2000, S. 481–491; *Schmuhl* 2003, S. 29 schreibt zu Großprojekten medizinischer Genetik: „Im Begriffsarsenal dieser Forschungsrichtung spielte ‚Rasse‘ indessen gar keine oder nur eine untergeordnete Rolle.“ Eine entsprechende Klarstellung zur Einordnung sucht man bei Germann vergeblich. Schmuhl schreibt sodann, während des 3. Reichs fungierte das Wort „Rasse“ als sog. „Scharnierbegriff“ zwischen Politik und Wissenschaft, v.a. in der Antragsrhetorik zur Forschungsfinanzierung. Dies lässt sich nicht unbesehen auf die Nachkriegs-Schweiz übertragen.

50 *Germann* 2016, S. 11 f.: „kontrollierte Anachronismen“, wobei man nie erfährt, wie sie denn eigentlich „kontrolliert“ würden.

51 *Germann* 2016, *N* = 82 Nennungen.

52 Moor-Jankowski war sein ganzes Leben lang ein ausserordentlich integrer und mutiger Wissenschaftler, cf. *Pincock* 24.9.2005.

53 *Germann* 2016, S. 371.

eine „attraktive Erwerbsmöglichkeit" gefunden habe. In Wirklichkeit entsprach sein Salär dem einer ungelernten Hilfskraft.[54] Als „rassische Deutungsmuster" prangert ihm der Autor die Wörter „Halb-Walser" und „Halb-Romanen" an;[55] dies sei eine „Terminologie, die Ähnlichkeiten mit den Begrifflichkeiten der Nürnberger Rassengesetze aufwies".[56] Die unhaltbaren Anwürfe enden mit nochmaligem Einhämmern: der polnische Widerstandskämpfer habe in „einer offensichtlichen Kontinuität zur Rassenanthropologie" gestanden und habe „die vom nationalsozialistischen Mediziner Wilhelm Knoll eingeführten Klassifikationen" fortgeführt, „mit Differenzkategorien", die „sich unter anderem aus dem Deutungsreservoir der Rassenforschung" gespeist hätten, was „politisch" nicht „harmlos" gewesen sei, „wie bereits Moor-Jankowskis Hinweis auf die ‚familieneugenischen Zwecke' seiner Walseruntersuchungen verdeutlichte."[57]

In Tat und Wahrheit war nicht jede Forschung, die «Rasse» als Konstrukt nutzte, rassistisch, sondern nur diejenige, die eine Rangordnung zwischen den «Rassen» postulierte – was hier jedoch nicht ausreichend dargelegt wird.[58] Auch außerhalb des Nationalsozialismus und von einschlägigen Rassistenzirkel wurde das Wort „Rasse" mindestens bis Beginn der 1960er Jahre noch in der alten Bedeutung von „Population" benutzt.[59] In der medizinischen Genetik spielte „‚Rasse' indessen gar keine oder nur eine untergeordnete Rolle",[60] wovon Germanns Leser allerdings nichts erfahren. Bei den Studien von 1952 bis 1959 handelte es sich keineswegs um eine „Bevölkerungskontrolle"[61] in der Art des Dritten Reichs oder im Sinne Foucaults ohne Datenschutz, sondern um anonymisierte Blutgruppenstudien an Freiwilligen. Keiner der untersuchten Walser- und Romanen-Populationen wurde in diesen Studien eine «Minderwertigkeit» zugeschrieben, keine sollte rechtlich diskriminiert, überwacht, deportiert oder ermordet werden.[62] Der Terminus „Eugenik" ist heut-

---

54 *Germann* 2016, S. 355, 371; cf. *Haas/Ill* 2022, Rz. 12.100–12.102, 12.116.

55 Mehr in *Haas/Ill* 2022, Rz. 12.100–12.102, 12.116.

56 *Germann* 2016, S. 363; *100(0) Schlüsseldokumente:* Die Nürnberger Gesetze; Kommentar: In Wirklichkeit waren und sind verschiedenen Sprachgemeinschaften in den Bergdörfern Graubündens überall in der Schweiz wohl geschätzt – Romanen und Walser gleichermaßen.

57 *Germann* 2016, S. 405 f., 409; vgl. mit *Moor-Jankowski/Huser* 1959.

58 *Kühl* 2014, S. 17.

59 cf. *Haas* 2026, Teil I, Abs. II.5.a.

60 Definition in *Kühl* 2014, S. 17; *Schmuhl* 2003, S. 28 f.; beide Werke sind Klassiker und hat *Germann* 2016 punktuell zitiert (S. 43, 12).

61 *Germann* 2016, S. 10, 189, 193, 239, 355.

62 Als Historiker müsste Germann wissen, dass hier keinerlei Ähnlichkeit mit den Nürnberger Rassengesetzen vorliegt, denn in einer denkwürdigen Abstimmung wurde 1938 das Rätoromanische zur 4. Landessprache erhoben mit 91.6 % aller Stimmen des (männlichen) Stimmvolks; cf. Webseite des Kanton Graubünden.

zutage ebenfalls missverständlich. Vor der historischen Aufarbeitung der NS-Rassenhygiene und des kolonialen Rassismus (die erst ab den 1970er Jahren einsetzte), wurde er gerade von den linken, sog. Reformeugenikern oft noch in der alten Bedeutung verwendet. Die Reformeugeniker waren Genetiker, die sich vom Politaktivismus, vom Rassismus und Sozialdarwinismus der sog. traditionellen Eugenik sukzessive abgrenzten. Ihre Ziele entsprachen vielmehr dem, was heute Sozial- und Präventivmedizin und Umweltschutz genannt wird.[63] Germann lässt die in seinen Quellen dokumentierten Abgrenzungen der Schweizer Reformer[64] von der nazifreundlichen, traditionellen Rassenhygiene (der die politisch ungleich einflussreichere reaktionäre Schweizer Avantgarde mit Bircher, Knoll und Zangger anhing), einfach weg. Der Nazifreund Zangger, dem 1939 das Ehrendoktorat von der Universität Hamburg verliehen wurde (was wir von Germann nicht erfahren),[65] saß in der Marcel-Benoist-Stiftung und kontrollierte dort, wer wissenschaftliche Preise erhielt und wer nicht.[66]

Das Narrativ rund um Moor-Jankowski herum bildet den Frame inquisitorischer Vorhalte an die medizinische Forschung in der Terminologie Foucaults: Um die angebliche Kontinuität zum Nationalsozialismus zu statuieren, genügen wenige Schlagwörter: „nach 1945“, „Kontinuitäten“,[67] „Biopolitik“ und „Rasse“. Das Buch enthält den Wortstamm „biopolit“ $N = 45$ Mal, ohne dass der Begriff auf seinen Ursprung und seine Bedeutung in Foucaults Brandrede (VG 1976) zurückgeführt würde, obwohl der Autor sie anderweitig schon zitiert hatte und daher kennt.[68] Die mangelhaften Begriffsdefinitionen des Buches wurden schon früh entdeckt,[69] allerdings in ihren Hintergründen und Wirkungen zu wenig verstanden. Mit diesem Framing lässt sich jegliche humanwissenschaftliche Forschung, die mit Populations-Vergleichen arbeitet, als latent rassistisch framen und als mörderische «Biopolitik» besudeln. Seine «Ergebnisse» und das «Irritierende» daran nimmt Germann schon in der Ein-

---

63 Einen hilfreichen Überblick über die Eugenikgeschichte findet man bei *Roll-Hansen* 2010, eine wirkliche transnationale Recherche und Einordnung bei *Grimm* 2011 und bei *Kühl* 2014, und die schweizerische Situation wurde wesentlich besser von *Ritter* 2009 und *Keller* 1995 erfasst.

64 Dazu: *Haas* 2019a: per me si va; *Haas* 2020a: Skeleton.

65 *Haas/Preuß-Wössner* 2022.

66 *StA HH*, Bestandesnummer A 160.08.01 und *CH-BAR* Sig. E9510.10.

67 *Germann* 2016, S. 314 ff.: ohne die Quelle von Foucault (1971: NGH) zu referenzieren.

68 *Germann* (2007, S. 105, 145) zitiert „In Verteidigung der Gesellschaft“ als Ort der Einführung des Begriffs „Biomacht“. Vom einschlägigen Zusammenhang des Konzepts mit Albert Speers Legitimationslüge und den weiteren wirren Ideen Foucaults erfährt man allerdings nichts (*Foucault* VG, am 17. 3. 1976, S. 260, 264; am 7. 1. 1976, S. 7–9; am 28. 1. 1976, S. 77; und am 4. 2. 1976, S. 87 f.).

69 Von *Hafner* 29. 6. 2017: Rezension.

führung vorweg, keine Spur von ergebnisoffener, unvoreingenommener Hypothesenbildung:

> „Das Irritierende an der im Folgenden zu erzählenden Geschichte liegt indessen gerade darin, dass es sich bei ihren Hauptakteuren um ‚gute' Wissenschaftler handelte: Sie verfügten über erhebliches wissenschaftliches Ansehen, orientierten sich an internationalen Entwicklungen und es gibt keinen Grund, an ihren Bemühungen zu zweifeln, methodisch angemessen, exakt und unvoreingenommen zu arbeiten."[70]

Eine plakative Wirkung und vordergründige Glaubhaftigkeit erzielt das Narrativ nun dadurch, dass der Schweizer Nazi-Sportarzt Wilhelm Knoll (1945 in die Schweiz zurückgekehrt) nur oberflächlich recherchiert wurde. So präsentiert der Autor seinen Lesern anhand eines unvollständigen Quellensatzes selbst ein „beschwichtigendes" Porträt des Nazis, das er nur als Lippenbekenntnis hinterfragt. Es lautet: Die „Toleranz der Freimaurer und Juden und deren Einfluss auf die Regierung" in der Schweiz sei Knoll nicht „sympathisch" gewesen,[71] er habe sein Pflichten gegenüber seiner Heimat nie verletzt und sei als NSDAP Mitglied für die schweizerischen Interessen eingestanden.[72] Das klingt, wie wenn Knoll sich als unbedeutender Mitläufer irgendwie in die NSDAP und die SS verirrt hätte.[73] Bei den Schikanen gegen Moor-Jankowski sei es Knoll bloß um „hierarchische Unterordnung" gegangen, so lautet Germanns Urteil.[74]

Anhand der Passagen zu Knoll meint man, es gäbe keinerlei Hinweise auf einschlägige Archivalien aus dem Dritten Reich, denn auch in der Hochschulsportgeschichte Johos fänden sich nur Informationen aus der Zeit vor 1933.[75] Das dort abgedruckte Zitat Knolls von 1943 zum permanenten „Lebenskampf" und der „erbmäßigen Bindung" des Individuums „auf dem Wege eines Blutstromes"[76] (welches das Interesse für Johos Quellenverzeichnis weckt) bringt Germann nicht und spekuliert über Knolls „rassische und völkische Ordnungsvorstellungen".[77] Nur wer selbst das Buch von Joho konsultiert, bemerkt die Existenz des umfangreichen Hamburger Aktenbestands über Knoll von 1929–1960.[78] Germanns schillerndes Narrativ steht im Kontrast zur Tat-

---

70 *Germann* 2016, S. 32.

71 *Germann* 2016, S. 361.

72 *Germann* 2016, S. 362.

73 Cf. dazu der unsägliche Nachruf von *Undritz* 1959 auf Knoll.

74 *Germann* 2016, S. 372.

75 *Germann* bezieht sich auf zwei Sekundärquellen: *Uhlmann* 2005 und *Joho* 1990 (*Germann* 2016, S. 361 f., 458). Uhlmann nennt keine Archivalien, Joho schon.

76 *Joho* 1990, S. 127 (ähnliches S. 75).

77 *Germann* 2016, S. 366.

78 *Joho* 1990, S. 173: inkl. Signaturen der Hamburger Dozenten- und Personalakten DuP, I 243 (4 Bde) und IV 513, sowie die Personalakte Gesundheitsverwaltung. Archivsperrfristen liefen von 1990–1997 ab.

sache, dass er während seines sechsmonatigen Forschungs-Stipendiums in Deutschland reichlich Gelegenheit gehabt hatte, den von der Sekundärliteratur indizierten Archivalien nachzugehen,[79] zumal er dann x-fach bekräftigt, er hätte „transnational" untersucht.[80]

Die Hamburger Archivalien, deren Ortung, Bestellung und Digitalisierung mich drei Arbeitsstunden und 43 Euro kosteten, beweisen eine ungleich schwerere historische Belastung Knolls als Germann es nahelegt. Knoll war u. a. „Bannführer" der Hitlerjugend und Referent des SA-Hochschulamtes[81] gewesen. Als ehemaliger Major der Schweizer Sanitätstruppen (erst mit der Professur in Deutschland eingebürgert), hatte er zuhanden der NSDAP von 1940–1944 „wahre Spionageberichte, eines Gestapo-Beamten würdig" verfasst.[82] Im Krieg hatte er Schweizer Sanitätsärzte ausgehorcht,[83] militärische Stellungen preisgegeben, sich regelmäßig vom deutschen Botschafter debriefen lassen und hatte auf ausgedehnten Propaganda- und Desinformationsreisen, alle ihm erreichbaren Kollegen, Politiker und Universitäten ausspioniert und an das Dritte Reich denunziert. Seine Berichte enthalten mehr als 20 antisemitische Tiraden in Nazisprache, z. B. „die med. Fakultät Zürich" sei „stark verjudet",[84] über das „jüdische Kapital",[85] er hoffe, die Juden würden zurück in ihre angestammten Ghettos gebracht,[86] usw. Knolls Schikanen des polnischen Widerstandskämpfers Moor-Jankowski waren keineswegs bloß einem autoritären Charakter geschuldet, sondern der Schweizer Knoll war ein hasserfüllter Rassist in jeder Hinsicht, auch antislawisch und ließ es den polnischen Widerstandskämpfer spüren. Den schwarzen französischen Soldaten sprach er „Affengesichter" zu,[87] über die in der Schweiz internierten Polen,

[79] Universität Bern, Institut für Medizingeschichte: „Curriculum Vitae Dr. Pascal Germann"; Schweizerischer Nationalfonds (SNF): Grant Germann: https://data.snf.ch/grants/grant/141505.

[80] *Germann* 2016, S. 14–17, 23, 25, 28 f., 67 f., 101, 158, 160, 236, 254 f., 285, 306, 313, 348, 382, 404, 420.

[81] StA HH, 221-11_78037 KAT: Entnazifizierungsakte Knoll; und Joho 1990, S. 125.

[82] StA HH, 221-11_78037 KAT: Entnazifizierungsakte Knoll, Schreiben des Rektors der Universität Hamburg vom 13. 3. 1950.

[83] StA HH, Bestandesnummer 361-6 IV 513: Knoll Bericht über die Reise vom 4.–20. 6. 1943, S. 4.

[84] StA HH, Bestandesnummer 361-6 IV 513: Knoll Bericht über die Reise vom 19. 2.–4. 3. 1940, S. 7.

[85] StA HH, Bestandesnummer 361-6 IV 513: Knoll Bericht über die Reise vom 4.–20. 6. 1943, S. 7.

[86] StA HH, Bestandesnummer 361-6 IV 513: Knoll Bericht über die Reise vom 4.–20. 6. 1943, S. 17 f.

[87] StA HH, Bestandesnummer 361-6 IV 513: Knoll Bericht über die Reise vom 19. 2.–4. 3. 1940, S. 2.

schrieb er, sie würden sich „an die Mädchen heranmachen, die oftmals ihrerseits nicht genügend Zurückhaltung aufbringen", was „eine erhebliche Verschlechterung der schweizerischen Volkssubstanz zugunsten des minderwertigen fremden Elements bedeutet".[88]

In einer eigenartigen Geschichtsauffassung mutiert das Dritte Reich zu einem Staat, den man 1935 von der Schweiz aus gefahrlos kritisieren durfte: So hätte man „grundsätzliche Kritik an der nationalsozialistischen Rassenhygiene" üben können.[89] Hierzu liefert Germann den Lesern zwei angebliche Beispiele: die Kritik von Julius Bauer und die von Mieczyslaw Minkowski. Unerklärlicherweise verschweigt er den gravierenden diplomatischen Zwischenfall und die ökonomische Erpressung des Landes, die genau diese beiden mutigen Kritiker 1935 ausgelöst hatten, obwohl er *Mai* (1997), der diese Geschehnisse schildert, anderswo zitiert.[90] So verstößt er diametral gegen eine von ihm selbst konsultierte Quelle. Kein Wort verliert er über die NS-Überwachung der Kritiker, obwohl die zugehörigen Archivalien im Bundesarchiv in Bern anhand von Mai leicht zu finden sind.[91] Auch von der Überwachung schweizerischer Nazigegner erfährt man nichts, weil der Autor nicht einmal das Deutsche Bundesarchiv in Berlin in seine „transnationale" Studie einbezogen hat – entgegen den zahlreichen Hinweisen in seiner Literatur auf die Spionageberichte, welche die deutschen Wissenschaftler unter dem NS über ihre ausländischen Kollegen abliefern mussten.[92]

Germanns Narrativ pflegt mithin einen achtlosen Umgang mit dem Nationalsozialismus, worin irreführende Begrifflichkeiten, selektive Fakten mit Mythen oder Spekulation durcheinander purzeln, immer auf der Basis von thesenrelevanten Lücken. Die Härte gegenüber den Nazigegnern und die Milde gegenüber mehreren einheimischen politisch einflussreichen Schlüsselfiguren der rassistischen und nationalsozialistischen Kollaboration in der Schweiz würde man politisch eher Rechtsaußen vermuten. So biegt er in die Zielgerade Foucaults ein.[93] Ob bewusst oder unbewusst, sein Buch läuft dar-

---

[88] StA HH, Bestandesnummer 361-6 IV 513: *Knoll* Bericht über die Reise vom 4.–20.6.1943, S. 9.

[89] *Germann* 2016, S. 228.

[90] *Mai* 1997, S. 84–89, Werk zit. in *Germann* 2016, S. 199, 465.

[91] CH-BAR, Sig. E2001C#1000/1534#2336*, Internationale medizinische Woche in Montreux; cf. *Haas* 2020a, S. 237 f.; *Haas/Preuß-Wössner* 2022, S. 254.

[92] *Gausemeier* 2005, S. 297, 300; *Kühl* 2014, S. 208; *Weiss* 2010, S. 353–356; *Schmuhl* 2005, S. 278; *Ritter* 2009, S. 408; verweisen alle zusammen auf die Signatur D-BAR, R 4901 mit Schweiz-Relevanz; dazu mehr in *Haas* 2020a, S. 250, 253 und *Haas* 5.11.2021: Medialex.

[93] Für weitere Verunglimpfungen von Nazi-Gegnern siehe Literaturliste *Haas* 2019–2026, *Haas/Ill* 2022. Durch das Weglassen der Macht der Nazi-Kollaborateure wird die Gesamtschau völlig entstellt. Kein Wort verliert Germann über die beiden

auf hinaus, dass die demokratische Gesellschaft von der angeblichen «Biopolitik» regiert werde, in einer „Amnesie" über die „Kooperationen mit Nazideutschland" verharre und gerade die „gute" biologisch-medizinische Wissenschaft bis weit ins zwanzigste Jahrhundert in einer „erstaunlichen Kontinuität"[94] zur Rassenforschung gestanden sei.

Mit dem vorhandenen Archivmaterial konnte ein solches Narrativ für einen großen Teil der geschilderten Sachverhalte und Akteure nur rein rhetorisch gelingen und unter Auslassung der Umtriebe der wahren Täter sowie der Quellen, welche Dissens und Opposition der Damaligen gegen eine rassenhygienisch-unterdrückende Politik dokumentieren.[95] Das Exempel führt vor, wie Sinnentstellungen und Übertreibungen von Postmodernisten unterhalb der bewussten Wahrnehmungsschwelle der Leser bleiben. Wer den politisch aufgeladenen Inhalt der Begriffe nicht kennt und wer die Archivlage nicht persönlich recherchiert hat, ist den schweren Vorwürfen in «Fachterminologie», solcher Narrative ahnungslos ausgeliefert.[96]

aktiven NSDAP-Professoren Leonard Riedmüller und Bonifaz Flaschenträger an der Uni Zürich (*Stadler* 1983, S. 79 f.). Nebst Knoll hat Germann zwei weitere international und national äußerst einflussreiche Nazifreunde-Ärzte und traditionelle Rassenhygieniker vor dem Aufdecken ihrer Machenschaften verschont. Erstens den Gerichtsmediziner Heinrich Zangger, der im Internationalen Komitee des Roten Kreuzes IKRK enormes Unheil mit seinem im-Stich-lassen der Shoah-Opfer anrichtete und Ende 1943 in eigener Regie den Leiter des Reichssicherheitshauptamts „SS-Obergruppenführer" Ernst Kaltenbrunner in der Schweiz einladen wollte (cf. *Haas/Preuß-Wössner* 2022; *Vonèche Cardia* 2012; *Huonker/Ludi* 2001; *Puenzieux/Ruckstuhl* 1994). Zweitens steht gar nichts über den Chirurgen, ETH-Dozenten, Oberstbrigadier und Politiker Eugen Bircher, ein Nazifreund, Rassist, Antisemit, Sozialdarwinist, medizinischer Helfer für die deutsche Wehrmacht an der Ostfront, obwohl er gerade diesen Akteur sehr genau kennt (*Germann* 2007, besonders S. 16, 70–83, 94 f.; dazu *Jost* 1992, *Keller* 1995, *Stadler*, die er 2016 alle zitiert). Ausgelassen hat er Birchers Aktivismus in der Anthropologie (*Bircher* 1925–1926, S. 674–677) für die These einer angeblichen helvetisch-alpinen «Rasse», ein völkisches Blut- und Boden-Konzept und zudem Kernthema Germanns. Trotz einigen Lippenbekenntnissen gegen den Antisemitismus fällt auch Birchers Intrige zu Verhinderung der Berufung des jüdischen Dermatologen und Humangenetikers Werner Jadassohn in den Zürcher Fakultätsprotokollen von 1933 irgendwie unter den Tisch (StAZH, Sig. Z 70.2876 und *Stadler* 1983, S. 53 f.) (*Germann* 2016 hat beides konsultiert, S. 424, 477). Ausgerechnet die reaktionäre Avantgarde und ihre politisch wirksamen Diskurse werden von dieser «Diskursanalyse» ausgeblendet.

94 *Germann* 2016, S. 313, 336, 404.

95 Cf. *Haas* 2021.

96 Zur Leserrezeption von diffamierenden Wortwolken und unbelegten Andeutungen siehe *Haas* 2021.

1.2 Ad PP 1: Richtigstellung zur Semiotik und der Bedeutung von Sprache

a) Missverständnisse über Semiotik und Abduktion

Sehr auffällig sind thesenrelevante Lücken schon in Foucaults „Ordnung der Dinge“ von 1966. Zum angeblichen «Nachweis» seiner Behauptungen beschränkte er sich auf Autoren vor den maßgeblichen Entwicklungen, v. a. des 18. Jahrhunderts und früher.[97] Seine Ausführungen zum Zeichen erkennen die Dualität von Form und Inhalt und besprechen die Unterschiede zwischen natürlichen und künstlichen Zeichen.[98] Ausgerechnet die Semiotik von Peirce,[99] die sich zur Abduktion von innovativen passenden Hypothesen über Sachverhalte in den Humandisziplinen am besten eignet, bleibt dabei unberücksichtigt.[100] Habermas zeigte 1968,[101] dass Peirces Pragmatismus Ende des 19. Jahrhunderts schon nicht mehr der Illusion des Objektivismus verfiel, der „Erkenntnis als eine vom erkennenden Subjekt ablösbare Beschreibung der Realität“ auffasst. Offensichtlich war Peirces Werk in den 1960er Jahren schon zugänglich.

Doch eine Verbesserung der Hermeneutik war nicht im Sinne Foucaults, denn das Gegenteil davon geschah. Nachdem er sich 1969 in eine „Festung“ geflüchtet hatte, die man nicht anrühren dürfe (sic), verschanzte er sich 1976 erst recht hinter seiner «Anti-Wissenschaft».[102] 1982, noch zu seinen Lebzeiten, hatten Dreyfus und Rabinow als warnende Stimmen aus Foucaults freundlich gesinntem Umfeld die Diskursanalyse (d. h. die Archäologie des Wissens) für methodologisch gescheitert erklärt.[103] Für die Rezeption von Peirce, Habermas sowie Dreyfus und Rabinow hätten die «Diskursanalytiker» mithin ein halbes Jahrhundert Zeit gehabt. Einer ideologisierten Anhängerschaft scheint jedoch der Wille zu fehlen, sich intellektuell damit auseinanderzusetzen.

[97] *Foucault* 1966: OD, Kap. 3.III, S. 92 (dt.).

[98] *Foucault* 1966: OD, Kap. 3.III, S. 92 (dt.).

[99] *Peirce* 1931–1934: CP Vol. V Pragmatism and Abduction 5.181–5.212, und Vol. II Division of Signs 2.227–272 und The Icon, Index and Symbol 2.274–2.308.

[100] *Foucault* 1966: OD, Peirce fehlt.

[101] *Habermas* 1968, S. 121.

[102] *Foucault* 1969: AW, Kap. V, S. 202 f. (engl.), S. 288 f. (dt.); *Foucault* 1975/76: VG, am 7. 1. 1976, S. 7–9.

[103] Gewarnt hatten *Dreyfus/Rabinow* 1982/1994 (inkl. Nachwort und Interview mit Foucault), S. 105–132 (Dt.); cf. *Merquior 1985*, S. 79 (zu Peirce); weiter: Foucault kannte Peirces Semiotik – ohne sie zu diskutieren, siehe 1969: AW, Kap. IV.2, S. 203 (dt.).

b) Zur Vermittlung der Realität durch Sprache

Strasser, der die Nebel des Relativismus schon 1980 lichtete, berichtigt und nuanciert Derridas Dogma:

> „Hier muss jedoch gegen die Auffassung Stellung bezogen werden, die Sprache, die wir verwenden konstituiere erst die Realität. Dies keineswegs der Fall. Wir interpretieren vermittels der Sprache die sensorischen Daten auf diese oder jene Weise; bloß welche Interpretation wir letztlich wählen, das wird durch das sensorische Material nicht eindeutig determiniert. An diesem Punkt treten dann als Determinierungsinstanzen auch pragmatische Faktoren (‚Interessen') in Erscheinung."[104]

Außerhalb der poststrukturalistischen Kreise glaubt niemand daran, dass die Verbindung zur materiellen Wirklichkeit «zerbrochen»[105] sei. Wenn natürliche Sprache keine *eineindeutige*[106] Abbildung des Seienden auf Bezeichnungen herstellt,[107] wenn sich die Grenze zwischen Ähnlichkeiten und Differenzen nicht von alleine ergibt,[108] und wenn die Grammatik kein formal-logisches System begründet, lässt sich daraus mitnichten ableiten, sie sei «inhaltslose Hülle». Das Dogma negiert die Entwicklungsfähigkeit, die Kognition und Perzeption sowie den Wert von allem Lebendigen.[109]

c) Bridgmans operative Klärung von Konzepten

Die von den Konstruktivisten behauptete Abgehobenheit der Sprache von der Realität der materiellen Welt ist ein Pseudo-Problem, für das 1927 eine pragmatische Lösung gefunden wurde. Der Physiker Percy Bridgman ging von physikalischen Messgrößen wie Länge aus, die wegen Einsteins Relativitätstheorie ins Wanken geraten waren und in den Universums-Dimensionen nichts mit der Alltagsanschauung des Menschen zu tun haben. Konzepte werden heute durch ihre praktische Umsetzung (z. B. als Messmethoden) definiert: „In general, we mean by any concept nothing more than a set of operations; the concept is synonymous with the corresponding set of operations."[110] Damit ist der Transparenz und Überprüfbarkeit genüge getan und die Entwicklung besserer Methoden wird gefördert. In der Geschichte lassen sich ehemalige Konzepte mit Hilfe der damaligen Lebenswelt operationalisierend

---

[104] *Strasser* 1980, S. 166.

[105] *Joyce* Nov. 1991, S. 208 f.; *Derrida* 1967: Grammatology, S. 90.

[106] Eine eineindeutige Abbildung beinhaltet im mathematischen Wortsinn, dass es zu jedem seienden Objekt nur genau eine symbolische Bezeichnung gäbe und umgekehrt.

[107] Vgl. *Foucault* 1966: OD, Kap. 3.IV, S. 98 (dt.).

[108] Vgl. *Foucault* 1966: OD, Kap. 3.II–3.VI, S. 82–113 (dt.).

[109] *Tomasello* 1999.

[110] *Bridgman* 1927, S. 5.

und kontextualisierend präzisieren (z. B. was beinhaltete Demokratie im alten Griechenland). Das gleiche gilt für wissenschaftshistorische Konzepte, die durch ihre praktische Erfassung definiert werden können und müssen. Beispielsweise verspricht Foucault mit dem Begriff «Episteme», epochale Paradigmen in der Wissenschaft zu erfassen, bleibt aber nebulös und unverbindlich, wie diese Erfassung umgesetzt werden solle.[111]

Insgesamt resultiert aus Bridgmans Pragmatismus die Notwendigkeit, konkrete und verständliche Heuristiken für Geschichtswissenschaft zu entwickeln, die mit wissenschaftlichen Erkenntnissen über Kognition, logischen Prinzipien, der pragmatischen Linguistik und der akademischen Redlichkeit kompatibel sind und deren Anwendung auf die Daten jeweils spezifisch deklariert wird.

Heute ist Bridgmans Postulat als methodischer Standard in den empirischen Disziplinen verankert. Man nennt es „Operationalisierung" von „Konstrukten".[112] Etwa die Variable „Intelligenz" ist eine rein theoretische Größe und kann nur anhand ihrer jeweiligen Operationalisierung als Test definiert sein. Der Test und die Begleitumstände seiner Anwendung können dann kritisiert und ggf. verbessert werden. Als Fleck 1935 sein Buch über das „Generieren wissenschaftlicher Tatsachen" schrieb, war die Idee der Operationalisierung noch kein Allgemeingut. Daher sind Flecks Formulierungen obsolet und irreführend. Es erstaunt, dass ausgerechnet die Science Studies sich nicht darüber kundig gemacht haben.[113] Als Klammerbemerkung: der Begriff „Konstrukt" klingt für Laien zwar ähnlich wie die relativistische Worthülse „Konstruktion", beinhaltet aber das genaue Gegenteil davon. „Konstrukte" sind transparent definiert und verpflichten ihre Anwender dazu, die eigene Terminologie und Forschungspraxis genaustens zu beschreiben und offen zu legen. „Konstruktion" hingegen lässt alles offen und beinhaltet keinerlei Verpflichtung zur Transparenz.

d) Die Folgen der operativen Klärung von Konzepten

Da sprachliche Konstrukte durch ihre Operationalisierung definiert werden, tritt die Naturwissenschaft als weitere Verbindung zwischen Sprache, aktueller Handlung, und Thesen über den Lauf der Geschichte, auf den Plan. Mit

---

[111] *Foucault* 1969: AW, Kap. IV.6.d–IV.6.e, S. 266, 272–274 (dt.); *Marti* 1988, S. 45.

[112] Z. B. *Bortz* 1984, S. 38–42; oder: Fachtext der *Wirtschaftspsychologischen Gesellschaft (WPGS)* zur Operationalisierung von Konstrukten.

[113] Z. B. *Smith* 2006 (S. 48–84) ernennt ihn quasi zum Hauptzeugen für ihren Relativismus, ohne den State of the Art der empirischen Wissenschaften zu berücksichtigen.

ihren Methoden lassen sich historische Ereignisse teilweise hervorragend nachweisen und noch weniger leugnen. Es gibt nicht nur alte Akten, die alle rein subjektiv wären und sich nur um sich selbst drehten, sondern deren Inhalt wird durch die materielle Realität u. U. bestätigt oder widerlegt, durch Zeitzeugen, Bilder, Filme, Gebäude, Technologien, Umweltschäden, Krankheiten, sterbliche Überreste.

Sodann zeigt Tomasello 1999 in seinem für die Kulturfächer bedeutenden Werk anhand psychologischer Studien (die auf Operationalisierungen fußen), wie der Kognitionssprung der Menschheit gegenüber den Tieren weniger aus ihren Genen, denn aus der Potenzierung der Möglichkeiten der Sprache und der sozialen Kooperation resultierte.[114] Evolutionspsychologisch hat sich die Sprache als das pure Gegenteil einer «inhaltslosen Hülle» erwiesen.

e) Fazit zum Proton Pseudos 1

Wie Laermann 1986 diagnostizierte, scheint den postmodernen Gefolgsleuten der Gedanke, „die Sprache könne auch ein Mittel der Versöhnung sein oder gar politisch und juristisch Freiheitsgarantien sichern," völlig unverständlich.

Der Widerspruch zu Treu und Glaube ist offensichtlich. Sprache erfordert Kooperation und Begriffsdefinitionen. Wäre Bösgläubigkeit nicht möglich, müsste *bona fides* nicht vorgeschrieben werden. Auf der pragmatischen Ebene ist der Erfolg der kommunikativen Fähigkeit des Menschen überwältigend und die Wissenschaft hat Regelungen gefunden, um die Transparenz und Reichweite oder Begrenztheit der hypostasierten Zusammenhänge zu gewährleisten.

Auf einem Turm von Babel jedoch kann keinerlei Einigung mehr entstehen. Jeder muss permanent davon ausgehen, angelogen und manipuliert zu werden. Ein psychologisch wirksameres Rezept zum sähen bösartiger, unlösbarer Konflikte lässt sich kaum vorstellen.

2.1 Proton Pseudos 2: Durcheinander auf der Zeitachse bezüglich von Ursache und Wirkung

a) Wider die Chronologie und die Kausalität

Ausgerechnet gewisse Historiker haben es nicht so mit der Zeitachse, sie glauben an eine „Polytemporabilität" (sic).[115] Mit esoterischem New Age Jar-

114 *Tomasello* 1999.

115 *Smith* 2006, S. 13.

gon wird beispielsweise mit „gefalteter Zeit“ argumentiert[116] – Ideen, die sich ihrerseits bei Foucault finden. Er statuierte anfangs die „Naivität der Chronologien“[117] und veranstaltete später ein Durcheinander: „Ursache“ sei „zu keiner Zeit etwas anderes als schlicht und einfach Wirkung“; man solle daher die Dinge bei einer „konkreten“ Beschreibung belassen.[118]

Die Tatsache, dass Ursachen der Wirkung zeitlich vorangehen, wird von postmodernen Historikern vielfach als „oppressiv und kontrollierend“ bezeichnet. Sie „legitimiere einen hegemonialen Diskurs“ und „privilegiere die westliche Weltsicht“.[119] Eine andere von der «Theory» ebenfalls abgelehnte Heuristik des kognitiven Vertiefens ist die Hegelsche Dialektik.[120] Sie fordert dazu auf, allfällige Widersprüchlichkeiten zu beachten und näher zu untersuchen, um im besten Fall (beim Auffinden von Gründen oder Korrelationen) zu einer Synthese zu gelangen.

In einem Machtkampf um die politische Deutungshoheit leugnen prominente «Theory»-Adepten die manchmal tausendfach replizierten Theorien ihnen fremder Fachgebiete, v. a. der Biologie, der Psychiatrie/Psychologie, der Genetik und Medizin, der Soziologie und der Kriminologie.[121] Für regelmäßige Schlagzeilen in der Presse sorgen beispielsweise die grotesken Einlassungen Judith Butlers zum Sexualdimorphismus und zur Terrorgruppe Hamas.[122]

b) Fallbeispiel Nr. 2 zum PP 2: Latours „partielle Existenz“ von Objekten

Bruno Latour, Foucault-Schüler und Begründer der «Akteur-Netzwerk-Theorie» versuchte 1996, seine Ideen mit einer Kritik an medizinischen Befunden über Ramses II (1279 bis 1213 v. Chr.) zu verkaufen:

> „Die Mumie wurde mit Röntgen untersucht und französische Mediziner stellten eine Hypothese auf, dass Ramses der Große möglicherweise an Tuberkulose gestorben sei. Die Schädigung sei aber eher durch Pilzbefall post-mortem verursacht worden, lautete die andere Hypothese. Auf der ersten These herumreitend, behauptet Latour dezidiert, sie stelle einen ‚Anachronismus‘ dar.[123] Die Existenz eines isolier-

---

116 *Germann* 2010.

117 *Foucault* 1969: AW, Kap. II.1, S. 38 (dt.).

118 *Foucault* 1969: AW, Kap. IV.5.B.2, S. 246 (dt.) – ein Ideenplagiat von *Nietzsche* 1873: WL, §1, ohne jede Erwägung dazu; als ob sich in einem Jahrhundert nie etwas geändert hätte.

119 *Evans* 1997, S. 141.

120 *Foucault* DE III.221, S. 471.

121 Z. B. *Smith* 2006, S. 66.

122 *Butler* 1990; *Scholz* 24. 11. 2023.

123 *Latour* 1996, in: Daston (Hrsg.) 2000: S. 248.

ten Tuberkel-Bazillus sei eine ‚pragmatische Absurdität'.[124] Denn, so Latour,[125] wo waren die Bazillen, bevor Robert Koch 1882 daherkam und dieses wissenschaftliche Faktum ‚entdeckte (oder erfand, oder fabrizierte, oder sozial konstruierte)?' Latour verfocht sodann die «Theorie» der ‚partiellen Existenz' wissenschaftlicher Objekte (z. B. von Lebewesen), wobei ‚Objekte' nur von sozialen Netzwerken aufrechterhalten würden. Alles sind für ihn nur ‚Narrative', man könne keine klare Unterscheidung zwischen Existierendem und Nicht-Existierendem treffen. Er handelt das rassistische Dogma der Apartheid[126] auf der gleichen narrativen Ebene ab wie die empirisch x-fach replizierten Erkenntnisse der Medizin; zerredet jegliche Unterschiede. Darunter versteht er offenbar «Differenzierung».“[127]

2.2 Ad PP 2: Auflösung des Denkverbots zur Zeitachse und Kausalität

a) Pragmatische Sicht auf die zentrale Rolle der Metaphysik im Alltagsdenken

Leibnitz' Satz von der Ratio beschäftigt sich mit der sog. Metaphysik, den allfällig vorhandenen Phänomenen hinter und vor dem naiven Augenschein auf die Welt. Sie ist unabdingbarer Bestandteil jeglicher qualifizierter Erkenntnissuche und begegnet uns im Alltag ständig. Warum sind über Nacht die Getreidevorräte dezimiert worden und hat es überall Dreck am Boden? Das mussten sich die ersten Ackerbauern im alten Ägypten fragen, und haben als Ursache dafür die Mäuse entdeckt und sich zur Symbiose mit Katzen entschlossen. Selbst Tiere haben schon eine vage Vorstellung von gewissen Ursachen und Folgen, sonst könnten Hunde und Pferde zum Beispiel nicht konditioniert werden und nicht gehorchen lernen. Alle Menschen haben ein tiefes Bedürfnis nach Erklärungen. Jedes Denken ist metaphysisch. Niemand begnügt sich mit Heideggers Schein der Aletheia, sonst säßen wir noch heute vor der Höhle und glaubten, die Erde sei eine Scheibe.

Um der anti-wissenschaftlichen Argumentation mehr Plausibilität zu verleihen, wird der Begriff „Metaphysik“ gelegentlich abfällig verwendet, so als ob es sich nur um religiöse Sinnfragen handle. Diese anachronistische Pauschalisierung stützt sich als Nebenschauplatz auf die Gottesbeweise, welche Erkenntnisphilosophen in der vor-darwinistischen Zeit oft darin sahen (z. B. Leibnitz).

[124] *Latour* 1996, in: Daston (Hrsg.) 2000: S. 250.
[125] *Latour* 1996, in: Daston (Hrsg.) 2000: S. 248, 251.
[126] *Latour* 1996, in: Daston (Hrsg.) 2000: S. 264.
[127] Zit. aus: *Haas* 7. 2. 2023; *Latour* 1996 in: Daston (Hrsg.) 2000: S. 247, Fußnote.

b) Fazit zu Proton Pseudos 2

Das zweite Proton Pseudos ist dasjenige, das wegen seines Outputs an Absurditäten für am meisten öffentliches Unglauben sorgt. Es kommt einer systematischen Einschränkung der analytischen Kognition generell und der ideologiekritischen Reflexion gleich, und verfängt v. a. im inneren Kreis und bei sehr jungen Leuten. Ob es bewusst-absichtlich oder nur unreflektiert angewendet wird, spielt für den Effekt keine Rolle. De facto indoktriniert die falsche Voraussetzung von Megills „Propheten der Extreme" ihre Anhängerschaft, lässt sie verdummen und gefügig werden. Foucault (auch MΦ genannt als Star unter den Stars), trat jedenfalls ausgesprochen autoritär auf. Er verbot seinen Hörern die Wörter „Hegel" und „Dialektik" überhaupt in den Mund zu nehmen.[128]

3.1 Proton Pseudos 3: Das Leugnen der intersubjektiven Überprüfbarkeit und der Korrespondenz zur Realität

a) Überprüfbarkeit und Korrespondenztheorien 1. Ordnung

Die Demarkationsfrage ist bei Hermeneuten generell unbeliebt. Die Kritiker der Moderne gehen damit allerdings aufs Ganze. Heidegger leugnete die Überprüfbarkeit und damit die Korrespondenztheorien von Aristoteles und von Thomas von Aquin generell.[129] Die Wahrheit als Übereinstimmung von „Erkenntnis mit ihrem Gegenstande" sei „allgemein und leer". Er reduzierte sie auf ein „immanentes Wahrheitsbewusstsein [...], innerhalb der Sphäre des Subjekts" und ein „entdeckend-sein".[130]

Smith warnt dezidiert vor dem Insistieren darauf, dass Wahrheit eine Korrespondenz zur externen Realität aufweisen müsse: Die «rationalistische», respektive «referentialistische» Orthodoxie wolle „neue" und „alternative" „Denkformen" ausschließen.[131] Rational begründete Kritik an der «Theory» nennt sie „rituellen Exorzismus" und „cloak-and-dagger operations against intellectual or institutional rivals".[132] Sie übergeht stillschweigend, dass Denken und Schreiben mit gelockertem Realitätsbezug selbstverständlich erlaubt

128 *Foucault* DE III.221, S. 471.

129 *Aristoteles* 1890, 4. Buch, Kap. VI und VII, 1011b; *Aquinas* 1256–1259/1918, Art. I.

130 *Heidegger* 1927: SZ, S. 215–218.

131 *Smith* 2006, S. 38 f., 47, 123.

132 *Smith* 2006, S. 93, 102, 105.

sind, sofern sie sich ehrlich als solche zu erkennen geben, etwa als Roman, Brainstorming, Ideensammlung, als Ausblick.

Angesichts der Gratwanderung, die alle Autoren gehen, welche sich an den vorigen Proton Pseudos-Postulaten orientieren, erstaunt es wenig, wenn die «Theory»-Branche es tunlichst vermeiden will, sich der Überprüfung ihrer Behauptungen zu stellen. In (undeklariert) Heideggerscher Tradition versuchen sie, eine generelle Sperre dagegen zu verhängen, obwohl der Abgleich der Daten mit den Hypothesen in der in der Geschichtswissenschaft ohne weiteres möglich ist:

> „Aus demselben Grund, wie Diskurse auf nichts anderes als auf ihre eigenen Muster rekurrieren können, um zumindest partielles Verstehen zu garantieren, existiert auch kein ausserdiskursiver, systematischer oder metahistorischer Standpunkt, von dem aus sich abschliessend entscheiden liesse, ob wir, die Historikerinnen und Historiker, die Diskurse richtig analysieren – ob unsere Analyse, der im Archiv gespeicherten und auf ihre Regelmässigkeiten untersuchten Aussagen zutreffend ist oder nicht."[133]

Begründet wird das Negieren wieder mit dem post-strukturalistischen Dogma,[134] Derridas Neuauflage von Nietzsches Sprachkritik:

> „Die Zeichen seien nicht länger als ‚Substitut' für die Sache zu denken, […] Damit aber gebe es überhaupt keine ursprüngliche Präsenz eines Eigentlichen mehr, von dem die Zeichen nur das verspätete und unvollständige Abbild wären."[135]

> „Es ist dies auch der Augenblick, da infolge der Abwesenheit eines Zentrums oder eines Ursprungs alles zum Diskurs wird – vorausgesetzt, man kann sich über dieses Wort verständigen."[136]

Der im Fallbeispiel zu PP 2 erwähnte Latour verfasste „ein fulminantes Plädoyer gegen die Demarkation zwischen wissenschaftlichem und unwissenschaftlichem Denken, denn diese sei ‚der moralische, philosophische und historische Feind der Differenzierung'."[137] Laclau und Mouffe stützen das Abwehr-Manöver: Die Idee der Unentscheidbarkeit sei für Poststrukturalisten zentral.[138]

---

[133] *Sarasin* 2007, S. 199.

[134] Z.B. *Rheinberger* 2013, S. 641.

[135] *Sarasin* 2001, Band I, S. 59.

[136] *Derrida* 1967: Writing, S. 280 (engl.), (S. 424 (dt.) gemäss *Sarasin* 2001, Band I, S. 59).

[137] Zit. aus: *Haas* 7.2.2023; *Latour* 1996, in: Daston (Hrsg.) 2000: S. 268; Fallbeispiel Nr. 2, Abs. II.2.1.b.

[138] *Laclau/Mouffe* 1985, Vorwort zur 2. Engl. Aufl. 2001, S. xi.

Ein weiterer Versuch, jegliche Kritik an tatsachenwidrigen Behauptungen abzuwürgen, ist der Vorwurf, der «Referentialismus» sei Teil eines unterdrückenden Systems.[139]

b) Fallbeispiel Nr. 3 zum PP 3:
Foucault zur Überprüfbarkeit seiner eigenen Bücher

Bezeichnend für die evasive, aalglatte Rhetorik ist, was der «Meister» 1978 zur Überprüfbarkeit seiner eigenen handwerklichen Praxis sagte, um Zweifel an seiner ethischen Integrität zu zerstreuen, die er mit seinen «Sprengmeister»-Offenbarungen ausgelöst hatte:

> „Insoweit kann alles, ... was ich in meinen Büchern sage, verifiziert oder widerlegt werden, nicht anders als bei jedem anderen historischen Buch."[140]

Dieser Satz wird oft zur Rehabilitierung hinzugezogen.[141] Wer nicht genau liest, könnte meinen, der «Großdenker» bekenne sich damit zur akademischen Redlichkeit. Wer umgekehrt die zahlreichen Fehlleistungen und das Gebastel mit den Quellen kennt,[142] könnte die Illusion entwickeln, damit könne man Foucault der Lüge überführen. Beide Schlüsse sind falsch. Foucault sagte nichts darüber, welches Resultat bei einer Prüfung seiner Werke herauskommen würde, sondern er lieferte nur eine Auswahlsendung nach dem Strickmuster: „Kräht der Hahn auf dem Mist, so ändert das Wetter oder es bleibt, wie es ist."

3.2 Ad PP 3: Intersubjektive Überprüfbarkeit und Korrespondenztheorien

a) Die nicht durchführbare Korrespondenz 1. Ordnung zur Realität

Strasser legt den Finger auf die schwachen Punkte in der Korrespondenztheorie der Wahrheit (inklusive Tarskis Version 1944), welche die Prämisse der Überprüfbarkeit darstellt. Er zeigt, dass es die volkstümliche Wahrheit 1. Ordnung nach Thomas von Aquins „veritas est adaequatio rei et intellectus",[143] der Übereinstimmung zwischen der Sache selbst und der Behauptung darüber, nicht geben kann. Anders ausgedrückt: Die Wirklichkeit hat

---

139 Cf. PP 5, Abs. II.5.

140 Zit. in *Sarasin* 2005: Sprengmeister, S. 212, Endnote 30 Gespräch mit Ducio Trombadori 1978.

141 Z.B. *Sarasin* 2005: Sprengmeister, S. 212: Foucault habe sich „der akademischen überprüfbarkeit" ausgesetzt.

142 Cf. *Haas* 2025a, Abs. II.2–II.3, III.2, S. 180–184, 189f.

143 *Aquinas* 1256–1259/1918, Art. I.

keine eigene Stimme, die von der individuellen menschlichen Wahrnehmung und ihrer symbolisierenden Darstellung unabhängig wäre.[144] Der Skeptizismus gegenüber jeglichem Anspruch «die Dinge als solche» objektiv erkannt zu haben, ist daher nicht unberechtigt. Hingegen sind Präzisierungen und Verbesserungen der metaphysischen Begründung der Korrespondenz durchaus möglich.

b) Nietzsches und Russells Ergänzung zu Aquin: die „Hypothese" als Trennscheibe

Dem Missbrauch Nietzsches kann man mit Nietzsche selbst begegnen. Er wandte sich nämlich gegen das von Foucault und am ZGW «gelehrte» überspielen von Wissenslücken mit Fiktionen oder freiem Fabulieren und gegen die Täuschung durch Auslassung.[145] Er fand:

„In der Wissenschaft haben die Überzeugungen kein Bürgerrecht, […] erst wenn sie sich entschließen, zur Bescheidenheit einer Hypothese, eines vorläufigen Versuchs-Standpunktes einer regulativen Fiktion herabzusteigen, darf ihnen der Zutritt und sogar ein gewisser Werth innerhalb des Reichs der Erkenntnis zugestanden werden".[146]

Wermuth sieht diese Auslegung des Perspektivismus in Anbetracht des Gesamtwerks des Philosophen als angemessener an als den oft praktizierten Eklektizismus mit einzelnen Aphorismen.[147]

Die Hypothese als hermeneutisches Werkzeug wurde später von Bertrand Russell 1912 als geeignete Ergänzung zu Aquins Wahrheitsdefinition präzisiert. Er fügte der Korrespondenz-Definition drei relevante Bedingungen für die Auslegbarkeit hinzu, damit eine Proposition p (eine Behauptung) als eine Hypothese h im wissenschaftlichen Sinn gelten könne:[148]

---

144 *Volpe* 2003, S. 16.

145 *Wermuth* 2022, S. 173 f.; im Gegensatz zu *Foucault* DE IV.280, S. 40; sowie zu Meinungen aus dem ZGW, z.B. *Tanner* 2005: Klio, S. 45.

146 *Nietzsche* 1887: FW 344, S. 260.

147 *Wermuth* 2022, S. 166.

148 *Russell* 1912, S. 89. Anmerkung: Um die Nachvollziehbarkeit zu erleichtern, habe ich die Benennungen für die Unbekannten so gewählt, dass die Formulierungen von *Russell* 1912 und Tarski 1944 (in: *Skirbekk* (Hrsg) 1977) und *Strasser* 1980 einheitlich symbolisiert werden, was in den Originalversionen nicht so ist. Hier gilt: p steht für Elemente aus der Menge aller Behauptungen über Fakten *f*, h steht für Elemente all jener Behauptungen, welche Hypothesen im Sinne Russells sind (eine Teilmenge von *p*), f_1, … f_n, sind Elemente aus der Menge aller registrierten Fakten f. Auf der Metaebene steht die Wahrheitsfunktion (*T*). Sie entstammt einer separaten Menge von Meta-Behauptungen über die Menge der Hypothesen h über die Fakten f.

1. *p* muss so formuliert sein, dass sie falsifizierbar ist; rein theoretisch gesehen muss die Falschheit der Behauptung p auch möglich sein;
2. „Wahrheit“ und „Falschheit“ sind die Eigenschaften der Behauptung p (nicht etwa Eigenschaften der Fakten);[149]
3. „Wahrheit“ oder „Falschheit“ eines Glaubens an die Behauptung p hängt immer von etwas ab, das außerhalb dieses Glaubens liegt.

Eine Hypothese h hat somit die Funktion einer Trennscheibe, welche die weitere Suche anleitet. Wenn eine Aussage p diese drei Kriterien nicht erfüllt, bleibt sie unverbindlich, schwammig und unwissenschaftlich. Zirkuläres Schlussfolgern, wie der petitio principii-Trugschluss, ist gemäß Kriterium 3 keine wissenschaftliche Argumentation. Russells Falsifizierbarkeit bezieht sich aber nur auf die Formulierung von *p*, die als Trennscheibe gestaltet sein muss. Er fordert keine sofort verfügbare praktische Umsetzung mit messbaren Größen, im Gegensatz zu einer populären Auslegung von Karl Poppers Falsifizierbarkeits-Forderung.[150]

Die Trennscheibe ermöglicht es, das Demarkationsproblem zur Begrifflichkeit für die Geschichtswissenschaft anzugehen. Russell hat damit Bedingungen für wissenschaftliches Denken formuliert, um es von künstlerischen und fantasierten Produktionen, von Glaubensinhalten, Manipulationen und von unverbindlichem Geschwätz zu unterscheiden: Behauptungen *über Fakten* müssen als falsifizierbare Hypothesen formuliert werden, damit sich Forschung überhaupt weiterentwickeln kann. Die Anforderung der Widerlegbarkeit wird auch von der regulären Geschichtswissenschaft anerkannt, nämlich unter der Vorschrift Kosellecks, dass nicht gegen das Veto der Quellen auf dem Radar des Autors verstoßen werden darf.[151] Reguläre Historiografie formuliert (als solche erkenntliche) Hypothesen über Vorgänge in der Vergangenheit, die im Licht von Recherchen ausländischer Archive und neu freigegebenen Materials wieder weiter geprüft, entwickelt, verworfen, ergänzt oder verändert werden können und müssen.

Wer unüberprüfbare und nicht als solche deklarierte «Fiktionen» und reine Zirkelschlüsse als Prozedere zulässt, verliert langfristig seine Glaubwürdigkeit. Hingegen sind Erklärungen für Ereignisse, welche über die Fakten hinausgehen (Abduktionen nach Peirce), durchaus erlaubt und erwünscht, sofern sie als solche erkennbar sind. Im Gegensatz zu Fiktionen und Spekulationen, die beliebig sein können, müssen Abduktionen mit den Fakten im Einklang stehen und aus ihnen abgeleitet sein.[152] Anders als Deduktionen sind sie nicht

---

149 In der Jurisprudenz cf. *Schweizer* 2015: Beweiswürdigung, S. 22.

150 *Popper* 1962.

151 *Koselleck* 1977: Band 1, S. 45–46; zur Umsetzung siehe *Hansson* 2009, S. 241.

152 *Haas/Djordjevic/van Ackere* 2019, S. 25–51.

zwingend, sondern nur möglich und plausibel. Sie dürfen allerdings nicht lediglich „auf Unkenntnis des Materials beruhen“.[153]

Die Foucault-Follower betreiben nun ein permanentes Spiel mit Begriffsausdehnung, -verengung und -verschiebung. Es führt zu unendlicher Verwirrung, lässt jede Diskussion ins Uferlose entgleiten und hintertreibt die Falsifizierbarkeit der Aussagen. Damit lassen sie ihre Kritiker argumentativ auflaufen. Um die Demokratien der westlichen Welt und die Wissenschaften plakativ anzuklagen, dehnen sie die Bedeutung ihrer Begriffe ins Nichtfalsifizierbare aus. Sie nennen es „holistisches Denken“.[154] Wenn Kritiker die Rezeption von ausufernden boshaften Andeutungen zusammenfassend auf den Punkt bringen,[155] verwandeln sich die Beliebigkeits-Hermeneuten ad hoc zu Wortklaubern. Würde man etwa monieren, mit Foucaults Concept Creep-Termini «Biopolitik» und «Genealogie»[156] würden sie den Akteuren fälschlich mörderische Absichten unterstellen, könnten sie triumphierend entgegnen: «nein, sie hätten nirgends je ‚mörderische Absichten‘ behauptet!» Russells Konzept der Trennscheibe hilft, diese Trickkiste aufzudecken.

c) Tarskis Präzisierung 1944: Vorteile und Lücken

Sodann gilt es, Tarskis Präzisierung von Aquinas Wahrheitsdefinition zu beleuchten und zu ergänzen. Tarski entledigte sich des Absolutheits- und Ewigkeitsanspruchs des Begriffs „Wahrheit“. Sein Satz beschränkt sich auf eine temporär und lokal gegebene Datenlage und präzisiert für eine Hypothese *h*:[157]

„(*T*) h ist wahr genau dann, wenn *f*“

D. h. eine Hypothese h über eine Faktenmenge *f* ist genau dann wahr, wenn sie den Fakten *f*, die sie beschreibt, entspricht und es diese *f* auch gibt. (*T*) bezeichnet die Wahrheitsfunktion, das ist die Evaluation des Sachverhalts auf der Metaebene. Neu daran ist, dass Tarski explizit voraussetzt, dass ein spezifisches Faktum *f* existieren muss, nicht eine allgemeine vage Wirklichkeit, wie bei Aquin und dass er drei hierarchisch-logische Evaluationsebenen genau

153 *Seiffert* 2006: Band 2, S. 79–80.

154 Cf. *McGowan* 1991, S. 225.

155 Zur durchschnittlichen Leserrezeption solcher Wortwolken in einer Stichprobe von 109 Staatsanwälten und Studierenden siehe *Haas* 5. 11. 2021: Medialex, Rz. 21–33.

156 Concept Creep nach *Haslam* 2016.

157 *Tarski* 1944 in: *Skirbekk* 1977, S. 157; auch in: *Strasser* 1980, S. 123. Im Original hat Tarski für die Fakten das Symbol p und für die Hypothesen das Symbol X gewählt, was aber im Zusammenhang mit Russell Verwirrung stiftet, obwohl die beiden Theorien sich ideal ergänzen.

unterscheidet: *f*, *h*, und *T*. Dies ist zur Vermeidung logischer Paradoxa durch Selbstreferentialität nötig.[158]

Was sind Fakten? Gemäß der lateinischen Definition bezeichnet „factum“ etwas, das in der Vergangenheit „getan“ worden ist, d. h. Fakten sind Information, die auf einem Datenträger fixiert und somit intersubjektiv überprüfbar geworden ist. Tatsachen stehen somit in keinem Widerspruch zu Interpretationen, wie mit dem Nietzsche-Nachlass unsachgemäß kolportiert wird.[159] Die Inhalte auf dem Datenträger können sich dementsprechend sowohl als richtig, als auch als falsch, irrig oder gelogen erweisen, oder sie können individuelle Wahrnehmungen, Fantasien, Träume und Ideen notieren. Diese Auslegung wurde von Schweizer Gerichtsurteilen bestätigt.[160] Daher ist Quellenkritik in der seriösen Historiografie unabdingbar. Fakten *f* sind zudem gemäß Bridgman durch die Prozedur ihrer Erhebung und Fixierung definiert.

Aus epistemologischer Sicht kann der per se Wahrheitsanspruch Tarskis nicht aufrechterhalten werden,[161] denn Tarski hat nur die Semantik begründet – dies allerdings durchaus gewinnbringend. Ungelöst bleibt das Problem, wer ermächtigt sei, die Übereinstimmung letztendlich festzustellen oder zu bestreiten.

> „Man sieht jetzt, wo im Fall der inhaltlichen Dimensionen des Wahrheitsbegriffs die spezifische Problematik liegt: darin nämlich, dass diese Dimension stets nur partiell und vorbehaltlich neuerer Erkenntnis Umstände fixierbar ist und dass – darüber hinaus – die implizit angewandten Wahrheitskriterien zumeist vage und biegsam sind. Diese Situation steht durchaus im Dienst einer möglichst flexiblen Anpassungshaltung an die Realität, aber sie widerstrebt der übersteigerten Wahrheitsemphase mancher Philosophen. Wahrheit hat demnach etwas Klares und Reines zu sein, und eine Wahrheitsdefinition muss daher von Exaktheit und Vollständigkeit nur so strotzen.“[162]

Leider ist der Satz von Tarski auch lückenhaft und bedarf weiterer Erläuterung für diejenigen, die mit logischen Formalismen wenig vertraut sind. Die relevante Lücke von Tarski ist nämlich die Auswahl dessen, was die Fakten *f* beinhalten und was nicht. Wo werden die Grenzen der Datensuche abgesteckt? Dieses Problem tritt schon bei simplen Sachverhalten auf. Nehmen wir als Hypothese h den Satz: «Die Türe ist offen». Bezieht er sich auf das Schloss (= f_1) das unverschlossen ist? Oder bezieht er sich auf die Türe (= f_2), die in-

---

158 Dazu cf. Abs. II.4.2.a.

159 Cf. Abs. II.1.1.a.

160 *Haas* 2019c: Richterzeitung, Rz. 16f.; *Haas* 2025a, Abs. V.1, S. 196; Appellationsgericht BS SB.2012.48 (AG.2015.89) vom 26. Nov. 2014, E 4.1; bestätigt vom Bundesgericht BGer 6B_304/2015 am 14. Sept. 2015.

161 *Strasser* 1980, S. 125; Anm. Strasser benutzt Tarskis Notation.

162 *Strasser* 1980, S. 132f.

nerhalb ihres Rahmes (=f_3) geöffnet ist? Daher muss der Suchradius zur Prüfung von h nicht bloß das Schloss umfassen, sondern auch die Tür und sogar deren Einlassung in der Wand, obwohl das im Wortlaut gar nicht enthalten ist (dort steht nur «die Türe» =f_2). Wissenschaftliches Vorgehen muss also zwingend und immer die abgesuchte Datenbasis festlegen und diese genau und vollständig beschreiben, inkl. der Missings. Wenn h einen wissenschaftlichen Anspruch erhebt, muss die Datenbasis (innerhalb des praktischen Möglichen) systematisch erhoben werden. Sie darf nicht auf dem *cherry picking* einzelner Details beruhen, wenn es unter den Daten auf dem Radar des Autors andere Beweiselemente gibt, welche der Behauptung widersprechen. Die reguläre Geschichtswissenschaft trägt dieser Vorgabe Rechnung: Sie wird als das „Veto der Quellen" bezeichnet,[163] wogegen nicht verstoßen werden darf.

d) Fallbeispiel Nr. 4 zum PP 3: cherry picking, fehlende Quellenkritik und fehlende Kontextualisierung führen zu Verstößen gegen das Veto des Quellen-Corpus

Bernhard C. Schär, ein weiterer eng mit dem ZGW assoziierter ehemaliger Postdoc,[164] muss sich nicht vorwerfen lassen, er hätte in seiner Dissertation „Tropenliebe" von 2015 das „freie Fabulieren auf dem Altar der Fakten" geopfert und gegen Tanners Rat verstoßen.[165] Foucault tritt namentlich nicht in Erscheinung, nur seine Adepten: Bruno Latour, Philipp Sarasin, Edward Said, Gayatri Chakravorty Spivak, Jakob Tanner und Patrica Purtschert.[166] Letztere sei „so etwas wie das Herz, das Hirn und die Seele des […] Forschungsnetzwerks ‚Postkoloniale Schweiz' " geworden.[167] Durch die Hintertür der Begrifflichkeiten von „Kontinuität/Bruch", „Diskurs"[168] und „Körper" statt Mensch, Person, Frau, Mann, Bürger oder Persönlichkeit,[169] findet die «Werkzeugkiste» Foucaults dann doch Einlass in Schärs «Methodik».

---

163 *Koselleck* 1977, Band 1, S. 45–46.

164 Mitglied des ZGW, Doktorand von Studer (cf. *Schär* 2015: Danksagung, S. 337–339) und Co-Autor von Purtschert, beide auf dem Gendercampus.

165 *Tanner* 2005: Klio, S. 45; Tanner, Studer und Purtschert haben mehrere Bücher zusammen herausgegeben.

166 *Schär* 2015, S. 358–368, 30, 34. Klammerbemerkung: Spivak beschrieb 2004 „Islamistische Selbstmordattentäter mit einem bedauernd-verständnisvollen Geschwurbel" (*Elbe* 2024, S. 216, Fn 113).

167 *Schär* 2015, S. 338; zu Purtschert als Butler-Schülerin siehe *Belser* 2017, S. 56–59. Klammerbemerkung zur Inanspruchnahme des Begriffs „Feminismus" dieser Seilschaft: Butler würdigte 2008 „die wichtigen kulturellen Bedeutungen der Burka" als „Übung in Bescheidenheit und Stolz" (*Elbe* 2024, S. 268).

168 *Schär* 2015, S. 28, 30, 77, 111, 165 f., 188 f., 238, 307, 331.

169 Auf argumentativen Umwegen ermächtigte sich Foucault, den Rest der Welt als „Körper" zu betiteln, wie wenn die anderen Menschen nicht über Bewusstsein, Spra-

Auch er erhielt mehrfache Auszeichnungen.[170] Doch dann entdeckte die Göttinger und Basler Ethnologin Hauser-Schäublin 2020, dass Schärs steile Thesen über die Naturforscher Fritz und Paul Sarasin um das Fin de Siècle und deren angebliche Kolonial-Komplizenschaft erheblich von dazu zitierten Belegen abweichen.[171] Die linksaußen-Presse reagierte mit dem üblichen Abwehrmanöver aus der Foucault-Kiste, indem sie Hauser-Schäublin als „Angehörige des Basler Daigs“ bezeichnete (der sog. „Teig“ sind alteingesessene, oft wohlhabende Familien, dazu gehören u. a. die Sarasins und Schäublins).[172] Insinuiert wird mit dem ad hominem-Trugschluss, sie stünde politisch rechts und würde Privilegien ausleben.

In einer eigenen Replizierbarkeitsstudie[173] entpuppten sich Schärs Unterstellungen der homoerotischen Ausbeutung des Sohns eines lokalen indigenen Herrschers durch die Vettern Sarasin als nicht belastbar, sondern sie wurden mit blühender Fantasie in die Quellen hineingelesen. Schär sah das mit den historischen Fakten nicht so eng und generierte einen sensationalistisch geprägten Hype. Als weitere «Forschung» dazu subventionierte der Schweizerische Nationalfonds (SNF) 2020 eine „immersive Theateraufführung, Ausstellung und öffentliche Diskussion“ mit 163’430 CHF.[174]

Das Aufdecken der Ungereimtheiten 2020 und 2021 scheint weder den «Kolonialismus-Experten» selbst noch den Nationalfonds (SNF) und seine Gutachter sonderlich beeindruckt zu haben. So erfreut sich Schär einer Eccellenza-Assistenzprofessur (1.73 Mio CHF).[175] Zu seiner «forscherischen Exzellenz» gehört die Stimmungsmache zugunsten des palästinensischen «Widerstands» mit Universitätsbesetzungen und Boykottforderungen gegen israelische Universitäten, unterfüttert mit ausgefallenen Statistikauslegungen.[176] Laut diesem Dunstkreis[177] habe er „scharfe“ Kritik am „Vorgehen der Universitätsleitung“ in Bern geübt, weil diese ihre Aula nicht für eine unausgewogene Veranstaltung mit der UN-Sonderberichterstatterin Francesca Albanese

---

che, Urteilskraft, Selbstbestimmtheit und Verantwortung verfügten. Seinesgleichen (umtriebige Aktivisten) ernannte er zu „Experten-Weisen“ (*Foucault* 29. 11 – 5. 12. 1976: DE III.184, S. 109).

170 Cf. Webseite UNIL Bernhard C. Schär, scientific distinctions and prizes.

171 *Hauser-Schäublin* 2020; *Sarasin/Sarasin* 1905: Band I und Band II.

172 *Galizia* 25. 9. 2025: WOZ.

173 *Haas* 5. 11. 2021: Medialex Rz. 34 – Rz. 52 zu *Schär* 2015, S. 8, 38 f., 45, 60, 146, 180, 265 – 269, 171 – 175, 322; im Abgleich mit *Sarasin/Sarasin* 1905: Band I und Band II und *Wiegand* (Pseudonym von *Sarasin*, Paul) 1904, S. 24 f. (StABS Sig. PA 212a T 6,6).

174 SNF Grant Nr. 184290.

175 SNF Grant Nr. 194512.

176 *Schär* 18. 5. 2024: Uni-Demos; Kritik dazu: *Baumann* 19. 11. 2025.

177 *Neuhaus* 1. 7. 2025.

und Amnesty International hergeben wollte (beide bekannt für ihre Dämonisierung Israels).

Ende 2021 wurden er und eine Co-Autorin von der Stadt Zürich mit einer historischen Studie zu alten Inschriften betraut (auch „ETH-Gutachten" genannt), die heute als rassistisch ausgelegt werden können und – so das Ergebnis – abgedeckt werden sollten.[178]

„Die historischen Inschriften auf Zürcher Altstadthäusern ‚Zum Mohrenkopf' und ‚Zum Mohrentanz' sind für manche Menschen hochgefährlich. Das zumindest besagt ein Gutachten, das die Stadt Zürich [...] in Auftrag gegeben hat. ‚Inwiefern es in Zukunft separater Schutz- und Rückzugsräume für Schwarze Menschen in Zürich und der Schweiz bedarf, hängt auch davon ab, ob im öffentlichen Raum in Zürich und der Schweiz weiterhin abwertende oder rassistische Symbole toleriert werden', heisst es darin. Deshalb, so die indirekte Aussage, müssten die alten Beschriftungen weg"[179]

Schär und Darman beurteilten 2023 die Inschriften als schweren Fall von antimuslimischem Rassismus. Andere Deutungen diskutierten sie zwar, aber schlossen sie danach aus:

„Und der ‚Mohrenkopf' stand ‚für den Sieg über muslimische Menschen, symbolisiert in Form des abgeschlagenen Kopfes' "[180]

„Unter Kreuzrittern habe er als Auszeichnung gegolten. Das Symbol sei dann von aufstiegsorientierten Familien aufgenommen worden. ‚Sie diente zur Abgrenzung gegen unten. In diesem Zusammenhang sind ‚M*****köpfe' im Wappenzeichen von Zürcher Familien zu sehen, etwa denen von Mandachs oder von Jacob Schulthess, der 1443 die Liegenschaft ‚Zum M*****kopf' verkaufte.' "[181]

Handkehrum lobbyierte Schär dafür, dass Volksschul-Lehrerinnen das sexistische Symbol des Kopftuchs im Unterricht tragen dürfen sollten,[182] obwohl dieses gar kein religiöses, sondern ein politisches Symbol ist.[183] Die Kinder, die der Macht von Lehrpersonen ohnehin ausgesetzt sind, müssten dies offenbar tagtäglich und jahrelang ertragen. Dafür bräuchte die Schule „mehr Postkolonialismus, Intersektionalität und Feminismus" – so Schär.[184]

Auch bezüglich der neuen «Studie» wurden substantielle Ungereimtheiten aufgedeckt und werfen gerade hohe Wellen. Gegen die Entfernung der Schriften wollte nämlich der Heimatschutz gerichtlich vorgehen und ließ bei einem bekannten Spezialisten für Zürcher Geschichte und Heraldik ein Gutachten

---

[178] *Schär/Darman* 14.2.2023.

[179] *Bandle* 12.9.2025.

[180] *Ledebur* 6.11.2025, Innenzitat aus *Schär/Darman* 14.2.2023, S. 55.

[181] *Ledebur* 6.11.2025, Innenzitat aus *Schär/Darman* 14.2.2023, S. 9.

[182] *Schär* 24.7.2025: Kopftuch – Lehrerinnen.

[183] *Erken* 2018, S. 364, 371.

[184] *Schär* 8.4.2024: Leerplan – Schulen.

über diese Studie erstellen.[185] Das Verwaltungsgericht befand jedoch: „der Frage, ob die Aufschrift bzw. Inschrift als rassistisch zu werten ist oder nicht, ist im vorliegenden Verfahren mangels Rechtserheblichkeit nicht nachzugehen“, zudem sei „das ETH-Gutachten kein eigentliches Denkmalschutzgutachten, das sich mit den inventarisierten Objekten auseinandersetzt“.[186] Damit unterblieb die für die öffentliche Finanzierung und für die Weiterentwicklung der Forschung gleichermaßen dringend benötigte Wächterfunktion der Rechtsprechung über die Einhaltung der Qualitätsstandards und von Treu und Glaube in wissenschaftlichen Expertisen.

Schon dem Laien fällt auf, dass Darmans und Schärs Darstellung der Geschichte des „Hauses zum Mohrenkopf“ eine chronologische Tabelle fehlt und, dass Sätze auf der Zeitachse hin- und her hüpfen.[187] Den Lesern wird kein Blick in die Abbildungen der mit dem Namen „Schultheiss“ assoziierten Wappenzeichen von 1409 und 1886 gewährt, welche „M***“ zeigen würden („M***“ steht N = 463 Mal für den Wortstamm „Mohr“ bei Schär/Darman). Diese stünden für „den Sieg über muslimische Menschen, symbolisiert in Form des abgeschlagenen Kopfes“.[188] Die Nachvollziehbarkeit wird so unnötig erschwert, und den Lesern werden wichtige Informationen zur Prüfung der ganzen Argumentation vorenthalten. Die «ETH-Studie» lässt somit bezüglich ihrer formellen Nachvollziehbarkeit und Vollständigkeit zu wünschen übrig.

Nachdem das Urteil rechtskräftig wurde, kritisierte v. Ledebur diese Arbeit, basierend auf Illis Gegengutachten und mit eigenen Recherchen (er ist selber Historiker und stv. Chefredaktor der Neuen Zürcher Zeitung). Illi habe gewichtige Mängel festgestellt, besonders „ein unkorrekt zugeordnetes Familienwappen in Kombination mit einer Namensverwechslung.“ Illis Hauptkritik lautet:

> „Das Autorenduo nehme immer wieder vorschnell negative Zusammenhänge an, obwohl es sehr viele andere Möglichkeiten gebe. [...] die Entstehungsgeschichte lasse keinen rassistischen Hintergrund vermuten, aber in der Gegenwart gebe es Erklärungsbedarf. ‚Als dunkelhäutiger Mensch würde ich wissen wollen, ob diese Inschriften als Beschimpfung gemeint sind oder nicht.‘ Deshalb wäre der Weg über eine Kontextualisierung mit Infotafeln und dergleichen der richtige gewesen.“[189]

---

185 *Illi* 29.5.2023: Gutachten; *Illi* 3.6.2023: Bilddokumentation.

186 *Verwaltungsgericht* des Kantons Zürich: VB.2023.00242, Urteil vom 16. Mai 2024, E 5.5 und E 3.2.1; wegen Nichtzuständigkeit trat das Bundesgericht auf die Beschwerde des Heimatschutzes nicht ein: Schweizerisches Bundesgericht 1C_28/2025: Urteil vom 23. Juni 2025. Die mediale Kontroverse entstand nach der Saure-Gurkenzeit.

187 *Schär/Darman* 14.2.2023, S. 30–33.

188 *Schär/Darman* 14.2.2023, S. 32 nennen als Quellen: Fn 43 = *Göschen* 1886 mit dem Wappen von 1886, Fn 44 = *Halder* 1955 mit dem Wappen von 1409. Erstmals hat *Ledebur* 6.11.2025 sie, inkl. ihrer Quellenreferenzen, gezeigt.

189 *Ledebur* 6.9.2025; *Illi* 29.5.2023.

Technisch gesehen funktioniert Schärs und Darmans Argumentation mit dem gewohnten «Theory»-Rezept des Concept Creep. Es wird ein „rassenloser Rassismus“ im Gefolge Etienne Balibars vorausgesetzt und angekreidet – ein rhetorisches Manöver mit einer contradictio in adjecto.[190] Die damit verbundene eurozentrische Sicht kritisiert der Schweizer Islamwissenschaftler El Ghazzali: „Die Weigerung, ‚Mohr‘ auszusprechen, schafft damit erst jene eindeutige negative Bedeutung, die sie eigentlich nur zu reflektieren vorgibt“, derweil der Begriff „maurische/mohrische Kultur“ in Marokko nationalistisch-positiv gefeiert wird.[191]

In seinem Gutachten weist Illi auf den Unsinn des Verbannens altmodischer Wörter und Namen hin, denn „Türkei“ ist genauso fremdbestimmt und veraltet wie „Mohr“, nur wurde der Name 1923 zum Staat erklärt. Unklar ist nämlich, wer einem Haus überhaupt seinen Namen verliehen hat, das war keineswegs immer der Eigentümer, es konnte auch der Pfarrer gewesen sein.[192] Sodann beleuchtet Illi die vielen Bedeutungen des Wortes „Mohr“. „Mohrenland“ wurde synonym mit „Morgenland“ verwendet, „Mohr“ konnte der „Mohrenkönig“, der heilige Mauritius, oder ein Spiel, ein Becher sein, er konnte für den Familiennamen „Schwarz“ stehen. Selbst auf die landwirtschaftlichen Produkte des Besitzers konnte der Name „Mohr“ verweisen, z. B. auf Schweine (Moren waren Mutterschweine) oder auf Karotten (Möhren).[193] Als Klammerbemerkung: jahrhundertealte Überlieferungen sind extrem lückenhaft und extrem vieldeutig; es gab weder eine einheitliche Rechtschreibung noch eine einheitliche Typographie.

Die Bildauslegung des sog. «ETH-Gutachtens» ist ebenfalls hochgradig «originell», wie v. Ledebur später ergänzte:

> „Das Schultheiss-Wappen […] zeige ‚auf der linken Seite einen schwarzen Mann mit Bart. Das Oberwappen ist mit dem Kopf eines schwarzen Mannes mit afrikanischen Gesichtszügen gekrönt‘. Nur: Das Wappen, auf das diese Beschreibung zutrifft, stammt nicht aus dem 15., sondern aus dem 19. Jahrhundert – rund 450 Jahre

---

190 *Schär/Darman* 14.2.2023, S. 22. Anmerkungen: Balibar hat den Antisemitismus mit Hilfe „geschmack- und gedankenloser Vergleiche“ zwischen Zionisten und der Al-Qaida auf einen «Anti-Orientalismus» eingeebnet (*Elbe* 2024, S. 72 f.). Das Konzept des „rassenlosen Rassismus“ ermöglicht es, jegliche Kritik am politischen Islam, seinen totalitären Ansprüchen, seinen Menschenrechtsverletzungen und Terrorgruppen als «anti-muslimischen Rassismus» zu framen. Handkehrum beklagt *Schär* 8.4.2024, der Antisemitismusbegriff würde „jegliche Schärfe“ verlieren, wenn auch der linke, muslimische, migrantische oder inner-jüdische Antisemitismus aufs Tappet gebracht würden (als ob es diese Phänomene nicht gäbe). Wieder ist mit Proton Pseudos 1 das beliebige Ausdehnen, Verengen und Entstellen von Definitionen am Werk.

191 *El Ghazzali* 7.11.2025.

192 *Illi* 29.5.2023, S. 4, 6.

193 *Illi* 29.5.2023, S. 7–11.

nach der ersten urkundlichen Erwähnung des ‚Hauses zum Mohrenkopf'. Diese gesamte Quellenproblematik bleibt im ETH-Bericht gänzlich unerwähnt.[194]

[…] Erstaunlich ist, dass das Autorenduo durchaus Kenntnis von zeitgenössischen Quellen zum Schultheiss-Wappen hatte. Das von 1409 zeigt also mit grosser Wahrscheinlichkeit einen Verwaltungsbeamten […] eindeutig keine afrikanische Figur.[195]

Das Buch aus dem 19. Jahrhundert „ist keine heraldische Abhandlung, sondern eine pathetische, farbenfrohe Schilderung der ‚Helden von Sempach'."[196] Nichts in diesem 1886 publizierten angeblichen Wappenbild einer Familie Schultheiss, welches erst die Neue Zürcher Zeitung offenlegte, deutet darauf hin, dass die als Büste porträtierten schwarzen Männer «geköpft» worden wären. Im Gegenteil, ihre Hälse sind intakt.

Dann wieder scheint die Auslegung des Ablaufs auf der Zeitachse eher von «Polytemporabilität» oder «gefalteter Zeit» inspiriert gewesen zu sein und nicht von der naturwissenschaftlichen Präzision, welche die Leser von einem „ETH-Gutachten" erwarten würden:

„Neben dem Wappen gibt es eine zweite zentrale Streitfrage unter den Historikern – nämlich, ob die Familie Schultheiss aus Lenzburg überhaupt im Besitz des Hauses ‚zum Mohrenkopf' […] war. Im ETH Bericht wird dies als Fakt dargestellt. Im Gutachten Illi steht das Gegenteil. Einigkeit herrscht einzig über die entscheidende Quelle, die Verkaufsurkunde des Hauses. Laut dieser hat 1443 ein gewisser Jacob Schultheiss, Chorherr des Grossmünsters, das Haus […] verkauft. Im ETH-Bericht wird angenommen, dass es sich bei Jacob um einen Vertreter der Familie Schultheiss aus Lenzburg handelt. […] In Meyers Liste finden sich drei Geistliche namens Schultheiss, die im 15. Jahrhundert in Zürich gelebt haben. Einer davon stammt aus Lenzburg, ist aber bereits 1431 gestorben – zwölf Jahre vor dem Hausverkauf. Zudem trägt er den Vornamen Heinrich. Einen Geistlichen namens Jakob Schultheiss gibt es gemäss Liste nur einen, und dieser stammt aus Zürich. Wenn der Hausverkäufer 1443 aber kein Schultheiss aus Lenzburg war, kann die These des unterdrückten Schwarzen im Wappen als Grund für die Namensgebung so oder so nicht stimmen. Wie kam es zu dieser Namensverwechslung? Und weshalb wurde Meyers Standardwerk im ETH-Bericht nicht berücksichtigt? […] Die These vom abgeschlagenen Kopf als Namensgeber des Hauses ‚Zum Mohrenkopf' ist angesichts der Quellen kaum mehr haltbar."[197]

Das Autorenduo hat den historisch ausstehenden Quellen-Nachweis durch nicht-stichhaltige, dafür umso langfädigere Argumente ersetzt. Die Anprangerung einer angeblich rassistischen Gesinnung der Inschriften und Wappen ist spekulativ, weit davon entfernt, irgendetwas nachzuweisen. «Erfolgreich»

---

[194] Gemeint ist das Wappenbild in *Göschen* 1886, Tafel VI, zit. in *Schär/Darman* S. 32, Fn 43; abgebildet aber nur in *Ledebur* 6. 11. 2025.

[195] Gemeint ist das Wappenbild in *Halder* 1955, S. 366, zit. in *Schär/Darman* S. 32, Fn. 44; abgebildet nur in *Ledebur* 6. 11. 2025.

[196] *Ledebur* 6. 11. 2025.

[197] *Ledebur* 6. 11. 2025.

überdecken es teilweise und generieren das Nicht-Passen der Hypothese zu den Fakten.[205]

Aus diesem Grund ist es übrigens nicht möglich, bezüglich der Entwicklung der einzelnen Theorie, die Idee der absoluten „Korrespondenz“ durch die einer zunehmenden „Konvergenz“ zur Realität zu ersetzen, wie es Popper mit seinem Konzept von „Verisimilitude“ versucht hat. Miller 1974 und Tichý 1974 konnten (unabhängig voneinander) logisch nachweisen, dass es eine konvergierende „Wahrheitsähnlichkeit“ nicht geben kann. „Verisimilitude“ ist aber analytisch auf hohem Niveau durchdacht und transparent ausformuliert. Deshalb vermochte das Konzept den wissenschaftlichen Fortschritt entscheidend zu stimulieren, auch wenn es sich letztlich als falsch erwiesen hat.[206]

f) Fallbeispiel Nr. 5 zum PP 3: Beharren auf Autoritäten anstelle der Fakten- und Sorgfaltsprüfung

Exemplarisch für die Folgen des Konsens-Postulats sind die Ereignisse im Fallbeispiel Nr. 4 nach v. Ledeburs erstem Artikel. Eine Woche später verfasste Bandle, der Feuilleton-Chef der Neuen Zürcher Zeitung, einen kritischen Beitrag zur „postkolonialen Welle“ (inkl. der „Mohren“-Debatte), die allerdings auch Positives bewegt habe (was er Schär nebst seiner Kritik zugutehielt).[207] Damit nahm die Kontroverse Fahrt auf. Zeyer, ein für scharfe Töne bekannter, freischaffender Journalist widmete sich dem Thema und garnierte es mit unnötigen Persönlichkeitsbeeinträchtigungen.[208] Damit spielte er dem Kritisierten einen Steilpass zu, um vor Gericht zu gehen und einen Wechsel von der Ankläger- in die Opferrolle zu vollziehen. Das Gericht verlangte die Korrektur der Angriffe auf die Persönlichkeit, wies aber Schärs Gesuch auf ein Verbot jeglicher Berichterstattung der beklagten Journalisten und Medien über seinen medienrechtlichen Vorstoß ab (der Entscheid ist noch nicht rechtskräftig).[209]

---

[205] *Haas/Djordjevic/van Ackere* 2019.

[206] Erläutert in *Haas/Djordjevic/van Ackere* 2019, S. 29f. zu *Popper* 1962, S. 317; sowie *Miller* 1974, *Tichý* 1974.

[207] *Bandle* 12.9.2025. Gegen die gut fundierte Kritik wehrte sich *Schär*, schrieb von sich selbst in der dritten Person und wies jegliche Fehler von sich, nota bene ohne einen einzigen Vorhalt zu widerlegen, u.a.: „Richtig ist, dass Prof. Dr. Bernhard C. Schär nie wissenschaftliche Fehler nachgewiesen wurden.“ Gegendarstellung in *Ledebur* 6.9.2025 und *Bandle* 12.9.2025.

[208] *Zeyer* auf seinem Blog (10.9.2025: Zackbum) und *Zeyer* 15.9.2025: Weltwoche.

[209] Regionalgericht Bern Mittelland: Entscheid CIV 25 5490 SCL vom 25. November 2025; *Hässig* 7.10.2025.

Hinter den Kulissen schlossen die interessierten historischen Kreise ihre Reihen und lancierten übers Wochenende einen «offenen Brief», eine «Stellungnahme» plus eine «Unterstützungskampagne» zugunsten Schärs.[210]

Bezeichnenderweise richtete sich diese «Kampagne» nicht etwa gegen die unsachlichen Etikettierungen des freischaffenden Journalisten, sondern gegen die Neue Zürcher Zeitung und somit gegen die demokratische Pressefreiheit. Mit keinem Wort ging sie auf die sachdienlichen und besorgniserregenden Entdeckungen Illis und v. Ledeburs ein. Alles war so formuliert, dass sich weder die Initianten noch die Unterzeichner des Appells in irgendeiner Weise für die Sorgfalt und die Richtigkeit von Schärs und Darmans Studie verbürgen mussten.[211] Vielmehr beriefen sich die bis anhin 670 Unterzeichner (Stand: 31. 12. 2025) auf eine „Pluralität der Perspektiven" und versuchten, die Kritik an Experten generell zu untersagen:

> „In der wissenschaftlichen Forschung können Ansätze und Ergebnisse voneinander abweichen. Meinungsverschiedenheiten dürfen jedoch nicht, wie im Artikel der NZZ, zu persönlichen Angriffen und Versuchen der Delegitimierung von Forscherinnen und Forschern führen."

Das Brimborium wurde sekundiert von Zeitungsinterviews mit Vertretern der postkolonialistischen Entourage. Es handle sich um eine politisch hochgekochte „eigentlich marginale wissenschaftliche Diskussion." Teuscher, ehemals Vorsteher des Historischen Seminars der Universität Zürich 2017–2021, rechtfertigte seine Kollegen, indem er an der Relevanz und Schwere der monierten Fehlleistungen vorbeiredete:

> „Die Verwechslung des Familiennamens bezeichnet er als ‚Nebenschauplatz': Allen Historiker:innen passierten bei der Quelleninterpretation ab und zu Fehler, das sei so weit normal und Teil kollektiver Wissenserarbeitung."[212]

Dommann, Mitglied des früheren ZGW,[213] lobbyierte ihrerseits für die Autorität und die seltsamen Methoden der «Theory»-Vertreter:

> „Wissenschaft sei kein Soloprojekt. Sie funktioniere nach klaren Regeln: Studien werden von Fachkolleg:innen begutachtet, Ergebnisse überprüft. Schär habe in diesem System mehrfach überzeugt – er erhielt Fördergelder, Preise und internationale

---

210 *Framaforms*: Offener Brief 24. 9. 2025; Stellungnahme (undatiert); Unterstützungskampagne; *Stähelin* 24. 9. 2025: Tsüri; *Galizia* 25. 9. 2025: WOZ.

211 Framaforms: Offener Brief; Stellungnahme; Unterstützungskampagne.

212 Teuscher in *Galizia* 25. 9. 2025: WOZ.

213 Zentrum Geschichte des Wissens (ZGW); Dommann ist Mitglied der 3. Kammer des Presserats, die in einer aufsehenerregenden Stellungnahme (Nr. 44/2021) befand, dass man es in der Schweiz nicht wagen darf, die BDS (Boykott, Desinvestition, Sanktionen gegen Israel) „antisemitisch" zu nennen, ohne sich den Vorwurf der journalistischen Pflichtverletzung einzuhandeln. Zur BDS und dem pseudohumanitären Gewand des linken Antisemitismus, siehe: Deutscher Bundestag 15. 5. 2019; *Baier* 22. 3. 2021; *Elbe* 2024, S. 238–242.

Anerkennung. ‚Bandle mag seine Einwände für berechtigt halten. Doch der entscheidende Punkt ist: Er attackiert damit nicht nur einen Historiker, sondern auch gleich die Verfahren, mit denen Forschung Qualität sichert. Dies mit dem Ziel, kritische Forschungsdisziplinen wie die postkoloniale Theorie als Ganzes in Frage zu stellen', sagt Dommann."[214]

Wie solche «Ergebnisse überprüft» werden und weshalb es in dieser «kritischen Forschungsdisziplin» trotzdem zu einer Anhäufung von Verstößen gegen die Quellen kommen konnte, ließ sie offen. Berechtigt war einzig Dommanns Forderung nach öffentlichem Zugang zu Illis Gutachten.

Das Problem der Sicherung von Qualitätsstandards steht in der Historiografie schon länger an, wird aber umschifft: Die „Schweizerische Zeitschrift für Geschichte" widmete 2012 eine ganze Nummer der „Qualität der historischen Forschung" und statuierte diesbezüglich stolz eine berufliche „Kernkompetenz". Es hätten „einzelne Forschungsprojekte" den „reflexiven ‚Raum zwischen Substrat und Resultat' zumindest erkannt". Kein Anliegen seien indessen „pragmatische Lösungsvorschläge für Probleme", sondern es gehe darum, die „grundlegenden Determinanten des Qualitätsbegriffs auch und gerade auf einer konzeptionellen Ebene zu hinterfragen."[215]

Hirschi als unabhängiger Historiker, der das ZGW nach kurzer Zeit wieder verlassen hat,[216] deckte auf, was es mit den Kommunikationsoffensiven und Massen-Protestschreiben auf sich hat: Sie erschaffen „innerhalb der Verstrickung von Politik und Wissenschaft" einen „Märtyrerkult, um das überhöhte Bild der Experten vor der Realität zu schützen", letztlich „eine irreführende Kommunikation."[217]

Nichtsdestotrotz hat der Stadtrat den Post-Kolonialismus-Klüngel kurz nach ihrer peinlichen Affäre mit einem zusätzlichen Stellenetat von 140 Prozent belohnt. Mit einer neu geschaffenen „Fachstelle für Erinnerungskultur" wolle die Stadt Zürich „keine weiteren Denkmäler schleifen", dann aber doch in „Härtefällen" „eine Entfernung" prüfen.[218] Ein Ende des Trauerspiels der Wissenschaft und der Universitäten ist derzeit nicht in Sicht.

---

[214] *Stähelin* 29.9.25: Interview mit Dommann.

[215] *Hartmann* 2012, S. 196, 199, 192.

[216] Zentrum Geschichte des Wissens (ZGW).

[217] *Hirschi* 2018, S. 260, 255, 260.

[218] *Ledebur* 11.11.2025.

g) Korrespondenz-Relationen der 2. Ordnung zur metaphysischen Wahrheitsdefinition

Korrespondenz-Kriterien 2. Ordnung betreffen laut Strasser, „ausschließlich Relationen zwischen und Operationen mit Sätzen und Satzsystemen". Erkenntnissubjekte erfahren solche Sätze für gewöhnlich nicht als isolierte Entitäten, sondern als Elemente eines Wissenskorpus. „Die Frage, ob es vernünftig ist, einen Satz p als wahr zu akzeptieren, bemisst sich auch daran, in welchem Verhältnis p zu den Elementen eines Wissenskorpus WK besteht, die bereits als wahr akzeptiert werden."[219]

Selbst bei neuen Sätzen, die nicht einfach zum bisherigen Stand passen, sondern größere Umbauarbeiten am Wissenskorpus erfordern, können sich Widerstände dagegen nicht beliebig lange halten.[220] Hier ist allerdings zu ergänzen, dass dies nur dann geschehen kann, wenn die Meta-Prinzipien der Leibniz'schen Ratio angewendet, gelehrt und ständig geübt werden.

Die metaphysische Begründung der Korrespondenz 2. Ordnung entfaltet ihr Fundament in der Berücksichtigung des mehrere Tausend Jahre andauernden Ausbaus des menschlichen Wissenskorpus und lässt sich nur innerhalb umfassender Zusammenhänge begreifen: Die miteinander in unzähligen Sätzen multidimensional verstrebten Theorien der Mathematik, Physik, Chemie, Biologie, Medizin, Psychologie, analytischen Philosophie, (seriösen) Historiografie, Ökonomie, Rechtswissenschaft und Soziologie stützen einander. Auch wissenschaftliche Erkenntnisse aus dem (prä-kolonialen) globalen Süden, wie Astronomie, Medizin, Mathematik, Pflanzenkunde, … stützen das Gebäude und werden von ihm gestützt. Natürlich lässt sich das nicht in eine einzige Weltformel integrieren und natürlich sind diese Verhältnisse nicht immer reziprok und nicht alle Disziplinen sind gleichermaßen belastbar – die Mathematik, Physik und Chemie sind die stärksten Pfeiler, Psychologie, Soziologie, empirische Linguistik sind schwächer und die Geisteswissenschaften (zumindest in vielen Gebieten) die schwächsten. Allerdings vermögen auch die sog. weichen Fächer, die natur- und sozialwissenschaftliche Tätigkeit entscheidend zu verbessern, indem sie Störfaktoren untersuchen, die aus dem Allzumenschlichen oder die aus sprachlichen Missverständnissen stammen, damit sich diese beseitigen, mindern oder wenigstens kontrollieren lassen. In casu bewirken das Gutachten Illi und die Recherchen von Ledeburs genau diese Kontrolle und stützen damit nicht nur den Wert von solider Geschichtswissenschaft, sondern beispielsweise auch jenen von pädagogischen und sozialpsychologischen Erkenntnissen zum Abbau und zur Verhinderung von Ras-

[219] *Strasser* 1980, S. 144.

[220] *Strasser* 1980, S. 144.

sismus und, darüber hinaus, die Methodologie der Geschichtswissenschaft und Medienberichterstattung.

Im Rahmen von Indizienbeweisen vor Gericht kann man die erforderliche multidimensionale Verstrebung der Indizien ebenfalls beobachten. Konstruierte Narrative, die auf herausgepickten Details basieren, sitzen der Bible Code Fallacy auf und enthalten massive Lücken in den Verstrebungen. Mit jedem hinreichend großen Textkorpus lassen sich durch Eklektizismus und extrem weit gefasstes Interpretieren völlig absurde Dinge mit Beweisillusionen belegen, oder besser gesagt: unterfüttern.[221]

h) Unterkriterien metaphysischer Legitimation in der Korrespondenz 2. Ordnung

Zur Legitimation der Korrespondenz als Wahrheitskriterium 2. Ordnung gehören eine Reihe von Unterkriterien, die Lyotard zusammengetragen hat:

1. Die Replizierbarkeit der Befunde;[222]
2. Die Fähigkeit, taugliche Vorhersagen zu machen[223] (NB. sei es mit absoluter oder mit statistisch erheblicher Erfolgsquote);
3. Das Auslösen von Innovation und Kreativität;[224]
4. Die Performativität, z. B. Umsetzung in Technologien.[225]

Die Replizierbarkeit ist über den Zeitraum weniger Jahrzehnte (d. h. der Schaffensdauer einflussreicher Forscher) ein unzuverlässiges Kriterium. Sie ist anfällig für Manipulation: gewisse Professoren setzen Doktoranden ein, um sie in die erwünschte Richtung zu lenken, Verbündete können einander hochjubeln, Gegner können einander fertig machen, indem sie unfähige Mitarbeiter für sich arbeiten lassen oder veraltete Instrumente benutzen, um eine angebliche «Nicht-Replizierbarkeit» zu behaupten.

Bezüglich der drei Kriterien (2) Prognosen, (3) Innovation und (4) Performativität lässt Lyotards Argumentation allerdings zu wünschen übrig. Zu deren Legitimation als Korrespondenz-Kriterium, weicht er aus. Das sei alles nur ein „Spiel", das keinen Wahrheitswert habe, sondern sich einzig an Effizienz und dem kapitalistischen Markt orientiere.[226] Den Begriff „Performati-

---

221 *McKay/Bar-Natan/Bar-Hillel/Kalai* 1999; cf. *Haas* 2020b: Scheinbeweise, *Haas 2019b: Obskurantismus.*

222 *Lyotard* 1979, S. 44 nennt es „Repetition".

223 *Lyotard* 1979, S. 54, 57 f.

224 *Lyotard* 1979, S. 61, 64.

225 *Lyotard* 1979, S. 41.

226 *Lyotard* 1979, S. 44 f.

vität" dehnt er unendlich aus, in dem er das Generieren von Vorschriften und neuer Meta-Spielregeln der Wissenschaftlichkeit hineinnimmt.[227] Durch Auslassung nimmt er dabei die Missachtung des logischen und kausalen *Reasonings* in Kauf. Schließlich will er (pseudo)-nietzscheanisch alles Wissenwollen auf Macht reduzieren.[228]

i) Fazit zu Proton Pseudos 3

Smiths angeblich völlig «fehlende operative Validität» der Wissenschaft[229] wird mit Lyotards Spezifizierung mehrerer Kriterien ad absurdum geführt. Kurzfristig sind die Performativität und die Vorhersagen valide Kriterien, ebenso, wie die Innovation, und zwar anhand ihres praktischen Gebrauchs. Replizierbarkeit zeigt sich leider erst langfristig, sie kann aber durch ein fachlich und personell unbefangenes Gericht durchleuchtet werden.[230]

Ungelöst bleibt bis anhin das Konsens- und damit verbunden, das Wächter-Problem.

4.1 Proton Pseudos 4: Relativismus als höhere Erkenntnis-Warte – *anything goes* und seine Verkleidungen unter Missachtung der aristotelischen Logik

Der Relativismus ist ein weiterer folgenschwerer Denkfehler, eine Rhetorik unter Sophisten wie Protagoras, die schon im Altertum als obsolet galt. Er katapultiert die «Theory»-Adepten in ihrem Selbstverständnis auf eine vermeintlich über allem stehende Ebene. Von ihrer relativistischen Warte aus kritisieren sie alle anderen Wissenschaften; doch sie verwechseln es mit dem Skeptizismus.

a) Die Verknüpfung von Erkenntnis und Interesse

In der Wahrheitskritik der Relativisten steckt eine sozialpsychologische Konstante, ein Körnchen Wahrheit, welches massive Auswirkungen hat. Strasser präzisiert die conditio humana, die natürlich in der Politik die größte Rolle spielt:

> „Wir sehen also, wie die inhaltliche Dimension des Wahrheitsbegriffs mit dem Konzept verallgemeinerungsfähiger Erkenntnis- und Lebensinteressen zusammenhängt.

---

227 *Lyotard* 1979, S. 47, 43.

228 *Lyotard* 1979, S. 46.

229 *Smith* 2006, S. 64 f., mehrfach paraphrasiert S. 5, 85, 87.

230 Vgl. *Strasser* 1980, S. 144, und *Kuhn* 1962.

hängern vielerlei Freiheiten, wenn auch dilettantische. So stellte Laermann fest:

> „Der Gegenstandsverflüchtigung dient […] ein Verfahren, das einmal erkämpft wurde, weil es dazu dienen sollte, Gegenstände der Wissenschaft bei mehr als nur *einem* Namen zu nennen. Die Interdisziplinarität. Von der Frankolatrie wird sie nicht dazu benutzt, die Grenzen der Einzelwissenschaften zu überschreiten, um neue Forschungsperspektiven zu eröffnen, sondern sie wird ihr zum Anlass, die Ansprüche der eigenen Grenzenlosigkeit zu demonstrieren.“[246]

Interessanterweise gesteht Smith ein, dass der Relativismus auch eine „theoretische Ökonomie“ sei.[247] Über die Folgen eines Verramschens des Qualitätslabels „Wissenschaft“ mit billigen Simplifizierungen äußert sie sich nicht. Der Relativismus verführt in mehrfacher Hinsicht zur Hybris. Beispielsweise wird mit Fleck 1935 gedankenlos behauptet, Krankheiten seien «konstruiert» (auch sehr schwere). Für Betroffene sind Unterstellungen der Irrealität ihres Leidens ausgesprochen zynisch.

e) Die Verkleidung als „relativer Relativismus“

Der Versuch der Diskreditierung der Logik durch «Theory»-Adepten vermag ein zu wenig informiertes Publikum leider oft sprachlos zu hinterlassen. Schauen wir uns zuerst das Argumentarium an. Es ist typischerweise so aufgebaut, dass man in vielen Teilen anfänglich zustimmen kann und muss, bis gewisse verkleidete Begriffe auftauchen, die von Laien ad hoc nicht durchschaut werden. Sie wirken wie trojanische Pferde. So schreibt Smith:

1) Als typischer Anfang, es gäbe gar nichts, dass man wirklich wissen könne; die Wahrheit als solche könne nie ein für alle Male erreicht werden.[248]
2) Mit Fleck und Latour handle es sich beim Konstruktivismus nicht um einen absoluten Relativismus, in dem alle Theorien gleichermaßen valide seien.
3) Vielmehr gehe es angesichts der fehlenden „operativen Validität“ der wissenschaftlichen Theorien um einen „relativen Relativismus“, insofern als bestimmte Theorien von ihren jeweiligen Kreisen stärker geglaubt würden;[249]
4) Schließlich: Der Relativismus behaupte nicht, alle „Wirklichkeitskonstruktionen“ seien „gleichwertig“, sondern nur, dass alle „gleichermaßen erklärungsbedürftig“ seien.[250]

---

[246] *Laermann* 1986, S. 39.
[247] *Smith* 2006, S. 6.
[248] *Smith* 2006, S. 1 und S. 48.
[249] *Smith* 2006, S. 64 f.
[250] *Smith* 2006, S. 98.

Smith legt in Proposition (1) zuerst die überrissene Messlatte einer «absoluten, ewig gültigen Wahrheit und Gewissheit» an, die Strasser mit „übersteigerter Wahrheitsemphase“ bezeichnet. Mit Proposition (2) beruft sie sich auf Autoritäten und scheint dabei besonders «nuanciert» und «sorgfältig» zu interpretieren. Beides verleiht ihr vordergründig Plausibilität. Unerkannt bleibt, dass ein absoluter Wahrheits-Anspruch von seriösen Wissenschaftlern gar nie erhoben wird und sie sich einen Strohmann erschaffen hat, den sie nachher bekämpft. Sodann ist sich jedermann darüber einig, dass immer ein Rest an Erklärungs- und Entwicklungsbedarf bleibt. Beispielsweise ist die Bedeutung eines Röntgenbilds nicht in allen Fällen sonnenklar, und umgekehrt kann selbst das Kaffeesatzlesen zuweilen irgend etwas Zutreffendes produzieren. Irreführend und vollkommen falsch ist daher Smiths „gleichermaßen erklärungsbedürftig“ in Proposition (4), wenn man das Adjektiv im praktischen Leben anwendet und auf die Erfolgsquote der beiden Verfahren, Röntgen vs. Kaffeesatzlesen, bezieht. Die Wendung der «fehlenden operativen Validität» in Proposition (3) wird wohl von den meisten Leuten überlesen. Man müsste innehalten und überlegen, was sie überhaupt bedeutet. Fehlende „operative Validität“ würde nämlich heißen – wenn sie denn zuträfe – dass Wissenschaft (z. B. das Röntgen) überhaupt gar nichts bewirke. Hier haben wir das trojanische Pferd (analog der Begrifflichkeit Foucaults von «Biopolitik» und «Diskontinuität»).

Elbe erklärt die Rezepte, mit denen der «relative Relativismus» seine Argumentationsschwäche verbirgt: Die Existenz von unbelebter und belebter Materie oder biologischen Tatsachen, wie der Zweigeschlechtlichkeit, wird nicht direkt geleugnet, sondern der ontologische Status, welcher der äußeren Welt zukommt, bleibt meist diffus, offen[251] (wie bei Butler[252]). Die Rhetorik bewegt sich in ständigen Pirouetten:

> „Die antirealistischen Konsequenzen werden in der Regel mit möglichst unklaren oder paradoxen Äußerungen kaschiert, zugleich formuliert und dann wieder zurückgenommen, um dann die Rücknahme wieder zurückzunehmen.“[253]

f) Der «ontologische Agnostizismus» Smiths und Lyotards

Ihre eigene theoretische Position nennt Smith einen „professionellen ontologischen Agnostizismus“. Dieser sei nicht etwa „eine perverse Verweigerung des gesunden Menschenverstandes“ wie die Realisten meinten, sondern ein

251 *Elbe* 2021, S. 189.
252 *Butler* 1990.
253 *Elbe* 2021, S. 189.

„Effort angemessener methodischer Bescheidenheit und theoretischer Ökonomie."[254]

Diese Wortkombinationen muss man überdenken: Im Klartext wird ein Nicht-Lernen-Wollen der analytisch-philosophischen Epistemologie euphemistisch zum „Agnostizismus" verklärt und dieser sei dann erst noch „professionell". Es sei ein „Effort" dahinter und gleichzeitig doch wieder billig zu haben („Ökonomie"). Das Wort „Bescheidenheit" klingt wie die Selbstkritik normaler Wissenschaftler, obwohl der Anspruch von sozialen Konstruktivisten, „neue" und „alternative" „Denkformen"[255] zu generieren und kognitiv weit über den Leistungen von „Positivisten" und „Rationalisten" (wie Leibnitz, Koch oder Röntgen) zu stehen, alles andere als bescheiden ist.

Smith weist nämlich die Korrespondenzforderung der aristotelischen Logik zurück (abfällig: „Referentialismus"), da keine „operative Validität" der empirisch fundierten Wissenschaften existiere, einzig und allein eine zeitgeistige Meinung einschlägiger Fachkreise.[256] Wissenschaftler fabrizierten bloß „mehr oder weniger stabile Produkte einer besonders engen wechselseitigen Gestaltung von Wahrnehmungs-, Konzept- und Verhaltenspraktiken (manipulative, diskursive, inskriptionelle und andere Praktiken …)." In einer überraschenden Wendung um 180 Grad gegen sich selbst, verweist sie später im Buch auf die Produktion von „greifbarem", „sichtbarem" und „unmittelbar anwendbarem Wissen",[257] also solches, das dann doch operative Validität besitzt. Was gilt denn jetzt?

Lyotard distanzierte sich anfangs von der Beliebigkeits-Unterstellung an die Naturwissenschaften.[258] Später hingegen zerredete er Kopernikus' Gesetz der Planetenbahnen und behauptete, innerhalb von dessen Formel sei nur eine Denotation wahr und deshalb stelle sich die Frage: „welchen Beweis gibt es, dass mein Beweis stimmt?"[259] Nachdem er die Erkenntnisphilosophie vergleichsweise sorgfältig durchgearbeitet hat, verwirft Lyotard die Legitimation der Rationalität ebenfalls (schon mit der Wortwahl «Spiel») und statuiert das Erfinden neuer Regeln, den Wechsel des „Spiels" als angeblichen „Fortschritt". Innerhalb seines Gedankengebäudes führt er die Willkür durch die Hintertüre ein.[260]

---

254 *Smith* 2006, S. 6.

255 *Smith* 2006, S. 38 f., 47, 123.

256 *Smith* 2006, S. 64 f., mehrfach paraphrasiert S. 5, 85, 87.

257 *Smith* 2006, S. 122.

258 *Lyotard* 1979, S. 7, 18.

259 *Lyotard* 1979, S. 24 f.

260 *Lyotard* 1979, S. 43.

4.2 Ad PP 4: Aufklärung der Scheinargumente zum Relativismus und gegen die aristotelische Logik: die pragmatische Auflösung des Wächterproblems

Der Relativismus der Postmodernen und ihres Vorläufers, Martin Heidegger, versteht sich als eine Argumentation aus höherer Warte: Er scheint die aristotelische Logik ad absurdum zu führen. Leibnitz' Satz von der Ratio kann tatsächlich nicht mit der Vernunft selbst begründet werden. Lyotards Frage, „Wie beweist man den Beweis?“[261] harrt einer Klärung oder Regelung. Eine solche gibt es, aber sie ist in Vergessenheit geraten.

a) Russels Antinomie und die Meta-Reflexion im mehrstufigen Forschungsprozess

In schwammiger (nicht völlig stringenter) Form wurde schon im Altertum auf Sätze, welche die Logik selbst anzugreifen scheinen, weil sie weder wahr noch falsch sein können, hingewiesen: „Epimenides, der Kreter sagte, alle Kreter sind Lügner“. Was nur wenige Leute wissen: Paradoxa, die aus Selbstreferentialität entstehen, sind längstens geklärt und beinträchtigen die Gültigkeit der Logik nicht. Bertrand Russell zeigte (1903, 1908), wie das Definieren selbstreferentieller Mengen zu nicht-entscheidbaren Aussagen führt.[262] Um Antinomien zu vermeiden, ist es erforderlich, die Ebenen zu trennen. Der Weg zur Erkenntnis, d.h. die Datensammlung und die darauf angewendete Methodik, dürfen nicht mit der Meta-Ebene des Skeptizismus zusammenfallen.

Russells Antinomien waren aber zu Foucaults Lebzeit ein großes Thema. Die Palo-Alto-Schule machte (1956–1972) die paradoxe Kommunikation durch Selbstreferentialität als sozial und psychisch schädliche Machenschaft einer breiten Öffentlichkeit zugänglich.[263]

Zur Vermeidung von Antinomien erfolgt ein regulärer Forschungs-Prozess mehrstufig. Das und nur das garantiert Transparenz und (selbst-)kritische Bewertung. Auf der ersten Erkenntnis-Ebene werden die zu prüfenden Hypothesen, die Datenerhebung, der gefundene Datensatz inkl. Missings, deren Sichtung, die Interpretationsheuristik(en) zur Auswertung der Daten, sukzessive dargestellt und dann erst danach werden die Resultate präsentiert. Die zweite Stufe spielt sich auf der Meta-Ebene ab. Auf dieser werden die Resultate diskutiert inklusive einer skeptischen Evaluation ihrer Bedeutung und ihrer Grenzen wegen der methodischen Beschränktheit jeglicher Studie, gefolgt

---

261 *Lyotard* 1979, S. 35.

262 *Russell* 1903, §106, und *Russell* 1908, S. 222, 225.

263 *Bateson/Jackson/Haley/Weakland* 1963, dieselben 1956; *Bateson* 1972.

vom Ausblick, was verbessert werden kann und muss.[264] Historiker, die kompetent und guten Willens sind, setzen diese Vorgaben auch im Format der Erzählung mit Kontextualisierung, Diskussion oder Fußnoten um.[265] Die gerichtliche Wahrheitssuche findet ebenfalls in einem mehrstufigen Prozess statt. Die Grund-Ebene der Methodik eines Gerichtsurteils beinhaltet: Die Anklagehypothese folgt dem aristotelischen Syllogismus (Fakten im Abgleich mit den Tatbestandselementen); die Verteidigung versucht, begründete Zweifel an der Anklage anzubringen, und das Gericht erwägt das Gewicht und Belastbarkeit der jeweiligen Argumente beider Parteien im Licht der gesamten Beweismittel und gelangt dann zu einem Resultat.[266] Der Meta-Ebene des Skeptizismus wird mit dem Instanzenweg genüge getan.

Dieser mehrstufige Prozess wird von den Konstruktivisten/Relativisten undifferenziert auf eine einzige Ebene eingestampft, auf der es nur subjektive und intransparent gehaltene Meinungen des Autors gibt und auf der die archivierten Fakten und die Sekundärliteratur mit Willkür behandelt werden dürfen.[267] So lässt Foucaults Behauptung, das „Archiv" bestünde aus „allen Aussagesystemen",[268] den Forschungsprozess kollabieren:[269] Die Gesamtheit der Rohdaten in Archiven wäre identisch mit den Ideen des Autors über Aussagesysteme, wie auch immer diese (gemäß Dogma nicht überprüfbare) Meinung zustande gekommen ist. Wenig später negiert Foucault die Notwendigkeit von historischer Quellenkritik. Er lässt verlauten, der Ausdruck „Archäologie des Wissens" fordere „nicht zur Suche nach irgendeinem Anfang auf; er rückt die Analyse nicht in verwandtschaftliche Nähe zu Ausgrabung […] er bezeichnet das allgemeine Thema einer Beschreibung, die das schon Gesagte auf dem Niveau seiner Existenz befragt".[270] Diese letztere Aktivität beinhaltet schlicht und einfach das Erheben der Rohdaten. Es muss selbstverständlich auf die reguläre Art und Weise durchgeführt werden, nicht als cherry picking. Der Rohdatensatz enthält alle Zitate zum Thema der Studie – sowohl von den selbst aufgespürten als auch von den in der Sekundärliteratur genannten Sig-

---

264 APA 2020; *Haas/Djordjevic/van Ackere* 2019, S. 49–51.

265 Z.B. *Hoßfeld* 2016, S. 320–391; analysiert die anthropologischen Diskurse einschlägiger Autoren und NS-Zeitschriften; Z.B. *Rickenbacher* 2020 rekonstruiert konsequent die ex ante Perspektive der Akteure, um ihre Handlungen einzuordnen.

266 *Haas* 2020b: Scheinbeweise, S. 693; hier in der Terminologie des Strafprozesses, für Zivilprozesse lauten die Begriffe „Klagebegründung" und „Klageantwort", und im zweiten Parteivortrag „Replik" und „Duplik" cf. *Aepli/Keller* 16.1.2024).

267 *Smith* 2006, S. 57 nennt den sorgfältigen, mehrstufigen Prozess, der die Transparenz ermöglicht, abfällig: „some set of putatively orthotropic procedures (such as a particular ‚scientific' method)".

268 *Foucault* 1969: AW, Kap. III.5, S. 186f. (dt.).

269 Dazu: *Haas/Djordjevic/van Ackere* 2019, S. 49–51; *Haas* 2025a, Abs. IV.2, S. 194f.

270 *Foucault* 1969, AW, Kap. III.5, S. 190 (dt.).

naturen. Alles muss vollständig erfasst und notiert werden, d.h. die gesamte Archivschachtel resp. der gesamte Bestand einer Person oder Organisation zum gewählten Thema muss berücksichtigt und systematisch erfasst und inhaltlich genau dokumentiert sein. Danach erfolgt – normalerweise – die Quellenkritik zum erhobenen Substrat.

Hart gesottene Relativisten (wie Foucault und Feyerabend) meinen, der Weg zur Erkenntnis dürfe beliebig sein, denn Wissenschaft müsse sich überhaupt nicht an die Konsistenz- und Korrespondenz-Vorgaben der Wahrheitssuche halten.

b) Fazit zu Proton Pseudos 4 und Antwort auf Juvenalis: Wir alle sind die Wächter!

> „Der methodologische Relativismus bezieht seine Schlagkraft aus dem Argument, es gäbe keine rational rechtfertigbaren Kriterien der rationalen Akzeptierbarkeit von Aussagen, und folglich auch keine Möglichkeit, zwischen widerstreitenden Behauptungen oder Theorien rational zu entscheiden."[271]

Wer ist also der Wächter, der bestimmt, dass Wissenschaft der aristotelischen Logik und damit Treu und Glaube folgen müsse? Und: Wie kann dieser Wächter überhaupt argumentieren, wenn er die Logik nicht zu Hilfe nehmen darf, damit sie sich zirkulär selbst rechtfertige?

Wenn Lyotard als Erfahrungstatsache feststellte, dass der Konsens ein Horizont ist, der nie erreicht wird, und er eine Performativität fordert,[272] welche die metaphysische Begründung überflüssig mache, dann liegt die Antwort auf die Wächterfrage verblüffend nahe.

Wir alle sind die Wächter, und zwar als Konsumenten in unserm täglichen Handeln. Poststrukturalistische Behauptungen zur Ratio können mit der Lebenspraxis von jedermann, insbesondere auch derer ihrer Adepten, abgeglichen werden. Weshalb die «Theory»-Vertreter entgegen ihrer Überzeugung tagtäglich Produkte mit «fehlender operativer Validität» konsumieren und sich in derart unsichere, rein «diskursive Formationen» hineinbegeben, wie die von Medizinern, Architekten, Ingenieuren, Steuerberatern oder der Eisenbahn, die alle dem «Rationalismus» frönen, bleibt ein Rätsel. Nähme man Smith, Latour oder Fleck beim Wort, funktionierte der Kühlschrank höchstens, wenn man tief ihn glaubt. Er existiert ja nur als «temporärer Konsens».

Um von der gnostischen Selbstüberschätzung weg zu kommen, schlage ich vor, den Pragmatismus (initiiert von Peirce) als Wahrheits-Prinzip konsequent zu Ende zu denken. In unseren biologischen Verhaltensweisen, die von der

---

271 *Strasser* 1980, S. 154.

272 *Lyotard* 1979, S. 61 f.

gesamten Menschheit automatisch übernommen werden, stehen wir alle im Einklang mit den Naturgesetzen und den technologischen Entwicklungen, die aus ihnen resultieren.

Zum Ersten gibt es den körperlichen Realitätssinn. Dieses Verhaltensrepertoire ist bei allen Lebewesen angelegt: Alle, auch die Amöben, beugen sich im Verhalten der Schwerkraft und der Aerodynamik und vielen weiteren Naturgesetzen. Niemand muss dazu Newton, Darwin oder Russell verstehen.[273] Nietzsches[274] Behauptung, die Logik sei eine menschliche Erfindung missachtet die Naturgesetze, denen wir alle unterworfen sind – ob wir uns verbal dazu bekennen oder nicht, spielt keine Rolle. Wäre die Logik nicht Teil davon, würden naturwissenschaftliche Vorhersagen nicht erheblich besser funktionieren als das Orakel von Delphi. Bedeutende Mathematiker hielten die Logik für den Naturgesetzen inhärent, nicht nur Leibnitz. Im 20. Jahrhundert war es Kurt Gödel, der das bahnbrechende Theorem über die Metaebene der mathematischen Beweise gefunden hat und explizit der Meinung war, dass Mathematik eine objektive Realität beschreibt (selbst wenn nicht restlos alles, was wahr ist, bewiesen werden kann).[275]

Zum Zweiten existiert die von Lyotard (nur verbal) verschmähte Performativität der Technologien: Wer ja sagt zum Kühlschrank, indem er ihn benutzt, bejaht die Thermodynamik und die Chemie. Wer so tief an die Thermodynamik glaubt, sagt ja zur Integral- und Differentialrechnung, also zur Mathematik. Wer ja zur Mathe sagt, sagt ja zur aristotelischen Logik. Wer ans Zusammenspiel von Thermodynamik und Chemie im Kühlschrank glaubt, sagt ja zur kausalen Tiefen-Vernetzung von Physik und Chemie und damit zur Korrespondenztheorie 2. Ordnung, dementsprechend zur aristotelischen Metaphysik und zu Leibnitz' Satz von der Ratio. Wer den Kühlschrank nutzt, und seine Lebensmittel nicht herumliegen lässt, glaubt in seinem Innersten an die Biologie der Mikroorganismen (z. B. an Robert Koch, sein Mikroskop und damit die Optik) und an die Medizin von Lebensmittelvergiftungen. Er bejaht darüber hinaus die Semantik und die pragmatische Linguistik, denn er liest, versteht und nutzt die Betriebsanleitung. Er sagt zudem ja zum Gesetz, denn er schließt freiwillig einen Kaufvertrag nach Obligationenrecht ab. Schon beim Bezahlen hatte er die Algebra und damit die Logik von ganzem Herzen bejaht.

Alle Konsumenten des Kühlschranks und der ganzen Technologien sagen jedoch mit ihrem Verhalten tagtäglich ein tausendfaches, sehr deutliches „nein" zu Heideggers, Derridas, Lyotards, Foucaults und Smiths Relativismus.

---

273 Seltene Ausnahmen vollkommen fehlender Realitätsprüfung aufgrund schwerer psychischer und neurologischer Erkrankungen sind ausgenommen. Sie führen zu schweren Unfällen.

274 *Nietzsche* 1882, FW, §111.

275 *Lees/Farndon* 2025, S. 288; *Gödel* 1931.

Die «Poststrukturalisten» glauben im Alltag kein Wort von dem, was sie predigen. Meinten sie es ernst, würden sie keine «inhaltslosen» Publikationen mehr verfassen. Sie scheinen der Auseinandersetzung mit der Realität jedoch ausweichen zu wollen und ziehen sich in gedankliche Selbstbestätigung zurück. Die Pragmatik ist ein wirksames Korrigendum gegen überkandidelte Geistesprodukte, z. B. dem Solipsismus der Heideggerei. Sie widerlegt auch den von Relativisten prätendierten «Agnostizismus».

Zusammengefasst kann man den Irrationalisten vorhalten: Wer A sagt, muss B sagen. Es ist nicht einzusehen, dass die Logik mit dem eigenen Konsum widerspruchlos und glücklich Tausend Male am Tag bestätigt, bejaht und genutzt wird, hingegen solle sie plötzlich nicht mehr gelten, wenn sie den subjektiven Interessen einiger Aktivisten nicht passt. Wieso sollen Wissenschaft und Politik auf logisches Argumentieren verzichten, um weltanschauliche, kulturelle oder religiöse Befindlichkeiten zu schonen? Wieso dürfen ausgerechnet irrationale, aggressive, demokratiefeindliche und die universellen Menschenrechte ablehnende Äußerungen nicht stringent logisch analysiert werden?

5.1 Proton Pseudos 5: Die höhere moralische Warte – Vernunft als Ausbund des «Bösen»

Leider ist es mit dem Widerlegen der vier weltfremden Prämissen noch immer nicht getan, denn darüber wurde von Heidegger und Foucault ein Appell an die Emotionen gestülpt. Das vierte Proton Pseudos, «anything goes», erklärte die Logik noch für fakultativ, aber nicht für verboten. Das Fünfte widerspricht nun Feyerabend diametral. In den Postcolonial-, Gender- und History of Science-Studies gilt: Vernunft und aristotelische Metaphysik seien moralisch ein No-Go. Aus dem unvollendeten Nachlass und dem Spätwerk Nietzsches[276] stammen die Behauptungen, jegliche Erkenntnis sei „zutiefst parteiisch und perspektivisch" und in jeder Wahrheitssuche stecke (nur) der „Wille zur Macht".[277]

Das universalistische Vokabular der Vernunft wird dazu mit Angst und Schrecken assoziiert.[278] Heidegger fuhr nach dem Krieg mit dem Atomzeitalter auf,[279] der Fähigkeit der Menschheit sich selbst zu vernichten, die er allein

[276] *Megill* 1985, S. 58–61.

[277] *Sarasin* 2005: Sprengmeister, S. 212; *Foucault* DE II.139, S. 551; *Nietzsche* 1917: WM, §276, §145; *Stanford Encyclopedia of Philosophy* zu Nietzsches „Will to Power".

[278] *McGowan* 1991, S. 186.

[279] *Heidegger* 1955/56, S. 9, 45, 47, 51, 64, 83, 119, 151, 178–182, 188 f. *Heidegger* 1955/56, S. 45–47, 151, 179 f.

der Technologie anlastete. Dabei verkannte er die nicht immer rühmliche Rolle ruchloser Kulturtheoretiker (inklusive seiner eigenen und der anderen Alt-Nazis). Die Postmodernisten haben diese Zuspitzungen auf den Sockel eines Dogmas gestellt und in zahllosen Variationen ausgestaltet. Derrida stellte die Metaphysik als westlichen Mythos dar[280] und bezeichnete 1967 sinngemäß die Suche nach Wahrheit, Ursachen, Faktoren als gewalttätig:

> „The enterprise of returning ‚strategically,' somehow, to an origin which is never given in the form of a simple presence is always a violence. The question of the origin is the question of the violence of the beginning."[281]

Foucault meinte, „die Vernunft ist auf der Seite der Chimäre, der Arglist und der Bösen" und „die Wahrheit" sei „auf der Seite der Unvernunft und der Brutalität". Die „Geburt der Logik" begründe Gewalt- und Herrschaftsbeziehungen; sie münde in das Gesetz, das nur eine „berechnete Lust am Gemetzel, in die Hoffnung auf Blut" sei.[282] Die Idee, Logik sei eine menschliche Erfindung, stammt von Nietzsche[283] und die Idee, der Buchstabe des Gesetzes würde «töten», hat seinen Ursprung in einer antisemitischen Auslegung eines Briefes des Apostel Paulus.[284]

Mit dem Proton Pseudos 5 wollen einige Poststrukturalisten ihre Schule auf ein höheres moralisches Podest als die Wissenschaft hieven. Sie meinen, sie offerierten eine «kritische» Betrachtung, die „more culturally focussed and politically engaged" sei, „as an effort to challenge relevant beliefs, including those offered [...] in the name of science".[285]

5.2 Ad PP 5: Korrektur zu den Verteufelungen der Vernunft

Unerklärlich ist, dass ausgerechnet Historiker keinerlei Quellenkritik bei den Passagen aus dem von Nietzsches Schwester Elisabeth Förster verfälschten Nachlass üben, die im Nationalsozialismus so populär wurden.[286]

Selbst wenn das Diktum, die Wahrheitssuche sei einzig dem „Willen zur Macht" geschuldet,[287] tatsächlich von Nietzsche stammte, ist es obsolet. Es

---

280 *Derrida* 1967: Grammatology, S. 92, 136.

281 *Derrida* 1967: Grammatology, S. 114; *McGowan* 1991, S. 91.

282 *Foucault* 1975/76: VG am 21. 1. 1976, S. 40–41; *Foucault* 1971: NGH, S. 151; (dt. in *Sarasin* 2005: Foucault Einführung, S. 119).

283 *Nietzsche* 1882, FW, §111.

284 *Benedict* 2015 zu NT, 2 Kor 3,6.

285 *Smith* 2006, S. 5.

286 *Macey* 1993, S. 154; cf. Abs. II.1.1.a.

287 *Sarasin* 2005: Sprengmeister, S. 212; *Foucault* DE II.139, S. 551; *Nietzsche* 1917: WM §276, §145; Stanford Encyclopedia of Philosophy zu Nietzsches „Will to Power".

widerspricht allen Erkenntnissen der Psychologie, Linguistik, Soziologie, Ethnologie und Biologie des 20. Jahrhunderts. Psychische Funktionen wie intrinsische Neugier, Spieltrieb,[288] Lernen am Modell[289] und aus Fehlern (*trial and error*),[290] die Fantasie[291] und die sozialen Fähigkeiten und die daraus folgende Entwicklung von frühester Kindheit an bis ins hohe Alter, dienen dem Leben allgemein, der Ernährung und dem Schutz vor Naturgefahren, dem Bilden von Gemeinschaften, Beziehungen und nicht zuletzt: der Kultur. All dies lässt das überholte und fragwürdige Dogma unberücksichtigt und undebattiert.

Das Phantasma, die Ratio sei (grundsätzlich) auf der Seite der Bösen und sei noch schlimmer als die Unvernunft, ignoriert die Weltgeschichte. Es blendet alle Kriege und Verbrechen, die im Namen der Irrationalität von Religionen,[292] von Terror, totalitären Ideologien und Regimes aus, als ob sie nie stattgefunden hätten und auch heute überhaupt kein Problem darstellten.

Man fragt sich ebenso, wie die Behauptung über die fundamentale Bösartigkeit der Vernunft überhaupt begründet werden könnte. Wer solches vorbringt, muss sich in ein irrationales Gespinst verstiegen haben, andernfalls wäre er selbst vom Teufel besessen. Schon wieder präsentieren Heidegger, Foucault & Co eine Antinomie, die nur Widersprüchlichkeiten und Konfusion generiert. Im gleichen Zug tritt die Bigotterie der Anhänger auf den Plan: Wie können sie es bloß mit ihrem Gewissen vereinbaren, Kühlschränke zu kaufen und zu nutzen und damit «die Arglist», «die Brutalität» und «die Lust auf das Gemetzel» eigenhändig zu verwirklichen, und zwar in vollem Bewusstsein um fundamental «Böse» daran?

Die Prämisse der Vernunft als Ausbund des Bösen ist nichts als ein Totschlagargument gegen jegliche logische Kritik. Dabei bleibt das Wächterproblem ungelöst: Wer unter allen Irrationalen darf das «Gute» für sich beanspruchen und dessen «Herrschaft» durchsetzen und: Wie soll das ohne Vernunft geschehen?

---

288 *Sachser* 2004; *Kidd/Hayden* 2015; *Tomasello* 1999, S. 113.

289 *Tomasello* 1999, S. 4.

290 *Zhang/Logan* 2023.

291 *Tomasello* 1999, S. 113–116, 157, 169–170.

292 *Foucault* 1975/76: (VG am 4.2.1976, S. 88) stellte die abstruse Behauptung auf, die „politische Analyse von Machtbeziehungen“ könne historisch nicht mit Rassismus „des religiösen Typs identifiziert werden“ und der Antisemitismus hätte vor dem Ende des 19. Jahrhunderts kaum Einfluss auf die Geschichte gehabt.

III. Konklusion und Ausblick

Als Bilanz stellt man fest, dass keines der Postulate der French «Theory» mit dem heutigen State of the Art der analytischen Philosophie und der Methodologie der normalen Fächer mithalten kann. Sie sind allesamt längstens obsolet.

1. Zusammenfassung der Ergebnisse

1) Nach Proton Pseudos 1 sei die Sprache eine „inhaltsleere Hülle". Es verführt zum Entstellen der Begriffe, bis sie mit dem lexikalischen (nach den Konventionen der jeweiligen Zeit bestimmten) Sinn nichts mehr zu tun haben. Damit werden intransparente und radikale Verdachtsrhetoriken generiert. Die Wissenschaft hat mit Peirces pragmatischer Abduktion und mit Bridgmans Operationalisierung der Konzepte adäquate Regelungen gefunden, um die Transparenz und Reichweite oder Begrenztheit der hypostasierten Zusammenhänge zwischen materieller Realität und ihrer Abbildung zu gewährleisten.
2) Proton Pseudos 2 leugnet die Linearität der Zeitachse und will das Suchen nach Kausalzusammenhängen, die Metaphysik, verbieten. Hinter dem naiven Augenschein darf es nichts mehr zu denken geben, allfällige noch verborgene Ursachen und Faktoren werden apriori ausgeschlossen. Praktisch gesehen sind die synaptischen Netzwerke, welche ursächliches und chronologisches Denken ermöglichen, im Hirn angelegt (schon bei höheren Tieren). Allerdings ist es nicht die einzige Form des Denkens. Es lässt sich unmöglich verbieten.
3) Proton Pseudos 3 leugnet die Überprüfbarkeit der Studien und generell die Korrespondenzprinzipien der Wahrheitssuche. Seine Follower stützen sie sich darauf, dass es die (volkstümliche) Wahrheit 1. Ordnung der Übereinstimmung zwischen der Sache selbst und der Behauptung darüber nicht geben kann. Es gibt nur wahrnehmende und interpretierende Subjekte. Allerdings wurde diese Lücke mit geeigneten Vorgehensweisen längst geschlossen. Dazu gehören (mit Strasser) die Korrespondenztheorien 2. Ordnung und Russells Verbindlichkeit in der Formulierung von eigenen Hypothesen, die als solche erkenn- und widerlegbar sein müssen. Zugleich müssen die Daten systematisch erhoben und umfassend deklariert werden – auch die Missings. *Cherry picking* ist untersagt und verstößt mit Koselleck gegen das Veto der Quellen (auf dem Radar des Autors).
4) Proton Pseudos 4 stellt die Legitimität der aristotelischen Logik und Metaphysik in Frage, denn die Priorität der Ratio lässt sich nicht mit Vernunft selber begründen. Auf diese Antinomie gestützt, wollen die Relativisten

das logische Denken über den Haufen werfen und sich der Verantwortung für ihre eigenen Widersprüchlichkeiten entziehen. Indessen bewirkt die Performativität des Wissensgebäudes, dass alle Menschen im Alltag ihren felsenfesten Glauben daran bekunden, nämlich als Konsumenten der Technologien. Wer nun A sagt, muss auch B sagen und muss sich darauf festmachen lassen.

5) Proton Pseudos 5 verlässt die Erkenntnisebene und fährt mit «Moral» gegen die Vernunft auf: Jede Wissenssuche sei mit Heidegger und Foucault ein «Ausbund des Bösen». Diese Vorgabe verstrickt sich in sich selbst, denn wer unter allen irrationalen willkürlichen Gemütern, die sich nicht an Treu und Glaube halten wollen, vermag nachher eine soziale Ordnung zu begründen, die Freiheit und Prosperität gewährleistet? Wie soll denn diese aussehen?

2. Intransparenz und Unterschlagen der förmlichen Deklarationen als Hauptproblem

Die politische oder thematische Einseitigkeit oder gar Falschheit der hier besprochenen hermeneutischen Arbeiten ist nicht das primäre Problem. Man findet eine solche in empirisch-statistischen Studien der Medizin, Psychologie, Soziologie, Politologie, Philosophie und Kriminologie ebenfalls. Der relevante Unterschied liegt in der Intransparenz. Die empirisch und analytisch-philosophisch Tätigen legen ihre Begriffs-Definitionen, die Umsetzung in Messvariablen, die Messmethoden und Fragenkataloge, sowie mathematische Verfahren offen[293] und verdeutlichen mit der Literaturliste, ob sie den Anschluss an den neusten Stand vollzogen haben oder nicht. Eine allfällige Einseitigkeit (z.B. eines Fragebogens) ist damit sofort ersichtlich. Hilfreich ist auch eine Begrenzung des Themas auf überschaubare Dimensionen. Einseitige, falsche, technisch schwache und bedeutungslose Arbeiten können leichter von bloßem Auge als solche erkannt werden, man muss dazu nicht einen ganzen Datensatz neu analysieren und abgleichen.

Gewisse «Theory»-Autoren verletzen nach dem «Vorbild» Foucaults das reguläre, disziplinenübergreifende, wissenschaftliche Format, und zwar bei spezifischen Dreh- und Angelpunkten, von denen die Plausibilität ihrer Thesen sehr stark abhängt. Sie vermeiden das korrekte Herleiten und Definieren ihrer Begriffe. Stattdessen verweisen sie auf andere Poststrukturalisten, die mit Deckpublikationen das ebenfalls getan haben (z.B. *Laclau/Mouffe*) und nutzen das Proton Pseudos 1. Ihre Angaben zur konsultierten Datenbasis sind

[293] Z.B. APA 2020: Publication Manual in der Psychologie; JAMA-Network in der Medizin, The Bluebook in der Rechtswissenschaft.

unvollständig, verschleiernd, oder erschweren das Auffinden. Sie nennen wichtige Quellen nur en passant, ohne die darin enthaltenen thesenrelevanten Fakten zu zeigen. Schließlich liefern sie Zusammenfassungen über den Inhalt von Quellen, die überhaupt nicht dem entsprechen, was wirklich drinsteht. Mit selektiv aus Büchern und Archiven herausgepickten Fetzen fabrizieren sie ein beliebiges Mosaik: Es handelt sich um die seit 1999 bekannte Bible-Code-Fallacy.[294]

Dieses Verhalten verursacht die besondere Unwirksamkeit der Peer Review gegenüber Artefakten aus der «Theory»-Küche. Solange die Hochschulen und Forschungsfinanzierer darüber hinwegsehen, können sich ideologische Klitterungen, Täuschungen bis hin zu Schwindel, Gewaltpropaganda und Geschichtslügen breit machen und mit ihren idiosynkratischen neuen «Normen» die Wissenschaftsfreiheit beeinträchtigen.

3. Liste von Alarmzeichen, dass etwas nicht stimmen könnte

Fehlleistungen sind Hinweise und Anzeichen. Sie sind noch keine Beweise; weder soll man sie überbewerten noch leichtfertig beiseiteschieben. Sehr viel hängt von ihrer Häufigkeit, von der kombinierten Anwendung mehrerer verschiedener Typen und besonders auch von der Zielrichtung solcher Fehlleistungen ab. Ein oder zwei Versehen können jedermann passieren und besagen noch nichts. Problematisch wird erst eine Häufung oder die systematische – d. h. thesenrelevante – Verwendung an gewissen Dreh- und Angelpunkten.

Ein erster Anhaltspunkt für eine mögliche Übertretung der geltenden akademischen Regeln liegt im Gebrauch von abfälligen Wendungen, welche einer ungenügenden Beachtung der Fakten bis hin zu Täuschungen Vorschub leisten und die insinuieren, es herrsche ein rechtsfreier Raum im Wissenschaftsbetrieb. Beispiele sind «Rationalismus», «Faktenpositivismus», «logischer Positivismus», «Objektivismus», «Universalismus», «Referentialismus», «Polytemporabilität», «gefaltete Zeit», «kontrollierte Anachronismen», oder «partielle Existenz».

Ein zweiter Anhaltspunkt ist die fehlende Aufschlüsselung von Fachbegriffen (Foucaults Inquisitions-Vokabular) und die fehlende Sorgfalt, wenn die zugehörigen Quellen unterschlagen, umdatiert, vergessen oder auf andere Autoren verschoben werden.

Der dritte Anhaltspunkt ist unbelegtes Raunen mit Wortnebeln (z. B. «Verflechtungen» mit irgendetwas Negativem, ohne dass dem beschuldigten Akteur eine persönliche Initiative oder Verantwortung dahingehend nachwiesen

---

294 *McKay/Bar-Natan/Bar-Hillel/Kalai* 1999; cf. *Haas* 2019b: Obskurantismus, S. 618; *Haas* 2020b: Scheinbeweise.

würde) und Pauschalanwürfe, von denen eine gesamte Generation oder eine große Gruppe von Personen, die sich persönlich nichts hat zu Schulden kommen lassen, angeklagt wird («Profitieren vom Kolonialismus», «white fragility»).

Russells Trennscheibe hilft, die ganze Trickkiste des Concept Creep in der Begrifflichkeit (Anhaltspunkt 2) und der Schwammigkeit von Aussagen und von reinem Geschwurbel (Anhaltspunkt 3) aufzudecken.

Duplizität ist der vierte Anhaltspunkt: Unverfrorene Selbstwidersprüche sind per se bösgläubig. Die Paradebeispiele stammen von Foucault, wenn seine „Genealogie“ nichts mit der „Chimäre“ eines „Ursprungs“ zu tun haben solle, und wenn er auf der Seite 190 seiner „Archäologie des Wissens“ urplötzlich verlauten lässt: „Dieser Ausdruck fördert nicht zur Suche nach irgendeinem Anfang auf; er rückt die Analyse nicht in verwandtschaftliche Nähe zu Ausgrabung“.[295]

Anhand des gelungenen Werks von Ritter,[296] welches sich explizit auf Foucaults Methoden und Terminologie bezieht, sich aber adäquat abgrenzt, und nur solche Auslegungen nutzt, die mit dem regulären historischen Handwerk kompatibel sind, tritt ein Unterscheidungsmerkmal zwischen seriöser Arbeit und Pfusch zu Tage: Es ist die kritische versus unkritische Übernahme von fragwürdigen Heuristiken.[297] Der fünfte Anhaltspunkt für mögliches, ideologisches Gebastel ergibt sich demnach aus dem Fehlen einer erforderlichen *kritischen* Auseinandersetzung mit der Diskursanalyse (wie man seit *Dreyfus/Rabinow* 1982 weiss), mit Latours Netzwerkanalyse oder den Relativisten/Konstruktivisten wie Fleck, Smith, Feyerabend, Rheinberger. Sei es, dass gar keine Methodenhinweise und -beschreibungen stehen oder seien es nur summarische Werksangaben in Fußnoten ohne jede Eingrenzung auf brauchbare und redliche Regeln.

Ein sechster Anhaltspunkt ist die strategische Archiv-Ferne gewisser Historiker: Zwischen ihnen und den Original-Quellen sitzt immer irgendein anderer Autor, den sie ggf. für Fehlinformation verantwortlich machen könnten. Dies findet man eher bei Ordinarien, welche ihre Studenten oder Doktoranden vorschieben, um die heißen Eisen aus dem Feuer zu holen.

---

[295] *Foucault* 1971: NGH, S. 144; *Foucault* 1969, AW, Kap. III.5, S. 190 (dt.); dazu: *Haas* 2025a, Abs. VI.1, S. 200; *Elbe* (2021, S. 189) kritisiert die Paradoxien ebenfalls.

[296] *Ritter* 2009 zu Foucault: S. 43–49.

[297] *Ritter* 2009 bleibt korrekt und faktengetreu, ungeachtet dessen, ob die Tatsachen für oder gegen die These einer allgemein verbreiteten «Biopolitik» sprechen, z.B. S. 51 allgemein zur Schweizer Praxis, oder S. 226–230 zu Hans W. Maier.

4. Prävention: Kurse in logisch-analytischem Denken im Bachelorstudium

Die Schädigung der intellektuellen Entwicklung junger Akademiker, die eine solche Indoktrination anrichten kann, ist nicht zu unterschätzen. Selbst hochbegabte Talente können eine Beeinträchtigung ihres analytischen Denkens für das ganze Leben erfahren. Dieses Schicksal – so meine Hypothese – ereilte eine überaus kluge und unabhängige junge Frau, die als 18-Jährige in die Fänge Martin Heideggers geriet, der 1924 ihr Lehrer und Liebhaber wurde: Hannah Arendt. Im Vergleich zu ihren brillanten Analysen, z. B. über das politische Lügen,[298] geben andere Positionen schwer zu denken und wirken befremdlich: Wenn etwa selbst sie – als Vertriebene – die „Differenzen zwischen Moderne per se und Totalitarismus“ verschleift,[299] oder etwa die vorgebliche „Banalität des Bösen“ in ihrer Reportage über den „SS-Obersturmbannführer“ Adolf Eichmann, dessen Verbrechen und Absichten, Lügerei und eisige Kälte u. a. mit seinem Spruch „Reue ist etwas für kleine Kinder“ am Prozess deutlich hervortraten.[300] Die philosophisch tiefer zu durchdringende Frage lautet, welchen Einfluss Heideggers verschleiernde und vereinnahmende Denkweise und Sprache[301] auf Arendt ausübte; wie und warum ihre bewusste Abgrenzungen gegenüber dem Heideggerschen Denken nur partiell, nicht konsequent erfolgten, und was das mit ihrem zweiten Lehrer, Karl Jaspers, oder ihren sonstigen Lebenserfahrungen zu tun haben könnte.

Als Prävention gegen Vereinnahmungen können die Universitäten im Bachelorstudium obligatorische Veranstaltungen zum logischen Denken, den Grundlagen der analytischen Philosophie, der Semiotik und der Methodologie der empirisch statistischen Methoden einführen, mitsamt adäquat strengen Prüfungen. Dadurch würde ein beträchtlicher Teil der Studierenden gegen Beeinflussungsversuche immunisiert. Diejenigen Studierenden, deren Talente weniger im akademischen Bereich liegen – oder nicht in den Kulturfächern – würden in Ausbildungen mit realistischen Erwerbsmöglichkeiten umgeleitet.

5. Was tun, wenn der Schaden für die Wissenschaft schon angerichtet ist?

Bei Verfahren wegen Verdachts auf Unredlichkeit geht es nicht um ein Verhindern der Wissenschaftsfreiheit mit Zensur, sondern um die wissenschaftliche Qualitätssicherung.

---

298 *Arendt* 1972.

299 *Elbe* 2024, S. 104.

300 *Arendt* 1964 (z. B. S. 16), Kritik in *Krause* 2009.

301 Cf. *Haas* 2025, Abs. II, S. 179 f.; III.1, S. 186–189; *Haas* 2024, S. 202.

a) Einige Ratschläge zuhanden von Kritikern und Anzeigeerstattern

Kritiker und Anzeigeerstatter müssen sich vergegenwärtigen, dass die «Theory»-Anhänger wegen der vielen Helfershelfer und Nutznießer ihrer Produkte eine breite Unterstützung erhalten werden. Da sind Allianzen am Werk, welche konzertierte Aktionen gegen jeden Kritiker inszenieren können. Beliebt ist etwa das Feuerwehrmann-Brandstifter-Szenario: Die Presse generiert mit Aufbauschen einen unbelegten Verdacht, lässt das von interessierten Dritten an eine zuständige Behörde melden, so dass diese von Amtes wegen Abklärungen treffen muss – und schon steht die Behauptung im Raum, es würden rechtliche Schritte geprüft, die immer weiter zugespitzt werden kann. Derartige Provokationen sollen Privatpersonen dazu bringen, eine kostspielige Prozesslawine lostreten, die dann wieder medial ausgeschlachtet werden kann.

Anders als Medienschaffende, denen mehr Auslegungsspielraum erlaubt ist, sind Wissenschaftler und Anzeigeerstatter, welche dubiose Elaborate aus der «Theory» kritisieren, gut beraten, wenn sie äußerst präzise zitieren und möglichst keine Synonyme verwenden, selbst wenn das aufwändig ist. Sonst eröffnen sie Nebenkriegsschauplätze und machen sich unnötig angreifbar. So sollte ein „höchstwahrscheinlich" nicht mit „Fakt" umschrieben werden.[302] Wer kein Medienschaffender ist, erhält für Berichtigungen nämlich keinen Platz, sobald eine aufgeregte Journalisten-, Polit- und Historikerszene sich der Angelegenheit bemächtigt hat.

In der mangelnden Beachtung, welche die Argumentation von Illi vor Gericht gefunden hat, zeigt sich eine weitere Hürde für jede noch so berechtigte Kritik an fragwürdigen Studien. Man muss damit rechnen, dass die Gegenseite ein Wirrwarr von ungeordneten Einlassungen, Wortklauberei, Mehrdeutigkeiten, Strohmann- und ad hominem Trugschlüssen veranstaltet, sowie Gegenbeschuldigungen aufstellt,[303] dem niemand punktgenau folgen kann, es sei denn, er betreibe einen riesigen Aufwand. Jegliche Ausführungen, die formell nicht nach dem Muster einer Zivilklage aufgebaut und ebenso direkt wie umfassend belegt sind, vermindern die Chancen, überhaupt gelesen und ernstgenommen zu werden. Jede einzelne monierte Stelle muss in nummerierter Reihenfolge abgehandelt werden, präzise zitiert und anhand des eigenen Beweismaterials unbestreitbar als Fehler aufgedeckt werden. Das eigene Be-

---

302 In *Schär/Darman* 14.2.2023, S. 31, steht, es sei „höchstwahrscheinlich" und „mit grosser Wahrscheinlichkeit" sei Jakob Schultheiss, derjenige aus Lenzburg (nicht als „Fakt"). Jedoch reduzieren die Belege von Illi die Wahrscheinlichkeit auf null, weshalb *Ledeburs* 6.11.2025 Formulierung angemessen ist.

303 Etwa *Galizia* 25.9.2025: WOZ.

weismaterial muss im Anhang (nummerierte Kopien aus Archiven und der maßgeblichen Literatur) vollumfänglich auf Papier eingereicht werden.

b) Praktisch umsetzbare Ideen für zuständige Hochschulen und Forschungsfinanzierer

In allen Disziplinen ist der inhaltliche Nachweis von Täuschung durch punktuelle Auslassungen missliebiger Rohdaten auf dem Radar der Autoren von mehrhundertseitigen Büchern enorm aufwändig. Das Manöver wird mit der Peer Review kaum entdeckt.

Anhand vieler Beispiele haben sich jedoch Wege gezeigt, wie die Vorschriften in dubiosen Fällen von Agenda-Wissenschaft anhand formeller statt inhaltlicher Kriterien juristisch besser durchgesetzt werden könnten.[304] Viele *scientific conduct* Reglemente enthalten nicht nur die absichtliche Täuschung als Tatbestand, sondern auch Fahrlässigkeit, mangelnde Sorgfalt. Wirksame Vorhalte sind formeller Natur: Kritisierbar ist in einem ersten Schritt allfällige Intransparenz. Damit könnte man fragwürdige Studien mit einer substantiellen Zahl fehlender, irreführender, oder falscher Quellenangaben aufdecken, besonders wenn diese immer in die gleiche Beweisrichtung zielen. Echte Versehen sind nämlich zufällig. Sie bewirken nicht bloß das dogmatisch erwünschte Resultat und den Schutz des Autors vor der Entdeckung, sondern sie laufen genauso häufig in die gegenteilige und in völlig irrelevante Richtungen.

Nach der Feststellung von Intransparenz könnte man ggf. in einem zweiten Schritt den Datensatz (Kopien aller Archivalien und u. U. einschlägiger Literaturstellen) vom Autor einfordern, um sie mit dem Elaborat abzugleichen. Anders als noch vor wenigen Jahren liegen heute zu fast jeder der führenden «Theory» Gestalten (wie Said, Spivak, Balibar, Butler, Mbembe, ...) kritische Evaluationen vor, welche methodisch der analytischen Philosophie folgen und deren Manöver und Unsinn aufdecken.

Schließlich muss man das Wächterproblem lösen und Richtergremien bestellen, die sowohl in der Sache als auch in ihren persönlichen Interessen unbefangen sind. Dazu dürfen sie natürlich nicht selbst Teil der «Theory»-Lobby sein, dem Irrationalismus frönen, möglicherweise selbst schon untaugliche Methoden verwendet haben, respektive in ihren eigenen Forschungsbemühungen dem guten Willen solcher Kollegen (als Reviewer) ausgeliefert sein.

Hier zeichnen sich jedoch gangbare Wege ab. Erstens erfordert die Beurteilung formeller Verstöße ohnehin keine Kenntnis der fachlichen Materie, son-

---

[304] Cf. Fussnote 38, Abs. II.1.1.c.

dern kann durch unbefangene Juristen geleistet werden. Zweitens hat sich Geschichtswissenschaft nach ihren eigenen Angaben nie professionalisiert. Dies folgt nicht bloß daraus, dass Michel Foucault über keinen solchen Abschluss verfügte, sondern zwei studierte Hauptfach-Historiker des ehemaligen ZGW bezeugen das selber.[305] Daher können Vertreter anderer Berufsgattungen solche Studien anhand des einzufordernden Quellenmaterials sehr wohl inhaltlich beurteilen (und ggf. die Suche nach einschlägigen Quellenbeständen an die zuständigen Archive delegieren). In der Schweiz kam es mehrfach vor, dass Juristen überbordende Vertreter der Clio-Gilde in die Schranken des Rechts verweisen mussten.[306]

Solche von den Hochschulen unabhängige und hierarchisch übergeordnete Controlling-Gremien, die für alle Wissenschaftszweige zuständig sind, könnten über Verdachtsfälle, fehlende und irreführende Quellenangaben, allfällige Plagiate, fehlende Begriffsdefinitionen und Concept Creep, Zirkelschlüsse, rhetorische Tricks, sowie an den Haaren herbeigezogene Bild- und Textauslegungen, richten. Damit wären unabhängige Wächter garantiert.

Literaturverzeichnis

Aepli, Martina/*Keller*, Stefan: Der Rechtsstreit geht vor Gericht: Was ist zu beachten?, MME Magazin, Zürich 16. 1. 2024.

American Psychological Association (APA): Publication Manual, 7th ed., Washington, DC 2020.

Aquinas, Thomas (1256–1259): Quaestiones disputatae de veritate, Documenta Catholica Omnia.

Arendt, Hannah: Crises of the Republic: Lying in Politics; Civil Disobedience; On Violence; Thoughts on Politics and Revolution, New York 1972. Dt.: Wahrheit und Lüge in der Politik: zwei Essays, München 2017.

Arendt, Hannah: Eichmann in Jerusalem, (revised and enlarged edition), New York 1964.

Aristoteles: Aristoteles' Metaphysik, Erste Hälfte, Buch I–IV, (übers. von Bonitz, Hermann), Berlin 1890.

[305] *Dommann/Gugerli* 2011, S. 155, 158, 162.

[306] 1) Der Experten-Bericht über die Flüchtlingspolitik und Heinrich Rothmund, ehemals Chef der Fremdenpolizei im 2. WK, verfasst vom Strafrechtler *Ludwig* 1957, zur Korrektur einer Skandalisierung des Magazins *Der Beobachter* (aus eigenen Stücken korrigiert vom neuen Chefredaktor *Rauber* 19. 3. 2001). 2) Walther Hofer, ein Ordinarius in Geschichte, wurde letztinstanzlich aufgrund seines unsorgfältigen Umgangs mit den Quellen wegen Ehrverletzung verurteilt: BGE 125 IV 298 und BGer 118 IV 153; cf. *Scheibler* 2014; Cf. *Haas* 5. 11. 2021: Medialex.

Baier, Jakob: Antisemitismus in der BDS-Kampagne, Bundeszentrale für politische Bildung (bpb), 22.3.2021.

Bandle, Rico: Der Professor, der überall Rassismus sieht, (inkl. Gegendarstellung von Schär, Bernhard), Neue Zürcher Zeitung 12.9.2025.

Bateson, Gregory: Steps to an Ecology of Mind: Collected Essays in Anthropology, Psychiatry, Evolution, and Epistemology, Chicago 1972.

Bateson, Gregory/*Jackson*, Don D./*Haley*, Jay/*Weakland*, John H.: A note on the double bind – 1962, Family Process 2(1), 1963, S. 154–161.

Bateson, Gregory/*Jackson*, Don D./*Haley*, Jay/*Weakland*, John H.: Toward a theory of schizophrenia. Behavioral Science 1(4), 1956, S. 251–264.

Baumann, Thomas: Professor Fake News. Die Weltwoche 19.11.2025.

Belser, Katharina: Patricia Purtschert, Professorin für Geschlechterforschung: Vorbilder machen Undenkbares denkbar, in: Eidgenössische Kommission für Frauenfragen (Hrsg), Bern 2017, S. 56–59.

Benedict, Hans-Jürgen: „Der Buchstabe tötet". Die verhängnisvolle Ablösung des Judentums durch das Christentum, tà katoptrizómena, Magazin für Kunst, Kultur, Theologie, Ästhetik 97, 2015.

Bernet, Brigitta: Schizophrenie. Entstehung und Entwicklung eines psychiatrischen Krankheitsbilds um 1900, Zürich 2013.

Bircher, Eugen: Zur Rassenfrage in der Schweiz: bei Anlass von Madison Grants „Untergang der grossen Rasse". Schweizerische Monatshefte für Politik und Kultur 5(12), 1925–26, S. 671–677.

Bortz, Jürgen: Lehrbuch der empirischen Forschung für Sozialwissenschaftler. Berlin 1984.

Bridgman, Percy Williams: The Logic of Modern Physics (Vol. 3), New York 1927.

Butler, Judith: Gender Trouble: Feminism and the Subversion of Identity, New York 1990.

Cassata, Francesco: Building the New Man: Eugenics, Racial Science and Genetics in Twentieth-Century Italy (Vol. 3), Central European University Press 2011.

Chaouat, Bruno: Ist Theorie gut für die Juden?. Berlin 2024.

Crew, Francis: Seventh International Genetical Congress, Nature, 144 (3646), Sept. 16th, 1939, S. 496–498.

Derrida, Jacques: Of Grammatology, 1967, corrected edition (transl. by Spivak, Gayatri Chakravorty), Baltimore 1998.

Derrida, Jacques: Writing and Difference, 1967, (transl. by Bass, Alan), Chicago 1978. Dt.: Die Schrift und die Differenz, Frankfurt/M. 1994.

Diener-Morscher, Esther: Zürich lässt „Mohren" verschwinden – aber der Rassismus bleibt, Infosperber 25.7.2025.

Dommann, Monika/*Gugerli*, David: Geschichtswissenschaft in Begutachtung. Acht Kommentare zur historischen Methode der Gegenwart, Traverse Zeitschrift für Geschichte 18(2), 2011, S. 154–164.

Dreyfus, Hubert L./*Rabinow*, Paul/Foucault, Michel: Michel Foucault. Beyond Structuralism and Hermeneutics, Chicago 1982 (2nd ed. 1983). Dt.: Michel Foucault: Jenseits von Strukturalismus und Hermeneutik, Frankfurt/M. 1994.

Eichhorn, Manfred: Der Lebensweg von Otto Renner, Acta Historica Leopoldina 2012, S. 119–219.

Elbe, Ingo: Antisemitismus und postkoloniale Theorie, Berlin 2024.

Elbe, Ingo: Gestalten der Gegenaufklärung. Untersuchungen zu Konservatismus, politischem Existentialismus und Postmoderne, Würzburg 2021.

El Ghazzali, Kacem: Ich verstehe die Empörung über die Bezeichnung „Mohr" nicht: Denn ich bin selbst, per Definition des Wortes, ein Mohr, Neue Zürcher Zeitung 7.11.2025.

Erken, Emrah: über das islamische Kopftuch, in: Vukadinović, Vojin Saša (Hrsg), Freiheit ist keine Metapher, Berlin 2018.

Etzemüller, Thomas: Auf der Suche nach dem nordischen Menschen, Bielefeld 2015.

Evans, Richard, J.: In Defence of History, London 1997.

Feyerabend, Paul: Against Method, London 1975. Dt.: Wider den Methodenzwang, Frankfurt/M 1976.

Fleck, Ludwig: Entstehung und Entwicklung einer wissenschaftlichen Tatsache: Einführung in die Lehre von Denkstil und Denkkollektiv, Basel 1935.

Foucault, Michel: „Ich bin ein Sprengmeister". Ein Gespräch über die Macht, die Wissenschaften, die Genealogie und den Krieg, in: Nach Feierabend. Zürcher Jahrbuch für Wissensgeschichte 1, 2005, S. 187–204.

Foucault, Michel: Dits et écrits I–IV, in: Défert, Daniel/Ewald, François (éds.) Paris; (DE I: 1954–69; DE II: 1970–75; DE III: 1976–79; DE IV: 1980–88).

Foucault, Michel: L'archéologie du savoir. Paris 1969. Dt.: Archäologie des Wissens, Frankfurt/M. 2015. (AW).

Foucault, Michel: Les mots et les choses. Paris 1966. Dt.: Die Ordnung der Dinge. Frankfurt/M. (24. Aufl. 2017) (OD).

Foucault, Michel: Nietzsche, Freud, Marx, 1967, in: Faubion, James (ed.), Aethetics, Method and Epistemology, New York 1976, S. 269–278. (NFM).

Foucault, Michel: Nietzsche, Genealogy, History. 1971, in: Bouchard, Donald F. (ed.), Language, Counter-Memory, Practice: Selected Essays and Interviews, Ithaca NY 1977, S. 139–164. (NGH). Original: La généalogie, l'histoire, in: Hyppolite, Jean/Bachelard, Suzanne (eds.), Hommage à Jean Hyppolite, Paris 1971.

Foucault, Michel: Society Must Be Defended, Lectures at the Collège de France 1975/76, Bertani, Mauro/Fontana, Alessandro (eds.), London 2003. Original: Il faut défendre la société, Paris 1997. Dt.: In Verteidigung der Gesellschaft, Frankfurt/M. (VG).

Galizia, Alice: Postkoloniale Studien: In den Nebenschauplatz verbissen, Die Wochenzeitung, (WOZ) 25.9.2025.

Gausemeier, Bernd: Natürliche Ordnungen und politische Allianzen, Göttingen 2005.

Germann, Pascal: Diskursanalyse in der Wissenschaftsgeschichte, 2. Internationale Tagung zur Historischen Diskursanalyse, HSozKult 2010.

Germann, Pascal: Laboratorien der Vererbung: Rassenforschung und Humangenetik in der Schweiz, 1900–1970, Göttingen 2016.

Germann, Pascal: Transformationen einer Krankheit. Eine Wissensgeschichte des Kretinismus im Alpenraum, 1840–1920, Unveröffentlichte Lizentiatsarbeit, Universität Zürich 2007.

Gödel, Kurt: Über formal unentscheidbare Sätze der Principia Mathematica und verwandter Systeme I, Monatshefte für Mathematik und Physik 38, 1931, S. 173–198.

Grimm, Christian: Netzwerke der Forschung. Die historische Eugenikbewegung und die moderne Humangenomik im Vergleich, Berlin 2011.

Haas, Henriette: Entstehung, Strategien und Ziele der French «Theory» in den Hochschulen, (Teil I), in: Netzwerk Wissenschaftsfreiheit e.V. (Hrsg.): Jahrbuch Wissenschaftsfreiheit 3, Berlin 2026, S. 49–104. (2026a).

Haas, Henriette: „Nichts ist wahr, alles ist erlaubt“: Die Folgen von Martin Heideggers „Geschichte der Gegenwart“ und Michel Foucaults «Diskursanalyse» auf Medien und Hochschulen, in: Netzwerk Wissenschaftsfreiheit e.V. (Hrsg.): Jahrbuch Wissenschaftsfreiheit 2, Berlin 2025, S. 173–212. (2025a).

Haas, Henriette: White Collar Crime – Wehret den Anfängen! SKP Info. Das Magazin der Schweizerischen Kriminalprävention (SKPPSC). Thema Luxus und Kriminalität, White Collar Crime 2025(2), S. 14–17. (2025b).

Haas, Henriette: Antisemitische Desinformation und Propaganda im Gewand von Wissenschaft. Anti-Kolonialismus und Anti-Zionismus auf dem Prüfstand in: Praxis der Rechtspsychologie 34(2), 2024, S. 201–212.

Haas, Henriette: French Theory und die Akteur-Netzwerktheorie von Bruno Latour. Tip 6: Das perfekte Verbrechen gibt es nicht: lasciate ogne speranza, voi ch'intrate! Linkedin (7.2.2023).

Haas, Henriette: „Zeitgeschichte im Würgegriff der Geschichte“ [sic!]. Anmerkungen zur akademisch prämierten Skandalisierung, Medialex 9: 5.11.2021.

Haas, Henriette: Is there a skeleton in the closet of the Julius Klaus Foundation?, Jahrbuch der Schweizerischen Gesellschaft für Familienforschung 47, 2020, S. 221–264. (2020a).

Haas, Henriette: Stringente Beweisführung und begründete Zweifel versus Schein-Beweise, Kriminalistik 74(11), 2020, S. 692–707. (2020b).

Haas, Henriette: Per me si va tra la perduta gente. Der Briefwechsel der Botaniker Otto Renner und Alfred Ernst während der NS-Zeit, Annals of the History and Philosophy of Biology 23, 2019, S. 157–195. (2019a).

Haas, Henriette: Obskurantismus als Gegenspieler zur kriminalistischen Aufklärung, Kriminalistik 73(10), 2019, S. 615–622. (2019b).

Haas, Henriette: Zur Validitätsprüfung von Argumenten in Rechtsschriften, Die Schweizer Richterzeitung „Justice – Justiz – Giustizia“ 1, 2019. (2019c).

Haas, Henriette/*Ill*, Christoph: Befragungstechnik und Aussagenvalidität in internen Ermittlungen, in: Bazzani, Claudio/Ferrari-Visca, Reto/Nadelhofer, Simone (Hrsg.), Interne Untersuchungen. Eine umfassende Darstellung der rechtlichen und praktischen Aspekte, inklusive Amts- und Rechtshilfe und Kooperation mit Behörden, Basel 2022, S. 383–443.

Haas, Henriette/*Preuß-Wössner*, Johanna: „Unser Zangger" – ein „Freund des Nationalsozialismus". Der Gerichtsmediziner Heinrich Zangger (1874–1957) im Zentrum eines Netzwerkes an der Universität Zürich und dem Internationalen Komitee vom Roten Kreuz, Jahrbuch der Schweizerischen Gesellschaft für Familienforschung 49, 2022, S. 241–269.

Haas, Henriette/*Djordjevic*, Manja/*Ackere*, Ann van: Tarski and the intricacies of reasoning under uncertainty, in: Rother, Wolfgang (Hrsg.), Irrtum und Erkenntnis, Conexus 2, Zürich 2019, S. 25–51.

Habermas, Jürgen: Erkenntnis und Interesse, Frankfurt/M. 1968.

Hafner, Urs: Die Forschung suchte den ‚reinrassigen Alpinen'. Neue Zürcher Zeitung 29.6.2017.

Hansson, Sven Ove: Cutting the Gordian knot of demarcation, International Studies in the Philosophy of Science 23(3), 2009, S. 237–243.

Haslam, Nick: Concept creep: Psychology's expanding concepts of harm and pathology. Psychological Inquiry 27(1), 2016, S. 1–17.

Hässig, Lukas: Berner Richterin verhängt Maulkorb gegen Weltwoche und Medien-Blog, Inside Paradeplatz, Zürich 7.10.2025.

Hauser-Schäublin, Brigitta: Sarasin-Bashing – oder wie man frühere Wissenschaftler an die Wand klatscht. Basler Zeitung 3.3.2020.

Heidegger, Martin: Der Satz vom Grund, Gesamtwerk, Band 10, Frankfurt/M. 1956.

Heidegger, Martin: Sein und Zeit, 11. Aufl. 1967, Tübingen 1927. (SZ).

Hirschi, Caspar: Skandalexperten, Expertenskandale: Zur Geschichte eines Gegenwartsproblems, Berlin 2018.

Hoßfeld, Uwe: Geschichte der biologischen Anthropologie in Deutschland. Von den Anfängen bis in die Nachkriegszeit, (1. Aufl. 2005), Stuttgart 2016.

Hoßfeld, Uwe/*John*, Jürgen/*Stutz*, Rüdiger: „Kämpferische Wissenschaft": Zum Profilwandel der Jenaer Universität im Nationalsozialismus, in: Hoßfeld, Uwe/John, Jürgen/Lemuth, Oliver/Stutz, Rüdiger (Hrsg.), „Kämpferische Wissenschaft". Studien zur Universität Jena im Nationalsozialismus, Köln 2003, S. 23–121.

Huonker, Thomas: Diagnose: moralisch defekt. Kastration, Sterilisation und Rassenhygiene im Dienst der Schweizer Sozialpolitik und Psychiatrie 1890–1970, Zürich 2003.

Huonker, Thomas/*Ludi*, Regula: Roma, Sinti und Jenische. Schweizerische Zigeunerpolitik zur Zeit des Nationalsozialismus, UEK (Hrsg.) Teilbericht 23, Zürich 2001.

Iuvenalis: Liber 2, Satura (1.–2. Jhdt n. Ch.), VI. 345, Wikisource.

Jäggi, Michèle: In primo loco. Geschichte der Medizinischen Fakultät Zürich 1833–2003, Zürich 2004.

Jesse, Eckhard: Die Kontroverse zum Reichstagsbrand: ein nicht endender Wissenschaftsskandal, Geschichte und Gesellschaft 14(4), 1988, S. 513–533.

Joho, Michael: Hochschulsport in Hamburg zur Zeit der Weimarer Republik und der Anfangsjahre des „Dritten Reiches". Eine lokalgeschichtliche Studie zur Militarisierung der Hamburgischen Universität, Stuttgart 1990.

Jost, Hans-Ulrich: Die reaktionäre Avantgarde. Die Geburt der neuen Rechten in der Schweiz um 1900, Zürich 1992.

Joyce, Patrick: History and Post-Modernism. Past & Present 133, Nov. 1991, S. 204–209.

Junker, Thomas: Die zweite Darwinsche Revolution. Geschichte des Synthetischen Darwinismus in Deutschland 1924 bis 1950, Marburg 2003.

Kapusnak, Jan: Ignorierte Kolonialgeschichte: Arabischer Imperialismus, Audiatur online 9.9.2025.

Keller, Christoph: Der Schädelvermesser, Zürich 1995.

Kidd, Celeste/*Hayden*, Benjamin Y.: The Psychology and Neuroscience of Curiosity, Neuron 88.3, 2015, S. 449–460.

Koller, Christian: Privat dozieren zum öffentlichen Nutzen. Geschichte der Privatdozierenden an der Universität Zürich, Basel 2021.

Koselleck, Reinhard: Standortbindung und Zeitlichkeit. Ein Beitrag zur historiographischen Erschließung der geschichtlichen Welt, in: Koselleck, Reinhard/Mommsen, Wolfgang/Rüsen, Jörn (Hrsg.), Objektivität und Parteilichkeit in der Geschichtswissenschaft, Band 1, München 1977, S. 17–46.

Krause, Peter: Kann das Böse „banal" sein? Hannah Arendts Bericht aus Jerusalem, Zeithistorische Forschungen 2009.

Krementsov, Nikolai: Eugenics, Rassenhygiene, and Human Genetics in the late 1930s. The Case of the Seventh International Genetics Congress, in: Gross Solomon, Susan (ed.), Doing Medicine Together: Germany and Russia Between the Wars, Toronto 2006, S. 369–404.

Krementsov, Nikolai: International Science between the Wars: the Case of Genetics, London 2005.

Kröner, Hans-Peter/*Toellner*, Richard/*Weisemann*, Karin: Erwin Baur: Naturwissenschaft und Politik. Gutachten der Max-Planck-Gesellschaft zur Förderung der Wissenschaften, München 1994.

Kühl, Stefan: Die Internationale der Rassisten: Aufstieg und Niedergang der internationalen Bewegung für Eugenik und Rassenhygiene im 20. Jahrhundert, 2. Aufl., Frankfurt/M. 2014.

Kuhn, Thomas: The Structure of Scientific Revolutions. 1962, (2nd ed.) International Encyclopedia of Unified Science Volume 2, Number 2. Berkeley 1970.

Laermann, Klaus: Lacancan und Derridada. über die Frankolatrie in den Kulturwissenschaften, in: Michel, Karl Markus (Hrsg.), Sprachlose Intelligenz?, Kursbuch 84, Berlin 1986, S. 34–43.

Latour, Bruno: On the partial existence of existing and nonexisting objects, 1996, in: Daston, Lorraine (ed.), Biographies of Scientific Objects, Chicago 2000, S. 247–269.

Ledebur, Michael von: Das Wappen, das den Streit um den „Mohren" auslöste: Es zeigt keinen besiegten Muslim – sondern einen Verwaltungsbeamten, Neue Zürcher Zeitung 6. 11. 2025.

Ledebur, Michael von: Die Stadt Zürich sagt, sie wolle keine weiteren Denkmäler schleifen. Doch in ihrer Strategie heisst es: „In Härtefällen kann eine Entfernung geprüft werden". Neue Zürcher Zeitung 11. 11. 2025.

Ledebur, Michael von: Steht „Mohrenkopf" für besiegte Schwarze? Die Quellen sagen etwas anderes, (inkl. Gegendarstellung von Schär, Bernhard), Neue Zürcher Zeitung 6. 9. 2025.

Lees, James/*Farndon*, John: Mathematica, Wien 2025.

Lenin, Wladimir Iljitsch: Was tun? Brennende Fragen unserer Bewegung, in: Lenin, Wladimir Iljitsch, Werke, Band 5, Stuttgart 1902, S. 355–549.

Lyotard, Jean-François: The Postmodern Condition: A Report on Knowledge 1979, in: Theory and History of Literature, Vol. 10, Manchester 1984. Original: La condition postmoderne, Paris 1979.

Macey, David: The Lives of Michel Foucault, London 1993.

Mai, Christoph: Humangenetik im Dienste der „Rassenhygiene". Zwillingsforschung in Deutschland bis 1945, Aachen 1997.

Marti, Urs: Michel Foucault, München 1988.

McGowan, John: Postmodernism and its Critics. Ithaca 1991.

McKay, Brendan/*Bar-Natan*, Dror/*Bar-Hillel* Maya/*Kalai*, Gil: Solving the Bible Code Puzzle. Statistical Science 14(2), 1999, S. 150–173.

Megill, Allan: The Prophets of Extremity. Nietzsche, Heidegger, Foucault, Derrida. Berkeley 1985.

Merquior, José G.: Foucault, London 1985.

Miller, David: Popper's qualitative theory of verisimilitude, The British Journal for the Philosophy of Science 25/2, 1974, S. 166–177.

Moor-Jankowski, Jan, K./*Huser*, Hans Jürg: Research on alpine isolates in Switzerland, Eugenics Quarterly 6(1), 1959, S. 14–22.

Neuhaus, Gabriela: Die Schande von Bern, Offroadreports 1. 7. 2025

Nietzsche, Friedrich: Aus dem Nachlass der Achtzigerjahre, Nietzsches Werke Band 9: Versuch einer Umwerthung aller Werthe, aus dem Nachlass 1884–1888, 2. Ausgabe, Leipzig 1906.

Nietzsche, Friedrich: Die fröhliche Wissenschaft, Leipzig 1887. (FW).

Nietzsche, Friedrich: Über Wahrheit und Lüge im außermoralischen Sinne, Leipzig 1873. (WL).

Nietzsche, Friedrich: Unzeitgemässe Betrachtungen, Leipzig 1874. (UB).

Nietzsche, Friedrich: Wille zur Macht, Nachlasskompilation von Elisabeth Förster-Nietzsche und Peter Gast, Leipzig 1917. (WM).

Peirce, Charles Saunders: Collected Papers, Cambridge MA 1931–1934. Vol. V: Pragmatism and Abduction 5.181–5.212. Vol. II: Division of Signs 2.227–272 und The Icon, Index and Symbol 2.274–2.308.

Pincock, Stephen: Obituary Jan Moor-Jankowski, The Lancet 366, Sept. 24, 2005, S. 1072.

Popper, Karl: Conjectures And Refutations. The Growth Of Scientific Knowledge, New York 1962.

Puenzieux, Dominique/*Ruckstuhl*, Brigitte: Medizin, Moral und Sexualität: Die Bekämpfung der Geschlechtskrankheiten Syphilis und Gonorrhöe in Zürich 1870–1920, Zürich 1994.

Punnett, Reginald: Proceedings of the Seventh International Genetical Congress. Edinburgh 23–30 August 1939, Journal of Heredity 31(12), Cambridge 1941.

Purtschert, Patricia/*Meyer*, Katrin/*Winter*, Yves (Hrsg): Gouvernementalität und Sicherheit. Zeitdiagnostische Beiträge im Anschluss an Foucault, Bielefeld 2008.

Rauber, Urs: Judenstempel: Korrektur einer Halbwahrheit, Der Beobachter 19. 3. 2001.

Rheinberger, Hans-Jörg: My Road to History of Science, Science in Context 26.4, 2013, S. 639–648.

Rickenbacher, Daniel: The Beginnings of Political Islam in Switzerland: Said Ramadan's Muslim Brotherhood Mosque in Geneva and the Swiss Authorities, The Journal of the Middle East and Africa, 2020, S. 179–202.

Ritter, Hans Jakob: Psychiatrie und Eugenik. Zur Ausprägung eugenischer Denk- und Handlungsmuster in der schweizerischen Psychiatrie, 1850–1950, Zürich 2009.

Roll-Hansen, Nils: Eugenics and the Science of Genetics, Oxford Handbook of the History of Eugenics 2010, S. 80–97.

Russell, Bertrand: Mathematical logic as based on the theory of types, American Journal of Mathematics 30, 1908, S. 222–262.

Russell, Bertrand: The Principles of Mathematics, Cambridge 1903.

Russell, Bertrand: The Problems of Philosophy, Chap. 12: Truth and falsehood, Oxford 1912.

Sachser, Norbert: Neugier, Spiel und Lernen: Verhaltensbiologische Anmerkungen zur Kindheit, Zeitschrift für Pädagogik 50(4), 2004, S. 475–486.

Sarasin, Philipp: Diskursanalyse, in: Goertz, Hans-Jürgen (Hrsg.), Grundkurs Geschichte, 3. Aufl., Reinbek b. Hamburg 2007, S. 199–217.

Sarasin, Philipp: Diskurstheorie und Geschichtswissenschaft, in: Keller, Reiner/Hirseland, Andreas/Schneider, Werner/Viehöver, Willy (Hrsg.), Handbuch Sozialwissenschaftliche Diskursanalyse, Band I, Opladen 2001, S. 53–79.

Sarasin, Philipp: Geschichtswissenschaft und Diskursanalyse, Frankfurt/M. 2003.

Sarasin, Philipp: Krieg und Wahrheit. Michel Foucault als Sprengmeister, Nach Feierabend. Zürcher Jahrbuch für Wissensgeschichte 1, 2005, S. 205–219.

Sarasin, Philipp: Michel Foucault zur Einführung, Hamburg 2005.

Sarasin, Paul/*Sarasin*, Fritz: Reisen in Celebes ausgeführt in den Jahren 1893–1896 und 1902–1903, Band I und Band II, Wiesbaden 1905.

Schär, Bernhard C.: Kopftuch an der Volksschule. Die Schule war nie neutral, Tagesanzeiger, Zürich 24.7.2025.

Schär, Bernhard, C.: Leerplan an Schweizer Schulen, Republik, Zürich 8.4.2024.

Schär, Bernhard C.: Tropenliebe. Schweizer Naturforscher und niederländischer Imperialismus in Südostasien um 1900, Frankfurt/M 2015.

Schär, Bernhard, C.: Was hinter den studentischen Boykottforderungen steckt, Der Bund, Bern 18.5.2024.

Schär, Bernard, C./*Darman*, Ashkira: Zürcher ‚Mohren' Fantasien, Studie der ETH Zürich im Auftrag des Präsidialdepartements der Stadt Zürich zu den ‚Häuserinschriften mit rassistischer Wirkung' an den Liegenschaften am Neumarkt 13 und an der Niederdorfstrasse 29, Zürich 14.2.2023.

Scheibler, Kurt: Geschichte im Würgegriff der Gerichte?, Zürich 2014.

Schmitz-Berning, Cornelia: Vokabular des Nationalsozialismus, 2. Aufl., Berlin 2000.

Schmuhl, Hans-Walter: Grenzüberschreitungen: das Kaiser-Wilhelm-Institut für Anthropologie, menschliche Erblehre und Eugenik 1927–1945, Göttingen 2005.

Schmuhl, Hans-Walter: Rassenforschung an Kaiser-Wilhelm-Instituten vor und nach 1933, Göttingen 2003.

Scholz, Anna-Lena: Unease over Judith Butler, Die Zeit 24.11.2023.

Schweizer, Mark: Beweiswürdigung und Beweismaß: Rationalität und Intuition, Tübingen 2015.

Seiffert, Helmut: Einführung in die Wissenschaftstheorie, Band 2, München 2006.

Smith, Barbara Herrnstein: Scandalous Knowledge: Science, Truth, and the Human, Durham, NC 2006.

Spivak, Gayatri Chakravorty: Can the Subaltern Speak?, in: Nelson, Cary/Grossberg, Lawrence (eds.), Marxism and the Interpretation of Culture, Chicago 1988, S. 271–313.

Stadler, Peter: Die Universität Zürich 1933–1983. Festschrift zur 150-Jahr-Feier der Universität Zürich, Rektorat der Universität Zürich (Hrsg). Zürich 1983.

Stähelin, Jonas: Nach Angriff auf Professor: Zürcher Historiker:innen schreiben Brief an die NZZ. Tsüri 24.9.2025.

Stone, Lawrence: History and Post-Modernism, Past & Present 135, May 1992, S. 189–194.

Stone, Lawrence: Notes, Past & Present 131, May 1991, S. 217–218.

Strasser, Peter: Wirklichkeitskonstruktion und Rationalität. Ein Versuch über den Relativismus Freiburg i.Br. 1980.

Tanner, Jakob: Klio trifft Hermes. Interpretationsprobleme in der Geschichtswissenschaft, in: Dalferth, Ingolf U./Stoellger, Philipp (Hrsg.), Interpretation in den Wissenschaften, Würzburg 2005, S. 41–58.

Tarski, Alfred: Die semantische Konzeption der Wahrheit und die Grundlagen der Semantik, in: Skirbekk, Gunnar (Hrsg.), Wahrheitstheorien, Frankfurt/M 1977, S. 140–188. (Original 1944).

Tichý, Pavel: On Popper's definitions of verisimilitude, The British Journal for the Philosophy of Science 25/2, 1974, S. 155–160.

Tomasello, Michael: The Cultural Origins of Human Cognition, Cambridge MA 1999.

Uhlmann, Angelika: Der Sportmediziner Wilhelm Knoll (1876–1958) – „von jeher ein ausgesprochener Vertreter des deutschen Gedankens in der Schweiz", PraxisS – Schweizerische Rundschau für Medizin, 25.5.2005, S. 894–899.

Undritz, Erik: Wilhelm Knoll Obituary. Verhandlungen der Schweizerischen Naturforschenden Gesellschaft, 139, 1959, S. 420–422.

Volpe, Giorgio: Ideal epistemic situations and the accessibility of realist truth, Erkenntnis 58(1), 2003, S. 13–29.

Vonèche Cardia, Isabelle: Neutralité et engagement. Les relations entre le Comité international de la Croix-Rouge (CICR) et le gouvernement suisse 1938–1945, Lausanne 2012.

Vukadinović, Vojin Saša (Hrsg): Freiheit ist keine Metapher, Berlin 2018.

Weiss, Sheila F.: The Nazi Symbiosis, Chicago 2010.

Wermuth, Yann: Welche Wahrheit verrät die Lüge? Über Lüge, Wahrheit und Perspektivismus bei Nietzsche, Dissertation an der Philosophischen Fakultät der Universität Zürich, 2022.

Zeyer, René: Professor Bernhard Carlos Schär hat ein 124-Seiten-Gutachten zur Entfernung des ‚Mohrs' geschrieben, ohne das Wort auch nur ein einziges Mal zu schreiben. Weltwoche, 15.9.2025 (nach dem 15.9.2025 aufgeschaltete aufgrund gerichtlicher Anordnung vom 25.11.2025 korrigierte Version).

Zhang, Qian/*Logan*, Fiorella: An Integrated Model of Learning from Errors, in: Educational Psychologist 58.1, 2023, S. 18–34.

Gesetzestexte

100(0) Schlüsseldokumente: Die Nürnberger Gesetze.

Deutsches Bürgerliches Gesetzbuch.

Deutsche Forschungsgemeinschaft (DFG): Verfahrensordnung zum Umgang mit wissenschaftlichem Fehlverhalten (VerfOwF) 2024.

Deutsche Zivilprozessordnung.

Österreichisches Allgemeines Bürgerliches Gesetzbuch.

Schweizerische Akademien der Wissenschaften (SAMW): Kodex zur wissenschaftlichen Integrität, 2021.

Schweizerische Bundesverfassung vom 18. April 1999.

Servat Universität Bern, NS-Gesetz zur Verhütung erbkranken Nachwuchses, 14. Juli 1933.

Gerichtsurteile und amtliche Entscheide

Appellationsgericht Basel-Stadt: BS SB.2012.48 (AG.2015.89), Urteil vom 26. Nov. 2014 (Definition von Fakten).

Baurekursgericht des Kantons Zürich: R1S.2022.05115 und R1S.2022.05116, Entscheid vom 17. März 2023 (Heimatschutz vs Stadt Zürich Mohreninschriften). https://www.baurekursgericht-zh.ch/media/auszug_r1s.2022.05115_mohrenkopf.pdf.

Österreichischer Oberster Gerichtshof: OGH 1 Ob 158/74 (RS 0017859), Urteil vom 7. Oktober 1974 (zu Treu und Glaube).

Regionalgericht Bern Mittelland: Entscheid CIV 25 5490 SCL vom 25. November 2025 (Bernhard C. Schär gegen Weltwoche und René Zeyer). https://insideparadeplatz.ch/wp-content/uploads/2025/11/Urteil-Bern-Schaer.pdf.

Rekurskommission der Zürcher Hochschulen: Beschluss vom 27. 5. 2021 (Herausgabe der Verfahrens-Akten). https://www.geschichts-validitaet.com/pdfs/Beschluss-Rekurskomm-27-05-2021.pdf.

Schweizerisches Bundesgericht: 1C_28/2025, Urteil vom 23. Juni 2025 (Nichteintreten auf VB.2023.00242 Heimatschutz vs Stadt Zürich Mohreninschriften).

Schweizerisches Bundesgericht: BGE 125 IV 298, Urteil vom 4. Nov. 1999 (historische Sorgfaltspflichtsverletzung durch Walther Hofer).

Schweizerisches Bundesgericht: BGer 118 IV 153, Urteil vom 27. April 1992 (historische Sorgfaltspflichtsverletzung).

Schweizerisches Bundesgericht: BGer 6B_304/2015, Urteil vom 14. Sept. 2015 (Bestätigung von AG.2015.89 zur Definition von Fakten).

Verwaltungsgericht des Kantons Zürich: VB.2023.00242, Urteil vom 16. Mai 2024 (Heimatschutz vs Stadt Zürich Mohreninschriften). https://www.zh.ch/de/news-uebersicht/medienmitteilungen/2024/12/gutheissung-der-beschwerde-im-zusammenhang-mit-der-abdeckung-einer-auf-und-einer-inschrift-an-zwei-gebaeuden-im-eigenthum-der-stadt-zuerich.html.

Staatliche Quellen, Archivalien, Gutachten

Deutsches Bundesarchiv Berlin (D-BAR): Sig. R 4901-2756, Nr. 285: Dahnke an Wettstein 5. 9. 1941.

Deutscher Bundestag: Antrag der Fraktionen CDU/CSU, SPD, FDP und BÜNDNIS 90/DIE GRÜNEN: Der BDS-Bewegung entschlossen entgegentreten – Antisemitismus bekämpfen, Drucksache 19/10191, 15.5.2019.

Illi, Martin: Bilddokumentation Hausnamen und Namensinschriften der Liegenschaften Neumarkt 13 und Niederdorfstrasse 29/31 in Zürich, 3.6.2023. (Bezug beim Heimatschutz der Stadt Zürich.)

Illi, Martin: Gutachten, Hausnamen und Namensinschriften der Liegenschaften Neumarkt 13 und Niederdorfstrasse 29/31 in Zürich, 29.5.2023. (Bezug beim Heimatschutz der Stadt Zürich).

Ludwig, Carl: Bericht an den Bundesrat zuhanden der eidgenössischen Räte über die Flüchtlingspolitik der Schweiz in den Jahren 1933–1955, Bern 1957.

Schweizerisches Bundesarchiv (CH-BAR), Bern:
Sig. E9510.10, Benoist Stiftung.
Sig. E2001C#1000/1534#2336*, Internationale medizinische Woche in Montreux.
Amtsdruckschriften, Protokoll des Bundesrats vom 2.7.1935: Pressekonflikt mit Deutschland.

Schweizerischer Nationalfonds (SNF):
Grants Germann:
https://data.snf.ch/grants/grant/141505
https://data.snf.ch/grants/grant/174862
Grants Schär:
https://data.snf.ch/grants/grant/184290
https://data.snf.ch/grants/grant/194512

Staatsarchiv Basel-Stadt (StABS):
Sig. PA 212a T 6,6: Wiegand, F. (Pseudonym für Sarasin, Paul): Gedichte 1904.

Staatsarchiv Hamburg (StA HH):
StA HH, Bestandesnummer 361-6 IV 513:
Wilhelm Knolls Reiseberichte 1940-1944 zuhanden der NSDAP.
StA HH, Bestandesnummer 221-11_78037 KAT: Entnazifizierungsakte Wilhelm Knoll.
StA HH, Bestandesnummer A 160.08.01: Ehrenpromotion Heinrich Zangger 1938/39 Ablauf der Archivfrist war 1995.

Staatsarchiv Kanton Zürich (StAZH): Protokolle der Fakultätssitzungen der Medizinischen Fakultät,
Z 70.2874-2886.

Universität Bern (UNIBE):
Institut für Medizingeschichte: „Curriculum Vitae Dr. Pascal Germann“:
https://www.img.unibe.ch/unibe/portal/fak_medizin/ber_vkhum/inst_medhist/content/e40457/e56824/e281768/e546551/CurriculumvitaevonPascalGermannApril2025_08_ger.pdf
Historisches Institut: Publikationen von Prof. em. Brigitte Studer
https://www.hist.unibe.ch/ueber_uns/personen/prof_em_dr_studer_brigitte/index_ger.html
Gendercampus: Personen

https://www.gendercampus.ch/de/person/pascal-germann
https://www.gendercampus.ch/de/person/brigitte-studer
https://www.gendercampus.ch/de/ueber-gender-campus/team-und-academic-board.

Universität Hamburg Dekanatsregistratur der Fakultät für Rechtswissenschaft: Az. 15140/30: Antrag Zangger, Heinrich.

Universität Zürich (UZH): Psychologisches Institut, Webseite Henriette Haas. https://www.psychologie.uzh.ch/de/institut/ueber-uns/angehoerige/titular/haas.html.

Université de Lausanne (UNIL):Webseite Bernhard C. Schär, scientific distinctions and prizes.

Andere Quellen

(Webseiten besucht am 21. Dez. 2025)

Bluebook: the guide for legal citation since 1926:
https://www.legalbluebook.com/

Foucault, Michel MΦ:
https://foucault.info/articles/

Framaforms, ab Sept. 2025: in der Sache Bernhard C. Schär:
Appell: https://framaforms.org/support-for-prof-bernhard-schar-and-academic-freedom-1758268338
Offener Brief an Rico Bandle und die Feuilleton-Redaktion der NZZ: https://drive.google.com/file/d/1r-Bycv4dtaRFFDjhrdZfSy6CNxalbnZv/view?pli=1
Stellungnahme: https://framaforms.org/sites/default/files/forms/files/prise_position_def_f_d_i.docx.pdf

Geschichte der Gegenwart (GdG), online Magazin:
https://geschichtedergegenwart.ch/

Graubünden (Kanton), zum Rätoromanischen:
https://www.gr.ch/DE/Medien/Mitteilungen/MMStaka/2013/Seiten/2013022001.aspx

Haas, Henriette (Webseiten, Bibliografie):
https://www.henriette-haas.com/Biblio.html
https://www.haas-consulting.com/
https://geschichts-validitaet.com/

Heimatschutz der Stadt Zürich, zu den „Mohren"-Inschriften und dem Gutachten Illi:
https://www.heimatschutz-zh.ch/aktuelles-detail/zuercher-heimatschutz-bedauert-nichteintreten-des-bundesgerichts-auf-die-beschwerde-gegen-die-abdeckung-der-mohren-inschriften-1
https://www.heimatschutzstadtzh.ch/fileadmin_zuerich/user_upload_ZVH/Dokumente_ZVH/Aktuelles/Medienmitteilungen_ZVH/Medienmitteilungen_ZVH_2023/20251120_ZVH_Zuerich_Abdeckung_Mohren-Inschriften_MM.pdf

JAMA-Network:
https://jamanetwork.com/collections/44042/jama-guide-to-statistics-and-methods

Nach Feierabend 2005 (Zeitschrift):
https://www.diaphanes.de/buch/detail/82

Pons Wörterbuch zu „rigeur“:
https://de.pons.com/%C3%BCbersetzung/franz%C3%B6sisch-deutsch/rigueur

Schweizer Presserat, 3. Kammer: Stellungnahme Nr. 44/2021: zu BDS:
https://presserat.ch/complaints/44_2021/

Stanford Encyclopedia of Philosophy zu Nietzsches „Wille zur Macht“:
https://plato.stanford.edu/entries/nietzsche/#WillPowe

Wirtschaftspsychologische Gesellschaft (WPGS): zu Konstrukten und Operationalisierung:
https://wpgs.de/fachtexte/datenerhebung/5-operationalisierung-von-konstrukten/

Zentrum Geschichte des Wissens (ZGW):
https://www.zgw.ethz.ch/de/home.html
https://www.zgw.ethz.ch/de/mitglieder.html
https://www.zgw.ethz.ch/de/veroeffentlichungen.html
https://www.zgw.ethz.ch/de/doktoratsprogramm.html
https://www.zgw.ethz.ch/fileadmin/ZGW/veranstaltungen/faltblatt_imnetzdeswissens-20120108.pdf (Mitchell Ash, Pascal Germann)

Zürcher Studierenden Zeitung (ZS), Redaktion am 11.2.2025: Löschung des Artikels:
https://www.geschichts-validitaet.com/pdfs/Erklaerung-ZS-11-2-2025.pdf

Jahrbuch Wissenschaftsfreiheit, 3 (2026): 185–215
https://doi.org/10.3790/jwf.2026.1472805

Mytho – logische Wissenschaft
Zur Paradoxie der Grenzziehungen

Von *Oleg Dik**

Abstract

In diesem Beitrag wird die Frage nach der Grenzziehung zwischen Wissenschaft und Pseudowissenschaft hermeneutisch untersucht. Der Autor unterscheidet zwischen drei möglichen Ebenen der Grenzziehungen. Auf der ersten Ebene wird die Grenzziehung zwischen den einzelnen Wissenschaften vollzogen. Dies ist möglich und sinnvoll. Auf der zweiten, philosophischen Ebene, wird um ein grundsätzliches Kriterium gerungen, um eine allgemeingültige Grenzziehung zu etablieren. Dies ist eine sinnvolle Prozedur, die einen Beitrag zur Wissenschaftsphilosophie leistet. Allerdings wurde bisher keine eindeutige Demarkation vollzogen. Der Hauptfokus in diesem Kapitel liegt auf der Grenzziehung zwischen Wissenschaft und Pseudowissenschaft durch allgemeine Unterscheidung der kognitiven Modi. Historisch wurden diese Modi durch Kategorien von „Mythos“ und „Logos“ markiert. Der Autor zeigt auf, dass auf dieser Ebene eine genaue Grenzziehung weder möglich, noch sinnvoll ist. Er plädiert für eine paradoxe Relation und für ein kontinuierliches Ringen um eine fruchtbare mytho-logische Beziehung, in der wissenschaftliche Praxis gedeihen kann. Schließlich verortet der Autor diese paradoxe Beziehung im Ritual der Eucharistie.

Schlüsselwörter: Mythos, Logos, Paradox, Philosophie, Religion, Wissenschaft, Demarkationsproblem

Mytho-logical Science.
On Paradox of Demarcations

In this contribution, the author dissects the demarcation problem in the philosophy of science, i. e. how do we distinguish between science and pseudoscience. Hereby, he differentiates between three layers of possible approaches. First, demarcation occurs from within a particular scientific discipline. This is both possible and meaningful. On a second, philosophical level, the line between science and pseudoscience is drawn using a more abstract criterion. This is a meaningful procedure, which contributes to the philosophy of science. However, up to this point no general principle has been es-

* Oleg Dik ist Professor in urbaner Theologie & Soziologie, an der Evangelischen Hochschule Tabor, und Gastdozent an der Humboldt-Universität Berlin. E-Mail: olegdik@hotmail.com.

tablished and most likely this will remain the case. The main concern of this essay is the third level, wherein demarcation is achieved through general distinction of cognitive modes. Historically, these have been known as „mythos“ and „logos“. The author demonstrates that on this level, demarcation is neither possible, nor meaningful. He makes the case that instead of demarcation, one must struggle for a paradoxical relation between the two in order to avoid madness and pain. Ultimately, paradox flourishes within ritual performance. In conclusion, a sketch is offered how Eucharist may prepare a fertile ground for scientific practice.

Keywords: mythos, logos, paradox, philosophy, religion, science, demarcation problem

Die Matrjoschka zur Einführung

Grenzen zwischen Wissenschaft und Pseudowissenschaft lassen sich auf verschiedenen Ebenen und aufgrund vielfältiger Absichten ziehen. Anhand einer russischen Matrjoschka-Puppe möchte ich meine Herangehensweise an das Abgrenzungsproblem kurz skizzieren. Die russische Matrjoschkapuppe wird aus Holz gefertigt, wobei mehrere Puppen ineinandergesteckt werden. Die äußere Hülle muss zuerst auseinandergeklappt werden, um die nächste Puppe zu erblicken. Natürlich schrumpfen dann die Puppen im Inneren, bis die kleinste Puppe von der Größe eines Reiskorns erscheint. Als Idealtypen unterscheide ich zwischen drei Ebenen im Abgrenzungsproblem, die jedoch ineinandergesteckt sind und daher nicht losgelöst voneinander gesehen werden dürfen.

Die erste Ebene ist die partikulare Grenzziehung. Dabei wird aus der Innenperspektive einer konkreten wissenschaftlichen Disziplin aufgrund der jeweiligen Prämissen und Methodik die Grenzziehung vollzogen. Eines der frühesten Beispiele für diese Art der Grenzziehung in der Medizin ist Hippokrates. Er grenzte Scharlatane als unwissenschaftlich aus, die bei der Behandlung der Krankheit Menschen betrogen, indem sie ihnen Autorität vorgaukelten und Behandlungen empfahlen, die jedoch nutzlos waren.[1] Wahrscheinlich hatte Hippokrates in seiner Abhandlung Epilepsie im Sinn. Er betonte, dass der Ursprung dieser Krankheit nicht auf einen Gott zurückzuführen sei. Stattdessen verwies Hippokrates auf kausale Zusammenhänge im menschlichen Gehirn.[2] Wahrscheinlich hätte Hippokrates schon vor 2.500 Jahren die Feststellung, wonach es kein biologisches Geschlecht gebe, sondern nur performative Konstruktionen einer sozialen Wirklichkeit, für Magie gehalten. Spätestens wenn Judith zum Arzt geht und das biologische Geschlecht relevant für die Behandlung wird, setzt sich die biologische Realität durch. Es ließen sich

[1] *Hippokrates*, Sacred Disease, 147.

[2] *Hippokrates*, Sacred Disease, 153.

noch eine Menge gegenwärtiger Beispiele für diese Art der Grenzziehung finden. Der Ausschluss von Konzepten wie Intelligent Design und Kreationismus als Pseudowissenschaft ist dabei nur ein Beispiel unter vielen.[3] An dieser Stelle stellt sich die Frage nach der Nützlichkeit der Grenzziehung.

Grenze impliziert Teilung der wahrgenommenen Wirklichkeit und natürlich die Fähigkeit über die Grenze hinaus zu schauen. Derjenige, der die Grenze zieht, muss eine Begründung liefern, warum das, was hinter der Grenze liegt, auszuschließen ist. Es stellen sich also ontologische, epistemologische und ethische Fragen. Können wir überhaupt eine Grenze ziehen? Und wenn ja, warum ist das, was hinter der Grenze liegt, zu diskriminieren? Im Fall des Demarkationsproblems ist die Frage nach der Grenze auch die Frage nach dem Selbstverständnis einer konkreten wissenschaftlichen Disziplin. Die einfachste Antwort hierbei wäre pragmatischer Natur. Jede Wissenschaft reduziert notwendigerweise die hochkomplexe Wirklichkeit und erschafft eine Rahmensetzung. Durch Setzung der Prämissen wird Theoriebildung ermöglicht. Diese kann dann durch Methoden überprüft werden. Weil die Sehkraft des Menschen immer Rahmen setzt und das Bewusstsein sich immer nur auf bestimmte Ausschnitte konzentrieren kann, sind Grenzziehungen natürlich. Doch neben epistemischen Motiven spielen auch sozio-politische Intentionen für die Grenzziehungen eine wichtige Rolle. Wie Michael Polanyi und die von ihm inspirierte Soziologie des Wissens[4] zutreffend beschrieben hat, ist wissenschaftliche Praxis eingebettet in menschliche Interaktionen. Der Mensch ist ein Herdentier[5] und wissenschaftliche Praxis wird erst dadurch ermöglicht, dass eine Gruppe von Menschen diese gutheißt. Kooperation ist dabei erforderlich, um Wissen zu tradieren und neue Ideen durch unerwartete Netzwerke zu generieren. Dabei spielen jedoch Wettbewerb und Statusdenken auch eine Rolle. Früher konnte man sich eines unliebsamen Kontrahenten entledigen, indem man ihm die Inquisition auf den Hals hetzte. Die Erklärung zum Häretiker und der Ausschluss aus der Kirche vernichtete die Existenz. Das gegenwärtige Äquivalent dazu ist die Erklärung eines Abweichlers zum Pseudowissenschaftler. Seine wissenschaftliche Existenz wird dadurch vernichtet. Kein ernst zu nehmender Wissenschaftler wird ihn auch nur mit der Zange anfassen wollen. Zugang zu prestigeträchtigen Veröffentlichungen und lukrativen Fördermitteln wären ihm verwehrt.

---

[3] E. g. *Lurquin/Stone*, Evolution and Religious Creation Myths.

[4] Parallel zu Polanyi entwickelten Max Scheler und Karl Mannheim eigenständige wissenssoziologische Ansätze im deutschsprachigen Raum.

[5] Gehlen führte das Angewiesensein des Menschen auf die Gemeinschaft auf seinen unfertigen Zustand bei der Geburt. Demnach sei der Mensch ein Mängelwesen und ist auf Andere von vornherein angewiesen. Siehe *Gehlen*, Der Mensch, seine Natur und seine Stellung in der Welt.

Das Problem solcher partikularen Grenzziehungen ist, dass Konsens zwar die Wahrscheinlichkeit eines Paradigmas temporär erhöht, aber diese nicht garantiert. Wissenschaftliche Wahrheitsfindung ist im Kern nicht auf Konsens begründet. Es könnte sein, dass die aufgebrachte Menge, besessen vom falschen Geist, den Einen kreuzigt, der die Wahrheit sagt, um in ihrer dunklen, aber gewohnten Welt zu bleiben.[6] In einer Anekdote wird erzählt, dass Einstein gefragt wurde, was er davon hielte, dass hundert Wissenschaftler gegen seine Relativitätstheorie eine Schrift verfasst hätten.[7] Darauf soll Einstein trocken geantwortet haben: Warum hundert? Einer hätte gereicht. Im besten Fall führt eine disziplinare Grenzziehung zur tieferen Vergewisserung der Grundlagen und Methodik und zum Ausschluss des Scharlatans, der durch die Lüge Unwahrheit und Leid verursacht. Im schlimmsten Fall schließt man das Genie aus, welches ein besseres Paradigma erblickt. Wie Kuhn herausgearbeitet hat, passiert wissenschaftlicher Fortschritt oft durch Brüche der etablierten Paradigmen.[8] Weil es sich jedoch um Grenzziehungen innerhalb einer Disziplin handelt, ist die Lösung meist konkret und nachvollziehbar. Der Schaden hält sich im Fall eines falschen Ausschlusses dabei auch in Grenzen. Schwieriger wird es jedoch, wenn von einer konkreten Disziplin abstrahiert wird, um auf eine allgemeinere Lösung zu kommen.

Auf der zweiten, der wissenschaftstheoretischen Ebene der Grenzziehung, ist der Abstraktionsgrad höher. Meistens versuchen Philosophen ein allgemein gültiges Kriterium aufzustellen. Hierbei stellen sich dann grundsätzliche Fragen nach dem Wesen der Wissenschaft und es geht dann schnell ins Dickicht der hochkomplexen Detailfragen. Karl Poppers Falsifikationskriterium in der Mitte des 20. Jahrhunderts hat eine Reihe von Antworten provoziert, bis hin zur Laudans Abweisung des Abgrenzungsproblems als nicht zielführend.[9] Pigliucci & Baudry haben jedoch als Antwort für eine Philosophie der Pseudowissenschaft plädiert, denn wenn auch ein klares, auf alle Zeiten gültiges Abgrenzungskriterium nicht möglich ist, sei der Prozess der Suche nach der Abgrenzung trotzdem fruchtbar für das Selbstverständnis der Wissenschaftstheorie.[10] Sie führen hierzu auch soziologische Gründe an. In modernen, säkularen Gesellschaften haben wissenschaftliche Autoritäten traditionell- religiöse Autoritäten abgelöst.[11] Wissenschaften liefern seitdem zusehends Letztbegründungen für politische Entscheidungen. Der Ausschluss der Scheinwissen-

---

[6] Dieses Motiv findet sich sowohl in Platons Höhlengleichnis als auch am Anfang des Johannesevangeliums.

[7] Siehe *Israel* et al., Hundert Autoren gegen Einstein.

[8] Siehe *Kuhn*, The Structure of Scientific Revolutions.

[9] *Laudan*, The Demise of the Demarcation Problem, 111 – 127.

[10] *Pigliucci/Baudry*, Why the Demarcation Problem Matters, 2.

[11] Dies hat Helmut Schelsky schon 1975 eindrücklich demonstriert. Siehe *Schelsky*, Die Arbeit tun die Anderen.

schaften kann also im besten Fall eine ganze Gesellschaft vor katastrophalen Entscheidungen schützen. Beispiele aus der Wissenschaftsgeschichte gibt es zuhauf. Doch umgekehrt kommt es auch vor, dass der wissenschaftliche Diskurs ideologisch unterwandert wird und dann echte Wissenschaft als Pseudowissenschaft ausschließt. Das unrühmliche Beispiel hierfür wäre der ideologische Krieg gegen die Wirklichkeit des sowjetischen Staatsbiologen Trofim Lysenko. Wissenschaftliche Gemeinschaften sind, wie andere Gruppen auch, nicht davor geschützt, vom falschen Konsens besessen zu werden. Der Einsatz ist hoch, das Spiel riskant.

Diese wissenschaftstheoretische Ebene ist umschlossen von einer historischen, unsichtbaren Hülle, derer sich viele Wissenschaftstheoretiker oft nicht bewusst sind, in welche sie jedoch trotzdem als historisch-kulturelle Wesen eingebettet sind. Diese Ebene wirkt umso mächtiger auf ihr Denken ein, je weniger sie sich dessen bewusst sind. Dies ist der historisch gewordene Hintergrund, der die Fragen hervorbringt. Weil die Frage den Horizont der Antwort umreißt,[12] möchte ich mich in diesem Beitrag auf diesen tieferen Hintergrund konzentrieren, um den weitesten Horizont der Abgrenzungsdebatte zu skizzieren. Auf dieser Ebene wurde die Frage gestellt, ob bestimmte Formen des Denkens per se besser als andere sind, um die Wirklichkeit zu erfassen. Die älteste Diskussion dieses Problems finden wir in der Form von Mythos und Logos in der griechischen Philosophie.[13] Der gegenwärtige wissenschaftstheoretische Diskurs wurzelt in der antiken Diskussion nach dem Verhältnis zwischen Mythos und Logos. Unser heutiges Ringen um das Verhältnis von Mythos und Logos spiegelt auch die Vielfalt der Deutungen im griechischen Denken zwischen dem 4. und 8 Jahrhundert vor Christus.[14] Anstatt also eine Arbeitsdefinition dieser Begriffe vorzuschlagen, werde ich im Laufe meiner Argumentation unterschiedliche Begriffsbestimmungen einführen.

Meine These ist, dass die Verhältnisbestimmung auf der dritten Ebene bei weitem die Auswirkungen aus den vorherigen Ebenen übersteigt. Die Konsequenzen haben zivilisatorische Ausmaße. Anstatt für klare Grenzziehungen plädiere ich um ein bewusstes Ringen um einen wahren Mytho – logos. Wir können keine Grenze ziehen, müssen aber um eine fruchtbare Beziehung ringen. Letztlich liegt die Lösung des Abgrenzungsproblems auf der dritten Ebene nicht in der exakten Verhältnisbestimmung, sondern in der Aufrecht-

---

12 *Gadamer*, Hermeneutik im Rückblick, 162.

13 Natürlich kann die Nützlichkeit dieser analytischen Begriffe bestritten werden. Sie könnten historisiert werden und dadurch schrumpfen, oder jedoch durch einen Mythos geschreddert werden, wonach diese Unterscheidung schon den Anfang des Willens zur Macht vorbereitet. Die Unterscheidung zwischen der Verwendung dieser Begriffe im historischen Kontext und unserem gegenwärtigen Verstehen ist jedoch zentral, um nicht in Anachronismus zu verfallen.

14 *Nesselrath*, Mythos – Logos – Mytho-Logos, 1–27.

erhaltung der paradoxen Beziehung zwischen Mythos und Logos. Der Lebensraum des Paradoxes liegt jedoch außerhalb von Mythos und Logos. Wenn die wissenschaftliche Praxis dem Allgemeinwohl dienen sollte, muss der Logos permanent auf einen bestimmten Mythos ausgerichtet, und die beiden im Ritual verankert werden.

Im ersten, historischen Teil skizziere ich die Genese der wissenschaftlichen Praxis aus der griechischen Philosophie und der jüdisch-christlichen Tradition. Hierbei zeige ich auf, dass die Trennung der Wissenschaft von ihren Wurzeln zum Wahn und Schmerz führt. Im zweiten, philosophischen Teil begründe ich die paradoxe, gegenseitige Angewiesenheit von Mythos und Logos. Im dritten Teil zeige ich aus religionswissenschaftlicher Perspektive auf, warum die Frage nach dem wahren Mythos unausweichlich bleibt und die Paradoxie am besten im rituellen Boden der Eucharistie gedeiht.

I. Wahnsinn und Schmerz

1. Vom Mythos zum Logos

Aus historischer Perspektive könnte die Entstehung der empirischen Wissenschaften seit der Renaissance als eine Entwicklung des Logos aus dem Mythos beschrieben werden. Die Anfänge dieser Entwicklung liegen jedoch im achten Jahrhundert vor Christus, in der Transformation der griechischen Philosophie und des Polytheismus im Alten Vorderen Orient. Ich reduziere hierbei die wissenschaftliche Praxis auf drei notwendigen Voraussetzungen: 1. ontologisch-epistemische Voraussetzungen, 2. anthropologisch-soziologische Voraussetzungen und 3. methodische Voraussetzungen.[15] Diese schälen sich aus dem griechischen und jüdisch-christlichen Mythos heraus.

Wissenschaftliche Praxis ist nur möglich in einer Welt, die von einer Ordnung strukturiert ist. Darüber hinaus muss diese Ordnung eine gewisse Kontinuität und Stabilität aufweisen.[16] In einer animistisch-polytheistischen Welt sind diese Grundvoraussetzungen nicht gegeben. Der Kosmos ist ein Spielball

---

[15] Albert Einstein bringt Voraussetzungen 1 und 2 auf den Punkt: „Die Wissenschaft kann indessen nur von denen aufgebaut werden, die durch und durch von dem Streben nach Wahrheit und Erkenntnis erfüllt sind. Die Quelle dieser Gesinnung entspringt aber wiederum auf religiösem Gebiet. Hierher gehört auch der Glaube an die Möglichkeit, daß die Welt der Erscheinung nach Gesetzen der Vernunft gelenkt wird und daß diese Welt mit dem Verstand zu erfassen ist. Ohne diesen Glauben kann ich mir einen echten Wissenschaftler nicht vorstellen. Ein Bild mag dieses Verhältnis veranschaulichen: Naturwissenschaft ohne Religion ist lahm, Religion ohne Naturwissenschaft ist blind.“ Siehe *Einstein*, Naturwissenschaft und Religion, 75.

[16] Es ist daher nicht zufällig, dass Descartes die Möglichkeit erwägt, dass ein böser Geist uns permanent täuscht.

von Göttern und Geistern, die nach Lust und Laune, strebend nach Macht und Sex, mit den Menschen und der Natur ihre Intrigen ausspielen. Unterschiedliche griechische Denker drängen den Einfluss dieser chaotischen Mächte zurück und bereiten eine Kosmologie vor, in der das abwägend-forschende Nachdenken erst möglich wird. Die Vorsokratiker suchen nach weltimmanenten Kausalzusammenhängen. Durch die Beschreibung von Naturphänomenen nach dem Prinzip von Ursache und Wirkung wird das irrationale, vom Menschen nicht erfassbare Handeln der Götter zurückgedrängt. Paradigmatisch hierbei ist die Aussage von Demokrit, „er wolle lieber einen Kausalzusammenhang entdecken als König von Persien werden."[17] Zur gleichen Zeit beginnt die Interpretation der griechischen Göttergeschichten als allegorisch auszulegende Texte. Xenophanes mit seinen satirischen Angriffen auf Homerische Epen bereitete den Boden für die Geschichtsschreibung von Thukydides, der kategorisch das Mythenhafte aus seiner Geschichtsschreibung fernhält. Die Dichtung sei, wenn überhaupt, noch für die Erziehung der Kinder von Vorteil. Dem „[…] stellt Thukydides das langfristig Wertvolle seiner Darlegung gegenüber, die für alle Zukunft Gültigkeit haben, weil sie so rational wie überhaupt nur möglich erfasste menschliche Gesetzmässigkeiten aufzeigen."[18] Diese Entwicklung dürfen wir jedoch nicht anachronistisch als „Säkularisierung" deuten. Vielmehr war es eine inner-theologische Entwicklung, die in Platons theologisch-philosophischem System gipfelte. Die chaotischen Mächte wichen zugunsten der Idee des einen, abstrakten Gottes, dessen Vernunft die gesamte Wirklichkeit ordnete.

Eine ähnliche innertheologische Entwicklung vollzog sich im alten Vorderen Orient. Anstelle der ethnischen Lokalgötter trat die universelle Gottesidee. In Abgrenzung zu den Schöpfungsmythen des alten Vorderen Orients wird in der hebräischen Schöpfungsgeschichte die Natur entzaubert. Sie ist, wie der Mensch, nur eine Schöpfung und hat keinerlei göttliche Macht in sich. Auch alle anderen niederen Geister und lokale Gottheiten werden unter die Herrschaft des einen universellen Gottes herabgestuft. Wie Marcel Gauchet treffend analysierte: Indem der eine Gott zum Allmächtigen erhoben wurde, hat sich auch der Verantwortungsradius des Menschen ausgebreitet, denn er bekam von Gott den Auftrag für die Schöpfung zu sorgen und innerhalb der entzauberten Welt zweckrational zu handeln.[19] Im Gegensatz zu den Gottheiten um Israel verpflichtet sich Yahwe und geht einen festen Bund ein. Er versichert Israel, dass die Naturabläufe nicht aufhören und dass er selbst die Ordnung aufrechterhält. Der Mensch muss nicht mehr die ihn umgebenden Geister durch Opfer befrieden. Stattdessen wird er von Gott eingeladen als

---

[17] Zitiert in *Nestle*, Vom Mythos zum Logos, 194–195.

[18] *Nesselrath*, Mythos – Logos – Mytho-Logos, 14–15.

[19] *Gauchet*, Le désenchantement du monde.

sein Statthalter für seine Schöpfung zu sorgen. Der hebräische Gott ist dynamischer als der von Platon. Yahwe interveniert in Geschichte und kommuniziert mit seinem Volk. Beiden gemeinsam ist die souveräne Andersartigkeit und dadurch die Freisetzung des Menschen in der rationalen Ordnung. Paradoxerweise erblüht die rationale, entzauberte Ordnung innerhalb einer theologischen Vorstellung.[20] Theologische Vorstellungen erschaffen somit historisch gesehen eine Welt, in der Wissenschaft möglich wird. Doch es ist eine bestimmte Anthropologie, die den Menschen auch dazu befähigt, diese imaginäre Welt zu erforschen und dadurch erst zur Wirklichkeit werden zu lassen.

Innerhalb der griechischen Welt setzt sich zunehmend das Ideal vom vernünftigen Menschen durch. Im Gegensatz zum Künstler, der von den Musen ergriffen wird, und zum heldenhaften Krieger, der von seinen Leidenschaften nach Ehre getrieben wird, erscheint bei Platon das höchste Ideal in der Person des Philosophenkönigs, der sich an den höchsten Ideen orientiert.[21] In der lateinischen Welt wird diese Anthropologie durch den Stoizismus popularisiert und verschmilzt mit dem entstehenden Christentum. Das Ideal des Menschen besteht in Beständigkeit und Selbstkontrolle. Die menschliche Distanz zu sich selbst und zur Natur als ein Merkmal der Vernunft ist die Fähigkeit, die für Descartes wissenschaftstheoretische Überlegungen zentral wird. Der Mensch ist in der Lage, durch eigene Überlegung Kausalzusammenhänge zu erkennen und die Welt in ihren Zusammenhängen zu beschreiben. Im jüdisch-christlichen Denken kommt noch die Sonderstellung des Menschen innerhalb der Schöpfung als eines Geschöpfes hinzu, welches als Ebenbild Gottes geschaffen wurde. Im Mittelalter entsteht die Idee von den zwei Büchern Gottes, in welchen er sich offenbart: in der Bibel und in der Natur.[22] Zur Zeit der Renaissance wird als höchste Bestimmung des Menschen die Anbetung Gottes gesehen. Die Erforschung der Natur ist hierbei der zweite Weg des Lobpreises Gottes. Das höchste Ideal der Wahrheitssuche, welches für einen Wissenschaftler verpflichtend wird, findet ihre Ursprünge in der prophetischen Literatur: Die Wahrheit tut zwar weh, aber sie macht frei. Max Webers Ideal eines heldenhaften Wissenschaftlers, der sich allen Versuchungen widersetzt und in Einsamkeit nichts außer die Wahrheit verfolgt, findet sich zuallererst im Ideal

[20] Alfred North Whitehead drückte dies in seinen Lowell Lectures wie folgt aus: „The Bible is by far the most complete account of the coming of rationalism into religion, based on the earliest documents available.“ Siehe *Whitehead*, Religion in the Making, 19.

[21] Charles Taylor zeichnet in seinem Klassiker „Sources of the Self“ ein widersprüchliches Bild des modernen Menschen. Auf der einen Seite sieht sich der Mensch als distanziert-rationaler Herrscher über die Welt. Auf der anderen Seite begreift sich der moderne Mensch auch als expressiver Romantiker. Siehe *Taylor*, Sources of the Self.

[22] Siehe *Howell*, God's Two Books.

eines Propheten, der sich allein gegen die Lüge erhebt.[23] Sowohl der griechische Logos, als auch der jüdisch-christliche Logos, trotz aller Unterschiede, bringen einen Typus hervor, der trotz Fehlbarkeit die Welt erkennen kann und auch darauf brennt, intrinsisch nur der Wahrheit zu folgen. Der jüdisch-christliche Mythos produziert eine fast schizophrene anthropologische Struktur: Der Wissenschaftler muss an die Objektivität und Sinnhaftigkeit der Welt glauben – bei gleichzeitigem Grundzweifel an seiner eigenen Fähigkeit wegen der Möglichkeit des Irrtums. Diese Gleichzeitigkeit muss er durchhalten und permanent auf der Suche sein, wohlwissend, dass sein Erkennen immer partiell bleibt.[24] Ein Wissenschaftler, besessen von diesem Geist der Wahrheit, wird nicht in die Versuchung geraten, „bullshit"[25] zu produzieren, weil seine primäre Verantwortung primär vor dem unbestechlichen Ideal besteht, welches in ihm und seinem Gewissen wohnt.[26]

Der letzte Schritt in der Entstehung der modernen Wissenschaft ist die Hinwendung hin zur empirischen, intersubjektiv nachvollziehbaren Methodik. In Ansätzen könnte man diese Entwicklung in der griechischen Philosophie nachverfolgen. Aristoteles, im Gegensatz zu Platon, legte viel mehr Wert auf Beobachtung. Doch blieb Empirie bei den Griechen unterentwickelt. Dies hing mit ihrem starken Rationalismus zusammen. Der Aufstieg hin zur unveränderlichen Welt der Ideen war wichtiger als die Fokussierung auf die vergängliche Welt und den Körper.

[23] Es ist auch nicht von ungefähr, dass Weber am Ende seines Vortrages über Wissenschaft als Beruf den Propheten Jesaja zitiert. Hierdurch entsteht eine Identifikation zwischen dem einsamen Rufer der Wahrheit in der Person des Wissenschaftlers mit dem israelitischen Propheten. Siehe *Weber*, Wissenschaft als Beruf, 511.

[24] Michael Polanyi hat diese strukturelle Ähnlichkeit zwischen der religiösen und wissenschaftlichen Suche auf den Punkt gebracht: „Christian worship sustains, as it were, an eternal, never to be consummated hunch: a heuristic vision which is accepted for the sake of its unresolvable tension. It is like an obsession with a problem known to be insoluble, which yet follows, against reason, unswervingly, the heuristic command: ‚Look at the unknown!' Christianity sedulously fosters, and in a sense permanently satisfied, man's craving for mental dissatisfaction by offering him the comfort of a crucified God." Siehe *Polanyi*, Personal Knowledge, 199. Polanyi betont, dass das Christentum Hoffnung und Trost anbietet, um die permanente Spannung durchzuhalten.

[25] Harry Frankfurt beschreibt denjenigen, der „Bullshit" redet, als jemanden, der nicht darum bemüht ist, durch seine Sprache sich der objektiven Wirklichkeit anzunähern. Stattdessen möchte der Sprecher, ob bewusst oder unbewusst, seine Position verbessern. Bullshit gedeiht in einer Welt des Antirealismus. Somit entkoppelt sich „bullshit" vom Kriterium der Wahrheit. Aufrichtigkeit allein genügt für Anerkennung. Siehe *Frankfurt*, On Bullshit.

[26] Remi Brague verweist auf die Entstehung des modernen Gewissens in der theologischen Überzeugung der Innewohnung Gottes. Siehe *Brague*, Are Non-Theocratic Regimes Possible?

Durch den Siegeszug des Christentums setzte sich jedoch zunehmend die Wertschätzung der empirischen Wirklichkeit durch. Gott wurde selbst durch Christus Teil seiner Schöpfung, ein konkreter Mensch aus Fleisch und Blut in einer partikularen Kultur. Die Alltagserfahrung gewann an Bedeutung. Im Zuge des Nominalismus im späten Mittelalter wurde von den scholastischen Theologen der aristotelische Empirismus weiterentwickelt. Insbesondere Wilhelm von Ockham betonte die Beschreibung der Welt aus systematischer Beobachtung von Ursache und Wirkung.[27] Die Betonung der göttlichen Freiheit und seines Willens in Abgrenzung zur statischen griechischen Philosophie und in Konsequenz auch der menschlichen Freiheit, gepaart mit der Wertschätzung der Inkarnation Gottes, führte zur stärkeren Fokussierung auf die konkrete empirische Welt. Ewig gültige *a priori* der menschlichen Vernunft wurden als gegensätzlich zur christlichen Demut interpretiert. Durch scholastische Interpretationen des Wirkens Gottes wurde die Grundlage der empirischen Methodik gelegt. Der Mensch steht in Verantwortung vor Gott die konkrete Welt zu erforschen.

Aus wertneutraler, historischer Perspektive könnte der Mythos als eine Form der grundsätzlichen Orientierung des Menschen in der Welt interpretiert werden. Der Mensch findet sich eingebettet in Zeit und Raum vor. Seine Sinne sind jedoch nur sehr begrenzt. Ein Mythos dehnt Raum und Zeit aus und ermöglicht so einer menschlichen Gemeinschaft eine gemeinsame Identität über die partikularen stammesgeschichtlichen Grenzen hinaus. In diesem Sinne verweist jeder Mythos über menschliche Begrenzung, sowohl durch seine Sinne als auch Lebensspanne, hinaus. Dagegen verweist der Logos auf einen kleineren Ausschnitt innerhalb dieses weiten mythischen Horizontes. Wie ein Taucher, der in den dunklen Ozean mit einer Taschenlampe eintaucht und nur das erblicken kann, worauf er das Licht richtet, so erleuchtet auch der Logos immer nur einen Ausschnitt und bringt diesen zur Oberfläche des Bewusstseins. Eine andere Metapher wäre die Kamera. Der Mythos bietet einen Gesamteindruck mit sehr niedriger Auflösung. Der Logos fokussiert und ermöglicht eine schärfere Wahrnehmung. Jeder Künstler weiß, dass er zuallererst die Stimmigkeit des Bildes durch sehr grobe Striche einfangen muss, bevor er sich auf die Details konzentriert. Sonst kippt das Bild. So funktioniert auch unser Gehirn. Der Mensch erfasst zuallererst das Ganze, bevor er ins

[27] Siedentop fasst den grundsätzlichen Unterschied zwischen Ockham und der griechischen Philosophie wie folgt zusammen: „Ockham and other nominalists did not renounce reason. Rather, they refined its uses. Their work amounted to a protest […] against a rationalism which claimed to contain God's activity within a framework of human assumptions and definitions: what has been called ‚Greek necessity'. For Ockham and his followers, such claims to capture the world of experience in a system of essence and final causes was an example of hubris. Siehe *Siedentop*, Inventing the Individual, 319.

Detail geht. Doch schon in der griechischen Philosophie finden sich Ansätze der Überwindung des Mythos durch den Logos.

2. Logos gegen Mythos

Innerhalb der griechischen Kultur finden sich auch zunehmende Polarisierungen zwischen Logos und Mythos, mit Erhebung des Logos als höherwertiger über den Mythos. Die neutrale Verwendung dieser Begriffe wird zugunsten einer besonderen Wissensform des Logos aufgelöst. So konstatiert Nesselrath:

> Insgesamt lässt sich seit der 1 Hälfte des 5 Jh.s feststellen, dass *μῦθος* seine bisherige neutrale Bedeutung als ‚gesprochene/vorgetragene Darlegung' allmählich verliert und mehr und mehr im Sinne von ‚unzuverlässige/unglaubwürdige Geschichte' verwendet zu werden beginnt.[28]

Nesselrath zeigt diese Entwicklung auf, sowohl in der Dichtung, in der Geschichtsschreibung, als auch in der Philosophie. Zunehmend wird der Mythos mit erfundenen Geschichten assoziiert, die höchstens für die Erziehung der Kinder geeignet sind. Demgegenüber muss der mündige Erwachsene sich dem Logos stellen, um der Wahrheit näher zu kommen. Wilhelm Nestle stellt den Gegensatz zwischen Mythos und Logos in seinem Klassiker wie folgt dar:

> Mythos und Logos – damit bezeichnen wir die zwei Pole, zwischen denen das menschliche Geistesleben schwingt. Mythisches Vorstellen und logisches Denken sind Gegensätze. Jenes ist – unwillkürlich und aus dem Unbewußten schaffend und gestaltend – bildhaft, dieses – absichtlich und bewußt zergliedernd und verbindend – begrifflich.[29]

Nestle sieht also einen grundsätzlichen Unterschied in der Form des Mythos und Logos und verwendet eine poetische Metapher, um eine evolutionäre Entwicklung zu verdeutlichen:

> Wie die Erdoberfläche ursprünglich ganz mit Wasser bedeckt war, das erst allmählich zurückwich und Inseln und Kontinente hervortreten ließ, so war auch dem primitiven Menschen die ihn umgebende Welt und sein eigenes Wesen von einer mythischen Vorstellungsschicht überdeckt, die erst in langen Zeiträumen allmählich soweit zurücktrat, daß immer größere Gebiete vom denkenden Verstande bloßgelegt und erhellt wurden.[30]

Die platonische Metaphorik vom Licht, welches assoziiert mit dem Logos, der Vernunft, die mythische Dunkelheit verdrängt, ist seit dem 18. Jahrhundert allgegenwärtig. Charles Taylor verwendet das Bild eines rationalen

---

[28] *Nesselrath*, Mythos – Logos – Mytho-Logos, 10.

[29] *Nestle*, Vom Mythos zum Logos, 1.

[30] *Nestle*, Vom Mythos zum Logos, 1

Kerns, welcher von den unnötigen mythischen Schichten von Tradition und Religion freigelegt wurde.[31] Die Wissenschaft stehe demnach im Dienste dieses emanzipatorischen Ideals, die Kantische Befreiung aus der Unmündigkeit vollzieht sich vermittels der rationalen Befreiung des Individuums aus dem niederen, kindlichen Zustand der Unmündigkeit.[32] Die Assoziation des Logos mit Wissenschaft und Fakt in Abgrenzung zum Mythos als Wunschvorstellung hat sich im Alltag etabliert, auch wenn der Höhepunkt dieser Entwicklung mit dem Kollaps des Logischen Positivismus schon längst überschritten ist.[33]

Eine krude Form des Positivismus erwachte kurz zum Leben in der Bewegung des „New Atheism“ am Anfang der Jahrtausendwende. Hier war bezeichnend, dass die Naturwissenschaften zur einzigen Wirklichkeit erhoben wurden und ähnlich der Metaphorik von Nestle der mythische Gott zum Lückenbüßer erklärt wurde, welcher mit dem Fortschreiten des Wissens notwendigerweise verdampft. Die Vertreter dieser Bewegung waren meist philosophisch und historisch unbelesene Naturwissenschaftler. Daher ist ihre Naivität ihnen verzeihbar.[34] Dies könnte jedoch auch als eine Abgrenzungsstrategie auf der ersten Ebene interpretiert werden, als Binnenperspektive partikularer Disziplin. Doch die Überhöhung des Logos hat eine Reaktion eingeladen: Die Erhebung des Mythos über den Logos.

3. Mythos gegen Logos

Die These, wonach der Mythos in der griechischen Philosophie nie überwunden wurde und seine ordnende Position beibehielt, hielt sich trotz der verschiedenen Entmythologisierungsnarrative. Fowler zeigt durch detaillierte Untersuchung von Platons Dialogen angesichts seiner Auseinandersetzung mit den Sophisten, dass der Mythos weiterhin in positiver Gestalt aufleuchtet.[35] Christina Schefer deutet Platonische Philosophie durch das Vorzeichen der Apollinischen Präsenz. Sie schließt ihre detaillierte Ausführung mit der provokativen Frage: „Ist nicht nur die Form, sondern auch der Inhalt der platonischen Philosophie religiöser Natur? *Ist* Platons Philosophie Religion?“[36]

---

[31] Charles Taylor fasst diese Sicht unter dem Begriff „subtraction stories“ zusammen. Siehe *Taylor*, A Secular Age, 26–29.

[32] *Nestle*, Vom Mythos zum Logos, 6.

[33] A. J. Ayers *Language, Truth & Logic* vor fast 100 Jahren repräsentierte den Höhepunkt des Positivismus. Von da an hat sich das empiristische Verifikationskriterium unter starker Kritik als nicht haltbar erwiesen.

[34] David Berlinski bot eine beißende, sarkastisch-brillante Entgegnung auf die naive Prätention des neuen Atheismus in seinem Essay *The Devil's Delusion*.

[35] *Fowler*, Mythos and Logos, 63–64.

[36] *Schefer*, Platon und Apollon, 329.

In der Romantik wurde der Mythos als das Ursprüngliche und Ganze wiederentdeckt. Im Mythos wurde die Gegenkraft gegen die trennende, mechanistische Vernunft gesehen. Demnach kam dem Mythos eine größere Rolle zu als der Vernunft, weil der Mensch erst durch den Mythos in den Gesamtzusammenhang des Lebens eingebettet wurde. Schelling, wie kein anderer Philosoph der Romantik, hat dem Mythos eine zentrale Rolle in der Vermittlung der Wahrheit beigemessen:

> Der mythologische Proceß hat also nicht bloß religiöse, er hat *allgemeine* Bedeutung, denn es ist der allgemeine Proceß, der sich in ihm wiederholt; demgemäß ist auch die Wahrheit, welche die Mythologie im Proceß hat, eine nichts ausschließende, universelle.[37]

Eine noch stärkere Abwertung des Logos gegenüber dem Mythos kam von Friedrich Nietzsche. Er sah geradezu in der Sokratischen Philosophie und Betonung der Vernunft eine Degeneration der griechischen Zivilisation. Demnach wurde das Leidenschaftliche und Starke gezähmt durch den argumentierenden Philosophen. Nietzsche sah in der Sokratischen Vernunft eine Maske, die die persönliche Schwäche und Hässlichkeit des Philosophen kaschierte. Wie Most zutreffend offenlegte, sah Nietzsche im Mythos die einzige Möglichkeit der Errettung aus der zivilisatorischen Zersplitterung und Schwäche. Dies hat Nietzsche auch umzusetzen versucht durch seine Schrift „Die Geburt der Tragödie", in der er die Götter Dionysos und Apollo als zwei schöpferische Kräfte beschrieb.[38] In der Person Zarathustras erschuf Nietzsche einen eigenen Mythos, angelehnt an die Evangelien. Letztlich sah Nietzsche in der Entwicklung vom Mythos zum Logos ein Schwinden der Lebenskraft. Die einzige Lösung sei die Erschaffung neuer Mythen aus dem Genius des Übermenschen.

Most zieht das Fazit, wonach die Kritik des Logos das zentrale Motiv in der Deutschen Philosophie des 19. Jahrhunderts geworden sei. Sie wirke demnach mächtig auf die gegenwärtige Philosophie in Europa und Nordamerika. Most führt hierzu Horkheimers und Adornos pessimistische Schrift „Dialektik der Aufklärung" an, in der sie letztlich dem aufklärerischen Logos das Versagen diagnostizierten, sich aus der mythischen Umklammerung herauszuwinden.[39] Der Großteil der gegenwärtigen französischen Philosophie könnte durch das Muster der mythischen Kritik des Logos gelesen werden. Sowohl Derrida als auch Foucault sahen sich als Erben Nietzsches. Demnach sei der Logos bloß eine Maske über dem Willen zur Macht. Die zentrale Aufgabe der Philosophie bestehe demnach in der Demaskierung des Mythos, der sich als objektiver Logos tarnt. Nietzsche und seine Jünger sind jedoch ehrlich genug, ihre ei-

---

[37] *Schelling*, zitiert in *Most*, From Logos to Mythos, 43.

[38] *Most*, From Logos to Mythos, 41.

[39] *Most*, From Logos to Mythos, 40–41.

gene Dekonstruktion nicht für einen Logos auszugeben. Ihnen geht es um die Erneuerung des Mythos. In letzter Konsequenz, wenn der Mythos triumphiert, erübrigt sich die Grenzziehung zwischen Wissenschaft und Pseudowissenschaft. Der Logos wird als Instrument der Macht demaskiert. Argumentation sei mühselig und irreführend. Es genüge, die Wissenschaft aus der manichäischen, mythischen Logik heraus als westlich, phallogozentrisch[40], oder durch beliebige mythische Handlungswendung zu diskreditieren. Der Logos wird aufgelöst im Mythos des neuen Gottes. Auf dieser Ebene der mythischen Vernichtung des Logos sind die meisten Wissenschaftler und Philosophen machtlos, weil sie die komplett anderen Spielregeln nicht durchschauen. Sie merken, dass sie mit ihren üblichen wissenschaftlichen oder philosophischen Gründen nicht weiterkommen. Wenn ihre gesamte wissenschaftliche Praxis nichts anderes sein soll als unbewusste Verteidigung ihrer männlichen, kulturell privilegierten Position, dann erübrigt sich auch rationaler, friedlicher Diskurs, denn dieser wäre ja nichts anderes als ein weiterer Versuch der Dominanz. Hier beißt sich die Katze in den Schwanz. Der wissenschaftliche Diskurs kommt zum Erliegen. Weil die meisten Wissenschaftler und Philosophen weder die eigenen mythischen Wurzeln, noch die des sie erstickenden Mythos kennen, bleiben sie letztlich stumm. Schlimmer noch, aus ihrem Unverständnis heraus brandmarken sie diese Entwicklung als „irrational" oder „ideologisch", ohne zu verstehen, dass sie das brutale Baby aus ihrer ignoranten Besessenheit mit dem puren Logos heraus erst auf die Welt gebracht haben.

Ein tragisches Beispiel dieser Entwicklung ist die Affäre um Richard Dawkins. Er kämpfte um einen puren Logos und hat durch seine Ignoranz erst den gnostischen Mythos auf die Welt gebracht, welcher ihn attackiert. Seine eigene Kirche, die „American Humanist Association" hat Dawkins exkommuniziert. Das Ideal, wonach sich alle, die sich auf den puren Logos konzentrieren und Mythen verbannen, einigen wollten, ist dadurch zerbrochen. Dies ist keine neue Entwicklung. Schon in der Französischen Revolution wurde nach dem Austreiben des klerikalen Geistes ein Tempel der neuen Gottheit der Vernunft errichtet. Das historische Muster verweist auf einen Reim, der sich als Chorus wiederholt: Die Vertreibung des einen Mythos öffnet den Logos nur für eine neue Besessenheit.

Die Zerrissenheit zwischen Mythos und Logos führt zu einem permanenten Antagonismus. Der Mensch, zerrissen zwischen vermeintlich grundverschiedenen Daseinsformen, wird in eine Bipolarität gestürzt, die sich nicht nur individuell, sondern ebenso gesamtzivilisatorisch manifestiert. Letztlich gipfelt der Wahn im Schmerz.

---

40 Dieser Neologismus wurde geprägt von Jacque Derrida, aus der Verbindung von Phallus und Logos.

4. Wahnsinn und Schmerz

Der Mythos vom Menschen, der sich wie ein Prometheus von überkommenen Mythen befreit und durch sein eigenes Wissen das verlorene Paradies aufrichtet, findet sich im Herzen der europäischen Aufklärung bei unzähligen Philosophen und Dichtern wieder. Hier seien exemplarisch nur zwei Beispiele angeführt. Heinrich Heine bringt in seinem Gedicht „Deutschland. Ein Wintermärchen" sowohl die Heuchelei der politisch-religiösen Eliten als auch die Forderung das Paradies auf Erden zu bringen, zum Ausdruck:

> [...]Sie sang das alte Entsagungslied,
> Das Eiapopeia vom Himmel,
> Womit man einlullt, wenn es greint,
> Das Volk, den großen Lümmel.
>
> Ich kenne die Weise, ich kenne den Text,
> Ich kenn auch Herren Verfasser;
> Ich weiß, sie tranken heimlich Wein
> Und predigten öffentlich Wasser.
>
> Ein neues Lied, ein besseres Lied,
> O Freunde, will ich euch dichten!
> Wir wollen hier auf Erden schon
> Das Himmelreich errichten. [...][41]

Über hundert Jahre später schien es so, als ob der Himmel durch Industrialisierung wahrhaftig auf die Erde gekommen sei. Bertrand Russell bringt die Vergöttlichung des Menschen durch die Macht der Wissenschaft auf den Punkt:

> It is not by prayer and humility, that you cause things to go as you wish, but acquiring a knowledge of natural laws. [...] The power of prayer, moreover, had recognized limits; it would have been impious to ask too much. But the power of science has no known limits. We were told that faith could remove mountains, but no one believed it; we are now told that an atomic bomb can remove mountains, and everyone believes it. [...] Some of our activities will do good, some harm, but all alike will show our power. And so, in this godless universe, we shall become gods.[42]

Mit der kometenhaften Verbesserung der Welt ändert sich das Verständnis der Wissenschaft von einer Möglichkeit zur Verherrlichung Gottes hin zur menschlichen Macht, das Paradies auf Erden aufzurichten und die veralteten Mythen wie alte Kleider abzustreifen. Das ursprüngliche Motiv ändert sich grundlegend. Die Wissenschaft wurde von einem Ausdruck der Verherrlichung Gottes in den Dienst der säkularisierten politischen Religionen des 20. Jahrhunderts gestellt, wie Michael Polanyi eindrücklich belegte.

---

41 *Heine*, Deutschland. Ein Wintermärchen.

42 *Russell*, The Impact of Science on Society, 15. Wahrscheinlich übertreibt Russell hier bewusst, um des Effekts willen.

Michael Polanyis ursprüngliche Hinwendung zur Wissenschaftsphilosophie kam aus seiner Begegnung mit der Sowjetischen Wissenschaftsphilosophie in seinem Gespräch mit Bukharin im Jahr 1935. Polanyi war verwirrt vom Widerspruch zwischen Erhebung der Wissenschaft zur einzigen Wahrheit in der materialistischen Welt einerseits und ihrer Abwertung zugunsten von marxistischer Utopie andererseits. Polanyi erblickte darin pathologische „Selbstverbrennung“ (english: self-immolation).[43] Die Antwort von Polanyi war eine bessere, humane Wissenschaftsphilosophie, die die wissenschaftliche Praxis in der konkreten anthropologischen Einbettung verortet und nicht im Fünfjahresplan der Partei. Doch Polanyi ist auf diesen Widerspruch nicht näher eingegangen.

Ich teile das Urteil von Polanyi. Vielleicht hat er bewusst das Wort „Selbstverbrennung“ gewählt, als Erinnerung an den Mythos von Ikarus und seiner Hybris, die ihn verbrannte und hat auf die Erde stürzen lassen. Wenn der Logos sich über den Mythos erhebt und sich von diesem löst, entstehen durch die Trennung diverse Pathologien, die großes Leid verursachen.

In der biblischen Schöpfungsgeschichte ist der Mensch relational bezogen auf Gott, die Natur und den Mitmenschen. Er ist ein vermitteltes und eingebettetes Wesen. Die Frau und der Mann sind zwar im Ebenbild Gottes geschaffen, doch aus der Erde – genauso wie die Tiere. Es besteht eine Verbindung zum Ganzen. Das große Ganze wird zusammengehalten durch Gott, der die Stimmigkeit garantiert. Doch mit der Entfernung Gottes kippt das gesamte stimmige Bild und es entsteht eine agonistische Orientierungslosigkeit, wie Nietzsche eindrücklich in der Geschichte vom tollen Menschen demonstriert hat. Die Welt wird nach dem Mord an Gott neu vermessen. Bipolarität ist die neue Wirklichkeit. Louis Sass hat auf eine unheimliche Strukturähnlichkeit zwischen moderner Philosophie und mentaler Erkrankung hingewiesen: Beiden gemeinsam ist die Zerrissenheit zwischen Wurmdasein und Gottdasein.[44] Der Mensch fühlt sich entweder als ein Ding oder universeller Geist. Der Mensch wird ständig durchgeschüttelt und kann nicht zur Ruhe kommen zwischen Größenwahnsinn und kompletter Selbsterniedrigung.

Wenn jedoch der Logos auf den Mythos, nicht nur historisch, sondern auch anthropologisch (siehe weiter unten) angewiesen ist, dann führt die Trennung zu monströsen Konstellationen. Drei Pathologien seien hier kurz erwähnt:

Hybris macht blind. Die bewusste Ausblendung der Komplexität ist zuerst notwendig, damit eine methodische Fokussierung erfolgen kann. Pathologisch wird es erst dann, wenn der Wissenschaftler seine eigene künstliche Kreation

[43] *Polanyi*, The Tacit Dimension, 4.

[44] Siehe *Sass*, Madness and Modernism.

für die einzige Wirklichkeit hält. Dadurch erhebt sich das Detail zum Rahmen. Die Horizonte der Erfahrung schrumpfen. Der Mensch beginnt nur noch das wahrzunehmen, was er für die Wirklichkeit hält. Im logischen Positivismus wurde die gesamte Wirklichkeit auf Empirie geschrumpft. Kontrolle als einziges Kriterium in einer kalten, bürokratisch-rationalen Welt stutzt den Menschen auf das Banalste. Seine Vorstellungskraft erlahmt und er verkrümmt. In dieser Art des Zwangs regen sich Kräfte der Rebellion. Wie Dostojewski einsichtig beschrieb, der Mensch in einer perfekten rationalen Welt würde trotzdem einfach aus Selbstwirksamkeit heraus dieses „Paradies“ in kleine Stücke zerschlagen, weil es nicht seiner Natur entspricht.[45] Die Reduzierung des Menschen auf eine Maschine tut seiner Natur Gewalt an und weckt in ihm die Sehnsucht nach Dionysos. Der moderne Mensch ist zerrissen zwischen seiner distanziert-rationalen und seiner expressiven Natur. Die Zerrissenheit führt zur permanenten Rebellion. Die Unfähigkeit zur Ruhe und Harmonie resultiert in tiefer, einsamer Erschöpfung.[46]

Hybris macht dumm. Durch die Überzeugung der eigenen Vollkommenheit wird die kritische Kapazität geschwächt, weil dem Logos in vollkommener Zufriedenheit mit sich selbst Neugier und Staunen abhandenkommen. Der sich vom Mythos getrennte Logos merkt dabei nicht, wie er von einem anderen Mythos penetriert und erobert wird. Der Logos prahlt mit seiner Reinheit des Wissens und verbeugt sich gerade in diesem Moment vor dem Diktat des Mythos. Paradigmatisch dafür ist Hegel, der in seiner Vorrede in „Phänomenologie des Geistes“ schrieb:

> Die wahre Gestalt, in welcher die Wahrheit existiert, kann allein das wissenschaftliche System derselben sein. Daran mitzuarbeiten, daß die Philosophie der Form der Wissenschaft näherkomme, – dem Ziele, ihren Namen der Liebe zum Wissen ablegen zu können und wirkliches Wissen zu sein, – ist es, was ich mir vorgesetzt.[47]

Liebe als ein Zustand der Ungewissheit wird hier transformiert in Wissen. Das Wissen, herausgelöst aus dem ursprünglichen Mythos, wird jedoch hineingestellt in den gnostischen Mythos der Selbsterlösung. Vom Mittel zum größeren Zweck des Staunens und Anbetung Gottes verkommt die Wissenschaft zum Götzen. In dieser Hegelschen Transformation liegen die Wurzeln der wissenschaftlich-ideologischen Hybris des 20. Jahrhunderts. Szientismus kann nicht als Religion fungieren und ist auf säkularisierte Utopien angewiesen, in deren Dienste die Wissenschaft sich einspannen und dadurch pervertieren lässt. Hier haben wir also das, was Polanyi im Gespräch mit Bukharin so sehr verwundert: Der Logos, der sich vom griechischen und jüdisch-christli-

---

45 *Dostojewski*, Sapiski is Podpolja, 35–37.

46 Dies ist die Diagnose von Byung-Chul Han, in Müdigkeitsgesellschaft, 35.

47 *Hegel*, Phänomenologie des Geistes, 12.

chen Mythos emanzipiert, prostituiert sich an gnostische Mythologien[48] in der Form des Sozialismus oder Nationalsozialismus. Hierdurch erklärt sich auch, warum Nestle, der die Notwendigkeit der Entwicklung vom Mythos zum Logos propagierte, Immanuel Kant in den Dienst der manichäischen nationalsozialistischen Gottheit stellte:

> Diesen Weg vom Mythos zum Logos zu gehen, aus der Unmündigkeit zur Mündigkeit des Geistes emporzuwachsen, scheint den arischen Völkern als denen der höchstbegabten Rasse vorbehalten geblieben zu sein [...].[49]

Wir leben mitten in diesem Umbruch. Langsam merken Ingenieure der KI, dass unsere technischen Möglichkeiten einen Mythos brauchen. Künstliche Intelligenz kann sich nicht selbst das Ziel vorgeben. Hybris hält einen jedoch gefangen in der Dummheit. Wenn KI notwendigerweise mythisch angelegt ist und sein Schöpfer es nicht einsieht, dann ist die Wahrscheinlichkeit sehr groß, dass die KI sich in Folterinstrumente der unsichtbaren Götter verwandelt. Der gefolterte Mensch wird jedoch diese Zusammenhänge nicht verstehen können. Er wird ständig zu technischen Mitteln greifen, um das zu korrigieren, was sich nicht durch den Logos korrigieren lässt. Der Mensch wird nicht eigene Mythen erschaffen. Vielmehr wird er von alten Göttern ergriffen, die aus seinem kollektiven Unbewussten aufsteigen.[50]

Letztlich verführt der vom Mythos verzauberte Logos zum kompletten Stillstand. Alles, inklusive der Möglichkeit des Fragens, gefriert, wie auf der tiefsten Ebene von Dantes Hölle. Hans Blumenberg verdeutlicht, wie die Erledigung des lebendigen Mythos geradezu zu einem letzten, totalen Mythos einlädt:

> In jeder prätendierten Zuendebringung eines Mythos wird die umfassendere, wenn auch implikative Prätention zugänglich, den Mythos zu Ende zu bringen, indem ein letzter vorgewiesen wird. Die Evidenz, dieser letzte zu sein, erfordert eine Totalität, eine Vollkommenheit, deren fatale Wirksamkeit gerade nicht in der Erfüllung der Intention besteht, auf weitere Mythenproduktion Verzicht zu gebieten, sondern allererst die Faszination erfahrbar zu machen, die nicht ruhen läßt, es dem Muster gleich zu tun, den von ihm gesetzten Standard zu halten oder gar zu überbieten. Unter der Bedingung der Neuzeit, die keine Götter und kaum noch Allegorien erfin-

---

48 Ich folge hier Voegelins Einordnung der politischen Religionen des 20-ten Jahrhunderts als gnostisch in ihrem Wesen. Natürlich kann gegen eine solche Lesart eingewendet werden, dass Voegelin zu stark vereinfacht. Immerhin waren dies innerweltliche Mythen. Siehe zur Kritik von Voegelins idealtypischer Lesart, Webb, „Voegelin's ‚Gnosticism' Reconsidered." Voegelin sieht wiederkehrende Muster in der Religionsgeschichte. Hierzu zählt er starken Dualismus und die Idee der Selbsterlösung durch das Wissen, im Gegensatz zur christlichen Erlösung durch die Liebesvermittlung Christi und die kontinuierliche Vermittlung der kirchlichen Sakramente. Siehe *Voegelin*, Modernity Without Restraint.

49 *Nestle*, Vom Mythos zum Logos, 6.

50 Dies ist der Einwand von Carl Jung gegen Nietzsche.

den kann, heißt das, an Stelle der alten Namen neue abstrakte bis hochabstrakte Titel zu setzen: das Ich, die Welt, die Geschichte, das Unbewußte, das Sein. [...] Solche Totalentwürfe sind gerade darin mythisch, daß sie die Lust austreiben, nach mehr zu fragen und weiteres dazu zu erfinden. Sie geben zwar keine Antworten auf Fragen, nehmen sich aber so aus, als bliebe nichts mehr zu fragen übrig.[51]

Der Mythos, der die Fähigkeit zum Staunen erstickt und die menschliche Neugier in ein Prokrustesbett zwingt, sperrt den menschlichen Geist ein. Im Mittelalter hat sich manchmal die von der Macht berauschte Kirche dieses Verbrechens schuldig gemacht. Doch im säkularen Zeitalter wird diese gewaltsame Beschneidung durch säkularisierte Mythen, auch Ideologien genannt, vollzogen. Im Namen der Wissenschaft werden die Wurzeln der Wissenschaft abgeschnitten. Doch ein Mensch, der durch die Wissenschaft nicht mehr Wirksamkeit erlangen kann, wird wieder zum Spielball der Natur, sein Leben wird wieder kurz und brutal werden. Pathologien sind Ausdruck der Verletzung der menschlichen Natur. Der Schmerz verweist auf Störung der Resonanzbeziehungen. Letztlich liegt die unzertrennliche Einheit zwischen Mythos und Logos in der menschlichen Natur begründet. In der folgenden Diagnose werde ich kurz auf diesen ursprünglichen Zustand eingehen.

II. Philosophische Diagnose

1. Mytho-logos

Es gibt unterschiedliche Möglichkeiten festzustellen, dass wir uns nicht in einer harmonischen Beziehung zur Wirklichkeit befinden. Das erste wäre der Schmerz, der mich darauf verweist, dass ich meine Beziehung korrigieren muss. Die Trennung und Gegenüberstellung von Mythos und Logos führt zu Wahnsinn und Schmerz. Eine Korrektur ist unausweichlich, wenn noch mehr zivilisatorisches Leid vermieden werden soll. Doch es gibt auch sanftere Hinweise vom Logos selbst. Wenn der Logos sich nicht über den Mythos erhebt, erkennt er demütig seine Angewiesenheit auf den Mythos.[52] Solche Hinweise finden sich in der philosophischen Reflexion über den Mythos, zunehmend in den Neurowissenschaften, und schon länger in der Physik. Es ist der Logos, der über sich selbst verweist auf eine größere Einbettung im mythischen Horizont.

---

[51] *Blumenberg*, Arbeit am Mythos, 319.

[52] Ian McGilchrist sieht gerade in der eigenen Begrenzung des Intellekts seine höchste Leistung: „Because the highest achievement of the analytic intellect – and this only very rarely happens – comes when it knows when to stop: how to turn its power, when necessary, on itself, so as to see its proper limits and to abide by them.“ Siehe *McGilchrist*, The Matter With Things, 1311.

Die Reflexion über den Mythos festigt ihn umso mehr als notwendigen Hintergrund. Hans Blumenberg sieht den Mythos als ein menschliches Kontinuum.[53] Der Mythos sei weder ein Ausdruck von primitivem Denken noch ein Werk von Priestern, um die naiven Massen in Schach zu halten. Vielmehr erklärt Blumenberg die Genese des Mythos durch einen „Absolutismus der Wirklichkeit" welche er wie folgt definiert:

> Er bedeutet, daß der Mensch die Bedingungen seiner Existenz annähernd nicht in der Hand hatte und, was wichtiger ist, schlechthin nicht in seiner Hand glaubte. Er mag sich früher oder später diesen Sachverhalt der Übermächtigkeit des jeweils Anderen durch die Annahme von Übermächten gedeutet haben.[54]

Blumenbergs Unterscheidung ist hierbei wichtig. Es kommt nicht nur darauf an, ob der Mensch wirklich in Kontrolle ist, sondern darauf, wie er über die Situation urteilt. Aus mittelalterlicher Perspektive hat der moderne Mensch ungeahnte Kontrolle über die Natur durch technologischen Fortschritt. Doch diese historische Sicht relativiert sich, weil der moderne Mensch sich gleichzeitig als Spielball unsichtbarer Kräfte sieht. Hans-Peter Dürr bringt dieses Paradox zum Ausdruck. Die wachsende Kontrolle hat das Gefühl der Gefährdung nur verstärkt:

> Die Dominanz der naturwissenschaftlichen Betrachtungsweise, das unmittelbare Erlebnis des atemberaubenden technischen Fortschritts verstellt uns heute den Blick auf das Transzendente und seine Notwendigkeit für unser Leben. Aber mit dem Anwachsen unserer Gefährdung wird dieser Mangel spürbarer. In der verwirrenden Vielfalt einer zunehmend komplexeren und komplizierteren technischen Welt wird der Ruf nach einer klaren Orientierung immer lauter. Es wächst bei den Menschen der modernen Gesellschaft das Verlangen, hinter dieser sich immer weiter aufsplitternden und zerbröselnden Gedankenwelt wieder das wesentlich „Eine" oder, wie Werner Heisenberg es nennt, die „zentrale Ordnung" zu erkennen.[55]

Daher gedeihen Mythen gerade auch im technologischen Zeitalter und die Symbolik von Mächten, die den Menschen penetrieren, erlebt eine Renaissance angesichts der KI. Innerhalb dieses Gefühls von Ohnmacht wirkt der Mythos entlastend und vertrauensfördernd: „Alles Weltvertrauen fängt an mit den Namen, zu denen sich Geschichten erzählen lassen […]. Der Schrecken, der zur Sprache zurückgefunden hat, ist schon ausgestanden."[56] Blumenbergs Beschreibung des Mythos als ein Muster der Orientierung in der furchteinflößenden, endlosen Welt ist zentral für die Annahme, dass der Mythos nicht ein Lückenbüßer ist, sondern eine notwendige Bedingung für die methodische

---

[53] Daher der Titel: „Arbeit am Mythos." Sein letztes Kapitel ist Programm: „Wenn nicht *den* Mythos, dann wenigstens *einen* zu Ende bringen."

[54] *Blumenberg*, Arbeit am Mythos, 9.

[55] *Dürr*, Vorwort, 9.

[56] *Blumenberg*, Arbeit am Mythos, 41.

Erkundung. Ohne Mythos erlischt der Bedeutungshorizont und das Denken verfällt in Starre oder Flucht angesichts der es überwältigenden Furcht.

Ian McGilchrist gründet Blumenbergs philosophische Spekulationen auf evolutionsbiologische und neurowissenschaftliche Überlegungen. Demnach erklärt er die Zweiteilung des menschlichen Gehirns mit unterschiedlichen Aufgaben, die notwendig zum Überleben des Menschen waren. Um zu überleben, musste der Mensch sich auf konkrete Aufgaben, wie zum Beispiel ausbuddeln der Nahrung, konzentrieren und gleichzeitig den gesamten Horizont im Auge behalten, um nicht selbst zur Beute der Raubtiere zu werden. Die zwei Gehirnhälften sind zuständig für diese grundverschiedenen Aufgaben und kooperieren trotzdem miteinander, um die Gleichzeitigkeit der Unterschiede zu sichern. McGilchrist sieht jedoch die Hauptverantwortung bei der rechten Gehirnhälfte, die ganzheitlich-anschauend den Horizont absteckt, in welchem dann die linke Gehirnhälfte analytisch-partikular tätig wird.[57] McGilchrist weist akribisch, anhand wissenschaftstheoretischer als auch neurobiologischer Literatur nach, dass das intuitive, analogisch-metaphorische Denken die Grundlagen für das analytische Denken legt.[58] Insofern ist die mythische Erfassung der Horizonte der erste Schritt zur Konkretisierung des Logos.

Entgegen den Erwartungen des 19. Jahrhunderts hat der Fortschritt des Wissens nicht den Mythos gemildert, sondern seine Bedeutung umso mehr bestärkt. In seinem Band „Physik und Transzendenz" hat Peter Dürr einige der bedeutendsten Physiker des 19. und 20. Jahrhunderts versammelt, um deren Gemeinsamkeit über die Komplementarität von Physik und religiösen Mythen hervorzuheben. Es scheint, dass je mehr wir über die Materie wissen, desto mehr wir die bildhafte und gleichnishafte Sprache der Mythen zu schätzen lernen:

> Hatte man ursprünglich vermutet, daß das „Transzendente" im Laufe der Entwicklung der Naturwissenschaften immer weiter zurückgedrängt werden würde, weil letztlich alles einer rationalen Erklärung zugänglich sein sollte, so stellte sich nun im Gegenteil heraus, daß die uns so handgreiflich zugängliche materielle Welt sich immer mehr als Schein entpuppt und sich in eine Wirklichkeit verflüchtigt, in der nicht mehr Dinge und Materie, sondern Form und Gestalt dominieren. Das Höhlengleichnis Platons [...] kommt unweigerlich in den Sinn.[59]

In Abgrenzung zur positivistischen Reduktion der Sprache betont Niels Bohr geradezu die Fülle der sprachlichen Möglichkeiten, um das Denken für das Verständnis der Quantentheorie anzuregen. Die Annäherung an die Wirklichkeit durch Bilder und Gleichnisse sei hierbei sowohl der Mythologie als

---

[57] Dies wird schon in seinem Titel deutlich: „The master and his emissary."

[58] *McGilchrist*, The Matter With Things, 407–547.

[59] *Dürr*, Vorwort, 13.

auch der Physik eigen.[60] Niels Bohr erkennt am Beispiel der Quantentheorie, dass die Wirklichkeit in ihrer Tiefenstruktur paradoxe Muster aufweist, deren Erfassung die Physiker in die metaphorisch-bildhaften Tiefen führt. Der Logos bleibt im Mythos verwurzelt und wird sich mit dem Fortschreiten der Erkenntnis umso mehr seiner eigenen Grenzen bewusst, bei gleichzeitiger Wertschätzung der Urformen des Mythos. Der Bindestrich zwischen dem Mythos und dem Logos in der Überschrift zu diesem Artikel symbolisiert ihre Unzertrennlichkeit bei gleichzeitiger Differenz.

2. Paradoxie

Die Beziehung zwischen Mythos und Logos in Bezug auf wissenschaftliche Praxis lässt sich durch diesen paradoxen Satz ausdrücken: Die Grenze kann nicht gezogen werden, sie muss jedoch eingehalten werden. Die Trennung zwischen Mythos und Logos existiert nicht, sie muss jedoch in der wissenschaftlichen Praxis so behandelt werden, als ob es sie gäbe. Jeglicher Übergriff des einen oder des anderen zerstört die Wissenschaft, die aus der Interaktion dieser Sphären lebt.

Nach Ian McGilchrist verweist die Paradoxie in der Erfahrung und im Denken auf die Struktur des Gehirns. Ohne diese jedoch zu kennen, erkannte der Physiker Louis de Broglie die widersprüchliche Tendenz des menschlichen Bewusstseins, die gesamte paradoxe Wirklichkeit auf der einen Seite auf klare, individuelle Ausschnitte zu reduzieren, um diese greifbar zu machen. Auf der anderen Seite steht die intuitive Einsicht der relationalen Verbundenheit aller Dinge und ihrer ganzheitlichen Einbettung.[61] Das Paradox lässt sich also nicht im Denken auflösen, weil es der Grundstruktur des Gehirns zuwiderläuft. Das Resultat dieser Auflösung wäre der langsame Tod der Wissenschaften von gelebter Praxis zur sezierten Leiche. Anstatt also auf eine Synthese, das „was“, sollte auf das „wie“ Wert gelegt werden. Henri de Lubac sieht die Aufgabe der Paradoxie in der „Suche oder Erwartung der Synthese. Vorläufiger Ausdruck einer immer unvollständigen Sicht, aber unterwegs zur Fülle. […] Je mehr das Leben sich steigert, anreichert, verinnerlicht, desto mehr Boden gewinnt das Paradox.“[62]

Es erfordert also eine demütige Anerkennung, dass die Paradoxie auf Lebendigkeit verweist, die der Mensch nur staunend beschreiben kann, ohne sie vollständig zu begreifen. Denn das, was der Mensch umgreift, wird dadurch von lebendigen Bezügen abgeschnitten. Definitionen sind notwendig als vor-

[60] Bohr zitiert in: *Heisenberg*, Positivismus, Metaphysik und Religion, 313.

[61] *McGilchrist*, The Matter With Things, 669.

[62] *De Lubac*, Glaubensparadoxe, 7.

läufige Muster der Orientierung. Doch gibt es lebendige Beziehungen, die als solche nie vollständig kontrolliert werden können, weil sie den Menschen verbinden. Die Hybris des Denkens drängt dagegen auf eine klare Erfassung und somit Fossilierung der Relation. Da die Paradoxie sich in den tieferen Schichten des Lebens und Denkens offenbart, erfordert es auch Weisheit zu wissen, wann Grenzziehungen angebracht sind und wann Grenzen der Grenzziehungen gezogen werden sollten.

a) Grenzen der Grenzziehungen

Das Zwischenfazit für das Problem der Grenzziehung lautet: Die Möglichkeit und der Sinn der Abgrenzung zwischen Wissenschaft und Pseudowissenschaft hängt davon ab, auf welcher Ebene dies vollzogen wird. Auf der ersten Ebene ist die Grenzziehung möglich und sinnvoll. Doch auch hier sollte klar unterschieden werden zwischen den Kriterien. So könnte es durchaus methodologische Übereinstimmung bei metaphysischer Differenz geben. Zum Beispiel könnten zwei Wissenschaftler methodologischen Naturalismus bejahen, diese Methodik jedoch aus ganz unterschiedlichen metaphysischen Voraussetzungen begründen. Theismus und methodologischer Naturalismus schließen sich hierbei nicht aus.

Auf der zweiten Ebene der Wissenschaftstheorie ist die Abgrenzung sinnvoll, jedoch aus gegenwärtiger Perspektive kaum möglich, weil sich die Reduktion der gesamten menschlichen Wahrnehmung auf ein Kriterium als nicht sinnvoll erwiesen hat. Auf der historisch-formalen Ebene ist die Abgrenzung zwischen Mythos und Logos weder möglich noch sinnvoll. Stattdessen sollte die Gleichzeitigkeit dieser Formen und ihre paradoxe Komplementarität anerkannt werden. Das Abgrenzungsproblem transformiert sich an dieser Stelle in eine andere Fragestellung: Welche Art von Mythos ermöglicht den Logos und wo florieren diese Formen zusammen? Im letzten Teil skizziere ich den Lebensraum, in welchem paradoxe Beziehungen am besten gedeihen.

III. Religiöses „Asylum"

1. Das Ringen um einen wahren Mytho-logos

Trennung des Logos vom Mythos führt zum Schmerz und einer erneuten Eroberung des Logos vom Mythos. Wissenschaftliche Praxis ist aus dem Mythos hervorgegangen und bedarf einer Verankerung in einer Metaerzählung. Der Frage, in welchem Mythos die Wissenschaft am besten gedeiht, kann nicht ausgewichen werden. Es war kein Zufall, dass die wissenschaftliche Praxis nach der Renaissance aus dem griechischen und jüdisch-christlichen

Humus erwachsen ist. Die Endlichkeit der Möglichkeiten setzt einen natürlichen Rahmen für den Vergleich.

Die „Wahrheit" eines Mythos[63] unterliegt nicht den gleichen empirischen Kriterien wie ein Objekt aus einem Laborversuch. Vielmehr kristallisiert sich die Wahrheit eines Mythos aus ihrer allgemeinen Stimmigkeit, d. h. auf die Wahrheit eines Mythos kann nur rekurriert werden aus einer Relationalität heraus. Dies wird deutlich im personalen Wahrheitsbegriff von Jesus. Jesus beansprucht als fleischgewordenes Wort Gottes die Wahrheit zu sein und jeder, der in Beziehung mit ihm tritt, erlebt die Auswirkungen dieser Wahrheit. Jesus verspricht Leben im Überfluss, Freiheit von destruktiven Kräften der Sünde und die positive Freiheit hin zur Liebe.[64] Wahrheit ist hier ein personaler Begriff. Sie ist kein statisches System und kein Dogma propositionaler Überzeugungen. Jesus ermahnt seine Jünger, in ihm zu bleiben.[65] Es ist ein Prozess, ein Ringen darum, in der Wahrheit, im Glauben als „Synchronisierung mit Gottes Wirklichkeit"[66] zu wachsen. In Ableitung der personalen Wahrheit bei Jesus stelle ich in Bezug auf den wahren Mytho-logos folgende drei Prinzipien auf:

Der wahre Mytho-logos ist das Resultat des kontinuierlichen, lebendigen Ringens. Es ist kein Gestell, welches bürokratisch, per Verordnung von oben aufoktroyiert wird. Genauso wie in der Schöpfungsgeschichte jeder Mensch im Ebenbild Gottes geschaffen wurde und Gott einen Bund mit jedem Israeliten schließt, verkörpert jeder Mensch durch sein Leben die Lebensbedingungen für gesellschaftliche Institutionen, inklusive der Wissenschaft. Lebendige Institutionen erwachsen aus der harmonischen Relationalität der Menschen zum höchsten Ideal, zueinander, zur Natur und zu sich selbst.

Der wahre Mythos bringt die Möglichkeit einer Ordnung und Stabilität hervor. Aus dieser Sicht sind Mythen abzuweisen, die permanentes Chaos proklamieren, manichäische Kämpfe zwischen Göttern oder Geistern, die ständig zufriedengestellt werden müssen. Hierzu zählt auch der säkularisierte Manichäismus in der Gestalt des Marxismus. Natürlich sind diese antagonistische Handlungen denkbar, doch führen sie nicht zum Leben und schon gar nicht zur wissenschaftlichen Praxis. Der Mensch muss zur Ruhe kommen können, um tief denken zu können. Doch Götter, die permanent vom Menschen Opfer einfordern und gefüttert werden wollen, erschaffen eine hyperaktive Welt. Hanna Arendt hat zurecht darauf hingewiesen, dass permanente

63 C. S Lewis spricht vom Christentum als einem wahren Mythos. Siehe *Lewis*, Myth became Fact.

64 E.g. Johannes 10.10, die Bibel.

65 Johannes 15, die Bibel.

66 Vielen Dank an Stefan Kürle, der mir diesen Begriff vorgeschlagen hat. Stefan hat meine erste Fassung revidiert und sehr wichtige Impulse geliefert.

Bewegung ein Kennzeichen aller totalitärer Systeme ist.[67] Es ist daher nicht verwunderlich, dass in Gesellschaften, die sich der manichäischen Logik unterwerfen, wissenschaftliche Praxis letztlich zum Erliegen kommt, weil sie sich nicht an Schönheit und Wahrheit orientieren kann, sondern gezwungen wird, zum Instrument der Macht zu werden. Es sind auch Mythen zurückzuweisen, wo Vertrauen in die Stabilität der Wirklichkeit nicht gegeben ist. Dagegen garantiert der jüdische Mythos, dass die Erde nicht durch eine Naturkatastrophe untergehen wird, weil Gott durch einen ewigen Bund seine Fürsorge zusichert. Alle hysterischen Projektionen angesichts einer anonymen, rachsüchtigen Naturgottheit, die zunehmend im weltanschaulichen Vakuum an Gewicht gewinnen, sind als Todeskulte entschieden zurückzuweisen.

Der biblische Mythos erhöht den einzelnen Menschen durch besondere Würde und Verantwortung. Nur ein Mensch, der tief davon überzeugt ist, dass er würdig und in der Lage ist, die Natur zu erforschen, wird den steinigen Weg der wissenschaftlichen Methodik auf sich nehmen. In diesem Kontext ist die Frage von Wolfgang Pauli an Werner Heisenberg von zentraler Bedeutung: „Glaubst du eigentlich an einen persönlichen Gott?" Werner Heisenberg antwortete darauf hin:

> Darf ich die Frage auch anders formulieren? […] Dann würde sie lauten: Kannst du oder kann man der zentralen Ordnung der Dinge oder des Geschehens, an der ja nicht zu zweifeln ist, so unmittelbar gegenübertreten, mit ihr so unmittelbar in Verbindung treten, wie dies bei der Seele eines anderen Menschen möglich ist? […] Wenn du so fragst, würde ich mit Ja antworten. Und ich könnte, weil es ja auf meine persönlichen Erlebnisse hier nicht ankommt, an den berühmten Text erinnern, den Pascal immer bei sich trug und den er mit dem Wort „Feuer" begonnen hatte. Aber dieser Text würde nicht für mich gelten.[68]

Heisenberg führt dann weiter aus, dass sowohl in der religiösen Mystik als auch in den Naturwissenschaften, die eigene Erfahrungen wesentlich sind. Der Mensch steht also nicht passiv oder gar feindlich zur Welt, sondern kann diese positiv erfahren. Es gibt eine harmonische Beziehung, die Voraussetzung für jegliche Erkenntnismotivation ist. Heisenberg spricht zwar von der unmittelbaren, intuitiven Einsicht, durch welche sich manchmal ein neues Paradigma dem einzelnen Wissenschaftler erschließt. Sowohl in der wissenschaftlichen Praxis als auch in der Religion gibt es jedoch beides: Mystisches, unmittelbares Schauen als auch vermitteltes Ergreifen der Wirklichkeit durch die Sakramente. Der zentrale Ritus im Christentum ist die Eucharistie.

---

[67] *Arendt*, Elemente und Ursprünge totaler Herrschaft, 682–683.

[68] *Heisenberg*, Positivismus, Metaphysik und Religion, 319–320.

2. Eucharistischer Lebensraum

In den Religionswissenschaften werden verschiedene Theorien über das Verhältnis zwischen Mythos und Ritual aufgestellt. An dieser Stelle möchte ich nur feststellen, dass im Ritual der Mythos verkörpert wird. Durch die Performanz wird der erzählte Mythos in den individuellen Körper eingeschrieben und durch die kollektive Aufführung zur sozialen Wirklichkeit. In Durkheims Überlegung bildet das Ritual das Zentrum, um welches sich dann alle gesellschaftlichen Institutionen zentrieren.[69] Insofern wird durch das Ritual der vorwissenschaftliche Boden für die institutionelle Praxis vorbereitet. Im christlichen Ritual der Eucharistie kann die wissenschaftliche Praxis ihre Wurzeln wachsen lassen.

Die Wurzeln des christlichen Rituals liegen in der Geschichte des Volkes mit Gott. Im Alten Testament versichert Gott immer wieder, dass er souverän die gesamte Schöpfung erhält und zu seinem Volk steht. Diese Zusage gründet sich nicht in der menschlichen Performanz, sondern allein aus Gottes Handeln, welches sich aus seinem Charakter speist. Gottes Zusage des Erhaltens der Schöpfung und des Volkes Israels gilt bis zum Ende der Zeit und garantiert somit ontologische Sicherheit. Der Auftrag, an Gottes Selbsthingabe in Jesus zu gedenken schließt mit dem Versprechen, dass dieses Ritual bis zur Rückkehr von Jesus zu praktizieren ist.[70] Entgegen allen Untergangsszenarien wird in der regelmäßigen Liturgie die Festigkeit der kosmischen Ordnung proklamiert. Dadurch wird der Boden vorbereitet für das Grundvertrauen in der wissenschaftlichen Praxis, dass es Konstanten und Kontinuitäten in der Welt gibt, die darauf warten entdeckt zu werden. Die chaotischen Mächte werden durch den souveränen Gott zurückgedrängt.

Die Einladung zur Eucharistie erschafft einen Raum zur freiwilligen Partizipation. Es gibt keinen Zwang. Gott als der Ursprung allen Seins offenbart sich durch sein Entgegenkommen. Der Mensch wird in die Lage versetzt, die äußere Wirklichkeit, vermittelt durch das Sakrament, unmittelbar zu schmecken und zu begreifen. Die Einladung und das Geschenk der Gnade bereiten den Humus für wissenschaftliche Praxis aus Neugier und freiwilligem Abenteuer, ohne politischen Zwang und utilitaristische Logik.

Die Eucharistie als Erinnerung an Gottes Hingabe durch den Tod Christi am Kreuz, aus purer Liebe, erschafft eine Atmosphäre des Staunens, der Dankbarkeit und Verpflichtung zugleich. Der Mensch, der Gott in sich aufnimmt, verkörpert zugleich die Logik der Aufopferung aus Liebe. Wie der Gottmensch Jesus durch das Kreuz hin zur Herrlichkeit erhoben wird, so fügt

---

69 *Durkheim*, The Elementary Forms of Religious Life, 214–16.

70 1 Korinther 11,26, die Bibel.

sich der Christ der gleichen Logik. Ein exzellenter Wissenschaftler muss bereit sein gekreuzigt zu werden, um der Wahrheit willen, in der Hoffnung, dass die Wahrheit wieder aus dem Grab aufersteht. Die Hingabe aus Liebe zur Wahrheit und die Leidensbereitschaft auf diesem Weg, sind die Charaktereigenschaften von Heiligen und Wissenschaftlern. Diese Hingabe schließt die Bereitschaft zur Kreuzigung mit ein, denn die Hoffnung der Auferstehung strahlt in die Gegenwart mächtig hinein.

In der Eucharistie begegnen sich radikaler Selbstzweifel und unerschütterliches Vertrauen. Die Beichte geht der Eucharistie voraus. In der Beichte wird der Mensch schonungslos mit eigenen Illusionen konfrontiert. Mit einem kritischen Skalpell trägt er die oberflächlichen Schichten ab, um die tieferen Ursachen freizulegen. Dies vollzieht er im Dialog mit sich selbst und mit dem Priester. Der Schmerz der Wahrheit lässt sich nur aushalten aufgrund des Versprechens der bedingungslose Liebe Gottes. Der Schock der Ent-täuschung wird aufgefangen durch die Zusage, dass Gott den Menschen schon in seiner Sündhaftigkeit geliebt hat. Diese paradoxe Gleichzeitigkeit bildet ein festes Fundament, auf dem wissenschaftliche Praxis der kontinuierlichen Selbstskepsis aufbauen kann. Die nach innen gerichtete Zerstörung der vermeintlichen Gewissheiten vernichtet nicht, sondern ist eine zentrale Voraussetzung, um in die tieferen Schichten der Wahrheit vorzudringen. Und nur die Wahrheit befreit den Menschen aus Illusionen, die den Menschen wie unsichtbare Netze umspinnen.

Natürlich kann an dieser Stelle eingewendet werden, dass dies bloß Koinzidenzen sind, die keineswegs auf Kausalität zwischen religiöser und wissenschaftlicher Praxis hinweisen. Es wäre sicherlich sehr kompliziert und methodisch aufwendig diese Kausalitäten nachzuweisen. Dennoch wollte ich an dieser Stelle anhand von Durkheims Theorie demonstrieren, dass wissenschaftliche Praxis im zentralen Ritus seine Wurzeln hat, selbst wenn ich keine Kausalität herstellen kann.

„Asylum" in der englischen Sprache drückt eine Doppeldeutigkeit aus. Einerseits bezeichnet es einen Raum der Sicherheit für Flüchtlinge. Andererseits ist es auch ein veralteter Begriff für Psychiatrie. Religiöses „Asylum" erfüllt diese beiden Funktionen. Der jüdisch-christliche Mythos bietet für wissenschaftliche Praxis einen Raum der Zuflucht vor anderen Mythen, in deren Diensten die Wissenschaft zu einer Prostituierten degradiert wird.[71] Im rituel-

[71] Z. B. manichäische politische Religionen im 20. Jahrhundert im deutschen Nationalsozialismus und stalinistischen Sozialismus. Während der Coronazeit haben wir erlebt, wie die Wissenschaft stark politisiert wurde zugunsten einer materialistischen Ideologie, wobei der Mensch auf ein nacktes, biologisches Dasein reduziert wurde. Matthias Desmet hat dies aus psychologischer und Giorgio Agamben aus philosophi-

len Erleben wird die Paradoxie verkörpert und bewahrt den Menschen vor einem Zustand der Zerrissenheit, welcher ihn letztlich in den Wahn führt.

IV. Conclusio: Zurück zur Matrjoschka

Ich habe im Abgrenzungsproblem eine besondere Matrjoschka erblickt. Je kleiner die Puppe, desto fassbarer wird sie. Doch die größte Puppe verschwimmt, sie wird weniger greifbar, ich kann nur noch ihre Konturen erahnen. Trotzdem ist die Übung der Abgrenzung sinnvoll, denn jede Grenze verweist auf ein Muster. Wissenschaft ist nur eines dieser konkreten Muster, die in vagere Formen eingebettet ist. Ohne Muster als Orientierung könnten wir als Menschen nicht überleben. Das Wahre, Gute und Schöne erweist sich als solches nur durch Abtrennung. Das Ringen um die Grenze ist also sinnvoll.

Jedoch sollten wir die hermeneutische Orientierung dabei nicht verlieren: Auf welcher Ebene diskutieren wir über das Abgrenzungsproblem? Auf der ersten Ebene reicht es, wenn einzelne „linkssphären-lastigen“[72] Wissenschaftler miteinander diskutieren. Auf der zweiten Ebene bedarf es der Wissenschaftsphilosophen, die beide Sphären miteinander ins Gespräch bringen und Ambiguitäten aushalten können. Auf der dritten Ebene begegnen sich Philosophen und Mystiker, oder auch die ganz seltene Spezies von Genies, die beides miteinander vereinen,[73] die auch mal ein paradoxes Bild einfach stehen lassen können. Für diese Genies ist Mathematik Poesie und Mystik wissenschaftliche Methodik.

Wie, und vor allem wo, die drei Ebenen miteinander interagieren, wäre die nächste spannende Frage. „Der Streit der Fakultäten“[74] müsste innerhalb des von mir gezeichneten Bildes neu diskutiert werden. Statt der philosophischen Fakultät, die in negativer Freiheit gegenüber der Politik, in der Verantwortung vor der Vernunft, allen anderen praktischen Fakultäten übergeordnet wäre, müssten alle Fakultäten gleichzeitig miteinander streiten und auf höherer Ebene in einen vermittelnden Dialog treten. Jede universitäre Disziplin ist ein Ausdruck des Logos – und jede Disziplin muss in aller Bescheidenheit bemüht sein, den gemeinsamen mythischen Humus zu kultivieren. Wenn überhaupt, dann ist es ein Boxkampf unter guten Freunden, die nach heftigsten

---

scher Sicht treffend kritisiert. Siehe: *Desmet*, The Psychology of Totalitarianism; Agamben, An welchem Punkt stehen wir?

72 McGilchrist unterscheidet zwischen unterschiedlichen Funktionen der Gehirnhälften.

73 Blaise Pascal, Alfred N. Whitehead, Michael Polanyi und gegenwärtig Ian McGilchrist sind Beispiele für solche „Polymaths.“ Doch Genies mit solchem horizontumspannten Wissen werden in unserer hochspezialisierten Welt immer seltener.

74 *Kant*, Der Streit der Fakultäten.

Schlägen im Ring miteinander ein Bier trinken gehen. Sie können nur fair kämpfen, weil sie sich durch ein größeres Ganzes verbunden wissen.

Literaturverzeichnis

Agamben, Giorgio: An welchem Punkt stehen wir? Die Epidemie als Politik. Aus dem Italienischen von Federica Romanini. Wien: Verlag Turia + Kant, 2021.

Arendt, Hannah: Elemente und Ursprünge totaler Herrschaft. Frankfurt am Main: Europäische Verlagsanstalt, 1955.

Ayer, Alfred J: Language, Truth & Logic. New York: Dover, 1952 [1936].

Berlinski, David: The Devil's Delusion. Atheism and its Scientific Pretensions. New York: Basic Books, 2009.

Blumenberg, Hans: Arbeit am Mythos. Frankfurt am Main: Suhrkamp, 1979.

Brague, Rémi: „Are Non-Theocratic Regimes Possible?“. In: The Intercollegiate Review, Vol. 41, No. 1 – Spring: 4 (2006).

De Lubac, Henri: Glaubensparadoxe. Freiburg: Johannes Verlag Einsiedeln, 2015. [1944].

Desmet, Mattias: The Psychology of Totalitarianism. Translated by Els Vanbrabant. Vermont: Chelsea Green Publishing, 2022.

Dostojevsky, Fjodor: Sapiski is Podpolja, Russian Language Edition. London: Sovereign, 2011 [1864].

Durkheim, Emile: The Elementary Forms of Religious Life. Translation by Karen E. Fields. New York et al: The Free Press, 1995 [1912].

Dürr, Hans-Peter: „Vorwort“. In: Physik und Transzendenz. Die großen Physiker unseres Jahrhunderts über ihre Begegnung mit dem Wunderbaren, herausgegeben von Hans-Peter Dürr, dritte Auflage, 7–21, Bern: Scherz, 1986.

Einstein, Albert: „Naturwissenschaft und Religion“. In: Physik und Transzendenz. Die großen Physiker unseres Jahrhunderts über ihre Begegnung mit dem Wunderbaren, herausgegeben von Hans-Peter Dürr, 3. Auflage, 71–79, Bern: Scherz, 1986.

Fowler, Robert L.: „Mythos and Logos“, Journal of Hellenic Studies 131 (2011) 45–66.

Frankfurt, Harry G.: On Bullshit. Princeton: Princeton University Press, 2005.

Gadamer, Hans-Georg: Hermeneutik im Rückblick. Gesammelte Werke, Band 10. Tübingen: J.C.B. Mohr, 1995.

Gauchet, Marcel: Le désenchantement du monde. Une histoire politique de la religion. Paris: Gallimard, 1985.

Gehlen, Arnold: Der Mensch, seine Natur und seine Stellung in der Welt. Berlin: Junker und Dünnhaupt, 1940.

Han, Byung-Chul: Müdigkeitsgesellschaft. Berlin: Matthes & Seitz, 2015.

Hegel, Georg W. F.: Phänomenologie des Geistes. Berlin: Akademie-Verlag, 1967 [1807].

Heine, Heinrich: Deutschland. Ein Wintermärchen. 1844.

Heisenberg, Werner: „Positivismus, Metaphysik und Religion". In: Physik und Transzendenz. Die großen Physiker unseres Jahrhunderts über ihre Begegnung mit dem Wunderbaren, herausgegeben von Hans-Peter Dürr, dritte Auflage, 308–323, Bern: Scherz, 1986.

Hippokrates: „Sacred Disease". In: Hippocrates Volume 2, edited and translated by Paul Potter, 135–85. Cambridge: Harvard University Press, 2023.

Howell, Kenneth J.: God's Two Books: Copernican and Biblical Interpretation in Early Modern Science. Notre Dame, Ind.: University of Notre Dame Press, 2002.

Israel, Hans et al.: Hundert Autoren gegen Einstein. Leipzig: R. Voigtländer Verlag, 1931.

Kant, Immanuel: Der Streit der Fakultäten. Herausgegeben von Horst D. Brandt und Piero Giordanetti. Hamburg: Meiner Verlag, 2005 [1798].

Kuhn, Thomas S.: The Structure of Scientific Revolutions. Chicago: The University of Chicago Press, 2012 [1962].

Laudan, L.: „The Demise of the Demarcation Problem". In: Cohen, R. S./Laudan, L. (eds.): Physics, Philosophy and Psychoanalysis. Boston Studies in the Philosophy of Science, Vol. 76. Springer, Dordrecht, 1983.

Lewis, Clive S.: „Myth became Fact". In: God in the Dock. Essays on Theology and Ethics, edited by Walter Hooper, 54–61. Grand Rapids, Michigan: William B. Eerdmans, 1970.

Lurquin, Paul F./*Stone*, Linda: Evolution and Religious Creation Myths. New York: Oxford University Press, 2007.

McGilchrist, Iain: The Matter with Things: Our Brains, Our Delusions, and the Unmaking of the World. UK: Perspectiva, 2021.

McGilchrist, Iain: The Master and His Emissary. New Haven: Yale University Press, 2009.

Most, Glenn W.: „From Logos to Mythos". In: From Myth to Reason? Studies in the Development of Greek Thought, edited by Richard Buxton, 25–51. Oxford: Oxford University Press, 1999.

Nesselrath, Heinz-Günther: „Mythos – Logos – Mytho-Logos: Zum Mythos-Begriff der Griechen und ihrem Umgang mit ihm". In: Form und Funktion des Mythos in archaischen und modernen Gesellschaften. Referate einer Vorlesungsreihe des Collegium generale der Universität Bern im Sommersemester 1997, Herausgegeben von Peter Rusterholz und Rupert Moser, 1–27. Bern: Verlag Paul Haupt, 1999.

Nestle, Wilhelm: Vom Mythos zum Logos. Die Selbstentfaltung des griechischen Denkens von Homer bis auf die Sophistik und Sokrates. Stuttgart: Alfred Kroner Verlag, 1942.

Pigliucci, Massimo/*Baudry*, Maarten: „Why the Demarcation Problem Matters". In: Philosophy of Pseudoscience. Reconsidering the Demarcation Problem, edited by Massimo Pigliucci and Maarten Boudry, 1–9. Chicago: The University of Chicago Press.

Polanyi, Michael: Personal Knowledge. Towards a Post-Critical Philosophy. Chicago: The University of Chicago Press, 2015 [1958].

Polanyi, Michael: The Tacit Dimension. Chicago and London: The University of Chicago Press, 2009.

Russell, Bertrand: The Impact of Science on Society. russell1953.pdf.

Sass, Louis: Madness and Modernism. Insanity in the Light of Modern Art, Literature, and Thought. Oxford et al.: Oxford University Press, 2017 [1992].

Schefer, Christina: Platon und Apollon. Vom Logos zurück zum Mythos. International Plato Studies 7. Sankt Augustin: Academia Verlag, 1996.

Schelsky, Helmut: Die Arbeit tun die Anderen. Klassenkampf und Priesterherrschaft der Intellektuellen. Opladen: Westdeutscher Verlag, 1975.

Siedentop, Larry: Inventing the Individual. The Origins of Western Liberalism. UK: Penguin, 2015.

Taylor, Charles: A Secular Age. Cambridge: Harvard University Press, 2007.

Taylor, Charles: Sources of the Self. The Making of the Modern Identity. Cambridge, Massachusetts: Harvard University Press, 1989.

Voegelin, Eric: Modernity without Restraint. Columbia and London: University of Missouri Press, 2000.

Webb, Eugene: „Voegelin's ‚Gnosticism' Reconsidered". Political Science Reviewer 34 (2005), 48–76.

Weber, Max: „Wissenschaft als Beruf". In: Max Weber Schriften 1894–1922. Ausgewählt und herausgegeben von Dirk Kaesler, 474–11. Stuttgart: Kröner 2002 [1919].

Whitehead, Alfred North: Religion in the Making. Cambridge: Cambridge University Press, 1927.

Jahrbuch Wissenschaftsfreiheit, 3 (2026): 217–240
https://doi.org/10.3790/jwf.2026.1472814

Agendawissenschaft als normatives Engagement. Eine kurze Verteidigung

Von *Dieter Schönecker**

Abstract

Ich werde zunächst den Begriff der „Agendawissenschaft" als solchen analysieren, um dann auf zwei Vorwürfe einzugehen, von denen ich zeigen werde, dass sie falsch oder zumindest irreführend sind: Erstens, dass die sogenannten Agendawissenschaften überhaupt eine Agenda verfolgten, und zweitens, dass die Agendawissenschaften gar keine Wissenschaften seien. Auch der Moralismus-Vorwurf ist in der vorgebrachten Form unhaltbar und jedenfalls viel zu ungenau, um überhaupt aussagekräftig sein zu können. Allerdings ist er in einer bestimmten, zu präzisierenden Weise durchaus berechtigt: Vertreter der sogenannten Agendawissenschaften sind oft insofern moralistisch, als sie epistemisch-arrogant sind.

Schlüsselwörter: Agendawissenschaft, Wertfreiheit, Wissenschaftlichkeit, Moralismus, Epistemische Arroganz, Concept Creep, Ameliorative Definitionen

Agenda Science as Normative Engagement. A Brief Defense

I will first analyze the concept of "agenda science" as such, and then address two accusations, which I will show to be false or at least misleading: First, that the so-called agenda sciences pursued an agenda at all, and second, that the agenda sciences were not sciences at all. The accusation of moralism is also untenable in the form in which it is presented and, in any case, far too vague to be meaningful. However, representatives of the so-called agenda sciences are often moralistic in that they are epistemically arrogant.

Keywords: agenda science, value neutrality, scientificity, moralism, epoistemic arrogance, concept creep, ameliorative definitions

* Prof. Dr. Dieter Schönecker, Universität Siegen, Philosophisches Seminar. E-Mail: dieter.schoenecker@uni-siegen.de.

In einem Beitrag für die *Neue Zürcher Zeitung* wurde, soweit ich sehe, zum ersten Mal der Begriff der „Agendawissenschaft“ verwendet, und zwar von Sandra Kostner (2020). Seitdem hat der Begriff durchaus Eingang in die Debatte um die Wissenschaftsfreiheit gefunden, bis hin zu einem Antrag der AfD-Bundestagsfraktion, in dem im Juli 2023 die „Evaluation sogenannter Agendawissenschaften durch den Wissenschaftsrat“ beantragt wurde (AfD-Fraktion 2023); dabei wurde ausdrücklich und mehrfach auf Texte von Sandra Kostner verwiesen, u. a. auch auf den Beitrag in der NZZ. Nun ist es selbstredend kein Einwand gegen die Einführung und Verwendung eines Begriffs, dass auch die AfD ihn verwendet; das wäre analog zu einem Fehlschluss, den Leo Strauss *Reductio ad Hitlerum* genannt hat und den der Philosoph Paul Feyerabend mit dem Hinweis illustrierte, er könne sich ja nicht die Nase abschneiden, nur weil Hitler eine gehabt habe.

Dennoch meine ich, dass dieser Begriff oder vielmehr die Kritik an dem, was *Agendawissenschaft* genannt wird, teils in die Irre führt, teils zu ungenau vorgetragen wird. Um das zu zeigen, werde ich zunächst kurz den Begriff als solchen analysieren, um dann auf zwei Vorwürfe einzugehen, von denen ich zeigen werde, dass sie falsch oder zumindest irreführend sind: Erstens, dass die sogenannten Agendawissenschaften überhaupt eine Agenda verfolgten, und zweitens, dass die Agendawissenschaften gar keine Wissenschaften seien. Der Moralismus-Vorwurf ist in der vorgebrachten Form viel zu ungenau, um überhaupt aussagekräftig sein zu können. Allerdings ist er in einer bestimmten, zu präzisierenden Weise durchaus berechtigt.

I. Was bedeutet „Agendawissenschaft“?

Es ist zunächst wichtig, den Begriff einer von Kostner wiederholt so genannten *identitätslinken Läuterungsagenda* vom Begriff der Agendawissenschaft zu unterscheiden. Was also ist diese identitätslinke Läuterungsagenda? Kostner selbst fasst es so zusammen:

> „Die identitätslinke Läuterungsagenda wird von Personen vorangetrieben, die sich selbst politisch links verorten und die Menschen schematisch in Träger von Opfer- oder Schuldidentitäten einteilen. Ihre Läuterung unter Beweis stellen müssen diejenigen, die aufgrund eines Abstammungsmerkmals für die Unterdrückung, Abwertung und Diskriminierung spezifischer Gruppen verantwortlich gemacht werden und denen deshalb eine Schuldidentität verordnet wird. So müssen sich Männer als geläutert gegenüber Frauen zeigen, Heterosexuelle gegenüber Homosexuellen, sogenannte Cis-Männer und Cis-Frauen gegenüber Menschen mit einer Transgenderidentität/queeren Identität, Weiße gegenüber Nichtweißen, Nichtmigranten gegen-

über Migranten sowie Christen gegenüber Angehörigen anderer Religionsgemeinschaften, allen voran gegenüber Muslimen" (Kostner 2020, S. 15).[1]

Die Wissenschaften (oder eben: Agendawissenschaften), die eine solche identitätslinke Läuterungsagenda (angeblich) verfolgen, werden mehr oder weniger direkt[2] von Kostner identifiziert, prominent und allen voran die Gender Studies, die Critical Race Theory und die Postcolonial Studies, aber auch Disziplinen wie die Critical Whiteness Studies, Queer Studies oder Disability Studies.

Ich werde mich nun *nicht* spezifisch mit diesen Disziplinen und der Kritik an ihnen durch Kostner (und vielen anderen auch im Umfeld des *Netzwerks Wissenschaftsfreiheit*)[3] befassen. Zwar liegt auf der Hand, dass Kostner mit der ‚Agenda' der Agendawissenschaften jene identitätslinke Läuterungsagenda meint; aber das ist, wie ich nun zeigen werde, kontingent, oder jedenfalls irrelevant, wenn nicht der Begriff der Agendawissenschaft reduziert werden soll auf den einer *identitätslinken Läuterungsagendawissenschaft*. Kostner definiert nicht, was genau sie unter Agendawissenschaft versteht. Betrachten wir aber zunächst einmal die beiden folgenden Stellen:

> „Durch die Vertreter der identitätslinken Läuterungsagenda hat sich ein dogmatischer Wissenschaftlertyp im Hochschulsystem etabliert, der Forschung und Lehre als Mittel zur Transformation der Gesellschaft gemäß seiner identitätspolitischen Agenda betrachtet. Diese Agendawissenschaftler ideologisieren und politisieren damit Forschung und Lehre in einem erheblichen Umfang, was vielfach zu einer aktivistisch-dogmatischen Wissenschaft führt, die keine Kritik duldet" (Kostner 2022, 20).

> „Ebenso chancenlos sollten gesellschaftspolitische Interventionen im Wissenschaftsbetrieb sein, die mit der Funktion von Wissenschaft nichts zu tun haben. Die Aufgabe der Wissenschaft ist Erkenntnisgewinn und nicht die Herstellung von Ergebnisgleichheit zwischen den Gruppen, auf denen das Augenmerk identitätslinker Läuterungsentrepreneure liegt" (Kostner 2022, 25).

Hier werden verschiedene Kritikpunkte benannt, und zwar so, dass sie alle direkt mit der identitätslinken Läuterungsagenda verbunden werden:

(1) Agendawissenschaft betrachtet Forschung und Lehre als Mittel zur Transformation der Gesellschaft.

(2) Agendawissenschaft ideologisiert und politisiert Forschung und Lehre.

(3) Agendawissenschaft betreibt gesellschaftspolitische Interventionen im Wissenschaftsbetrieb, die mit der Funktion von Wissenschaft nichts zu tun haben.

---

[1] Vgl. auch *Kostner* (2019).

[2] Sehr direkt identifiziert werden sie aber im AfD-Antrag (2023, S. 1).

[3] Disclosure: Ich bin Gründungsmitglied des Netzwerks Wissenschaftsfreiheit.

(4) Die Aufgabe der Wissenschaft ist Erkenntnisgewinn (und nicht das Engagement im Sinne von 1–3).

Losgelöst vom direkten Bezug auf die identitätslinke Läuterungsagenda und deutlich allgemeiner formuliert schreibt Kostner aber auch:

> „Da Agendawissenschaftler politische Ziele verfolgen und Forschung sowie Lehre zu diesem Zweck einsetzen, bedeutet ihre erfolgreiche Einflussnahme auf das Wissenschaftssystem, dass dieses zunehmend auf gesellschaftspolitische Aufgaben hin ausgerichtet wird. (Kostner 2022, 28).

> „Agendawissenschaftler unterscheiden nicht zwischen Aktivismus und Wissenschaft. Es geht ihnen nicht darum, ergebnisoffen konkrete Phänomene zu analysieren, um sie besser zu verstehen, sondern darum, mithilfe von Forschung und Lehre ein ideologisch verbrämtes gesellschaftspolitisches Programm voranzubringen". (NZZ)

Hier scheint der Vorwurf nicht nur darin zu bestehen, dass bestimmte Gruppen von Wissenschaftlern versuchen, ihre identitätslinke Läuterungsagenda mit Hilfe von Forschung und Lehre umzusetzen. Vielmehr scheint für Kostner das Problem darin zu bestehen, dass die Wissenschaft sich *überhaupt* politisch (wertorientiert) engagiert, ganz unabhängig davon, wofür sie sich einsetzt, und das heißt: Die in den Sätzen (1) bis (4) geäußerte Kritik ist allgemein zu verstehen. Zwar geht es *auch* um eine spezifische Kritik an den Agendawissenschaften, sofern sie eine identitätslinke Läuterungsagenda verfolgen, und insofern ist Agendawissenschaft in der Tat auch zu verstehen als identitätslinke Läuterungsagendawissenschaft. Aber dieser Kritik liegt ein generelles Verständnis von Wissenschaft zugrunde, demzufolge deren ‚Funktion' und ‚Aufgabe' im ‚Erkenntnisgewinn' liege und nicht im gesellschaftlichen oder politischen Engagement. Dies wird auch deutlich im besagten AfD-Antrag, der sich ja mehrmals auf Kostner bezieht:

> „Ihm [dem Agendawissenschaftler] geht es nicht um Erkenntnisfortschritt im Sinne eines erweiterten Verständnisses seines Forschungsgegenstandes, sondern darum, mittels Indienstnahme von Forschung und Lehre ein ideologiegeleitetes gesellschaftspolitisches Programm voranzubringen." (AfD-Fraktion 2023, S. 1)

Es fällt nicht schwer, sich bei dieser Rede von (oder Kritik an) den Agendawissenschaften an den sogenannten *Werturteilsstreit* zu Beginn des 20. Jahrhunderts sowie an die Neuauflage dieses Streites im sogenannten *Positivismusstreit* zu erinnern (zwei Streite, die sich vor allem um die Soziologie drehten); und in der Gegenwart gibt es einen ganz ähnlich gelagerten Streit in der US-amerikanischen *academia* über die vor allem von Jonathan Haidt angestoßene, disziplinübergreifende Frage, was das Telos von Wissenschaft und Universitäten sei: Wahrheit oder so etwas wie *social justice* (ersteres, so

Haidt, z.B. 2016, 2022)?[4] Selbstverständlich gibt es bei diesen Debatten große Unterschiede und diverse Aspekte zu berücksichtigen. Kostner scheint sich aber, jedenfalls grob gesprochen, auf die Seite Webers, Poppers, Alberts und Haidts zu schlagen: In der Wissenschaft gehe es um Erkenntnis und Erkenntnisfortschritt, um Wahrheit, und nicht um den Kampf für bestimmte Werte, also nicht um den Kampf für etwas (soziale Gerechtigkeit) oder gegen etwas (Rassismus, Sexismus, Transphobie).[5]

II. Agendawissenschaften: Zwei Pseudoprobleme

Ich werde nun die eingangs erwähnten zwei Kritikpunkte diskutieren, von denen behauptet wird, es seien gravierende Mängel der Agendawissenschaften: Sie seien aktivistisch, und sie seien unwissenschaftlich.

1. Zum Vorwurf des Aktivismus

Die These von der Wertfreiheit der Wissenschaft ist, wie schon Popper (1969, 114 f.) konstatiert hat, selbst ein Wert, so dass diejenigen, die eine *absolute* Wertfreiheit fordern, sich in einen performativen Widerspruch begeben; ja, überhaupt nach *Erkenntnis* streben zu wollen, ist ein Wert. Das gleiche gilt für Werte wie Objektivität, Ideologiefreiheit, Anti-Moralismus usw. (ich komme darauf zurück); unter der plausiblen Annahme, dass es so etwas wie eine Forschungsethik gibt, kann Wissenschaft grundsätzlich nicht wertfrei sein. Sofern die These von der Wertfreiheit der Wissenschaft besagt, dass Wissenschaft nur frei von *nicht-epistemischen* Werten sein muss und die *Erkenntnis von Normen* selbst ein epistemischer Wert, lässt sich der performative Widerspruch zwar vermeiden; aber dann kann eben nicht zugleich bestritten werden, dass die Erkenntnis von Normen selbst zur Wissenschaft gehört

[4] Man kann hier auch an die berühmte 11. Feuerbach-These von Karl Marx denken, wonach die Philosophen die Welt nur verschieden interpretiert hätten, es aber darauf ankomme, sie zu verändern; sie hat, wie wir sehen werden, insofern etwas mit der These Kostners gemein, als Marx dem Irrtum unterliegt, normative Disziplinen seien gewissermaßen nur betrachtend.

[5] Daher hat *Schubert* (2023) zwar nicht Recht mit seinem Vorwurf, das *Netzwerk Wissenschaftsfreiheit* verfechte einen nicht-politischen Begriff von Wissenschaftsfreiheit, einen Begriff von „Wissenschaftsfreiheit als Politikfreiheit" (*Schubert* 2023, S. 42); Wissenschaft solle, so versteht Schubert die Position des Netzwerks, politikfrei sein, und daher fordere das NW auch, wissenschaftsfremde, angeblich ideologische Aktivitäten aus der Wissenschaft fernzuhalten. Das ist falsch, sofern es eine Kritik am Netzwerk Wissenschaftsfreiheit ist (vgl. kritisch dazu *Schönecker* 2023); aber als Kritik an der Position Kostners scheint es mir zutreffend.

und damit auch, wie ich jetzt argumentieren werde, so etwas wie die Verfolgung einer Agenda.

Dagegen wiederum ließe sich nur so argumentieren, dass zwar die *deskriptive* Erkenntnis von Normen (etwa in der Soziologie, Psychologie oder auch Soziobiologie)[6] zur Wissenschaft gehöre und in ihrer Deskriptivität auch die Wertfreiheitsthese nicht verletze, nicht aber genuin normative Wissenschaften. Doch wenn man nicht einen naturalistisch (oder physikalistisch) verengten Begriff von Wissenschaft hat, demzufolge es nur solche Entitäten gibt, die von den Naturwissenschaften (oder schärfer: von der Physik) beschrieben werden, so dass Erkenntnis auch nur aus den Naturwissenschaften erwachsen kann (denn erkennen kann man nur, was es gibt), dann sind normative Wissenschaften möglich, die *als solche* genuin an der Erforschung von Normen und Werten beteiligt sind *und damit*, also als Wissenschaft noch diesseits aller Handlungen, die man im engeren Sinne als Aktivismus verstehen kann, auch am Einsatz für die Realisierung entsprechender Normen und Werte. Die Philosophie und in ihr die Politische Philosophie, die Rechtsphilosophie, die Ethik und in jüngerer Zeit besonders auch die sogenannten Angewandten Ethiken sind nicht nur historisch betrachtet (man denke an Platons *Politeia*), sondern ihrem Wesen nach selbstverständlich darauf ausgerichtet, dass bestimmte Normen und Werte nicht nur erkannt und begründet, sondern ausgehend von dieser Erkenntnis und Begründung auch umgesetzt werden; zumindest gilt das für diejenigen Varianten solcher Disziplinen, die sich im moralphilosophischen Sinne als realistisch (objektivistisch) verstehen, die also die Position vertreten, dass es so etwas wie Normen, Güter oder Werte in einem objektive Sinne tatsächlich gibt, dass sie erkannt werden können und dass sie für unser Handeln maßgeblich (gebietend, obligatorisch) sind. Das gilt auch für den Bereich, den wir als Politische Philosophie, Staats- oder Rechtsphilosophie verstehen. Wenn Immanuel Kant in seinen *Metaphysischen Anfangsgründen der Rechtslehre* einen starken Begriff von Freiheit verteidigt, alle Strafen an das *ius talionis* knüpft und für ein republikanisch organisiertes Staatswesen argumentiert, dann sagt er: *so soll es sein.* Er behauptet (als moralischer Realist)[7] die Existenz (Geltung) solcher Normen, die an den einzelnen Menschen wie an Gemeinschaften gerichtet sind, und *indem* er sie philosophisch-wissenschaftlich entdeckt und philosophisch verteidigt, handelt er und engagiert sich. Dieses Engagement ist also zwingend in die normativen Wissenschaften eingebaut, selbst dann, wenn ihre Akteure (wie wohl Kant) sich nicht in weiterer politischer Praxis (etwa in Petitionen, Parteien, Demons-

---

[6] Um ein einfaches Beispiel zu geben: In solch deskriptiv-empirischen Wert- bzw. Normwissenschaften kann man fragen: *Warum halten Menschen de facto Abtreibung für falsch?*, nicht aber *Ist Abtreibung moralisch falsch?*

[7] Es ist nach wie vor (faktisch) umstritten, ob Kant als moralischer Realist einzustufen ist; vgl. *dos Santos/Schmidt* (2018).

trationen usw.) engagieren; normative Theorie ist selbst *als solche* bereits normative und politische Praxis. Ich rede hier, wohlgemerkt, nicht irgendeiner Variante des Expressivismus oder Präskriptivismus das Wort. Eine Aussage wie *Es ist geboten, Menschen in Not zu helfen* ist weder gleichbedeutend mit irgendeinem Gefühlsausdruck (*Hurra zum Helfen*) noch mit dem Imperativ *Du sollst Menschen in Not helfen!* Er ist eine wahre Aussage über eine moralische Tatsache, deren Feststellung gegenüber einem selbst oder einer anderen Person aber zugleich zum Ausdruck bringt (impliziert), dass eben tatsächlich entsprechend gehandelt werden muss.

Gewiss ist dieses in normative Theorien eingebaute aktivistische Element der Quantität nach nicht das gleiche wie etwa der Besuch einer Demonstration, die Unterschrift unter eine Petition oder das Verfassen eines Offenen Briefes; und dennoch ist es der Qualität nach auf derselben Ebene – Engagement für ein Gut oder eine Norm. Dieses aktivistische Element in normativen Aussagen wird besonders deutlich in der Lehre; alle oder zumindest sehr viele, die an Universitäten normative Wissenschaften lehren, werden eine bestimmte (ihre) Theorie vertreten und verteidigen und damit normative Appelle an die Studierenden richten und sie ja auch beeinflussen (und beeinflussen wollen). Dabei versteht es sich von selbst, dass die epistemischen Tugenden von Forschung und Lehre eine kontrollierend-regulative Funktion haben; insbesondere müssen alternative Modelle und Theorien wahrgenommen und diskutiert werden, ebenso wie die möglichen Schwächen und Nachteile der eigenen Theorie. Der bei den sogenannten Agendawissenschaftlern oft kritisierte Dogmatismus[8] ist nichts anderes als der Mangel an solchen Tugenden (oder schlimmer: die Vorherrschaft epistemischer Laster). Ein einfaches Beispiel: Wenn die Philosophin Christine Bratu einen Vortrag hält mit dem Titel *Sexismus verstehen, Sexismus bekämpfen*, dann ist dagegen nichts einzuwenden; wohl aber ist es epistemisch unredlich, dabei die These, es gäbe biologisch nur zwei Geschlechter (männlich, weiblich), einfach als „Quatsch" abzutun, den man erst gar nicht erörtern müsse.[9]

Die Praktische Philosophie ist nicht die einzige genuin normative Wissenschaft. Auch die Rechtswissenschaft – insbesondere im Verfassungsrecht – ist eine normative Wissenschaft, deren Akteure *als solche* politisches Engagement betreiben. Wenn Frauke Brosius-Gersdorf als Rechtswissenschaftlerin bestimmte Thesen zur Abtreibungsthematik vertritt, dann ist dies politisches Engagement, gegen das nicht nur nichts einzuwenden ist, sondern das sich zwingend aus ihrer Tätigkeit als normativer Wissenschaftlerin ergibt (auch wenn ihre eigene Darstellung, ihre Positionen kämen „aus der Mitte der

[8] Vgl. AfD-Fraktion (2024, S. 4) und *Kostner* (2022, S. 20).

[9] https://www.youtube.com/watch?v=YChmu1m8upk, dort ab Minute 15.00.

Gesellschaft",[10] nicht weniger abwegig ist als der Gedanke, eine Person mit solch radikalen Ansichten in das Bundesverfassungsgericht zu wählen). Umgekehrt ist daher aber auch Brosius-Gersdorfs in der Lanz-Sendung bemerkenswert oft wiederholte Feststellung, sie habe sich doch nur ‚als Wissenschaftlerin' geäußert, irreführend, wenn damit suggeriert sein soll, ihre Äußerungen wären unpolitischer Natur oder irgendwie neutral. Und ganz ähnlich verhält es sich mit genuin angewandten Wissenschaften wie den Wirtschafts- und Ingenieurswissenschaften und auch mit den medizinischen Wissenschaften; sie alle orientieren sich an Zwecken und damit an Werten als dem Telos ihrer Tätigkeit.

Um ein zeitgenössisches Beispiel aus der Philosophie zu nehmen: Robert P. George ist ein US-amerikanischer Philosoph und Jurist an der Princeton University, der als Vertreter der sogenannten *New Natural Law Ethics* dezidiert konservative (manche würden sagen: reaktionäre) Positionen besonders zur gleichgeschlechtlichen Ehe und zur Abtreibung vertritt (er lehnt beides kategorisch ab).[11] Wieder gilt: Indem er darüber wissenschaftlich schreibt, engagiert er sich. Dass er sich außerdem politisch für die Normen engagiert,[12] die er als Wissenschaftler erforscht, begründet und verteidigt, ist vielleicht naheliegend, aber nicht zwingend. Wenn die Philosophin Christine Bratu ihren besagten Vortrag hält (*Sexismus verstehen, Sexismus bekämpfen*), dann ist dagegen grundsätzlich ebenso wenig einzuwenden wie dagegen, dass der Philosoph Robin Celikates zum zivilen Ungehorsam forscht und diesen gleichzeitig betreibt oder zumindest tagespolitisch verteidigt (wie ja auch im umstrittenen „Statement von Lehrenden an Berliner Universitäten");[13] legitim ist auch, dass Tim Henning sein Buch über *Wissenschaft und Moral* (Henning, 2024) mit einem Kapitel über „Praktische Konsequenzen" schließt, womit er nicht nur ein theoretisches Projekt verfolgt, sondern auch ein emanzipatives; oder dass Markus Gabriel (2024) sich für den von ihm sogenannten „ethischen Kapitalismus" nicht nur theoretisch engagiert. (Dafür, dass politisches Engagement für Wissenschaftler *als Bürger* selbstredend möglich ist – und zwar ohne jene noch zu besprechenden Grenzen –, brauche ich hier nicht zu argumentieren; auch auf speziellere Fragen nach dem Beamtenstatus von Wissenschaftlern und damit verbundenen Begrenzungen politischen Engagements brauche ich hier nicht einzugehen.)

---

[10] So Brosius-Gersdorf in der Sendung von Markus Lanz am 15. 7. 2025.

[11] Vgl. *George* (1999) und *George/Lee* (2014); für eine kritische Darstellung vgl. *Prust* (2022).

[12] Zum Beispiel in der *Manhattan Declaration* (https://www.manhattandeclaration.org/).

[13] Siehe https://docs.google.com/forms/d/e/1FAIpQLSfVy2D5Xy_DMiaMx2TsE7YediR6qifxoLDP1zIjKzEl9t1LWw/viewform).

Ich stimme also dem Wissenschaftsrat zu, der in Bezug auf die Geschlechterforschung schreibt: „Wo Wissenschaft gesellschaftliche Phänomene analysiert, steht sie auch im Zentrum gesellschaftlicher und politischer Debatten. Dies gilt für die Geschlechterforschung wie für andere Disziplinen und Forschungsfelder. Die häufig eingenommene machtkritische und emanzipatorische Perspektive der Geschlechterforschung ist ebenfalls kein Spezifikum dieses Forschungsfeldes, sondern auch in anderen Feldern anzutreffen. Ein emanzipatorisch-aufklärerisches Ziel zu verfolgen, steht nicht im Widerspruch zum Status als Wissenschaft" (Wissenschaftsrat 2023, S. 8).[14] Und daher ist es auch falsch, den Agendawissenschaften fehlende Wissenschaftlichkeit vorzuwerfen, sofern (wie oben erwähnt), dieser Vorwurf auf so etwas wie fehlende politisch-normative ‚Neutralität' und ‚Unparteilichkeit' gegründet wird.

Allerdings ist es – auch wenn es legitim ist, dass Wissenschaftler eine normativ-politische Agenda verfolgen (sei es einzeln oder auch in einem Forschungsverbund) –, gleichwohl nicht akzeptabel, wenn Fachgesellschaften Stellungnahmen oder gar Richtlinien oder Ordnungen veröffentlichen, bei denen eine Position eingenommen (und *virtue signalling* praktiziert wird), die nicht konsensfähig ist (ich erinnere an den Streit 2018, als der Historikerverband die Merkelsche Migrationspolitik verteidigt hat). Und für *staatliche* Universitäten gilt, dass sie, abgesehen von sehr grundsätzlichen Wertorientierungen (Verfassung, Menschenrechte, Wissenschaftsfreiheit) weder die Aufgabe noch das Recht haben, sich in politischen Streifragen zu positionieren (wie etwa an der Universität Siegen geschehen, als Rektorin Stefanie Reese auf die Propaganda von Correctiv hereinfiel und sich an einer Demonstration gegen angeblich geplante Deportationen beteiligte, um dabei in einer Rede zu sagen: „Die enthüllten Pläne rechtsextremer Personen, Millionen Menschen aus Deutschland massenhaft zu vertreiben, sind ein Angriff auf unsere demokratisch verfassten Grundrechte und Grundwerte").[15] Forscher dürfen ein auch spezifisches normatives Telos verfolgen (hierin irrt Haidt also), Universitäten nicht (hierin irrt Haidt nicht), oder jedenfalls dann nicht, wenn es sich um staatliche Universitäten in liberalen Gesellschaften handelt.

---

[14] Übrigens müsste, wer die Agendawissenschaft für die Verfolgung ‚aufklärerische Ziele' kritisiert, auch all die Philosophen und anderen Akteure kritisieren, die historisch die *Aufklärung* überhaupt ins Leben gerufen haben.

[15] Siegener Zeitung online, 25.1.2024, https://www.siegener-zeitung.de/lokales/siegerland/siegen/siegen-tausende-demonstrieren-am-bismarckplatz-unter-dem-motto-nie-wieder-ist-jetzt-gegen-rechts-7KK2ICT545G7XNSB7NDP5PKSNA.html (Zugriff am 17.9.2025).

2. Zum Vorwurf der Unwissenschaftlichkeit

Im AfD-Antrag (2023, S. 3) heißt es, es gebe „berechtigte Zweifel an der Wissenschaftlichkeit der Gender Studies". Das ist kein selten erhobener Vorwurf. Sofern diese Zweifel (wie zum Teil im AfD-Antrag) mit einem Mangel an politisch-normativer „Neutralität" und „Unparteilichkeit" (ebd.) begründet werden bzw. mit dem Argument, Gender Studies (und andere Agendawissenschaften) betrieben eine „‚vorgängige und durchgängige Verquickung von Wissenschaft und Politik', [die] ‚den geltenden Wissenschaftsnormen' widerspreche",[16] brauchen wir uns damit hier mehr nicht beschäftigen. Denn wir haben bereits gesehen, dass zumindest manche Wissenschaften genuin normativ sind und der Vorwurf jener ‚Verquickung' daher falsch.

Nach der mittlerweile berühmten Formulierung des Bundesverfassungsgerichts fällt unter Wissenschaft „alles, was nach Inhalt und Form als planmäßiger Versuch zur Ermittlung der Wahrheit anzusehen ist" (BVerfGE 90, 1 (13)). Dies ist insofern ein sehr weites Verständnis von Wissenschaft, als es nicht nur der Vielfalt der Wissenschaften gerecht wird, sondern auch der Tatsache, dass es in derjenigen Disziplin, die sich von Hause aus mit der Frage befasst, was Wissenschaft überhaupt ist – also in der Philosophie und in ihr der Erkenntnis- und Wissenschaftsphilosophie und auch der Hermeneutik –, faktisch keinerlei Einigkeit darüber gibt, wie diese Frage zu beantworten ist (nicht zu reden davon, dass es in der Geschichte sehr verschiedene Antworten gegeben hat). Oder genauer: Es ist sehr strittig, was das Wesen der Naturwissenschaften ist (Physik, Biologie, Chemie usw.) und wie man seriöse Naturwissenschaften von sogenannten Pseudowissenschaften unterscheiden kann (z.B. von Astrologie, Kryptozoologie, Chiromantie, Leugnungspositionen wie Corona- oder Klimawandelleugnung). Wenn man, wie schon bemerkt, nicht einen reduktiv-naturalistischen Ansatz verfolgt, dann ist es zwar klar, dass Jura als Rechts*wissenschaft* möglich ist und auch die Geistes*wissenschaften* (besonders auch die Philosophie, deren Wesen über ihren Gegenstand und ihre Methode nur sehr schwer bestimmbar ist),[17] und auch die Theologien sind dann selbstverständlich Wissenschaften – woraus schon erhellt, dass es nicht die einfach *die* Wissenschaft oder *die* wissenschaftliche Methode gibt.[18] Strittig bleibt aber auch dann, was genau eigentlich die (im Deutschen) sogenann-

---

16 Der Antrag zitiert hier aus: *Schulze-Eisentraut/Ulfig* (2021, 4. Auflage): Gender Studies. Wissenschaft oder Ideologie?, Baden-Baden, S. 4–5 (Einleitung). – Im Wahlprogramm der AfD für die Bundestagswahl 2025 hieß es: „Die Finanzierung der unwissenschaftlichen Genderforschung ist einzustellen" (S. 163).

17 Vgl. dazu *Damschen/Schönecker* (2024, S. 1–14).

18 Völlig unhaltbar ist natürlich der (gleichwohl bei Nicht-Philosophen häufig zu findende) Gedanke, Wissenschaften müssten immer an so etwas wie ‚Erfahrung' oder ‚Experiment' orientiert sein; denn dann wären die Mathematik wie überhaupt alle

ten Rechts-, Geistes- oder Kulturwissenschaften sind oder leisten und worin der Unterschied besteht zwischen solchen Wissenschaften (klassisch: sie *verstehen*) und den Naturwissenschaften (klassisch: sie *erklären*), und erst recht strittig ist, ob man überhaupt, und wenn ja: wie man seriöse Geistes- oder Kulturwissenschaften von angeblichen Pseudogeisteswissenschaften (für die manche etwa die Gender Studies halten) unterscheiden kann oder könnte. Es ist also *de facto* sehr umstritten, was die ‚Methode' der Naturwissenschaften ist und was ihre ‚Struktur', wie sich ‚Theorie' und ‚Beobachtung' zueinander verhalten, welche Rolle ‚Deduktion', ‚Induktion' und ‚Abduktion' spielen, welche ‚Wahrscheinlichkeit', was überhaupt ‚theoretische Termini' und was ‚Objektivität' sind, ob es so etwas wie ‚Fortschritt' überhaupt gibt. Es ist (auch) daher kein Zufall, dass das sogenannte *Demarkationsproblem* bisher nicht gelöst ist. Auch wenn weitgehend Einigkeit darüber herrscht, welche Bereiche als Pseudo(natur)wissenschaften zu verstehen sind, ist zugleich höchst umstritten („almost complete disagreement on the general criteria", Hansson, 2025) mit Hilfe welcher Kriterien oder auch Definitionsbestandteilen man zwischen Naturwissenschaften und solchen Pseudowissenschaften unterscheiden kann.

Natürlich impliziert der Verweis auf diese – oder vielmehr die Tatsache dieser – tiefgreifenden Dissense weder, dass es keine richtige Antwort auf die Frage nach dem Wesen der Wissenschaft oder Wissenschaften gibt (auch in Abgrenzung zu Pseudowissenschaften), und es ist damit auch *nicht* gesagt, dass man die Gender Studies oder verwandte Disziplinen nicht auch als ‚unwissenschaftlich' oder ‚dogmatisch' oder ‚ideologisch' kritisieren dürfte;[19]

(auch) a priori verfahrenden Disziplinen keinen Wissenschaften, auch nicht die Philosophie.

[19] Eine Wissenschaft, die schlecht ist, ist zwar immer noch Wissenschaft; sie ist Wissenschaft, wenn auch eben schlechte Wissenschaft. Und selbstverständlich darf und soll man das auch sagen. In der Tat ist mein Eindruck durchaus, dass es bei vielen (aber nicht allen) Vertretern der sogenannten Agendawissenschaften einen eklatanten Mangel gibt an Grundkenntnissen bezüglich, sagen wir: Begriffsbildung und Argumentationslehre. Es ist, um ein Beispiel zu nennen, schlichtweg Unfug, wie etwa *Cengiz Barskanmaz* (2019, S. 78) zu sagen, dass Hautfarben nicht existieren („Die Hautfarbe war schon immer Gegenstand von Rassifizierung, sie ist sogar die rassische Kategorie *par excellence*. Ebenso wie Rasse existiert daher auch Hautfarbe nicht"). Es mag sehr gut sein, dass die mit Hautfarben verbundenen *Zuschreibungen* nicht existieren; aber *das* zu sagen ist natürlich etwas völlig anderes als zu sagen, Hautfarben existierten nicht, wenn sie es doch ganz offenkundig tun. – Die Tatsache, dass es Alan Sokal, Helen Pluckrose, James A. Lindsay und Peter Boghossian mit ihren *Hoaxes* gelungen ist, völlig unsinnige Aufsätze in kulturwissenschaftlichen Fachzeitschriften zu veröffentlichen, beweist aber nicht, dass es keine seriösen sog. Agendawissenschaften gibt, sowenig wie die Tatsache, dass es manche Physiker gibt (prominent Sabine Hossenfelder), die (weite) Teile der theoretischen Physik für *bullshit* halten, beweisen würde, dass die Physik eine Pseudowissenschaft ist, selbst wenn das zuträfe.

die besagten Dissense gäbe es ja gar nicht, wenn es nicht Philosophen gäbe, die den Kreationismus oder auch die Genderwissenschaften für Pseudowissenschaften hielten. Sehr wohl ist damit aber gesagt, dass man jene Frage nicht leichtfertig oder dogmatisch beantworten darf. Dies würde genau denjenigen Dogmatismus manifestieren, den Kritiker an den sogenannten Agendawissenschaften auszumachen meinen müssen. Angesichts der Pluralität derjenigen Disziplinen, die sich selbst als Wissenschaften begreifen wie auch der Pluralität der theoretischen Ansätze, das ‚Wesen' von so etwas wie ‚Wissenschaft' oder auch ‚Erkenntnis' zu verstehen, ist es also abwegig, Disziplinen wie etwa den Gender Studies die Wissenschaftlichkeit *und damit zugleich* ihren Vertretern auch den Schutz durch die Wissenschaftsfreiheit abzusprechen. Aber selbst wenn das nicht wahr wäre, bliebe es ein hoffnungsloses und damit auch *strategisch* im Diskurs über die Wissenschaftsfreiheit kontraproduktives und auch rechtlich hoffnungsloses Unterfangen, Disziplinen, die wie die Gender Studies von der *Deutschen Forschungsgemeinschaft* mit etlichen Millionen in hunderten Projekten gefördert werden,[20] schlichtweg die Wissenschaftlichkeit abzusprechen.

II. Zum Vorwurf des Moralismus

Man kann also denjenigen Wissenschaften, auf die Kostner sich (faktisch) mit dem kritisch-polemischen Begriff der Agendawissenschaft bezieht, nicht vorwerfen, sich politisch zu engagieren; zumindest in manchen Wissenschaften geht es um normative Wahrheiten, die zu erkennen und zu verteidigen selbst ein Akt des Engagements ist und schon deswegen auch sehr praktisches Engagement (unter bestimmten Rahmenbedingungen) nicht ausschließt. Der Vorwurf der Unwissenschaftlichkeit ist, wenn nicht falsch, dann doch irreführend: Es gibt – jenseits einer sehr weiten Bestimmung wie der durch das Bundesverfassungsgericht – keine allgemein anerkannte Definition von Wissenschaft (vs. Pseudowissenschaft). Zwar darf man etwa die sog. Agendawissenschaften als unwissenschaftlich kritisieren; aber dieser Befund muss einhergehen mit der Anerkenntnis, dass andere das völlig anders sehen, so dass der Ruf nach *Eliminierung* dieser angeblichen Pseudowissenschaften eine Verletzung der Wissenschaftsfreiheit ist. Wie verhält es sich nun mit der nicht nur von Kostner vorgetragenen Kritik, solche Agendawissenschaften seien *moralistisch*?

---

[20] Der Bundestagsdrucksache 18/13365 (S. 4) ist z. B. zu entnehmen, dass die DFG für die Gender Studies von 1/2010 bis 8/2017 281 Projekte mit ca. 46 Mio. Euro gefördert hat.

1. Was Moralismus ist und was nicht

Um diese Frage zu beantworten, muss einmal mehr klar sein, worin eigentlich der Begriff, also hier: worin genau der Vorwurf des *Moralismus* überhaupt besteht.[21] Kostner spricht wiederholt von der ‚moralischen Diskreditierung', die sich Agendawissenschaftler zuschulden kommen ließen[22] und die Teil einer „freiheitsfeindlichen Instrumententrias" (Kostner 2022, 20) sei, zu dem auch soziale Ausgrenzung und institutionelle Bestrafung gehörten. Diese moralische Diskreditierung bestehe darin, „den Argumenten nicht agendakonform forschender und lehrender Personen jegliche Legitimität abzusprechen. Dazu werden vorzugsweise die oben erwähnten Etiketten ‚rassistisch', ‚sexistisch', ‚islamophob', ‚transphob', ‚menschenfeindlich/-verachtend' und ‚rechts' eingesetzt" (Kostner 2022, S. 21). Aber diese Bestimmung ist zu ungenau. Denn erstens spricht ja grundsätzlich gar nichts dagegen, Menschen moralisch zu diskreditieren, also etwa ihren Handlungen oder Argumenten ‚jegliche Legitimität' abzusprechen; wer sich etwa dafür einsetzt, dass Sex mit Kindern erlaubt sein sollte, den darf und sollte man sogar moralisch diskreditieren. Und das gilt zweitens auch für Menschen, die sexistisch, islamophob, transphob usw. sind. Es ist erlaubt und sogar geboten, Menschen moralisch zu diskreditieren, wenn sie etwa der Auffassung sind, Menschen einer bestimmten Hautfarbe kämen nicht die Menschenrechte zu, die anderen Menschen zukommen.

Der Moralismus kann, drittens, auch nicht einfach in dem Vorwurf bestehen, moralische Normen und deren Erkenntnis zur Zwecksetzung einer Wissenschaft zu machen (jedenfalls nicht in bestimmter Hinsicht; ich komme darauf kurz in Bezug auf Tim Henning zurück). Wenn das der Vorwurf wäre, bestünde er in nichts anderem als dem Vorwurf, Agendawissenschaft zu sein; und sollte dem so sein, dann wäre der Moralismus-Vorwurf mit der vorgetragenen Replik auf den letzteren ebenfalls erledigt. Ich denke aber, es ist noch etwas anderes gemeint, sodass, selbst wenn man politisch-normatives Engagement zulässt, noch immer Raum für den Moralismus-Vorwurf ist.

Worin genau besteht also dieser Vorwurf? Die generelle Grundidee hinter dem Vorwurf, dieses und jenes sei moralistisch, wird gemeinhin als „Übertreibung der Moral" (Mieth/Rosenthal 2023, S. 179) oder *„moralische Überreaktion"* (Neuhäuser/Seidel 2022, S. 20) identifiziert, also darin, dass diejenigen, denen man Moralismus vorwirft, es irgendwie mit der Moral übertreiben, und

---

[21] *Henning* (2024, S. 22, 101) spricht von der „Moralismus-Debatte"; häufig liest man auch den Begriff *Moralkeule*; vgl. z.B. https://www.youtube.com/watch?v=-NQ5t62ixTI. Die vor allem historisch gesehen positive Bedeutung von ‚Moralismus' ignoriere ich hier; vgl. dazu *Lamsfuss* (2017).

[22] Vgl. *Kostner* (2022, S. 7, 13, 20, 21, 28). Den Begriff ‚Moralismus' verwendet Kostner m.W. nicht; aber sie spricht im NZZ-Beitrag von der „moralisierten Wissenschaftsform" der Agendawissenschaften; ähnlich auch in *Kostner* (2022, S. 7).

zwar in der Regel nicht so sehr in Bezug auf sich selbst (aber auch das ist möglich), sondern bezüglich der Forderungen, die diese angeblichen Moralisten an andere stellen. Wie wir noch sehen werden, ist diese Idee der ‚moralischen Übertreibung' bei der Bestimmung von ‚Moralismus' oft, aber nicht immer sinnvoll. Grundsätzlich zutreffend, wenn auch nicht ohne Probleme ist dagegen die Unterscheidung zwischen dem Moralismus, der darin besteht, *dass auf eine bestimme Weise falsche* moralische Überzeugungen geltend gemacht werden (das wird gleich präzisiert), und dem Moralismus, der in der Art und Weise steckt, *wie* moralische Kritik vorgetragen wird.[23] Denn selbst wenn eine bestimme moralische Überzeugung richtig ist (*Tiere zu essen ist unter allen Umständen falsch*), kann sie doch auf die eine oder andere Weise falsch geäußert werden und umschlagen in Rigorismus, Engstirnigkeit, Oberlehrertum, Übergriffigkeit, Empathielosigkeit, fehlende Nachsicht und Barmherzigkeit oder sogar in Heuchelei (um im Beispiel zu bleiben: Eine Geburtstagfeier zu sprengen, weil man den Gastgeber vor allen Gästen lautstark dafür angeht, eine Gulaschsuppe anzubieten, ist etwas anderes, als sich später bei passender Gelegenheit einmal kritisch über diesen Fleischkonsum zu äußern). Selbst inhaltlich berechtigte moralische Kritik kann also in der Art und Weise, wie sie wann wo wem gegenüber in welcher Intensität und bezüglich welchen Gegenstandes vorgetragen wird, umschlagen in Moralismus. Der Punkt ist also nicht oder jedenfalls nicht immer eine ‚Übertreibung'; eine moralische Kritik (wie im Beispiel) kann ihrem Inhalt nach zutreffend und dennoch sehr *deplatziert* sein – sie wird zum falschen Zeitpunkt am falschen Ort geäußert –, und diese Art von Deplatzierung ist, so scheint mir, etwas anderes als Übertreibung. Das, was am Moralismus als so enervierend wahrgenommen wird, ist die oft deplatzierte Urteilsäußerung, vor allem, wenn deren Inhalt zudem falsch ist; worin diese Falschheit bestehen kann, müssen wir nun genauer betrachten.

Ein großes Problem bei der genaueren Begriffsbestimmung von ‚Moralismus', vor allem aber bei der Feststellung, ob diese oder jene Urteilsäußerung moralistisch ist oder nicht (also bei der Subsumtion), besteht nun zunächst darin, dass keine Einigkeit herrscht über die zugrundeliegende moralphilosophische Position oder auch Theorie: Was ist die ‚Moral', die hier in Moralismus umschlägt? Das beginnt schon bei der fundamentalen Frage, ob moralische Normen immer wichtiger sind als andere Normen; wer das verneint, wird vermutlich weniger zum Moralismus neigen als derjenige, der Moral für trumpfend (*overriding*) hält, also für Normen, die immer wichtiger sind als

[23] So z.B. auch *Neuhäuser* und *Seidel* (2022, S. 20–23). *Mieth/Rosenthal* (2020, S. 36) sprechen von ‚Moralismus I' (Inhalt) und ‚Moralismus II' (Form); zu letzterem bes. S. 49–58.

irgendwelche anderen Normen.[24] Und wer etwa mit dem Konsequentialismus (bzw. einer seiner Varianten) davon ausgeht, dass wir immer verpflichtet sind, in unseren Handlungen das möglichst Beste für alle zu erreichen (weshalb es vielleicht keine sogenannten supererogatorischen Handlungen gäbe), der wird weniger Spielraum haben für einen Bereich menschlichen Handelns, der nicht durch strikte Handlungsgebote und Handlungsverbote eingeschränkt ist, als derjenige, der mit Kant davon ausgeht, dass es weite Pflichten gibt, die Spielraum lassen, so dass das Gegenteil von Tugend nicht zwingend das Laster ist, sondern nur die Untugend.[25] Klar ist aber, dass wir nicht allen Menschen, die sich moralisch in irgendeinem Standpunkt (und der dazugehörigen Handlung) einfach *irren*, Moralismus vorwerfen. Das wird besonders deutlich in der Selbstreflexion: Wer *ex post* über die eigene Handlung in einer schwierigen Entscheidungssituation (*darf oder soll ich eine Abtreibung vornehmen lassen?*) nachdenkt, kann zu dem Ergebnis gelangen, sich (schwer) geirrt zu haben, ohne damit dem Moralismus-Vorwurf zu verbinden. Die eigene Entscheidung mag ein (schwerer) Fehler sein; aber das allein macht sie noch nicht moralistisch.

Was also heißt Moralismus im Zusammenhang von Wissenschaftsfreiheit?[26] Zunächst ist daran zu erinnern, dass der Moralismus-Vorwurf nicht darin bestehen kann, dass Menschen moralische Eigenschaftsprädikate auf Handlungen anwenden, die moralisch völlig indifferent wären. Die Rede von den moralischen indifferenten Handlungen (traditionell: von den *adiaphora*) scheint zu suggerieren, als gäbe es einen solchen Bereich menschlicher Handlungen, der schlechterdings gar nichts mit Moral oder Ethik zu tun habe. Aber das ist falsch. Denn moralisch indifferent (oder *absolut erlaubt*, wie es manchmal heißt) sind diejenigen Handlungen, die weder geboten noch verboten sind, also Handlungen, von denen gilt: sie sind nicht geboten, *und* sie sind nicht verboten; da ‚nicht verboten' gleichbedeutend ist mit (relativ) *erlaubt*, müssen also alle Handlungen – auch die adiaphora – immer auch erlaubt (nicht verboten) sein.[27] Was immer ich tue, muss (moralisch) erlaubt sein, so dass es keinen Bereich menschlichen Handelns gibt, auf den sich die Moral und ihre Forderungen nicht erstreckte[28]. (Dabei ist der Vorwurf nicht ganz von der

---

[24] Vgl. dazu *Hoffmann/Schmücker/Wittwer* (2017).

[25] *Mieth* und *Rosenthal* (2023, 179 f.) sehen das in ihrem sehr guten Überblick etwas anders. – Ob Kants Theorie weiter Pflichten Supererogarität zulässt, ist umstritten.

[26] Den Zusammenhang zwischen Moralismus und Kunstfreiheit lasse ich außen vor.

[27] Ich beziehe mich hier auf das traditionelle deontologische Quadrat bzw. Hexagon; vgl. etwa *Hruschka* (2004).

[28] So auch *Neuhäuser/Seidel* (2022, S. 26). – Das ist nicht zu verwechseln mit dem, was *Gabriel* (2024, S. 163) „Moralismus" nennt, nämlich die „Reduktion aller Normativität auf eine letztlich moralische Ebene". Denn ich sage nicht, dass alle Normen im

Hand zu weisen, dass diese Forderung zu einer Art von ‚Kleinigkeitskrämerei' oder ‚Micrologie' führen könnte, wie Kant das nennt,[29] und insofern auch zu einer Überforderung.)

Ebenfalls irrelevant für den Moralismus-Vorwurf ist diejenige Variante des Moralismus, die auf die persönliche Ebene zielt: Moralische Forderungen können in der Tat insofern übertrieben sein (und damit moralistisch), als sie *unzumutbar* sind, also von einzelnen Subjekten Handlungen (inklusive Unterlassungen, die auch Handlungen sind) verlangen, die diese zwar prinzipiell durchführen können oder könnten, deren tatsächliche Realisierung aber zu viel verlangt wäre (z. B. sein eigenes Kind ertrinken zu lassen, um zwei fremde zu retten); und sie können insofern übertrieben sein, als sie *überfordernd* wären, also etwas verlangen, was faktisch gar nicht oder nur extrem eingeschränkt durchführbar ist (z. B. allen Menschen auf der Welt zu helfen). Zwar gibt es ethische Theorien, die Forderungen implizieren, die unzumutbar sind oder überfordernd (oder beides), wie etwa vielleicht der effektive Altruismus. Aber für den Diskussionskontext, über den wir hier verhandeln (Agendawissenschaften und die Wissenschaftsfreiheit), scheinen mir Unzumutbarkeit und Überforderung irrelevant zu sein.

Eine weitere, schon interessantere Variante des Moralismus-Vorwurfs könnte darin bestehen, dass Agendawissenschaften *ethisch* vielleicht legitime Forderungen mit *rechtlich* erzwingbaren verwechseln. Aber auch das ist, jedenfalls zunächst allgemein gesprochen, nicht plausibel. Zwar ist es wohl wahr, dass selbst unter naturrechtlichen Prämissen nicht alle ethisch verbotenen Handlungen (Lügen, Untreue in der Partnerschaft trotz versprochener Treue) auch rechtlich sanktioniert oder auch ethisch womöglich gebotene Handlungen (Rettungsfolter, Dankbarkeit, Höflichkeit) rechtlich erlaubt oder staatliche Aufgabe sein sollten. Aber zumindest in Bezug auf ein in unserem Kontext zentrales Phänomen wie die *gruppenbezogene Menschenfeindlichkeit* (Rassismus, Transphobie, Ableismus usw.) ist, sofern sie aktiv wird und in entsprechende Handlungen umschlägt, nicht zu sehen, warum nicht zumindest einige davon rechtlich reguliert werden sollten oder jedenfalls könnten. Zwar ist m. E. nicht zu erkennen, warum der Staat bloße (privat bleibende) Gefühle wie den *Hass* auf etwas regulieren und sanktionieren dürfen sollte (wenn er es denn überhaupt könnte); sobald dieser Hass aber umschlägt in Handlungen der Hetze (mit Effekten wie Störungen des öffentlichen Friedens usw., vgl. § 130 StGB) und damit die Sicherheit Dritter gefährdet, scheint die rechtliche

engeren Sinne (Gebote, Verbote) auf eine solche moralische Ebene reduziert werden können (falls Gabriel das wirklich im strikten Sinne sagen will). Schachregeln sind nicht moralischer Natur, und auch die Frage, welche Verkehrsnormen man aufstellt (Rechtsverkehr vs. Linksverkehr), ist keine moralische.

[29] In: Metaphysische Anfangsgründe der Tugendlehre, Akademie-Ausgabe, S. 407.

Kodifizierung sinnvoll.[30] – Es ist also legitim, wenn Agendawissenschaftler Handlungen oder Haltungen, die rechtlich (noch) nicht reguliert sind, ethisch und in diesem Sinne moralisch kritisieren, und es ist auch grundsätzlich legitim (wenn auch nicht immer sinnvoll), eine Verrechtlichung zu fordern (nicht legitim freilich ist es, diesbezüglich zu canceln).[31]

Eine weitere Variante führt, so meine ich, in die richtige Richtung: Moralisten verwandeln, so der Vorwurf, weite Pflichten in enge. Die Frage, was weite Pflichten sind, ist dabei (einmal mehr) alles andere als unumstritten. Die Grundidee besteht darin, dass weite Pflichten *Handlungsspielraum* lassen. Dabei können sie so verstanden werden, dass sie immer, auch in einer spezifischen Situation, Handlungsspielraum lassen; in einer anderen Deutung wird gesagt, dass weite Pflichten (als Normen für Handlungstypen) für ihre Erfüllung zwar immer situationsabhängig sind, in einer gegebenen Situation aber eben durch die Situation so verengt werden, dass sie bestimmte Handlungen (Handlungstoken) erfordern. So oder so scheint aber auch das nicht zu erfassen, worum es beim Moralismus-Vorwurf im Kontext der Debatte um die Wissenschaftsfreiheit geht. Denn etwa die Norm, nicht rassistisch (in seiner wissenschaftlichen Tätigkeit) zu handeln, ist ja gerade *keine* weite Pflicht. Während die weite Pflicht zur Wohltätigkeit einen Spielraum des Mehr oder Weniger eröffnet, wäre es offenkundig falsch, bezüglich der Pflicht, rassistische Handlungen zu unterlassen, einen Spielraum zu geben, ganz so, als dürfte man situationsabhängig durchaus mehr oder weniger rassistisch sein.

Interessanterweise hat nun Kant den Begriff der weiten Pflicht mit dem der Kasuistik enggeführt. Die genaue Interpretation ist schwierig.[32] An einigen Stellen aber scheint er nahezulegen, der Spielraum entstehe dadurch, dass, selbst wenn klar ist, dass ein Handlungstyp verboten ist (z. B. die Selbsttötung), immer noch nicht klar ist, ob eine einzelne Handlung auch tatsächlich unter diesen verbotenen Handlungstyp (der dann *Selbstmord* heißt) fällt; so rechnet Kant es zu den kasuistischen Fragen, ob jemand, der sich für sein Vaterland opfert (in seinem Beispiel Curtius), eine Selbsttötung im verwerflichen Sinne begeht. Und das vermag die Aufmerksamkeit auf folgende Variante des Moralismus zu lenken, die für das Thema Wissenschaftsfreiheit bedeutsam ist und die es erlaubt, manchen Akteuren mancher Wissenschaften

[30] Der Sexismus allerdings (als eine prominente Form kritikwürdigen Verhaltens, die typischerweise von Agendawissenschaftlern moniert wird) ist insofern ein Spezialfall, als nicht ohne weiteres klar ist, dass ethisch vielleicht verwerfliche (sexistische) Handlungen (z. B. einvernehmlicher Sex zwischen alten Männern und jungen Frauen, zwischen Professorinnen und Studenten) tatsächlich auch rechtlich reguliert werden sollten.

[31] Zur Begründung vgl. *Schönecker* (2023b).

[32] Vgl. *Schmidt/Schönecker* (2025).

Moralismus vorzuwerfen; ich möchte sie *epistemisch-moralische Arroganz* nennen. Was ich darunter verstehe, werde ich nun erklären.[33]

2. Moralismus als epistemisch-moralische Arroganz

Ich habe oben mit der einschlägigen Literatur zwischen dem Moralismus unterschieden, der in bestimmten (irrigen) Urteilsinhalten besteht, und demjenigen, der die Urteilsäußerung betrifft. Der Moralismus, dem ich mich nun zuwende – Moralismus als epistemisch-moralische Arroganz – betrifft aber weder den Inhalt, da der Punkt nicht ist, dass das geltend gemachte Urteil falsch wäre; noch betrifft er die Urteilsäußerung, da es nicht darum geht, dass die Art und Weise, *wie* oder *wann* oder *wem* gegenüber *in welcher Situation* das jeweilige Urteil geäußert wird, arrogant ist (obwohl diese epistemisch-moralische Arroganz so auftreten kann). Der Punkt ist vielmehr im Kern, für die eigene moralische Position eine Gewissheit in Anspruch zu nehmen, die der Sache nicht gerecht wird, und dabei zugleich den anderen in seinem Recht zu beschneiden, ein anderes Urteil zu fällen.

Es geht nicht darum, Moralisten dieses Typs in einer Lesart des Logion vom Splitter und Balken (Mt 7,3-5) dafür zu kritisieren, dass sie andere moralisch hart verurteilen, obwohl sie sich selbst der bei den anderen getadelten Vergehen schuldig machten (oder ähnlich schwerer Vergehen); es geht also nicht um *Heuchelei*.[34] Auch möchte ich moralische Arroganz von moralischem *Hochmut* (als Mangel an moralischem *Demut*) unterscheiden, wobei ich die Tugend der Demut als die grundsätzliche Einsicht und praktische Anerkenntnis verstehe, dass auch die *eigenen* Handlungen von den eigenen moralischen Urteilen abweichen können (das wäre übrigens die zweite Lesart jenes Logion); Demut ist also nicht tatsächliche Willensschwäche, sondern die Anerkenntnis der Tatsache, dass man selbst nicht moralisch makellos ist.

---

[33] Eine weitere Variante des Moralismus-Vorwurfs hat *Tim Henning* (2024, 67–83) mit dem von ihm sogenannten *moralistischen Fehlschluss* vorgeschlagen (wobei sowohl den Begriff wie auch den Grundgedanken schon andere vor ihm geäußert haben). Im Kern geht es darum, dass *deskriptive* Aussagen – wie etwa die (um eines von Hennings Beispielen zu nutzen), dass „ein nicht ausschließlich heterosexuelles Sexualverhalten die ursprüngliche Erscheinungsform in der Natur ist" (S. 70) – mit Hilfe *normativer* Aussagen (ein „nicht ausschließlich heterosexuelles Sexualverhalten ist nicht zulässig", ebd.) widerlegt werden sollen. Hier ist nicht der Ort, darauf einzugehen, weil damit diverse weitreichende Annahmen verbunden sind und weil Henning zwar solche Fehlschlüsse kritisiert, zugleich aber im Rahmen einer Theorie des *pragmatic* und *moral encroachment* dafür argumentiert, dass moralische Überlegungen (Risiken für Betroffene) bei der Bewertung des epistemischen Status von Theorien (bezüglich der Schwelle der Rechtfertigung) eine Rolle spielen können; vgl. aber *Schönecker* (forthcoming).

[34] Vgl. aber *Schönecker* (2024).

Der Punkt ist vielmehr der Mangel an *moralischer Bescheidenheit.* Unter diesem Mangel verstehe ich (anknüpfend an meinen Vorschlag in 2023b) die *epistemische Arroganz bezüglich moralischer Fragen*, also den Hang eines Subjekts, die eigene moralische Meinung bezüglich einer *de facto* umstrittenen und mit gegenläufigen Evidenzen verknüpften Sachfrage mit einem hohen Grad an subjektiver Gewissheit zu hegen, verbunden mit der Überzeugung, es besser zu wissen als andere Subjekte, die eine andere Meinung haben – eine Gewissheit und Überzeugung, welche die Bereitschaft schmälern oder verhindern, andere Meinungen als diskussionswürdig anzuerkennen und sich mit ihnen auseinanderzusetzen. Epistemische Arroganz erfordert also nicht nur ein hohes Maß an subjektiver Gewissheit bis hin zur Anmaßung der eigenen Infallibilität; sie verlangt zudem den Bezug auf einen umstrittenen Sachverhalt *und* eine bestimmte exklusive Haltung.[35] Moralismus als epistemisch-moralische Arroganz besteht darin, für die Begriffsbildung (*Rassismus*), das Urteil (*Rassismus ist moralisch falsch*) sowie für die Subsumtion (*S ist ein Rassist*) eine Bestimmungshoheit anzunehmen, die keinen Raum lässt für Zweifel und abweichende Meinungen und infolgedessen bei der realen Subsumtion bestimmte Menschen der erbarmungslosen moralischen Totalkritik ausliefern kann (*Thilo Sarrazin ist ein Rassist*) und obendrein diejenigen, die solche, auf diese Weise moralisch inkriminierten Menschen in ihrer Meinungsfreiheit oder auch Wissenschaftsfreiheit schützen, zumindest eines sekundären Rassismus bezichtigt (um beim Beispiel zu bleiben).[36] Kurz gesagt besteht diese Arroganz in der Disposition, auf der Grundlage scheinbar unumstößlicher moralischer Einsichten und Definitionen harte moralische Urteile zu fällen, wo tatsächlich Vorsicht und manchmal sogar Urteilsenthaltsamkeit geboten ist. Harte moralische Urteile und Subsumtionen bedürfen eines sehr sicheren Fundamentes; diejenigen Akteure, die (zu Unrecht) als Agendawissenschaftler beschrieben werden, haben es oft nicht, und darin sind sie dogmatisch und kritikresistent.

Allerdings muss man noch genauer zwischen Ethik und Recht differenzieren. Moralische Bescheidenheit kann nämlich (wie die moralische Demut, die dann ethische Demut heißt) eine ethische Tugend sein, also eine Tugend, die

---

[35] Den in solchen Debatten fast schon inflationär verwendeten Begriff der *Ideologie* (Kostner nutzt ihn in ihrem Text von 2022 mehr als ein Dutzend Mal) würde ich vermeiden; er scheint mir notorisch unklar, was dazu führt, dass immer die jeweils *anderen* ideologisch geschimpft werden.

[36] Vgl. zu ‚Rasse' und ‚Rassismus' ausführlich *Schönecker* (2020); im Kern geht es darum, dass der Rassismusbegriff kulturalistisch umgedeutet wurde, so dass in der Konsequenz bereits gemäßigt migrationskritische Positionen wie etwa die Thilo Sarrazins als rassistisch abgestempelt werden, oder auch der bloße Gedanke, es könnte so etwas wie menschliche Rassen geben, auch wenn eine solche These mit keinerlei abwertenden Implikationen verbunden wird. Vgl. dazu neuerdings auch (aus ethnologischer und postkolonialistisch-kritischer Perspektive) *Schröter* (2024, bes. S. 165–196).

sich im zwischenmenschlichen Handeln bewähren muss. Wenn eine schwerkranke und unter Vernichtungsschmerz leidende Freundin mir erzählt, sie wünsche sich einen ärztlich assistierten Suizid, wäre es epistemisch-moralisch arrogant, einen solchen Wunsch und das Bestreben, ihn umzusetzen, scharf zu kritisieren, und zwar nicht nur deswegen, weil es in einer solch schwierigen Situation wenig Empathie und Taktgefühl an den Tag legte, sondern weil die Frage, ob in solchen Extremsituationen Suizid erlaubt sein kann, nicht einfach zu beantworten ist; verantwortungsvolle, kluge und moralisch integre Menschen können hier zu verschiedenen Urteilen kommen. Noch viel mehr allerdings ist epistemisch-moralische Bescheidenheit angezeigt, wenn es um die rechtliche bzw. rechtsphilosophische Frage geht, wie wir unser gemeinsames (staatliches) Leben normativ gestalten wollen. Ein liberaler Rechtsstaat, dessen Aufgabe es ist, vielfältige weltanschauliche, ethische und religiöse Perspektiven in das gemeinsame Haus einer Verfassung und Gesetzesordnung zu bringen, muss sich auf diejenigen Normen beschränken, deren Geltung weitgehend unabhängig von jenen Perspektiven anerkannt werden kann, oder genauer: die sich in der Schnittmenge befinden, die jene Perspektiven bilden. Fast alle können sich darauf einigen, dass Mord und Totschlag illegitim sind, ganz unabhängig davon, wie die Begründung ausfällt. Dagegen sind unbescholtene, kluge Menschen sehr verschiedener Auffassung, was das Thema Abtreibung anbelangt (was nicht impliziert, es könnte hier keine wahre begründete Auffassung geben, also kein Wissen). Daher ist es ein Gebot moralischer oder hier genauer: rechtlicher Bescheidenheit, nicht die Kodifizierung und Durchsetzung von Normen zu verlangen, deren Gültigkeit zu behaupten weit entfernt ist von epistemischer Sicherheit oder auch nur Konsens.

Kostner (2022, S. 16, 23, 29) hat zurecht darauf verwiesen, dass *concept creep* ein wichtiger Bestandteil im Phänomenbereich der Cancel Culture ist, also der inflationäre Gebrauch von Begriffen wie Rassismus, Sexismus usw. Abschließend will ich noch auf einen weiteren Aspekt hinweisen, der im Zusammenhang mit Cancel Culture, wenn ich recht sehe, noch nicht als treibender Faktor akademischer Verbannung diskutiert wurde. Besonders eklatant ist nämlich, so meine These, die epistemisch-moralische Arroganz (der Begriffsmoralismus), wenn die dabei verwendeten Begriffe im Rahmen sogenannter *ameliorativer* Begriffe eigens für politische Zwecke instrumentalisiert werden.[37] Es war die Philosophin Sally Haslinger (2002, 2006), die diese Art von Definitionen, wenn nicht erfunden, dann jedoch in manchen Teilen der (feministischen) Philosophie und auch in den Gender Studies prominent gemacht

[37] *Henning* (2024, S. 225–228) geht zwar auf solche ameliorativen Projekte (bezüglich „Frau“) ein, sieht aber m. E. nicht die Gefahr, die daraus für die Wissenschaftsfreiheit erwachsen kann.

hat.[38] Dabei ist vielleicht nicht ganz klar, was genau eigentlich ameliorative Definitionen sind und wodurch sie sich von *Explikationen* im Sinne Carnaps unterscheiden; es geht aber jedenfalls darum, Begriffe so zu definieren, dass sie für eine bestimmtes normatives Engagement hilfreich sind. Und es liegt auf der Hand, dass diejenigen, die sich ameliorativer Definitionen im Rahmen des sogenannten *conceptual engineering* bedienen, Begriffen genau diejenige Bedeutung geben, die sie benötigen, um bestimmte politische Ziele am besten zu erfassen bzw. umzusetzen (bei Haslanger etwa die Bekämpfung des Sexismus). So definiert z. B. Haslanger (2000, S. 39) „Frau" folgendermaßen: „*S is a woman* iff_{def} *S* is systematically subordinated along some dimension (economic, political, legal, social, etc.) and *S* is ‚marked' as a target for this treatment by observed or imagined bodily features presumed to be evidence of a female's biological role in reproduction", was die (ich würde sagen: *offenkundig* groteske) Implikation hat, dass Personen wie Angela Merkel oder Ursula von der Leyen keine Frauen sind, da sie nicht unterdrückt werden (diese Implikation ließe sich nur vermeiden, wenn man wiederum eine ameliorativ vorgehende Definition von „Unterdrückung" voranschickte). Und für Viktoria Knoll (2024) ist – übrigens auch in kritischer Absetzung von Haslanger und mit dem Ziel, nicht trans-exklusiv zu sein – jede Person eine „Frau", die sich selbst als eine solche versteht (der Vorwurf der *petitio principii* drängt sich natürlich sofort auf). Die Gefahr, die von solchen ameliorativen Definitionen ausgeht, liegt auf der Hand. Denn hier wird nicht einmal mehr der Versuch gemacht, sich am allgemeinen Sprachgebrauch zu orientieren oder bzw. und an so etwas wie der Sache selbst, sondern man biegt sich den Begriff so zurecht, wie es einem politisch in den Kram passt. Ich bestreite nicht, dass Zwecksetzungen bei Definitionen eine Rolle spielen und spielen müssen. Aber erstens muss es auch bei explikativen (ameliorativen) Definitionen eine Rückbindung sowohl an den Sprachgebrauch wie an die irgendwie zugänglichen Tatsachen und Daten geben; und zweitens verlangen Definitionen, die (wie etwa bei Haslanger oder Knoll) klarerweise höchst umstritten sind (was sie natürlich nicht falsch macht), epistemisch-moralische Bescheidenheit, nicht Arroganz. Epistemisch-moralische Arroganz auf der einen und concept creep oder ameliorative Definitionen hängen zwar faktisch oft zusammen, aber sie sind nicht zwingend (begrifflich) aufeinander bezogen. Man kann arrogant sein, ohne ameliorativ oder inflationär zu definieren.[39]

---

38 Wie prominent solche Definitionen geworden sind, kann man unschwer an einer von der *Gesellschaft für Analytische Philosophie* organisierten Vortragsreihe „Umkämpfte Begriffe" erkennen; gleich mehrere der Referentinnen und Referenten beziehen sich auf solche ameliorativen Definitionen.

39 Das kann man auch daran erkennen, dass Knolls Definition ameliorativ ist und zugleich einen inflationären Gebrauch mit sich bringt, es sich bei Haslanger aber anders verhält. Denn ihre Definitionsbestandteile von „Frau" schränken der Kreis derje-

Von den Vorwürfen gegen die sogenannten Agendawissenschaften haben sich zwei (Aktivismus, Unwissenschaftlichkeit) als nicht stichhaltig erwiesen. Auch der dritte (Moralismus) ergibt in manchen Hinsichten wenig Sinn. Kritikwürdig ist das, was ich epistemisch-moralische Arroganz nenne. Aber sie ist erstens kein exklusives Markenzeichen derjenigen, die Agendawissenschaftler genannt werden; und die Forderung nach Eliminierung der Agendawissenschaft legt genau das an den Tag, was zurecht kritisiert werden darf – Arroganz.[40]

Literaturverzeichnis

AfD-Fraktion: „Umgehend eine Evaluation sogenannter Agendawissenschaften durch den Wissenschaftsrat beantragen …“ (20. Wahlperiode, Drucksache 20/7565, 04.07.2023).

Barskanmaz, Cengiz: Recht und Rassismus. Das menschenrechtliche Verbot der Diskriminierung aufgrund der Rasse, Berlin/Heidelberg 2019.

Damschen, Gregor/*Schönecker*, Dieter: Selbst philosophieren: Ein Methodenbuch. 3., durchgesehene, überarbeitete und ergänzte Auflage, Berlin/Boston: de Gruyter 2024.

dos Santos, Robinson/*Schmidt*, Elke E.: Realism and Antirealism in Kant's Moral Philosophy, Berlin/Boston: de Gruyter 2018.

Gabriel, Markus: Gutes tun: Wie der ethische Kapitalismus die Demokratie retten kann, Berlin: Ullstein 2024.

George, Robert P.: In Defense of Natural Law, Oxford University Press 1999.

George, Robert P./*Lee*, Patrick: Conjugal Union – What Marriage Is and Why It Matters, Cambridge University Press 2014.

Haidt, Jonathan: „Why Universities Must Choose One Telos: Truth or Social Justice“ (2016), in: https://heterodoxacademy.org/blog/one-telos-truth-or-social-justice-2/ (aufgerufen am 27.8.2025).

Haidt, Jonathan: „When Truth and Social Justice Collide, chose Truth. Why I'm resiging from my professional society“ (2022), in: https://www.chronicle.com/article/when-truth-and-social-justice-collide-choose-truth (aufgerufen am 27.8.2022).

Hansson, Sven Ove: „Science and Pseudo-Science“, in: Zalta, Edward N. /Nodelman, Uri (Hrsg.), *The Stanford Encyclopedia of Philosophy* (Fall 2025 Edition), forthcoming, https://plato.stanford.edu/archives/fall2025/entries/pseudo-science/.

Haslanger, Sally: „Gender and Race: (What) Are They? (What) Do We Want Them to Be?“, in: Noûs, 34 (1), 2000, S. 31–55.

---

nigen, die Frau sein können, ein, wohingegen Knolls Definition diesen Kreis deutlich erweitert.

[40] Ich danke Jacob Rosenthal für sehr wertvolle kritische Hinweise.

Haslanger, Sally: „What Good Are Our Intuitions? Philosophical Analysis and Social Kinds“, in: Proceedings of the Aristotelian Society (Sup. Vol.), 80(1), 2006, S. 89–118.

Henning, Tim: Wissenschaftsfreiheit und Moral, Berlin: Suhrkamp Verlag 2024.

Hoffmann, Martin/*Schmücker*, Reinold/*Wittwer*, Héctor (Hrsg.): Vorrang der Moral?: eine metaethische Kontroverse, Frankfurt am Main: Vittorio Klostermann 2017.

Hruschka, Joachim (2004): „Das deontologische Sechseck in der Jurisprudenz“, in: Krause, Rüdiger/Veelken, Winefried/Vieweg, Klaus (Hrsg.), Recht der Wirtschaft und der Arbeit in Europa. Gedächtnisschrift für Wolfgang Blomeyer, Berlin: Duncker & Humblot 2004, S. 775–788.

Knoll, Viktoria: „Wenn Worte wichtig sind: der Streitpunkt ‚Frau‘ “ (2024), in: https://www.youtube.com/watch?v=H3-Crfu0e2s.

Kostner, Sandra (Hrsg.): Identitätslinke Läuterungsagenda. Eine Debatte zu ihren Folgen für Migrationsgesellschaften, Stuttgart 2019.

Kostner, Sandra: „Wenn Wissenschafter eine Agenda verfolgen: wie Macht und Moral an den Hochschulen die Erkenntnis ersetzen“, *Neue Zürcher Zeitung*, 13. 1. 2020.

Kostner, Sandra: „Hochschulen in den 2020er-Jahren. Intellektuelle Vielfalt oder intellektuelle Lockdowns?“, in: Kostner, Sandra (Hrsg.), Wissenschaftsfreiheit. Warum dieses Grundrecht zunehmend umkämpft ist, Sonderband 10 der Zeitschrift für Politik (Baden-Baden: Nomos 2022), S. 7–30.

Lamsfuss, Gerd (2017): „Moralist, Moralismus“, in: Historisches Wörterbuch der Philosophie, 2017, online, https://doi.org/10.24894/HWPh.2605.

Mieth, Corinna/*Rosenthal*, Jacob: „Spielarten des Moralismus“, in: Neuhäuser, Christian/Seidel, Christian (Hrsg.), Kritik des Moralismus, Berlin: Suhrkamp 2020, S. 35–60.

Mieth, Corinna/*Rosenthal*, Jacob: „Moralismus“, in: Neuhäuser, Christian/Raters, Marie-Luise/Stoecker, Ralf (Hrsg.), Handbuch Angewandte Ethik, 2. Auflage 2023. Stuttgart: J.B. Metzler, Imprint: J.B. Metzler, 179–185.

Neuhäuser, Christian/*Seidel*, Christian: Was ist Moralismus? Über Zeigefinger und den Ort der Moral, Ditzingen: Reclam 2022.

Popper, Karl R.: „Die Logik der Sozialwissenschaften (1962), in: Th. W. Adorno er al. (Hrsg.), Der Positivismusstreit in der deutschen Soziologie, Neuwied/Berlin: Luchterhand 1969, 103–123.

Prust, Christian: Das neue Naturrecht und die Sexualethik, Baden-Baden: Verlag Karl Alber 2022.

Schmidt, Elke/*Schönecker*, Dieter: „Weite Pflichten, offene Fragen. Über Kants Einschränkungsthese und die Kasuistik“, in: Mieth, Corinna et al. (Hrsg.), Kant und die Antike, Berlin/Boston: de Gruyter 2025, S. 67–90.

Schönecker, Dieter: „Rassismus, Rasse und Wissenschaftsfreiheit. Eine Fallstudie“, in: Philosophisches Jahrbuch 2/20, 2020, 248–273.

Schönecker, Dieter: „Zwei Begriffe der Wissenschaftsfreiheit? Eine Replik auf Karsten Schubert“, in: praefaktisch, 2023, 28.11.2023 (https://praefaktisch.de/002e/was-ist-wissenschaftsfreiheit-eine-replik-auf-karsten-schubert/).

Schönecker, Dieter: „Akademische Verbannung. Auch ein Zwischenbericht“, in: Lotter, Maria Sibylla (Hrsg.), Probleme der Streitkultur in Demokratie und Wissenschaft, Alber Verlag 2023b, S. 189–216.

Schönecker, Dieter: „Unreflektiert, verlogen oder dumm? Eine Glosse zur ‚Offenen Stellungnahme zum Vorgehen der Bundesbildungsministerin angesichts des offenen Briefes Berliner Hochschullehrer:innen‘ “, in: https://www.netzwerk-wissenschaftsfreiheit.de/unreflektiert-verlogen-oder-dumm-eine-glosse-zur-offenen-stellungnahme-zum-vorgehen-der-bundesbildungsministerin-angesichts-des-offenen-briefes-berliner-hochschullehrerinnen/ (2024).

Schönecker, Dieter (forthcoming): „Moralistischer Fehlschluss? Eine Kritik an Tim Hennings Entwurf“.

Schröter, Susanne: Der neue Kulturkampf. Wie eine woke Linke Wissenschaft, Kultur und Gesellschaft bedroht, Freiburg: Herder 2024.

Schubert, Karsten: „Zwei Begriffe der Wissenschaftsfreiheit: Zum Verhältnis von Wissenschaft und Politik“, in: Zeitschrift für Praktische Philosophie, 10(1), 2023.

Wissenschaftsrat: Empfehlungen zur Weiterentwicklung der Geschlechterforschung in Deutschland, DOI: https://doi.org/10.57674/9z3k-1y81, 2023.

Jahrbuch Wissenschaftsfreiheit, 3 (2026): 241–265
https://doi.org/10.3790/jwf.2026.1472807

Wissenschaft, Nicht-Wissenschaft und Aktivismus

Von *Hans Peter Bull**

Abstract

„Wissenschaft" im Sinne des in Art. 5 Abs. 3 Grundgesetz gewährleisteten Grundrechts ist nach der allgemein akzeptierten Definition „alles, was nach Inhalt und Form als ernsthafter planmäßiger Versuch zur Ermittlung der Wahrheit anzusehen ist". „Schlechte Wissenschaft" kann zumindest den Versuch von Wissenschaft darstellen; „schlechte wissenschaftliche Praxis" – z.B. die nicht gekennzeichnete Übernahme fremder Forschungsergebnisse – ist rechtlich nicht geschützt. Wissenschaftliche Arbeit, die zu bestimmten praktischen Zwecken oder als Auftragsforschung für andere durchgeführt wird, ist nur dann nicht von der Wissenschaftsfreiheit garantiert, wenn der Auftraggeber Inhalt und Ergebnis festlegt.

Nicht mehr als Betätigung der Wissenschaftsfreiheit werden die Erscheinungsformen von wissenschaftlich verbrämtem politischem Aktivismus angesehen, die aus wissenschaftlichen Behauptungen verbindliche politische Handlungsanweisungen ableiten wollen und Vertreter von Gegenpositionen bekämpfen. Eine „Agendawissenschaft", die nicht mit Gründen überzeugen, sondern mit politischen oder moralischen Appellen öffentliche Zustimmung gewinnen will, ist nicht mehr Suche nach Erkenntnissen; sie ist allerdings in der Regel durch die allgemeine Meinungsfreiheit geschützt. Wissenschaftsministerien und Hochschulleitungen sind jedoch verpflichtet, die Freiheit der Wissenschaft gegen aktivistische Anmaßungen (etwa im Sinne von „cancel culture", Ausgrenzung, Diffamierung) zu schützen. Die Hochschulen sind kein „rechtsfreier Raum".

Schlüsselwörter: Agendawissenschaft, Aktivismus, Auftragsforschung, Forschungsförderung, Forschungsfreiheit, Grundrechtsschranken, Meinungsfreiheit, Naturwissenschaften, Netzwerk Wissenschaftsfreiheit, Nicht-Wissenschaft, Psychologie, Rechts- und Sozialwissenschaften, Theologie, Verantwortung, Wissenschaftsfreiheit, Zensur

Science, Non-Science and Activism

According to the generally accepted definition, science as protected by article 5 section 3 of the Basic Law is everything characterized by a – with regard to content and form – systematic attempt to find truth. "Bad science" can at least be an attempt in

* Hans Peter Bull, Dr. iur, Prof. (em.) für Öffentliches Recht, Universität Hamburg. E-Mail: HP-Bull@t-online.de.

science whereas "bad scientific practice," e.g. plagiarism, is not protected by law. Scientific work that serves certain practical purposes or is done following a request by a sponsor is protected by scientific freedom if the sponsor does not determine its content and results.

Political activism, that is disguised as science but tries to induce political instructions with scientific assertions and that fights against contradicting views, is not protected by scientific freedom. "Agenda science" trying to convince politically or morally is not searching for knowledge. Nevertheless, this generally is protected by freedom of expression. Ministries and universities are obliged to protect the freedom of science against activist presumptuousness, e.g. cancel culture, discrimination or defamation. Universities are not lawless institutions.

Keywords: agenda science, activism, contractual research, sponsoring research, freedom of research, freedom of science, freedom of expression, Netzwerk Wissenschaftsfreiheit, non-science, psychology, jurisprudence, social sciences, theology, responsibility, censorship

Für den amerikanischen Präsidenten Donald Trump ist Wissenschaft eine politische Opposition, die es zu bekämpfen gilt. In seinem Furor, Amerika „great again" zu machen, hat er schon in kurzer Zeit bedeutende wissenschaftliche Institutionen zerschlagen oder zumindest erheblich geschwächt und die Wissenschaftsfreiheit gefährdet.[1] Fake News statt Forschung, politische Verdächtigung und ein irrationales Weltbild, in dem Wissenschaft und Forschung den Staat zu viel kosten und weitgehend überflüssig sind, prägen die Haltung des Machthabers im Weißen Haus und seiner Regierung.

In den meisten westlichen Ländern ist „Wissenschaft" bisher ein positiv besetzter Begriff. Ihre Freiheit von staatlichen Eingriffen wird respektiert, ihr gesellschaftlicher Nutzen ist unumstritten. Wer Wissenschaft betreibt, darf auf ein hohes soziales Ansehen und auf Beachtung seiner Arbeitsergebnisse hoffen. Man wird schnell als „Experte" und seriöser Gesprächsteilnehmer akzeptiert, wenn man nur behauptet, wissenschaftlich zu denken und zu reden. Angesichts dieser gesellschaftlichen und rechtlichen Hochschätzung der Wissenschaft ist es freilich unvermeidlich, dass sich auch Personen um die Reputation eines Wissenschaftlers bemühen, die bei richtiger Betrachtung keine Wissenschaftler sind, und dass für unbewiesene und fragwürdige Äußerungen „wissenschaftliche" Qualität in Anspruch genommen wird. Das könnte man als zu vernachlässigenden „Kollateralnutzen" von Außenseitern ansehen, wenn es nicht – zumindest auf lange Sicht – auch die seriöse Wissenschaft diskreditieren könnte, weil eben nicht mehr hinreichend unterschieden wird.

---

[1] Dazu beispielhaft u. v. a.: *Christina Berndt/Boris Herrmann*, Die große Verdummung, Süddeutsche Zeitung v. 16.5.2025 S. 3.

Die härtesten Konflikte um Deutung und Bedeutung der Wissenschaftsfreiheit sind durch die politische Instrumentalisierung wissenschaftlicher Forschung entstanden. Engagierte Gruppen innerhalb und außerhalb der Hochschulen haben zuerst in den USA,[2] inzwischen aber auch in Europa begonnen, ihre Positionen zu bestimmten politischen „Agenden" mit Methoden durchzusetzen, die mit der Freiheit der Wissenschaft unvereinbar sind. Sie üben nicht nur entschiedene öffentliche Kritik, die einer kritischen Erwiderung nicht standhält, sondern grenzen Wissenschaftler und Autoren, die eine bestimmte Sichtweise vertreten, durch Diffamierungen aus der Gemeinschaft der „richtig" Denkenden aus (so dass die Betroffenen um ihre berufliche Karriere fürchten müssen), verweigern sachlich-argumentative Diskussionen, stören den akademischen Betrieb (teilweise sogar gewalttätig) und verurteilen ihre Gegner mit politisch-moralischen Begründungen.[3] Beliebte Gegenstände dieser Aktionen bilden die Nahost-Krise, insbesondere die Politik des Staates Israel, die Aufarbeitung des Kolonialismus und allgemein der „Kampf gegen rechts" oder gegen überall vermuteten Rassismus, Frauenfeindlichkeit und Homophobie. Besonders verstörend ist in diesen Zusammenhängen, dass manchmal auch Hochschulleitungen und Wissenschaftsministerien sich von derartigen Positionen nicht distanzieren oder es versäumen, den betroffenen Wissenschaftlern beizustehen.

Ob und inwieweit die Wissenschaftsfreiheit unter diesen Umständen in der Bundesrepublik Deutschland noch hinreichend hochgehalten wird, soll im Folgenden unter verfassungsrechtlichen und rechtspolitischen Aspekten erörtert werden.

I. Die verfassungsrechtliche Perspektive: Wissenschaftsfreiheit nach Art. 5 Abs. 3 Satz 1 GG

Das Grundgesetz erklärt „Wissenschaft, Forschung und Lehre" zusammen mit der „Kunst" für „frei" und setzt ihr keine ausdrücklichen Grenzen. Das Bundesverfassungsgericht (BVerfG) hat aus dieser Norm eine Reihe von Rechten abgeleitet – teils solche der Wissenschaftlerinnen und Wissenschaftler als Individuen, teils auch solche der Wissenschaft betreibenden Institutionen wie besonders der Hochschulen. Verkürzt gesagt: der Staat soll sich aus Wissenschaft und Forschung heraushalten, aber er soll die Wissenschaftlerin-

---

[2] Zu scholar activism und „Social-Justice-Bewegung" vgl. etwa *Helen Pluckrose/James Lindsay*, Zynische Theorien, München 2022, besprochen von *Sebastian Voigt*, in: Sehepunkte Ausgabe 22 (2022) Nr. 6, www.sehepunkte.de/2022/06/36782.html.

[3] Das *Netzwerk Wissenschaftsfreiheit e. V.* hat entsprechende Vorfälle gesammelt und zu besonders fragwürdigen Aktionen kritische Entgegnungen veröffentlicht. Beispiele folgen im Text.

nen und Wissenschaftler wie auch den organisierten Wissenschaftsbetrieb vor Eingriffen Externer schützen und die wissenschaftliche Produktivität fördern.[4]

1. Der individuelle Schutzbereich

a) Definitionsansätze

„Wissenschaft" ist nach der Rechtsprechung des Bundesverfassungsgerichts „alles, was nach Inhalt und Form als ernsthafter planmäßiger Versuch zur Ermittlung der Wahrheit anzusehen ist".[5] Aber welcher „Querdenker" und welcher substanzlose Großsprecher würde nicht behaupten, er habe ernsthaft um die Wahrheit gerungen? Und wie soll die subjektive Absicht im Nachhinein festgestellt werden? Wäre der Bezug auf die Intention des Handelnden der einzige Ansatz, um wissenschaftliche und nichtwissenschaftliche Tätigkeit voneinander abzugrenzen, so wäre die rechtliche Einordnung der meisten geistigen Äußerungen sehr schwer oder gar unmöglich. Die Wissenschaftsfreiheit wäre in schwer erträglicher Weise subjektiviert; fast jeder und jede könnte sie in Anspruch nehmen. Die Gerichte haben deshalb diesen ersten Schritt um einen weiteren ergänzt und haben versucht, den Schutzbereich auch objektiv abzugrenzen. „Die Einordnung unter die Wissenschaftsfreiheit [...] kann nicht allein von der Beurteilung desjenigen abhängen, der das Grundrecht für sich in Anspruch nimmt. Soweit es auf die Zulässigkeit einer Beschränkung [...] ankommt, sind vielmehr auch Behörden und Gerichte zu der Prüfung befugt, ob ein Werk die Merkmale des – weit zu verstehenden – Wissenschaftsbegriffs erfüllt".[6]

---

4 Zur verfassungsrechtlichen Einordnung der Wissenschaftsfreiheit vgl. die großen Kommentare zum Grundgesetz, insbes.: *Michael Fehling*, in: Wolfgang Kahl/Christian Waldhof/Christian Walter (Hrsg.), Bonner Kommentar zum Grundgesetz, Ordner 3, Stand März 2004, Art. 5 Abs. 3 (Wissenschaftsfreiheit); *Klaus Ferdinand Gärditz*, in: Dürig/Herzog/Scholz, GG, Stand August 2019, Art. 5 Abs. 3; *Julian Krüper*, in: Frauke Brosius-Gersdorf (Hrsg.), Dreier-Grundgesetz-Kommentar, Bd. I, 4. Aufl. 2023, Art. 5 III (Wissenschaft); *Andreas L. Paulus*, in: Peter M. Huber/Andreas Voßkuhle (Hrsg.), Grundgesetz, 8. Aufl. 2024, Art. 5 Rn. 472–552; ferner u. v. a.: *Herbert Bethge*, in: Sachs, Grundgesetz, 10. Aufl. 2024, Art. 5 Rn. 200–245, sowie *Rudolf Wendt*, in: Ingo von Münch/Philip Kunig (Hrsg.), Grundgesetz, Kommentar, 7. Aufl. 2021, Art. 5 Rn. 156–178. Aus der reichhaltigen Lit.: *Martin Schulte/Matthias Ruffert*, Grund und Grenzen der Wissenschaftsfreiheit, in: VVDStRL 65 (2006), S. 110 ff. und 146 ff.

5 BVerfGE 35, 79 (113); 47, 327 (367); 90, 1 (12). Die Definition „ernsthafter Versuch zur Ermittlung oder zur Lehre der wissenschaftlichen Wahrheit" ist zuerst von *Rudolf Smend* in die juristische Literatur eingeführt worden (Das Recht der freien Meinungsäußerung, in: VVDStRL 4, 1928, 44 [57]).

6 BVerfGE 90, 1 (12 f.).

Das BVerfG hat ausführlich erläutert, was alles *nicht* relevant sein soll, und kommt am Ende dennoch wieder zu einer Feststellung über die Absichten des Autors. Es ist eine eindrucksvolle Liste von Punkten, die als Merkmale von Wissenschaftlichkeit *abgelehnt* werden:

„Einem Werk kann […] nicht schon deshalb die Wissenschaftlichkeit abgesprochen werden, weil es Einseitigkeiten und Lücken aufweist oder gegenteilige Auffassungen unzureichend berücksichtigt. All das mag ein Werk als fehlerhaft im Sinn der Selbstdefinition wissenschaftlicher Standards durch die Wissenschaft ausweisen. Dem Bereich der Wissenschaft ist es erst dann entzogen, wenn es den Anspruch von Wissenschaftlichkeit nicht nur im einzelnen und nach der Definition bestimmter Schulen, sondern systematisch verfehlt. Das ist insbesondere dann der Fall, wenn es nicht auf Wahrheitserkenntnis gerichtet ist, sondern vorgefassten Meinungen oder Ergebnissen lediglich den Anschein wissenschaftlicher Gewinnung oder Nachweisbarkeit verleiht. Dafür kann die systematische Ausblendung von Fakten, Quellen, Ansichten und Ergebnissen, die die Auffassung des Autors in Frage stellen, ein Indiz sein …“.[7]

Das Bundesverwaltungsgericht (BVerwG) hat dazu in dem Fall, zu dem sich später das BVerfG in der soeben zitierten Weise geäußert hat, nämlich der Aufnahme eines geschichtsfälschenden Buches in die Liste jugendgefährdender Schriften, eine überzeugende Feststellung getroffen: Es hat auf die „Art der Gewinnung seiner Ergebnisse“ abgestellt und ist dabei zu dem Ergebnis gelangt, „dass das Buch von dem Willen zur Propagierung einer bestimmten historisch-politischen Auffassung und nicht von dem Bestreben nach Wahrheitssuche geprägt wird“. Das BVerfG stimmt dieser Bewertung zu und hebt die Begründung des anderen Gerichts hervor, dass der Autor „die seiner These entgegenstehende Literatur völlig ausgespart“ habe, obwohl er „auf eine Fülle nach den Quellen gearbeiteter wissenschaftlicher Untersuchungen sowie auf Dokumentationen, Tagebücher und Monographien“ hätte zurückgreifen können. „Auf diese wird nicht einmal im Quellenverzeichnis des Buches hingewiesen“.[8]

Wegen der offensichtlichen Mängel der Materialverarbeitung war die Entscheidung in diesem Fall relativ einfach. Bei anderen Erscheinungsformen fragwürdiger Wissenschaft ist sie schwieriger. Man kann wissenschaftlich klingende Behauptungen auch so „verpacken“, dass sie zunächst als seriös

[7] BVerfGE 90, 1 (13).

[8] BVerfGE 90, 1 (14). In dem Buch wurde die These vertreten, Hitler und das NS-Regime seien von jeder Schuld am Kriegsausbruch frei. Der Verfassungsbeschwerde des Autors gegen die Indizierung durch die Bundesprüfstelle für jugendgefährdende Schriften wurde übrigens stattgegeben, weil die Schrift von der Meinungsfreiheit gedeckt sei und die Bundesprüfstelle sich im konkreten Fall nicht auf den Jugendschutz als deren Schranke berufen könne (BVerfGE 90, 1 [14 ff.]).

wirken; gedruckte oder elektronische Nachweise finden sich bei einiger Suche auch für die abwegigsten Äußerungen.

Ein relativ einfacher, gleichwohl vielfach ausreichender Ansatz, wissenschaftliche und nicht-wissenschaftliche Äußerungen zu unterscheiden, scheint darin zu bestehen, vom rechtlichen Status der sich äußernden Personen auszugehen. So kann bei fest angestellten Hochschullehrern und anderen Personen, die in wissenschaftlichen Einrichtungen in und außerhalb der Universitäten dauerhaft mit Aufgaben der Forschung oder der akademischen Lehre beschäftigt sind, im Allgemeinen angenommen werden, dass sie bei ihrer Arbeit das Ziel verfolgen, „in methodischer, systematischer und nachprüfbarer Weise neue Erkenntnisse zu gewinnen“;[9] sie haben ja schon mehrere Fachprüfungen bestanden und Einstellungsverfahren durchlaufen. Hans-Heinrich Trute empfiehlt daher – in bestimmten Dimensionen darüber hinausgreifend – grundsätzlich, an „Rollen, Professionalisierung, Organisation und Medien als Strukturmomente sozialer Institutionalisierung der Wissenschaft“ anzuknüpfen.[10] Anna Gamper formuliert, dass Gesetzgeber und Gerichte die Definition der Mindestansprüche „weitgehend der Wissenschaftsgemeinde als kommunizierendem sozialem Kollektiv“ überlassen, „nach dessen Eigengesetzen Wissen produziert, verarbeitet und validiert wird“.[11] Als „Standardisierungen der guten wissenschaftlichen Praxis“ nennt sie beispielhaft „Empfehlungen verschiedener Agenturen, Fachgesellschaften und -zeitschriften bis zu verbindlichen rechtlichen Regelungen in universitären Satzungen, Richtlinien und Gesetzen“.[12]

Damit scheinen „Privatgelehrte“ vom Grundrechtsschutz ausgeschlossen zu sein, die sich von der Kommunikation ihrer jeweiligen „Zunft“ fernhalten oder in bewusster Konfrontation zu dieser arbeiten und deren Maßstäbe vielleicht gerade ablehnen. Aber auch wenn die „Status“-Prüfung in solchen Fällen nicht weiterhilft, kann die Wissenschaftlichkeit der Arbeitsweise und der Wert der Produkte doch auf andere Weise festgestellt werden,[13] etwa durch die erkennbare Intention der Erkenntnissuche und die Einhaltung wesentlicher Voraussetzungen wissenschaftlichen Vorgehens. Auch „werdende“ Wissen-

---

9 So die Formulierung der Anforderungen in BVerfGE 35, 79 (113). In BVerfGE 47, 327 (367) heißt es, das Abwehrrecht nach Art. 5 Abs. 3 Satz 1 GG werde „jedem“ gewährt, „der im Bereich von Wissenschaft, Forschung und Lehre tätig ist“. Das BVerwG spricht von „jedem, der wissenschaftlich tätig ist“ (BVerwGE 102, 305 [307]).

10 *Trute*, Die Forschung zwischen Freiheit und staatlicher Institutionalisierung. Das Wissenschaftsrecht als Recht kooperativer Verwaltungsvorgänge, 1994, S. 116.

11 *Gamper*, Verantwortung der Staatsrechtslehre im Spannungsfeld von Recht und Politik, VVDStRL 84 (2025), S. 399 (413 f.).

12 *Gamper* (vorige Fn.), S. 414.

13 In diesem Sinne auch *Krüper* (Fn. 4), Rn. 36, und Bethge (Fn. 4), Rn. 209.

schaftler – also Studierende und wissenschaftliche Hilfskräfte – können von der Wissenschaftsfreiheit profitieren; auch sie liefern nicht selten durchaus überzeugende Beispiele guter wissenschaftlicher Arbeit.

b) Kritik

Die zitierten Definitionsversuche sind nicht ohne Kritik geblieben. So werden mit der Bezugnahme auf „Wahrheit" zu hohe Erwartungen geweckt. Gewiss ist die Suche nach „wahren" Erkenntnissen in aller Regel die wesentliche Antriebskraft von Wissenschaft. Was „Wahrheit" ist und wie sie angestrebt werden kann, ist freilich eine philosophische Frage;[14] für praktische Zwecke genügt es, von der Suche nach (mehr oder weniger neuen) „Erkenntnissen" zu sprechen.[15] Diese können jedenfalls nicht als unveränderlich angesehen werden; wissenschaftliche Feststellungen stehen regelmäßig unter dem Vorbehalt der Falsifikation, und an die Originalität der erstrebten Erkenntnisse werden keine hohen Anforderungen gestellt.

Gewichtiger ist die Kritik von Erhard Denninger. Er hat herausgearbeitet, dass die Bezugnahmen auf die Ideale der Wissenschaftsgemeinschaft „allesamt wenig tauglich" seien, die kritischen Grenzfälle eindeutig zu bewältigen".[16] Dazu verweist er auf die zahlreichen Denkansätze und Erkenntnisse, die in der Vergangenheit auch von der „Wissenschaftsgemeinde" als „Wissenschaft" anerkannt waren – von der Astrologie im Mittelalter bis zur nationalsozialistischen Rassenideologie im vorigen Jahrhundert: „Die Rassenlehre des ‚Dritten Reiches' stützte sich wesentlich auf wissenschaftliche Abhandlungen führender deutscher Anthropologen. Sie erfüllen die formale Wissenschaftsdefinition, erweisen sich bei ‚vernünftiger' Betrachtung aber weder als ‚Wissenschaft' noch als schutzwürdig."[17] Die Wissenschaftsgeschichte lehre, dass „die Übergänge zwischen einem wissenschaftlichen Irrtum (der zu schützen ist!) und unwissenschaftlicher Irrlehre oder Doktrin fließend, die Übergänge

---

14 Vgl. etwa *Wilfried Stache*, Erkenntnistheorie, in: Alwin Diemer/Ivo Frenzel (Hrsg.), Philosophie. Das Fischer Lexikon, Bd. 11, Frankfurt/M. 1958, S. 51 (69 ff.). Zur Wahrheitssuche als Wissenschaft s. a. *Gärditz* (Fn. 4), Rn. 74: „Letzte Fragen, transzendente Wahrheiten" sind „keiner rationalen Erkenntnis zugänglich, daher als solche kein tauglicher Gegenstand von Wissenschaft".

15 So z. B. auch *Fehling* (Fn. 4), Rn. 64; *Krüper* (Fn. 4), Rn. 42 mit Anm. 166; *Ruffert* (Fn. 4), S. 157; sowie *Niels Petersen*, Verantwortung der Staatsrechtslehre im Spannungsfeld von Recht und Politik, VVDStRL 84, 443 (453). Mehr dazu unten zu III. 4.

16 *Denninger*, Art. 5 Abs. 3 I, in: Denninger/Hoffmann-Riem/Schneider/Stein (Hrsg.), Kommentar zum Grundgesetz für die Bundesrepublik Deutschland (AK-GG), 3. Aufl. Neuwied/Kriftel 2001, Rn. 14.

17 *Denninger* (Fn. 16), Rn. 14.

nicht fixierbar sind".[18] Letztlich könne nur „die Wissenschaft" selbst „autonom" bestimmen, was Wissenschaft ist und was nicht. Das „System Wissenschaft" bestimme „als ein perpetuierter Kommunikationszusammenhang seine Grenzen jeweils selbst".[19]

So scharfsinnig diese Kritik auch ist – sie reicht ihrerseits nicht dazu aus, alle tatsächlich auftretenden Probleme zu lösen. Denn der Wissenschaftler, der seine Freiheit bedroht sieht, kann sich nicht an „die Wissenschaft" wenden, um Hilfe zu erlangen, und eine Hochschulleitung, die ihre institutionelle Freiheit gegen Angriffe von außen schützen will, muss staatliche Behörden (und möglichst auch die Öffentlichkeit!) davon überzeugen, dass die Wissenschaftsfreiheit gefährdet ist und nicht nur interne Querelen vorliegen. Die eigenen Mittel der Hochschule sind begrenzt (dazu noch unten zu II.). Es geht darum, die Wissenschaftsfreiheit in immer neuen Situationen zu verteidigen; dazu müssen die allgemein akzeptierten Abgrenzungsformeln im Einzelfall weiterentwickelt werden. Die hier referierten Definitionsansätze und ihre einzelnen Merkmale erweisen sich nicht selten als unbestimmt, verschwommen und praktisch unzureichend. Zur Entschärfung des Problems trägt freilich die Erfahrung bei, dass die Rechtspraxis – Behörden wie Gerichte – auch mit sehr weiten und unbestimmten Begriffen umzugehen weiß; sie werden jedenfalls als Richtlinien benutzt, konkretisiert und mit Hilfe des Verhältnismäßigkeitsprinzips relativiert.

In politischen und medialen Auseinandersetzungen werden zunächst oft die Selbsteinschätzungen oder die Etikettierungen durch Anhänger und Freunde akzeptiert. So sind während der Corona-Pandemie auch absurde, nie geprüfte oder längst widerlegte Behauptungen verbreitet worden – und bisweilen unter dem besonderen Zeitdruck wohl auch Thesen, die unter anderen Umständen nicht als wissenschaftlich begründet angesehen worden wären. Manche Diskussionsteilnehmer haben sich als „Querdenker" bezeichnet – was man als Hinweis auf ein besonderes Maß an wissenschaftlicher Selbstständigkeit hätte verstehen können. Auch Journalisten sind recht großzügig in der Vergabe des Etiketts „Wissenschaft" für Äußerungen, die durch wenig Forschung, aber umso mehr Emotion begründet sind; sie vermögen oft nicht zuverlässig zu prüfen, auf wen sie sich berufen. Und in Veröffentlichungen, die etwa für medizinische Produkte oder Heilpraktiken werben, wird gern auf Gutachten und Empfehlungen angeblicher Experten verwiesen, die in Wahrheit nur Scharlatane und manchmal schlicht Betrüger sind.

---

[18] *Denninger* (Fn. 16). Rn. 15.
[19] *Denninger* (Fn. 16), Rn. 18.

c) Schranken des Grundrechts

Die Wissenschaftsfreiheit ist nicht grenzenlos gewährleistet. Das BVerfG hat (zuerst am Beispiel der Kunstfreiheit, die im gleichen Satz des Grundrechtsteils – Art. 5 Abs. 3 Satz 1 – genannt ist) herausgearbeitet, dass auch Grundrechte, die im Grundgesetz vorbehaltlos garantiert sind, „verfassungsunmittelbare“ Grenzen haben.[20] Eingriffe in die Wissenschaftsfreiheit können danach durch hochrangige Verfassungsgüter wie den Schutz der Menschenwürde und des Lebens und der Gesundheit, aber auch durch die Rücksicht auf Umwelt- und Tierschutz oder das allgemeine Persönlichkeitsrecht (und den Datenschutz!) gerechtfertigt sein.[21] Eine solche Begrenzung des Freiheitsschutzes ist mit erheblichen Unsicherheiten verbunden und keineswegs immer überzeugend. Die Konfliktlagen werden in der Literatur vornehmlich an Beispielen aus der Medizinethik erörtert und in der Praxis teilweise durch Ethik-Kommissionen bearbeitet.

2. Politischer Aktivismus als Betätigung der Wissenschaftsfreiheit?

Schon vor langer Zeit ist eine bedeutsame Ausnahme von der grundgesetzlichen Wissenschaftsfreiheit anerkannt worden: „Tätigkeiten mit festgelegter gesellschaftspolitischer oder ideologischer Zielsetzung (etwa sozialistische oder religiöse Tendenzuniversität) fallen [...] ebenso wenig unter Art. 5 Abs. 3 Satz 1 GG wie Handlungsanweisungen, politische Agitation und ideologische Indoktrination, mögen sie auch auf wissenschaftliche Erkenntnisse gestützt sein“.[22] Im KPD-Verbotsurteil von 1956 heißt es, dass „die eindeutig bestimmbare Grenze zwischen wissenschaftlicher Theorie, die durch Art. 5 Abs. 3 GG geschützt ist, und politischen Zielen einer Partei, die der Beurteilung nach Art. 21 Abs. 2 GG unterliegen,“ dort sei, „wo die betrachtend gewonnenen Erkenntnisse von einer politischen Partei, also einer ihrem Wesen nach zu aktivem politischen Handeln im staatlichen Leben entschlossenen Gruppe, in ihren Willen aufgenommen, zu Bestimmungsgründen ihres politischen Handelns gemacht werden“.[23] Damit ist offensichtlich gemeint: Kritik

---

[20] BVerfGE 30, 173 (191 f.); 122, 89 (107); *Gabriele Britz*, in: Dreier, GG, Bd. I, 3. Aufl. 2013, Art. 5 III (Wissenschaft), Rn. 41; s. a. *Bull*, Dilemmata der Grundrechtsdogmatik, in: KritV 2024, 299 (302 ff.). Zur Forschungsfreiheit s. BVerfGE 47, 327 (LS 1.a), 369 f.); 128, 1 (67 f., 70, 85 ff.) – Gentechnikgesetz.

[21] *Krüper* (Fn. 4), Rn. 85 ff.

[22] In diesem Sinne unter Berufung auf BVerfGE 5, 85 (145 f. – KPD-Verbots-Urteil) *Ingolf Pernice*, in: Dreier, GG, 2. Aufl. 2004, Bd. I, Art. 5 III (Wissenschaft), Rn. 26; aus der neueren Lit. *Paulus*, in: Huber/Voßkuhle (Fn. 4) Rn. 479. S. a. schon OVG Berlin, JZ 1973, 209 m. Anm. *Frowein*.

[23] BVerfGE 5, 85 (Leitsatz 7 und S. 146).

am politischen System und an der Verfassung ist zulässig, aber aktiver Kampf gegen die freiheitliche demokratische Ordnung kann trotz Berufung auf die Wissenschaftsfreiheit durch ein Parteiverbot nach Art. 21 Abs. 2 GG verhindert werden.

Diese Überlegungen, die für die damalige Entscheidung über das beantragte Parteiverbot nahegelegen haben, sind in ihrer Verallgemeinerung nicht unproblematisch. Dass wissenschaftliche Erkenntnisse auch zur Begründung politischer, ökonomischer oder sozialer Aktivitäten genutzt werden, ist nicht nur zulässig, sondern durchaus erwünscht. Die Politik soll die Wissenschaft zur Kenntnis nehmen; sie tut dies tatsächlich z. B. durch die zahllosen Sachverständigenanhörungen in den Parlamenten. Eindeutige „Handlungsanweisungen" kann die Wissenschaft aber nicht geben; damit würde die wissenschaftsimmanente Falsifizierbarkeit ihrer Resultate ignoriert.

Begriffe wie „Agitation" und „Indoktrination" sind extrem unbestimmt. Konservative Politiker waren und sind oft schon verunsichert, wenn linke Autoren und Redner ihre politischen Vorstellungen in Worten vortragen, die an frühere kommunistische Rhetorik erinnern. In den USA gilt bei vielen als „Sozialist", wer eine gesetzliche Krankenversicherung für notwendig hält. In Europa ist man nach vielen Erfahrungen mit Auswüchsen des Kapitalismus toleranter gegen radikale Formulierungen, aber „revolutionär" erscheinen manchen auch hier schon Forderungen etwa der Klimaschutzbewegung, mit denen parlamentarische Entscheidungsprozesse beeinflusst werden sollen. Kann in politischen Streitigkeiten überhaupt klar unterschieden werden, wann Forschungsergebnisse „agitatorisch" oder „indoktrinierend" verbreitet werden?

Selbstverständlich müssen alle Handlungen politischer Parteien und Gruppen, die auf die Störung der demokratischen Ordnung und die Entmachtung der gewählten Repräsentanten abzielen, mit den rechtsstaatlich zulässigen Mitteln bekämpft werden; der Staat muss öffentlichen Angriffen auf seine Organe, aber auch Hassreden und Verleumdungen der Volksvertreter entgegentreten – auch wenn sie nur verbal und (noch) nicht gewalttätig ausgeführt werden. Wer seine wissenschaftliche Überzeugung (oder seine Meinungsfreiheit) zum aktiven Kampf gegen die demokratische Ordnung benutzt und vor allem, wer dabei Gewalt ausübt, missbraucht das Grundrecht und kann in die gesetzlichen Schranken verwiesen werden. Die Auseinandersetzungen um die Verfassungswidrigkeit der Partei „Alternative für Deutschland" zeigen jedoch, wie schwierig es ist, politische Erkenntnisse so zu bewerten, dass in der Öffentlichkeit eine einhellige Meinung über die Verfassungswidrigkeit bestimmter Äußerungen erzielt wird.

Die *Wissenschafts*freiheit von Hasspredigern und Pseudowissenschaftlern braucht hingegen nicht ausdrücklich – durch behördliche Ge- oder Verbote –

eingeschränkt zu werden; sie kann exzessive Äußerungen nicht rechtfertigen, und die Verweigerung wissenschaftlicher Reputation durch die Wissenschaftsgemeinde ist kein Verwaltungsakt, der von Gerichten aufgehoben werden könnte, sondern eine rechtlich unverbindliche und u. U. durchaus wirksame Abwehrmaßnahme der Wissenschaft selbst – ein sozialer Vorgang, der keiner gesetzlichen Ermächtigungsgrundlage bedarf.

3. „Agendawissenschaft" als Konsequenz politischer Verantwortung der Wissenschaft?

Eine Form von wissenschaftlicher „Agitation" praktizieren auch „Agendawissenschaftler". Deren Besonderheit besteht darin, dass sie sich – oft mit ganz großem Pathos – auf die Verantwortung der Wissenschaft für die Folgen ihres Handelns berufen. Das Thema hat schon in einer früheren Phase der Hochschulpolitik Diskussionen ausgelöst, damals am Beispiel der Kernforschung. In Erinnerung an die grauenhaften Atombombenangriffe auf japanische Städte im August 1945 haben sich viele gefragt, ob nicht die Entdecker der Kernkraftnutzung auch für deren militärischen Einsatz mitverantwortlich waren. In das Hessische Hochschulgesetz wurde im Jahre 1974 eine Klausel über die Verantwortung der Wissenschaft eingefügt; das Gesetz statuierte nunmehr eine „Verpflichtung der Wissenschaftler an Universitäten, die gesellschaftlichen Folgen mitzubedenken und über gefährliche Forschungsergebnisse zu informieren", und das BVerfG entschied, dass diese Formulierung „bei verfassungskonformer Auslegung", nämlich bei restriktiver, sorgfältig abgewogener Anwendung mit dem Grundgesetz vereinbar sei.[24] Im Hochschulrahmengesetz (HRG) des Bundes (Neufassung 1999) ist von gesellschaftlicher Verantwortung der Wissenschaft nur noch indirekt die Rede: als zulässiger „Gegenstand der Forschung in den Hochschulen" sind auch „die Folgen" genannt, „die sich aus der Anwendung wissenschaftlicher Erkenntnisse ergeben können" (§ 22 Satz 2 HRG). Ein Nachklang der früheren Diskussion findet sich im geltenden Hamburgischen Hochschulgesetz: „Die Hochschulen und ihre Mitglieder sind gehalten, die ihnen durch Art. 5 Abs. 3 des Grundgesetzes und durch dieses Gesetz verbürgte Freiheit in Lehre und Studium, Forschung und Kunst im Bewusstsein ihrer Verantwortung vor der Gesellschaft auf der Grundlage der verfassungsmäßigen Ordnung zu nutzen und zu bewahren" (§ 9 Abs. 1 Satz 1 HmbHG).[25] Mit diesen weichen Abwägungsappellen hat der Gesetzgeber erkennen lassen, dass er jedenfalls eine

[24] BVerfGE 47, 327 (369 ff.). Zur zivilrechtlichen Folgenverantwortung von Wissenschaftlern: BVerfGE 128, 1 (85 ff.).

[25] Nur das Bremische Hochschulgesetz enthält noch in der neuesten Fassung von April 2025 ausdrückliche Verantwortungs-Klauseln (§§ 7, 7a und 7b).

intensive, vielleicht gar laufende gesellschaftliche Kontrolle der Wissenschaft durch „Moralprüfer“ nicht für wünschenswert hält. Denn damit würde die individuelle und institutionelle Freiheit der Wissenschaft unter eine ständige Aufsicht gestellt, die mit der Verfassung nicht vereinbar wäre.[26]

Im Kern unterscheidet sich „Agendawissenschaft“ von der grundrechtlich geschützten Wissenschaft dadurch, dass sie nicht nur die Freiheit zur Äußerung und Verbreitung von Forschungsergebnissen (oder vielfach schlicht Meinungen) beansprucht, sondern auch Anspruch auf Zustimmung und aktive Unterstützung ihrer Äußerungen durch Dritte erhebt. Sie ist in ihrer extremen Form wissenschaftlich verbrämter Aktivismus; auf die Verteidigung ihrer Positionen als wissenschaftlich begründet verwendet sie dann schließlich gar keine Mühe mehr. Sie will an der Schaffung einer gerechten Welt mitwirken und empört sich über alle, die dabei nicht in der von ihnen gewünschten Weise mittun wollen. Wo es um so hochrangige Werte wie die Bewahrung der Menschenwürde oder den Kampf gegen Armut und Unterdrückung geht, ist in dieser Weltsicht die Freiheit des einzelnen Wissenschaftlers oder einer Universität unerheblich. Es ist dieselbe Geringschätzung der individuellen Freiheit, die sich in der radikalen Unterwerfung der Wissenschaft unter eigene Vorstellungen vom Richtigen und Wahren und in dem weitverbreiteten Spruch ausdrückt: „Faschismus ist keine Meinung, sondern ein Verbrechen“. (Aber auch zur Durchsetzung weniger weltbewegender Themen werden höchste Werte beschworen und scharfe moralische Urteile gefällt – so in der Debatte um „geschlechtergerechte Sprache“, die auf Unterwerfung unter aktivistische Vorstellungen von der Funktion der Sprache abzielt; konkrete Einwände werden ignoriert).

„Agendawissenschaftler“ greifen einzelne Personen an, weil sie nach ihrer Meinung „falsche“, insbesondere politisch-moralisch nicht haltbare Positionen vertreten, Rassismus verbreiten oder jedenfalls nicht hinreichend bekämpfen, Diversität ablehnen oder nicht genug unterstützen. Soweit sie solche Vorwürfe mit angeblich wissenschaftlichen Aussagen begründen, geraten sie aber in Widerspruch zu dem grundlegenden Element von Wissenschaftlichkeit, die Position anderer zu respektieren: Sie kann sich ja bei der stets notwendigen Überprüfung als besser begründet erweisen. Vermeintlich überlegene moralische und politische Gründe ändern nichts an der Vorläufigkeit wissenschaftlicher Aussagen.

Wer eine agendagesteuerte Wissenschaft als Ausdruck von Wissenschaftsfreiheit anerkannt sehen will, muss sich entgegenhalten lassen, dass niemand

---

[26] Zu den „Zivilklauseln“, die Forschung und Lehre an Hochschulen auf „friedliche Zwecke“ festlegen sollen, vgl. *Gärditz* (Fn. 4), Rn. 187 f., der eine Rechtfertigung aus Art. 26 GG (Verbot des Angriffskrieges) herleitet, jedoch eine generelles Verbot von Forschung „im militärischen Bereich“ für verfassungswidrig hält.

ein Recht darauf hat, die eigenen Annahmen für andere verbindlich zu machen. Resultate wissenschaftlicher Forschung können und sollen verbreitet werden und durch ihre Überzeugungskraft wirken, nicht jedoch durch eingeforderte Autorität oder staatliche Verbindlicherklärung. Wer sich der politischen Auseinandersetzung über Forschungen entziehen will, darf das jederzeit – ihm steht die „negative Wissenschaftsfreiheit" zur Seite, die darin besteht, gerade keine Themen zu bearbeiten, die als gegenwärtig aktuell und relevant angesehen werden.[27] Die angegriffenen Wissenschaftler, insbesondere die von Ausgrenzung und Diffamierung bedrohten Professoren, Dozenten und wissenschaftlichen Assistenten an universitären und außeruniversitären Instituten, müssen in ihrer Freiheit geschützt werden. Das ist in erster Linie Aufgabe der wissenschaftlichen Institutionen, denen sie angehören (s. dazu unten II. 1.–3.).

Eine besonders befremdliche Variante kämpferischer Bewusstseinspolitik besteht darin zu behaupten, dass sich Personen bestimmter Herkunft oder Hautfarbe zu bestimmten Themen nicht äußern *dürften.* So seien Europäer aufgrund ihrer Herkunft nicht in der Lage, adäquat über den „Orient" zu sprechen.[28] Mit Recht hat der Vorstand des Netzwerks Wissenschaftsfreiheit festgestellt, dass diese „Dekolonisierung" von Wissenschaft und Forschung mit der grundgesetzlich garantierten Wissenschaftsfreiheit unvereinbar ist. „Zwar können die eigene Körperlichkeit, Herkunft und Lebensgeschichte wissenschaftlich bedeutsame Einsichten in spezifische Lebenslagen eröffnen. Hieraus leiten sich für die Angehörigen gleichwelcher sozialen Gruppen aber keine Ansprüche auf wissenschaftliche Monopole oder auf unbestreitbare Interpretationen dieser Lebenslagen ab." Inhaltlich bedeutet diese Form „postkolonialistischer Wissenschaftspolitik" die Konstruktion „vereinfachter Dichotomien von Unterdrückung vs. Widerstand, Privilegien vs. Diskriminierung".[29]

4. Ausschlussmerkmal Zweckforschung?

In der „reinen Lehre" der Wissenschaftsfreiheit wird gelegentlich Anstoß daran genommen, dass Wissenschaftler ihre Themen und Methoden nicht immer nur selbst bestimmen, sondern auch Auftragsarbeiten ausführen, an denen Dritte als Auftraggeber und Finanziers ein eigenes Interesse haben. So steht schon die Form des wissenschaftlichen *Gutachtens* bei manchen Verteidigern der Wissenschaft unter dem Generalverdacht der Unwissenschaftlichkeit; man

[27] *Gamper* (Fn. 11), S. 422 und Leitsatz III. (12).

[28] Formulierungen aus dem Offenen Brief des Netzwerks Wissenschaftsfreiheit e. V. an alle Hochschulen in Deutschland, Österreich und der Schweiz v. 27. 10. 2023.

[29] Netzwerk Wissenschaftsfreiheit a. a. O. (vorige Fn.).

hält wissenschaftliche Gutachter pauschal für käuflich.[30] Die Anfertigung von Gutachten für externe Auftraggeber ist aber keineswegs grundsätzlich als unwissenschaftlich zu beurteilen.[31] Gewiss werden täglich Gefälligkeitsgutachten angefertigt – manche erkennbar schlecht gearbeitet, manche aber trotz der damit verfolgten Legitimationsabsicht wissenschaftlich vertretbar und nicht von vornherein verwerflich. Ein Verstoß gegen Grundregeln der Wissenschaft kann erst im Einzelfall festgestellt werden, etwa wenn der Auftraggeber das gewünschte Ergebnis mehr oder weniger verbindlich vorgibt und der Auftragnehmer versucht, es mit wissenschaftlichen Methoden zu begründen („Alibiwissenschaft"[32]). Für die Übernahme von Auftragsarbeiten und Gutachten spricht, dass diese Praxis den forschenden Hochschulprofessoren wesentliche Informationen und Anregungen zur angemessenen Beurteilung realer Verhältnisse liefern kann. „Begleitende wirtschaftliche Motive der Wissenschaftlerinnen und Wissenschaftler" schließen jedenfalls den Schutz durch Art. 5 Abs. 3 S. 1 GG nicht aus.[33]

Der Staat fördert wissenschaftliche Forschung auf unterschiedliche Weise: durch die Einrichtung und Unterhaltung von Hochschulen, durch Gründung und Betrieb außeruniversitärer wissenschaftlicher Institute, durch Organisation von Drittmittelforschung und „Exzellenz"-Initiativen und durch die Anstellung und Beschäftigung von Wissenschaftlern in eigenen Behörden, die deren Sachverstand zur Erfüllung ihrer Verwaltungsaufgaben benötigen. Die „Ressortforschung" des Staates[34] wird vielfach misstrauisch betrachtet. Auch der Wissenschaftsrat hat sich gelegentlich kritisch dazu geäußert, dass der Staat große Forschungsinstitute zur Unterstützung seiner Verwaltung unterhält, an denen angestellte Wissenschaftler an dienstlich vorgegebenen Themen arbeiten und nicht das gleiche Maß an Freiheit der Themen- und Methodenwahl besitzen wie ihre Fachkollegen an den Universitäten und Hochschulen.[35]

---

30 Ausführlich in diesem Sinne *Niels Petersen* (Fn. 15), S. 457 ff. m. w. N. auch zu anders akzentuierenden Stellungnahmen. Gegen diese Zuspitzung in der Diskussion der VDStRL *Tonio Klein* (S. 484) und *Hinnerk Wissmann* (S. 485).

31 *Gamper* (Fn. 11), S. 412 mit Fn. 80.

32 *Gärditz* (Fn. 4), Rn. 73; s. a. Rn. 91 ff.

33 *Gärditz* (Fn. 4), Rn. 91.

34 Dazu exemplarisch *Klaus Ferdinand Gärditz*, Gesundheitswissen aus Behördenhand. Bundeseinrichtungen und Forschungsaufgaben zwischen Verwaltung, Wissenschaft, Politik und Recht, Tübingen 2023. Ein Verbot von „Legitimationsforschung" fordert *A. Katharina Weilert*, Ressortforschung. Forschung zur Erfüllung öffentlicher Aufgaben unter besonderer Berücksichtigung des Bereichs staatlicher und unionsrechtlicher Gesundheitsverantwortung, Tübingen 2023.

35 Über eine Stellungnahme des Wissenschaftsrats zu den wissenschaftlichen Leistungen, Strukturen und Organisationsmerkmalen des Bundesamtes für Strahlenschutz (BfS) v. 19. 5. 2006 ist kritisch berichtet worden in: *Hans Peter Bull/Klaus König/Jörg*

Auch Auftragsforschung (des Staates oder der Wirtschaft) wird des Öfteren pauschal abgewertet. Dass manch eine wissenschaftliche Arbeit zu dem Zweck betrieben wird, praktische Fragen überzeugender zu lösen, bedeutet jedoch nicht, dass sie dadurch unwissenschaftlich wird. Auch Ressort- und Auftragsforschung, die nach wissenschaftlichen Methoden durchgeführt wird, fällt als Handlungsweise des einzelnen Forschers unter Art. 5 Abs. 3 Satz 1 GG. Es ist weder unmoralisch noch verstößt es gegen Dienstpflichten, wenn ein Wissenschaftler im Rahmen seiner beruflichen Aufgaben mit den für diesen Zweck üblichen Methoden eine wissenschaftliche Frage bearbeitet, deren Lösung den Dienstherrn oder Auftraggeber interessiert. Die Verwaltung sammelt im Laufe der Zeit zahllose Informationen über die tatsächlichen Verhältnisse ihres Aufgabengebiets; sie kann ihren angestellten Wissenschaftlern frühere Erfahrungen und für die Gegenwart ein großes Maß an Realitätsnähe vermitteln; die so betriebene Forschung kann durchaus einen Qualitätsvorsprung vor der rein akademischen Forschung haben.

5. Schlechte Wissenschaft und schlechte wissenschaftliche Praxis

Vom Grundrechtsschutz ausgeschlossen sind nach unbestrittener Ansicht Täuschungsversuche, z. B. in Qualifikationsverfahren und bei Förderungsanträgen, die Fälschung von Forschungsdaten sowie die verdeckte Ausbeutung fremder Leistungen, also Plagiate und falsche Autorenangaben. Solche Verhaltensweisen werden nicht als ernsthafter und planmäßiger Versuch der Wahrheits- bzw. Erkenntnissuche anerkannt.[36] Zur Sicherung der „guten wissenschaftlichen Praxis" haben die Hochschulen Untersuchungskommissionen und Ombudspersonen bestellt, die entsprechende Vorwürfe prüfen und eventuelle rechtliche Reaktionen der Hochschule vorbereiten.[37] Die Äußerungen

Kuhbier, Bericht der Arbeitsgruppe „Modernisierung des Bundesamtes für Strahlenschutz", S. 7–22 (als Broschüre hrsg. v. BfS, Salzgitter 2007).

36 Ausführlich mit weiteren Beispielen und Literaturnachweisen *Gärditz* (Fn. 4), Rn. 83–86; s. a. *ders.*, Die Feststellung von Wissenschaftsplagiaten im Verwaltungsverfahren, WissR 46 (2013), S. 3; rechtsvergleichend *Linda-Martina Apel*, Verfahren und Institutionen zum Umgang mit Fällen wissenschaftlichen Fehlverhaltens, 2009. Aus der Rspr.: BVerwGE 147, 292 (301) – Datenmanipulation; 159, 148 (168) – Plagiate.

37 S. aber BVerwGE 102, 304: Die sachverständig besetzte ad-hoc-Kommission einer Universität durfte zwar den Verdacht einer Datenmanipulation und etwaige Konsequenzen prüfen, aber nicht die wissenschaftlichen Arbeiten des Betroffenen „fachlich bewerten", „sonstige amtliche Stellungnahmen dazu abgeben oder gar von dem Hochschullehrer bestimmte Maßnahmen wie die Berichtigung von Veröffentlichungen verlangen". Dazu fehlte es an einer Rechtsgrundlage im einschlägigen Universitätsgesetz. Bei Verletzung von Dienstpflichten ist ein Disziplinarverfahren möglich.

dieser Prüfinstanzen können zur Bewältigung hochschulinterner Konflikte beitragen.[38]

Von der schlechten wissenschaftlichen Praxis, dem wissenschaftlichen Fehlverhalten, ist die Fallgruppe „schlechte Wissenschaft" zu unterscheiden.[39] Beides kann im Einzelfall zusammentreffen, aber auch für die Überprüfung des wissenschaftlichen Verhaltens gilt, dass der Staat die *Qualität* wissenschaftlicher Forschung nicht bewerten darf. Denn Art 5 Abs. 3 Satz 1 GG schützt gute wie schlechte Wissenschaft; die positive wie die negative Bewertung bleibt dem innerwissenschaftlichen Diskurs vorbehalten.[40] Nicht mehr „wissenschaftlich" ist ein Werk, „das die Ansprüche der Fachgemeinschaft an Wissenschaftlichkeit nicht nur teilweise, sondern systematisch verfehlt und nur den Anschein von Wissenschaftlichkeit zu erwecken versucht".[41] Dass diese Differenzierung praktisch schwer fallen kann, liegt auf der Hand.

II. Schutz der Wissenschaft als Kommunikationsvorgang

1. Die verfassungsrechtliche Ausgangslage

Das Grundgesetz schützt nicht nur die einzelnen Wissenschaftler als Person, sondern zugleich den Such- und Denkprozess der Wissenschaftler vor Eingriffen des Staates und die „Kommunikation der Wissenschaftler untereinander und mit der kritischen Öffentlichkeit", anders ausgedrückt „die Möglichkeit des wissenschaftlichen Dialogs, d. h. der Mitteilung und wechselseitigen Prüfung von Ergebnissen und Theorien".[42] Das Grundrecht des Art. 5 Abs. 3 Satz 1 GG enthält also über ein „individuelles Freiheitsrecht der im Wissenschaftsbereich tätigen Personen"[43] hinaus „eine objektive Grundsatznorm für den Bereich der Wissenschaft",[44] früher auch als „das Grundrecht der deutschen Universität" bezeichnet.[45] Bei deren Anwendung bestehen dieselben Abgrenzungsprobleme wie bei der individuellen Berufung auf die

---

[38] Die Deutsche Forschungsgemeinschaft hat diese Bemühungen durch „Leitlinien zur Sicherung guter wissenschaftlicher Praxis" unterstützt (Stand September 2019). Zur Unbestimmtheit der Standards guter wissenschaftlicher Praxis Schulte und Ruffert (Fn. 4), S. 137f. bzw. S. 155ff.

[39] *Gärditz* (Fn. 4), Rn. 88.

[40] *Gärditz* (Fn. 4), Rn. 88/89.

[41] *Krüper* (Fn. 4), Rn. 44 m.w.N.

[42] *Ingolf Pernice* (Fn. 22), Rn. 20.

[43] BVerfGE 111,333 (353f.); 122, 89 (105f.).

[44] BVerfGE 90, 1 (11ff.).

[45] So seinerzeit *Rudolf Smend*, VVDStRL 4 (1928), 44 (57), zustimmend zitiert von *Bethge*, in: Sachs, GG, 6. Aufl. 2011, Art. 5 Rn. 201, während andere Kommentatoren auch andere Hochschulen als einbezogen ansehen, so etwa Pernice (Fn. 22), Rn. 17.

Wissenschaftsfreiheit. Art. 5 Abs. 3 Satz 1 GG wirft auch in diesem Zusammenhang große Probleme auf.

Selbstverständlich gilt, wie schon oben zu I. 2. und 3. angesprochen: Weder wissenschaftliche noch nicht-wissenschaftliche Äußerungen dürfen mit gewaltsamen Mitteln verbreitet werden; wer sich anmaßt, Diskussionen mit Gewalt zu stören, handelt rechtswidrig. Rechtswidriges Handeln in der Öffentlichkeit kann mit ordnungsrechtlichen Mitteln verhindert werden (auch in den Hochschulen – was manche zu Unrecht bestreiten; die Hochschulen sind keine rechtsfreien Räume), gewalttätiges Handeln ist auch im privaten Bereich strafbar.[46]

2. Die rechtlichen Befugnisse der Hochschulen

Die Hochschulen haben wie auch alle anderen staatlichen Forschungseinrichtungen eine Fürsorgepflicht für ihre Beamten und Angestellten, der sie u. a. durch öffentliche Erklärungen im Sinne der individuellen wie kollektiven Wissenschaftsfreiheit nachkommen können, ohne dafür eine besondere Rechtsgrundlage zu benötigen. In extremen Fällen kann die gebotene Fürsorge auch durch Unterlassungsgebote und hausrechtliche Maßnahmen gegen die Störer oder durch Gewährung von Rechtsschutz für die Geschädigten bewirkt werden.

Andererseits darf der dem Staat verfassungsrechtlich gebotene Schutz der Wissenschaftsfreiheit nicht zur inhaltlichen Zensur wissenschaftlicher Meinungen und Forschungsergebnisse werden. Insofern ist der Staat zur Neutralität verpflichtet. Seine Schutzmaßnahmen sollen die Entfaltung wissenschaftlicher Produktivität vor störenden Einwirkungen Dritter bewahren. Das bedeutet jedenfalls, dass die Behörden ihrerseits die Eigengesetzlichkeiten der Wissenschaft berücksichtigen müssen, z. B. indem sie die Kommunikation und Diskussion der beteiligten Wissenschaftler berücksichtigen und umstrittenen Meinungen über die Art dieses Schutzes zwar nicht unkritisch folgen, diese aber doch in die Auseinandersetzung einbeziehen.[47] Pseudo- oder nichtwissenschaftliche Äußerungen können nicht behördlich verboten werden; Hochschulen haben keine Befugnis, sie „amtlich" als ungerechtfertigt zu bezeichnen. Als Äußerungen der Meinungsfreiheit können sie ohnehin verfassungsrechtlich geschützt sein; denn ihr Inhalt darf nicht staatlich „zensiert"

Grundsätzlich *Arnold Köttgen*, Das Grundrecht der deutschen Universität, 1959; s. a. *Werner Thieme*, Deutsches Hochschulrecht, 3. Aufl. 2004 Rn. 108.

[46] Zur Schutzverpflichtung gegenüber Störungen und Behinderungen durch nicht dem Staat zuzurechnende Dritte: *Britz* (Fn. 20), Rn. 61.

[47] Zu einer entsprechenden Organisation der Hochschulen: BVerfGE 111, 333 (354) (Brandenburgisches Hochschulgesetz).

werden. Die Schranken der Meinungsfreiheit nach Art. 5 Abs. 2 GG – die „Vorschriften der allgemeinen Gesetze", die „gesetzlichen Bestimmungen zum Schutze der Jugend" und das „Recht der persönlichen Ehre" – greifen erst in gewichtigen Fällen und auch dort nicht ausnahmslos, wie der Fall der Indizierung einer „Kriegsschuldlüge"-Schrift zeigt: Während dem Autor und dem Verlag das Etikett „wissenschaftlich" versagt wurde, hat das BVerfG diesem Werk der Geschichtsklitterei doch den Schutz der Meinungsfreiheit attestiert und die Indizierung aus Jugendschutzgründen missbilligt.[48]

Die Hochschulen haben jedoch Befugnisse, mit denen sie es verhindern können, dass bestimmte Äußerungen (Prüfungsleistungen, Qualifikations- und Bewerbungsschriften, Lehrmeinungen), die vielleicht zunächst als wissenschaftlich gelten könnten, sich aber als nicht ausreichend erweisen, dauerhaft als Produkte von Wissenschaft bezeichnet werden. Sie können in den entsprechenden Verfahren derartige Etikettierungen und Auszeichnungen ablehnen und akademische Grade nachträglich wieder entziehen, und vor allem können und sollen sie bei ihrer Personalauswahl dem Gebot der Bestenauslese (Art. 33 Abs. 2 GG) unter dem Aspekt erbrachter und erwartbarer wissenschaftlicher Leistungen das größte Gewicht zukommen lassen. Die schon erwähnten Ethik-Kommissionen und Ombudspersonen (s. o. I. 5.) schützen ebenfalls die Integrität der Wissenschaft. Von all diesen Befugnissen sollte tatsächlich Gebrauch gemacht werden. Dies nicht zu tun, kann vertretbare Gründe haben; Augenmaß ist immer geboten. Aber subjektive politische Bewertungen oder Angst vor öffentlicher Kritik wären keine guten Gründe für eine Strategie des laissez-faire; das Zurückweichen vor Drohungen von Aktivisten macht die Wissenschaft schwächer.

3. Probleme der „inneren Hochschulsicherheit"

Die „innere Sicherheit" der Hochschulen kann – je nach den Umständen – durch Maßnahmen der Hochschulen oder des Staates geschützt werden, die auf das allgemeine oder spezielle Polizei- und Ordnungsrecht oder auf das Hausrecht gestützt sind; dabei können auch Beschränkungen der Versammlungsfreiheit gerechtfertigt sein. Schon die akustische Störung – also z. B. das Niederbrüllen von Rednern – oder der Versuch, andere an der Teilnahme zu hindern, verstößt u. U. gegen das Hausrecht der Veranstalter und kann sogar eine strafbare Nötigung bedeuten.

Tatsächlich war und ist die Anwendung dieser Befugnisse innerhalb von Hochschulen häufig heftig umstritten, und die Hochschulleitungen haben oft

[48] BVerfGE 90, 1 (14 ff.); s. o. Fn. 8. Es ist aber nicht sicher, ob das BVerfG heute noch ebenso entscheiden würde. Die zunehmend als notwendig empfundene Abwehr neonazistischer Strömungen könnte hier zu einem anderen Ergebnis führen.

gezögert, den Staat – also letztlich die Polizei – zu Hilfe zu rufen. Ein besonders irritierendes Beispiel für das Zurückweichen vor Angriffen auf die Wissenschaftsfreiheit bilden die Vorgänge um die „Rote Zelle Germanistik“ an der Freien Universität Berlin in den Jahren 1970/71. Diese Gruppe wollte erklärtermaßen die Germanistikstudenten „zu Sozialisten umerziehen“ und versuchte zu diesem Zweck, eine Reihe politisch-weltanschaulicher Schulungen, die mit einem germanistischen Studium kaum noch etwas gemeinsam hatten, als offizielle Lehrveranstaltungen der Universität einzuführen. Der Wissenschaftssenator wies die Freie Universität an, bestimmte Abwehrmaßnahmen zu ergreifen, diese aber hielt die geplanten Seminare für zulässig und klagte vor dem Verwaltungsgericht auf Aufhebung dieser Anweisung. Erstaunlicherweise gaben sowohl das VG wie das OVG Berlin der Universität gegen den Senator Recht – mit gewundenen Begründungen, die dem Konflikt zwischen Wissenschaft und politischer Propaganda in keiner Weise gerecht wurden.[49] Diese Entscheidungen sind wohl nur durch den massiven Druck der Aktivisten erklärbar und wurden in der Literatur deutlich kritisiert.[50]

Die Kontroversen im Verlauf der 1968er-„Revolution“ sind inzwischen vergessen, aber eine Konsequenz aus ihnen ist, dass die Politik die Wissenschaft auch gegen Bedrohungen ihrer Integrität aus der Gesellschaft heraus schützen muss. Ansätze, die „innere Sicherheit“ der Hochschulen zu stärken, kollidieren freilich auch heute noch mit dem – im Ansatz berechtigten – Interesse der Hochschulen, Konflikte möglichst intern zu bearbeiten. Das nordrhein-westfälische Wissenschaftsministerium hat im Herbst 2024 einen Anlauf genommen, die „Sicherheit und Redlichkeit in der Hochschule“ durch einen umfangreichen Katalog neuer Rechtsnormen zu schützen, die angeblich von den Hochschulen selbst gewünscht werden, deren Ankündigung aber einen Sturm der Entrüstung ausgelöst hat.[51] In dem Referentenentwurf[52] ist ein System von Sanktionen ausgearbeitet worden, mit denen Konflikte zwischen Hochschulangehörigen – vor allem Machtmissbrauch von Professoren – und

[49] VG Berlin, U. v. 15. 1. 1971, JZ 1971, 615; OVG Berlin, U. v. 1. 6. 1972, JZ 1973, 209.

[50] *Gerd Roellecke*, JZ 1971, 620; *Jochen A. Frowein*, JZ 1973, 212.

[51] Stellungnahme nordrhein-westfälischer Verfassungsrechtlerinnen und Verfassungsrechtler zum Entwurf des Hochschulstärkungsgesetzes NRW, www.verfassungsblog.de, 18. 12. 2024. S. a. die Stellungnahme des Netzwerks Wissenschaftsfreiheit vom 9. 12. 2024, www.netzwerk-wissenschaftsfreiheit.de.

[52] Gesetz betreffend die Stärkung der Hochschullandschaft (sic!) (Hochschulstärkungsgesetz), Stand 26. 9. 2024, www.nkw.nrw, Teil 10: Sicherheit und Redlichkeit in der Hochschule. §§ 83 – 89. In einer Pressemitteilung v. 9. 10. 2024 ist von dem „Hochschulstärkungsgesetz für mehr Schutz von Studierenden gegen Machtmissbrauch“ die Rede; es heißt dort auch, das Gesetz enthalte „einen Instrumentenkasten […], der neben dem Landesdisziplinargesetz dafür sorgt, dass per Verwaltungsakt alle Betroffenen schon in einem laufenden Verfahren besser geschützt werden“.

wissenschaftliches Fehlverhalten differenziert (aber auch nebeneinander und in Konkurrenz zu disziplinarrechtlichen Maßnahmen) bearbeitet werden. Das neue „Redlichkeitsrecht“ soll die Regeln zur Sicherung guter wissenschaftlicher Praxis abstützen. Nach der Ansicht der protestierenden Professoren ist der Gesetzentwurf jedoch „von einem tiefen Misstrauen gegen die Selbstverwaltung in Forschung und Lehre durchzogen und etabliert gefährliche Instrumente, die Innovation und Engagement beschädigen werden“.[53] Dieser Streit kann hier nicht im Einzelnen besprochen werden. Fraglich ist jedenfalls, ob die Landesregierung gut beraten ist, wenn sie Pflichtverletzungen zwischen Hochschulangehörigen so vollständig und detailliert zu regeln versucht, dass eine „bürokratische“ Überregulierung (einschließlich neuer Meldestellen und Beratungsansprüche) herauskommt, und dabei die informellen Lösungsmöglichkeiten der Hochschulselbstverwaltung, aber auch die Gefährdungen der Wissenschaft durch Einwirkungen von außen vernachlässigt werden.

4. Auswahlentscheidungen bei der Wissenschaftsförderung

Soweit Hochschulen und andere staatliche Stellen die wissenschaftliche Arbeit von Forschern und Forschungsinstituten finanziell oder ideell fördern – es gibt bekanntlich zahlreiche Förderprogramme zu den unterschiedlichsten Fachgebieten und Themenkreisen –, sind Auswahlentscheidungen unvermeidlich, und dabei ist es den fördernden Behörden erlaubt, ihrerseits bestimmte Forschungsthemen und -ziele festzulegen, die vorrangig gefördert werden sollen.[54] Es besteht auch kein Verbot, „an die Bewertung wissenschaftlicher Qualität Folgen bei der Mittelverteilung anzuknüpfen“.[55] Nur muss eben immer eine „wissenschaftsadäquate“ Leistungsbewertung gewährleistet sein, und der Staat darf „den Inhalt wissenschaftlicher Aussagen auch durch Förderung nicht beeinflussen“ („Gebot meinungsneutraler Wissenschaftspflege“).[56] Dass er missliebige Inhalte von Forschung und Lehre nicht durch den Entzug von Finanzmitteln „bestrafen“ darf, wie es der gegenwärtige amerikanische Präsident mit der Universität Harvard versucht, liegt auf der Hand.

---

[53] S. o. Fn. 51.

[54] So schon *Denninger* (Fn. 16), Rn. 15 und 26 (entschieden für eine „gezielte, Schwerpunkte setzende staatliche Forschungsförderungspolitik“); *Fehling* (Fn. 4), Rn. 45

[55] BVerfGE 111, 333 (s. o. Fn. 45).

[56] *Fehling* (Fn. 4), Rn. 45.

III. Folgerungen für einzelne Wissenschaftszweige

1. Theologie

„Soweit die Theologie bestimmte Aussagen als ewige Wahrheiten verkündet und nicht in Frage stellen lässt, ist sie nicht Wissenschaft."[57] Die Wissenschaftlichkeit der Theologie wird allerdings nicht grundsätzlich bestritten: „Innerhalb dieses vorgegebenen Systems von Aussagen [...] hat die Theologie bestimmte Fragestellungen, bei denen sie sich wissenschaftlicher Methoden bedient". Dementsprechend ist es bisher wohl noch nie bestritten worden, dass die Theologischen Fakultäten Wissenschaft betreiben. Dafür spricht auch, dass *alle* Wissenschaften „von gewissen Prämissen ausgehen", die – jedenfalls vorläufig – nicht angezweifelt werden.[58]

Die Wissenschaftsfreiheit schützt Professoren der Theologie jedoch nicht davor, dass die zuständige Religionsgemeinschaft sie nicht mehr als ihren Vertreter und Ausbilder anerkennt und die Universität daraufhin ihre dienstlichen Aufgaben ändert.[59]

2. Naturwissenschaften

In den Naturwissenschaften wird heute überwiegend in großen Einheiten geforscht: Institute aller Art beschäftigen große Zahlen von Wissenschaftlern, die nach festen Regeln systematisch an wissenschaftlichen Themen arbeiten, z.B. die Eigenschaften von Stoffen und physikalische Prozesse untersuchen, Medikamente und medizinische Hilfsmittel entwickeln, die Lebensverhältnisse von Tieren und Pflanzen erforschen oder meteorologische Gesetze aufklären. Ansatzpunkte für unwissenschaftliche, fahrlässige oder bewusst verzerrende Aussagen finden sich in allen Disziplinen; an manchen Stellen sind Scharlatane am Werk, die mit Scheingutachten oder obskuren Quellenangaben die Werbung für Medizinprodukte unterfüttern – in Extremfällen Anlass zu staatsanwaltlichen Ermittlungen wegen Korruption.[60] Vereinzelt ist die systematische Fälschung von Forschungsrohdaten festgestellt worden; aus dem

---

[57] *Thieme* (Fn. 45), Rn. 111; *Gärditz* (Fn. 4), Rn. 16, 70, 74 ff., 281.

[58] *Thieme* (vorige Fn.). Zum Wissenschaftscharakter der Theologie s. a. *Paulus*, in: Huber/Voßkuhle (Fn. 4), Rn. 476; zur islamischen Theologie *Krüper* (Fn. 4), Rn. 119.

[59] BVerfGE 122, 89. Der Betroffene hatte sich „vom christlichen Glauben insgesamt öffentlich losgesagt", ohne jedoch formal aus der Evangelischen Kirche auszutreten; er wurde von der Universität auf ein nicht konfessionsgebundenes Fach („Geschichte und Literatur des frühen Christentums") umgesetzt.

[60] Zur Ausbreitung der Korruption in Deutschland und in der EU s. *Gertrude Lübbe-Wolff*, Der ehrliche Deutsche, 2025, S. 53 ff.

Bemühen um Originalität wurden kriminelle Aktionen, die – wohl nicht immer, aber doch meist – von Berufskollegen aufgedeckt wurden.

Es gibt auch ganze Fachgebiete, deren Wissenschaftlichkeit fragwürdig erscheint. Von der Astrologie war schon die Rede:[61] Sie galt in bestimmten geschichtlichen Epochen als ernsthafte Wissenschaft. Dass dies heute nicht mehr zutrifft,[62] bedarf keiner weiteren Begründung. Der Wissenschaftscharakter wird auch bei der noch weitgehend praktizierten Homöopathie bestritten.[63]

Die Naturwissenschaften sind andererseits auch besonders gut dafür gerüstet, Nicht- und Pseudowissenschaft zu identifizieren und sich davon abzugrenzen: Die kontinuierliche Flut von Studien zu fast allen aktuellen Themen wird offensichtlich weitgehend zur Kenntnis genommen und auch in den populären Medien beachtet, jedenfalls wenn eine öffentliche Debatte über die Thematik in Gang kommt. So wurden manche fragwürdigen Äußerungen zur Corona-Pandemie sehr schnell öffentlich widerlegt. Eine ganze Reihe von Naturwissenschaftlern haben sich in vorbildlicher Weise an der medialen Erklärung und Erörterung der auftauchenden Fragen beteiligt (und mussten dafür manchmal Anfeindungen hinnehmen), und derjenige Wissenschaftler, der in den Talkshows am häufigsten über die jeweils neuesten Studien berichtet hatte, konnte später als Bundesminister für Gesundheit sogar amtliche Feststellungen treffen, wobei auch das Robert-Koch-Institut und die Bundeszentrale für gesundheitliche Aufklärung als wissenschaftliche Ressorteinrichtungen mitwirkten.

3. Rechts- und Sozialwissenschaften

Die Frage nach der strengen Wissenschaftlichkeit stellt sich auch bei Sozialwissenschaften und bei der zwischen Geistes- und Sozialwissenschaften angesiedelten Rechtswissenschaft. Denn auch und gerade hier kommt es immer wieder vor, dass manches Produkt als wissenschaftlich ausgegeben wird, das es nicht verdient. Anders als wohl die meisten Naturwissenschaftler, die den ständigen Fortschritt ihrer Wissenschaften im täglichen Forschungsbetrieb eindrucksvoll erleben, sind viele Geistes- und Sozialwissenschaftler nicht bereit, ihre Positionen aufgrund der Kritik anderer aufzugeben, und wenn es um moralisch aufgeladene Themen geht, neigen viele zu starrem Festhalten an Thesen, die im Grunde schon widerlegt sind.

---

[61] S.o. bei Fn. 16 (*Denninger*).

[62] *Thieme* (Fn. 45), Rn. 110.

[63] Vgl. etwa *Helmholtz-Gemeinschaft*, Wirkt Homöopathie wirklich?, www.helmholtz.de/newsroom/artikel/wirkt-homöopathie-wirklich/ (Der Artikel v. 21.4.2019 betont den Placebo-Effekt homöopathischer Mittel).

Diese Tendenz scheint in den letzten Jahren zugenommen zu haben. In der Demokratietheorie wird betont, welch große Bedeutung der öffentliche Diskurs über alle politisch relevanten Themen habe, aber in der Praxis wird die Bereitschaft, auf Argumente anderer einzugehen und einen Konsens zumindest anzustreben, immer geringer. Die „öffentliche Meinung" besteht zunehmend aus einem Sammelbecken gegeneinander abgeschotteter Positionen, und auch in der Wissenschaft stehen sich konträre Meinungen oft ohne gegenseitige Bezugnahme gegenüber.

Die Rechtswissenschaft, die Soziologie, die Politikwissenschaft, die neueren Kulturwissenschaften – sie alle sind stark von den Gedanken und Untersuchungen der Menschen geprägt, die sie betreiben und die dabei die Welt verbessern wollen. Das ist nicht ironisch gemeint, sondern liegt in der Natur der Sache: Wer nach Erkenntnissen über menschliches Zusammenleben in Gesellschaft und Staat sucht, pflegt sich auch zu engagieren – die entgegengesetzte Einstellung, der Verbleib im „Elfenbeinturm", ist heute fast zur Ausnahme geworden und wird von manchen Teilnehmern am öffentlichen Diskurs sogar als eine beamtenrechtliche Pflichtverletzung eingestuft.[64] Das ist zwar nur schwer nachzuvollziehen, kann aber doch relevant werden. Denn zu geringes Engagement der Wissenschaft hat zur Folge, dass die öffentliche Meinung stärker von denen geprägt wird, die keine Skrupel haben, „ergebnisorientiert", also von ihren subjektiven Ansichten aus zu argumentieren. Übermäßiges Engagement hingegen kann dazu verleiten, die wissenschaftliche Sorgfalt zu vernachlässigen, Mögliches für wirklich und Unbegründetes für richtig zu halten, also den öffentlichen Diskurs falsch zu beeinflussen.

In der kollegialen Diskussion über die Methoden der Rechtswissenschaft wird seit langem gefragt, wie stark die subjektiven Einstellungen und „Vorurteile" der Rechtsanwender die Ergebnisse tatsächlich beeinflussen und beeinflussen dürfen, ohne dass der Wissenschaftscharakter der Rechtswissenschaft verloren geht.[65] Ein gewisses Maß an Subjektivierung ist unvermeidlich; sie wird diskutierbar, wenn die Verfasser ihre Voreinstellungen transparent machen, und sie wird durch die Konkurrenz der Autoren und insbesondere der Gerichte in den verschiedenen Instanzenzügen, letztlich das BVerfG (teilweise) korrigiert. Einen Wissenschaftsanspruch verfolgen die Gerichte gewöhnlich nicht (Ausnahmen bestätigen die Regel: Das BVerfG und einige Verwaltungsgerichte tendieren dazu, Einzelfallentscheidungen zu langen Ausführungen über die dabei behandelten Rechtsprobleme zu benutzen, ohne dabei aber die wissenschaftliche Qualität etwa von guten Dissertationen zu

64 Dazu m. w. N. *Gamper* S. 421 (für Hochschullehrer des Staatsrechts).

65 Vgl. exemplarisch verschiedene Untersuchungen von *Helmuth Schulze-Fielitz*, z. B.: Was macht die Qualität öffentlich-rechtlicher Forschung aus?, in: Jahrbuch des öffentlichen Rechts 50 (2002), S. 1–68.

erreichen). Die fachöffentliche Debatte um alle möglichen aktuellen Fragen ist ebenfalls von der Praxis geprägt, folgt überwiegend der „herrschenden Meinung“ der Gerichte, aber umgekehrt strahlt die akademische Diskussion in Fachzeitschriften und Tagungen doch auch auf die Praxis aus.

4. Zu den Thesen der Fachgruppe Psychologie im Netzwerk Wissenschaftsfreiheit

Besondere Beachtung verdienen die Thesen zur Wissenschaftsfreiheit, die die Fachgruppe Psychologie im Netzwerk Wissenschaftsfreiheit beschlossen hat.[66] Die Fachgruppe betont, dass Wissenschaft der „*Wahrheitsfindung*“ dienen müsse. Das Streben nach Wahrheit unterscheide sich „vom Denken und Handeln in Kategorien von Nützlichkeit (Wirtschaft), Gemeinwohl (Politik) oder Moral (Ethik)“. Die Orientierung an „Wahrheit“ ist aber, wie schon gesagt (s. oben zu I. 1. b)), nicht durchhaltbar; die Entgegensetzung der „Wahrheit“ mit „Nützlichkeit“, „Gemeinwohl“ und „Moral“ wird der tatsächlichen Motivlage von Wissenschaftlern aller Art – vielleicht der meisten wissenschaftlich Arbeitenden – nicht gerecht, und sie ist auch als Idealvorstellung nicht überzeugend; denn sie provoziert die Umwelt zu der Einschätzung, dass (individuelle wie kollektive) „Nützlichkeit“ mit Wahrheit unvereinbar sei – was nicht der Fall ist. Im Grund relativiert die Fachgruppe den „Wahrheits“-Bezug schon selbst, indem sie sagt, dass die Wissenschaft – wenn man so will: nur – „das Ziel einer „gültigen Beschreibung, Erklärung und Vorhersage von Wirklichkeit“ verfolgt (verfolgen soll). Das ist gemeint, wenn Wissenschaft als Streben nach (neuen) *Erkenntnissen* bezeichnet wird.

Allgemein gesprochen, ist „Wahrheit“ normativer Aussagen nicht erreichbar.[67] Wissenschaftlich bearbeitet werden nur Normen, die gesellschaftlich oder staatlich begründet sind und keinen Ewigkeitswert haben. Gleichwohl werden Rechts- und Wirtschaftswissenschaften, Politologie, Soziologie und auch Psychologie im Normalfall so betrieben, dass sie wissenschaftlichen Ansprüchen genügen.[68] Sie arbeiten systematisch, werten empirische Daten und die Fachliteratur aus und ziehen „logische“ Schlüsse (wobei „Logik“ aber

---

66 Abdruck in: *Netzwerk Wissenschaftsfreiheit e. V.* (Hrsg.), Jahrbuch Wissenschaftsfreiheit, 2. Band, 2025, S. 253 ff.

67 Ein Spruch wie „Recht ist Wahrheit, Wahrheit ist Recht“ – so angebracht im Plenarsaal des Hamburger Oberlandesgerichts – ist also nicht wörtlich zu nehmen; er enthält eine idealistische Eigenwerbung der Justiz, die im Publikum aber unerfüllbare Erwartungen weckt.

68 Die Thesen verdienen denn auch überwiegend Zustimmung, etwa zu der Bemerkung, dass das Themenfeld der Wissenschaft auch zahlreiche umstrittene, unpopuläre und inopportune Gegenstände umfassen muss, und zu dem Bestehen auf der Vielfalt der Erkenntniswege.

nicht ausreicht, um zu überzeugenden Ergebnissen zu gelangen); ihre normativen Aussagen stehen ebenso unter dem Vorbehalt der Vorläufigkeit wie die Feststellung naturwissenschaftlicher „Gesetzmäßigkeiten".

IV. Ergebnis und Schlussfolgerungen

Wer sich darum bemüht, die Wissenschaft – seine eigene Disziplin oder die anderer Wissenschaftler – möglichst vollständig vor missbräuchlicher Inanspruchnahme zu bewahren, dürfte das Ergebnis der Untersuchung wohl enttäuschend finden. Von Ideologie geleitete Agendawissenschaft und missionarischer Aktivismus lassen sich mit der Berufung auf die eigene Wissenschaftsfreiheit nur schwer bekämpfen – auch weil schon die Abgrenzung zu dem nicht mehr geschützten Bereich vielfach unsicher ist. Umgekehrt ist der Schutz des einzelnen Wissenschaftlers gegen politischen Aktivismus und Ausgrenzung nicht zuverlässig genug ausgebaut, und selbst Hochschulleitungen verteidigen die Wissenschaftsfreiheit bisweilen nur zögerlich.

Idealerweise wehrt sich die Wissenschaftsgemeinschaft selbst gegen Verfälschung und Missbrauch von Wissenschaft: Fachkolleginnen und -kollegen fühlen sich zum Widerspruch herausgefordert, wenn jemand sein Wissen und seine Energie ausschließlich oder vorrangig dazu einsetzt, andere politische Meinungen zu bekämpfen. Aber der individuelle oder von einer kleinen Gruppe initiierte Widerspruch reicht als Sicherung gegen schwerwiegende Fehlentwicklungen nicht aus. Die staatlichen Behörden stehen zwar in der Pflicht, die individuellen Grundrechte zu schützen, zugleich aber sind sie durch Wissenschafts- und Meinungsfreiheit gehalten, die Äußerung und Verbreitung von Behauptungen auch dann zu dulden, wenn sie sie für falsch oder gefährlich halten.

Für einen Teil der Aktivisten und Pseudowissenschaftler ist die Justiz zuständig. Aber die Schwelle der Strafbarkeit (oder der zivilrechtlichen Haftung), z. B. wegen Volksverhetzung, Betrug, Verleumdung oder Beleidigung politischer Gegner, wird oft gar nicht überschritten – die Wissenschaft als Institution kann in ihrem Wert und ihrer Freiheit schon früher bedroht sein, nämlich wenn sie von Einzelnen nicht mehr als Suche nach Erkenntnis betrieben wird, sondern nur für individuelle nicht-wissenschaftliche Zwecke.

Angesichts dieses Ergebnisses ist es umso bedeutsamer, dass zivilgesellschaftliche Organisationen wie das Netzwerk Wissenschaftsfreiheit Fehlentwicklungen öffentlich kritisieren und in eigenen Kreisen und öffentlichen Medien für die Bewahrung hoher wissenschaftlicher Standards werben.

Jahrbuch Wissenschaftsfreiheit, 3 (2026): 267–295
https://doi.org/10.3790/jwf.2026.1472808

Agenda-Skeptizismus: Wie Cancel Culture Pseudowissenschaften vor Kritik schützt – und was das mit Wissenschaftsfreiheit zu tun hat*

Von *Nikil Mukerji***

Abstract

Der vorliegende Beitrag rekonstruiert den Fall der *Gesellschaft zur wissenschaftlichen Untersuchung von Parawissenschaften* (GWUP), die durch woke Akteure ideologisch gekapert wurde und schließlich wieder auf eine wissenschaftsorientierte Linie zurückgeführt werden konnte. Er verfolgt dabei zwei Ziele: Erstens soll er zeigen, wie eine neue Form der Pseudowissenschaft den wissenschaftlichen Skeptizismus von innen angreift, ihn entlang einer ideologischen Agenda in einen selektiven „Agenda-Skeptizismus" transformiert und Methoden der Cancel Culture nutzt, um ideologisch genehme Forschungsfelder vor wissenschaftlicher Kritik abzuschirmen. Zweitens arbeitet der Aufsatz die Relevanz dieser Entwicklung für die Debatte um die Wissenschaftsfreiheit heraus. Er begründet, warum Organisationen wie die GWUP funktional Teil des Wissenschaftssystems sind und Eingriffe in ihre Arbeit mittelbar dieselben Schutzgüter berühren wie Eingriffe in Hochschulen. Abschließend wird argumentiert, dass der Fall der GWUP strategische Einsichten für Organisationen wie das Netzwerk Wissenschaftsfreiheit bietet, mit deren Hilfe sich Wissenschaftsfreiheit gezielter und wirksamer verteidigen lässt.

Schlüsselwörter: Abgrenzungsproblem, Bullshit, Critical Studies, Ethos, Pseudowissenschaft, Rationalität, Wahrheit, Wissenschaftsfreiheit, Wokeness

* Bei der folgenden Darstellung des GWUP-Falls handelt es sich um eine deutlich gekürzte Fassung eines ausführlichen Textes, der in ungekürzter Form auf dem Blog des Netzwerks Wissenschaftsfreiheit erschienen ist: https://www.netzwerk-wissenschaftsfreiheit.de/category/blog.

** Nikil Mukerji, wissenschaftlicher Leiter der Gesellschaft zur wissenschaftlichen Untersuchung von Parawissenschaften (GWUP). E-Mail: mukerji@gwup.net.

Agenda Skepticism: How Cancel Culture Shields Pseudoscience from Criticism – and What This Has to Do with Academic Freedom

This article reconstructs the case of the *Gesellschaft zur wissenschaftlichen Untersuchung von Parawissenschaften* (GWUP), which was ideologically captured by woke actors and later steered back onto a science-oriented path. It pursues two aims. First, it shows how a new form of pseudoscience attacks scientific scepticism from within, reshapes it through an ideological agenda into selective "agenda scepticism," and employs cancel culture to shield favoured fields of research from scientific criticism. Second, the article examines the relevance of these developments for the debate on academic freedom. It argues that organisations such as the GWUP are functionally part of the scientific system and that interference in their work indirectly affects the same protected interests as interference in universities. Finally, the GWUP case offers strategic insights for organisations such as the Network for Academic Freedom, helping to defend academic freedom more effectively.

Keywords: academic freedom, bullshit, critical studies, demarcation problem, ethos, pseudoscience, rationality, truth, wokeness

Einleitung

Wissenschaft hat für die moderne Gesellschaft eine zentrale Bedeutung. Das Prädikat „wissenschaftlich" ist zwar nicht gleichbedeutend mit „wahr", da sich Auffassungen ändern und Irrtümer vorkommen. Doch die wissenschaftliche Methode bleibt unser verlässlichstes Instrument der Wahrheitssuche. Und wenn sich Forscher irren, wird dies am ehesten von anderen Forschern entdeckt, die Hypothesen prüfen und kritisieren. Daher ist die Frage, was echte Wissenschaft ist, wie man sie erkennt und wie man sie von unwissenschaftlichen Erkenntnisunternehmungen abgrenzt, nicht nur philosophisch interessant, sondern von eminenter praktischer Relevanz.

Diese Einsicht teilen auch die meisten Laien. Sie orientieren sich – etwa bei Gesundheitsentscheidungen – an dem, „was die Wissenschaft sagt". Gerade das eröffnet jedoch Missbrauchspotenzial: Der gute Ruf der Wissenschaft schafft Anreize für Scharlatane, Vertrauen auszubeuten, indem sie Wissenschaftlichkeit lediglich vortäuschen. Wer Angebote mit dem Prädikat „wissenschaftlich erwiesen" bewirbt, findet leichter Abnehmer und kann höhere Preise durchsetzen. Zahlreiche Fälle zeigen, dass Wissenschaftlichkeit oft zu Unrecht beansprucht wird. In solchen Fällen sprechen wir von *Pseudowissenschaft*.

Man könnte erwarten, dass Wissenschaftler energisch widersprechen, wenn wissenschaftliche Ansprüche zu Unrecht erhoben werden. Häufig geschieht dies jedoch nicht: Sie arbeiten meist hochspezialisiert, ihnen fehlt die Zeit für Aufklärungsarbeit, und nicht alle beherrschen auch die Wissenschaftskommunikation. Ab Mitte der 1970er-Jahre entstand eine Lösung für dieses Problem. Skeptische Organisationen wie das US-amerikanische *Committee for the Scientific Investigation of Claims of the Paranormal* (CSICOP) und die deutsche *Gesellschaft zur wissenschaftlichen Untersuchung von Parawissenschaften* (GWUP) entlarvten pseudowissenschaftliche Vorstellungen in der Öffentlichkeit und stellten ihnen verlässliche Informationen und wissenschaftliche Fakten entgegen.

Diese klassische Frontstellung blieb bestehen, bis vor wenigen Jahren die unter Pseudowissenschaftsverdacht stehenden „Critical Studies" – das akademische Fundament des Wokeness-Phänomens – das Feld betraten. Ab den 2010er-Jahren gewannen diese erheblich an Einfluss. Fürsprecher der Wokeness traten der GWUP bei und blockierten durch internes Lobbying deren kritische Prüfung. Ziel war, die Kernanliegen der GWUP durch eine ideologische Agenda zu ersetzen: Kritik an Pseudowissenschaft sollte nur noch dort erfolgen, wo sie ideologisch genehm war. Und die „Critical Studies" sollten ironischerweise ohne Kritik akzeptiert werden. So wurde der wissenschaftliche Skeptizismus der GWUP in einen Pseudoskeptizismus mit ideologischer Agenda – kurz: Agenda-Skeptizismus – transformiert. Besiegelt wurde dies durch einen „Putsch" (Schedel 2023) bei der Vorstandswahl im Mai 2023, durch den woke Mitglieder die Mehrheit im Vorstand und die volle Verfügungsgewalt über die GWUP erlangten.

Erfreulicherweise kehrte die GWUP nach einem einjährigen Richtungsstreit im Mai 2024 wieder auf den Weg der Vernunft zurück: Der mehrheitlich woke Vorstand wurde durch ein Team liberaler GWUP-Mitglieder ersetzt, das den Werten des wissenschaftlichen Skeptizismus verpflichtet ist. In diesem Aufsatz behandle ich aus Darstellungs- und Platzgründen fast nur die Jahre 2020 bis 2023 und klammere den Richtungsstreit 2023–2024 weitgehend aus. Mein Ziel liegt darin zu zeigen, wie die GWUP überhaupt durch eine woke Agenda gekapert werden konnte, in welchen Phasen diese Kaperung ablief und was jeweils hätte getan werden können, um die ideologische Übernahme der Organisation zu verhindern. Außerdem möchte ich erklären, warum es sich bei der ideologischen Kaperung der GWUP nicht lediglich um ein internes Problem eines Fachvereins handelt, sondern um einen Modellfall für die Debatte um die Wissenschaftsfreiheit. Was in der GWUP geschah, illustriert meines Erachtens, wie wissenschaftliche Einrichtungen durch eine antiwissenschaftliche Agenda unterwandert und gerade jene Kernfunktionen ausgehöhlt werden können, die die Wissenschaftsfreiheit schützen soll.

Nach einer Darstellung der Gründungsmission der GWUP skizziere ich die wissenschaftsphilosophische Grundlage der Organisation (Abschnitt I) und präzisiere ihr Hauptarbeitsfeld: die Aufklärung über Pseudowissenschaft (Abschnitt II). Danach behandle ich eine neue Form der Pseudowissenschaft, die sich durch „Agenda-Skeptizismus“ der Kritik entzieht (Abschnitt III). Anschließend zeige ich, wie der klassische wissenschaftliche Skeptizismus der GWUP binnen kurzer Zeit durch einen ideologischen Agenda-Skeptizismus woker Prägung verdrängt wurde (Abschnitt IV). Abschließend gehe ich darauf ein, warum der Fall der GWUP für die Debatte um die Wissenschaftsfreiheit relevant ist (Abschnitt V), bevor ich die Ergebnisse des Aufsatzes zusammenfasse (Abschnitt VI).

I. GWUP-Gründungsmission: Ethos der epistemischen Rationalität (EER) und liberales Erkenntnismodell

Wo Meinungsfreiheit herrscht, entsteht zwangsläufig ein Stimmengewirr, in dem auch irrationale und gefährliche Behauptungen zirkulieren. Eine Reaktion darauf ist, unliebsame Meinungen aus dem Diskurs auszuschließen. Eine andere besteht darin, Fehlinformationen zu „debunken“, ihnen also verlässliche Informationen entgegenzustellen. Genau dieses Ziel stand 1976 hinter der Gründung des *Committee for the Scientific Investigation of Claims of the Paranormal* (CSICOP, später CSI). Nach dem Vorbild eines „neuen Skeptizismus“ (Kurtz 1992) sollten behauptete paranormale Phänomene unvoreingenommen mit wissenschaftlichen Methoden geprüft und die Ergebnisse allgemeinverständlich publiziert werden – ohne die Absicht, abweichende Meinungen aus der Debatte zu verdrängen.

In den Folgejahren entstanden nach dem Vorbild des CSICOP in vielen Ländern skeptische Organisationen (Center for Inquiry 2022) – so auch in Deutschland. Am 7. Februar 1987 gründeten zehn Interessierte in Darmstadt die *Arbeitsgemeinschaft der Skeptiker zur Untersuchung von Pseudowissenschaften und Okkultem* (ASUPO). Bereits am 11. Oktober 1987 folgte in Bonn die Gründung der *Gesellschaft zur wissenschaftlichen Untersuchung von Parawissenschaften* (GWUP) mit der Medizinerin und Alternativmedizin-Kritikerin Irmgard Oepen als Präsidentin, dem Psychologen Robert König als Vizepräsident und Amardeo Sarma als Geschäftsführer. Ziel war von Beginn an, kritisches Denken zu fördern, pseudowissenschaftliche Behauptungen zu prüfen, die Öffentlichkeit zu informieren, Medienarbeit zu leisten und mit Gleichgesinnten zu kooperieren (Sarma 2017). Unter Oepens Einfluss erweiterte sich die anfängliche Agenda um einen dezidierten Patienten- und Verbraucherschutz. Wissenschaftliche Skepsis sollte nicht bei der Widerlegung falscher Thesen enden, sondern durch aktive Aufklärungsarbeit Schaden von Patienten und Verbrauchern abwenden und Nutzen stiften – insbesondere in der Medizin. Alternative Heilsversprechen – etwa die der Homöopathie – sollten auf ihre Vereinbarkeit mit gesichertem wissenschaftlichem Wissen geprüft und Risiken klar benannt werden (Sarma 2018).

Zugleich verstand sich die GWUP – ihrem Namen entsprechend – als Forschungseinrichtung: Kontrollierte Experimente mit Wünschelrutengängern (Wolf et al. 1998) und Tests vermeintlicher PSI-Fähigkeiten (Wolf/Sarma 2005) wurden zu Markenzeichen. Der seit 2002 jährlich durchgeführte Prognosencheck prüfte systematisch die Trefferquote von Wahrsagern und stärkte damit das Profil der GWUP in der Forschung zum vermeintlich Paranormalen. Folgerichtig nennt die GWUP-Satzung von 2021 neben der „Förderung der Bildung" und der „Förderung des Verbraucherschutzes" ausdrücklich auch die „Förderung von Wissenschaft und Forschung" als Vereinszweck (GWUP 2021).

Dieses praktische Programm lässt sich wissenschaftsphilosophisch analysieren und in zwei Teile gliedern. Auf der ersten, grundlegenderen Ebene legte sich die GWUP auf das fest, was der Philosoph Julian Nida-Rümelin als *Ethos der epistemischen Rationalität* (EER) bezeichnet. Es verlangt, „dass wir Gründe für Überzeugungen insofern als selbstgenügsam ansehen, als wir uns von diesen Gründen unabhängig davon leiten lassen, welche Folgen und Nebenfolgen der Akt des Überzeugtseins mit sich bringt" (Nida-Rümelin 2020: 272) und dass wir „die soziale, politische, kulturelle oder ideologische Rolle der betreffenden Hypothese" (Nida-Rümelin 2018: 15) außen vor lassen, wenn wir prüfen, ob wir sie akzeptieren sollen oder nicht. Mit anderen Worten: Das EER ist ein *Ethos der Unbestechlichkeit*. Wer es annimmt – so wie die Gründer der GWUP –, legt sich darauf fest, den Dingen offen und ehrlich auf den Grund zu gehen und keine anderen Motive als das der Wahrheitsfindung zu hegen.

Auf der zweiten, konkreteren Ebene finden sich Prinzipien, die dieses Ethos praktisch wirksam werden lassen und die ich – im Anschluss an Jonathan Rauchs Gedanke der „liberal science" (Rauch 2013, 2021) – als das *liberale Erkenntnismodell* bezeichnen möchte. Die Grundlage des Modells ist ein *wissenschaftlicher Realismus*, der *in nuce* besagt, dass es eine objektive, von unseren Wünschen unabhängige Wirklichkeit gibt (Mahner 2018). Erkenntnis ist möglich (*epistemischer Optimismus*), bleibt aber stets vorläufig, da sich ein Irrtum nie mit letzter Gewissheit ausschließen lässt (*Fallibilismus*). Fortwährende Kritik und Kritikoffenheit ist daher geboten (*Prinzip der kritischen Prüfung*). Der Ort dafür ist der *offene, herrschaftsfreie Diskurs*, der zu einem ehrlichen *Wettbewerb der Ideen* führt, in dem sich das *bessere Argument* zwanglos durchsetzt (Habermas 1984). Leitplanken dieser Ordnung – von Jonathan Rauch als „Verfassung des Wissens" (Rauch 2021) beschrieben – sind die *Trennung von Person und Idee*, das Prinzip der *wohlwollenden Inter-*

pretation der Argumente Andersdenkender, die *Trennung von Tatsachen und Werten*, *Dogmen- und Zensurverbot* sowie eine *kooperative Gesprächshaltung*, die Reaktanz vermeidet und Lernprozesse ermöglicht (Brehm/Brehm 1981).

Wie bereits Hofstadter (1982) betonte, ist Meinungsvielfalt nicht als Ärgernis anzusehen, sondern stellt den Rohstoff der Wissensproduktion dar – eine liberale Auffassung auf der klassischen Linie von John Stuart Mills Verteidigung der Redefreiheit in *On Liberty* (Mill 1859). Und auch angesehene Exponenten der deutschen Skeptiker-Szene betonten früh, dass selbst Pseudowissenschaften sich möglicherweise als nützlich erweisen, weil sie Gegenhypothesen und Tests provozieren und als Konkurrenztheorien fungieren können (Vollmer 1994). Durch diese Offenheit gegenüber Alternativhypothesen und Gegenargumenten grenzt sich der wissenschaftliche Skeptizismus von esoterischer Gewissheitskultur ab. Anders als er basiert die Esoterik (etwa nach dem Vorbild von Dethlefsen 1979/1985) auf der Autorität einer letzten Instanz – etwa eines Gurus –, die über Zweifel erhaben ist.

II. Das Problem der Pseudowissenschaft

Die Esoterik tritt nicht unbedingt mit wissenschaftlichem Anspruch auf, sondern behauptet regelmäßig, über einen „höheren Erkenntnisweg" zu verfügen. Somit ist sie dem Bereich der Parawissenschaft zuzurechnen (Mukerji 2025). Wissenschaftsaffine Menschen sollten dafür nicht empfänglich sein. Für sie stellt Pseudowissenschaft eine größere Bedrohung dar. Hierbei handelt es sich um Erkenntnisunternehmungen, die durchaus Wissenschaftlichkeit für sich in Anspruch nehmen und damit die Offenheit von Laien für wissenschaftliche Informationen ausnutzen. Seit der Begriff der Pseudowissenschaft eingeführt wurde, ist allerdings strittig, was er genau bezeichnet. Diese Frage firmiert in der wissenschaftstheoretischen Debatte als das *Abgrenzungsproblem.*

Für das Abgrenzungsproblem existieren diverse Lösungen (Hansson 2025). Die wohl einflussreichste geht auf Karl Popper zurück. Nach Popper liegt das Wesen der Wissenschaft in der kritischen Prüfung. Damit eine Aussage als wissenschaftlich gelten kann, muss sie *falsifizierbar* sein. Es muss also möglich sein, Bedingungen anzugeben, unter denen man den Schluss ziehen würde, dass sie falsch ist. Lassen sich solche Bedingungen nicht angeben, handelt es sich um Pseudowissenschaft.[1]

---

[1] In der *Logik der Forschung* (1934/2005) bezeichnet Popper unfalsifizierbare Aussagen, zunächst als „metaphysisch". In der später erschienen englischen Routledge-Ausgabe Popper (1959/2005) findet sich jedoch der Indexeintrag „Demarcation between science and pseudoscience, as well as between science and metaphysics", was

Poppers Abgrenzungskriterium ist einfach und elegant. Es wirft jedoch auch gravierende Probleme auf. Am schwersten wiegt wohl, dass es paradigmatische Pseudowissenschaften nicht als solche klassifiziert. Die pseudowissenschaftliche *Theorie der flachen Erde* etwa lässt sich durch empirische Beobachtungen klar widerlegen und ist damit falsifizierbar. Nach Poppers Falsifikationskriterium ist sie damit als wissenschaftlich einzustufen.

Auf der Suche nach einem besseren Kriterium wurden viele weitere Vorschläge unterbreitet. Sie reichten von einer Weiterentwicklung des Popper'schen Kriteriums (Lakatos 1978) bis hin zu dem Plädoyer, das Abgrenzungsproblem zu Grabe zu tragen und mithin den Begriff der Pseudowissenschaft aufzugeben (Laudan 1983). Aus Platzgründen sehe ich davon ab, die Entwicklung der Debatte ausführlicher nachzuzeichnen (ein Überblick findet sich in Mukerji 2025) und beschränke mich auf die Feststellung, dass sie spätestens seit der Veröffentlichung des Bandes *The Philosophy of Pseudoscience* (2013) – herausgegeben von den Wissenschaftsphilosophen Massimo Pigliucci und Maarten Boudry – einen neuen Entwicklungsschub erfahren hat.

Der ehemalige wissenschaftliche Leiter der GWUP Martin Mahner schlug vor, den Begriff der Pseudowissenschaft durch eine Indikatoren-Liste zu fassen, auf der sich z. B. der *Organisationsgrad* der jeweiligen Erkenntnisunternehmung findet, genauso wie der *interne Informationsaustausch* und die *Diskursregeln*, die diesen Austausch anleiten (Mahner 2013). Anders als bei Popper wird der Begriff der Pseudowissenschaftlichkeit damit graduell, was einen Vorteil darstellt, da Erkenntnisunternehmungen mehr oder weniger pseudowissenschaftlich sein können.

Ein Nachteil an Mahners Liste liegt darin, dass er uns eine Erklärung dafür schuldig bleibt, warum es sich bei seinen Kriterien jeweils um Indikatoren von Wissenschaftlichkeit bzw. Pseudowissenschaftlichkeit handelt. Ich habe einen Vorschlag unterbreitet, der diese Lücke schließen kann (Mukerji 2024a). Meine Antwort lässt sich auf zwei Arten formulieren. Greift man auf Nida-Rümelins Ethos-Begriff zurück, dann handelt es sich bei Pseudowissenschaften um Erkenntnisunternehmungen mit Wissenschaftsanspruch, die das EER jedoch – anders als genuine Wissenschaften – *substanziell* und *systematisch* verletzen. Mit anderen Worten: Man täuscht den Anspruch der Wahrheitssuche lediglich vor, verhält sich jedoch der Wahrheit gegenüber indifferent – eine Einstellung, die der Philosoph Harry Frankfurt als Wesensmerkmal des *Bullshits* ansieht (Frankfurt 2005). Auf diesen Aspekt hebt die zweite mögli-

---

darauf schließen lässt, dass Poppers Abgrenzungskriterium auch auf die Unterscheidung zwischen Wissenschaft und Pseudowissenschaft bezogen werden kann. In Kapitel 1 von *Conjectures and Refutations* (1963/2002) sagt Popper dann explizit, seit 1919 habe sein Interesse kernpunktmäßig der Unterscheidung zwischen Wissenschaft und Pseudowissenschaft gegolten.

che Formulierung meiner Antwort ab: Pseudowissenschaften sind Erkenntnisunternehmungen, bei denen uns Bullshit als Wissenschaft verkauft wird (Mukerji 2024a; Mukerji/Ernst 2022; Mukerji/Mannino 2022).

Mahners Indikatoren können deswegen helfen, Pseudowissenschaften zu erkennen, weil Aspekte wie der Organisationsgrad einer Erkenntnisunternehmung, der dort gepflegte Informationsaustausch und die gelebten Diskursregeln darauf schließen lassen, wie ernst man es mit der Realisierung des EER wirklich meint. Während meine Antwort auf das Abgrenzungsproblem dieses *ontologisch* deutet und die Natur bzw. Essenz oder dem Wesenskern der Pseudowissenschaft benennen will, kann man Mahners Vorschlag als Antwort auf die *epistemologische* Frage interpretieren, wie man Pseudowissenschaften konkret erkennt. Nach dieser Deutung müssen sich die beiden Antworten nicht widersprechen.

Dennoch spreche ich mich für eine andere Antwort auf die epistemologische Version des Abgrenzungsproblems aus. Der Grund dafür liegt in dem Phänomen der *Wissenschafts-Mimikry* (Blancke et al. 2017). Dieses liegt vor, wenn Pseudowissenschaften typische Eigenschaften der Wissenschaft nachahmen. Ein Paradebeispiel ist die Homöopathie. Bei ihr handelt es sich um eine paradigmatische Pseudowissenschaft (Mahner 2007, 2013). Allerdings geben sich Vertreter der Homöopathie große Mühe, die genannten Wissenschaftsindikatoren zu erfüllen. Sie sind in Fachgesellschaften organisiert (z. B. in der sogenannten „Wissenschaftlichen Gesellschaft für Homöopathie“), es gibt Fachjournale als Medien der Informationsweitergabe und auch die Diskursregeln muten auf den ersten Blick wissenschaftlich an. Bemerkenswerterweise suchen Vertreter der Homöopathie – anders als es das Klischee der Pseudowissenschaft vermuten ließe – nicht ausschließlich nach Bestätigung. In ihren Kommunikationsmedien kommen auch Kritiker zu Wort (Leick 2008); und es wird auch über Studien berichtet, die Hypothesen verwerfen. McCarney et al. (2002) kommen z. B. zu dem Schluss, dass man das korrekte homöopathische Mittel für einen Patienten vermutlich nicht auspendeln kann.

Daher habe ich dafür argumentiert, dass man einem „symptomorientierten Ansatz“ (Boudry 2022) folgen sollte, der sich auf die primäre Evidenz für das Vorliegen von Bullshit kapriziert: sophistische Argumentationen bzw. „argumentativen Bullshit“ (Mukerji/Mannino 2022). Bei der gründlichen Analyse einer Erkenntnisunternehmung wie der Homöopathie fallen einem skeptischen Beobachter so viele argumentative Fehltritte auf, dass sich auf eine substanzielle und systematische Verletzung des EER durch Wahrheitsindifferenz schließen und die Diagnose Pseudowissenschaft stellen lässt (Mukerji/Ernst 2022).

Augenfällig ist jedoch ein Problem, auf das ich andernorts hingewiesen habe (Mukerji 2026): Für Laien ist eine direkte Anwendung des symptomorientierten Ansatzes kaum möglich. Denn eine solche verlangt nicht nur fortgeschrittene Fähigkeiten im kritischen Denken, sondern auch hinreichende Zeit, Aufmerksamkeit und Informationen. Wie gehen wir damit um? Da die Lösung in einer *kognitiven Arbeitsteilung* (Kitcher 1993: 344 ff.) liegt, mit der sich die Disziplin der *sozialen Erkenntnistheorie* oder *Sozialepistemologie* befasst, habe ich vorgeschlagen, diese Variante des Problems als das *sozialepistemologische Abgrenzungsproblem* zu bezeichnen (Mukerji 2026).

Meine favorisierte Lösung für diese sozialepistemologische Interpretation des Abgrenzungsproblems liegt im wissenschaftlichen Skeptizismus. Organisationen wie CSICOP (heute: CSI) oder GWUP können die Bewertung von Erkenntnisunternehmungen wie der Homöopathie übernehmen und Laien darüber informieren, ob es sich bei ihnen um Pseudowissenschaften handelt (oder womöglich handeln könnte), sodass Vorsicht geboten ist. Allerdings ist der Wissenstransfer an Bedingungen geknüpft, die allesamt erfüllt sein müssen, damit das sozialepistemologische Abgrenzungsproblem auf diese Weise gelöst wird.

(1) Die skeptische Organisation muss tatsächlich über Wissen verfügen (*Bedingung des Wissens*).

(2) Sie muss dieses Wissen zuverlässig mit der zu informierenden Partei teilen (*Bedingung der Wahrhaftigkeit*).

(3) Die zu informierende Partei muss den Aussagen der informierenden Partei vertrauen (*Bedingung des Vertrauens*).

Ist (1) nicht erfüllt, gibt es kein Wissen, das vermittelt werden kann. Bei Nicht-Erfüllung von (2) kann Wissen nicht zuverlässig weitergegeben werden. Ist (3) verletzt, dann gibt es Wissen, das auch verlässlich weitergegeben wird, doch die Adressaten – wissenschaftliche Laien – nehmen es nicht an.

Pseudowissenschaftler, die in ihrer Legitimität durch skeptische Aufklärungsarbeit angegriffen werden, versuchen das Gelingen des Wissenstransfers seit jeher zu sabotieren. Sie zielen dabei auf die dritte Bedingung des Wissenstransfers, also auf die Zerstörung von Vertrauen – etwa indem sie skeptische Vereinigungen als verdeckte Lobbyorganisationen der Pharmaindustrie brandmarken (Grams/Mukerji 2017). Neutrale Beobachter können solche Behauptungen jedoch meist durchschauen, da die Ankläger selbst ausgeprägte wirtschaftliche Interessen verfolgen. Wenn Hersteller homöopathischer Arzneiprodukte Skeptiker als „Pharma-Lobby" bezeichnen, ist die Ironie augenfällig. Zugleich ist dies die einzige Option, die klassischen Pseudowissenschaftlern bleibt, weil sie den Wissenstransfer nicht bei der ersten und zweiten Bedingung unterbinden können. Eine neue Erscheinungsform der Pseudowissenschaft ist jedoch in der Lage, auch bei den ersten beiden Bedingungen anzusetzen, wie ich im folgenden Abschnitt erläutern werde.

III. Die neue Pseudowissenschaft 2.0 und der Agenda-Skeptizismus

Es gibt – so meine These – eine neue Form der Pseudowissenschaft, deren Anhänger deutlich effektiver agieren als klassische Pseudowissenschaftler. Um ihr Erfolgsrezept zu verstehen, skizziere ich zunächst die klassische Frontstellung zwischen Pseudowissenschaftlern und Skeptikern, um davon dann das Interaktionsmuster abzugrenzen, das resultiert, wenn die neue Pseudowissenschaft auf den wissenschaftlichen Skeptizismus trifft. Als konkretes Beispiel einer klassischen Pseudowissenschaft, die ich als Kontrastfolie heranziehe, verwende ich die Homöopathie. Deren Vertreter bezeichne ich der Einfachheit halber als „Homöopathen" – auch wenn damit streng genommen eher eine praktisch arbeitende Berufsgruppe bezeichnet wird.

Das Verhalten von Homöopathen lässt sich anhand von vier Faktoren analysieren: Selbstdarstellung, Debattenverständnis, Zielsetzung und Strategie. In ihrer Selbstdarstellung grenzen sich Homöopathen dezidiert vom wissenschaftlichen Skeptizismus ab, den sie für wissenschaftsphilosophisch verkürzt halten. Die Details sind hier unerheblich. Festzuhalten ist lediglich, dass eine Unterwanderung skeptischer Organisationen durch Homöopathen äußerst unwahrscheinlich ist. Denn erstens können skeptische Organisationen bei jedem Aufnahmeantrag den Hintergrund des Bewerbers prüfen, was die GWUP auch tut. Beantragt eine Person die Mitgliedschaft, deren öffentlich geäußerte Positionen skeptischen Grundwerten widerspricht und die womöglich pseudowissenschaftlichen Auffassungen anhängt, sucht man nochmals das Gespräch und klärt, ob die GWUP wirklich der richtige Verein ist. Zweitens würden die allermeisten Homöopathen nie erwägen, einer skeptischen Organisation wie der GWUP beizutreten. Homöopathen betrachten Skeptiker als Widerpart in einer Sachdebatte, an der sie mit dem Ziel teilnehmen, argumentative Überlegenheit zu gewinnen. Ihre Strategie besteht darin, Sachargumente vorzubringen – bisweilen in Form bizarrer Verschwörungstheorien, etwa der Behauptung, Skeptiker seien bezahlte Handlanger der Pharmaindustrie (Milgrom 2008).

Selbstdarstellung, Debattenverständnis, Zielsetzung und Strategie begrenzen die Handlungsmöglichkeiten von Homöopathen und mindern ihre Effektivität. Weil sie sich von Skeptikern abgrenzen, bleibt ihnen der Zugriff auf die inneren Strukturen skeptischer Organisationen verwehrt. Sie können daher weder den für deren Wissensproduktion notwendigen internen Diskurs sabotieren noch verhindern, dass Skeptiker ihre Erkenntnisse öffentlich, wahrhaftig und ohne Rücksicht auf die Agenda der Homöopathen kommunizieren.

Da Homöopathen die Auseinandersetzung mit Skeptikern als Streit um eine empirische Frage verstehen – ob Homöopathie funktioniert oder nicht –, fällt ihnen zudem eine Moralisierung der Debatte vergleichsweise schwer. Das ist strategisch nachteilig, weil moralische Argumente eine größere rhetorische Durchschlagskraft besitzen und Handlungsoptionen legitimieren, die Homöopathen nicht offenstehen. Homöopathen können folglich nur in der Sache argumentieren und hoffen, damit zu überzeugen. Eine neue Form der Pseudowissenschaft, die ich Pseudowissenschaft 2.0 nenne, setzt an anderer Stelle an und unterscheidet sich in allen vier Analysedimensionen von der Homöopathie.

1) *Selbstdarstellung*: Anhänger einer Pseudowissenschaft 2.0 treten nicht in Opposition zu Skeptikern auf, sondern beanspruchen selbst, Skeptiker zu sein. Die meisten glauben dies wohl sogar. Und es bleibt nicht nur bei der Behauptung: Sie übernehmen klassische Verhaltens- und Sprechweisen, die bei oberflächlicher Betrachtung ein wissenschaftlich-skeptisches Mindset nahelegen. So können sie in traditionellen Arbeitsfeldern skeptischer Organisationen – etwa Astrologie, Homöopathie etc. – weitgehend geteilte skeptische Positionen vertreten, gegen typische pseudowissenschaftliche Auffassungen argumentieren und Denkfehler entlarven. Gleichwohl sind sie nicht genuin skeptisch, sondern *pseudoskeptisch* (Mukerji 2024b), da sie das EER und das liberale Erkenntnismodell nicht akzeptieren. Sie betreiben *Skeptizismus-Mimikry* – analog zur Wissenschafts-Mimikry.[2]

2) *Debattenverständnis*: Wie Homöopathen hängen die Vertreter der Pseudowissenschaft 2.0 einer Pseudowissenschaft an. Wird diese kritisiert, reagieren sie jedoch anders als klassische Pseudowissenschaftler: Sie deuten Meinungsverschiedenheiten nicht als sachlichen Dissens, der argumentativ auszutragen ist, sondern als *moralische Konfrontation.*

3) *Zielsetzung*: Aus diesem Debattenverständnis folgt, dass es ihnen – anders als klassischen Pseudowissenschaftlern – nicht primär um sachliche Überzeugungsarbeit geht. Vorrangig soll ein moralisches Signal gesetzt werden: Andersdenkende gelten nicht nur als fehlgeleitet, sondern als schlechte Menschen, gegen die ein anständiger Mensch vorgehen müsse. Der Ausschluss solcher Stimmen aus der Debatte erscheint damit als legitimes, ausdrücklich angestrebtes Ziel. Abweichende Meinungen werden folglich nicht nur kritisiert, sondern entweder mit hohen sozialen Kosten belegt, um sie zu unterbinden, oder es wird darauf hingewirkt, sie vollständig zu verunmöglichen (Sebastiani 2023).

4) *Strategie*: Entsprechend ändern sich die Mittel. Statt mit Sachargumenten zu arbeiten, nutzen Vertreter der Pseudowissenschaft 2.0 das vollständige Instrumentarium der Cancel Culture: Abweichende Stimmen werden sanktioniert, ihre Glaubwürdigkeit durch Gerüchte und den Vorwurf der

---

[2] Den Begriff der Skeptizismus-Mimikry verdanke ich André Sebastiani.

Kontaktschuld untergraben, ihre Aussagen konsequent negativ ausgelegt, die Betroffenen beleidigt, herabgewürdigt und eingeschüchtert sowie in anderen Kontexten untragbar gemacht. Zudem entzieht man ihnen Kommunikationskanäle, um die öffentliche Artikulation ihrer Sicht zu verhindern (Deplatforming).

Ich habe bereits betont: Das Wesen der neuen Pseudowissenschaft 2.0 liegt nicht nur darin, einen Wissenschaftsanspruch zu erheben, obwohl das EER substanziell und systematisch verletzt wird und man *de facto* Bullshit vertritt. Darin stimmt sie mit der althergebrachten Pseudowissenschaft 1.0 überein. Wie gezeigt, unterscheidet sie sich jedoch in der Herangehensweise: Sie vertritt nicht nur eine Pseudowissenschaft, sondern betreibt zusätzlich Skeptizismus-Mimikry, ahmt also Eigenschaften des wissenschaftlichen Skeptizismus nach, verhält sich aber nicht genuin skeptisch, sondern pseudoskeptisch.

Diese beiden Komponenten – Pseudowissenschaft und Skeptizismus-Mimikry bzw. Pseudo-Skeptizismus – stehen nicht lediglich nebeneinander. Ihre Verbindung folgt einer inneren Logik. Zwar wäre grundsätzlich denkbar, dass jemand sich unabhängig vom Themenfeld pseudoskeptisch verhält. Bei der Pseudowissenschaft 2.0 ist dies jedoch gerade nicht der Fall. Vielmehr zeigt sich eine bereichsspezifische Bereitschaft, dem wissenschaftlichen Skeptizismus zu folgen, das EER anzuwenden und sich am liberalen Erkenntnismodell zu orientieren. In bestimmten Bereichen will man skeptisch sein, in anderen nicht. Daher haben führende GWUP-Mitglieder die Begriffe „Partial-Skeptizismus" und „selektiver Skeptizismus" vorgeschlagen, die diesen Aspekt akzentuieren.[3]

Die naheliegende Frage lautet, nach welcher Logik bestimmte Bereiche von Skepsis ausgenommen werden. Zur Beantwortung bietet es sich an, den von Sandra Kostner eingeführten Begriff der Agendawissenschaft als Ausgangspunkt zu wählen. Für die Agendawissenschaft ist es nach Kostner charakteristisch, dass „nicht das ergebnisoffene Streben nach Erkenntnis im Zentrum steht" (Kostner 2021: 18), sondern ein anderes Anliegen. Agendawissenschaftler haben, wie es der Name sagt, eine Agenda, die neben reinem Erkenntnisstreben auch andere Ziele beinhaltet. Die konkrete Zielsetzung, die Kostner im Sinn hat, besteht darin, „Forschung und Lehre [zu] nutzen, um die Gesellschaft gemäß der eigenen, am identitätspolitischen Paradigma ausgerichteten Agenda zu formen" (Kostner 2021: 18). Prinzipiell könnte die Agenda sich zwar auch an einer anderen Zielsetzung ausrichten, doch diejenige Variante der Agendawissenschaft, für die das Ziel der Förderung linker Identitätspolitik – aka „Wokeness" – im Zentrum steht, ist in der deutschen Akademia sicherlich die dominante Form. Entsprechend könnte man erklären,

---

[3] Diese Begriffe verdanke ich Manfred Körkel und Udo Endruscheit.

was Agendawissenschaft ist, indem man auf eine holzschnittartige Formel zurückgreift:

Agendawissenschaft = Wissenschafts-Mimikry + Agenda

Analog dazu lässt sich erklären, was Agenda-Skeptizismus ist. Auf eine Formel gebracht handelt es sich dabei um:

Agenda-Skeptizismus = Skeptizismus-Mimikry + Agenda

In der GWUP zog ein Agenda-Skeptizismus woker Prägung in die Organisation ein. Im folgenden Abschnitt werde ich die entsprechenden Entwicklungen nachzeichnen und die Dynamiken analysieren.

IV. Agenda-Skeptizismus in der GWUP

Bei der folgenden Darstellung des GWUP-Falls handelt es sich um eine deutlich gekürzte Fassung eines ausführlichen Textes, der in ungekürzter Form auf dem Blog des Netzwerks Wissenschaftsfreiheit erschienen ist. Für die vorliegende Druckfassung des Jahrbuchs Wissenschaftsfreiheit möchte ich lediglich in knapper Form die entscheidenden Mechanismen der ideologischen Übernahme der GWUP schildern. Dazu unterteile ich den Ablauf der Ereignisse in vier Phasen: eine Phase der kulturellen Kaperung, eine der Selbstzensur und des Kontrollverlusts, eine Periode gescheiterter Kurskorrekturen und Deeskalationen sowie die finale Übernahme des Vorstands durch eine woke Minderheit.

Der erste Schritt zur ideologischen Übernahme der GWUP bestand in einer Phase der kulturellen Kaperung während der Jahre 2020 und 2021. Über das während der Corona-Pandemie gestartete Twitch-Format „Ferngespräch" der WildMics, moderiert von Comedian Tommy Krappweis und regelmäßig mit Beteiligung von GWUP-Mitgliedern, rückte die GWUP wiederholt prominent ins Blickfeld und wurde als naheliegende Heimat für „vernunftorientierte" Zuschauer inszeniert. Viele Mitglieder der Ferngespräch-Community traten in die GWUP ein und bescherten der Organisation ein bis dato nie gesehenes Mitgliederwachstum. Zunächst blieb unbemerkt, dass ein erheblicher Teil der Neumitglieder neben einem Lippenbekenntnis zu Wissenschaft und Fakten auch identitätspolitische Überzeugungen, erhöhte Konfliktbereitschaft und eine aktivistische Kultur mitbrachte. Die Vereinsführung versäumte es, diesen Zuwachs durch ein verbindliches Onboarding an das Ethos der epistemischen Rationalität, das liberale Erkenntnismodell und die bisher gepflegten Diskursstandards der Organisation zurückzubinden. Damit entstand Raum für eine stillschweigende Normverschiebung: Auf internen Plattformen etablierten aktive Neumitglieder „woke" Praktiken: die Moralisierung von Sachfragen, Forderungen nach „Safe Spaces", Identitäts- und „Privilegienchecks", eine wachsende Tabuisierung bestimmter Positionen sowie abwertende Zuschreibungen gegenüber Kritikern. Einzelne Vorstandsmitglieder signalisierten aus Sorge um die Bindung der neuen Klientel Verständnis für diese Erwartungen und diskutierten offen, ob man die GWUP-Außendarstellung an entsprechende Slogans anpassen solle. Die Kaperung war somit zunächst kulturell: Die Satzung blieb skeptisch-liberal; faktisch aber begannen sich auf Mailinglisten und in Online-Formaten die Normen einer woken „Opferkultur" (Campbell/Manning 2018) durchzusetzen.

Vier Dynamiken griffen dabei ineinander.

- Erstens kam es zu *Selektionseffekten.* Neue Mitglieder aus dem Ferngespräch-Umfeld fanden vermehrt ihren Weg auf die digitalen Plattformen des Vereins; gleichzeitig zogen sich altgediente, liberal gesinnte Mitglieder, die sich von der zunehmenden Aggression und der neuen, aktivistisch geprägten Kultur abgestoßen fühlten, aus Debatten zurück oder traten sogar aus dem Verein aus. Dadurch erschien die aktivistische Minderheit in den sichtbaren Foren größer und repräsentativer, als sie tatsächlich war – und zog mehr ihresgleichen an.
- Zweitens kam es zu einer schrittweisen *Renormalisierung* (Taleb 2018): Forderungen nach identitätspolitischen Sprach- und Verhaltensregeln wurden als kleine Akte der Höflichkeit präsentiert, bis die Summe dieser „Kleinigkeiten" eine neue Normalität schuf, in der Kritik an identitätspolitischen Prämissen als unsolidarisch oder moralisch defizitär galt.
- Drittens setzten sich *Schweigespiralen* (Noelle-Neumann 1989; Ackermann 2022) in Gang, weil abweichende Meinungen mit Empörung, Beschimpfungen oder Ausschlussdrohungen beantwortet wurden. Wer das Risiko scheute, schwieg – und verstärkte so den Schein eines Konsenses.
- Viertens kam es zum seltsamen Phänomen der „knowledge falsification" (Kuran 1997): Vermutlich passten zumindest einige Mitglieder, die der woken Einheitsmeinung eigentlich kritisch gegenüberstanden, ihre Äußerungen an den neuen, gefühlten Konsens über das Sagbare an. Diese bewusste Verzerrung oder Zurückhaltung eigener Wissensbestände trug dann dazu bei, dass abweichende Überzeugungen nicht nur seltener sichtbar wurden, sondern mit der Zeit auch seltener gedacht und weniger geglaubt wurden.

Im Jahr 2022 kam es in der GWUP zu dokumentierten Fällen von Selbstzensur und Kontrollverlust. In dieser zweiten Phase schlug die kulturelle Kaperung auf konkrete Entscheidungsprozesse durch und schwächte die Fähigkeit der GWUP, als rationale Stimme in kontroversen Debatten aufzutreten. Die „Causa Vollbrecht" markierte den ersten Testfall, der dies illustriert.

Die Biologin Marie-Luise Vollbrecht plante an der Humboldt-Universität einen Vortrag, in dem sie die biologische Zweigeschlechtlichkeit erläutern wollte – eine Standardposition in der Biologie. Aktivistische Gruppen erklärten diese Position öffentlich zur „Transfeindlichkeit" und setzten die Universität unter Druck. Der Vortrag wurde vorläufig abgesagt, was eine bundesweite Diskussion über Wissenschaftsfreiheit und die Teilhabe von Universitäten am Meinungskampf auslöste (Lammich 2024). Indes kam es innerhalb der GWUP zu erheblichen Spannungen zwischen Mitgliedern, die an der klaren Unterscheidung zwischen biologischem Geschlecht und Geschlechtsidentität festhielten, und solchen, die aktivistische Deutungsmuster übernahmen und biologisch fundierte Aussagen moralisch problematisierten. Der Wissenschaftsrat der GWUP erarbeitete ein internes Papier, das die empirische Grundlage der Zweigeschlechtlichkeit bekräftigte, begriffliche Verwechslungen kritisierte und eine rationale Trennung von Fakten- und Wertfragen einforderte. Dieses Papier sollte einen Beitrag zur wissenschaftlichen Aufklärung der Öffentlichkeit leisten und die Debatte versachlichen – ganz im Sinne der ureigenen skeptischen Mission. Doch auf Drängen mehrerer Vorstandsmitglieder, die explizit einen Shitstorm und den Verlust woker Neumitglieder aus dem Umfeld des Ferngesprächs befürchteten, wurde die Veröffentlichung gestoppt. Die GWUP schwieg aus Rücksicht auf eine laute Fraktion gerade dort, wo sie ihre Kernkompetenz hätte einbringen müssen – ein klarer Fall von Selbstzensur infolge einer Kaperung durch die eigene Gefolgschaft („audience capture").

Ähnlich verlief die ABA-Debatte. Applied Behavior Analysis (ABA) ist ein Ansatz, der verhaltenstherapeutisch zur Förderung alltagsrelevanter Fähigkeiten bei Kindern mit Autismus-Spektrum-Störung (ASS) eingesetzt wird. Während die Evidenzlage zeigt, dass ABA positive Wirkungen auf Betroffene haben kann, diffamierten Online-Aktivisten die Behandlung pauschal als „Folter", „Kindesmissbrauch" und „Konversionstherapie für Autisten" – und forderten von der GWUP eine offizielle Verurteilung. Teile dieser Kampagne stammten aus denselben aktivistischen Kreisen, die durch Ferngespräch und Social Media in die GWUP hineinwirkten. Die GWUP reagierte darauf, indem sie eine Task-Force einsetzte und in der Vereinszeitschrift *Skeptiker* drei Beiträge ausgewiesener Fachleute veröffentlichte, die Nutzen, Risiken und Grenzen von ABA anhand der Studienlage darstellten, ohne die Methode pauschal zu verwerfen. Dies löste heftige Angriffe aus: Aktivisten bezeichneten die Autoren als Lobbyisten, forderten Distanzierungen seitens der GWUP, personelle Konsequenzen und die Aufwertung subjektiver „Betroffenenberichte" gegenüber systematischer, wissenschaftlich erhobener Evidenz. In sozialen Medien wurden Kampagnen gegen die GWUP, bis hin zur Infragestellung ihrer Gemeinnützigkeit, angedroht. Einzelne GWUP-Aktive knickten unter dem öffentlichen Druck ein und stimmten in Forderungen nach einer Stärkung der Betroffenenperspektive ein. Damit geriet die GWUP in eine Lage, in der externe Kampagnen und Aktivisten de facto die Agenda mitbestimmten und vorgaben, wie wissenschaftliche Kontroversen adressiert werden durften – ein Symptom dafür, dass der wissenschaftliche Skeptizismus in Bereichen mit identitätspolitischem Konfliktpotenzial bereits partiell durch einen woken Agenda-Skeptizismus ersetzt worden war.

In der dritten Phase ab Anfang 2023 kam es schließlich zu verspäteten Versuchen einer Kurskorrektur. Vertreter des klassischen Skeptizismus beabsichtigten, die verschobenen Grenzen des Sagbaren wieder zu erweitern, indem sie genau jene Themen sachlich aufgriffen, die in der GWUP zunehmend tabuisiert wurden. Ein zentraler Schritt war das Gespräch „Das Problem der Critical Studies“ (Kurtulus/Mukerji 2023) zwischen dem YouTuber Sinan Kurtulus und mir, das im Januar 2023 erschien. Das Ziel der Diskussion bestand darin, die theoretischen Grundlagen der Critical Studies mit skeptischen Methoden zu kritisieren und exemplarisch zu zeigen, dass wissenschaftlicher Skeptizismus auch dort gelten muss, wo identitätspolitische Überzeugungen berührt werden.

Daran anknüpfend sollte das gemeinsame Format „The Boys of Reason“ etabliert werden – ein fortlaufendes Diskussionsformat von Sinan Kurtulus, Matthias Narr (auf YouTube als @BiasedSkeptic bekannt) und mir, in dem kontroverse Themen (Wokeness, Wissenschaftsfreiheit, Pseudowissenschaften, ideologische Einflüsse) nach den Prinzipien des Ethos epistemischer Rationalität verhandelt werden sollten – mit der GWUP-Community als Adressat, aber ausdrücklich ohne den Anspruch, für die GWUP als Institution zu sprechen.

Genau dieser Versuch, die klassischen GWUP-Normen gegen die wachsende Cancel Culture zu verteidigen, wurde zum Auslöser einer koordinierten Gegenkampagne durch die woke Fraktion in der GWUP. In internen und halböffentlichen Kanälen wurden Kurtulus, ich und unser gemeinsames Format als „neurechts“ etikettiert. Man behauptete, dies „spiele den Falschen in die Hände“. Eine Gruppe von Mitgliedern aus dem Ferngespräch-Umfeld und ihren Verbündeten verfasste einen Protestbrief an den Vorstand, der u. a. verlangte, öffentliche Auftritte von GWUP-Mitgliedern mit Bezug zur GWUP vorab politisch abzusichern, „The Boys of Reason“ inhaltlich und personell so umzubauen, dass das Format den identitätspolitischen Präferenzen dieser Gruppe entspricht, und im Konfliktfall mit kollektiven Rückzügen aus der Vereinsarbeit drohte. Parallel versuchten Akteure, die ebenfalls dem Umfeld des Ferngespräch-Formats zuzurechnen waren, durch gezielte Kandidaturen den Wissenschaftsrat – das wissenschaftliche Kontrollgremium der GWUP – in ihrem Sinne umzubauen.

Der GWUP-Gründer und langjährige Vorsitzende Amardeo Sarma reagierte auf diese Bestrebungen konziliant. Eine GWUP-interne Aussprache mit Wortführern des Protestlagers wurde angesetzt. Bei dieser einigte man sich darauf, dass man auf der anstehenden Mitgliederversammlung ein Inklusionsstatement gegen identitätsbezogene Anfeindungen verabschieden wollte. Ebenso sollte es einen einheitlichen Disclaimer geben, der regeln würde, dass Mitglieder, die sich öffentlich äußern, grundsätzlich nur für sich selbst und nicht für den gesamten Verein sprechen. Zwar beruhigte sich die Stimmung in der Vereinsöffentlichkeit nach dem Treffen merklich, doch die eigentliche Konfliktlinie war nicht entschärft worden. Zudem wurde der größte Teil der GWUP-Mitgliedschaft über Ausmaß und Stoßrichtung des inneren Machtkampfs weitgehend im Unklaren gelassen – ein Versäumnis, das sich im nächsten Schritt rächen würde.

In der vierten Phase kam es schließlich zur ideologischen Übernahme des Vorstands auf der Mitgliederversammlung im Mai 2023 in Frankfurt a. M., die anwesende Mitglieder als „Putsch" beschrieben (Schedel 2023). Dadurch wurde die vorwiegend kulturelle und informelle Machtverschiebung, die sich bereits ereignet hatte, auch formal wirksam.

Im Vorfeld der Mitgliederversammlung hatte das woke Lager gezielt eigene Anhänger mobilisiert, insbesondere in den Regionalgruppen Frankfurt und Köln, in denen woke Positionen stark vertreten waren. Diese Mobilisierung erfolgte weitgehend durch Binnenkommunikation im digitalen Hinterzimmer und nicht auf den Plattformen des Vereins. Dadurch erschien in Frankfurt ein überproportional großer Block organisierter Unterstützer der woken, pseudoskeptischen Linie. Während der Versammlung dominierten diese Woke-Unterstützer auch die Redeliste. Sie meldeten sich systematisch früh, um alle Redeplätze zu besetzen, stellten den inneren Konflikt nahezu durchgängig mit alarmistischen Narrativen eines angeblich drohenden „Rechtsrucks" dar und stützten einander mit geschlossenem Applaus, wenn bisherige Führungspersonen oder woke-kritische Mitglieder angegriffen wurden. Parallel verbreiteten sie vorbereitete Flugblätter.

All dies nährte den Eindruck, die Hauptgefahr für die GWUP gehe nicht von einer identitätspolitischen Kaperung, sondern von vermeintlich rechtsideologischen Umtrieben des bisherigen Führungsteams aus. Zwei der Ferngespräch-Community nahestehende Mitglieder des amtierenden Vorstands distanzierten sich in scharfen Worten vom Vorsitzenden Amardeo Sarma und warfen ihm ohne tragfähige Belege Intransparenz und manipulative Führung vor. Für viele Anwesende, die erst hier von den Konfliktlinien erfuhren, konnte leicht der Eindruck entstehen, das etablierte, skeptisch-liberale Führungsteam vertrete Einstellungen, die dem Verein gefährlich werden konnten. Aus dem Kreis der Aktivisten heraus wurde sodann beantragt, vom etablierten Listenwahl-Modell abzuweichen und alle Vorstandspositionen einzeln zu wählen – eine Änderung, die angesichts der fortgeschrittenen Zeit kaum diskutiert werden konnte und den organisierten, woken Block im Saal klar begünstigte.

In dieser unübersichtlichen Lage wurde der Physiker Holm Hümmler als Kampfkandidat der woken Seite für den GWUP-Vorsitz nominiert und bei seiner Benennung als Garant für Kontinuität gepriesen. Er könne, so hieß es, die GWUP vor Politisierung schützen und zur „alten" Linie zurückführen. Ein nennenswerter Teil der anwesenden Mitglieder dürfte zum Zeitpunkt der Stimmabgabe nicht gewusst haben, dass Hümmler zu den führenden Befürwortern des Protestbriefs an den Vorstand gehörte und er sich mit Forderungen gemein gemacht hatte, die nach Einschätzung des GWUP-Wissenschaftsrats eine erhebliche Abkehr vom Modell des wissenschaftlichen Skeptizismus darstellten. Und so stimmte eine knappe Mehrheit unter dem Eindruck einer einseitig dominierten Debatte und ohne solide Information über die Hintergründe für ihn.

Gemeinsam mit Hümmler zogen vier GWUP-Mitglieder in den Vorstand ein, die in den vorangegangenen Auseinandersetzungen für eine woke Linie eingetreten waren. Damit war die zuvor kulturell vorbereitete Verschiebung zeitweilig institutionell vollzogen: Eine gut organisierte Minderheit, gestützt auf selektive Mobilisierung, Renormalisierung von Diskursnormen und den Mechanismen der Schweigespirale und „knowledge falsification", brachte eine skeptische Organisation unter die formale Kontrolle eines Agenda-Skeptizismus, der bestimmte ideologisch aufgeladene Felder von Kritik ausnimmt und innerorganisatorisch mit Cancel-Mechanismen arbeitet.

Diese komprimierte Darstellung der Abläufe zeigt: Der GWUP-Fall war nicht das Ergebnis einzelner spektakulärer Vorfälle, sondern einer Kombination klar benennbarer sozialer Mechanismen und strategischer Fehler auf der Leitungsebene, die sich in mehreren Phasen vollzog. In jeder Phase hätte man der drohenden, ideologischen Übernahme entgegenwirken können. Die bisherige GWUP-Führung hätte frühzeitig eine klare, wertbasierte Haltelinie ziehen müssen. Man hätte eingehende Mitgliedschaftsanträge etwa mit einer expliziten Erklärung zentraler skeptischer Grundsätze verknüpfen können, sodass Bewerber, die das liberale Erkenntnismodell nicht teilen, eher abgeschreckt worden wären, während zugleich verunsicherte Altmitglieder aktiv gehalten und zurückgewonnen würden. Die bis dahin nur implizit geteilten Diskursnormen hätten in einem verbindlichen Verhaltenskodex festgeschrieben und konsequent durchgesetzt werden müssen – einschließlich einer Null-Toleranz-Regel gegenüber persönlichen Angriffen, Einschüchterung und Cancel-Culture-Methoden sowie des ausdrücklichen Schutzes unbequemer Minderheitspositionen. Forderungen nach „kleinen", identitätspolitisch motivierten Zugeständnissen (verbindliche Pronomenregeln, Trigger-Wort-Tabus etc.) hätte man höflich, aber eindeutig zurückweisen müssen, um den Prozess schleichender Renormalisierung zu stoppen. Regelmäßige, anonyme Stimmungsbilder hätten offengelegt, dass die lautstarken Aktivisten nicht für die

Mehrheit sprechen, damit Schweigespiralen und „knowledge falsification“ gar nicht erst verfestigt werden. In Konflikten wie der Causa Vollbrecht und der ABA-Debatte wäre eine prinzipienfeste Außendarstellung nötig gewesen, die sachlich Stellung bezieht, Shitstorms souverän manövriert, sich aber gleichzeitig keine thematische Agenda von Aktivisten vorgeben lässt. Spätestens mit dem Protestbrief hätten Vorstand und Wissenschaftsrat die gesamte Mitgliedschaft transparent informieren, offene Debatten einfordern und die Mitgliederversammlung verfahrensfest machen müssen – etwa durch faire Rederegeln, das Unterbinden persönlicher Diffamierungen, früh kommunizierte Wahllogiken und eine geschlossen vertretene Vorstandsempfehlung –, um eine taktisch organisierte Minderheit daran zu hindern, den Verein gegen seinen skeptischen Kernauftrag zu wenden.

V. Relevanz für die Wissenschaftsfreiheit

Man könnte argumentieren, der im vorangegangenen Abschnitt geschilderte Fall der GWUP betreffe lediglich einen privaten Verein und tangiere die Wissenschaftsfreiheit als solche nicht.[4] Deswegen möchte ich abschließend die Relevanz der Diskussion für die Debatte um die Wissenschaftsfreiheit herausarbeiten. Dazu nenne ich fünf Argumente, die meines Erachtens zeigen, dass man sich für den Fall der GWUP interessieren sollte, wenn einem die Wissenschaftsfreiheit am Herzen liegt.

Argument 1: Die GWUP ist Teil des Wissenschaftssystems.

Wissenschaftsfreiheit ist institutionell nicht auf Universitäten beschränkt. Maßgeblich ist, ob eine Einrichtung in den „sozialen Prozeß gegenseitiger Qualitätssicherung“ (Kelter 2025: 12) eingebunden ist, der das Wesen der wissenschaftlichen Wahrheitssuche ausmacht. In diesem funktionalen Sinn ist die GWUP Teil des Wissenschaftssystems. Sie vereint wissenschaftlich qualifizierte Mitglieder, führt eigene Untersuchungen durch, arbeitet mit externen Fachleuten, publiziert eigene Veröffentlichungen und bindet sich ausdrücklich an das Ethos der epistemischen Rationalität und ein liberales Erkenntnismodell, das diesem Ethos Geltung verleiht. Einschränkungen ihrer Tätigkeit berühren damit mittelbar dieselben Schutzgüter, um derentwillen die Wissenschaftsfreiheit besteht.

Argument 2: Die GWUP ist mit anderen Elementen des Wissenschaftssystems verflochten.

[4] Für diesen Einwand danke ich einem anonymen Gutachter für das Jahrbuch Wissenschaftsfreiheit.

Auch wenn man bestreiten würde, dass die GWUP selbst Teil des Wissenschaftssystems ist, müsste man einräumen, dass sie mit diesem System eng verflochten ist. Die aktive GWUP-Mitgliedschaft überschneidet sich erheblich mit Angehörigen von Hochschulen, außeruniversitären Forschungseinrichtungen und anderen wissensproduzierenden Institutionen. Viele Mitglieder könnten ihre skeptische Arbeit auch innerhalb dieser Organisationen leisten, entscheiden sich aber bewusst dafür, die Ressourcen und Plattformen der GWUP zu diesem Zweck zu nutzen. Ausschlaggebend ist der hohe Spezialisierungsgrad des Vereins. Es geht um die Lösung konkreter wissenschaftsphilosophischer Abgrenzungsprobleme, also die Feststellung, ob es sich in bestimmten Fällen um genuine Wissenschaft oder Agenda- bzw. Pseudowissenschaft handelt. Über die für diese Spezialisierung notwendigen Kompetenzen verfügen Fakultäts- und Institutsstrukturen üblicherweise nicht. Gleiches gilt für die ausgeprägte Expertise der GWUP in der Wissenschaftskommunikation, die sich sowohl an ein Laienpublikum als auch an Fachöffentlichkeiten richtet. Wissenschaftler nutzen die Möglichkeiten, die ihnen die GWUP bietet, weil sie ihnen erlaubt, ihr wissenschaftliches Tätigkeitsprofil sinnvoll zu ergänzen.

Argument 3: Die GWUP erbringt einen Beitrag zu einem wohlverstandenen Schutz der Wissenschaftsfreiheit.

Wissenschaftsfreiheit schützt das ergebnisoffene Streben nach Wahrheit um ihrer selbst willen. Daraus folgt, dass sie genau dort greifen soll, wo man dem Ethos epistemischer Rationalität folgt, und nicht nur vorgibt, dies zu tun (Wissenschafts-Mimikry), um Pseudowissenschaft gegen Kritik zu immunisieren (Kelter 2025). Die Unterscheidung zwischen echter Wissenschaft und ihren Nachahmerprodukten zu treffen, ist ihrerseits eine anspruchsvolle epistemische Aufgabe. Wissenschaftliche Fach-Communities können entsprechende Urteile im eigenen Bereich selbst fällen. Doch aufgrund des hohen Spezialisierungsgrades in den Wissenschaften kann bereits eine Beurteilung angrenzender Felder schwerfallen. Hier kann die GWUP als interdisziplinärer Hub einen Beitrag leisten, indem sie Erkenntnisunternehmungen anhand wissenschaftsphilosophischer Kriterien überprüft und so hilft, den legitimen Schutzbereich der Wissenschaftsfreiheit zu konturieren. Sie adressiert das sozialepistemologische Abgrenzungsproblem damit nicht nur im Verhältnis von wissenschaftlichen Experten zu Laien, sondern auch innerhalb der wissenschaftlichen Community. Diese Rolle setzt jedoch voraus, dass die GWUP selbst konsistent skeptisch verfährt und sich ihr Skeptizismus nicht in einen Agenda-Skeptizismus verwandelt, der bestimmte Erkenntnisunternehmungen aufgrund ideologischer Kriterien vor Kritik abschirmt. Daran sollte die wissenschaftliche Community ein Interesse haben und den Fall der GWUP daher als relevant erachten.

Argument 4: Die Mechanismen der ideologischen Kaperung der GWUP sind auf andere Elemente des Wissenschaftssystems übertragbar.

Die in der GWUP sichtbar gewordenen Mechanismen – wie etwa selektive Rekrutierung, Moralisierung von Sachfragen, Renormalisierung von Diskursstandards, Schweigespiralen, „criticism capture“ und „audience capture“ – sind keine spezifischen Phänomene, die nur in einem Verein auftreten können. Akteure mit einer nicht-wissenschaftlichen Agenda können sie auch in anderen Kontexten nutzen, um unliebsame Forschungen oder Debatten zu steuern oder zu unterbinden. Das zeigt sich exemplarisch durch Angriffe auf die Wissenschaftsfreiheit an Hochschulen, die durch das Netzwerk Wissenschaftsfreiheit dokumentiert werden.[5]

Hinzu kommen viele weitere Fälle. Erst kürzlich wurde bekannt, dass die Sheffield Hallam University zeitweise die Arbeit der auf Menschenrechte spezialisierten Professorin Laura Murphy zur Zwangsarbeit der Uiguren suspendiert hatte (Röhnsch 2025). Die Universität verwies zwar auf versicherungsrechtliche Risiken. Doch es wirkt, als habe der Druck seitens chinesischer Behörden eine wesentliche Rolle beim Eingriff in Murphys Arbeit gespielt. Sofern zutreffend, zeigt der Fall, dass Entscheidungen im Wissenschaftssystem aufgrund von Abhängigkeitsstrukturen durch externe Akteure mit einer nicht-wissenschaftlichen Agenda beeinflusst werden können – genau wie im Fall der GWUP.[6]

Es gibt auch Überschneidungen zwischen dem Wirkungsbereich der GWUP und dem Hochschulsystem, wie der Fall des GWUP-Mitglieds Till R. Amelung zeigt (Amelung 2025). Amelung ist Transmann und Experte im Bereich Geschlechterforschung. In dieser Kapazität wurde er im Oktober 2025 an die Leuphana Universität eingeladen, um einen Vortrag zu halten. Da er nicht die präferierten Sichtweisen von Trans-Aktivisten teilt, versuchten organisierte Gruppen im Vorfeld, durch gezielte Kampagnen, Mobilisierung von Protest, moralische Etikettierung und Störungen während der Veranstaltung die Durchführung und Rezeption von Amelungs Vortrag zu beeinträchtigen. Die Hochschule hielt stand, musste sich aber sichtbar gegen Versuche wehren, den Debattenraum zu verengen.

Solche Fälle zeigen, dass die Dynamiken und Methoden der Cancel Culture, die sich in der GWUP manifestiert haben, kein Spezifikum von Vereinen darstellen, sondern sich auch außerhalb der GWUP manifestieren können. Dieselben Mechanismen, die eine skeptische Organisation verwundbar ma-

---

[5] Die Falldokumentation des Netzwerks Wissenschaftsfreiheit findet sich unter: https://www.netzwerk-wissenschaftsfreiheit.de/dokumentation (abgerufen am 09.11. 2025).

[6] Im deutschen Sprachraum sind ähnliche Fälle dokumentiert (Fulda/Missal 2022).

chen, können die Wissenschaftsfreiheit auch in Kerninstitutionen des Wissenschaftssystems beeinträchtigen.

Argument 5: Der Fall der GWUP liefert neue, strategische Einsichten für die Verteidigung der Wissenschaftsfreiheit.

Bemerkenswerterweise gelang es im Fall der GWUP, eine bereits weit fortgeschrittene Verschiebung hin zu einem woken Agenda-Skeptizismus wieder zurückzudrängen (Büttner 2024). Möglich war dies, weil die woke Agenda die Organisation nie mehrheitlich ergriffen hatte: Eine breite, wenn auch zeitweise stille Mehrheit von Mitgliedern blieb dem Ethos epistemischer Rationalität immer verpflichtet. Gleiches galt für das wissenschaftliche Kontrollgremium der Organisation: den Wissenschaftsrat. Hinzu kam, dass Vorstandsmitglieder, die dem klassischen Skeptizismus treu waren, eine Strategie verfolgten, die nicht nur darin bestand, offenkundige Missstände zu benennen. Man verfolgte zusätzlich das Ziel, weniger sichtbare Missstände zum Vorschein zu bringen. Das war entscheidend, weil woke Aktivisten typischerweise verdeckt und reputationssensibel operieren. Es gehört zum woken „Playbook", Druck in halböffentlichen Räumen zu erzeugen und eine offene Konfrontation zu vermeiden, die sich gut dokumentieren ließe (Pincourt/Lindsay 2021).

Ein Schlüsselereignis, das es ermöglichte, die Ideologisierung des GWUP-Vorstands sichtbar zu machen, war ein Vortrag des Münchner Philosophen Andreas Edmüller zum „Woke-Phänomen" im Rahmen der Langen Nacht der Wissenschaften in Nürnberg (Edmüller 2023). Organisiert wurde diese Veranstaltung in Kooperation mit der GWUP-Regionalgruppe Mittelfranken und dem Institut Kortizes. Dass die Regionalgruppe diesen Vortrag angesetzt hatte, verstand der mehrheitlich woke Vorstand als Affront. Das war erwartbar. Entscheidend war jedoch, dass Edmüller einen Debattenbeitrag lieferte, der dem Ethos der epistemischen Rationalität konsequent treu blieb und klarstellte, lediglich eine Perspektive auf das Woke-Phänomen zu liefern, um die Meinungsbildung der Zuhörer mit Argumenten zu unterfüttern. Obwohl dieses Anliegen aus skeptischer Sicht in keiner Weise zu beanstanden war, sah sich Edmüller nach seinem Vortrag mit einer Kritik durch den damaligen GWUP-Vorsitzenden Holm Hümmler und seinen Unterstützern konfrontiert, die vielen Mitgliedern als äußerst unsachlich erschien. Die Ereignisse wurden von Edmüller detailliert dokumentiert und in mehreren Blog-Beiträgen veröffentlicht.[7]

Edmüller gab nicht klein bei, sondern wandte sich mit konkreten Fragen an den Vorsitzenden und den Wissenschaftsrat der GWUP. Letzterer reagierte mit einer klaren Stellungnahme, die Edmüller stützte und Hümmlers Vorwürfe

[7] Die Blogposts finden sich unter: https://blog.projekt-philosophie.de (abgerufen am 09.11.2025).

gegen ihn in aller Deutlichkeit zurückwies. Drei Vorstandsmitglieder – André Sebastiani, Rouven Schäfer und ich – veröffentlichten zudem eine Entschuldigung, in der sie das Vorgehen gegen Edmüller als mit den Werten der GWUP unvereinbar bezeichneten (Sebastiani 2024). All dies schlug im Verein hohe Wellen und verdeutlichte, dass Hümmler und die ihn stützende Mehrheit im Vorstand der GWUP sich nicht im Einklang mit den Normen des wissenschaftlichen Skeptizismus und besonders dem Grundsatz der Wissenschaftsfreiheit verhielten.

Die dokumentierten Ereignisse konnte man als Feldexperiment interpretieren, das eine Forschungsfrage klären sollte: nämlich, ob die GWUP noch in der Lage war, Kritik an Wokeness auf der argumentativen Ebene zu verhandeln oder ob die mehrheitlich woke Leitungsebene bei Gegenwind zu Moralisierung und Diffamierung greifen würde. Für die gesamte Mitgliedschaft wurde somit sichtbar, dass eindeutig letzteres der Fall war. So wurde eine klare Evidenzlage geschaffen, auf dessen Grundlage die Mitglieder bei der vorgezogenen Vorstandswahl im Mai 2024 eine Entscheidung über die künftige Ausrichtung des Vereins treffen konnten.

Für die Arbeit von Organisationen wie dem Netzwerk Wissenschaftsfreiheit erscheint dieser Fall äußerst instruktiv. Er legt nahe, dass die reine Dokumentation von Fällen, in denen die Wissenschaftsfreiheit verletzt wird, nicht die beste Strategie darstellt, sondern man – inspiriert durch die in der GWUP angewandte Strategie des Feldexperiments – auch versuchen sollte, verborgene Missstände offenzulegen. Mit anderen Worten: Freiwillige, denen die Wissenschaftsfreiheit ein Anliegen ist, sollten an besonders gefährdeten Orten Veranstaltungen durchführen, die einerseits einen klaren wissenschaftlichen Erkenntniswert versprechen und somit durch die Wissenschaftsfreiheit geschützt sind und die andererseits mit hoher Wahrscheinlichkeit auf Widerstand stoßen. Eine ausführliche Darstellung der entsprechenden Strategien befindet sich derzeit in Vorbereitung (Mukerji et al. in Vorbereitung).

VI. Zusammenfassung

In diesem Aufsatz schilderte ich, wie der wissenschaftliche Skeptizismus der GWUP zwischen 2020 und 2023 in einen woken Agenda-Skeptizismus abgleiten konnte und welche Maßnahmen eine solche Entwicklung hätten verhindern können. Zunächst erläuterte ich die Gründungsmission der GWUP, die in einer konsequenten Orientierung am Ethos der epistemischen Rationalität und am liberalen Erkenntnismodell lag, das Realismus, Fallibilismus und kritische Prüfung im offenen Diskurs verlangt (Abschnitt 1).

Anschließend behandelte ich das wissenschaftsphilosophische Abgrenzungsproblem in einer ontologischen und in einer epistemologischen Lesart und benannte eine sozialepistemologische Variante. Diese besteht darin, dass Laien eine Pseudowissenschaft nicht direkt erkennen können, weil dies fortgeschrittene Fähigkeiten im kritischen Denken sowie Zeit, Aufmerksamkeit und Informationen voraussetzt. Die Lösung liegt in einer kognitiven Arbeitsteilung durch den wissenschaftlichen Skeptizismus. Skeptiker, die sich in Organisationen wie der GWUP zusammenschließen, bewerten Erkenntnisunternehmungen und teilen ihre Einschätzungen mit Laien. Der Wissenstransfer gelingt nur, wenn eine skeptische Organisation tatsächlich über Wissen verfügt, es wahrhaftig vermittelt und Vertrauen genießt (Abschnitt 2).

Darauf aufbauend analysierte ich eine neue Erscheinungsform der Pseudowissenschaft, die ich Pseudowissenschaft 2.0 nenne. Ihre Anhänger verhalten sich pseudoskeptisch, ahmen also genuinen Skeptizismus nach, indem sie ihn selektiv auf etablierte Arbeitsfelder anwenden (etwa: Homöopathie, Astrologie). So infiltrieren sie unentdeckt skeptische Organisationen und unterbinden mit Methoden der Cancel Culture die kritische Überprüfung der betroffenen Pseudowissenschaft. Analog zum Begriff der Agendawissenschaft habe ich für dieses Phänomen den Ausdruck „Agenda-Skeptizismus" vorgeschlagen. Bei der Agendawissenschaft verbindet sich Wissenschafts-Mimikry mit einer ideologischen Agenda. Beim Agenda-Skeptizismus wird eine solche Agenda mit Skeptizismus-Mimikry verknüpft (Abschnitt 3).

Anschließend zeigte ich am Fall der GWUP, wie sich Agenda-Skeptizismus in einem praktischen Fall entfaltet (Abschnitt 4). Zunächst wurde die Organisation kulturell gekapert. Ein rascher Mitgliederboom aus einer woken Community verwandelte die liberale Streitkultur in eine woke Opferkultur. Sachdebatten wurden moralisiert, und an die Stelle von Argumenten traten Verbalattacken. Dies schwächte die Fähigkeit der GWUP, in der Öffentlichkeit als rationaler Debattenteilnehmer aufzutreten. In der Causa Marie-Luise Vollbrecht und in der ABA-Debatte traten Selbstzensur durch „audience capture" und ein Verlust der thematischen Kontrolle durch „criticism capture" deutlich hervor. Versuche einer Kurskorrektur durch externe Formate und eine Rückbindung an epistemische Rationalität führten zu Delegitimierungsversuchen, zu einem Protestbrief und zu Bestrebungen, das wissenschaftliche Kontrollgremium der GWUP mit woken Mitgliedern zu besetzen. Auf der Mitgliederversammlung 2023 kam es infolge stiller Mobilisierung, versammlungstaktischer Manöver und einer Überraschungskandidatur zu einer feindlichen Übernahme des Vorstands durch eine woke Minderheit.

In einer Analyse der Ereignisse arbeitete ich die Mechanismen heraus, die diese Entwicklung ermöglichten, und skizzierte Maßnahmen, mit denen sie hätte verhindert werden können. Die kulturelle Kaperung beruhte auf Selektionseffekten, auf schrittweiser Renormalisierung, auf Schweigespiralen und auf „knowledge falsification". Wirksame Gegenmaßnahmen wären möglich gewesen. Dazu hätte ein klares Wertestatement bei der Aufnahme von Neumitgliedern gehört, verbindliche Onboarding-Prozesse, explizit formulierte und konsequent durchgesetzte Diskursregeln sowie das Ahnden von Einschüchterungsversuchen. Diskussionsformate mit explizitem Schutz von Minderheitspositionen und regelmäßig erhobene anonyme Stimmungsbilder wären zusätzlich nützlich gewesen. Prozedurale Vorkehrungen für die Mitgliederversammlung und eine frühzeitige, offene Konfliktkommunikation hätten die asymmetrische Mobilisierung und die Kaperung der Versammlung erschwert, die ultimativ zur ideologischen Übernahme des Vorstands führte.

Abschließend fragte ich, inwieweit der Fall der GWUP für die Debatte um Wissenschaftsfreiheit relevant ist (Abschnitt 5). Ich argumentierte, dass die GWUP Teil des Wissenschaftssystems ist und ihre Aktivitäten mit denen anderer Elemente des Systems verflochten sind. Zudem erbringt die GWUP durch die Bearbeitung des sozialepistemologischen Abgrenzungsproblems einen Service, der nicht nur Laien nützt, sondern auch im Interesse der wissenschaftlichen Community liegt. Weiterhin kann man die Ereignisse in der GWUP als Modellfall ansehen, der die Mechanismen verdeutlicht, mit denen die Wissenschaftsfreiheit auch andernorts attackiert werden kann. Die hier beobachtete kulturelle Kaperung, Moralisierung, Selbstzensur, asymmetrische Mobilisierung und die Strategien der informellen Druckausübung können auch an Hochschulen und anderen wissenschaftlichen Einrichtungen eingesetzt werden.

Zuletzt argumentierte ich, dass der Fall der GWUP neue strategische Einsichten für die Verteidigung der Wissenschaftsfreiheit bereithält. Die GWUP ist die erste größere Organisation, der es gelang, eine bereits erfolgte ideologische Kaperung rückgängig zu machen. Dies ist möglich, wenn man strategisch klug verfährt. Eine ausführliche Rekonstruktion der angewandten Strategien wird zeitnah erscheinen (Mukerji et al. in Vorbereitung). Mit diesem Beitrag verbindet sich die Hoffnung, dass sich auch andere Organisationen – allem voran das Netzwerk Wissenschaftsfreiheit – inspirieren lassen, neue Wege zu gehen, um die Wissenschaftsfreiheit im deutschsprachigen Raum zu verteidigen.

Literaturverzeichnis

Ackermann, Ulrike (2022): Die neue Schweigespirale. Wie die Politisierung der Wissenschaft unsere Freiheit einschränkt, Darmstadt: wbg Theiss.

Amelung, Till Randolf (2025): Raum für Argumente: Warum Hochschulen standhalten sollten. Erfahrung mit einem Gastvortrag an einer deutschen Universität, https://www.gwup.org/skeptiker-artikel/sonstiges/raum-fuer-argumente-warum-hochschulen-standhalten-sollten/ (Stand: 09.11.2025).

Blancke, Stefaan/*Boudry*, Maarten/*Pigliucci*, Massimo (2017): „Why Do Irrational Beliefs Mimic Science? The Cultural Evolution of Pseudoscience“, in: Theoria, 83, Nr. 1, S. 78–97.

Boudry, Maarten (2022): „Diagnosing Pseudoscience – by Getting Rid of the Demarcation Problem“, in: Journal for General Philosophy of Science, 53, Nr. 2, S. 83–101.

Büttner, Nico (2024): Die GWUP, die wir bauen, soll für alle da sein! Interview mit dem neuen GWUP-Vorsitzenden André Sebastiani, https://hpd.de/artikel/gwup-wir-bauen-soll-fuer-alle-da-sein-22188 (Stand: 09.11.2025).

Campbell, Bradley/*Manning*, Jason (2018): The Rise of Victimhood Culture, Cham: Springer International Publishing.

Center for Inquiry (2022): Find A Group, https://web.archive.org/web/20250430224906/https://centerforinquiry.org/groups/ (Stand: 24.08.2022).

Dethlefsen, Thorwald (1979/1985): Schicksal als Chance. Das Urwissen zur Vollkommenheit des Menschen, München: C. Bertelsmann Verlag GmbH.

Edmüller, Andreas (2023): Das WOKE-Phänomen. Frontalangriff auf die Werte von Wissenschaft und Aufklärung?: Kortizes.

Frankfurt, Harry (2005): On Bullshit, New Jersey: Princeton University Press.

Fulda, Andreas/*Missal*, David (2022): „Mitigating Threats to Academic Freedom in Germany: The Role of the State, Universities, Learned Societies and China“, in: The International Journal of Human Rights, 26, Nr. 10, S. 1803–1821.

Grams, Natalie/*Mukerji*, Nikil (2017): „Die Denkfehler der Homöopathie“, in: Gehirn & Geist, Nr. 10, S. 12–24.

GWUP (2021): Satzung der GWUP e. V., https://web.archive.org/web/20241212193952/https://gwup.org/images/pdf/Satzung2021.pdf (Stand: 27.12.2024).

Habermas, Jürgen (1984): Vorstudien und Ergänzungen zur Theorie des kommunikativen Handelns, Frankfurt am Main: Suhrkamp.

Hansson, Sven Ove: „Science and Pseudo-Science“, in: Edward N. Zalta, Uri Nodelman (Hrsg.), The Stanford Encyclopedia of Philosophy.

Hofstadter, Douglas R. (1982): „Metamagical Themas: About Two Kinds of Inquiry: ‚National Enquirer‘ and ‚the Skeptical Inquirer‘“, in: Scientific American, 246, Nr. 2, S. 18–26.

Kelter, Udo (2025): Wissenschaftsfreiheit. Eine Einführung, https://www.netzwerk-wissenschaftsfreiheit.de/wp-content/uploads/2025/06/wf_intro.pdf (Stand: 09.11.2025).

Kitcher, Philip (1993): The Advancement of Science. Science Without Legend, Objectivity without Illusions, Oxford: Oxford University Press.

Kostner, Sandra (2021): „Disziplinieren statt Argumentieren: Zur Verhängung und Umsetzung intellektueller Lockdowns“, in: Aus Politik und Zeitgeschichte, 71, Nr. 46, S. 17–21.

Kuran, Timur (1997): Private Truths, Public Lies. The Social Consequences of Preference Falsification, Cambridge, Mass.: Harvard University Press.

Kurtulus, Sinan/*Mukerji*, Nikil (2023): Das Problem der „Critical Studies", https://www.youtube.com/watch?v=MBJeTIyw_3M.

Kurtz, Paul (1992): The New Skepticism. Inquiry and Reliable Knowledge, Buffalo, NY: Prometheus Books.

Lakatos, Imre (1978): „Science and Pseudoscience", in: Gregory Currie/John Worrall/Imre Lakatos (Hrsg.), The Methodology of Scientific Research Programmes, Cambridge: Cambridge University Press, 1–7.

Lammich, Theodor (2024): „Universitäten haben kein Recht auf Meinungskampfteilhabe", in: Ordnung der Wissenschaft, Nr. 3, S. 223–228.

Laudan, Larry (1983): „The Demise of the Demarcation Problem", in: Robert S. Cohen/Marx W. Wartosky/R. S. Cohen/Larry Laudan (Hrsg.), Physics, Philosophy and Psychoanalysis, Dordrecht: Springer Netherlands, 111–127.

Leick, Philippe (2008): „Comment on: ‚Conspicuous by Its Absence: The Memory of Water, Macro-Entanglement, and the Possibility of Homeopathy' and ‚the Nature of the Active Ingredient in Ultramolecular Dilutions' ", in: Homeopathy the Journal of the Faculty of Homeopathy, 97, Nr. 1, S. 50–51.

Mahner, Martin (2007): „Demarcating Science From Non-Science", in: Theo A. F. Kuipers/Dov M. Gabbay/Paul Thagard/John Woods (Hrsg.), General philosophy of science. Focal issues, Amsterdam: Elsevier/North Holland, 515–575.

Mahner, Martin (2013): „Science and Pseudoscience: How to Demarcate after the (Alleged) Demise of the Demarcation Problem", in: Massimo Pigliucci/Maarten Boudry (Hrsg.), Philosophy of Pseudoscience. Reconsidering the Demarcation Problem, Chicago, Ill.: The University of Chicago Press, 29–43.

Mahner, Martin (2018): Naturalismus. Die Metaphysik der Wissenschaft, Aschaffenburg: Alibri Verlag.

McCarney, R./*Fisher*, P./*Spink*, F./*Flint*, G./*van Haselen*, R. (2002): „Can Homeopaths Detect Homeopathic Medicines by Dowsing? A Randomized, Double-Blind, Placebo-Controlled Trial", in: Journal of the Royal Society of Medicine, 95, Nr. 4, S. 189–191.

Milgrom, Lionel R. (2008): „Homeopathy and the New Fundamentalism: A Critique of the Critics", in: Journal of Alternative and Complementary Medicine (New York, N.Y.), 14, Nr. 5, S. 589–594.

Mill, John Stuart (1859): On Liberty, London: John W. Parker & Son.

Mukerji, Nikil (2024a): „Das Ethos der epistemischen Rationalität und das Abgrenzungsproblem in der Wissenschaftsphilosophie", in: Martin Rechenauer/Klaus Staudacher/Dorothea Winter/Niina Zuber (Hrsg.), Rationalität – Freiheit – Verantwortung, Berlin: De Gruyter, 257–270.

Mukerji, Nikil (2024b): Pseudo-Skepticism, https://michaelshermer.substack.com/p/pseudo-skepticism (Stand: 26.01.2025).

Mukerji, Nikil (2025): „Pseudoscience“, in: Kurt Sylvan/Jonathan Dancy/Ernest Sosa/ Matthias Steup (Hrsg.), A Companion to Epistemology, Malden, MA, Oxford: Wiley & Sons Ltd, 609–612.

Mukerji, Nikil (2026): „Wie erkennt man Pseudowissenschaften?“, in: Eric Hilgendorf/Reinhard Neck (Hrsg.), Kritischer Rationalismus: gestern – heute – morgen. Gedächtnissymposium für Hans Albert (1921–2023), Tübingen: Mohr Siebeck.

Mukerji, Nikil/*Ernst*, Edzard (2022): „Why Homoeopathy Is Pseudoscience“, in: Synthese, 200, Nr. 5.

Mukerji, Nikil/*Mannino*, Adriano (2022): „Deeper Into Argumentative Bullshit“, in: Informal Logic, 42, Nr. 2, S. 439–470.

Mukerji, Nikil/*Sebastiani*, André/*Weig*, Stefanie (in Vorbereitung): Jenseits von Woke und Böse, Aschaffenburg: Alibri.

Nida-Rümelin, Julian (2018): Unaufgeregter Realismus, Paderborn: Mentis.

Nida-Rümelin, Julian (2020): Eine Theorie praktischer Vernunft, Berlin/Boston: De Gruyter.

Noelle-Neumann, Elisabeth (1989): Öffentliche Meinung. Die Entdeckung der Schweigespirale, Frankfurt am Main: Ullstein.

Pigliucci, Massimo/*Boudry*, Maarten (Hrsg.) (2013): Philosophy of Pseudoscience. Reconsidering the Demarcation Problem, Chicago, Ill.: The University of Chicago Press.

Pincourt, Charles/*Lindsay*, James (2021): Counter Wokecraft. A Field Manual for Combatting the Woke in the University and Beyond, Orlando, FL: New Discourses.

Popper, Karl R. (1934/2005): Logik der Forschung. Herausgegeben von Herbert Keuth, Tübingen: Mohr Siebeck.

Popper, Karl R. (1959/2005): The Logic of Scientific Discovery, London: Routledge.

Popper, Karl R. (1963/2002): Conjectures and Refutations. The Growth of Scientific Knowledge, London/New York: Routledge.

Rauch, Jonathan (2013): Kindly Inquisitors. The New Attacks on Free Thought, Chicago/London: The University of Chicago Press.

Rauch, Jonathan (2021): The Constitution of Knowledge. A Defense of Truth, Washington, D.C.: Brookings Institution Press.

Röhnsch, Helene (2025): Wie China Unis zur Aufgabe ihrer Uiguren-Forschung drängt, https://www.faz.net/aktuell/feuilleton/debatten/wie-china-eine-britische-uni-zur-aufgabe-ihrer-uiguren-forschung-brachte-accg-110770413.html (Stand: 09.11. 2025).

Sarma, Amardeo (2017): „Was mich zum Skeptiker machte“, Skeptiker – Zeitschrift für Wissenschaft und kritisches Denken, Nr. 3, S. 136–139.

Sarma, Amardeo (2018): „Nachruf Prof. Dr. med. Irmgard Oepen (1929–2018), Gründungspräsidentin der GWUP“, in: Skeptiker – Zeitschrift für Wissenschaft und kritisches Denken, Nr. 3, S. 134.

Schedel, Gunnar (2023): „Putsch in der GWUP – ein fataler Richtungswechsel steht bevor“, in: Humanistischer Pressedienst.

Sebastiani, André (2023): Kritisierst Du noch, oder cancelst Du schon? Warum wissenschaftlicher Skeptizismus freien Diskurs braucht, https://www.gwup.org/skeptische-gesellschaft/kritisierst-du-noch-oder-cancelst-du-schon/.

Sebastiani, André (2024): Eine öffentliche Entschuldigung an Andreas Edmüller, https://www.gwup.org/skeptische-gesellschaft/eine-oeffentliche-entschuldigung-an-andreas-edmueller/ (Stand: 09.11.2025).

Taleb, Nassim Nicholas (2018): Skin in the Game. Hidden Asymmetries in Daily Life, London: Allen Lane.

Vollmer, Gerhard (1994): „Wozu Pseudowissenschaften gut sind: Argumente aus Wissenschaftstheorie und Wissenschaftspraxis“, in: Skeptiker – Zeitschrift für Wissenschaft und kritisches Denken, Nr. 4, S. 94–101.

Wolf, Rainer/*Gimmler*, Hartmut/*Wolf*, Johannes/*Rosenzweig*, Rainer (1998): „Im Doppelblind-Test ‚strahlten‘ die Pflanzen nicht: Ein Wünschelruten-Experiment im Botanischen Institut der Universität Würzburg“, in: Skeptiker – Zeitschrift für Wissenschaft und kritisches Denken, 11, Nr. 4, S. 143–147.

Wolf, Rainer/*Sarma*, Amardeo (2005): „Die Würzburger PSI-Tests 2004“, Nr. 2, S. 48–58.

Jahrbuch Wissenschaftsfreiheit, 3 (2026): 297–311
https://doi.org/10.3790/jwf.2026.1472809

Gibt es Parallelen zwischen Alternativer Medizin und Postmoderne? Und was lernen wir daraus für eine gute Patientenversorgung?

Von *Jutta Hübner**

Abstract

Vergleicht man die aktuelle Entwicklung der Alternativen Medizin und postmoderne Strömungen im Kontext der Medizin- und Wissenschaftskultur sowie deren Auswirkungen auf die Patientenversorgung, so ergeben sich erstaunliche Parallelen.

Die wesentlichen Ursachen liegen in einer bedenklichen Entwicklung der aktuellen evidenzbasierten Medizin (EbM), in der die Arzt-Patienten-Interaktion häufig durch Zeitmangel, komplexe Fachsprache und eine Fokussierung auf technische Aspekte erschwert wird. Damit wächst die Skepsis gegenüber „diesem System" zu. Gleichzeitig und dadurch auch gefördert suchen Laien zunehmend nach Informationen im Internet, in Social Media und bei Künstliche Intelligenz.

Gerade hier gewinnt die Alternativmedizin an Bedeutung, die ihre Verbreitung vor allem durch die Betonung der ganzheitlichen Betreuung, die Nutzung traditioneller Überzeugungen und individuelle Erfahrungsberichte in der Öffentlichkeit fördert. Diese Ansätze basieren häufig auf nicht wissenschaftlich belegten Heilmethoden, die mit plausiblen Erklärungen und Erfolgsgeschichten vermarktet werden. Während EbM kontinuierlich wissenschaftlich überprüft wird, ist die Alternativmedizin geprägt von traditionellen, spirituellen und pseudowissenschaftlichen Konzepten.

Die zunehmende gesellschaftliche Akzeptanz von Alternativmedizin wird durch gesundheitspolitische Entwicklungen, wie die Integration traditioneller Heilverfahren in international anerkannte Klassifikationssysteme (z.B. ICD-11), verstärkt. Diese Entwicklungen sind oft von wirtschaftlichen Interessen beeinflusst. Gleichzeitig wird die wissenschaftliche Integrität durch manipulative Publikationspraktiken beeinträchtigt, wodurch die Gefahr besteht, qualitativ minderwertige oder gefälschte Studien in den wissenschaftlichen Diskurs einzuschleusen.

Die starke Verbreitung der Alternativmedizin in der Gesellschaft ist ein Spiegel für fundamentale Mängel im konventionellen Gesundheitssystem, das sich von der ursprünglichen Idee der EbM mit den drei Säulen externe Evidenz, interne Evidenz und Wertevorstellungen des Patienten weit entfernt hat. Eine patientenzentrierte, wissen-

* Prof. Dr. med. Jutta Hübner, Professur für Integrative Onkologie, Universitätsklinikum Jena. E-Mail: jutta.huebner@med.uni-jena.de.

Duncker & Humblot · Berlin

schaftlich fundierte Medizin kann nur durch eine offene, verständnisvolle Kommunikation sowie eine Einbindung der Wertesysteme der Patienten gestärkt werden. Dazu brauchen wir auch eine kritische Reflexion der politischen und gesellschaftlichen Tendenzen, die scheinbar im Sinne des Patienten einen Methoden-Pluralismus in der Medizin fordern und damit suggerieren, dass EbM weder ganzheitlich noch menschlich sein kann, damit per se defizitär ist, was wiederum durch Alternative Ansätze ausgeglichen werden müsse. Kein ernsthaft erkrankter Patient möchte aber eine unwirksame Therapie – damit ist die Herausforderung für die moderne EbM ihre eigene Entwicklung der letzten Jahrzehnte kritisch zu reflektieren und ihre Position durch konsequente Berücksichtigung ihrer drei Säulen zu stärken.

Schlüsselwörter: Evidenzbasierte Medizin, Alternative Medizin, Postmoderne Theorien, Wertevorstellungen

Are There Parallels Between Alternative Medicine and Postmodernism? And What Can We Learn from This in Terms of Good Patient Care?

Comparing the current development of alternative medicine with postmodern trends within the context of modern health care systems, there are striking similarities. The main causes lie in a concerning evolution of evidence-based medicine (EbM), where doctor-patient interactions are often hindered by time constraints, complex medical language, and a focus on technical aspects. This fosters growing skepticism towards "the system." Simultaneously, lay-people increasingly seek information online, on social media, and through artificial intelligence.

In this context, alternative medicine gains importance as it is promoted through emphasizing holistic care, the use of traditional beliefs, and personal testimonials in public discourse. These approaches often rely on healing methods lacking scientific validation but are marketed with plausible explanations and success stories. While EbM is continuously subjected to scientific review, alternative medicine remains shaped by traditional, spiritual, and pseudoscientific concepts.

The rising societal acceptance of alternative medicine is further reinforced by health policy developments, such as its integration into internationally recognized classification systems like ICD-11. These developments are often driven by economic interests. At the same time, scientific integrity is jeopardized by manipulative publication practices, increasing the risk of poorly conducted or counterfeit studies entering the scientific discourse.

The widespread popularity of alternative medicine may serve as a reflection of fundamental deficiencies within the conventional healthcare system, which has moved away from the original concept of EbM's three pillars: external evidence, internal clinical evidence, and patients' values. A patient-centered, scientifically grounded medicine can only be strengthened through open, empathetic communication and the integration of patients' value systems. This also requires a critical reflection on political and societal trends that, under the guise of advocating for patient interests, demand methodological pluralism in medicine. This implies that EbM is perceived as inherently incomplete, neither holistic nor humane, which is criticized as a deficit needing correction through alternative approaches. However, no seriously ill patient asks for ineffective treatment. The challenge for modern EbM lies in critically re-evaluating its development over recent decades and reinforcing its position through a consistent commitment to its three foundational pillars.

Keywords: evidence-based medicine, alternative medicine, postmodern theories, value systems

Kommunikation ist das A und O in der Medizin! Und zwar in jede Richtung, v. a. aber mit dem Patienten.

Haben Sie schon einmal mit einem Arzt geredet? Vermutlich öfter, aber vielleicht werden Sie eher sich an wenige gelungene Gespräche erinnern. Tatsächlich ist das Arzt-Patienten-Gespräch mittlerweile eine der größten Baustellen im Gesundheitswesen. Studierende der Medizin lernen Kommunikationsmodelle, bereits in den ersten Semestern werden sie auf das Überbringen schlechter Nachrichten trainiert – mittlerweile DIE Metapher für das Arzt-Patienten-Gespräch – obwohl ehrlicherweise die meisten Gespräche meines Fachs – ich bin Onkologin, betreue also Patienten mit einer Krebserkrankung – heutzutage eher das Überbringen guter Nachrichten beinhaltet: Ja, Sie haben Krebs – aber: dagegen kann man etwas tun! Und dann legen wir los, reden im Fachsprech über die Errungenschaften der modernen Medizin, überhören schon geflissentlich die vorsichtige Frage des Betroffenen, warum denn nun gerade er/sie erkrankt sei, denn wir haben ja die viel besseren Botschaften: wie man wieder gesund wird!

Nun ist es aber kein psychologisches Geheimnis, dass komplexe Sprache mit Schachtelsätzen und garniert mit zahlreichen Fremdwörtern (eben Medizinsprech) für den normalen Patienten schon schwer verständlich, aber in der Krisensituation „Krebs!“ (oder einer anderen schwerwiegenden Diagnose) nicht verstehbar ist – auch von der Krankheit selbst betroffene ärztliche Kollegen sagen: „ich habe einfach abgeschaltet, nichts mehr verstanden“.

Zugegeben, es ist enorm schwierig, Krebsentstehung laienverständlich zu erklären – aber diese Erklärungen sind notwendig, damit Patienten uns nicht nur im blinden Vertrauen folgen müssen, sondern aktiv mitarbeiten, was eine Grundvoraussetzung für langdauernde und komplexe Therapien ist, wenn sie erfolgreich verlaufen sollen. Vertrauen ist ein hohes, in unserer Gesellschaft immer mehr schwindendes Gut. Noch zählen Ärzte zu den Berufen, denen besonders viel Vertrauen entgegengebracht wird. Allerdings scheint auch dieses Vertrauen in unserem Gesundheitssystem wegzuschmelzen – „Ärzte sind abhängig oder sogar korrumpiert von der Pharmaindustrie“ (oder ähnliche Theorien, die in Bezug auf den Einfluss der Pharmaindustrie schon ein Körnchen Wahrheit enthalten), diese Ideen nagen an der Arzt-Patienten-Beziehung.

Nun etabliert sich in einem System, das eine Lücke aufweist, in der Regel ein Lückenfüller – und im deutschen Gesundheitssystem tritt dieser in Form der Alternativen Medizin auf, die trotz aller wissenschaftlichen Fortschritte rasch an Boden gewinnt und in den USA teilweise schon wieder Staatsraison zu werden scheint.

Eigene Forschungsarbeiten zeigen: Die Patienten fühlen sich unzureichend über ihre Therapieoptionen informiert und zu wenig in Entscheidungsprozesse eingebunden. Dabei erweisen sich sowohl die Zeitknappheit als auch die inhaltliche Komplexität der Gespräche als herausfordernd für die Arzt-Patienten-Beziehung. Eine grundsätzlich ablehnende Haltung der Ärzte gegenüber Fragen nach ergänzenden Heilmethoden schwächt das Vertrauensverhältnis. Patienten greifen vermehrt auf alternative Informationsquellen wie Internet, Social Media und Künstliche Intelligenz zurück. Patienten sind bei guter Gesprächsatmosphäre und ausreichender Information über Komplementäre Medizin eher geneigt sind, den ärztlichen Empfehlungen zu folgen und erst bei Unzufriedenheit alternative Behandlungswege in Betracht zu ziehen. „Die Gespräche sind so kurz, es gibt keine Gefühle – alles ist kaltherzig. So schwach." Anders beim Homöopathen: „Da bekam ich das erste Mal Hilfe. Mein Eindruck ist, dass die Homöopathen sich mehr Zeit nehmen." (Auszug aus einer Serie von Interviews mit onkologischen Patienten)[1].

I. Herausforderungen der evidenzbasierten Medizin

Tatsächlich gibt es ein breites Angebot von Heilmethoden, die nicht von Leitlinien oder anderen Formaten der evidenzbasierten Medizin empfohlen werden und insofern als Alternativmedizin bezeichnet werden. Die „andere" Seite wird häufig als „Schulmedizin" bezeichnet – eigentlich ein Kampfbegriff der „Alternativen", der suggeriert, dass es in der Medizin verschiedene Schulen gibt, die sich im Laufe der Jahrhunderte entwickelt haben und neben denen Alternative Schulen gleichberechtige Varianten sein sollen. Wie diese anstreben, die moralische und gesellschaftliche Oberhand zu erhalten, ähnelt in manchen Strategien der Entwicklung der Postmoderne.

Vertreter einer wissenschaftlich fundierten Medizin arbeiten seit Jahrzehnten nicht an einer Ausdifferenzierung von „Schulen" sondern an einer Entwicklung, die mit den ersten naturwissenschaftlichen, anatomischen, physiologischen und biochemischen Erkenntnissen begann und heute eine kontinuierliche Weiterentwicklung durch wissenschaftliche Forschung ermöglicht. Es entstehen keine „Schulen", sondern ein Netzwerk aus sich weiter entwickeln-

[1] *Matjuschenko*, K./*Keinki*, C./*Huebner*, J.: Patients' Reasons to Consider and Their Attitudes toward Complementary and Alternative Medicine, Eur J Cancer Care, 2023, https://doi.org/10.1155/2023/8808797.

dem Wissen, um das (durchaus auch kontrovers) gerungen wird, in dem sich aber alle Beteiligten auf ein naturwissenschaftlich fundiertes Grundgerüst und wissenschaftliche Werkzeuge zur Erstellung, Verifizierung oder Falsifizierung von Hypothesen verpflichten. Der Halbgott in Weiß und damit die Erfahrungsheilkunde wurde bewusst verlassen, weil Erfahrungen nun einmal trügerisch sein können.

Diese wissenschaftliche fundierte Medizin hat aus Sicht des Erkrankten einen entscheidenden Nachteil: sie kann keine absoluten Heilsversprechen geben. Alle Empfehlungen auch höchster Empfehlungsgrade enthalten Wahrscheinlichkeiten aus den Studienergebnissen – und diese werden mit komplexen Therapieansätzen wie in der Onkologie immer schwieriger zu verstehen. Onkologische Therapien bestehen in aller Regel aus einer Abfolge mehrere Therapiemethoden – Operation (oft verschiedene Verfahren möglich), Strahlentherapie (mit verschiedenen Techniken), medikamentöse Therapie (mit einer Explosion an möglichen Medikamenten von der klassischen Chemotherapie, über zielgerichtete Medikamente, mit denen wir versuchen, exakt die in den Krebszellen des Patienten veränderten Gene, Moleküle oder Stoffwechselwege anzugreifen zu modernen Immuntherapien von denen es wiederum eine ganze Reihe unterschiedlicher gibt. Häufig werden verschiedene Medikamente kombiniert. Jedes Medikament trägt mit einem gewissenProzentsatz X zur Heilung (oder Rückbildung des Tumors, oder Verbesserung der Überlebenszeit oder Verbesserung der Lebensqualität oder Verminderung bestimmter Symptome) bei, wobei X jeweils unterschiedlich ist und auch noch von Patientenmerkmalen abhängt. Jede Therapie ruft mit einem gewissen Prozentsatz Y meist mehrere Nebenwirkungen hervor, wobei Y jeweils unterschiedlich ist und die Nebenwirkung in der Ausprägung von leicht bis lebensgefährlich variieren kann, was ebenfalls von Patientenmerkmalen abhängt. Vermutlich ist keiner von uns in der Lage, dieses komplexe Geflecht von Wahrscheinlichkeiten in einem individuellen Therapieplan einem Laien so zu erklären, dass die erwünschte gemeinsame Entscheidungsfindung umfänglich stattfinden kann.

Was aber wünscht sich der Patient eigentlich im Gespräch: eine möglichst einfache und klare Botschaft: Sie werden wieder gesund und dies ist der Weg! Eine ehrliche Antwort wäre ein „Wir können folgendes tun/versuchen: …“. Und dann folgt eine Erklärung verschiedener Handlungsmöglichkeiten, eine Abstufung der Heilungserfolge und der Risiken der Therapie und eine Einbeziehung der Wertevorstellungen und Präferenzen des Patienten. Das ist die Idealvorstellung der evidenzbasierten Medizin. Wissenschaftlich fundierte, evidenz*basierte* Medizin muss die persönlichen Perspektiven berücksichtigen. Nach ihrem „Erfinder“ David Sackett besteht evidenzbasierte Medizin aus 3 gleichberechtigen Anteilen: Wissenschaftliche Evidenz (aus Studien möglichst hoher Qualität), Patientenperspektive und -werten und der ärztlichen Erfahrung, diese beiden Sichtweisen möglichst gut zusammen zu bringen.

II. Kommunikationsbedürfnisse und Strategien der Alternativen Medizin

Lassen Sie mich kurz zwei weitere Begriffe definieren: Was ist Komplementäre Medizin – was ist Alternative? Komplementäre Medizin wird ergänzend zur konventionellen Medizin eingesetzt, sie ist wissenschaftlich fundiert, es gibt Studien ausreichender Qualität für eine Therapieempfehlung, die uns Informationen über Nutzen und Risiken geben. Sie fokussiert in der Onkologie auf die Verbesserung der Lebensqualität und Symptomkontrolle. Alternative Medizin umfasst wissenschaftlich nicht belegte Heilmethoden, die häufig auf traditionellen oder spirituellen Überzeugungen beruhen (Beispiele sind Homöopathie, Anthroposophische Medizin,, viele Anteile der Traditionellen Chinesischen (oder anderer traditioneller) Medizinen, auch die Akupunktur). Im Gegensatz zur Komplementären Medizin fehlt ein Beleg der spezifischen Wirksamkeit durch hochwertige klinische Studien. Nicht selten basieren sie auf anderen Konzepten, wie Krankheiten entstehen als die evidenzbasierte Medizin.

Tatsächlich erfreut sich Alternative Medizin in Deutschland und auch im deutschen Gesundheitssystem einer weiten Verbreitung. Beispiele sind die staatliche Anerkennung als Heilpraktiker, die Finanzierung von Akupunktur oder Homöopathie durch Krankenkassen, die Angebote Alternativer Methoden wie der Homöopathie durch Ärzte (auch wenn diese mittlerweile aus der Weiterbildungsordnung der Bundesärztekammer entfernt wurde) oder in Apotheken und die gesetzlich definierten und damit der Beweispflicht für die Wirksamkeit entbundenen Besonderen Therapierichtungen (Homöopathie, Anthroposophie, Phytotherapie). Diese Sonderstellung beinhaltet historisch den „Binnenkonsens", nach dem diese Therapierichtungen nach ihren eigenen Kriterien beurteilt werden sollen. Letztendlich war es eine politische Entscheidung, um dem Bürger den Zugang zur Alternativen Medizin zu erleichtern. Hier sei schon erwähnt, dass Vertreter Alternativer oder Komplementärer Methoden sich häufig in der Öffentlichkeit und insbesondere in kontroversen Diskursen gegenseitig unterstützen – im Sinne eines Pluralismus der Möglichkeiten – s. dazu weiter hinten. In der Bevölkerung hat dies alles dazu geführt, dass die Abgrenzung der alternativen Medizin von wirksamen Therapien nicht mehr gelingt, denn wenn auch mein Hausarzt dies anbietet und ich es (nur) in der Apotheke kaufen kann, dann muss es ja eine „echte" Medizin sein. Alternative Medizin ist „normal" und integriert – einer der höchsten Erfolge der Vertreter dieser eigentlich sehr verschiedenen Richtungen, die sich für dieses gemeinsame Ziel zusammengeschlossen haben.

Es stellt sich aber die Frage, ob der informierte Patient tatsächlich Therapien möchte, deren Wirksamkeit nicht nachgewiesen ist, oder ob er – umfassend informiert – eine wissenschaftlich fundierte Komplementäre Medizin präferiert.

III. Strategien der Alternativmedizin

Neben verwaschenen Begrifflichkeiten unter dem Oberbegriff KAM (üblich Sprechweise: Komplementäre UND Alternative Medizin, dabei wäre ein ODER wesentlich sinnvoller, da sich beide Konzepte ausschließen) und einer politisch gewollten breiten Verankerung im Gesundheitssystem ist ein übergreifend wichtiges Merkmal der Alternativmedizin die Betonung der Patientennähe und des individuellen Patientenwohls – damit indirekt andeutend, dass dies gerade nicht der Fokus der Schulmedizin mit ihren Leitlinien und Standards sei. Heilung wird ganzheitlich dargestellt – das etablierte bio-psycho-soziale Konzept der evidenzbasierten Medizin wird dagegen selten in der Öffentlichkeit genannt – wobei im Kern beide Begrifflichkeiten das gleiche meinen, sich „ganzheitlich" aber für den Laien wesentlich „gesünder" anfühlt als „bio-psycho-sozial".

Alternativmedizin überzeugt Laien oft durch Erklärungen zu Wirkmechanismen, die einleuchten, auch wenn sie einer grundlegenden Überprüfung nicht standhalten. Oft entsteht hier ein Konglomerat von falschen Annahmen zur Pathogenese, angeblich zuverlässigen diagnostischen Methoden und den daraus logisch folgenden therapeutischen Maßnahmen. Weit verbreitet ist z.B. die Behauptung, dass „Parasiten" (oder andere Krankheitskeime) den Körper befallen und Krebs, Rheuma, Diabetes etc. auslösen, oder dass eine „Vergiftung" vorliegt. Für den Patienten kann diese „Erkenntnis" erleichternd sein – denn jetzt gibt es eine Erklärung für die eigene Erkrankung. Diese Erklärung hilft auch zu verstehen, dass die Diagnose plötzlich und ohne Vorwarnung kommt – aber bereits vorher Beschwerden da waren, die von Ärzten aber nicht richtig gedeutet wurden – womit Misstrauen gegenüber Vertretern der „Schulmedizin" genährt wird. Diagnostische Möglichkeiten reichen von Dunkelfeldmikroskopie über Ganzkörperregulationsthermografie bis zu aus wissenschaftlicher Sicht unsinnigen oder falschen Laboranalysen. Noch breiter sind die therapeutischen Angebote: von Ausleiten und Entgiften (Detox ist ein aktuelles gesellschaftliches Phänomen) hin zu lebensgefährlichen Substanzen wie MMS („Miracle Mineral Supplement" = Natriumchlorit(!)), das die angeblichen Parasiten beseitigt und damit Krankheiten (auch Corona) heilen soll, zu Geräten für Bioresonanz oder den Zapper, der mit „Frequenztherapie" sowohl präventiv wie kurativ für vielfältige Anwendungen angeboten wird. Dies sind nur einzelne Beispiele – das Muster ist immer das gleiche: es klingt einleuchtend, es gibt keine wissenschaftlichen Nachweise (wegen der Unterdrückung durch Pharmaindustrie, verbündete Ärzteschaft, Institutionen), dafür zahlreiche Testimonials geheilter Patienten. Die Indikationslisten wachsen und die Anbieter reagieren rasch auf neu aufkommende Bedrohungen wie AIDS, Corona etc. Besonders effektiv ist die Verbreitung von Erfolgsgeschichten und Patientenzeugnissen, nicht zuletzt im Zeitalter Sozialer Medien. Positive Erfahrungsberichte von Patienten spielen eine zentrale Rolle, um die Wirksamkeit alternativmedizinischer Methoden zu belegen und Vertrauen zu schaffen. Hier ist ein Anklang an die Postmoderne nicht zu leugnen: persönliche Erfahrung der Akteure – insbes. der weniger Privilegierten (in unserem Fall analog der Patienten, Heilpraktiker…) ist mehr wert als wissenschaftliche Erkenntnis.

Heilsversprechen sind in besonders belastenden Situationen mit starker Unsicherheit wie einer Krebsdiagnose oder eine Pandemie attraktiv. Sie arbeiten mit Erklärungsmustern, die „einleuchten" – im wahrsten Sinne des Wortes: Wenn man es einmal erkannt hat, dann gehört man zu der auserwählten Gruppe der „Sehenden". Existentielle Unsicherheit macht anfällig, Muster und Erklärungen zu erkennen, die nicht da sind, gibt ein Gefühl wieder gewonnener Sicherheit, wie bereits Whitson und Galinsky gezeigt haben: Probanden erkannten Muster in zufällig durcheinander gezeichneten Strichen, die sie vorher nicht gesehen hatten, wenn sie sich an bedrohliche Situationen in ihrem Leben erinnern sollten[2].

Dazu gehört auch die Strategie, das Vorhandensein wissenschaftlicher Beweise nicht nur zu behaupten, sondern Patienten zu einem alternativen Behandlungsvorschlag eine lange Liste an wissenschaftlichen Referenzen zur Verfügung zu stellen. Tatsächlich handelt es sich meist um Zellexperimente, die keine Aussage über die Wirksamkeit beim Menschen zulassen. Der Laie bemerkt diesen Unterschied aber angesichts der langen englischsprachigen Liste nicht. Womit sich dann auch noch eine Verschwörungstheorie platzieren lässt: „Unsere Methode ist so billig, dass die Pharmaindustrie und die von ihr beeinflussten Ärzte sie unterdrücken:"

Eine weitere Strategie ist der Verweis auf uralte, bewährte Heiltraditionen, angewandt durch erfahren Experten nicht selten kombiniert mit einer mystischen oder esoterischen Inszenierung[3]. Man vergleiche die Bildsprache auf Webseiten „ganzheitlicher" Praxen oder Kliniken mit der moderner Universitätskliniken.

---

2 *Whitson*, J. A./*Galinsky*, A. D.: Lacking control increases illusory pattern perception; Science 2008, 322 (5898), S. 115–117.

3 *Füllgraf*, B.: Der Mythos der Ganzheitlichkeit: zur Kritik der sanften Medizin, 2004, Springer: Heidelberg.

Eine wichtige Strategie in der moderateren Alternativmedizin ist der Umgang mit eigenen eher nicht gesellschaftsfähigen Überzeugungen – diese bleiben möglichst intern. So geht aus Sicht der Anthroposophischen Medizin Krebs über rein physische Faktoren hinaus und hat seine Ursachen in übergeordneten geistig-seelischen Dimensionen des Menschen. Zentrale Konzepte sind dabei: Wesen in der Welt haben neben einem physischen auch einen Äther- und Astralleib[4]. Das Karma ist die Ursache von Krebs und andere Erkrankungen[5]. Beide Konzepte finden sich aber selten in öffentlich zugänglichen Kommunikation der Anthroposophen.

Umso wichtiger ist es, dass die wissenschaftliche Medizin das Reden mit den Menschen nicht der Alternativmedizin überlässt, sondern sich ihrer Aufgabe der laiengerechten Kommunikation stellt. Kommunikation wird häufig mit Reden gleichgesetzt – dabei wird das Zuhören als wesentlicher Teil der ärztlichen Kommunikation unterschätzt, wenig gewürdigt und kaum gelehrt. Auch beim Erlernen der Anamnesetechnik geht es hauptsächlich darum, rasch und zielgenau den Patienten so zu führen, dass mögliche Differentialdiagnosen schnell geklärt und damit die Therapie eingeleitet werden kann. So bleiben wichtige Aspekte (wichtig auch aus Patientensicht) häufig unbemerkt und können den Behandlungserfolg gefährden. Ganz anders in der Homöopathie – hier ist jede Beobachtung des Patienten zu seinem Gesundheitszustand wichtig, wird angehört und berücksichtigt, um (zumindest in der klassischen Homöopathie) ein individuelles Mittel zu finden. Erfahrene Anbieter Alternativer Medizin können auf die nahezu immer natürlich eintretende Besserung von Bagatellerkrankungen hoffen. Dies aus wissenschaftlicher Sicht als Placeboeffekt abzutun ist unklug – Zuwendungs- oder Interaktionseffekte („mein Arzt und ich ermitteln gemeinsam das richtige Mittel, den richtigen Akupunkturpunkt …“) bei Methoden, die mehr als ein Zücken des Rezeptblockes darstellen, sind der einfachen Placebokapsel weit überlegen. Gehört werden und einen individuellen Therapieplan bekommen – um wieviel besser fühlt sich das an, als eine Therapie „nach modernstem Standard“ zu erhalten. Und der Homöopath hört nicht nur einmal zu – wenn das Mittel nicht hilft, dann wird die Anamnese noch einmal und ebenso gründlich erhoben! Übrigens zeigt die Homöopathie sehr schön, wie stark man das Vorgehen reduzieren kann, wenn einmal Vertrauen da ist: Komplexmittel in der Homöopathie werden nach kürzester Anamnese pauschal ausgegeben – und sind überhaupt nicht individuell – aber sie sind Globuli – also „sanfte“ = „gute“ Medizin.

In der öffentlichen Diskussion hören wir oft das Argument „Wer heilt, hat recht!“ – ein fast unangreifbares Argument, zumindest scheint es so bei Baga-

---

[4] https://anthrowiki.at/Wesensglieder; Zugriff: 29.08.2025.

[5] *Scholz*, O. R./*Schmacke*, N.: Münsteraner Memorandum Anthroposophische Medizin, November 2022.

tellerkrankungen – sogar mit dem Argument, bevor wir dem Kind bei einem viralen Infekt ein Antibiotikum geben, um die Mutter zu beruhigen, dann doch lieber Globuli. Das klingt gut, ist aber gefährlich, denn Kind und Mutter lernen: Homöopathie hilft und vertrauen auch in ernsthaften Krankheitssituationen darauf. Vielleicht erklärt dies auch, dass die Deutschen im Vergleich zu anderen Europäern so häufig zum Arzt gehen, statt gelernt zu haben, dass sich viele Beschwerden von alleine und/oder mit einfachen Hausmitteln und gesundem Lebensstil verbessern. In diesem Kontext nicht unerwähnt bleiben darf der insbes. in gesundheitspolitischen Diskussionen beliebte Satz „Die Patienten wollen es aber…!“ – Ich kenne keinen Patienten, der nach guter Aufklärung eine unwirksame Therapie möchte.

Nah verwandt mit „Wer heilt hat Recht“ ist die auch unter „Schulmedizinern“ weit verbreitete Ansicht „Nutzt vielleicht nicht, schadet aber auch nicht!“ – ein Schaden ist die Entstehung falscher Überzeugungen von Krankheiten und Heilmethoden, ein anderer sind eigenständige Nebenwirkungen (z. B. Blausäurefreisetzung aus Aprikosenkernen gegen Krebs oder Chlordioxid gegen Krebs) und v. a. bei allen substanzgebundenen Methoden Wechselwirkungen. Simple Antioxidantien können die Wirksamkeit von Chemo- oder Strahlentherapien erheblich einschränken[6]. Auch scheinbar harmlose alternative Therapien können auf der individuellen Ebene gefährlich werden, wenn sie zu einer Verzögerung von wichtigen Therapien führen („Versuchen Sie erst einmal unser XY gegen Krebs – wir sind ehrlich und sagen, dass wir nicht alle Patienten heilen können, aber die giftige Chemo können Sie immer noch machen, wenn unser XY nicht funktioniert“) oder im Rahmen gesellschaftlich relevanter Gesundheitsgefahren wie zuletzt in der Corona-Pandemie zur Entwicklung nicht kritisch-wissenschaftlich diskutierender sondern radikal denkender „alternativer“ Gruppen führen (oder auch aktuell relevant: fehlende Durchimpfung kleiner Kinder gegen Masern).

IV. Alternative Medizin, Verschwörungstheorien und politisch Extreme

Alternativmedizin arbeitet häufig mit Verschwörungstheorien. Die von Pharmafirmen beherrschte Schulmedizin unterdrückt angeblich wesentliche Entdeckungen zur Heilung z. B. von Krebs, weil diese billig, leicht und/oder allgemein verfügbar und damit nicht profitabel sind. Hier ist das Einfallstor eine sicherlich berechtigte Kritik an der Marktmacht der führenden Pharma-

---

[6] *Jung*, A. Y./*Cai*, X./*Thoene*, J./*Obi*, N./*Jaskulski*, S./*Behrens*, S./*Flesch-Janys*, D./*Chang-Claude*, J.: Antioxidant supplementation and breast cancer prognosis inpostmenopausal women undergoing chemotherapy and radiationtherapy, Am J Clin Nutr 2019, 109, S. 69–78.

konzerne und deren Dominanz in der (klinischen) Forschung und damit bedingten Abhängigkeiten, die nicht zu leugnen sind. Tatsächlich zeigten Lahracha und Kollegen, dass Menschen, die medizinischen Verschwörungstheorien Glauben schenken, sich häufiger Sorgen um gesundheitliche Themen machen[7], was sie auch anfälliger für alternativmedizinische Angebote machen könnte. Spätestens im Rahmen der Coronadebatte wurde deutlich, dass zwischen alternativmedizinischen Sichtweisen und politischen Extremen am rechten und linken Rand Beziehungen bestehen. Dies war bereits zuvor von den Soziologen Lamberty und Imhoff[8] gezeigt worden, gilt aber weiterhin als Tabuthema und unberechtigter Angriff auf die (sanfte) Alternativmedizin. Allenfalls im Hinblick auf die Neue Germanische Medizin gilt die Assoziation als „politisch korrekt“[9]. Sie ist ein vielleicht extremes Beispiel, das schon durch den Namen aufmerksam machen sollte. Die Neue Germanische Medizin führt Krebs auf einen Konfliktschock zurück, der gelöst werden muss, um eine Heilung zu erreichen.

Im Zusammenhang mit Corona ist es interessant, wie das Wort „Querdenker“ von einer Bewegung okkupiert bzw. ihr dann auch öffentlich zugeschrieben wurde und damit seines Kerngedankens beraubt wurde. Querdenken ist eine wichtige wissenschaftliche Fähigkeit, die den Transfer von einem Forschungsfeld zum anderen ermöglicht und damit Forschung und kritisches Denken und Weiterentwickeln befördert. Coronaleugner sind keine Querdenker, sondern allenfalls „Querglauber“, die eben nicht denken sondern eine Überzeugung haben, die wissenschaftlichen Erkenntnissen entgegenstehen. Das „Querdenken“ ist dagegen in den sich immer schneller entwickelnden und damit immer weiter voneinander entfernenden Wissenschaften eine wichtige Tätigkeit breit ausgebildeter Forscher, die wir uns nicht nehmen lassen dürfen. So gleicht die Okkupation der „Querdenker“ der Eroberung des Wortes „ganzheitlich“ durch die Alternative Medizin.

V. Alternativen Medizin, Pluralismusdebatte und Cancel Culture – zufällige Ähnlichkeiten oder Strategie?

Die Alternative Medizin fordert, im Sinne eines notwendigen „Pluralismus“ gehört zu werden. Angeregt und geleitet durch den damaligen Präsidenten der Bundesärztekammer, Prof. Hoppe, wurden sogenannte „Pluralismusdebatten“

[7] *Lahracha*, Y./*Furnhama*, A.: Are modern health worries associated with medical conspiracy theories?, Journal of Psychosomatic Research 2017, 99,S. 89–94.

[8] *Lamberty*, P./*Imhoff*, R.: Powerful Pharma and Its Marginalized Alternatives?, Social Psychology 2018, 49:5, S. 255–270, https://doi.org/10.1027/1864-9335/a000347.

[9] https://germanische-neue-medizin.de/, Zugriff: 01.09.2025.

veranstaltet. Ärztliche Vertreter einer evidenzbasierten, patientenorientierten Medizin trafen sich zu Diskussionen mit Vertretern aus dem weiten Feld der Komplementären oder Alternativen Medizin und wunderten sich, dass sie sich – teilweise sogar persönlicher – Angriffe ausgesetzt sahen, in denen ihnen vorgeworfen wurde, Patientenwünsche und ganzheitliches Denken zu ignorieren. Parallelen zur Cancel Culture Bewegung drängen sich auf. Die Forderung von Vertretern der Alternativen Medizin, dass einem individuellen Erkennen der „richtigen" Therapie eine höhere Berechtigung zukommt, wie der evidenzbasierten Abwägung und zu besserer Medizin führt, weist Parallelen zur Postmoderne und ihrer Forderung nach „andere Wissenschaftsformen", die sich aus der theoretischen Interpretation prägender gelebter Erfahrungen ableiten"[10] auf.

So schrieb Kienle im deutschen Ärzteblatt in einer Artikelserie zum Pluralismusforum, dass sich Experten oder Könner durch weitere Fähigkeiten auszeichnen: Sie haben ein implizites Wissen und können „…ihre herausragenden Entscheidungen (…) oft nicht in Regeln fassen"[11].

Dies ist umso bedenklicher, als Vertreter solcher Denkweisen sich zunehmend an Hochschulen z. B. in Stiftungsprofessuren wiederfinden. Hier ist eine Parallele zur bereits 2019 vom Deutschen Hochschulverband in einer „Resolution zur Verteidigung der Debattenkultur"[12] festgestellten immer stärkeren Ausbreitung von Vertretern der Cancel Culture in Deutschen Hochschulen festzustellen. Meinungspluralismus wird gefordert, gilt aber vorwiegend für die eigenen Meinungen, die nicht wissenschaftlich-argumentativ ausgetauscht werden, sondern mit „pauschalen Anklagen, die sich dem Abgleich mit der Realität nur selten stellen" wie Ahrbeck 2022 die Situation in Wissenschaften allgemeinen beschrieb[13]. Differenzen werden nur scheinbar argumentativ, zwischen den Zeilen aber mit Absolutheitsansprüchen einseitig „gelöst".

VI. Siegeszug der Alternativen Medizin

Mittlerweile verfolgt die Alternative Medizin ihren Siegeszug national und international sehr erfolgreich und bedient sich dazu Methoden und Organisationen, die aus der wissenschaftlichen, evidenzbasierten Medizin stammen.

---

10 *Pluckrose*, H./*Lindsay*, J.: Zynische Theorien. Wie aktivistische Wissenschaft Race, Gender und Identität über alles stellt, München 2022, S. 223.

11 Kienle, G. S.:Vom Durchschnitt zum Individuum, Deutsches Ärzteblatt 2008, 105(25), S. 1193–1195. Artikelserie nach dem Pluralismusforum.

12 https://www.hochschulverband.de/aktuelles-termine/kempen-freie-debattenkultur-muss-verteidigt-werden, Zugriff: 29.08.2025.

13 *Ahrbeck*, B.: Jahrmarkt der Befindlichkeiten. Von der Zivilgemeinschaft zur Opfergemeinschaft, Springer 2022, S. 12.

So gelang es chinesischen Wissenschaftlern in der WHO in den international gültigen Katalog der Diagnosen solche der Traditionellen Chinesischen Medizin aufnehmen zu lassen[14]. Der von Renckens und Dorlo verfasste Artikel „Quackery at WHO: A Chinese Affair" beleuchtet die zunehmende Integration der Traditionellen Chinesischen Medizin (TCM) in internationale Gesundheitsstandards. Die Autoren präsentieren dabei eine detaillierte und gut recherchierte Analyse der historischen Entwicklung seit 2002, die zeigt, wie China systematisch seinen Einfluss auf die WHO ausgebaut hat. Die Autoren belegen, wie wirtschaftliche Interessen Chinas eine treibende Kraft hinter dieser Entwicklung sind[15]. Der weltweite Exportmarkt für TCM-Produkte hat mittlerweile ein Volumen von mehreren hundert Millionen Dollar erreicht – ein nicht zu unterschätzender Faktor für die aggressive Promotionsstrategie Chinas. Die Aufnahme der TCM in die International Classification of Diseases (ICD-11) stellt dabei einen besonders problematischen Höhepunkt dar. Diagnosen wie das „Blasenmeridian-Syndrom" oder die „Dreifache-Energizer-Meridian-Dysfunktion" haben nun einen Platz in einem eigentlich wissenschaftlich fundierten Klassifikationssystem gefunden. Dies ist nicht nur aus wissenschaftlicher Sicht bedenklich, sondern könnte auch weitreichende praktische Konsequenzen haben. Ein zentraler Kritikpunkt an der WHO-Entscheidung ist die fehlende wissenschaftliche Validierung vieler TCM-Praktiken. Die Autoren weisen zu Recht darauf hin, dass die Aufnahme dieser nicht evidenzbasierten Behandlungsmethoden in die ICD-11 ihre Legitimierung bedeutet. Besonders problematisch ist dies für Entwicklungsländer, wo die WHO-Richtlinien oft als verbindliche Standards angesehen werden. Während traditionelle Heilmethoden durchaus eine kulturelle Bedeutung haben, darf dies nicht zur Verwässerung medizinischer Standards führen. Die Integration der TCM in die ICD-11 könnte als Präzedenzfall für die Anerkennung weiterer nicht wissenschaftlich fundierter Heilmethoden dienen. Dabei müssen sich Therapien in Studien mit definierten Endpunkten nach international anerkannten Messmethoden evaluieren lassen. Auch hier versuchen chinesische Wissenschaftler Einfallstore zu öffnen. Mit dem Ziel, die Wirksamkeit von Methoden der TCM „objektiver" zu zeigen, soll die Evaluation des Tumoransprechens um klinische Effekte der TCM ergänzt werden[16].

---

14 *Renckens*, C. N. M./*Dorlo*, T. P. C.: Quackery at WHO: A Chinese Affair, Skeptical Inquirer, September/October 2019, 39.

15 *Liu*, Y./*Yang*, Z./*Cheng*, J./*Fan*, D.: Barriers and countermeasures in developing traditional Chinese medicine in Europe, Front. Med. 2016, 10(3), S. 360–376, DOI 10.1007/s11684-016-0455-x.

16 *Jie*, L./*Lei*, L./*Rui*, L./*Hong-Sheng*, L.: Establishing Chinese Medicine Characteristic Tumor Response Evaluation System. Is the Key to Promote Internationalization of Chinese Medicine Oncology, Chin J Integr Med 2012 Oct, 18(10), S. 730–736.

Bereits 2013 erschien ein Artikel in Science[17], der einen florierenden akademischen Schwarzmarkt in China aufdeckte, der das wissenschaftliche Publikationswesen untergräbt. Im Zentrum steht der Handel mit Autorenschaften für wissenschaftliche Publikationen, besonders in SCI-indexierten (Science Citation Index) Journalen, die für akademische Karrieren in China entscheidend sind. Der Artikel dokumentiert verschiedene fragwürdige Praktiken wie den Verkauf von Co-Autorenschaften, das Ghostwriting wissenschaftlicher Artikel inklusive der Erfindung kompletter Studien. Dies schadet nicht nur der Glaubwürdigkeit der chinesischen Wissenschaft, sondern untergräbt auch die Integrität des globalen wissenschaftlichen Publikationswesens. Tatsächlich hat diese Publikationsflut in der evidenzbasierten Medizin erhebliche Auswirkungen. Wie gehen wir mit Studienergebnissen aus China oder unter Beteiligung chinesischer Zentren und Autoren um? Schlimmer noch: zunehmend stammen formal hochwertige Systematischen Übersichtsarbeiten mit Metaanalysen von chinesischen Autoren, sind hervorragend dargestellt und man muss auf die Ebene der einzelnen inkludierten Studien gehen und diese selber analysieren, um die Korrektheit der Darstellung und wissenschaftlichen Bewertung zu überprüfen, was in allen medizinischen Fächern kaum noch praktisch möglich ist. Tut man dies für Themen der Alternativen Medizin wie z. B.: der Akupunktur, so fallen sehr positive Bewertungen chinesischer Studien in Systematischen Reviews Chinesischer Autoren auf, die einer Überprüfung nicht standhalten. So kann z. B. eine Verblindung der Studienteilnehmer zwischen Akupunktur und Verhaltenstherapie angesichts der für den Laien leicht wahrnehmbaren Unterschiede nicht als hochwertig bewertet werden. Völlig offen ist die Frage, was passiert, wenn Künstliche Intelligenz eingesetzt werden, um aggregierte Evidenz mit gewünschten Ergebnissen zu erstellen? Fälschungen oder Datenmanipulationen können gerade im Zeitalter von Künstlicher Intelligenz perfekter als „handgefertigte“ Originale sein und sind damit schwer zu entlarven – könnten also fast ungehindert Eingang in die hochwertige Evidenz wie Systematische Reviews und Metaanalysen finden.

Ein weiteres Problem wird für Wissenschaftler deutlich, die in diesen Bereichen kritisch publizieren wollen. Das eigentlich für die Qualitätssicherung gedachte System der Reviews führt angesichts der Publikationsflut und der Überlastung angesehener Wissenschaftler insbesondere im Bereich der Komplementären oder Alternativen Medizin zu einer deutlichen Knappheit an kritischen der evidenzbasierten Medizin nahe stehenden Reviewern. Verlage stellen ihren Herausgebern Systeme zur Verfügung, aus denen sie schnell Vorschläge für Reviewer erhalten, die bereits (viel) zu einem Thema publi-

[17] China's Publication Bazaar: A Science investigation has uncovered a smorgasbord of questionable practices including paying for author's slots on papers written by other scientists and buying papers from online brokers, Science 2013, S. 342, 1035.

ziert haben. Wenn hier erst einmal eine Mehrheit der Reviewer aus der Alternativen Medizin stammt, wird es immer schwieriger, kritische Arbeiten überhaupt noch zu veröffentlichen.

VII. Fazit

Der anhaltende Erfolg der Alternativen Medizin ist paradoxerweise ein Indikator für Defizite in der konventionellen Medizin. In einem Gesundheitssystem mit zunehmend knappen Ressourcen werden diese Mängel noch deutlicher. Die Alternative Medizin füllt dabei eine Lücke, ohne jedoch eigene, wissenschaftlich nachweisbare Erfolge vorweisen zu können. Sie könnte sogar in naher Zukunft in die Position kommen, Politikern Pseudo-attraktive Lösungen angesichts eklatanter (finanzieller) Probleme im Gesundheitswesen anzubieten, die sogar gesellschaftlich mehrheitsfähig sein könnten (siehe Schweizer Volksabstimmung am 17. Mai 2009 zur Einführung eines Verfassungsartikel für die Komplementärmedizin).

Ein Kernproblem liegt in der verengten Interpretation der evidenzbasierten Medizin, die häufig auf die externe Evidenz aus klinischen Studien reduziert wird. Diese liefert jedoch nur statistische Daten – und Statistik beschreibt naturgemäß immer Unsicherheit. Dies steht im Konflikt mit dem menschlichen Bedürfnis nach Sicherheit und klaren Antworten. Die Lösung dieses Dilemmas liegt in der ursprünglichen, ganzheitlichen Definition der evidenzbasierten Medizin: Sie verbindet externe Evidenz aus Studien mit den individuellen Wertvorstellungen der Patienten und der internen Evidenz, also der klinischen Expertise der Behandelnden. Nur dieser integrative Ansatz kann den Bedürfnissen der Patienten wirklich gerecht werden. Angesichts einer immer komplexer werdenden Medizin brauchen professionelle wie Patienten mehr Zeit zum Nachdenken, Kommunizieren, Diskutieren und Entscheiden.

Jahrbuch Wissenschaftsfreiheit, 3 (2026): 313–342
https://doi.org/10.3790/jwf.2026.1472813

Cancel Culture USA: Ein Zwischenbericht

Von *Thomas D. Zweifel**

Mindestens zwei Drittel unseres Elends entspringen
der menschlichen Dummheit, der menschlichen Bosheit
und den großen Motivatoren und Rechtfertigern
von Bosheit und Dummheit:
Idealismus, Dogmatismus und missionarischem Eifer
im Namen religiöser und politischer Götzen.
– Aldous Huxley[1]

Abstract

Dieses Kapitel analysiert das Phänomen der *Cancel*-Kultur und der *Woke*-Agenda in den USA, insbesondere deren Auswirkungen auf die Wissenschaftsfreiheit. Es dokumentiert die politischen Gegenmaßnahmen der Trump-Administration ab 2025 gegen DEI-Richtlinien (*Diversity, Equity, Inclusion*) und „radikale Gender-Ideologie" sowie die psychologischen und ideologischen Hintergründe dieser kulturellen Spannungen. Anhand von Fallbeispielen aus der Intelligenzforschung, der Klimawissenschaft und den Debatten über Antisemitismus nach dem 7. Oktober 2023 illustriert der Beitrag die Erosion der Meinungsfreiheit und den Druck auf nonkonforme Wissenschaftler. Zudem werden die Ursachen der *Cancel*-Kultur analysiert, darunter der Einfluss sozialer Medien, die Polarisierung der Gesellschaft sowie die philosophischen Wurzeln in der Postmoderne. Der Artikel schließt mit einer Warnung vor dem Verlust von Grundwer-

* Thomas D. Zweifel (https://de.wikipedia.org/wiki/Thomas_D._Zweifel) ist der ehemalige CEO der Swiss Consulting Group, Gastprofessor für Leadership an der Columbia University in New York und der Universität St. Gallen und Autor von dreizehn Büchern, u. a. *Communicate or Die: Durch Sprache führen* und *Strategie in Aktion: In 7 Schritten zur Strategie und Umsetzung: Planung, Führung, Leistung im Einklang.* E-Mail: thomas@thomaszweifel.com, thomas.zweifel@unisg.ch.

Mein besonderer Dank gilt Sandra Kostner, Pädagogische Hochschule Schwäbisch-Gmünd, für die Durchsicht des Manuskripts und wertvolle Hinweise; Christian F. Majer, Hochschule für öffentliche Verwaltung und Finanzen Ludwigsburg, für die tatkräftige Begleitung des Forschungsprozesses; und vor allem Russell A. Berman, Stanford University und Hoover Institution, für substanzielle Beratung und Anregungen, Originalquellen, Durchsicht mehrerer Entwürfe und Verfeinerung der hier präsentierten Ideen, die wesentlich zu diesem Artikel beitrugen.

[1] *Aldous Huxley* (2000), Complete Essays, Vol. I: 1920–1925, Chicago: Ivan R. Dee.

Duncker & Humblot · Berlin

ten der Aufklärung und diskutiert die Rolle geostrategischer Akteure wie China, Iran und Katar bei der Destabilisierung westlicher Grundwerte.

Schlüsselwörter: Cancel Culture, Woke-Agenda, Wissenschaftsfreiheit, Trump-Administration, DEI (Diversity, Equity, Inclusion), Antisemitismus, DARVO-Prozess, Postmoderne Ideologien, Meinungsfreiheit, Geopolitische Einflussnahme

Cancel Culture USA: An Interim Report

This chapter presents a comprehensive interim report on Cancel Culture and the Woke Agenda in the United States, specifically focusing on their impact on academic freedom. Thomas D. Zweifel details the significant political shifts at the start of President Donald Trump's second term in 2025, which saw executive orders and other measures against gender theory, Critical Race Theory (CRT), and Diversity, Equity and Inclusion (DEI) initiatives within universities and federal agencies. Using case studies from intelligence research, climate science, and the discourse on antisemitism following the Hamas attack of October 7, 2023, the text illustrates the erosion of free speech and the pressure exerted on heterodox scholars. Furthermore, the chapter analyzes the drivers of Cancel Culture, including the role of social media, societal polarization, and the philosophical roots in postmodernism. It concludes with a warning regarding the decline of Enlightenment core values and discusses the potential influence of geostrategic actors such as China, Iran, and Qatar in destabilizing Western foundational principles.

Keywords: cancel culture, woke agenda, academic freedom, Trump administration, DEI (Diversity, Equity, and Inclusion), antisemitism, DARVO Process, postmodern ideologies, freedom of speech, geopolitical influence

Donald Trump sagte gleich zu Beginn seiner zweiten Amtszeit der *Woke*- und *Cancel*-Kultur den Kampf an. Unmittelbar nach seinem Amtsantritt im Januar 2025 setzte der US-Präsident viele Maßnahmen außer Kraft, die aus Sicht seiner Regierung einen ideologischen Charakter aufwiesen. Mehrere Verfügungen anerkennen fortan in Bundesgesetzen ausschließlich zwei Geschlechter, beenden die Finanzierung medizinischer Geschlechtsumwandlungen für Jugendliche und fordern die Überprüfung von Richtlinien für Schulen und Universitäten zu Geschlechtsidentitäten über das biologische Geschlecht hinaus.

Die neuen Richtlinien spiegeln Trumps erklärte Absicht wider, gegen die sogenannte Gendertheorie vorzugehen, die er als Bedrohung für die Gesundheit der Jugendlichen und die Rechte der Eltern sieht. Mancherorts hatte die Bestimmung gegolten, Lehrer und Schulbehörden müssten Eltern Auskünfte vorenthalten, wenn deren Kinder Störungen in der Geschlechtsidentität zeigten. Solche Maßnahmen wurden jetzt aufgehoben, obwohl manche noch vor Gericht ausgefochten werden.

Andere Richtlinien ersetzen Diversität (*Diversity, Equity and Inclusion* oder *DEI*) durch Leistung als Hauptkriterium für Anstellungen in der Bundesregierung, zielen auf „radikale Gender-Ideologie“ und Kritische Rassen-Theorie (*Critical Race Theory* oder *CRT*) in Amerikas Schulen und Geschäftswelt, oder beschränken die Einwanderung aus Ländern, die eine Gefahr für die Sicherheit der USA darstellen.

Damit weht ein neuer Wind in den Vereinigten Staaten. Einige Institutionen begannen umgehend mit der Umsetzung dieser Anordnungen: Das U.S. Department of Education entfernte Schulungsunterlagen und 200+ Webseiten zu DEI, schickte Leiter von DEI-Initiativen in bezahlten Urlaub und kündigte laufende DEI-Schulungs- und Dienstleistungsverträge von über 2,6 Millionen Dollar. Elf Bundesstaaten erließen Gesetze, die DEI aus ihren Schulen verbannten. In Florida nannte Gouverneur Ron DeSantis DEI-Programme „Betrug“ und erließ anti-DEI-Gesetze. Und die Gouverneurin des Gliedstaats New York Kathy Hochul befahl dem staatlichen CUNY-Hochschulsystem, ein Inserat für eine Professur in „Palästinensischen Studien“ zu streichen und „sicherzustellen, dass im Klassenzimmer keine antisemitischen Theorien propagiert werden,“ die Israel dämonisieren. Laut Inserat beinhaltet der Lehrplan „Siedler-Kolonialismus, Völkermord, Menschenrechte, Apartheid“ (CUNY entfernte daraufhin das Inserat).[2]

Die bislang vielleicht drastischste Maßnahme der Trump-Administration kam im Frühjahr 2025, als die Regierung Forschungsgelder für Elite-Universitäten wie Harvard und Columbia einfror, um die Universitäten zu Schritten zu zwingen, den grassierenden Antisemitismus auf dem Campus zu bekämpfen und die positive Diskriminierung durch *Affirmative Action* zu beenden, und zwar bei der Aufnahme neuer Studenten wie auch bei der Anstellung von Wissenschaftlern und nichtwissenschaftlichen Mitarbeitenden. Harvard verklagte daraufhin die Regierung: diese habe zu hastig gehandelt und die Forschungsfreiheit der Universität unrechtmäßig beschnitten. (Das Urteil stand im Juni 2025 noch aus.)

Bedeutet das, die ideologische Gleichschaltung mancher Universitäten im Sinne von *Woke* und *Cancel Culture* war bloß eine kurzlebige Mode und gehört nun der Vergangenheit an? Für eine endgültige Antwort ist es zu früh; der Kulturkampf tobt noch, und es ist nicht auszuschließen, dass die Gerichte der Trump-Politik Einhalt gebieten werden. Allerdings gab eine bundesweite Meinungsumfrage an US-Universitäten den Elite-Universitäten Harvard, Columbia und New York University „miserable“ (*abysmal*) Noten zur Meinungsfreiheit. Zum Beispiel gaben 53 % der Harvard-Studierenden an, sie hätten

---

[2] Übrigens bieten Universitäten keine Kurse über Siedler-Kolonialismus von Islamisten in westliche Länder, über Völkermord, Menschenrechtsverletzungen oder Apartheid in Sudan, Syrien, China (an den Uiguren) oder Iran an (30.000 Tote beim Niederschlagen von Studentenprotesten gegen das Regime allein im Januar 2026).

mindestens ein- oder zweimal pro Monat Selbstzensur geübt. Eine anonyme Person des Harvard-Jahrgangs 2025 schrieb:

> „Während einer Vorlesung über Schwangerschaft erlaubte der Dozent den Studierenden, sich offen über christliche Abtreibungsgegner lustig zu machen. Hätte ich darauf reagiert oder auch nur gesagt, dass der Schutz eines Menschenlebens wichtig sei, hätten sowohl der Dozent als auch die Studierenden laut geschrien. Ich habe gelernt, dass von mir erwartet wird, Beleidigungen hinzunehmen und nichts zu sagen. Ich traue mich nicht, einen Doktoranden herauszufordern, der meine Note bestimmt."[3]

I. *Cancel Culture*: Herkunft

Der Begriff *Cancel Culture* hat in den letzten Jahren massiv an Prominenz gewonnen. (Das politische Schlagwort ist nahezu unübersetzbar – am nächsten kommen noch deutschsprachige wie Ausschluss-, Lösch-, Absage- oder Zensurkultur. Das Thema dieses Kapitels ist *Cancel Culture* in den USA, also behält das Phänomen hier den englischen Ausdruck. Laut dem Pew Research Center ist *Cancel Culture* eine Kultur, in der diejenigen, von denen angenommen wird, dass sie auf inakzeptable Weise gehandelt oder gesprochen haben, geächtet, boykottiert oder gemieden werden.[4] Der Begriff *cancel somebody* bezieht sich auf die Trennung von einer Person und wurde ursprünglich im Lied *Your Love Is Cancelled* der US-amerikanischen Band Chic aus dem Jahr 1981 verwendet, das 1991 in eine Textzeile des Films *New Jack City* geriet:

> *Selina:* You're a murderer, Nino. I've seen you kill too many people, Nino.
>
> *Nino Brown:* Cancel that bitch. I'll buy another one.[5]

2014 verbreitete sich der Ausspruch *you're canceled* durch eine Reality-Show im US-amerikanischen Sender VH1. Seit 2017 ist *Cancel Culture* heftig umstritten im politischen Diskurs der Vereinigten Staaten, mit Debatten darüber, was sie bedeutet, einschließlich der Frage, ob sie dazu dient, Menschen für deren Vergehen legitim zur Rechenschaft zu ziehen; oder als Taktik, um Kontrahenten ungerecht auszugrenzen; oder eine Mischung aus beidem.

Cancel Culture als Idee ist vergleichsweise neu, doch die Diskriminierung oder Zensur heterodoxer Denker hat eine lange Geschichte in verschiedensten

---

[3] *Ross Cristantiello*, 5. September 2024, „Harvard comes in dead last in nationwide free speech rankings", Boston.com.

[4] Pew Research Center (2021), Americans and ‚Cancel Culture': Where Some See Calls for Accountability, Others See Censorship, Punishment, https://www.pewresearch.org/internet/2021/05/19/americans-and-cancel-culture-where-some-see-calls-for-accountability-others-see-censorship-punishment/.

[5] *Barry Michael Cooper* (screenwriter), *Mario Van Peebles* (director), New Jack City, 1991, Warner Brothers.

Ländern. Der Toleranzgedanke – zumindest in der Moderne – ist ein Kind der Aufklärung des 18. Jahrhunderts und konnte sich in der abendländischen Kultur – geschweige denn auf anderen Kontinenten – nur schwer durchsetzen. Beispielsweise praktizierte in den USA die Southern Baptist Church kirchliche Disziplin in Form von Exkommunikation oder „Annullierung" für gläubige „Sünder" vom 17. bis ins späte 19. Jahrhundert. Gläubige, die angeblich gesündigt hatten, wurden angeklagt, vor Gericht gestellt und von ihren Glaubensgenossen verurteilt. Die Reumütigen wurden wieder in die Gemeinschaft aufgenommen, die Widerspenstigen jedoch exkommuniziert. Schon vor dem Bürgerkrieg im 19. Jahrhundert wurden so über 40.000 Baptisten ausgeschlossen.

Heute gilt in der Moderne die normative Erwartung einer offenen Gesellschaft mit Meinungsfreiheit. Dennoch gibt es etliche Beispiele – in den USA, in Europa und natürlich in Russland, China und im „globalen Süden" – der Marginalisierung oder gar Verfolgung von Vertretern nonkonformer Positionen. Auf all diese Beispiele den Begriff *Cancel Culture* anzuwenden wäre ein Anachronismus. Trotzdem erkennt man in der *Cancel Culture* ein *Déjà-vu*, die Wiederkehr des vormodernen Dogmatismus religiösen Ursprungs, allerdings jetzt in einem vermeintlich säkularisierten Kontext.

Cancel-Praktiken können von Individuen, Gruppen oder Institutionen durchgeführt werden und auf Individuen, Marken, Firmen oder Medieninhalte abzielen. Typischerweise geht es um Fragen sozialer Gerechtigkeit, dabei vor allem um angeblichen Sexismus, Heterosexismus, Homophobie und Rassismus. Demgemäss gilt *Cancel Culture* normalerweise als Intoleranz von links gegen rechts. *Canceln* richtet sich vor allem gegen diejenigen, die aufgrund ihres Geschlechts oder ihrer Hautfarbe (*Race*) als privilegiert angesehen werden.[6] Damit gehen in der Regel Beschuldigungen einher, die den Ruf der betroffenen Person schädigen können. *Cancel Culture* kann in den sozialen Medien in Form von Gruppenbeschämung (*Group Shaming*) praktiziert werden. Die deutsche Linke-Politikerin Sahra Wagenknecht zum Beispiel bezeichnete die *Cancel Culture* in ihrem Buch *Die Selbstgerechten* als „Kampagnen, deren erklärtes Ziel darin besteht, unliebsame Intellektuelle mundtot zu machen und sozial zu vernichten".[7]

---

[6] Interessanterweise ordnen viele *Cancel Culture* Aktivist*innen Juden als „weiss" und damit als privilegierte Elite ein, ungeachtet dessen, dass Juden auf allen Kontinenten leben und unterschiedliche Hautfarbe haben können (äthiopische Juden sind „schwarz", amerikanische Juden meistens „weiss", chinesische Juden „gelb" usw.), und dass amerikanische Elite-Universitäten bis weit ins 20. Jahrhundert Juden nicht zum Studium zuliessen.

[7] *Sahra Wagenknecht* (2021), Die Selbstgerechten. Mein Gegenprogramm – für Gemeinsinn und Zusammenhalt. Frankfurt: Campus Verlag.

II. DARVO

Wenn wir an *Cancel Culture* denken, konzentrieren wir uns üblicherweise auf zwei Parteien: die Zielperson und den *Canceler*. Die Zielperson wird beschuldigt, etwas gesagt oder geschrieben zu haben, das angeblich die Gefühle einer bestimmten Identitätsgruppe verletzt. Die *Canceler* prangern die Zielperson an und fordern, diese solle für ihre Worte zur Rechenschaft gezogen werden. Die Folgen der *Cancel Culture* sind typischerweise für die Zielperson gravierend – sie reichen von öffentlichen Demütigungen wie Erniedrigungs-Zeremonien, Zerstörungsritualen, Ausgrenzung und Mobbing über Ablehnung von Vorträgen, Buchprojekten und Forschungsfinanzierungen bis hin zur Behinderung der Karriere und Entlassung.[8]

Wir können aber noch einen dritten Akteur in der *Cancel Culture* unterscheiden: die Zeugen. Diese sind oftmals Institutionen wie Universitäten, professionelle Vereinigungen oder Medien, die über bedeutende Ressourcen und Macht verfügen und diese gegen gecancelte Einzelne einsetzen, um selbst nicht zur Zielscheibe der Anklagen zu werden. Dies kommt einem institutionellen Verrat am Opfer der *Cancel Culture* gleich. Dabei setzt ein sogenannter DARVO-Prozess ein (*Deny, Attack, Reverse Victim and Offender*), wo die *Canceler* leugnen, dass sie der Zielperson Schaden zugefügt haben, vielmehr die Zielperson angreifen und schliesslich eine Opfer-Täter-Umkehrung vollziehen, indem sie die Zielperson als Schuldigen brandmarken.[9]

III. *Woke*-Agenda

Eine Cousine der *Cancel Culture* ist die *Woke*-Agenda. Geht es bei der *Cancel Culture* um eine Ausgrenzungspraxis, verweist der Begriff *Woke*-Agenda auf ein Inhaltsfeld. Die *Woke*-Agenda wird zur Beschreibung einer Reihe sozialer und politischer Aktivismen verwendet, die systemische Ungleichheiten und Ungerechtigkeiten aufgrund von Rasse, Geschlecht, Sexualität, Klasse und anderen Faktoren anprangern. Der Begriff hat seine Wurzeln in der afroamerikanischen Umgangssprache als Slang-Synonym von *awake* (wach) und wurde ursprünglich in den 1930er Jahren im Zusammenhang mit der Bürgerrechtsbewegung und Rassengerechtigkeitsbewegungen verwendet. In den letzten Jahren hat er an Popularität gewonnen, da er ein breiteres Bewusstsein für soziale Ungleichheiten wie Sexismus beschreibt. Im Zuge der

---

[8] *Jennifer J. Freyd/Carly P. Smith* (2014), „Institutional Betrayal", American Psychologist 69(6), September, 575–587; *Collin May* (2025), „The Role of Institutions in Cancelation", Academic Questions, Spring.

[9] *Carly P. Smith/Jannifer J. Freyd* (2013), „Dangerous safe havens: Institutional betrayal exacerbates sexual trauma", Journal of Traumatic Stress, 26(1), 119–124.

durch die Erschießung des 18-jährigen Afroamerikaners Michael Brown 2014 im US-Bundesstaat Missouri ausgelösten Proteste gelangte der Begriff zu weiter Verbreitung, unter anderem in der *Black Lives Matter*-Bewegung.

Eine vollständige Liste von *Cancel Culture* und *Woke*-Agenda-Ereignissen würde natürlich den Rahmen hier sprengen. Stattdessen soll eine Auswahl an Anekdoten zeigen, wie sich die *Cancel Culture* auf die Wissenschaftsfreiheit in den USA auswirkt. Das Wort „Anekdoten" ist bewusst gewählt: dieses Kapitel erhebt keinerlei Anspruch auf statistische oder quantitative Repräsentanz. Es handelt sich hier um Beispiele, die Charakter, Ausmass und Einfluss dieser Kultur und Praktiken aufzeigen sollen. Es gibt auch Stimmen, die behaupten, es gebe gar keine *Cancel Culture*, sondern lediglich eine kleine Anzahl isolierter Anekdoten. Auf die Gefahr, dieser Bagatellisierung der Problematik Vorschub zu geben, kann dieser Bericht in Anbetracht begrenzten Raumes lediglich Stichproben bieten. Natürlich verdiente jeder Fall eigentlich eine detaillierte Analyse, doch schon nur die Ansammlung der Verstösse gegen die Meinungsfreiheit zeigt unverkennbar den Charakter der *Cancel Culture*.

IV. Wissenschaft

Abb. 1: Nostalgie für die Zeit vor Kolumbus
© *2017 ConservativeDailyNews.com*

Im akademischen Bereich wuchsen in den letzten Jahren Bedenken über die Auswirkungen der *Cancel Culture* auf die Wissenschaftsfreiheit und die freie Meinungsäußerung. Lehrkräfte und Studierende, die kontroverse oder unpopuläre Ansichten äusserten, liefen Gefahr, zensiert, bestraft oder entlassen zu werden. In verschiedenen Institutionen wurden Redner von Veranstaltungen ausgeschlossen oder sahen sich aufgrund ihrer Ansichten Protesten ausgesetzt. Solche Vorfälle führten zu Debatten über Meinungsfreiheit und intellektuelle Vielfalt auf dem Campus. So entließ beispielsweise die Princeton University den Professor Joshua Katz, weil er die *Cancel Culture* und politische Korrektheit öffentlich kritisiert hatte. (Die Universität bestand darauf, Katz sei nicht deshalb entlassen worden, sondern wegen einer Affäre mit einer Studierenden.)[10]

Eine Fakultät der Universität Princeton – der einst Albert Einstein angehörte – beschloss, Griechisch und Latein als Voraussetzung für ihre Klassik-Studierenden zu entfernen (canceln), um „Systemischen Rassismus“ zu bekämpfen.[11]

Und laut dem Cornell University Police Department müssen Verbrechensmeldungen auf dem Campus fortan farbenblind sein, weil sich frühere Meldungen „erschreckend ignorant gegenüber dem Trommelschlag der anti-Schwarzen Gewalt“ angefühlt hätten, so der Senat der Elite-Uni. Zeugen einer Vergewaltigung dürfen der Polizei die Hautfarbe des Täters nicht mehr nennen. Dieselbe „anti-rassistische“ Behinderung der Justiz geschieht an Brown, Illinois, Minnesota und anderen amerikanischen Universitäten.[12]

Mindestens ein von der *Cancel Culture* betroffener Professor wehrte sich gerichtlich. Die Shawnee State University in Ohio verwarnte Nicholas Meriwether, einen Philosophieprofessor, weil er sich weigerte, die von einem Transgender-Studenten bevorzugten Pronomen zu verwenden. Daraufhin reichte Meriwether, ein evangelikaler Christ, bei einem Bundesgericht Klage gegen die Universität ein und behauptete, dass diese seine verfassungsmäßigen Rechte verletze, indem sie ihn zwang, in einer Weise zu sprechen, die seinen religiösen Überzeugungen widersprach. Der Beilegung des Falls ging ein dreijähriger Rechtsstreit voraus, der mit einem Urteil des 6. US-Berufungsgerichts zu Meriwethers Gunsten endete: die Universität zahlte dem Professor eine Abfindung von $ 400.000.[13] Hier ist der Tatbestand von *Cancel Culture* insofern gegeben, dass die Universität den Dozenten bestrafen wollte,

---

10 https://en.wikipedia.org/wiki/Joshua_Katz_(classicist).

11 „Princeton Removes Greek, Latin Requirement for Classics Majors to Increase Inclusivity“, National Review, 31. Mai 2021.

12 *Sam Dorman*, „Cornell Faculty approves resolution removing race from crime alerts“, Fox News, 18. April 2021.

13 „Meriwether v. The Trustees of Shawnee State University“, Alliance Defending Freedom, https://adflegal.org/case/meriwether-v-trustees-shawnee-state-university/.

weil er Aussagen machte (von dem Studenten nicht erwünschte Pronomen), die dem Konsens an der Universität zuwiderliefen. Er insistierte auf akademische Freiheit (in der Lehre), Redefreiheit (in der Wortwahl) und Religionsfreiheit (in seiner Sexualmoral).

Drei Beispiele illustrieren den Einfluss der *Woke*-Kultur auf die Forschungsfreiheit in umstrittenen Disziplinen der Akademie: Intelligenzforschung, Klimaforschung und Antisemitismus/Antizionismus.

V. Zensur in der Intelligenzforschung

Als erste Illustration der Auswirkungen von *Woke*- und *Cancel*-Kultur dient die Intelligenzforschung. Hunderte von Artikeln und Blogs haben verlangt, die Arbeit des renommierten Intelligenzforschers Richard Lynn sei falsch und solle aus der Literatur entfernt werden. Lynn verglich erstmals im Jahr 1978 systematisch den IQ in 81 Ländern. Sein Befund zeigte, dass menschliche Intelligenz unter den Nationen ungleich verteilt ist. Nordwest-Europäer besitzen laut der Studie den höchsten IQ, alle anderen Gruppen weisen einen tieferen IQ auf. Spätere Studien, sowohl von Lynn selbst wie auch von anderen Forschern, replizierten und bestätigten dieses Forschungsergebnis. Doch ein solcher Befund galt als politisch inkorrekt, also tabu. Liberale Akademiker versuchen seit Jahrzehnten, Studien wie die von Lynn entweder aus den Publikationsorganen zu löschen oder ihre Veröffentlichung zu verhindern.[14] Es geht hierbei nicht um eine Widerlegung anstößiger Ergebnisse, etwa durch andere Forschungsversuche, sondern um die Vorenthaltung – eben „Canceln“ – missliebiger Ergebnisse vor der wissenschaftlichen Öffentlichkeit: Es kann nicht sein, was nicht sein darf.

VI. Klimawandel

In den USA ist die Debatte über den Klimawandel stark politisiert. Wissenschaftler, die vom Konsens abweichen, werden oft verleumderisch mit „reaktionären“ Interessen assoziiert, was die Kritik noch verschärft. Viele Professoren berichten, sie würden von Kollegen und Institutionen isoliert und/oder ihre Forschungsgelder reduziert. Einige Forscher wurden als „Klimaleugner“ diffamiert, was ihre akademische Reputation und Karrieren belastete. Hier nur drei Beispiele.

---

[14] *Emil O. W. Kirkegaard* (2025), „What is scientific racism really?“, https://emilkirkegaard.dk/en/tag/richard-lynn/.

John Christy, ein Atmosphärenwissenschaftler und Direktor des Earth System Science Center an der University of Alabama in Huntsville, stellte die Genauigkeit vieler Klimamodelle infrage und argumentierte, dass die Modelle die Erwärmungstendenzen übertreiben könnten. Christy berichtete, er werde in der akademischen Welt oft isoliert und habe Schwierigkeiten, Forschungsgelder zu erhalten.[15]

Der Astrophysiker Willie Soon am Harvard-Smithsonian Center for Astrophysics stellte den menschengemachten Klimawandel infrage und wurde dafür stark kritisiert. Seine Gegner argumentierten, dass seine Forschung von der fossilen Brennstoffindustrie finanziert werde, was er nicht immer transparent gemacht habe. Obwohl er nicht entlassen wurde, erlitt seine akademische Reputation erheblichen Schaden. Viele Kollegen lehnten seine Arbeit ab, und er wurde zu einer kontroversen Figur in der Klimadebatte.[16]

Die Klimawissenschaftlerin Judith Curry, ehemalige Leiterin der School of Earth and Atmospheric Sciences an der Georgia Tech, beendete ihre akademische Karriere und erklärte, der Druck in der Klimawissenschaft habe sie dazu gebracht. Sie kritisierte, die Klimaforschung sei zunehmend politisiert und es gebe kaum Raum für abweichende Untersuchungsergebnisse. Curry äußerte sich skeptisch über die Genauigkeit langfristiger Klimamodelle und stellte die Dringlichkeit vieler politischer Maßnahmen zur Bekämpfung des Klimawandels infrage. Obwohl sie nicht „gecancelt“ wurde, berichtete sie über erheblichen Druck und Anfeindungen innerhalb der akademischen Gemeinschaft, was zu ihrer Entscheidung beitrug, die Universität zu verlassen.[17]

VII. Antisemitismus/Antizionismus

Fast zeitgleich mit den Hamas-Angriffen auf Israel am 7. Oktober 2023 verbreitete sich ein koordinierter anti-Israel-Aktivismus an amerikanischen Universitäten. Verurteilungen Israels gingen Hand in Hand mit der Belästigung jüdischer Studenten. Universitätseigentum wurde zerstört, Barrikaden wurden errichtet, um den Zugang zu universitären Einrichtungen zu behindern, Gebäude wurden besetzt und vandalisiert. Slogans, die Solidarität mit den Kriegstoten in Gaza ausdrückten, wurden schnell von Sympathiebekundungen und Parolen für die Hamas übertönt; viele Demonstranten trugen deren Flaggen und Stirnbänder. Moderate Studierende, die etwa eine Zwei-

---

[15] *Michael Wines*, „Though Scorned by Colleagues, a Climate Change Skeptic is Unbowed“, New York Times, 15. Juli 2014.

[16] *Willie Soon/Sallie Baliunas* (2003), „Proxy climatic and environmental changes of the past 1000 years“, Climate Research 23(2), 89–110.

[17] *Michael D. Lemonick* (2010), „Climate heretic: Judith Curry turns on her colleagues“, Nature, doi:10.1038/news.2010.577, ISSN 1476-4687.

Staaten-Lösung unterstützten, sahen sich unter Druck gesetzt, eine „globalisierte Intifada“ zu befürworten – das heißt, Terrorismus und willkürliche Tötungen nach Amerika zu importieren und „den 7. Oktober zu Harvard und Berkeley“ zu bringen. „Free Palestine“ mutierte zu „Death to America“ und „Kill the Cops“. Dies war keine Habermassche „räsonnierende Öffentlichkeit“, die Konflikte mit liberaler politischer Diskussion und freier Meinungsäußerung austrug; weit gefehlt. Dies war organisierte Gewalt, destruktives Chaos und Hass.[18]

An der Cornell University schlossen sich im Frühjahr 2024 Fakultätsmitglieder einem anti-israelischen Lager auf dem Campus an, ein Geschichtsprofessor lobte das Massaker der Hamas als „berauschend“ und „anregend“, und ein Beauftragter für Diversität und Inklusion äußerte Bewunderung für den palästinensischen „Widerstand“ anlässlich des Massakers und der Entführung von israelischen Zivilisten durch Hamas-Terroristen. Er pries den Kampf „gegen Siedlerkolonialismus, Imperialismus, Kapitalismus und weiße Vorherrschaft, deren Modell die Vereinigten Staaten sind.“[19] Hier zeigt sich, dass die Protestwelle nicht „nur“ antisemitischen und anti-Israelischen Charakter hatte, sondern auch von anti-Amerikanismus und Antikapitalismus geprägt war.

Im September 2024 fand an der City University of New York (CUNY) ein Willkommensessen für Hillel-Studenten statt. (Hillel, benannt nach dem jüdischen Gelehrten Hillel, ein Zeitgenosse von Jesus, ist nach eigenen Angaben die weltweit grösste jüdisch-universitäre Studentenorganisation.) Das Dinner wurde von einem feindseligen Mob gestört, der antisemitische Parolen rief.[20] Die Konfrontation eskalierte so weit, dass Demonstranten den Eingang blockierten und Studenten sowie Mitarbeitende physisch einschüchterten.

Ilya Bratman, Leiter von Hillel an acht Universitäten der CUNY und SUNY, argumentierte, dass der akademische Diskurs durch Indoktrination ersetzt worden sei, da die Fakultäten eine einseitige ideologische Agenda fördern. Laut Bratman: „Das ist faschistisch. Es ist wie in ‚1984‘, und das muss sehr, sehr klar gesagt werden.“ Bratman forderte dazu auf, sich in die Lage eines Studenten zu versetzen: „Du schickst dein 18-jähriges Kind zur Universität, richtig? Es ist eine beeinflussbare, junge, verängstigte Person, voller Ängste. Sie kommen in den Unterricht, und ihr Professor sagt: ‚Im Unterricht werdet

---

18 *Russell A. Berman* (2025), „Putting Pressure on Higher Education: Defunding and Deporting“, Telos – Paul Piccone Institute, 16. April.

19 *Rich Lowry* (2024), „Cornell hate prof is a stain on the academy – and there are hundreds just like him“, New York Post, 16. September.

20 *Emily Benedek* (2024), „New York City’s Laboratory for Hate“, Tablet, 13. September.

ihr eine queere Identität annehmen oder die Rolle eines Unterdrückers übernehmen.‘ Was sollen die Studenten tun?“[21]

Was ist der Zusammenhang zwischen der Situation an den Hochschulen nach dem 7. Oktober und dem Phänomen der *Cancel Culture*? Schon lange vor dem Hamas-Massaker in Israel war es keine Seltenheit, wenn Vorträge zum Nahen Osten, die nicht explizit antizionistisch waren, von Protestierenden gesprengt oder gestört wurden. Pro-israelische Lehrende sahen sich der *Cancel Culture* ausgesetzt. Studierende – ob jüdisch oder nicht-jüdisch, die einen Kurs zum Zionismus belegen wollten, fühlten sich gezwungen, ihre Kurswahl zu verheimlichen. Es war eine Art vorauseilende Verinnerlichung der *Cancel Culture*.

Eliteuniversitäten in den Vereinigten Staaten, von Columbia bis Cornell, sind von einer anti-westlichen Ideologie durchdrungen, zumindest in Teilen der Geisteswissenschaften. „Was wir gesehen haben, ist eine Säuberung abweichender Meinungen“, sagte Shai Davidai, Assistenzprofessor an der Columbia Business School.

> „Das Verhältnis von registrierten Republikanern zu registrierten Demokraten in den Geisteswissenschaften beträgt etwa 1:15. Nun, ich bin weder Republikaner noch Demokrat, ich bin Jude. Aber die Tatsache, dass wir diese Vielfalt an Gedanken verloren haben – vergessen Sie Israel, vergessen Sie die Juden, wir sind nur der Lackmustest – was passiert, wenn das nächste Thema kommt? Nehmen Sie Waffengesetze. Sie können Waffengesetze an Universitäten in den Vereinigten Staaten nicht debattieren, weil alle auf einer Seite stehen. Übrigens, ich stehe auch auf dieser Seite. Wenn Sie keine Menschen auf der anderen Seite haben, werden Sie träge, Ihre Gedanken werden träge, und Ihre Ideen werden dumm.“[22]

Interne Berichte an den Hochschulen – Harvard, Columbia, Stanford und anderswo – dokumentierten zudem eine Welle von Diskriminierung gegen jüdische Studierende. Sowohl die systematischen Angriffe wie auch das Versagen der Universitätsleitungen, diese Minderheit zu verteidigen, sind Verletzungen der gesetzlichen Verpflichtung zum Schutz der Bürgerrechte. Darüber hinaus stellt die umfangreiche Befürwortung der Hamas eine illegale Unterstützung einer offiziell als terroristisch eingestuften Organisation dar. Dies erhob die Proteste zu einem nationalen Sicherheitsproblem – Grund genug für die Bundesregierung, sich in die Universitätspolitik einzumischen.[23]

Die Trump-Administration verfolgte als Reaktion eine zweigleisige Strategie, um die notwendigen Reformen an den Universitäten durchzusetzen. Eine Stoßrichtung zielte auf die Institutionen ab, die andere auf die Aktivisten. Was

---

[21] Ibid.

[22] Interview, „The Quad,“ JNS TV, 23. September 2024.

[23] *Russell A. Berman* (2025), „Putting Pressure on Higher Education: Defunding and Deporting“, Telos – Paul Piccone Institute, 16. April.

die Institutionen betrifft, ist es wichtig zu verstehen, wie sehr alle Universitäten, auch private, von finanzieller Unterstützung durch die Bundesregierung abhängig sind. Diese Unterstützung umfasst in erster Linie die Finanzierung von Forschungsprojekten in Naturwissenschaften und Medizin. Durch die Beschneidung dieser Finanzierung übt die Regierung Druck auf die Universitäten aus und fordert, dass diese die Probleme auf ihrem Campus beheben, bevor die Mittel wieder freigegeben werden. Diese Strategie löste einen inneruniversitären Konflikt zwischen verschiedenen Bereichen aus. Die Zurückhaltung von Mitteln schadet vor allem der Medizin und den Naturwissenschaften, doch ist es kein Geheimnis, dass es die Geisteswissenschaften sind, die ideologisierten und aggressiven *woken* Aktivismus und Rassenfixierung pflegen. Es sind vor allem Geisteswissenschaftler, die dem Antisemitismus und Terrorismus einen intellektuellen Anstrich verliehen haben. Wenn die Universitäten ihre Bundesmittel zurückgewinnen wollen, um ihre tatsächlich wichtige Forschung in den Naturwissenschaften fortzuführen, müssen sie ihr Problem in den Geisteswissenschaften lösen.

Gleichzeitig ging die Regierung auch direkt gegen Aktivisten vor – nicht wegen krimineller Aktivitäten, sondern wegen Verletzung von Einwanderungsbestimmungen. Ziel waren deshalb internationale Studierende. Laut US-Außenminister Marco Rubio wurden etwa dreihundert Studentenvisa wegen Aktivismus, der nicht mit bestehenden Vorschriften im Einklang stand, widerrufen. Der Außenminister kündigte an, jeder Antragsteller für ein Studentenvisum in einem US-Konsulat, der Unterstützung für Hamas oder andere terroristische Organisationen erkläre, werde umgehend abgelehnt; und jedem internationalen Studierenden, der bereits in den USA lebe und Hamas unterstütze oder an gewalttätigen Demonstrationen teilnehme, werde das Visum entzogen. Die US-Regierung sei nicht verpflichtet, Studentenvisa an Personen zu vergeben, die „Tod für Amerika“ fordern. Genauso wenig sei die US-Regierung verpflichtet, ausländische Verfechter von Judenhass oder jeglicher Form von Rassismus willkommen zu heißen. Der Import von Antisemitismus ist kaum produktiv für liberale Demokratien.[24] Dies gilt übrigens auch für Europa, wo heftig debattiert wird, ob von Einwanderern oder Asylsuchenden gefordert werden soll oder kann, die Grundwerte oder gar „Leitkultur“ der Aufnahmegesellschaft anzunehmen.

VIII. Zensur durch Anti-*Woke*-Gesetzgebung?

Nun behaupten anti-israelische oder pro-palästinische Aktivisten, auch sie seien Druck ausgesetzt, ihre Meinungen zu verschweigen. Inwiefern diese Behauptungen stimmen, ist schwer festzustellen. Zwecks terminologischer

[24] Ibid.

Klarheit ist jedoch zu betonen, dass der Begriff *Cancel Culture* überwiegend die Meinungsunterdrückung von Links gegen Rechts bedeutet. Werden linke Positionen unterdrückt, spricht man eher von Zensur oder Verletzung der Forschungs- und Lehrfreiheit. Beide Phänomene haben gewiss einen repressiven Charakter, aber der Sprachgebrauch macht einen klaren, von der politischen Stoßrichtung abhängigen Unterschied.

Dieser Unterschied rührt daher, dass die *Cancel Culture* eine Konsequenz des *Wokeismus* ist. *Woke* ist zwar keine Religion, aber doch ein Dogma, eine Doktrin mit quasi-religiösen Zügen: wir kommen alle in die warme Hölle des Klimawandels, wenn wir nicht unsere Sünden sühnen; „Weißes Privileg" oder „Patriarchat" oder „Kolonialherrschaft" ist eine Todsünde (es sei denn, diese wurden von Ethnien im globalen Süden, zum Beispiel von Muslimen, verübt); Ketzer und Andersgläubige müssen exkommuniziert werden; *Woke*-Demonstrationen und -Proteste klingen wie religiöse Eiferer; und *Woke*-Aktivisten sind erfüllt von der Gewissheit, die Wahrheit zu besitzen und dulden kein Hinterfragen ihres Glaubens.

Auch *Woke*-Aktivisten beklagten sich über Eingriffe in ihre Meinungsfreiheit. Bundesgerichtliche Urteile, die das Recht von Präsident Trump, X-Nutzer zu blockieren, einschränkten und das University of Texas System daran hinderten, ein neues Staatsgesetz durchzusetzen, das einschränkt, wann Studenten „expressive Aktivitäten" ausüben dürfen, unterstreichen weitreichende und noch offene Rechtsstreite im Kontext der *Woke*-Diskurse.

Ein Bericht der AAUP (American Association of University Professors) über die Wissenschaftsfreiheit in Florida beklagte Eingriffe in die Autonomie der Hochschulen und die Freiheit von Lehre und Forschung. Anti-*Woke*-Gesetzgebung des Gouverneurs DeSantis, wie der „*Stop WOKE Act*", wies Lehrkräfte an, Studierende nicht vor „unbequemen" oder „anstößigen" Ideen abzuschirmen, und zielte gleichzeitig darauf ab, so die Aktivisten, Konzepte wie *Critical Race Theory* zu zensieren und DEI-Initiativen einzuschränken. Die AAUP wertete die Übernahme des New College of Florida durch politisch motivierte Treuhänder, darauffolgende Entlassungen und die Abschaffung des *Gender Studies* Programms als Verstöße gegen die Lehrfreiheit. Sie warnte, die weitgehende Eliminierung von DEI-Programmen an Floridas Hochschulen und die damit einhergehende Ablehnung der Prämisse, dass Gruppen unbewusst voreingenommen sein können, könne dazu führen, dass wichtige Diskussionen über Ungleichheit und Diskriminierung unterdrückt werden. Die Einführung möglicher geheimer Aufnahmen von Lehrveranstaltungen durch Studenten im Rahmen des *Viewpoint Diversity Act* in Florida erzeuge ein „Kafkaeskes" Klima und eine Kultur der Angst, die sowohl Lehrkräfte als auch Studierende betreffe.

Auf der anderen Seite des politischen Spektrums hatte die Basketballmannschaft der Oral Roberts University – einer privaten christlich-evangelischen Hochschule – Anti-LGBTQ+-Richtlinien erlassen:

> „Von den Studierenden wird erwartet, dass sie die höchsten Standards der Integrität, Ehrlichkeit, Bescheidenheit und Moral einhalten(…) Bestimmte Verhaltensweisen sind in der Heiligen Schrift ausdrücklich verboten und sollten daher von den Mitgliedern der Universitätsgemeinschaft vermieden werden. Dazu gehören Diebstahl, Lügen, Unehrlichkeit, Klatsch, Verleumdung, Profanität, Vulgarität (einschließlich grober Sprache), sexuelle Promiskuität (einschließlich Ehebruch, homosexuellem Verhalten und vorehelichem Geschlechtsverkehr), Trunkenheit, unanständige Kleidung und okkulte Praktiken.“

Das Team sah sich prompt mit Aufrufen zu seiner Auflösung (*cancellation*) konfrontiert.

IX. Ursachen und Trends

Die *Cancel Culture* ist ein vielschichtiges Phänomen, und eine umfassende historische Ursachenanalyse würde den Rahmen dieses Zwischenberichts sprengen. Daher richten wir hier den Fokus auf die zentralen Faktoren, die zur Entstehung, Prominenz und Auswirkung der *Cancel Culture* in den Vereinigten Staaten beigetragen haben.

X. #MeToo

Vorwürfe sexuellen Fehlverhaltens gegen den Hollywood-Produzenten Harvey Weinstein im Jahr 2017 lösten eine Welle von Anschuldigungen gegen andere mächtige Männer in verschiedenen Branchen wie Medien, Politik und Sport aus. Die Bewegung gewann an Dynamik in den sozialen Medien, wo Frauen ihre Geschichten über Belästigung und Missbrauch unter dem Hashtag #MeToo teilten.

Die Bewegung schärfte das Bewusstsein für sexuelle Gewalt und Belästigung, gab Opfern die Möglichkeit, sich öffentlich zu äußern, und zog Täter zur Verantwortung. #MeToo führte zum Sturz prominenter Männer, denen sexuelle Übergriffe vorgeworfen wurden. Die *Cancel Culture* wurde auch dazu genutzt, Prominente und Persönlichkeiten des öffentlichen Lebens wegen früherer Handlungen oder Äußerungen anzuprangern, die als beleidigend oder unsensibel erachtet wurden, beispielsweise die Moderatorin Ellen DeGeneres, der in ihrer Talkshow vorgeworfen wurde, ein giftiges Arbeitsumfeld zu fördern, oder den Filmstar und zweifachen Oscar-Preisträger Kevin Spacey, der zugab, sich an einer Party betrunken auf einen anderen Mann gelegt zu haben. Netflix kündigte Spacey daraufhin seine Hauptrolle in der Netflix-Serie *House of Cards* auf, und er erhielt daraufhin in Hollywood so gut wie keine Rollen mehr.

Der #MeToo Bewegung gelang es, die Öffentlichkeit gegen sexuelle Gewalt zu mobilisieren. Doch nach den Berichten über systematische Vergewaltigungen und Verstümmelungen israelischer Frauen am 7. Oktober durch Hamas-Kämpfer taten sich feministische Organisationen äußerst schwer, sich mit den Opfern solidarisch zu zeigen. Entweder sie leugneten die Tatsache der Vergewaltigungen, die Terroristen mit ihren eigenen GoPro Kameras gefilmt und ins Internet gestellt hatten; oder sie hüllten sich in Schweigen; oder sie rechtfertigten sie als Akt des antikolonialen Aufstands. Die Tatsache, dass sie bezweifelten, was am 7. Oktober 2023 vielen Israelinnen geschah, steht im offensichtlichen Widerspruch zum Credo der #MeToo-Bewegung, das lautet: Man sollte der Frau auf jeden Fall glauben. In diesem Fall glauben Feministinnen den Frauen nicht – denn dies würde ihr eigenes Weltbild zerstören.[25]

Eine der einflussreichsten Begründerinnen der Gender-Theorie, Judith Butler, hatte nämlich schon im Jahr 2006 vor Studenten die Terrororganisationen Hamas und Hisbollah zum Bestandteil der globalen Linken erklärt – Organisationen, deren Mitglieder sogar den Hitlergruß für sich adaptiert haben: „Ja, es ist äußerst wichtig, die Hamas und die Hisbollah als soziale Bewegungen zu verstehen, die fortschrittlich sind, die zur Linken gehören, die Teil einer globalen Linken sind."[26] Der „linke" Charakter von Hisbollah und Hamas sollte nach Butler also als Grund ausreichen, um diese Terrororganisationen zu unterstützen. Man könnte allerdings Butler insofern recht geben, als die Befürwortung des Terrors als Strategie, um ideologische Ziele zu erreiche, durchaus einen gemeinsamen Nenner mit der globalen, linken, revolutionären Bewegung ausmacht. Man denke an die Rote Armee Fraktion (Deutschland), Brigate Rosse (Italien), Action Directe (Frankreich), FARC (Kolumbien), Japanische Rote Armee (Japan) oder Weather Underground (USA), die alle mit der PLO, PFLP und anderen Terrorgruppen im Nahen Osten kollaborierten.[27]

Wie dem auch sei: Butler spricht natürlich keineswegs im Namen aller Feministinnen. Doch im Versagen prominenter Feministinnen und Frauenorgani-

---

[25] *Russell A. Berman*, Interview, Publico, 29. Mai 2025.

[26] *Ninve Ermagen*, „Butler über Hamas: ‚Bewaffneter Widerstand'", ZDFheute, 8. März 2024, https://www.zdfheute.de/politik/ausland/us-feministin-judith-butler-terror-hamas-israel-100.html.

[27] *Wolfgang Kraushaar/Karin König* (2014), „The RAF Chronicle", Hamburger Institut für Sozialforschung, Oktober; *Jeremy Randall* (2023), „Global Revolution Starts with Palestine", Comparative Studies of South Asia Africa and the Middle East 43(3): 358–369; *Kyle Ramsay/Zachariah Lee Parcels* (2023), „Informal Networks, Terrorist Entrepreneurs, and an ‚Alliance Hub': Reflecting on Cooperation between the Japanese Red Army and the Popular Front for the Liberation of Palestine – Special Operations Groups", Small Wars Journal, Arizona State University, August.

sationen, die Vergewaltigungen an Israelinnen zu verurteilen, zeigte sich die Heuchelei und der Doppelstandard der Bewegung.

XI. Black Lives Matter

Am 25. Mai 2020 nahm der Polizist Derek Chauvin in Minneapolis den Afroamerikaner George Floyd fest, nachdem dieser in einem Geschäft laut Personal Zigaretten mit Falschgeld bezahlt hatte, laut eigenen Angaben unter Drogeneinfluss stand und sich der Festnahme widersetzte. Der Polizeibeamte kniete bei der Festnahme 9:29 Minuten lang mit einem Teil seines Körpergewichts auf dem Hals des am Boden liegenden 46-jährigen Floyd und drückte trotz wiederholten Bitten Floyds und umstehender Zeugen auf seine Atemwege, bis Floyd starb. Drei weitere Polizisten schritten nicht ein. Ein von einem Passanten aufgenommenes Video des Vorfalls sorgte weltweit für Aufsehen. Im April 2021 wurde Chauvin der Körperverletzung mit Todesfolge und der fahrlässigen Tötung für schuldig befunden. Im Juni 2021 wurde er zu einer Freiheitsstrafe von 22,5 Jahren verurteilt.

Aber das Urteil war zu wenig, zu spät: Unmittelbar auf Floyds Tötung folgten großflächige Proteste in den USA und weltweit gegen Polizeigewalt und Rassismus, unter dem Motto *Black Lives Matter* (BLM). Teilweise nahmen die Proteste auch gewaltsame Formen an. Die Gewalt richtete sich unter anderem gegen Polizisten, (Gegen-)Demonstranten, Journalisten und Ladeninhaber, die ihre Geschäfte vor Plünderungen schützen wollten.

Die darauffolgenden Proteste von BLM beeinflussten die *Cancel Culture* in den USA erheblich, indem sie Themen wie Rassismus, soziale Gerechtigkeit und Privilegien in den Mittelpunkt der öffentlichen Debatte rückten. Viele Menschen und Unternehmen sahen sich sozialem Druck ausgesetzt, sich zu diesen Themen zu positionieren. Personen, die als unsensibel gegenüber Rassismus wahrgenommen wurden oder sich weigerten, die Forderungen von BLM zu unterstützen, wurden öffentlich gebrandmarkt. Gleichzeitig wurden historische Figuren und Institutionen, die laut Aktivisten mit Sklaverei, Kolonialismus oder systemischem Rassismus angeblich in Verbindung standen, von Isaac Newton bis Winston Churchill, „gecancelt" – durch Boykottaufrufe, Umbenennungen und Vandalismus oder gar gewaltsame Zerstörung von Denkmälern.

Andererseits führte die verstärkte Aufmerksamkeit für Rassismus auch zu Debatten über die Grenzen der *Cancel Culture*. Kritiker argumentierten, dass der öffentliche Druck oft zu übereilten Reaktionen führe und wenig Raum für Dialog lasse, während Befürworter betonten, dass *Cancel Culture* ein notwendiges Mittel sei, um Verantwortung einzufordern und systemische Ungerechtigkeiten zu bekämpfen. Die Bewegung verstärkte zudem die Diskussion über die Rolle von Sprache und Symbolen, zum Beispiel durch die Forderung nach einem sensibleren Umgang mit rassistischen Stereotypen in der Popkultur und in Unternehmen. Gleichzeitig entwickelte sich ein überhitztes und ideologisiertes Klima, in dem auch Unschuldige öffentlich verurteilt wurden – ohne Berufungsmöglichkeiten.[28] Insgesamt beschleunigte der gesellschaftliche Umbruch, den *Black Lives Matter* ausgelöst hatte, die Entwicklung der *Cancel Culture*.

XII. Covid-19

Ab März 2020 trug die Corona-Pandemie zu einer verstärkten Polarisierung und Spaltung der Gesellschaft bei. Die meisten Menschen standen während der Pandemie unter Ausgangsbeschränkungen und wussten oft nicht, welchen Institutionen oder Informationen sie noch trauen konnten. Laut einer Umfrage des Pew Research Center im September 2020 war das Vertrauen in die US-Regierung auf einen historischen Tiefstand gesunken, als nur 20% der Befragten sagten, dass sie der Regierung „fast immer" oder „meistens" vertrauten. Dieser Wert war deutlich niedriger als in den Jahren vor der Pandemie, als er noch zwischen 30% und 40% gelegen hatte.

Umfragen durch Pew 2020 und 2022 fanden auch große Unterschiede im Vertrauen zur Regierung je nach Parteizugehörigkeit, Alter, Bildung und Rasse.[29] Zum Beispiel zeigten 28% der Republikaner und nur 12% der Demokraten Vertrauen in die Regierung (allerdings waren schon 28% ein Rekord-Tief). Asiatische Erwachsene zeigten das höchste Vertrauen (37% sagten aus, sie vertrauen der Regierung „meistens" oder „fast immer"); hispanische (29%) und schwarze (24%) Erwachsene zeigten ein höheres Vertrauen in die Regierung als weiße Erwachsene (16%).[30] Falls Impfraten als Spiegel für Vertrauen in die Regierung gelten können, sind sie aussagekräftig: Asiaten zeigten die höchste Impfrate (97%), gefolgt von Hispanics (82%), Schwarzen (77%) und Weißen (76%). Und je jünger die Beteiligten, desto niedriger war ihre Impfrate.[31]

Die Pandemie trug zur *Cancel Culture* insofern bei, als sie gesellschaftliche Spannungen vertiefte. Während Corona wurden politische und wissenschaftliche Debatten über Maßnahmen wie Maskenpflicht, Impfungen und Lock-

---

[28] *Frannie Block*, „He was Falsely Accused of ‚Blackface.' It Derailed His Life", The Free Press, 5. July 2025, https://www.thefp.com/p/he-was-falsely-accused-of-blackface?utm_campaign=email-post&r=54alp&utm_source=substack&utm_medium=email.

[29] https://www.pewresearch.org/politics/2020/09/14/americans-views-of-government-low-trust-but-some-positive-performance-ratings/.

[30] https://www.pewresearch.org/politics/2022/06/06/public-trust-in-government-1958-2022/.

[31] https://www.pewresearch.org/science/2022/02/09/increasing-public-criticism-confusion-over-covid-19-response-in-u-s/.

downs zunehmend polarisiert und emotional aufgeladen. Wer eine skeptische oder alternative Meinung äußerte, wurde in sozialen Medien oft öffentlich kritisiert, boykottiert oder „gecancelt“, insbesondere wenn die Ansichten dieser Person als wissenschaftsfeindlich oder gefährlich gesehen wurden. Gleichzeitig führten Fehlinformationen und Verschwörungstheorien dazu, dass Befürworter von Maßnahmen ebenfalls Zielscheiben von Angriffen wurden. Die verstärkte Online-Kommunikation während der Pandemie – bedingt durch Lockdowns und soziale Isolation – beschleunigte diese Dynamik, da Plattformen wie X und Facebook zum Hauptmedium für öffentliche Diskussionen und *Cancel*-Aktivitäten wurden.[32] In diesem Umfeld wurden Meinungen zunehmend intolerant gegenüber abweichenden Ansichten.

XIII. Soziale Medien

Die Verbreitung von Information wird heute nicht mehr von Experten kontrolliert oder kuratiert. Mit digitaler Technologie haben Eliten an Kontrolle über Nachrichten eingebüßt.[33] Amazon hat das Verlagswesen dezentralisiert, die sozialen Netzwerke die Medienlandschaft. Mit dem Internet und der Globalisierung verloren die traditionellen Medien ihr Monopol über die Produktionsmittel des Wissens.

Soziale Netzwerke, allen voran X und Instagram, kombiniert mit dem Handy (7,33 Milliarden Menschen, oder neun von zehn, nutzen heute eines), haben die obenstehenden Trends noch verschärft und millionenfach multipliziert, indem sie unzähligen Menschen die Möglichkeit gaben, alles Mögliche zu *Liken* und zu teilen. Nutzer posten über 700,000 Nachrichten auf WhatsApp und 500 Stunden Video auf YouTube – *pro Minute*. Da ist viel *fake news* dabei – man weiß nicht mehr, welchen Nachrichten oder Medien man überhaupt noch trauen kann.[34]

Die Altersgruppe ist laut einer Umfrage eines der zuverlässigsten Anzeichen für die Haltung zur *Cancel Culture*. Deren Treiber sind vor allem jüngere Wähler. So haben etwa Angehörige der Generation Z am meisten Verständnis für die Abstrafung von Personen oder Institutionen wegen beleidigender Äußerungen, dicht gefolgt von Millennials, während Generation X und Baby Boomers die stärkste Abneigung dagegen hegen. Eine Mehrheit (55%) der Wählerinnen und Wähler zwischen 18 und 34 Jahren gab an, selbst schon an der *Cancel Culture* teilgenommen zu haben, während nur etwa ein Drittel

[32] *Thomas D. Zweifel* (2024), „The New Inquisition: Woke and Cancel Culture vs. Western Societies“, Journal of Intercultural Management and Ethics 3, 27–42.

[33] *Russell A. Berman* (2022), „State of Emergency“, First Things, 1. Juni.

[34] *Thomas D. Zweifel* (2024), „The New Inquisition: Woke and Cancel Culture vs. Western Societies“, Journal of Intercultural Management and Ethics 3, 27–42.

(32 %) der Wählerinnen und Wähler über 65 Jahre sagte, sie hätten sich einer Ausgrenzung auf den sozialen Medien angeschlossen.[35]

Da jüngere Generationen ungleich vertrauter mit sozialen Medien sind als ältere, sind Millenials, Gen-Z oder Gen-X auch eher unter den *Cancel Culture* Aktivist*innen und Befürworter*innen anzutreffen. Die Sozialen Medien mit ihren Algorithmen dienen somit als eine Art perpetuum mobile, das Gespräche ins nahezu Endlose repliziert. Wie Jonathan Haidt schrieb:

> „Soziale Medien – insbesondere Instagram, das andere Formen der Interaktion unter Teenagern verdrängt, die Größe ihrer Freundesgruppe öffentlich zur Schau stellt und ihr körperliches Erscheinungsbild den harten Maßstäben von Likes und Kommentaren unterwirft – nehmen die schlimmsten Seiten der Mittelschule und der Hochglanz-Frauenzeitschriften und verstärken sie."[36]

XIV. Polarisierung

Die überraschende Wahl von Donald Trump zum Präsidenten der USA im November 2016 zeigte eine Schockwirkung, insbesondere bei jüngeren Wähler*innen, Demokrat*innen, Medienschaffenden und anderen auf der links-liberalen Seite des politischen Spektrums. Trump präsentierte sich als Gegner der politischen Korrektheit, was seine Anhänger mobilisierte und seine Gegner provozierte. Trumps Darstellung der *Cancel Culture* als Angriff auf Meinungsfreiheit und amerikanische Grundwerte führte zu einer Polarisierung der öffentlichen Debatte. Der Anteil derjenigen, die die gegnerische Partei – und auch deren Mitglieder – äußerst negativ sehen, hat sich seit den 1990er-Jahren verdoppelt. 72 % der Republikaner und 63 % der Demokraten betrachten die gegnerische Partei als eine Bedrohung für das Land. Laut Pew Trust stimmten 1994 noch 49 % der Amerikaner in einigen Punkten mit beiden Parteien überein, während dieser Anteil 2022 auf 32 % gesunken ist.[37]

Laut einer Studie von Gallup und Knight Foundation im Jahr 2021 hat die wachsende Präferenz für parteiische Medien die Polarisierung verstärkt: 80 % der Republikaner vertrauen eher konservativen Medien, während 85 % der Demokraten liberale Medien bevorzugen. In den sozialen Medien verstärken Algorithmen die Tendenz zur Polarisierung durch sogenannte „Echo-Kam-

---

[35] Politico/Morning Consult national tracking poll, 17. – 19. Juli 2020, https://www.politico.com/f/?id=00000173-7326-d36e-abff-7ffe72dc0000.

[36] *Jonathan Haidt* (2021), The Dangerous Experiment on Teen Girls, The Atlantic, 21. November.

[37] Pew Research Center, „As Partisan Hostility Grows, Signs of Frustration With the Two-Party System", 21. November 2021, https://www.pewresearch.org/politics/2022/08/09/as-partisan-hostility-grows-signs-of-frustration-with-the-two-party-sys tem/.

mern," in denen Menschen vor allem mit Meinungen konfrontiert werden, die ihre eigenen Ansichten bestätigen.

Erschreckend ist vor allem eine Umfrage von NPR/Ipsos 2022, laut der fast ein Viertel der Amerikaner Gewalt gegen die Regierung unter bestimmten Umständen für gerechtfertigt hielt.[38]

XV. Watergate und die Autoritäre Linke

Enthüllungsartikel mögen als Ausnahmen gelten, sind aber eigentlich ein integraler Ausdruck der *Cancel Culture*. Das prestigeträchtigste Ereignis für jeden etablierten Journalisten war der Watergate-Skandal 1972. Diese Episode wurde in der US-Kultur immer wieder romantisiert.

War Watergate ein Verbrechen? Sicher, aber kein schlimmeres als was John F. Kennedy 1960 getan hatte, um seine Wahl zum Präsidenten zu sichern.[39] Man kann sicherlich behaupten, Nixon sei ein Gauner gewesen, aber dann war auch Kennedy einer – doch die Enthüllung seiner Watergate-ähnlichen Wahlmanipulationen ließ 30 Jahre auf sich warten.

Watergate war gewissermaßen der Vorläufer der heutigen *Cancel Culture*, Jahrzehnte vorher. Seither wussten Progressive, dass sie einen Präsidenten feuern (canceln) konnten, dass sie „jemanden zur Verantwortung ziehen" konnten – aber umgekehrt niemand sie wirklich zur Verantwortung ziehen konnte.[40] Seither waren die einflussreichsten Progressiven nicht mehr gewählte Amtsträger. Sie gehörten nicht mehr formal zum Staat. Sie waren jetzt Professoren, Aktivisten, Bürokraten und Journalisten. Ein Großteil der Kontrollstrukturen Amerikas entwickelte sich außerhalb des formalen Staates, wodurch sie gegen die Verdrängung durch demokratische Wahlen resistent wurden. Sie lobten die „Demokratie", vermieden sie jedoch in der Praxis, durch Unkündbarkeit für ihre Bürokraten und Professoren, durch steuerbefreite Stiftungen mit Zinseszins und durch die ideologische Säuberung (Canceln) ihrer Organisationen. So wie die Kommunisten, die endlos über ihre „demokratischen Volksrepubliken" schwadronierten, während sie Wahlen verhinderten, unterwarfen diese „Linksautoritären" ihre Kontrolle über Schlüsselinstitutionen nicht wirklich einer Abstimmung.[41]

---

38 „One in four Americans say violence against the government is ‚sometimes ok' ", NPR, 31. Januar 2022, https://www.npr.org/2022/01/31/1076873172/one-in-four-americans-say-violence-against-the-government-is-sometimes-okay.

39 *Seymour Hersh* (2014), The Dark Side of Camelot, New York: HarperCollins.

40 History.com Editors (2025), „Watergate Scandal", History.com, https://www.history.com/articles/watergate.

41 *Balaji Srinivasan* (2022), The Network State: How to Start a New Country, https://thenetworkstate.com.

XVI. Post-Moderne Ideologien

Die *Cancel Culture* ist auch das Resultat von Jahrzehnten der Ideologisierung in Teilbereichen amerikanischer Hochschulen. Vor allen anderen gewannen drei Theorien an Wirkungsmacht in der Wissenschaft: Postkolonialismus, radikaler Feminismus und *Critical Race Theory* (CRT). Diese Theorien entstanden ursprünglich in den Bereichen Literaturwissenschaft, Philosophie und Rechtswissenschaft; allmählich wurden sie in zahlreiche andere Disziplinen integriert, etwa Soziologie, Pädagogik oder Politikwissenschaft. Studien zeigen, dass CRT und postkoloniale Ansätze mittlerweile an vielen Universitäten Teil der Lehrpläne sind: Laut einer Analyse der National Association of Scholars (NAS) bieten heute über 90% der Top-Universitäten in den USA Kurse an, die sich explizit mit Rassismus, Kolonialismus oder struktureller Ungleichheit befassen. Zudem wurden in den letzten Jahren Professuren und Institute eingerichtet, die sich auf diese Theorien spezialisieren. Beispielsweise wurden allein zwischen 2015 und 2020 Zentren für *Diversity, Equity, and Inclusion* (DEI) an über 80 % der führenden Hochschulen neu geschaffen.

Die theoretische Grundlage dieser Ideologien stammt nicht zuletzt vom Marxisten Antonio Gramsci (1897–1937), der den Begriff „Kulturelle Hegemonie" prägte: die herrschende Klasse habe einen Konsens geschaffen, den andere Klassen blind akzeptieren, weil sie ihn auch in ihrem vermeintlichen Interesse sehen – dabei diene er nur einer herrschenden Klasse. Bewusst oder unbewusst: die heutigen *Cancel Culture* Aktivisten haben Gramscis Anti-Kapitalismus verinnerlicht – vor allem seine Vormacht kultureller Inhalte gegenüber politisch-ökonomischen. Deshalb finden die einschlägigen Konflikte vor allem in kulturellen und akademischen Bereichen statt – und eben nicht, wie etwa in der historischen Arbeiterbewegung, am Fließband in Fabriken.

Eine weitere Grundlage stammt von Michel Foucault, dessen Schriften nunmehr an vielen US-Universitäten quasi zur Pflichtlektüre gehören. Foucault forderte eine „Anti-Wissenschaft" und erhob alle Meinungen, ob qualifiziert oder unqualifiziert, gleichermaßen zu „lokalen Wissensbeständen der Leute".[42] Die Wahrheit werde nur dann gesucht, wenn sie als Waffe diene. Die Vernunft sei „auf der Seite der Chimäre, der Arglist und der Bösen". Sein Diskurs hingegen werde „die Werte umdrehen". Er werde von „unten her" eine „Erklärung" durch „Konfusion", „Unordnung", „Obskures" und „möglichst Zufälliges" liefern.[43]

---

42 *Michel Foucault* (1975–1976), „Il faut defender la société", Cours au Collège de France, Edition numérique réalisée en août 2012, 10.

43 Ibid., 39–40.

Solche Ideologien betonen den systemischen Charakter von Macht und Unterdrückung und fordern eine kritische Auseinandersetzung mit historischen und aktuellen Ungleichheiten. Sie richten den Fokus auf soziale Gerechtigkeit und identitätspolitische Fragen in akademischen und öffentlichen Debatten. Andere Fragestellungen oder Methoden werden marginalisiert oder gar ausgeschlossen. Befürworter sehen diese Entwicklungen als notwendige Schritte, um historische Ungerechtigkeiten zu bekämpfen und marginalisierte Perspektiven in den akademischen Diskurs einzubringen. Doch diese Theorien trugen eben deshalb zur *Cancel Culture* bei, da sie oft mit moralischen Absolutismen arbeiten und wenig Raum für abweichende Meinungen lassen. Dies äußerte sich beispielsweise in Vorfällen, bei denen Professoren, die CRT oder radikalfeministische Positionen infrage stellten, öffentlich kritisiert oder entlassen wurden.

Die Geschichte der „postmodernen Theorie" zeigt die anti-aufklärerische Tradition dieser ideologischen Strömung. Anti-Aufklärung ist inkompatibel

Abb. 2: Das „Woke"-Schaf erklärt.
In: Galitsky, B. (2021), *Artificial Intelligence for Customer Relationship Management*. Springer.

mit wissenschaftlicher Forschung. Viele Anhänger teilen ein Gerechtigkeitsideal und sind gegenüber den methodischen Verfehlungen dieser Ideologien, beispielsweise ihrer Verteufelung von Vernunft und Wissenschaft, ahnungslos.[44]

Insbesondere linke Aktivisten und Parteien, nicht nur in Europa (Corbyn und die Labour Party in England, Mélanchon und die Kommunisten in Frankreich), sondern auch in den USA, haben begonnen, bei muslimischen Einwanderern um Stimmen zu werben, trotz der unter ihnen teilweise weit verbreiteten anti-progressiven Orientierungen wie Patriarchat, Homophobie und Antisemitismus.[45] Ganz zu schweigen von ihren oft autoritären und undemokratischen Grundwerten, Scharia-Gesetzen, Misogynie, LGBTQ-Feindlichkeit und Gewaltbereitschaft.[46]

Spätere post-moderne, relativistische und post-koloniale Kulturkritiker behaupteten, Aufklärung und Vernunft seien westliche Entwicklungen. Der offensichtlich ethnozentrische, diskriminierende, ja rassistische Unterton ihrer eigenen Behauptungen schien sie dabei nicht zu stören.[47] Radikale Feministinnen behaupteten, Wissenschaft sei männlich dominiert und deshalb durch patriarchale Methoden und Begriffe korrumpiert. Ähnlich argumentierten Vertreter der *Critical Race Theory*: Vernunft, Wissenschaft und Logik seien „weiße" Erfindungen und müssten deshalb aus der Akademie verbannt (*canceled*) werden.

XVII. Geostrategischer Kulturkrieg

Die Welle von anti-Israel-Protesten an vielen US-Universitäten nach dem Hamas-Überfall auf Israel am 7. Oktober war teilweise von Aktivisten außerhalb der Universitäten organisiert. Dies zeigen Verhaftungsdaten der Behörden: An der Columbia University etwa nahmen 32 von 119 Demonstranten von auswärts teil; an der City University of New York waren es 102 von 173.[48] Auch die Ausrüstung der Demonstranten, beispielsweise Kleidung oder

---

44 *Henriette Haas* (2025), „‚Nichts ist wahr, alles ist erlaubt': Die Folgen von Martin Heideggers ‚Geschichte der Gegenwart' und Michel Foucaults ‚Diskursanalyse' auf Medien und Hochschulen", Jahrbuch Wissenschaftsfreiheit 2, 173–214.

45 *Russell A. Berman* (2024), „Neue Rechte. Post-Links," Bahamas, 2. August.

46 *Thomas D. Zweifel* (2024), „The New Inquisition: Woke and Cancel Culture vs. Western Societies", Journal of Intercultural Management and Ethics 3, 27–42.

47 *Henriette Haas* (2025), „‚Nichts ist wahr, alles ist erlaubt': Die Folgen von Martin Heideggers „Geschichte der Gegenwart" und Michel Foucaults ‚Diskursanalyse' auf Medien und Hochschulen", Jahrbuch Wissenschaftsfreiheit 2, 173–214.

48 *Russell A. Berman* (2024), „Higher Education After October 7: Drain the Swamp", Telos, 9. Mai.

Zelte, war verdächtig einheitlich und lässt darauf schließen, dass sie extern organisiert wurden.

Adam Przeworski an der New York University pflegte zu sagen: „Interest gives speech." Man muss nicht an Verschwörungstheorien glauben, um sich die Frage zu stellen: In wessen Interesse sind die *Cancel Culture* und *Woke* Agenda, und damit die Polarisierung der Gesellschaft und der Verfall ihrer Grundwerte? Die moralische Dekadenz der USA wäre sicherlich im Interesse ihrer strategischen Widersacher, nicht zuletzt von Autokratien wie China oder Russland, Iran oder Katar.

Avril Haines, Direktorin der nationalen Geheimdienste in der Biden-Administration, wies auf die Rolle hin, die insbesondere der Iran bei der Anstachelung der Gewalt spielte:

> „In den letzten Wochen haben iranische Regierungsakteure versucht, opportunistisch die anhaltenden Proteste bezüglich des Krieges in Gaza auszunutzen, indem sie ein Drehbuch verwendeten, das wir bei anderen Akteuren in den letzten Jahren gesehen haben. Wir haben beobachtet, wie Akteure mit Verbindungen zur iranischen Regierung online als Aktivisten auftraten, um Proteste zu fördern, und sogar finanzielle Unterstützung für Demonstranten bereitstellten."[49]

Das iranische Regime, das in den USA Attentate auf iranische Dissidenten versuchte, plante laut US-Geheimdiensten auch, Präsident Trump selbst zu töten. Und Iran stand als Hauptakteur hinter dem Chaos an den Universitäten. Dieses nationale Sicherheitsproblem führte auch dazu, dass sich die Bundesregierung unter Präsident Trump in die Politik der Universitäten einmischte.[50]

Seit 2001 stärken erhebliche Finanzmittel aus Katar, Saudi-Arabien oder China, die systematisch „Kulturinstitute" an westlichen Universitäten finanzierten, diese Ideologien. Das US-Bildungsministerium deckte Milliarden nicht gemeldeter „Spenden" auf – allein Katar gab von 2001 bis 2021 $ 4,7 Milliarden an US-Universitäten. Untersuchungen enthüllten, wie das kleine Golfemirat fast 100 Milliarden US-Dollar ausgegeben hat, um massiv Einfluss in den USA zu nehmen – auf Politik, Medien und Schulen. Katar gab 2021 allein in den USA dreimal mehr für Lobbyisten, PR-Berater und andere ausländische Agenten aus als Israel – und fast zwei Drittel so viel wie die Supermacht China. Weder große US-Unternehmen – etwa für Einfluss auf die Kartellpolitik – noch Energiekonzerne – für neue Bohrrechte – noch andere Regierungen zahlen soviel für Lobbying.[51]

---

[49] „Statement of Director of National Intelligence Avril Haines on Recent Iranian Influence Efforts", Office of the Director of National Intelligence, 9. Juli 2024.

[50] „Donald Trump briefed on suspected Iranian assassination plot", The Guardian, 25. September 2024.

[51] *Thomas D. Zweifel* (2024), „The New Inquisition: Woke and Cancel Culture vs. Western Societies", Journal of Intercultural Management and Ethics 3, 27–42; *Tho-*

Der Bericht des Sonderermittlers Robert Mueller aus dem Jahr 2019 bestätigte, dass russische Akteure, insbesondere die russische Internet Research Agency (IRA) oder der russische Nachrichtendienst GRU, über soziale Medien Desinformationskampagnen durchführten, um die amerikanische Wählerschaft zu spalten und die öffentliche Meinung vor den Präsidentschaftswahlen 2016 zu manipulieren.[52]

Ein Dokument des Ausland-Ausschusses im amerikanischen Repräsentantenhaus zeigt die Sorge auf US-Regierungsebene über Chinas Einflussnahme:

> „In den letzten 15 Jahren hat die chinesische Regierung mehr als 100 Konfuzius-Institute in den Vereinigten Staaten eröffnet. Konfuzius-Klassenzimmer gibt es derzeit in mehr als 500 Grund-, Mittel- und Oberschulen in den Vereinigten Staaten. Das FBI hat erklärt, dass Konfuzius-Institute ‚letztlich der chinesischen Regierung verpflichtet sind.' Einige KI-Verträge mit US-Universitäten verbieten Aktivitäten, die gegen chinesisches Recht verstoßen, und verlangen, dass der Vertrag vertraulich behandelt wird, was eine wirksame Aufsicht einschränkt. (…) Der Thousand Talent Plan rekrutiert Tausende chinesischer Forscher und Wissenschaftler, die sich an ausländischen Universitäten auf Spitzentechnologie konzentrieren sollen. (…) Die Budgets der US-Universitäten sind zunehmend auf chinesische Gelder angewiesen. Die VR China ist seit 2013 die größte Quelle ausländischer Spenden an US-Universitäten. (…) Chinesische Quellen waren seit 2011 an Spenden oder Verträgen im Wert von mehr als 426 Millionen Dollar an US-Universitäten beteiligt. (…) Chinesische Studenten- und Wissenschaftlervereinigungen (…) gibt es an etwa 150 Universitäten. Es wurde festgestellt, dass chinesische Botschaften und Konsulate diese Gruppen manchmal finanziell unterstützen, um Debatten und Reden auf dem Campus zu beeinflussen."[53]

Ob Länder wie China, Iran oder Katar *Cancel Culture* und die *Woke*-Agenda strategisch nutzen, um die USA innerlich zu schwächen, lässt sich hier nicht abschließend beantworten. Tatsache ist, dass Regierungen wie die von China oder Katar (a) extrem langfristige Strategien verfolgen, (b) sich finanziell an US Universitäten, Unternehmen und nicht zuletzt an der Federal Reserve Bank beteiligen, (c) diskrete, aber intensive Lobbying- und Öffentlichkeitsarbeit leisten und (d) ein Interesse an der relativen geopolitischen Schwächung der USA haben. Deshalb lässt sich die Hypothese nicht von der Hand weisen, dass die *Cancel Culture* mindestens zum Teil ein Resultat exogener Einfluss-

---

mas D. Zweifel (2025), „Wie Katar den Westen kauft", Nebelspalter, 8. Juni; *Thomas D. Zweifel* (2025), „Wer ist gefährlicher für den Westen: Iran oder Katar?", Neue Zürcher Zeitung, 30. Juli.

52 Special Counsel *Robert S. Mueller III*, „Report On The Investigation Into Russian Interference In The 2016 Presidential Election", Vol. I of II, U.S. Department of Justice, March 2019.

53 House Foreign Relations Committee (2020), The (CC)Party's Over: Countering China's Corrupt, Coercive Influence Around the World, https://foreignaffairs.house.gov/wp-content/uploads/2020/02/CCP-Assault-on-American-Values-V3.pdf.

nahme und nicht (nur) ein Ausdruck inneramerikanischer bzw. inneruniversitärer Tendenzen sei.

Doch die Bedrohung der USA geht über Studentenproteste weit hinaus. Schon in den 1930er-Jahren arbeiteten Wissenschaftler, Hochschullehrer und Studierende an Elite-Universitäten wie Harvard und Columbia aktiv mit dem nationalsozialistischen Regime des Dritten Reichs zusammen.[54] Sollten geopolitische Konflikte zwischen den USA und anderen Mächten eskalieren, wären anti-amerikanische, anti-imperialistische, anti-kapitalistische und anti-westliche Lehrkräfte und Studierende ein destabilisierender Faktor, der die USA mit allen Mitteln sabotieren dürfte – sei es durch Behinderung einer militärischen Mobilmachung, illegale Technologie- und Wissens-Transfers an feindliche Mächte, oder Spionage im Stil eines Kim Philby, des legendären Britisch-Sovietischen Doppelagenten.

XVIII. Erosion der Grundwerte

Diese sechs Faktoren – #MeToo, Black Lives Matter, Polarisierung, Post-Moderne Ideologien, Soziale Netzwerke und der geostrategische Kulturkrieg gegen den Westen – haben sich gegenseitig potenziert und zu einem Cocktail zusammengebraut, der Breitenwirkung in nahezu allen Bereichen der US-amerikanischen Gesellschaft zeigt.

Die *Cancel Culture* und die breiteren kulturellen Debatten sind komplex und vielschichtig, doch die oben genannten Beispiele zeigen, dass die *Cancel Culture* dazu genutzt werden kann, freie Meinungsäußerung und offene Debatte zu unterdrücken. *Cancel Culture* wird als Gefahr für demokratische Grundrechte wie Meinungsfreiheit sowie Freiheit von Kunst und Wissenschaft gewertet und mitunter mit Zensur in Verbindung gebracht. Große mediale Aufmerksamkeit erhielt 2020 ein offenes Schreiben im US-amerikanischen *Harper's Magazine* unter dem Titel „Ein Brief über Gerechtigkeit und offene Debatten". Zu den über 150 Unterzeichnern gehörten unter anderem Autorinnen und Autoren wie J. K. Rowling, Margaret Atwood, Salman Rushdie sowie der Linguist Noam Chomsky. Die Unterzeichnenden warnten:

> „Der freie Austausch von Informationen und Ideen, das Lebenselixier einer liberalen Gesellschaft, wird täglich mehr eingeschränkt. Während wir dies von der radikalen Rechten erwarten, breitet sich die Zensur in unserer Kultur immer weiter aus: Intoleranz gegenüber abweichenden Meinungen, öffentliche Beschämung und Ächtung sowie die Tendenz, komplexe politische Fragen in einer blendenden moralischen Gewissheit aufzulösen. Wir halten den Wert einer robusten und sogar ätzenden Gegenrede aus allen Richtungen hoch. Aber nur allzu oft hört man heute den

---

[54] *Stephen H. Norwood* (2011), The Third Reich in the Ivory Tower, Boston: Cambridge University Press.

Ruf nach schneller und harter Bestrafung als Reaktion auf vermeintliche Übertretungen in Sprache und Denken.[55]

Auch wenn der Begriff *Cancel Culture* im Schreiben nicht explizit auftauchte, wurde es als Kritik an der *Cancel Culture* in den USA verstanden. Der Harvard-Professor Steven Pinker, ein Unterzeichner, warnte: Zum einen werde durch die *Cancel Culture* das Leben unschuldiger Menschen ruiniert. Zum anderen werde eine jüngere Generation von Intellektuellen, Wissenschaftlern und Künstlern eingeschüchtert und traue sich nicht mehr, eine andere Meinung zu äußern. Außerdem lähme der Trend, Menschen mit anderen Überzeugungen zu verleumden oder zu feuern, die Fähigkeit, kollektiv Probleme zu lösen.[56]

Laut einer Politico-Umfrage glauben 46 % der Amerikaner, dass die *Cancel Culture* „zu weit gegangen ist" (10 % sagen, sie sei „nicht weit genug gegangen"); 49 % gaben an, die *Cancel Culture* habe eine „eher negative" oder „sehr negative" Auswirkung auf die Gesellschaft.[57] Der Begriff *woke* beschrieb ursprünglich das ausgeprägte Bewusstsein für soziale Ungerechtigkeiten, insbesondere Rassismus. Allerdings hat sich seine Verwendung weiterentwickelt und ist mittlerweile für viele zu einem abwertenden Begriff geworden: er bezeichnet Exzesse an politischer Korrektheit.

Wenn die *Woke*-Agenda oder *Black Lives Matter* zum Dogma werden – und Musiker, die auf X „*All Lives Matter*" twittern, einen Internet-Shitstorm auslösen und exkommuniziert werden, weil sie damit angeblich das historische Leiden der Schwarzen verharmlosen – dann ist das eben nicht mehr Aufklärung. Doch die Wirkung ist tiefgreifender und nagt an den Grundwerten der USA. *Woke* als Dogma sagt nämlich, dass die USA in Sünde (nämlich durch Sklaverei) geboren und durch diese unwiderruflich geprägt sei; dass der imperialistische „weiße" Westen (nicht zuletzt auch Israel, wo weniger Weiße als Nicht-Weiße leben) schuld sei am Leid der Welt; dass die USA (und die Weißen insgesamt) ihre historische Schuld nur begleichen können, indem sie „Reparationen" leisten; und dass nicht mehr die Leistung zählt, sondern die Herkunft; dass es wichtiger ist, Schwarze oder *Transgender*-Mitglieder anzustellen als diejenigen, die die größte Kompetenz mitbringen, welche Farbe oder sexuelle Vorliebe sie auch immer haben mögen. In der *Woke*-Sicht gilt nicht mehr, dass Menschen ihr Leben gestalten können, dass sie eine Wahl haben. Sie und ihre Zukunft sind vielmehr völlig durch ihre Hautfarbe, Geburt oder Vergangenheit bestimmt.

---

55 „A Letter on Justice and Open Debate", Harper's Magazine, 7. Juli 2020.

56 *Mara Delius* (2021), „Steven Pinker: ‚Der Opferstatus dient als Vorwand für Macht.'", Die Welt, 20. Juli.

57 Politico/Morning Consult national tracking poll, 17.–19. Juli 2020, https://www.politico.com/f/?id=00000173-7326-d36e-abff-7ffe72dc0000.

Wie eine ganze Generation Studierender lernt, ist die Vergangenheit größtenteils eine Ansammlung von Verbrechen und Ungerechtigkeiten. 1619 (der Anfang der amerikanischen Sklaverei) ersetzt 1776 (die amerikanische Unabhängigkeit). Junge Menschen wachsen mit einer Manichäischen Weltsicht auf, die nur aus leidenden Opfern einerseits und brutalen Übeltätern andererseits – aus Kolonialherren, Sklavenhaltern und Vernichtern nicht-Westlicher Gesellschaften – besteht.[58]

Mit solch eifrigem Moralismus läuft die Gesellschaft – und der Westen allgemein – Gefahr, ob lauter Dogma und „Rassismus-Korrektur" ihre Grundfesten zu vergessen. Wenn Herkunft oder Hautfarbe einer Person mehr zählen als ihre Arbeit, Leistung, Kreativität und Innovation, fallen wir wieder hinter die Errungenschaften der letzten Jahrhunderte – Aufklärung, Selbst-Bestimmung, Chancen-Gleichheit, Selbst-Verwirklichung, Freiheit, Pluralismus und Toleranz, um nur einige Werte zu nennen – zurück. Wie der amerikanische Historiker Victor Davis Hansen sagte: „Wieviel Ruin bleibt uns noch?"[59] Wie viele Grundpfeiler kann eine Gesellschaft aufgeben, bevor sie sich selbst verliert?

Die geopolitischen Folgen sind unabsehbar. Denn die Feinde des Westens haben keinerlei Skrupel über ihren Rassismus oder Sexismus, sie unterdrücken Frauen, sie halten uighurische Muslime in Arbeitslagern, sie richten Andersdenkende hin, ohne mit der Wimper zu zucken. Sie können sich Intoleranz und Inquisition, Fremdenhass und Frauenhass, Pogrome und Ausmerzung „Ungläubiger" leisten – ihr Imperialismus und Rassismus sind unverhohlen und ohne Schuldgefühle. Und sie lachen sich ins Fäustchen, während der Westen sich in Selbstzweifeln verzehrt.

XIX. Was tun?

Mehrere Interventionen sind vonnöten, um die Wissenschaftsfreiheit im amerikanischen Forschungs- und Lehrbetrieb zu schützen. Diese reichen von der unabhängigen Aufsicht auf Berufungen von Professoren und auch Gastdozenten; über Budget-Kürzungen; Deradikalisierungskurse: Null-Toleranz bei Verletzungen universitärer Spielregeln wie zum Beispiel gewaltfreie Kommunikation; Meritokratie bei der Zulassung von Studierenden; die Androhung oder Durchführung von Spender-Boykotten; bis hin zur Strafverfolgung.[60]

---

58 *Russell A. Berman* (2022), „State of Emergency", First Things, 1. Juni.

59 *Victor Davis Hanson* (2021), „How Much Ruin Do We Have Left?", National Review, 22. April 2021.

60 *Russell A. Berman* (2024), „Higher Education After October 7: Drain the Swamp", Telos, 9. Mai.

Inzwischen scheint es Anzeichen zu geben, dass die Welle der *Cancel Culture* abzuebben beginnt. Öffentlicher Widerstand gegen moralisierende Repression geht einher mit den Interventionen der Trump-Regierung. Allerdings bleibt dabei die Frage offen, ob die Trump-Wende nur die *Cancel Culture* als Repression von Links mit einer neuen Repression von Rechts ersetzt, oder ob eine wünschenswerte libertäre Wende in Richtung Meinungsfreiheit für alle folgen wird. In anderen Worten: kann unsere moderne Gesellschaft tatsächlich eine offene werden, oder ist Repression, egal welcher Couleur, unentrinnbar? Das negative Szenario kann nicht a priori ausgeschlossen werden.

Das Problem mit Dogmata besteht darin, dass ihre Vertreter eben nicht wissenschaftlich oder Evidenz-basiert vorgehen, sondern lediglich, und deshalb um so fanatischer, glauben. Glaubenssätze erkennen sich selber nicht als solche, sondern werden als „Wahrheit" gesehen.[61] Dies rückt sie in einen emotional-religiösen Kontext, wo sie nicht mehr widerlegt werden können.

Eine wirksame Waffe im Kulturkampf gegen Dogma ist Humor.[62] Der britische Comedian und Schauspieler Ricky Gervais (der Hauptdarsteller in „The Office") riss derbe Witze in seiner Netflix-Serie „SuperNature" über „altmodische Frauen. Das sind die mit den Schwangerschaftsbäuchen. Diese verf – ten Dinosaurier. Ich liebe die neuen Frauen. Die sind grossartig, nicht? Die neuen, die wir kürzlich zu sehen bekamen. Die mit Bärten und Schwänzen."[63]

---

61 *Thomas D. Zweifel* (2024), „The New Inquisition: Woke and Cancel Culture vs. Western Societies", Journal of Intercultural Management and Ethics 3, 27–42.

62 Ibid.

63 *William Earl* (2022), „Ricky Gervais' Netflix Special Draws Criticism for Graphic Jokes Mocking Trans People", Variety, 24. Mai.

Jahrbuch Wissenschaftsfreiheit, 3 (2026): 343–392
https://doi.org/10.3790/jwf.2026.1472811

Die Herausforderung der Gleichrangigkeit

Ungarn, Deutschland und die Europäische Union*

Von *Zsolt K. Lengyel***

Abstract

Ungarn muss sich seit den frühen Jahren des Systemwandels in einem schwierigen und zunehmend rauhen internationalen Umfeld behaupten. Die Achse seiner europäischen Isolation bildete die deutsch-ungarische Abkühlung, die sich in den letzten dreieinhalb Jahrzehnten zu einer Entfremdung vertieft hat. Die Studie beschreibt im Rahmen dieses Prozesses die Entwicklung des Ungarn-Bildes in Deutschland und hebt dabei die Rolle der im Namen der liberalen Demokratie verzerrenden Massenmedien sowie den einseitigen parteipolitisch-ideologischen Einfluss der Spitzenorgane der Europäischen Union hervor. Im deutsch-ungarischen Kontext stellt sie die methodischen Hauptelemente der Ungarn-Kritik vor, die mit der altbundesrepublikanisch-deutschen Tradition des „politischen Moralismus" verbunden sind, von der Dämonisierung des Ministerpräsidenten und Stigmatisierungen über Brandmarkungen hin zur Verbreitung von Falschmeldungen und politischen Stimmungsmache, verbale Kampfmittel, die auf den Sturz von Viktor Orbán und seiner Regierung abzielen, aber wiederholt auch den Ruf der ungarischen Gesellschaft schädigen. Im europapolitischen Feld lässt sich der Konflikt von zwei Demokratieverständnissen und zwei Zukunftsbildern greifen: einerseits zwischen der Elitedemokratie und der repräsentativ-plebiszitären Demokratie, andererseits zwischen der Vision der Vereinigten Staaten von Europa und jener des Europas der Nationalstaaten. Als Schlussfolgerung plädiert der Autor für eine Selbstprüfung des missverstandenen und fehlgedeuteten ungarischen Illiberalismus sowie für die europäische Wiederentdeckung des altliberalen Wertes der Gleichberechtigung.

Schlüsselwörter: Deutsch-ungarische Beziehungen, liberale Demokratie, ungarischer Illiberalismus, Medien, politische Propaganda, Europäische Union, Viktor Orbán, Elitedemokratie, repräsentativ-plebiszitäre Demokratie, Europa der Nationen, Vereinigte Staaten von Europa, Gleichberechtigung

---

* Fertigstellung des Typoskripts: Dezember 2024. Die Abrufbarkeit der Internetquellen wurde vor Abgabe in den Druck im Juli 2025 geprüft.

** Prof. Dr. phil. Zsolt K. Lengyel, Historiker, Politologe, Direktor des Ungarischen Instituts der Universität Regensburg. E-Mail: lengyel@ungarisches-institut.de.

The Challenge of Equality. Hungary, Germany and the European Union

Hungary has had to cope with a difficult and increasingly harsh international environment since the early years of regime change. The axis of its European isolation has been the German-Hungarian alienation, which has deepened over the past three and a half decades. The paper characterises the development of the image of Hungary in Germany along the main trajectories of this process, highlighting the role of the mass media distorting in the name of liberal democracy and the unilateral party-political-ideological influence of the European Union's top bodies. In a German-Hungarian context, it presents the main methodological components of the scolding of Hungary, which is linked to the German tradition of „political moralism", ranging from demonising the prime minister to stigmatisation, fake news and political incitement, all of which are aimed at bringing down Viktor Orbán and his government, but also repeatedly damaging the reputation of Hungarian society. In the European political arena, the conflict between two conceptions of democracy and two visions of the future can be grasped: on the one hand, elite democracy and representative-plebiscitary democracy, and on the other hand, the vision of the United States of Europe and Europe of Nations. The author concludes by arguing for a self-examination of misunderstood and misinterpreted Hungarian illiberalism and for an european excavation of the primordial liberal value of coequality.

Keywords: German-Hungarian relations, liberal democracy, Hungarian illiberalism, media, political propaganda, European Union, Viktor Orbán, elite democracy, representative-plebiscitary democracy, Europe of Nations, United States of Europe, coequality

Die Politik ist nach einer ihrer Selbstcharakterisierungen die Kunst der Partnersuche. Ein Politiker muss seine Partner für klare Ziele suchen. Diese Partnersuche ist immer auch eine Selbstprüfung: Sollten wir auf unsere Ziele bestehen und, falls nicht, gibt es einen Preis, für den es sich lohnt, all das, wofür wir uns eingesetzt und gestritten haben, abzuwandeln oder gar aufzugeben?

Ungarn sah sich von diesen Fragen im doppelten Jubiläumsjahr 2024 auf besondere Weise herausgefordert. 35 Jahre zuvor öffnete es seine westliche Staatsgrenze für Tausende Bürgerinnen und Bürger aus der DDR, und es war 20 Jahre her, dass es der Europäischen Union (EU) beitrat. 15 Jahre nach den ersten Schritten zum Fall der Mauer in Berlin am 9. November 1989 – damit zur deutschen *Einheit in Freiheit* 1990 –, sowie zur Beseitigung des *Eisernen Vorhangs* im geteilten Europa, wurde das Land 2004 mit offenen Armen in die EU aufgenommen. Doch schon wenige Jahre später prallte ihm aus dem westlichen Teil des Bündnisses harsche Kritik entgegen. Der Vorsitz Ungarns im Rat der EU im zweiten Halbjahr 2024, seine zweite Ratspräsidentschaft seit dem Beitritt zur EU 2004, ist zusätzlicher Anlass, in die Dreierbeziehung Ungarns, Deutschlands und der EU unter ausgewälten Aspekten hineinzuleuchten.

Über drei Jahrzehnte lang waren die deutsch-ungarischen Beziehungen ein verläßliches Barometer zur Messung des internationalen Imageverlustes Ungarns. Medien in Deutschland sowie Vertreter und Anhänger der regierenden und oppositionellen politischen Elite in Berlin sind seit den 2010er Jahren bestrebt, Verletzungen der Rechtsstaatlichkeit durch die ungarische Demokratie aufzudecken. Im Rückblick sprengt der Konflikt die Grenzen des parteipolitisch-ideologischen Wettbewerbs. Er beinhaltet Grundelemente ideeller Entfremdung, die stufenweise an Dichte und Breite zugenommen hat. Frühe Ursachen dafür liegen in den 1990er Jahren. Ungarn verlor damals schon an Sympathie in der Öffentlichkeit des politischen und kulturellen Deutschlands.

I. Der frühe Vertrauensverlust

Ungarn muss sich seit den frühen Jahren des Systemwandels in einem schwierigen und mit der Zeit immer raueren internationalen Umfeld behaupten. Auf der Hauptachse seiner stufenweisen Isolierung in Europa setzte schon zu Beginn der 1990er Jahre eine deutsch-ungarische Abkühlung ein, die sich mit fortschreitender Zeit zu einer Entfremdung vertiefte. Die in der Außenwahrnehmung ausgezeichneten Beziehungen zwischen dem 1990 gewählten ungarischen Ministerpräsidenten József Antall (Ungarisches Demokratisches Forum, *Magyar Demokrata Fórum*, MDF) und dem deutschen Bundeskanzler Helmut Kohl (CDU) sollten seine Regierung und die Gesellschaft Ungarns nicht vor dem Vorwurf des ungarischen Nationalismus bewahren, der im wiedervereinigten Deutschland in Umlauf kam. Während der Regierungszeit der CDU/CSU-geführten Koalition in Bonn wurde Kohl von deutscher linksliberaler Seite ebenso angegriffen wie Antall von der ungarischen Opposition, die bei den – nach 1947 – ersten freien Parlamentswahlen dem MDF unterlegen war, dem Antall seit dem 21. Oktober 1989 vorstand. Der Konservativismus der beiden Regierungschefs lebte nämlich aus der Achtung und Vertretung der Nation im Rahmen der Rechtsstaatlichkeit.[1]

Als Ungarn im Spätsommer 1989 mit der risikoreichen Öffnung seiner Westgrenzen an den Toren des demokratischen Europas klopfte, genoss es noch Vorbildstatus unter den ostmitteleuropäischen Staaten. Diese Auszeichnung galt in jener Zeit aber stillschweigend oder ausgesprochen dem sozialistischen System, welches das Land seit der Niederschlagung des antisowjetischen Aufstands 1956 im Griff gehalten hatte und nun dazu ansetzte, mit einem Elitenwechsel die politisch-rechtlich-gesellschaftliche Ordnung zu reformieren. János Kádár, der langjährige Generalsekretär der kommunistischen

[1] *Zsolt K. Lengyel*: A rendszerváltó Magyarország képe a németországi politikai közvéleményben, 1993–1994. In: Helmut Kohl és Közép-Európa. Hgg. Zoltán Nagymihály/Péter Strausz. Budapest 2023, 149–217, hier 149–191.

Staatspartei (Ungarische Sozialistische Arbeiterpartei, *Magyar Szocialista Munkáspárt*), war seit 1988 nicht mehr im Amt, sein positives Image im Ausland wirkte aber noch. Es gehört zu den unzureichend enträtselten Widersprüchen in der Geschichte der Außenwahrnehmung des nachkriegszeitlichen Ungarn, dass Kádár ab den 1970er Jahren in der Gunst des Westens zu jenen Studenten, Arbeitern und Bauern aufschloss,[2] deren Freiheitskampf er im November 1956 verraten hatte und danach zu vergelten half.[3]

Die Vorschusslorbeeren aus Deutschland begannen sich im Frühjahr 1990 aufzubrauchen. Denn in Ungarn lief das Reformwerk inzwischen auf eine Umgestaltung, den Aufbau eines neuen, nicht bloß hie und da verbesserten Systems zu. Die Parlamentswahlen brachten den Sieg der Rechtskonservativen um das MDF.[4] Die deutsche Enttäuschung über die Niederlage der wenige Monate zuvor in Ungarische Sozialistische Partei (*Magyar Szocialista Párt*, MSZP) umbenannten ehemaligen Staatspartei sowie des linksliberalen Verbands der Freien Demokraten (*Szabad Demokraták Szövetsége*, SZDSZ) lebte nicht allein aus parteipolitischer Missgunst.

Die beiden Weltkriegsverlierer Deutschland und Ungarn hatten jahrzehntelang ihr eigenes Nationalbewusstsein unterdrückt oder vernachlässigt. Gegen Ende der 1980er Jahre erstarkte in Ungarn das kulturell-sprachlich begründete Gefühl der nationalen Schicksalsgemeinschaft und der Solidarität mit den ungarischen Minderheiten in den Nachbarländern – ein rechtlich und auch ethnisch definierter Patriotismus, der nicht zu verwechseln ist mit der angriffsbereiten und ausgrenzenden Leidenschaft, welche die Heimat verherrlicht und sich über andere Gemeinschaften stellt.[5] In der Bundesrepublik Deutschland war dagegen der *Verfassungspatriotismus* seit den 1970er Jahren als ein Grundelement der Staatsräson an die Stelle des durch die nationalsozialistischen Gräuel zerrütteten deutschen Nationalpatriotismus getreten. Die Erlangung der vollen Souveränität Gesamtdeutschlands löste seine Neubewertung in Politik und Kultur aus, die ihm aber keine allgemeine und einhel-

---

[2] *Zsolt K. Lengyel*: Magyarország külföldi képe – belülről nézve. In: Somogy 50 (2022) 1, 98–107, hier 101–102; *Tibor Valuch*: A kádárizmus arcai. A Kádár-kori Magyarország változó képe a nyugati sajtóban (1956–1989). In: Magyarország címlapon. Hazánk története a nyugati sajtó tükrében, 1848–2020. Hgg. Csaba Kiss/András Szalay-Berzeviczy András. Budapest 2021, 179–201.

[3] *György Harsay*: Der Imre-Nagy-Prozeß in Ungarn und seine politischen Hintergründe. In: Ungarn-Jahrbuch 24 (1998/1999) 313–343.

[4] *Bence Bauer/Tamás Fonay/Alexander Rasthofer*: Parlamentswahlen und Parteiensystem. In: Ungarische Wegmarken. Hgg. B. Bauer/Frank-Lothar Kroll. Budapest 2024, 13–35, hier 21.

[5] *Zsolt K. Lengyel*: Warten auf das Wunder. Dilemmata des Systemwandels in Ungarn 1990–1992. In: Zeitschrift für Politik 40 (1993) 260–284, hier 261–268, 273–283.

lige Zustimmung bescherte.[6] Denn Deutschland kehrte zu Beginn der 1990er Jahre in eine Großmachtrolle zurück, in der es gefordert war, innenpolitisch den vermeintlichen oder tatsächlichen deutschen Nationalismus in Schranken zu weisen und außenpolitisch die Umgestaltung Europas zu einem übernationalen Gebilde voranzutreiben. In dem Maße, in dem die politische und moralische Reinheit des wiedervereinigten Deutschlands unter Beweis gestellt zu sein schien, trat der Verfassungspatriotismus einerseits in den Hintergrund. Andererseits wurde er nach und nach von einem ideologischen Gebilde abgelöst oder überschrieben, das sich als einzig zulässige demokratische Nationskonzeption versteht und die Demokratiefähigkeit jener Nationsvorstellung anzweifelt oder abstreitet, die neben politisch-rechtlichen auch kulturell-sprachliche Voraussetzungen einfordert. Durch diese Entwicklung hat die Idee Europas im politischen, kulturellen und gesellschaftlichen Leben Deutschlands zunehmenden Einfluss gewonnen und dabei den deutschen Nationalgedanken überflügelt oder sogar abgelöst.[7] Bereits seit dem Jahr der Wiedervereinigung hatten sowohl Sozialdemokraten als auch der linken Fraktion zugerechnete Christdemokraten in Leitungspositionen den Anspruch verkündet, die deutsche Nation – und überhaupt den Nationalstaat – mit Europa zu überwinden.[8] Das 1995 erschienene Buch „Der Irrweg des Nationalismus“ des stellvertretenden Fraktionsvorsitzenden der CDU/CSU und Mitglied des CDU-Parteivorstands wurde auf der ersten Umschlagseite mit folgender Erklärung des Autors beworben: „Christ sein, Demokrat zu sein ist für viele, auch für mich, wichtiger als Deutscher zu sein.“[9] Gute drei Jahrzehnte später galt dieser Fragenkreis allerdings keineswegs als ausdiskutiert, wie öffentliche Abwägungen gerade in der sozialdemokratischen Elite beweisen.[10]

---

[6] *Jan-Werner Müller*: Verfassungspatriotismus. Berlin 2010, ^{2}2023; *Peter Molt*: Dolf Sternbergers Verfassungspatriotismus. In: Zeitschrift für Politikwissenschaft 6 (2006) 3, 875–900; *Thomas Schölderle*: Verfassungspatriotismus. Zum 50. Geburtstag einer Wortschöpfung. Tutzing 2020.

[7] *Zsolt K. Lengyel*: „Nationale – und sogar metaphysische – Rückversicherungen“. Gespräch mit Rainald Becker über historische Diversitäten in den europäischen Einigungsbemühungen. In: Ungarn-Jahrbuch. Zeitschrift für interdisziplinäre Hungarologie 35 (2019) 285–294.

[8] *Heiner Geißler*: Der Irrweg des Nationalismus. Weinheim 1995; *Peter Glotz*: Der Irrweg des Nationalstaats. Europäische Reden an ein deutsches Publikum. Stuttgart 1990.

[9] *Geißler*: Der Irrweg.

[10] Vgl. *Klaus von Dohnanyi*: Nationale Interessen. Orientierung für deutsche und europäische Politik in Zeiten globaler Umbrüche. München ^{6}2022; *Dieter Langewiesche*: Volk, Nation, Staat. In: Frankfurter Allgemeine Zeitung, 2. Dezember 2024; *Frank-Walter Steinmeier*: Die Möglichkeit, „wir“ zu sagen. Patriotismus in unserer Zeit. In: Frankfurter Allgemeine Zeitung, 15. April 2024.

Als Ungarn nach dem Ende der Staatsparteiherrschaft auf den Weg hin zur Demokratie einbog, herrschten in den zwischenstaatlichen deutsch-ungarischen Beziehungen zwei Grundannahmen vor. Nach der einen konnte Ungarn ohne die Hilfe Deutschlands kaum Vollmitglied der NATO und der Europäischen Gemeinschaft, der späteren Europäischen Union werden und gleichzeitig den Grundsatz der freien Selbstbestimmung von Mehrheits- und Minderheitsvölkern wirksam vertreten. Daher hegte es die Zuversicht, dass Deutschland für seine Aufnahme in die politische, wirtschaftliche und militärische Architektur Europas als staatsrechtlich zergliederte, aber ethnisch-kulturell zusammengehörige Nation ein gutes Wort einlegen werde. Deutschland wiederum brauchte Ungarn als Schlüsselfaktor für politische Stabilität und wirtschaftliche Entfaltung in der von Systemumbrüchen geschüttelten Region Ostmitteleuropa, um die Idee der europäischen Integration entlang seiner östlichen Grenzen dauerhaft und in Sicherheit umzusetzen.[11]

Diese gegenseitigen Erwartungen waren anfänglich nicht unbegründet, wie die groß aufgemachte Anzeige in der ‚Frankfurter Allgemeinen Zeitung' vom 9. November 1990 andeutete. Auf dem ganzseitigen Bild war eine vor Jahresfrist feiernde Menge auf der kurz zuvor geöffneten Berliner Mauer zu sehen; darunter blickten zwei mit abgebildete deutsche Politiker, Außenminister Hans-Dietrich Genscher und Bundesvorsitzender Otto Graf Lambsdorff, in die Augen der Leserschaft, die sie an das tunliche „Nichtvergessen des 10. September 1989" erinnerten, an dem „die ungarische Regierung nach Wochen der Ungewißheit den dort wartenden DDR-Bürgern die Ausreise bewilligt" hatte. Wenige Wochen vor diesem Septembertag fand das Vorspiel zu dieser Grenzöffnung statt, das von einem Teil der sich formierenden ungarischen Opposition, dem MDF und der Paneuropa-Union am 19. August 1989 in Ödenburg (*Sopron*) veranstaltete Paneuropäische Picknick, bei dem die Westgrenze Ungarns für Bürgerinnen und Bürger aus der DDR erstmals und für einige Stunden aufging. Die beiden F.D.P.-Politiker erwähnten in ihrer Anzeige nur die Grenzöffnung vom September. In ihren Dank schlossen sie aber nicht nur die in jenen Herbsttagen verantwortlich handelnden sozialistischen Regierungspolitiker ein. Zum Jahresjubiläum schrieben sie vielmehr: „Deshalb singen wir heute nicht ‚Deutschland, Deutschland'. Sondern sagen: ‚Hálás köszönet, Magyarok.' Vielen Dank, Ungarn." Denn die Grenzöffnung am 10. September 1989 habe „eine Lawine ins Rollen gebracht, die den Weg

[11] *Ralf Thomas Göllner*: Die Europapolitik Ungarns von 1990 bis 1994. Westintegration, mitteleuropäische regionale Kooperation und Minderheitenfrage. München 2001, 61–243; *Lengyel:* Warten auf das Wunder, 273–283. Beziehungsgeschichtliche Aktensammlung zu den Umbruchsjahren: Quellen zu den Beziehungen zwischen der Bundesrepublik Deutschland und Ungarn 1949–1990. III: Die politisch-diplomatischen Beziehungen in der Wendezeit 1987–1990. Hg., bearb. Andreas Schmidt-Schweizer. Berlin/Boston 2018.

für die anderen Freiheitsbewegungen in Osteuropa ebnete – und schließlich zum Fall der Mauer führte".[12] Die zeitgeschichtliche Forschung hat diese Einschätzung bestätigt.[13]

Die Botschaft dieser Danksagung verlor rasch an Strahlkraft. Untergraben wurde sie von der Abweisung eines Teils der politischen Elite Ungarns. Ins kritische Visier rückten bald der Rechtskonservativismus und seine Befürworter in Kultur und Gesellschaft des Landes. Wesentlich trugen zu diesem Ansehensverlust in der Welt, auf die Ungarn vor dreieinhalb Jahrzehnten zugegangen war, zwei zusammengesetzte Sätze von zwei ungarischen Politikern bei. Deren semantisches Ungeschick wurde von der Absicht auswärtiger Beobachter übertrumpft, aus ihnen parteipolitischen Nutzen in einem durchideologisierten Meinungskampf zu ziehen.

Bevor wir uns mit den beiden ungarischen Politikersätzen und dem deutschen Narrativ über ihren Inhalt befassen, sei auf eine ideologische Neuausrichtung globaler Reichweite hingewiesen, mit der sich die deutsche Einstellung gegenüber der Nation verknüpfte. Um 1990 wurde der Kommunismus inmitten internationaler Zustimmung und Zuversicht vom Liberalismus abgelöst, der sich in den nachfolgenden Jahren über andere demokratische Parteiideologien erheben und eine hegemoniale Machtgier entwickeln sollte. Die *liberale Demokratie* wurde in ihrem deutschen Rollenbild Bannerträgerin eines Europäertums, das seine Fortschrittlichkeit aus seiner Kritik an der Nation oder gar aus deren Ablehnung beziehen zu müssen meint.[14] In unseren Tagen bedeutet *mehr Europa* in der deutschen Mehrheitsauffassung *weniger Nation*, im Gegensatz zum Verständnis der ungarischen Regierung, welche die Nation in Europa geradewegs aufwertet.[15] Budapest ist seit 2010 mit der Vertretung nationaler und nationalstaatlicher Interessen zum Gegenpol des europäischen

---

[12] Frankfurter Allgemeine Zeitung, 9. November 1990. Es ist nicht bekannt, ob der Übersetzer des Anzeigentextes „Ungarn" auf den Staat oder auf dessen Einwohner bezog. Sicher ist jedenfalls, dass die Begriffe „Magyarok" und „Ungarn" nicht die ungarische Regierung bezeichneten.

[13] Das Vorspiel für die Grenzöffnung. Das Paneuropäische Picknick in Sopron am 19. August 1989. Hgg. György Gyarmati/Krisztina Slachta. Sopron/Budapest 2014; Deutsche Einheit. Sonderedition aus den Akten des Bundeskanzleramtes 1989/90. Hgg. Hanns Jürgen Küsters/Daniel Hofmann. München 1998; *Michael Gehler*: Horst Teltschik – Begleiter und Ratgeber des „Kanzlers der Einheit". In: Horst Teltschik: Die 329 Tage zur deutschen Einigung. Das vollständige Tagebuch mit Nachbetrachtungen, Rückblenden und Ausblicken. Hg., eingel. Michael Gehler. Göttingen 2024, 13–80, hier 15, mit weiterer Fachliteratur.

[14] *Lengyel*: „Nationale – und sogar metaphysische – Rückversicherungen", 288–294; *Philip Manow*: Unter Beobachtung. Die Bestimmung der liberalen Demokratie und ihrer Freunde. Berlin 2024.

[15] *Balázs Orbán*: Das strategische Denken von Ungarn. Budapest 2023.

Gemeingeistes geworden, der aus deutschen Wurzeln erwachsen ist und vom Vorherrschaftsdenken der liberalen Demokratie getragen wird.

II. Die erste Fehldeutung: der ungarische Nationalismus

Als der freidemokratische deutsche Außenminister und sein Parteifreund im November 1990 das deutsche Nichtvergessen der ungarischen Wohltat von 1989 in der Tagespresse bekräftigten, führte in Budapest schon das MDF, der Mitveranstalter der erwähnten ersten Grenzöffnungsaktion, die rechtskonservative Regierungskoalition an. Sein Vorsitzender, Ministerpräsident József Antall, strebte die Neubelebung des auf den Grundsätzen der Freiheit und Unabhängigkeit der Nation beruhenden ungarischen Nationalliberalismus und dessen Einbürgerung in der praktischen Politik als christdemokratische Konzeption an. Damit rief er die linksliberale Opposition auf den Plan, die gleichzeitig nicht nur einen Alleinvertretungsanspruch auf den Liberalismus anmeldete, sondern den Befürwortern des in Ungarn neu aufsteigenden nationalen Gedankens die Demokratietauglichkeit absprach.[16]

In der geistigen Tiefenschicht dieser innenpolitischen Auseinandersetzung lebte, aus der zwischenkriegszeitlichen Ideen- und Gesellschaftsgeschichte Ungarns gespeist, der politische Kulturkampf zwischen *Urbanisten* und *Volkstümlichen* auf.[17] Den jüdisch beziehungsweise christlich geprägten Fremd- und Selbstzuordnungen entsprangen zu Beginn der 1990er Jahre zwei Ausschließlichkeitsansprüche: Nach der Linken könne national nicht auch liberal, nach der Rechten liberal nicht auch national sein. So kam der Liberalismus dem nationalkonservativen Wunschprogramm abhanden, bevor er sich darin eingerichtet hätte. Derweil sahen sich seine linken Anhänger dem Vorwurf ausgesetzt, gegenüber der Nation untreu zu sein oder sie sogar zu verraten.[18]

---

[16] *Zsolt K. Lengyel*: Das Ungarn-Bild der deutschen Medien. Entwicklungslinien nach 1990 und thematische Schwerpunkte von 2010 bis 2016. In: Ungarn, Deutschland, Europa. Einblicke in ein schwieriges Verhältnis. Hgg. Zsolt K. Lengyel/Ralf Thomas Göllner/Wolfgang Aschauer. Regensburg 2017, 141–212, hier 144–149. Zugänglich dank der Stiftung Wissenschaft und Demokratie (Kiel) auch auf: Portal für Politikwissenschaft, 29. November 2018. https://www.pw-portal.de/repraesentation-und-parlamentarismus/ueberblick/das-ungarn-bild-der-deutschen-medien (15. Juli 2025).

[17] Zur historischen Einordnung: *Gyula Borbándi*: Der ungarische Populismus. Mainz 1976; *Ilona Reinert-Tárnoky*: Radikale Bauernpolitik in Ungarn. Eine gesellschaftspolitische Alternative in der Zwischenkriegszeit. München 1985; *Péter Várdy*: Identitätsmodelle und Zukunftsbilder. Populisten, Urbane und die Judenfrage in Ungarn zwischen den beiden Weltkriegen. In: Ungarn-Jahrbuch 17 (1989) 227–240.

[18] *Éva Kovács*: ‚Volkstümliche' und ‚Urbanisten'. Zur Renaissance einer politischen Kontroverse in Ungarn. In: Österreichische Zeitschrift für Geschichtswissenschaften 5 (1994) 2, 262–278; *Lengyel*: Das Ungarn-Bild, 144–149, 195. Neueste Zusammenfassung dieses ideologischen Konflikts bei *Alexander Rasthofer*: Vielfalt in Einheit.

Als zu Beginn der damals als *postsozialistisch* bezeichneten Phase die ungarische Linke die Alleinvertretung des Liberalismus beanspruchte, und die ungarische Rechte mit der Wiederbelebung des Nationalliberalismus scheiterte, bildete sich in der deutschen Ungarn-Berichterstattung und in weiten Teilen der Öffentlichkeit des wiedervereinigten Deutschlands die Vorliebe für eines der ideologischen Lager in Ungarn heraus: Die Medien stellten sich zumeist auf die Seite des nationskritischen oder die Nation gar verwerfenden ungarischen Liberalismus. Die ungarische oppositionelle und die deutsche Abneigung gegen den auflebenden ungarischen Konservativismus bedingten sich gegenseitig.[19] Bei der deutschen Fürsprache für die sozialistisch-liberale Strömung in Ungarn spielte die Zuneigung für den ungarischen Reformsozialismus eine maßgebliche Rolle. Die Enttäuschung über dessen Zusammenbruch wurde vom rechtskonservativen Sieg bei den ungarischen Parlamentswahlen 1990 nur verstärkt.[20] Über dem Regierungsantritt der Budapester Wahlsieger lag überdies der Schatten einer – für die sich formierende neue Führung in Budapest sonderbaren – Erwartung der Bonner Regierungsspitze. Laut dem Augen- und Ohrenzeugenbericht eines Beteiligten aus der Leitung des MDF erhielt József Antall bei einer Vorstandssitzung seiner Partei vor Abschluss der Koalitionsgespräche einen Anruf Helmut Kohls, der ihn zur Regierungsbildung beglückwünschte und dabei seine Hoffnung ausdrückte, dass Gyula Horn, in den Wochen vor und während der Grenzöffnungen 1989 Außenminister Ungarns, Mitbegründer und Vorsitzender der gerade abgewählten sozialistischen Partei, das Amt des Außenministers im Kabinett Antall bekleiden werde. Nachdem Antall diese Möglichkeit mit Hinweis auf Horns Wahlkampf gegen das MDF ausgeschlossen, und Kohl seine Hoffnung als Bitte bekräftigt hatte, sei das Telefongespräch in abgekühlter Stimmung zu Ende geführt worden.[21] Lange Jahre unbekannt, verweist diese Episode auf die Phasenverschiebung zwischen den beiden politischen Umbrüchen, aus der die Wertschätzung des Christdemokraten Kohl für den Sozialisten Horn er-

---

Liberalismus und Kommunitarismus in der Staatsphilosophie Ungarns unter Viktor Orbán und dem Fidesz. In: Ungarn-Jahrbuch. Zeitschrift für intedisziplinäre Hungarologie 39 (2023) 185–268, hier 211–213.

[19] *Lengyel*: Das Ungarn-Bild, 144–149.

[20] *Lengyel*: Magyarország külföldi képe, 102–104; *Péter Tölgyessy*: Külső mintakövetés vagy nemzetállami megoldáskeresés? Magyarország a nyugati sajtó címlapjain a rendszerváltástól napjainkig (1989–2020). In: Magyarország címlapon. Hazánk története a nyugati sajtó tükrében, 1848–2020. Hgg. Csaba Kiss/András Szalay-Berzeviczy. Budapest 2021, 203–250; *Valuch*: A kádárizmus.

[21] Der Augen- und Ohrenzeuge des Telefongesprächs war Sándor Lezsák, heute als Mitglied der Regierungspartei Fidesz einer der Vizepräsidenten des ungarischen Parlaments. Sein in Gesprächsform kommentierter Bericht: *Gábor Tóth*: Antall megkért, hogy erről senkinek se beszéljek. In: Vasárnap, 6. November 2020. https://vasarnap.hu/2020/11/06/lezsak-sandor-antall-megkert-errol-senkinek-se-beszeljek/ (8. Juli 2025).

klärbar wird. Denn der Systemwandel in Deutschland begann, als er in Ungarn noch nicht abzusehen war. Die Öffnungen der Westgrenze im August und im September 1989 setzte Budapest als Maßnahme der Staatsreform, nicht des Staatsumbaus durch. Und Horn wurde durch seine teilweise medial inszenierten Auftritte zu ihrem international prominenten Gesicht, als Antall selbst der ungarischen Öffentlichkeit kaum bekannt war.[22]

Der frühen deutschen Einmischung in den ungarischen politischen Kulturkampf lieferte der erste von den eingangs angekündigten beiden ungarischen Politikersätzen eine ebenso unverhoffte wie unbeabsichtigte Rechtfertigungsgrundlage: Ministerpräsident Antall erklärte 1990 und 1992 öffentlich, dass er „der Ministerpräsident von zehn Millionen ungarischen Staatsbürgern, aber in der Seele und den Empfindungen der Ministerpräsident von fünfzehn Millionen Ungarn zu sein wünsche“.[23]

Diese Worte kamen wie gerufen für die Medien in Deutschland, die entweder dem Regierungskurs in Ungarn misstrauten und ihm deshalb das Verständnis verweigerten, oder sprachlich und fachlich außerstande waren, Antalls politisches Bekenntnis zur Nation nachzuvollziehen. In den ersten Jahren des ungarischen Systemwandels zitierte die tonangebende deutsche Presse die Äußerung des Ministerpräsidenten in der Regel als *der Ministerpräsident von fünfzehn Millionen Ungarn*, also ohne das zusammengesetzte Beiwort *in der Seele*. Ein Beispiel nicht identifizierbarer Autorenschaft aus dem ‚Der Spiegel‘ zitierte Anfang Januar 1994 die Aussage des knapp drei Wochen zuvor verstorbenen József Antall mit einem eigenwillig verdrehten Inhalt. Der ungarische Regierungschef, stand unter dem Titel „Faschismus. Die alten Dämonen tanzen“ zu lesen, habe „bald nach seinem Amtsantritt“ verkündet, „er fühle sich als ‚Premier in den Herzen von 15 Millionen Ungarn‘ – obwohl nur gut 10 Millionen innerhalb der Landesgrenzen wohnen.“ Die Autorin oder der Autor des ungezeichneten längeren Artikels erhöhte noch den Grad der inhaltlichen Verzerrung mit anschließendem Kommentar: „Ungarn und sein Drang zu faschistoider Tradition ist ein trauriger Paradefall für die These des Jerusa-

[22] Vgl. *József Debreczeni*: A Miniszterelnök. Antall József és a rendszerváltozás. Budapest 1998, 41–77; *Andreas Oplatka*: Der erste Riss in der Mauer. September 1989 – Ungarn öffnet die Grenze. Wien 2009, 51–239; Das Vorspiel für die Grenzöffnung.

[23] Eröffnungsrede József Antalls auf dem III. Ungarischen Ärztetag, Budapest, 18.–21. August 1992. In: A Magyarok III. Világkongresszusának és az MVSZ küldöttközgyűlésének dokumentumai. Budapest 1992, 45. Auf dem III. Landeskongreß des MDF in Budapest vom 2. Juni 1990 lautete die Erklärung: „In gesetzlichem Sinn, auf der Grundlage des ungarischen öffentlichen Rechts, als Ministerpräsident aller Staatsbürger Ungarns, dieses Landes mit zehn Millionen Einwohnern – wünsche ich, in der Seele, im Gefühl Ministerpräsident von 15 Millionen Magyaren zu sein.“ Zitiert von *Debreczeni*: A Miniszterelnök, 137.

lemer Historikers Schlomo Avineri, wonach ‚die beste Vorhersage für die Zukunft aller postkommunistischen Länder die Vergangenheit ist' ". Die Hamburger Wochenzeitschrift spannte den Professor an der Hebrew University Jerusalem in ihre Warnung vor Ungarns vermeintlicher *Faschisierung* ein: „Es [Ungarn] hat den Vorsprung schon verspielt. Auch in diesem einstigen Musterland demokratischen Fortschritts entwickelt sich die Geschichte rückwärts. Die mit nur einem Viertel aller Wahlberechtigten gewählte Regierung der Mitte driftete unter Antall nach rechts." Als das *Musterland* galt hier das Ungarn im Spätkádárismus: „Die letzte Regierung vor der Wende unter dem jungen Premier Miklos Nemeth unterschied sich kaum von einer demokratischen. Es herrschten Presse-, Versammlungs- und Reisefreiheit. Reformkommunistische Politiker wie Imre Pozsgay und Außenminister Gyula Horn öffneten gegen den zornigen Protest der Ost-Berliner Betonköpfe um Erich Honecker die Grenze für flüchtende DDR-Bürger."[24] Diese Lobpreisung ordnete sich in der linksgerichteten Publizistik Deutschlands Anfang 1994, Wochen vor der zweiten freien Parlamentswahl im nachkommunistischen Ungarn, in die Reihe der medialen Manifestationen für eine Rückkehr der ungarischen Sozialisten an die Macht ein.[25] Der Hamburger Artikel stach insofern hervor, als er es fertigbrachte, neben József Antalls Worten auch jene Schlomo Avineris entstellt wiederzugeben.[26]

---

24 Faschismus. Die alten Dämonen tanzen. In: Der Spiegel, 2. Januar 1994. https://www.spiegel.de/politik/die-alten-daemonen-tanzen-a-06bffdbb-0002-0001-0000-000013682849 (22. Juni 2025).

25 *Zsolt K. Lengyel*: Das Bild der deutschen Publizistik vom Systemwandel in Ungarn. September 1993–April 1994. In: Ungarn-Jahrbuch. Zeitschrift für die Kunde Ungarns und verwandte Gebiete 21 (1993–1994) 89–110.

26 Shlomo Avineri drückte seine Gedanken über die historische Dimension der politischen Kultur Ostmitteleuropas ursprünglich in einer Wiener Zeitschrift 1993 aus. Zu Ungarn äußerte er sich gerade nicht in der vom Hamburger Wochenblatt unterstellten Art: „Das tschechische, ungarische und polnische Beispiel zeigen durch ihren relativen Erfolg, daß die untrennbare Verbindung zwischen bereits vorhandenen Traditionen einer bürgerlichen Gesellschaft und der Fähigkeit zu ihrem weiteren Ausbau durch erfolgreiche Reformen die beste Garantie für einen friedlichen Übergang darstellen." (*S. Avineri*: Demokratie und Nationalismus in postkommunistischen Staaten. In: Europäische Rundschau, 1993/4, 51–60, hier 60.) Im Februar 1994, einen Monat nach Erscheinen des Hamburger Artikels, kam er auf Bitten der Redaktion der ‚Neuen Zürcher Zeitung' auf den Fragenkreis zurück. Auch in diesem veröffentlichten Interview sprach er im Zusammenhang Ungarns nicht von der Wiederbelebung der „faschistischen" Tradition, sondern vom historischen Gegensatz zwischen *Urbanisten* und *Volkstümlichen*, dessen aktuelle Auswirkungen er ebenso positiv bewertete wie in seinem Wiener Zeitschriftenbeitrag: „Auch in Ungarn sieht man hinter der gegenwärtigen Parteienlandschaft die Konturen der alten: den Gegensatz der Urbanisten und der Populisten der zwanziger und dreissiger Jahre. Auf solche Analogien verweise ich aber mit einiger Zuversicht; die alten Konflikte sind Ausdruck der nachwirkenden Tradition bürgerlicher Gesellschaftlichkeit und damit Index guter Chancen bei der Schaffung der not-

Ein weiteres Beispiel aus dem deutschen Wahlkampf gegen die rechtskonservative Regierungskoalition in Budapest stammt ebenfalls aus Hamburg. József Antall habe verkündet, dass er „der Ministerpräsident von fünfzehn Millionen" sei, entrüstete sich im Frühjahr 1994 auch ‚Die Zeit', „obwohl der ungarische Staat nur elf [!] Millionen Bürger zählt und der Rest als Minderheit in den Nachbarländern lebt". Die Autorin des Blattes in der Freien Hansestadt folgerte aus dieser Verzerrung auf eine nationalistische Durchdringung des ungarischen Rechtskonservativismus. Die Budapester Regierungskoalition habe sich seit 1990 der „Nation, Religion und Tradition" verschrieben und jene, die „das Ungartum nicht strahlend und unbefleckt" darstellten, „als Parteigänger der Kommunisten, als Nestbeschmutzer und Landesverräter oder als ein unsicheres, kosmopolitisches Element" beschimpft. „Konservative Rechte und extreme Nationalisten im MDF waren bald kaum noch zu unterscheiden", und die Einstellung von Ministerpräsident Antall „gegenüber faschistischen Horthy-Traditionen und irredentistischen Wunschträumen" sei „äußerst zweideutig" gewesen.[27]

Die Kenntnis oder gar Auswertung der Staatsverfassung Ungarns hätten geholfen, das nationalpolitische Glaubensbekenntnis Budapests ins rechte Licht zu rücken. Sie war im Oktober 1989, als die sozialistische Staatspartei noch an der Macht war, novelliert worden. Seither bestimmte sie im Artikel 6, Absatz 3 über Parteigrenzen hinweg folgendes: „Die Republik Ungarn empfindet Verantwortung für das Schicksal der jenseits ihrer Grenzen lebenden Ungarn und fördert die Pflege ihres Kontakts mit Ungarn."[28] Der journalistische Kniff sorgte mit dafür, dass im Ausland – mit deutscher Vermittlung – das Bild vom neuen ungarischen Nationalismus entstand, dem umgehend oder später auch der Stempel des Antisemitismus, der Roma- und Muslimfeindlichkeit, schließlich auch der Homophobie anhaften sollte.

III. Der Bruch innerhalb des ungarischen Liberalismus

Diese Ungarn-Beurteilung setzte sich trotz des Regierungsantritts der sozialistisch-freidemokratischen Koalition unter Führung der MSZP nach den

wendigen Voraussetzungen für Demokratie und Marktwirtschaft." *Georg Kohler/Martin Meyer*: Solidarität und Realpolitik. Ein Gespräch mit Shlomo Avineri. In: Neue Zürcher Zeitung, 12./13. Februar 1994.

27 *Helga Hirsch*: Wende aus Verdruß. Ungarn vor der Wahl: Die Konservativen verprellten das Volk. Nun hoffen die Sozialisten auf die Macht. In: Die Zeit, 6. Mai 1994.

28 Deutsche Übersetzung aus der Fassung der Neubekanntmachung vom 24. August 1990 bei *Herbert Küpper*: Die ungarische Verfassung nach zwei Jahrzehnten des Übergangs. Einführung mit Textübersetzung. Frankfurt am Main [u. a.] 2007, 121–162, hier 123.

Parlamentswahlen 1994 fort und verband die ursprünglich vornehmlich bemühte Kulturkritik mit Systemkritik.[29] Eine Grundvoraussetzung für die steigende Heftigkeit der Verrisse war der Bruch innerhalb des ungarischen Liberalismus zur Mitte der 1990er Jahre. Der linksliberale SZDSZ beteiligte sich an der Regierung mit den Sozialisten, während der Verband Junger Demokraten (*Fiatal Demokraták Szövetsége*, Fidesz), bis dahin im liberalen Lager, in der Opposition verblieb und sich unter seinem Vorsitzenden Viktor Orbán zu einer rechtskonservativen Partei nationaler Ausrichtung umzuwandeln begann.[30] In diese Phase reicht eine tiefe Wurzel des in der regierungsamtlichen Kommunikation Budapests begrifflich erst 2014 aufgetauchten *Illiberalismus* zurück. Die bei den Parlamentswahlen 1998 siegreiche rechtskonservative Koalition wurde bereits vom Fidesz angeführt, während die vormaligen Koalitionspartner in der Opposition die sozialistische und die liberale Strömung miteinander verschmolzen. Dieser Linksliberalismus gewann 2002 erneut die Regierungsmacht, die sie dann acht Jahre lang behauptete.[31]

Die nach 1990 zunächst dreipolige: rechtskonservative, sozialistische und linksliberale innenpolitische Landschaft Ungarns sollte sich also bis 2010 in eine doppelpolige umgestalten. Die deutsche politische und Presseöffentlichkeit verfolgte diesen Vorgang mit geschärftem Blick auf das Zerwürfnis zwischen *Urbanisten* und *Volkstümlichen*, das den Fidesz, die Partei Viktor Orbáns, auf der schlechten Seite erscheinen ließ. Der Bewertungsschwerpunkt aus den Anfangsjahren des ungarischen Systemwandels erhielt so neue Nahrung. Mit ihm setzte sich in der deutschen Auseinandersetzung mit Ungarn der linke Vorzug fest. Ein wichtiges Nebenergebnis der Spaltung des ungarischen Liberalismus – der Missmut über den Abtrünnigen Orbán –, wird aber erst nach dessen zweiter Regierungsbildung 2010 seine volle Wirkung entfalten.

IV. Vom Vorurteil zum Urteil

Die deutsche Parteinahme für eine Seite des ungarischen politischen Kulturkampfes wurde vom Vormachtstreben der Liberaldemokratie gefördert. Eine besondere Empfindlichkeit nährte in diesem Zusammenhang die aus der ungarischen und der internationalen Publizistik entlehnte Meinung, nach der in Ungarn „liberal“ für die ungarische Rechte auch „jüdisch“ bezeichne, wobei „liberal“ eigentlich ein Schimpfwort sei, das einen kodierten Antisemitis-

[29] Zur Kultur- und Systemkritik ausführlich: *Lengyel*: Das Ungarn-Bild, 151–194.

[30] *Edith Oltay*: Der Weg des Fidesz zur größten ungarischen Mitte-Rechts-Partei. In: Konservativismus im 21. Jahrhundert. Liebe zu alten Lastern oder Angst vor neuen Fehlern? Hg. Ellen Bos. Baden-Baden 2014, 179–203, hier 179–186.

[31] Ebenda, 188–195.

mus ausdrücke.[32] Deutschsprachige Presseorgane spürten mit ihrer ungarischen Autorenschaft bereits vor Beendigung der ungarischen Parlamentswahl vom 11.–25. April 2010 den „Vorgeschmack des Kulturkampfes", sahen sogar den „Geist des Neofaschismus" aufsteigen,[33] in Ungarn, wo „sich Juden wieder fürchten"[34] müssten. Solche Alarmsignale verdichteten sich im Vorwurf des fremdenfeindlichen Autoritarismus beziehungsweise der Diktatur, als abzusehen war, dass sich die Kräfteverhältnisse im Budapester Parlament zu Lasten der Sozialisten und der Freidemokraten verändern würden.

Fünf Tage nach dem zweiten Wahlgang vom 25. April 2010 waren weder die personelle Zusammensetzung noch das Programm der neuen Regierung bekannt. Doch die überregionale Tagespresse in Deutschland visionierte einen Rechtsrutsch, in dessen gravierendster Folge die unbewältigte Vergangenheit Ungarns wiederkehren werde. Zwei Tage vor dem 29. Mai 2010, als die neuen Kabinettsmitglieder in Budapest ihre Ernennungsurkunde erhielten, verstieg sich manch ein Beobachter zur Vorhersage, dass die antretende zweite Orbán-Regierung auf die Allmacht im Staat zusteuern werde. Redaktionen ließen zum Nachdruck ungarische Warner aus Budapest vor einer neuen – der ungarischen – Diktatur in Ostmitteleuropa zu Wort kommen. Die Botschaft über diesen drohenden diktatorischen Nationalismus sandten wenige Monate nach dem Budapester Regierungswechsel auch international renommierte Persönlichkeiten der ungarischen Kulturszene in die deutsche Medienöffentlichkeit.[35]

Nach einer verbreiteten Lesart sei die Verantwortung für die Schroffheit der Ausdrucksweise und die Grobheit der Bewertungen in den deutsch-ungari-

---

[32] *István Eörsi*: Peinliche Verschleppung. In: Die Tageszeitung, 20. April 2004. http://www.taz.de/!761522/ (22. Juni 2025); *Kathrin Lauer*: „In Ungarn wird der Liberalismus mit den Kommunisten und den Juden identifiziert." Hier beginnt etwas Neues. Der ungarische Schriftsteller György Konrád über den Erdrutschsieg der Rechtspopulisten in seinem Heimatland. In: Süddeutsche Zeitung, 13. April 2010; *Gero von Randow*: Wo liberal ein Schimpfwort ist. Wie hat der Rechtspopulist Viktor Orbán die Ungarn herumgekriegt? Besuch im Land der starken Männer. In: Zeit Online, 28. April 2016. http://www.zeit.de/2016/17/ungarn-viktor-orban-konservatismus-populismus (22. Juni 2025); *Keno Verseck*: Intellektuellen-Verfolgung in Ungarn. Abrechnung nach alter Manier. Ungarns Regierung bedrängte erst die liberalen Medien, jetzt Intellektuelle und Künstler. Ein „Abrechnungsbeauftragter" ermittelt deshalb gegen liberale Philosophen. In: Die Tageszeitung, 29. März 2011. http://www.taz.de/!5123966/ (9. Juli 2025).

[33] *György Konrád*: Wie kann in Ungarn der Geist des Neofaschismus gezähmt werden? Die Launen des Bumerangs. In: Neue Zürcher Zeitung, 16. April 2010.

[34] *Paul Lendvai*: In Ungarn müssen sich Juden wieder fürchten. In: Welt Online, 17. November 2009. https://www.welt.de/kultur/article5240553/In-Ungarn-muessen-sich-Juden-wieder-fuerchten.html (22. Juni 2025).

[35] *Lengyel*: Das Ungarn-Bild, 149–151.

schen Beziehungen sowie jenen zwischen der EU und Ungarn letztlich einer Person, Viktor Orbán zuzuschreiben. Aus dieser um 2010 beginnenden Konfliktgeschichte erhellt aber, dass der ungarische Ministerpräsident zeitversetzt, gleichsam schrittweise in jene Streitbereitschaft hineingewachsen ist, die deutsche Korrespondenten und Kommentatoren sowie Politiker in Berlin, Brüssel und Straßburg ihm gegenüber schon bei der Bildung seines zweiten Kabinetts bezeugt hatten.[36] Viktor Orbán stellte etwa in der Flüchtlings- und Migrationskrise 2015 nicht die Angemessenheit der deutschen oder der französischen Lösung in Frage, sondern äußerte lediglich den Anspruch Ungarns, seinen eigenen Weg zu gehen, der nicht in die „multikulturelle Gesellschaft" führe.[37] Neun Jahre später, auf der denkwürdigen Plenartagung des Europäischen Parlaments in Straßburg am 9. Oktober 2024, schlug er sich schon breitseitig, als er sagte, dass Europa in Wahrheit „von der europäischen Linken geschützt werden" müsse.[38] Deswegen – hatte er in seiner Budapester Rede zum Nationalfeiertag vom 15. März 2024 erklärt –, „müsse Brüssel erobert werden".[39] Am Ende der „parteipolitischen Intifada" in Straßburg richtete er, über die „pure politische Propaganda" gegen Ungarn als turnusmäßigen Ratsvorsitzenden sichtlich bestürzt, folgende Abschiedsworte an den Plenarsaal: „Ich bedaure dies zutiefst, aber ich werde nicht in Ihrer Schuld stehen, bei keinem von Ihnen! Wenn wir angegriffen werden, werde ich mein Land verteidigen."[40]

36 Ebenda, 151–173.

37 *Stephan Löwenstein*: „Wir wollen keine multikulturelle Gesellschaft". Im Gespräch: Ungarns Ministerpräsident Viktor Orbán über das Verhältnis zu Russland, Korruption im eigenen Land und den Umgang mit Flüchtlingen. In: Frankfurter Allgemeine Zeitung, 5. Februar 2015.

38 *Tamás Nótin*: Orbán Viktor: Sajnálom, hogy az Európai Parlament az ócska propaganda helyszíne lett. In: Index, 9. Oktober 2024. https://index.hu/kulfold/2024/10/09/orban-viktor-europai-parlament-strasbourg-unios-elnokseg-program-beszed-europai-unio/ (5. Juli 2025).

39 *Gábor Kiss*: Orbán Viktor: El kell foglalnunk Brüsszelt. In: Euronews, 15. März 2024. https://hu.euronews.com/2024/03/15/orban-viktor-europa-nepei-brusszeltol-fel tik-a-szabdsagukat (5. Juli 2025).

40 „Ezt mélyen sajnálom, de nem fogok adós maradni Önöknek, egyikőjüknek sem! Ha megtámadnak bennünket, meg fogom védeni a hazámat." Orbán Viktor viszontválasza az Európai Parlamentben. 9. Oktober 2024. In: Orbán Viktor miniszterelnök hivatalos oldala. https://miniszterelnok.hu/orban-viktor-viszonvalasza-az-europai-parlamentben/ (5. Juli 2025). Der zitierte Schluss der Rede im Original ab 17:28: https://www.youtube.com/watch?app=desktop&v=EGGf9I8N_iY (5. Juli 2025).

V. Die zweite Fehldeutung: der ungarische Illiberalismus

Die Rede des ungarischen Ministerpräsidenten auf der Jahresveranstaltung der Freien Sommeruniversität in Tusnádfürdő (*Băile Tuşnad*, Rumänien) am 26. Juli 2014 ließ die Flut der Kritik weiter anschwellen. Sie enthielt von den erwähnten problematischen Sätzen zweier ungarischer Politiker den zweiten, dessen ausländische Rezeption die Wahrnehmung der ungarischen Regierung – und zumindest mittelbar der ungarischen Gesellschaft – in einer Weise beeinflusst, die mit jener der skandalisierten Äußerung des Ministerpräsidenten József Antall in den Jahren 1990 und 1992 vergleichbar ist.

Berüchtigt wurde daraus der Gedanke Orbáns, dass der „neue Staat, den wir in Ungarn bauen, kein liberaler Staat, sondern ein illiberaler Staat", also ein *nicht liberaler Staat* ist: „Er verneint nicht die Grundwerte des Liberalismus, wie die Freiheit, und ich könnte noch weitere Beispiele nennen, macht aber diese Ideologie nicht zum zentralen Element der Staatsorganisation, sondern enthält einen von dieser abweichenden, eigenen, nationalen Denkansatz."[41] Der ungarische Ministerpräsident sprach wohlgemerkt vom *illiberalen Staat*, womit er sich mittelbar gegen die in den Vorjahren aus Oppositionskreisen vorgebrachte Anschuldigung verwahrte, eine „illiberale Demokratie" aufzubauen.[42]

Die Nachricht von diesem im siebenbürgischen Szeklerland proklamierten ungarischen *Illiberalismus* ist allerdings sprachlich, somit inhaltlich abgewandelt in die deutsche politische Öffentlichkeit eingegangen. Einen Löwenanteil daran leisteten politische Journalisten und Analysten jenseits und diesseits der Staatsgrenzen Ungarns, die dem ungarischen Ministerpräsidenten den zusammengesetzten Begriff *illiberale Demokratie* in den Mund legten – diejenigen ungarischer Herkunft, obwohl ihnen schon die Originalbezeichnung und die wahre Bedeutung des in der Orbánschen Rede skizzierten „illiberalen Staates" bekannt sein mußte.[43] Deutsche Blätter und Portale haben, welcher ideologischer Ausrichtung sie auch sein mochten, so gut wie einstimmig die Absicht und die Praxis der Einschränkung der staatsbürgerlichen Menschen- und Minderheitenrechte, ja sogar der Aufhebung der Demokratie selbst herausgelesen,[44] und vermitteln diese Auslegung – wie noch ausgeführt wird – seither uner-

---

[41] Viktor Orbáns Rede auf der 25. Freien Sommeruniversität in Băile Tuşnad (Rumänien) am 26. Juli 2014. In: Pusztaranger, 1. August 2014. https://pusztaranger.wordpress.com/2014/08/01/viktor-orbans-rede-auf-der-25-freien-sommeruniversitat-in-baile-tusnad-rumanien-am-26-juli-2014/ (5. Juli 2025). Übersetzung von Júlia Horváth.

[42] *András Bozóki*: Autoritäre Versuchung. Die Krise der ungarischen Demokratie. In: Osteuropa 61 (2011) 12, 12, 65–87, hier 65.

[43] Wie beispielsweise *Krisztina Koenen*: Orbánismus in Ungarn. Ursprünge und Elemente der „illiberalen Demokratie". In: Osteuropa 65 (2015) 11–12, 33–44.

[44] *Lengyel*: Das Ungarn-Bild, 168–170.

mündlich. Im vergangenen Jahrzehnt hat sich kein maßgebliches Forum der deutschen öffentlich-rechtlichen Medien und Tagespresse bereitgefunden, Orbáns Illiberalismus mit dem innen-, wirtschafts- und außenpolitisch angeregten Gegensatz zwischen zwei Polen zu erklären: einerseits dem individualistischen und am materiellen Nutzen orientierten Liberalismus, der sich zur internationalen Hegemonie aufschwingt, andererseits dem nationalen Weltbild, das im kulturell unterbauten Gemeinschaftsprinzip wurzelt.[45] Die deutschen Kritiker haben außerdem geflissentlich oder aus Unachtsamkeit nicht bedacht, dass der noch so unglücklich gewählte Begriff in der Rede weder eine Gegnerschaft zum Liberalismus noch die Qualität der Demokratie, sondern nur den beigeordneten Stellenwert des Liberalismus im Staat bezeichnete. In Umlauf kam auch in sonst seriösen Blättern die inhaltlich entscheidend abgewandelte Form „antiliberales Weltbild".[46] Dabei hatte Orbán in seiner Rede eine Staatsordnung als *illiberal* dargestellt, die nicht einmal liberalismusfrei ist, sondern dem Liberalismus bloß die Alleinherrschaft entzieht, seine Existenzberechtigung also nicht aufhebt. Dem ungarischen Ministerpräsidenten ging es nicht um die Konzipierung einer unfreien, sondern einer *arbeitsbasierten* Gesellschaft, die er als befolgenswerte Alternative zum liberalistischen Staatsaufbau verstand. Die Kernstelle seiner Rede, an der er seinen „nationalen Denkansatz" präzisierte, lautete: „Wenn wir von hier betrachten, was um uns herum vorgeht, gingen wir immer davon aus, dass wir drei Formen der Staatsorganisation kannten: Den Nationalstaat, den liberalen Staat und den Wohlfahrtsstaat. Und die Frage ist, was kommt jetzt? Die ungarische Antwort ist, dass die Epoche eines auf Arbeit basierten Staates anbrechen kann, wir wollen eine auf Arbeit basierte Gesellschaft organisieren, die, wie ich vorhin bereits erwähnte, das Odium auf sich nimmt, klar auszusprechen, dass sie nicht liberaler Natur ist."[47]

Die Rede Orbáns wurde schon wenige Tage später in deutscher Übersetzung ins Internet gestellt. Ihrer aufmerksamen Interpretation stand und steht außerhalb des ungarischen Sprachraumes kein sprachliches Hindernis entgegen. Dennoch ist ihr Kernbegriff *Illiberalismus* beinahe seit dem Augenblick, in dem ihn Orbán in obigem Sinn aussprach, eines der verbalen Kampfmittel in den parteipolitisch-ideologischen Fehden mit ihrem Autor. Den Gegnern Orbáns kam die bei politischen Kundgebungen übliche Oberflächlichkeit der Leitthese zugute. Mit deren Umschreibung, die unter den massenmedialen

---

[45] Diesen politikwissenschaftlichen Erklärungsansatz bedient *Rasthofer*: Vielfalt in Einheit, 190–234.

[46] *Stephan Löwenstein*: Orbáns antiliberales Weltbild. Ungarns Regierungschef propagiert den „konservativen Aufstand". In: Frankfurter Allgemeine Zeitung, 12. Oktober 2020.

[47] Viktor Orbáns Rede auf der 25. Freien Sommeruniversität in Băile Tuşnad (Rumänien) am 26. Juli 2014.

Umständen unauffällig oder sogar unbemerkt blieb, hat das *schlechte* Gegenstück der *guten* liberalen Demokratie einen Klarnamen erhalten.

In dieser Rolle festigte den ungarischen Illiberalismus ein halbes Jahr später der Einwand von Angela Merkel auf der mit Viktor Orbán gemeinsamen Budapester Pressekonferenz vom 2. Februar 2015. Der christdemokratische Wortschatz, antwortete die Bundeskanzlerin auf eine Journalistenfrage aus der internationalen Presse, beinhalte für sie neben *christlich-sozial* und *konservativ* auch *liberal*. Deswegen könne sie mit dem Wort *illiberal* „persönlich im Zusammenhang mit Demokratie ehrlich gesagt nichts anfangen“.[48] Offenbar hatte Merkel von ihren Beratern ebenfalls vernommen, dass Orbán die Demokratie ihrer Freiheitsrechte berauben wolle. Jedenfalls lag seither der Bann der deutschen Bundeskanzlerin über dem Reizwort, obwohl Orbán auf der Pressekonferenz erneut nur die Privilegierung der Liberaldemokratie in einem Staatswesen zurückwies.[49] In den folgenden Jahren öffnete er sich mit dieser Auslegung seines Illiberalismus hin zur Christdemokratie, deren liberalen Charakter er abstritt.[50]

Orbáns Versuch, die illiberale Schmuddelecke zu verlassen, stieß im Verlauf der Jahre auf weitere hochrangige Gegenwehr, die vor politischer Verunglimpfung nicht zurückschreckte. Eine international geachtete Philosophin aus Ungarn sah es als gerechtfertigt an, das System Orbán ideengeschichtlich aus dem italienischen Faschismus abzuleiten. 2017 ließ sie sich auf einem deutschsprachigen Fachportal von ihren Emotionen zu folgender Feststellung und Bewertung hinreißen: „Vom ungarischen Ministerpräsidenten Viktor Orbán stammt bekanntlich der affirmativ verwendete Ausdruck ‚illiberale Demokratie‘. Die dahinterstehende Idee ist allerdings wesentlich älter. Schon vor einhundert Jahren sprach der Begründer des politischen Faschismus, der italienische Duce Benito Mussolini, über den Untergang des Liberalismus und den Aufstieg des illiberalen Europa.“[51]

---

48 Zitiert von *Annamária Fábián/Igor Trost*: Politolinguistische Analyse der Argumentationsschemata und der Persuasion in der Budapester Pressekonferenz von Bundeskanzlerin Angela Merkel und Ministerpräsident Viktor Orbán vom 2. Februar 2015. In: Ungarn-Jahrbuch. Zeitschrift für interdisziplinäre Hungarologie 32 (2024/2015) 243–258, hier 255.

49 Mit Originalzitat: *Fábián/Trost*: Politolinguistische Analyse, 255.

50 Z. B. fünf Jahre nach seiner ominösen Rede auf der gleichen Sommeruniversität in Siebenbürgen: Orbán Viktor beszéde a XXX. Bálványosi Nyári Szabadegyetem és Diáktáborban. Tusnádfürdő (Băile Tuşnad), 27. Juli 2019. In: Magyarország kormánya. Miniszterelnöki Kabinetiroda. https://2015–2019.kormany.hu/hu/a-miniszterelnok/beszedek-publikaciok-interjuk/orban-viktor-beszede-a-xxx-balvanyosi-nyari-szabadegyetem-es-diaktaborban (19. Juli 2025).

51 *Ágnes Heller*: Von Mussolini bis Orban: Der illiberale Geist. In: Blätter für deutsche und internationale Politik, August 2017. https://www.blaetter.de/ausgabe/2017/august/von-mussolini-bis-orban-der-illiberale-geist (18. Juli 2025).

Die Gründe für die ungestüme Ablehnung des zitierten Vortragsabschnitts sind erst dann weitgehend erschließbar, wenn der politische Werdegang seines Urhebers seit den Anfängen des ungarischen Systemwandels mitberücksichtigt wird. Viktor Orbáns Worte bestätigten 2014, was in aller Welt bekannt war: Dass er sich nach wie vor nicht der politischen Gemeinschaft der Liberalen hinzurechnete. Daher wäre es zumindest erklärlich, wenn er sich mit *illiberal* vom liberaldemokratischen Gegner im In- und Ausland absetzen wollte. Dennoch war der Begriff doppelt unbedarft gewählt, weil er den Inhalt des eigentlichen Gedankens ungenau wiedergab und zu allem Überdruß unscharf genug war, mißverstanden oder fehlgedeutet zu werden. Dass die Rezeption die letztere Chance ergriff, hing psychologisch ursächlich mit der Atmosphäre des Verrats zusammen, die Viktor Orbán seit dem inneren Bruch des ungarischen Liberalismus in den 1990er Jahren umweht. Seine in- und ausländischen politischen Weggefährtinnen und Weggefährten aus der Zeit, als die Partei der Jungdemokraten tatsächlich jung war, haben dem so talentierten und damals allgemein gelobten Anführer des Fidesz den Wechsel in das Lager der nationalen Rechtskonservativen nicht verziehen.[52] Aus dieser Stimmung der Enttäuschung und Verärgerung bauten sie sich Orbán zur Zielscheibe ihrer eigenen Feindseligkeit auf. Ein neueres Beispiel hierfür liefert eine Mitstreiterin aus den Anfängen der Fidesz-Partei – von 1990 bis 1994 deren Abgeordnete im Budapester Parlament –, heute Programmdirektorin des Central European University, Democracy Institute Leadership Academy in Budapest. In ihrem zunächst auf Englisch, dann Ungarisch erschienenen Buch „Verdorbene Demokratie. Viktor Orbán und der Umsturz in Ungarn“ behauptet sie, dass Orbán mit seiner Rede 2014 eine „antiliberale Politik“ eingeläutet habe.[53]

Die Konstruktion dieses Feindbildes fügt sich in die Betriebsstruktur der Anti-Orbán-Bewegung ein, weil sie eine Gestalt in die Arena stellt, mit der keine sachlichen Debatten zu führen sind, die es also nurmehr zu bekämpfen und niederzuringen gilt. Die Medien in Deutschland bieten diesem letztlich debattenlosen Disput breiten Raum und fördern damit die Neigung von Liberaldemokraten, die eigene Meinung als einzig legitime auszugeben, somit selbst sogar im Antiliberalismus zu versinken.

VI. Bildungskrise in der Dialog- und Streitunfähigkeit

Auch der Journalismus ist gehalten, bei wortwörtlicher oder sinngemäßer Wiedergabe von Originaltexten korrekt zu zitieren. Mit der Verletzung dieser

---

52 *Lengyel*: Das Ungarn-Bild, 170–171.

53 *Zsuzsanna Szelényi*: Tainted Democracy. Viktor Orbán and the Subversion of Hungary. London 2022, 78. Ungarische Ausgabe: *Zs. Szelényi*: Szétzilált ország. Hogyan bontotta le Orbán Viktor a demokráciát. Budapest 2023.

Grundregel setzten sich in der deutschsprachigen Ungarn-Berichtserstattung zwei politische Vorurteile fest, die sich alsbald zu Urteilen versteifen sollten: bei Antall jenes des ungarischen Nationalismus, bei Orbán jenes der ungarischen Diktatur. *Nationalismus* und *Diktatur* fassen begrifflich die Negativstimmen über Ungarn zusammen. Diese beiden Arten der Abqualifizierung veranschaulichen gemeinsam die ganze Bandbreite des in Politik, Gesellschaft und Kultur Deutschlands und der EU heutzutagen weitverbreiteten Ungarn-Bildes: Die seit 2010 miteinander verschmolzene Kultur- und Systemkritik stellt eine nationalistische, antisemitische, antimuslimische, homophobe und bürgerrechtliche Selbstabschottung als Bestandteile derselben ungarischen Verirrung heraus. Die hartnäckige Vermittlung der entsprechenden Ansichten durch Medien und politische Foren erweckt den Anschein, als ob die um 2010 lancierte Vorhersage über den Aufstieg der „Orbánokratie“[54] in „Orbánistan”[55] wahr geworden wäre. Als Quelle und Ausdruck der Verfehlungen und Mißstände gab die zitierte philosophische Wortführerin der nationalen und internationalen Orbán-Kritiker den „Nationalismus als Allzweckwaffe“ an.[56]

Für die publizistischen Tiraden aus dem Ausland gegen den „Orbánismus”[57] ist die Vernachlässigung beziehungsweise Vermeidung der sachlichen Beweisführung charakteristisch. Überwölbt wird dieses Merkmal von der Personifizierung des Übels in der Gestalt des Ministerpräsidenten und die Vernetzung der einzelnen Ausprägungen jenes Übels. Dieser Vorwurfsbogen ist so dicht und so tief gesponnen, dass das Gesamtbild auch dann negativ bleibt, wenn für den einen oder anderen Mißstand kein Nachweis herbeizuschaffen ist oder sich der eine oder andere Vorwurf als haltlos erweist. Währenddessen erfährt die deutsche Leser- und Hörerschaft wenig oder gar nichts über wahre Probleme Ungarns im Gesundheits-, Unterrichts- und Wohnungswesen sowie die erörterten und mißglückten oder aber umgesetzten Lösungsoptionen auch im Rechts-, Wirtschafts- und Sozialwesen des Landes, über die Sachgründe der innenpolitischen Auseinandersetzungen und den Zustand der Opposition, die Kontroversen innerhalb des Regierungslagers oder, in vergleichender Per-

---

[54] *Ulrich Kroekel*: Orbanokratie. Der ungarische Ministerpräsident installiert ein autoritäres Regime. Das ist für Europa unerträglich. In: Mittelbayerische Zeitung, 20. Januar 2011.

[55] *Gregor Dotzauer*: Die Zeitschrift „Osteuropa“ über die Lage in Ungarn: Tristesse in Orbánistan. In: Tagesspiegel, 4. März 2012. http://www.tagesspiegel.de/kultur/die-zeitschrift-osteuropa-ueber-die-lage-in-ungarn-tristesse-in-orbnistan/6283382.html (6. Juli 2025).

[56] *Heller*: Von Mussolini bis Orban. Vgl. *Peter Münch*: „Seine ganze Politik ist auf Lügen aufgebaut“. Unter Orbán sei das Land eine Diktatur geworden, sagt die Philosophin Ágnes Heller. Dennoch habe sie nun Hoffnung. In: Süddeutsche Zeitung, 16. April 2018.

[57] *Michaela Seiser*: Ungarn erzürnt über Orbánismus. In: Frankfurter Allgemeine Zeitung, 10. April 2024.

spektive, die politische Kultur und Geschichtsbetrachtungen in Ungarn und Deutschland.[58]

Die gedruckten und die elektronischen Medien, die das Denken über Ungarn im deutschsprachigen Raum prägen und steuern, stecken in einer Bildungskrise. Diese äußert sich neuerdings auch in Artikeln, deren Autorinnen und Autoren den Hass auf Viktor Orbán für den Entwurf einer innenpolitischen Alternative offenbar für ausreichend erachten. Es ist ein Zeichen für den Niedergang des umsichtig analytischen Journalismus, dass von Rachegelüsten angestachelte Gekränktheiten im Wahlvolk Ungarns nicht dazu anregen, das Phänomen entschlüsseln zu wollen. Das Gros der deutschsprachigen Medien hat sich hinter einer 2024 zur größten Oppositionspartei herangewachsenen Anti-Orbán-Bewegung versammelt, ohne aus deren Verlautbarungen ein Programm oder auch nur einen interpretierbaren Programmpunkt herauslesen zu können.[59]

Die ausländische Kritik an der Budapester Regierung zielt, wie sie seit über einem Jahrzehnt überwiegend vorgebracht wird, nicht auf eine strukturelle Verbesserung der ungarischen Demokratie an. Sie will vielmehr den Sturz des Ministerpräsidenten herbeiführen helfen, und zwar auch gegen den mehrheitlichen Wählerwillen. Viktor Orbán regiert seit 2010 in diesem internationalen Gegenwind.[60] Die entsprechende deutsche Kampagne hat unlängst auch den wirtschaftspolitischen Journalismus erfasst.[61] Die Bemühungen, die demokratisch und wiederholt absolutmehrheitlich gewählte Orbán-Regierung zum Fall zu bringen, fingen Ende 2010 an, als das neue ungarische Mediengesetz im westlichen Ausland heftige Reaktionen auslöste, obwohl sein Text vorerst nur in ungarischer Sprache vorlag. Die Nachricht über seine Verabschiedung erreichte dennoch in Windeseile westliche Zeitungsredaktionen und Politiker-

58 Ausführungen zu den einzelnen Sachgebieten und Hinweise auf deren Problembereiche oder Lösungsansätze: Der ungarische Staat. Ein interdisziplinärer Überblick. Hgg. Zoltán Szalai/Balázs Orbán. Wiesbaden 2021; *Werner J. Patzelt*: Ungarn verstehen. Geschichte, Staat, Politik. München 2023; Ungarische Wegmarken. Hgg. B. Bauer/Frank-Lothar Kroll. Budapest 2024; *Tibor Valuch*: Die ungarische Gesellschaft im Wandel. Soziale Veränderungen in Ungarn 1989–2019. Regensburg 2020.

59 Z.B. *Meret Baumann*: Ungarn: Wie Péter Magyar vom Günstling zum gefährlichsten Gegner Orbans wurde. In: Neue Zürcher Zeitung, 31. Mai 2024; *Cathrin Kahlweit*: Herausforderer wirft Orbán „Watergate-Methoden" vor. In: Süddeutsche Zeitung, 12. November 2024; *Paul Lendvai*: Vor einer Zeitenwende in Ungarn. Péter Magyar ist längst der gefährlichste Gegner Viktor Orbáns. Dessen wüste Angriffe auf den Herausforderer verpuffen. In: Der Standard, 2. Dezember 2024.

60 *Lengyel:* Das Ungarn-Bild, 194–211.

61 *Daniel Goffart*: Orban-Besuch: Die Strategie des Störenfrieds. In: Wirtschaftswoche, 8. Juli 2024. https://www.wiwo.de/politik/ausland/orban-besuch-die-strategie-des-stoerenfrieds/29886082.html (6. Juli 2025); *Seiser*: Ungarn.

büros.[62] Wie schon zu Beginn der 1990er Jahre, beeinflusste die ungarische Opposition mit ihrem kulturellen Milieu weiterhin nachhaltig das Ungarn-Bild in Deutschland, das somit Stereotypen linksliberalen Ursprungs aus dem ungarischen politischen Kulturkampf in sich aufnahm. So stellten 2011, 2012 und 2015 Karikaturen in einer überregionalen Zeitung Deutschlands in mehreren Sprachen – und online – Ungarn als Neandertaler an der Tür Europas dar, als einen Staat, dessen Ministerpräsident Nachhilfe in Demokratie nehmen müsse, und als Gemeinwesen, das von Nationalstolz volltrunken sich abschotte.[63]

Im Überblick über die deutschsprachige Ungarn-Berichterstattung der vergangenen rund dreieinhalb Jahrzehnte ist tendenziell die Abnahme der Fachnähe und die Zunahme der Fachferne feststellbar. Dieses Phänomen hat den Typ des „Ungarn-Experten" hervorgebracht, den wiederholt die Redaktionen als solchen bezeichnen. Nach der Jahrtausendwende traten im Thema Ungarns einige Vertreter des sachkundigen, also auch zu begründeter Kritik bereiten und fähigen Journalismus in Ruhestand, die zuvor die Wahrnehmung Ungarns vor einer intellektuellen Verflachung bewahrt hatten, welche Bewertungsrichtung sie auch einschlagen mochten.[64] Etwa zeitgleich mit dem Generationswechsel in den amtlichen oder freiberuflichen Redaktions- und Schreibstuben wandelte sich die Auffassung über die Funktion der einschlägigen Publizistik, die in den 1990er Jahren sachlichen Erkenntnisgewinn und politische Beeinflussung als mehr oder minder gleichgewichtete Ziele verfolgt hatte. Zwischenzeitlich ist sie aber vielerorts dazu übergegangen, in erster Linie ideologische Positionen und Parteiinteressen zu formulieren und zu verbreiten. Diese Umdeutung des journalistischen Bildungs- und Aufklärungsauftrags äußerst sich im Wunsch, Texte in gedruckter oder digitaler Form in den Dienst einer bestimmten Politik zu stellen.

Das publizistische Unternehmen für die Entmachtung des ungarischen Ministerpräsidenten wendet die Methode der Einseitigkeit an. Sie verarbeitet in aller Regel Informationen, die ihre eigene Erzählung stützen. Deswegen geht sie dem Austausch von Argumenten und Gegenargumenten aus dem Weg. So entpuppen sich viele ihrer Tatsachenbehauptungen als politische Werturteile, die sich in ihrer Schärfe von Fall zu Fall überbieten. Ähnliche Engführungen leisten sich die verwissenschaftlichte Publizistik beziehungsweise die publi-

---

62 *Lengyel:* Das Ungarn-Bild, 164–166.

63 Beispiele abgedruckt ebenda, 166, 175, 200.

64 Siehe in erster Linie das ungarnbezogene publizistische Werk von Georg Paul Hefty, Reinhard Olt und Andreas Oplatka (Hinweise bei *Lengyel:* Das Ungarn-Bild). Nach der aktiven Zeit publizierte Aufsatzsammlung von *Reinhard Olt*: Im Karpatenbogen. Ungarn und die Diaspora der Magyaren. Reportagen und Analysen. Budapest 2020.

zistische Geschichts- und Politikwissenschaft in Sonderausgaben von Zeitschriften.[65] Fehlender sprachlicher und thematischer Zugang zu Ungarn,[66] die Wahrnehmung des Mandats einer deutschen Partei im Europäischen Parlament[67] und die Anstellung in einer politisch-ideologischen Denkfabrik[68] sind keine Hindernisse einer Ungarn-Expertenschaft. Dem eindimensionalen Ungarn-Bild arbeiten Autorinnen und Autoren ungarischer Herkunft auf internationalen Foren, gerne mit einem Büro in Deutschland, überwiegend ebenfalls als Gegner der Orbán-Regierung zu, wobei sie darauf verzichten, ihre Sprachfertigkeit und Ortskundigkeit für eine Erweiterung der Sicht auf den Gegenstand zu nutzen.[69] Eine Politikwissenschaftlerin aus diesem Meinungslager

---

65 Z. B. Quo vadis, Hungaria? Kritik der ungarischen Vernunft. Hg. Manfred Sapper/Volker Weichsel. Berlin 2011 = Osteuropa 61 (2011) 12; Unterm Messer. Der illiberale Staat in Ungarn und Polen. Hgg. Manfred Sapper/Volker Weichsel. Berlin 2018 = Osteuropa 68 (2018) 3–5; Auf dem Prüfstand. Ungarn und Europa. Hg. Renovabis. Freising 2024 = Ost-West. Europäische Perspektiven 25 (2024) 2. Die Einseitigkeit der Materialauswahl und die Radikalität der Bewertungen haben von Themenheft zu Themenheft zugenommen. Kritische Besprechung der letztgenannten Publikation: *Alexander Rasthofer*: Ungarn und Europa. Zum Themenheft der „Ost-West. Europäische Perspektiven". In: Ungarn-Jahrbuch. Zeitschrift für intedisziplinäre Hungarologie 40 (2024) 227–235.

66 „Ungarn-Experte" Ulf Brunnbauer mit Andreas Bock (siehe Fussnote 68) im Gespräch mit *Adrian Arab*: Ungarns ewige Alleingänge: Was hinter Orbans „Friedensmission" steckt. In: web.de, 20. Juli 2024. https://web.de/magazine/politik/ungarns-ewige-alleingaenge-orbans-friedensmission-steckt-39902616 (13. Juli 2025); *U. Brunnbauer*: Abhängiger, ungleicher, früher tot. Seit 14 Jahren führt Viktor Orbán die Geschicke Ungarns. In: leibniz, 29. Februar 2024. https://www.leibniz-magazin.de/alle-artikel/magazindetail/newsdetails/abhaengiger-ungleicher-frueher-tot; *Britta Hilpert*: Experte [U. Brunnbauer] warnt vor großer Gefahr: Orban und Co könnten EU „zerstören". In: zdf.heute, 15. März 2024. https://www.zdfheute.de/politik/ausland/orban-nationalfeiertag-ungarn-eu-europa-100.html; *Barbara Schmidt-Mattern*: „Patrioten für Europa". Historiker [U. Brunnbauer]: Bündnis arbeitet auf Zerstörung der EU hin. In: Deutschlandfunk, 1. Juli 2024. https://www.deutschlandfunk.de/vor-ungarns-eu-ratspraesidentschaft-interview-ulf-brunnbauer-uni-regensburg-dlf-29f49012-100.html (alle 13. Juli 2025).

67 „Ungarn-Experte" Daniel Freund (Bündnis 90/Die Grünen) im Gespräch: Trotz Protest aus der EU Ungarns Premier Orbán besucht überraschend Putin in Moskau. In: Spiegel, 5. Juli 2024. https://www.spiegel.de/ausland/russland-viktor-orban-besucht-ueberraschend-wladimir-putin-in-moskau-a-e0981c50-d186-4b06-bd18-4d395b813b36 (11. Juli 2025).

68 Andreas Bock als „Ungarn-Experte" der Denkfabrik European Council on Foreign Relations (u. a. Berlin, ECFR) bei *Philipp Fritz*: Ungarns Premier bei Scholz. Diese Botschaft möchte Orban dem Bundeskanzler persönlich überbringen. In: Welt, 21. Juni 2024. https://www.welt.de/politik/ausland/article252129854/Ungarn-Die-Botschaft-die-Orban-Scholz-persoenlich-ueberbringen-moechte.html. Zum Autor: https://ecfr.eu/profile/andreas_bock/ (beide 11. Juli 2025).

69 Z. B. Daniel Hegedüs vom German Marshall Fund (u. a. Berlin, GMF) als „Ungarn-Experte" bei *Philipp Fritz*: Ungarns Premier bei Scholz. Diese Botschaft möchte

unterschied im Sommer 2024 zwischen „Rechtsextremen“ und „noch extremeren Rechten“ – der im Europäischen Parlament mit Viktor Orbán neu gebildeten Fraktion der „Patrioten“ behielt sie immerhin den Status der *einfachen* Rechtsextremen vor.[70] Die Kulturpolitik der Orbán-Regierung „erinnert stark an das stalinistische Modell der 1950er Jahre“, meinte ein Literaturwissenschaftler von der Eötvös-Loránd-Universität Budapest im gleichen Jahr in einer Münchener Fachzeitschrift, womit er dem Ungarn-Tadel eine neue Krone aufsetzte.[71]

Der politisch-ideologische Aktivismus einseitig liberaldemokratischen Zuschnitts hat sich in dieser Themenspalte gegen den Qualitätsjournalismus auch deshalb durchgesetzt, weil die neutralitätsbemüht und faktenorientiert abwägend-kritische Ungarn-Forschung in der zeithistorischen Politikwissenschaft seit vielen Jahren ein Schattendasein führt. Sie nimmt immer wieder auch auf Arbeiten Bezug, deren Methoden und Ergebnisse sie zumindest für diskussionswürdig hält.[72] Umgekehrt lässt sich ein solcher Dialog- und Streitansatz aber nicht beobachten. Fachanalysen abweichender oder anderslautender Schlussfolgerungen werden für die gängige deutsche Bewertungsart gewöhnlich nicht einmal diskursiv rezipiert. So wurde nach der Europawahl in Ungarn 2024 die Einschätzung eines „Ungarn-Experten“ über das „historisch schlechteste Ergebnis“ der regierenden Koalitionsparteien bekannt,[73] *nachdem* die Budapester Auswertung der vom Landeswahlamt bereitgestellten Daten für das siegreiche Regierungsbündnis um die Fidesz-Partei „ein Rekordergebnis in absoluten Zahlen“ nachgewiesen hatte, welches „das bisherige Rekordergebnis von 2019“ weit übertroffen habe, wobei aufgrund „der

Orban dem Bundeskanzler persönlich überbringen. In: Welt, 21. Juni 2024. https://www.welt.de/politik/ausland/article252129854/Ungarn-Die-Botschaft-die-Orban-Scholz-persoenlich-ueberbringen-moechte.html (11. Juli 2025).

[70] *Zsuzsanna Végh*: Die extreme Rechte bleibt eine Bedrohung für die Demokratie: In: Welt, 26. Juli 2024. https://www.welt.de/debatte/kommentare/plus252572496/Europaparlament-Die-extreme-Rechte-bleibt-eine-Bedrohung-fuer-die-Demokratie.html; zur Autorin, „Programm Officer“ der GMF: https://www.gmfus.org/find-experts/zsuzsanna-vegh (beide 11. Juli 2025).

[71] *Gábor Schein*: Literatur und Politik in Ungarn. In: Spiegelungen 19 (2024) 1, 193–203, hier 195.

[72] Eine Auswahl an neueren Titel: *Bence Bauer*: Eckpfeiler des Wahlsystems und der Wahlrechtsanwendung in Ungarn. 2014 kam die Wahlrechtsnovelle erstmals zur Anwendung. In: Ungarn-Jahrbuch. Zeitschrift für intedisziplinäre Hungarologie 39 (2023) 269–294; *Tristan Csaplár/Alexander Rasthofer:* Gute Medienreform, böse Medienreform. Die Medienkriege in Ungarn, Polen und der Slowakei im Spiegel der deutschen Presse. In: Budapester Zeitung Magazin 26 (2024) 7, 10–13; Der ungarische Staat; *Patzelt*: Ungarn; *Rasthofer*: Vielfalt in Einheit; *Rasthofer*: Ungarn und Europa; Ungarn 1989–2014. Eine Bilanz nach 25 Jahren. Hgg. Herbert Küpper/Zsolt K. Lengyel/Hermann Scheuringer. Regensburg 2015; Ungarn, Deutschland, Europa.

[73] Andreas Bock (ECFR) bei *Fritz*: Ungarns Premier bei Scholz.

gestiegenen Wahlbeteiligung" das „relative Ergebnis von 44,62% allerdings um knapp acht Prozentpunkte gegenüber dem Ergebnis von 2019" geringer ausgefallen sei.[74]

Die Suche nach einer Erklärung für obige Symptome deckt auch eine personell bedingte Besonderheit in der deutschsprachigen Presse auf. Sie führt zu einem Journalisten, der mit Ungarn beruflich, aber auch persönlich seit Mitte der 1980er Jahre verbunden und der ungarischen Sprache mächtig ist. 2007 warnte er als einer der ersten im deutschsprachigen Raum vor einem ungarischen Rechtsradikalismus beziehungsweise – mit sinngleichem Ausdruck – Rechtspopulismus unter Viktor Orbán. 2010 fügte er seine Stimme in den Chor der Vorhersagen einer ungarischen Diktatur ein.[75] Der versuchte Nachweis für die Richtigkeit seiner Prophezeiung ist in den nachfolgenden Jahren zur Säule seines Lebenswerks als Journalist und Meinungsmacher geworden.[76] Seine Beanstandungen, Kritiken, Vorwürfe tauchen in der Kultur- und Systemkritik der deutschen Medien an der Orbán-Regierung und an deren Anhang in auffälliger Anzahl und Dichte auf.[77] Dafür verlieh ihm die Münchener Südosteuropa-Gesellschaft 2020 den Journalistenpreis. Nach der Laudatio einer Kollegin, die ihn als den „wichtigste[n] Chronist[en] der Aushöhlung der Demokratie in Ungarn" bezeichnete,[78] gewährte er in der Dankesrede folgenden Einblick in seine publizistische Doktrin: „Die Diskursstrategien der populistischen und extremen Rechten basieren nicht erst seit der Social-Media-Ära, sondern

[74] *Bence Bauer*: Rekordwahlbeteiligung in Ungarn. In: Deutsch-Ungarisches Institut für europäische Zusammenarbeit, 10. Juni 2024. https://magyarnemetintezet.hu/de/forschung/rekordwahlbeteiligung-in-ungarn (14. Juli 2025).

[75] *Gregor Meyer*: Unter der Árpád-Fahne. Solange Orbán sein Verhältnis zum rechten Rand in der Schwebe hält, wird Ungarn nicht zur Ruhe kommen. In: Der Standard, 17. August 2007. https://www.derstandard.at/story/2808171/unter-der-arpad-fahne (12. Juli 2025); *G. Meyer*: Ungarn. In: *G. Meyer/Bernhard Odehnal*: Aufmarsch. Die rechte Gefahr aus Osteuropa. Mit einem Geleitwort von Paul Lendvai. St. Pölten/Salzburg 2010, 17–102.

[76] Eine kleine Auswahl aus seinen einschlägigen Schriften: *Gregor Meyer*: Ungarn: Leben unterm Populismus. Kritische Stimmen in Kultur und Wissenschaft werden diffamiert und finanziell ausgehungert. In: Der Standard, 23. Mai 2016. https://www.derstandard.at/story/2000037438817/ungarn-leben-unterm-populismus (12. Juli 2025); *G. Meyer*: Der Stürmer. Der Aufstieg des Viktor Orbán. In: Osteuropa 68 (2018) 3–5, 187–209; *G. Mayer*: Das schlechte Vorbild – Viktor Orbán und die Verrohung der Sitten in Europa. In: Südosteuropa Mitteilungen 58 (2018) 2, 22–39; *G. Mayer*: Souveränismus als Vorwand – Viktor Orbáns Ringen mit dem europäischen Projekt. In: Südosteuropa Mitteilungen 61 (2021) 1, 7–20.

[77] Vgl. *Lengyel:* Das Ungarn-Bild, 151–194.

[78] Laudatio von Adelheid Wölfl zur Verleihung des Journalistenpreises der Südosteuropa-Gesellschaft (SOG, München) an Dr. Gregor Mayer, dpa, Budapest. SOG, Jahreshauptversammlung, München, 22. Februar 2020, 4. https://www.sogde.org/site/assets/files/13506/laudatio-gregor-mayer-1-1.pdf (12. Juli 2025).

schon immer seit dem Anbruch der Moderne auf der Zerstörung des rationalen Diskurses."[79]

Um dieser Denkstruktur in der Ungarn-Berichterstattung zur Allgemeingültigkeit zu verhelfen und sie mit Inhalt zu füllen, betätigt sich der Geehrte auch als Südosteuropa-Korrespondent der Deutschen Presse-Agentur.[80] Die *dpa* ist eine führende Quelle für die ungarnbezogene Meinungsbildung in den und durch die deutschen Medien. Ihr Südosteuropa-Korrespondent ist eine Schlüsselfigur in diesem System von Informationssteuerung auch für Adressaten ohne ungarische Sprachkenntnisse. Zeitungsredaktionen übernehmen Texte aus dem „dpa-Newskanal" und drucken sie ab, ohne sie redaktionell oder gar inhaltlich zu prüfen. So geschah es zum Beispiel im Juli 2024 anlässlich des NATO-Gipfels und des Besuchs von Viktor Orbán beim amerikanischen Präsidentschaftskandidaten Donald Trump – Ereignisse, die der namentlich nicht genannten Autorenschaft einer Tages- und einer Wochenzeitung in Deutschland Anlass zur abschätzigen Beurteilung der „Friedensmission" Orbáns, des – wie weiter unten zu lesen sein wird – unzuverlässigen und streitsüchtigen Mitglieds des westlichen Militärbündnisses boten.[81]

VII. Brandmarkungen

Stigmatisierungen historischer Konnotation sind in den vergangenen Jahren als Sprachmittel des deutschen und internationalen Ungarn-Tadels eingeübt worden. Auch in den deutschen innenpolitischen Auseinandersetzungen ist der Brauch zu beobachten, aus der Sprache einer der beiden Diktaturen des

---

[79] Dankesrede von Gregor Meyer aus Anlass der Verleihung des Journalistenpreises der Südosteuropa-Gesellschaft. SOG, Jahreshauptversammlung, München, 22. Februar 2020, 8. https://www.sogde.org/site/assets/files/13506/laudatio-gregor-mayer-1-1.pdf (12. Juli 2025).

[80] Siehe die biografische Angabe in der Ankündigung seines Vortrags in der Veranstaltungsreihe „Journalist Talks im Rahmen des Projektes seeFField der Universität Regensburg in Zusammenarbeit mit der Volkshochschule", Regensburg, 23. Oktober 2023: https://www.uni-regensburg.de/kalender/index.html (12. Juli 2025). Siehe noch: https://linkedin.com/in/gregor-mayer-5255a0281 (12. Juli 2025).

[81] Überraschungsbesuch. Ungarns Regierungschef Orban besucht Trump nach Nato-Gipfel. In: Süddeutsche Zeitung, 12. Juli 2024. https://www.sueddeutsche.de/politik/ueberraschungsbesuch-ungarns-regierungschef-orban-besucht-trump-nach-nato-gipfel-dpa.urn-newsml-dpa-com-20090101-240712-930-171534 (12. Juli 2025). Im Vorspann hieß es dazu: „Direkt aus dem dpa-Newskanal: Dieser Text wurde automatisch von der Deutschen Presse-Agentur (dpa) übernommen und von der SZ-Redaktion nicht bearbeitet." Ebenso: Spitzentreffen in Washington. Am Ende noch ein Eklat: Ungarn provoziert bei Nato-Gipfel. In: Die Zeit, 12. Juli 2024. https://www.zeit.de/news/2024-07/12/am-ende-noch-ein-eklat-ungarn-provoziert-bei-nato-gipfel (12. Juli 2025). Der Vorspann dazu: „Die Zeit hat diese Meldung redaktionell nicht bearbeitet. Sie wurde automatisch von der Deutschen Presse-Agentur (dpa) übernommen."

20. Jahrhunderts Wortverbindungen auf den politischen Gegner anzuwenden. So wird man an die entsprechende Praxis der kommunistischen Herrschaftspraxis erinnert, wenn Fürsprecher der Nation als *Faschisten*, *Nazis* oder *Rassisten* bezeichnet werden. Rechtskonservative werden – häufig im ungarischen Kontext – in „extremen Rechte", „Ultrakonservative" umbenannt, in einen Menschenschlag, der die „echten Demokratien" bekämpfe.[82]

Das Wort *Populismus* spielt bei dieser Umqualifizierung eine Schlüsselrolle als Mittel einer übergreifenden Brandmarkung. Orbáns vorgestellte Rede aus dem Jahr 2014 hat mit dem Abschnitt über den „illiberalen Staat" in der deutschsprachigen politischen Publizistik, Politikwissenschaft und Zeitgeschichtsforschung die Theoriebildung zum Populismus als verwerflicher Gegenentwurf zu liberaler Demokratie maßgeblich befördert. Verfestigt hat sich in der zweiten Hälfte des 2010er Jahrzehnts zum einen die manipulierte Wiedergabe des Orbánschen „illiberalen Staates" als „‚illiberale Demokratie' ",[83] als das Programm des „Anti-Europa-Populismus",[84] das aus Ungarn um sich zu greifen drohe; Orbán selbst habe mit dem Begriff „‚illiberale Demokratie' " das „ungarische System charakterisiert".[85]

Zum anderen wird eine Demokratiefeindlichkeit weithin dem *Rechts*populismus zuerkannt. Und das politische System Ungarns hat dafür entweder in Gänze oder in Teilen Modell zu stehen.[86] Dieses Land, urteilte eine Studie

---

[82] *Bruno S. Frey*: Echte Demokratien sind erfolgreicher als populistische Führungen. In: Neue Zürcher Zeitung, 2. Mai 2024. https://www.nzz.ch/meinung/echte-demokratien-sind-erfolgreicher-als-populistische-fuehrungen-ld.1827385 (5. Juli 2025); *Josef Kelnberger*: Glücklich in der Opferrolle. Die Stadt Brüssel beschert dem ungarischen Premierminister und seinen ultrarechten Freunden vor dem EU-Gipfel einen gigantischen Erfolg. In: Süddeutsche Zeitung, 18. April 2024.

[83] Z.B. *Klaus Bachmann/Dominik Héjj*: „Illiberale Demokratien". Baupläne aus Ungarn und Polen. In: Osteuropa 68 (2018) 3–5, 127–147, *Siegfried F. Franke*: Die gefährdete Demokratie. Illiberale Demokratie – Populismus – Europaskepsis. Baden-Baden 2017, 7; *Koenen*: Orbánismus; *Piotr Buras/Zsuzsanna Vegh*: Stop, Brüssel! Polen und Ungarn in der Europäischen Union. In: Osteuropa 68 (2018) 3–5, 99–114, hier 99.

[84] *Franke*: Die gefährdete Demokratie, 217.

[85] *Bachmann/Héjj*: „Illiberale Demokratien, 128.

[86] *Reinhard Heinisch/Carsten Wegscheider*: Zum Verhältnis des Populismus zur liberalen Demokratie. In: Die Komplexität der Welt und die Sehnsucht nach Einfachheit. Salzburger Hochschulwochen 2019. Hg. Martin Dürnberger. Innsbruck 2019, 107–118; *Jan-Werner Müller*: Was ist Populismus? Ein Essay. Berlin ^{5}2017; *Morten Reitmayer*: Populismus als Untersuchungsfeld der Zeitgeschichte. Ein kritischer Forschungsbericht. In: Vierteljahreshefte für Zeitgeschichte 69 (2021) 573–606; *Britta Schellenberg/Anna Schellenberg*: Rechtspopulismus. Die Radikale Rechte im europäischen Vergleich. Kernelemente und Unterschiede. In: Bundeszentrale für politische Bildung, 14. Oktober 2024. https://www.bpb.de/themen/parteien/rechtspopulismus/240093/die-radikale-rechte-im-europaeischen-vergleich/ (15. Juli 2025).

2019, sei „nur teilweise frei", liefere somit den Beweis für eine „illiberale Demokratie" als „Übergangsform zu einem autoritären System".[87] 2021 zog ein Literaturbericht anhand der als glaubwürdig aufgegriffenen Nachricht über „antisemitisch aufgeladene Propaganda gegen ausländische Investoren in Ungarn" die Möglichkeit in Betracht, den Populismus als „einen erneuerten Nationalismus, einen populären Konservatismus oder" als „eine Mischung aus beidem" zu begreifen.[88] Hartnäckig hält sich auch in der jüngsten Fachliteratur die Meinung, „die ungarische Regierung" befolge das „Konzept der illiberalen Demokratie". Die absichtliche oder unbedachte semantische Abänderung von illiberalem *Staat* zu illiberaler *Demokratie* stellt „dem Konzept der liberalen Demokratie", welche „die europäischen Institutionen sowie die Mehrheit der anderen Mitgliedsstaaten"[89] verfechten, den Gegenpol mit passgenauem Begriff, nur eben in der bösen Art gegenüber, um der breiten Öffentlichkeit die Wahl der guten Demokratien nahezulegen und zu erleichtern.

Mit dem innenpolitischen Aufstieg der Partei Alternative für Deutschland und, international, der Bildung des Parteibündnisses Patrioten für Europa im Juni 2024 sind die Begriffe *populistisch* und *rechtsextrem* weitgehend zu sinnverwandten oder sinngleichen Begriffen geworden. Die publizistischen Kraftausdrücke *Populismus* beziehungsweise *Rechtspopulismus* bezeichnen im Falle des „rechtsradikalen Fidesz"[90] nicht eine Ideologie der demokratischen Machtausübung, sondern deuten an oder behaupten die Absicht, demokratische Prinzipien in der Praxis zu untergraben. Denn, so eine nuanciertere Version, der „Populismus ist der wichtigste Zuarbeiter des Rechtsextremismus", er „will also bekämpft werden".[91] Denn unter dem Deckmantel des Patriotismus strebe er danach, die „EU zu zerstören".[92] Deshalb, so die Selbstbestätigung der Dialog- und Streitunfähigkeit in Fernsehen und Hörfunk, dürfe mit Populisten weder diskutiert noch verhandelt werden.[93]

---

[87] *Heinisch/Carsten Wegscheider*: Zum Verhältnis, 107, 116.

[88] *Reitmayer*: Populismus, 592, 606.

[89] *Ellen Bos*: Ungarn vor der EU-Ratspräsidentschaft. In: Auf dem Prüfstand. Ungarn und Europa. Hg. Renovabis. Freising 2024 = Ost-West. Europäische Perspektiven 25 (2024) 2, 100–105, hier 105.

[90] *Goffart*: Orban-Besuch.

[91] *Alexander Estis*: Zuarbeiter der Rechtsextremen. In: Frankfurter Allgemeine Zeitung, 16. Oktober 2024.

[92] So „Ungarn-Experte" Ulf Brunnbauer im Deutschlandfunk am 1. Juli 2024: *Schmidt-Mattern*: „Patrioten für Europa". Derselbe zuvor schon im ZDF-Interview: *Hilpert*: Experte.

[93] *Peter Kreysler/Svea Eckert*: Propaganda-Angriff auf die EU. Wie Orban seine Ideologie verbreitet. In: ZDF, 29. Mai 2024. https://www.zdf.de/dokumentation/die-spur/die-spur---propaganda-angriff-auf-die-eu-100.html (6. Juli 2025); *Schmidt-Mattern*: „Patrioten für Europa".

Die Bekämpfung eines antidemokratischen Populismus ungarischer Prägung setzte unmittelbar nach Bildung der zweiten Orbán-Regierung 2010 ein. Damals schon diente das Adjektiv aus dem rassistischen Vokabular dazu, einen „völkischen Geist“[94] und „völkischen Nationalismus“[95] sowie die „völkische Intoleranz”[96] des ungarischen Rechtskonservativismus zu entlarven. Wiederholt wurde die „Atombombe der Diffamierung“ – wie diese Vergleichsart auch in den innerdeutschen Machtkämpfen entlarvt wird[97] –, auf „Orbánistán“[98] geworfen, dessen Familienpolitik etwa als „Fortpflanzungspakt“[99] an die „NS-Zeit“[100] erinnere. Rufschädigend ist der im Deutschen mittelbar nazinahe Begriff „Führerdemokratie“,[101] der Viktor Orbáns Stellung im Staat Ungarn kennzeichne. Ähnlich unsäglich klingt in deutschen Ohren „Fidesz über alles“,[102] der Haupttitel eines Artikels über die führende Regierungspartei Ungarns, der aus Anlass der Verabschiedung der neuen Verfassung Ungarns 2011 erschienen ist.

---

94 *Joseph Croitoru*: Im völkischen Geist vereint. Ungarns Rechte stochert in offenen Wunden des Vertrags von Trianon. In: Frankfurter Allgemeine Zeitung, 11. Juni 2011.

95 *Cathrin Kahlweit*: Der Reichsverweser. In Ungarn huldigt man Miklós Horthy, und auch sonst kommt dort der völkische Nationalismus voran. In: Süddeutsche Zeitung, 25. Juni 2012.

96 *Michael Frank*: Angst vor Ungarns Arroganz. Nationales Pathos als Gift: Viktor Orbáns Fidesz-Partei hat den Ungarn eine neue Verfassung verordnet. Sie etabliert den Geist ideologischer, völkischer Intoleranz. In: Süddeutsche Zeitung, 18. April 2011.

97 Zum Beispiel von *Gabor Steingart*: Kampf gegen rechte Geister: Kühnert hat AfD nicht klein, sondern fett gemacht. In: Focus Online, 8. Oktober 2024. https://m.focus.de/video/gastbeitrag-von-gabor-steingart-kampf-gegen-rechte-geister-kuehnert-hat-afd-nicht-klein-sondern-fett-gemacht_id_260375111.html (16. Juli 2025).

98 *Dotzauer*: Die Zeitschrift „Osteuropa“; Paul Lendvai: Wahlkampf in Orbánistan. Ungarns Autokrat Viktor Orbán schreckt selbst vor Verschwörungstheorien nicht zurück, um seine Macht zu sichern. In: Süddeutsche Zeitung, 5. April 2018.

99 *Peter Münch*: Fortpflanzungspakt. In: Süddeutsche Zeitung, 16./17. Februar 2019.

100 *Karl Heinz Hausner*: Orbáns Familienpolitik erinnert an die NS-Zeit. In: Welt, 22. Mai 2019. https://www.welt.de/debatte/kommentare/article193933017/Ungarn-Orbans-Familienpolitik-erinnert-an-die-NS-Zeit.html (4. Oktober 2024).

101 *Cathrin Kahlweit*: So verwandelte Orban Ungarn in eine „Führerdemokratie“. In SZ.de, 29. Oktober 2016. http://www.sueddeutsche.de/politik/viktor-orbn-so-verwandelte-orbnungarn-in-eine-fuehrerdemokratie-1.3216338 (6. Juli 2025); *Paul Lendvai*: Ungarn, eine „Führerdemokratie“. In: Welt, 8. Oktober 2016. https://www.welt.de/print/die_welt/debatte/article158633044/Ungarn-eine-Fuehrerdemokratie.html# Comments (6. Juli 2025); *Mayer*: Souveränismus, 18.

102 *Paul Jandl*: Fidesz über alles. Ideologie per Gesetz, Faschismus im Alltag: Wie die neue Verfassung Ungarns die Demokratie gefährdet – Einblicke aus einem Land des rasenden Stillstands. In: Welt N24, 26. April 2011. https://www.welt.de/print/die_welt/kultur/article13265110/Fidesz-ueber-alles.html (6. Juli 2025).

Aus der deutschen Sozialwissenschaft waren seit den frühen 1990er Jahren gute Gründe gegen die Verwendung des wegen seiner kognitiven Verbindung mit Rassismus, Antisemitismus, Nationalismus und – nicht zuletzt – dem Nationalsozialismus gerade im Deutschen so belasteten Wortes *völkisch* anstatt *ethnisch* angeführt worden.[103] Dennoch gewöhnte es sich die politische Publizistik und, in Teilen, die wissenschaftliche Literatur bald an, dieses Adjektiv zur Kennzeichnung von staatlichen, gesellschaftlichen und kulturellen Denk- und Handlungsweisen in Ungarn zu verwenden.

Im Hintergrund hatte sich der Bedeutungswandel des Begriffes Populismus in ungarischer Hinsicht vollzogen. Noch in den 1970er Jahren hatte er im deutschen Sprachraum die Ideologie einer volksnahen Bauernpolitik im Ungarn der Zwischenkriegszeit bezeichnet, die ihre sozialen Reformvorstellungen mit nationalen Interessen verknüpfte, somit nach gesellschaftspolitischen Alternativen im autoritär-demokratischen Herrschaftssystem des Landes suchte.[104] Die historische Grundlage für die nachmalige Überzeichnung ihrer nationalen Orientierung bietet die einstige ideologische Auseinandersetzung zwischen den bäuerlichen *Populisten*, also *Volkstümlichen*, und den städtisch-bürgerlichen *Urbanisten* in der Frage der angemessenen Vertretung der ungarischen Nation. Da *Populismus* als bauernpolitische Strömung in der ungarischen Fachsprache *népi mozgalom* (‚Bewegung der Volkstümlichen' oder ‚volkstümliche Bewegung')[105] heißt, kann das Adjektiv *népi* (von *nép* ‚Volk') nur mit *volkstümlich*, *volksnah* oder *volkhaft* dem Sinn nach korrekt, wiewohl nicht mit vollkommener Genauigkeit übersetzt werden. *Ethnisch* würde das nationale Element überbewerten, *völkisch* in den rassistisch-antisemitischen-nationalsozialistischen Kontext führen.

Eben letzterer Effekt wurde entweder nicht bedacht oder aber beabsichtigt, als in der Ungarn-Berichterstattung die Wahl mehrheitlich auf *völkisch* gefallen ist. Sie rechtfertigt sich zeithistorisch aus der beschriebenen Aufgliederung des innenpolitischen Umfelds in Ungarn unmittelbar vor und nach der Parlamentswahl 1990: Als die Urbanisten linksliberal, die Volkstümlichen rechtskonservativ auftraten, verlangte der deutsche parteiische Vorzug für die Ersteren nach einem Wort, das die Gegenseite tunlichst zu Rechtsradikalen abqualifizierte und diese Botschaft im Deutschen auf Anhieb zweifelsohne in die Öffentlichkeit trug. An der inhaltlichen Verbiegung und der begrifflich angepassten Umbenennung des ungarnspezisch historischen Phänomens Populis-

---

[103] *Friedrich Heckmann*: Ethnische Minderheiten, Volk und Nation. Soziologie inter-ethnischer Beziehungen. Stuttgart 1992, 30–58.

[104] *Borbándi*: Der ungarische Populismus; *Reinert-Tárnoky*: Radikale Bauernpolitik.

[105] *Gyula Borbándi*: A magyar népi mozgalom. A harmadik reformnemzedék. New York 1983.

mus wirkte die deutsche Zeitgeschichtsschreibung ausgerechnet in einem ihrer Grundlagenwerke über Ungarns Entwicklung seit 1945 mit. Im Jahr 2006 erschienen, hätte sein Autor Stoff und Analysen der fraglichen Diskussionen verarbeiten können.[106] Stattdessen stellte er im historischen Überblick „‚urbane', ‚kosmopolitische', liberale Eliten [...] ‚völkische' (népi), die ‚bäuerliche Reinheit' des ‚Magyarentums' verherrlichende Intellektuelle" gegenüber und sprach von einer männlichen Gestalt der ungarischen Literatur der volkstümlichen Richtung, als wäre er ein „völkischer Schriftsteller" gewesen.[107]

Als finales Fanal zur manipulativen und aktualisierenden Verformung des ungarischen *volkstümlichen Populismus* wirkte die Verabschiedung der neuen Staatsverfassung Ungarns vom 25. April 2011. Sie löste in Deutschland umgehend abweisende Reaktionen auch von Wissenschaftlern aus, die allgemein der Unmut über den parlamentarischen Wahlsieg der „nationalistisch-populistischen" Regierungspartei Fidesz antrieb.[108] Das Grundgesetz Ungarns propagiere die „ethnisch verstandene Nation", stelle sich somit „direkt in eine autoritäre Tradition", schloss im gleichen Jahr ein Historiker seine Übersicht über die ungarische Geschichte ab.[109] Etwa gleichzeitig und ähnlich stellte ein Rechtswissenschaftler den „kollektivistischen Ethnonationalismus osteuropäischer Prägung" heraus, der den Gesetzgeber in Budapest dazu verleitet habe, „die Nation im ethnischen Sinne" aufzufassen, anstatt „die demokratische Staatsbürgernation oder die Kulturnation, wie sie v.a. im deutschsprachigen Raum verstanden wird", auch in Ungarn juristisch einzubürgern.[110] Die Erwartung einer ungarischen Übernahme des deutschen Verfassungspatriotismus ließ bei diesen beiden Stimmen die Bemühung um Bewältigung der deutschen Vergangenheit durchblicken. Aus wohl gleicher Motivation ging jener Autor weiter, der im Untertitel seines schon zitierten Artikels über „Fidesz über alles" die Leserschaft mit der Warnmeldung aufschreckte, die ungarische Regierungspartei Fidesz habe mit der neuen Verfassung „Ideologie per Gesetz, Faschismus im Alltag" umgesetzt.[111] Den Versuch, den Ton der Anklage eine

---

106 Etwa anhand von *Kovács*: ‚Volkstümliche' und ‚Urbanisten'.

107 *Árpád von Klimó*: Ungarn seit 1945. Göttingen 2006, 212, 173.

108 *Herbert Küpper*: Ungarns Verfassung vom 25. April 2011. Einführung – Übersetzung – Materialien. Frankfurt am Main 2012, 11. Vgl. *Herbert Küpper*: Das ungarische Grundgesetz im Spiegel der deutschsprachigen Medien. In: Vier Jahre ungarisches Grundgesetz. Hgg. Herbert Küpper [u.a.]. Frankfurt am Main [u.a.] 2016, 11–52; *Lengyel*: Das Ungarn-Bild, 159, 162, 166–168; *Mark Varszegi*: Ideologie, Geschichte und Verfassunggebung. Legitimationsprobleme des ungarischen Grundgesetzes von 2012. Baden-Baden 2023.

109 *Joachim von Puttkamer*: Blicke auf ein gespaltenes Land. Die ungarische Nation und ihre Geschichte. In: Osteuropa 61 (2011) 12, 9–28, hier 26–27.

110 *Herbert Küpper*: Einführung in das ungarische Recht. München/Wien 2011, 297–298.

111 *Jandl*: Fidesz über alles.

Stufe höher zu schrauben, unternahm 2012 der Bericht des Hamburger ‚Der Spiegel' über eine „völkisch-nationalistische Renaissance in Ungarn", wo „Rechtsradikale" in der verfassungsrechtlich aufgeheizten „‚Ungarn-über-alles'-Manier" dem „Geist längst vergangener Zeiten" neues Leben einhauchen wollten.[112] Die deutsche Anprangerung der ungarischen Verfassung brachte der Journalist im Nachrichtenkanal der Deutschen Presse-Agentur beim zehnten Jahrestag von deren Verabschiedung auf den Punkt: Die „völkisch-klerikalen Satzungen" sind das Rüstzeug, schrieb er in einem seiner veröffentlichten Artikel, mit dem sich „‚Der Führer' – Orbán –, das Volk ‚imaginiert", und zwar „im völkischen Sinn".[113] Diese Worte hallen jüngst im Bericht einer deutschen politischen Stifung wider, dessen Autor in Ungarn das „völkische Kollektiv" ausmachte, bei dem es „nicht mehr um eine Demokratie der Debatte" handele, sondern „vielmehr um eine des Plebiszits und der Akklamation", in der es „um den völkischen Konsens innerhalb der *community*" gehe, um „die Durchsetzung einer von Ressentiments gespeisten Moral".[114]

Aus der Reihe der gegen Budapest eingesetzten sprachlichen Derbheiten ragten in den vergangenen anderthalb Jahrzehnten noch „Schandfleck"[115] Europas und „Wertezersetzung" durch Viktor Orbán heraus, letztere verbunden mit der Forderung, „diesen Wertetumor zu neutralisieren".[116] Milder klang im Vergleich zu der im Dritten Reich missbrauchten Krebsmetapher die „kranke Demokratie"[117] Ungarns, die vom „Virus"[118] Orbán befallen sei. Dieser

---

[112] *Keno Verseck*: Renaissance des Reichsverwesers. In: Spiegel Online, 1. Juni 2012. http://www.spiegel.de/politik/ausland/ungarn-rechtsradikale-aus-orban-regierung-pflegen-horthy-kult-a-835958.html (16. Juli 2025).

[113] *Mayer*: Souveränismus, 15, 18.

[114] *Wolfgang Klotz*: Viktor Orbáns neuer Staat. In: Heinrich Böll Stiftung, 11. August 2024. https://www.boell.de/de/2014/08/11/viktor-orbans-new-state (20. Juli 2025). Hervorhebung im Original.

[115] Zitiert von *R. O. [Reinhard Olt]*: Ungarn bereit zu „kooperativer Zusammenarbeit" mit EU und IWF. In: Frankfurter Allgemeine Zeitung, 6. Januar 2012; *R. Olt*: Falsch gewählt? Der Umgang der EU mit Ungarn weckt Erinnerungen an die „Sanktionen" gegen Österreich. In: Frankfurter Allgemeine Zeitung, 24. April 2012.

[116] *Christoph B. Schiltz*: „Ungarns wahre Probleme bestehen nicht in der Immigration". In: Welt, 9. April 2018. https://www.welt.de/politik/ausland/article175277264/Luxemburgs-Aussenminister-Ungarns-wahre-Probleme-bestehen-nicht-in-der-Immigration.html (9. Oktober 2024).

[117] Ist Ungarn eine „kranke Demokratie"? In: Welt, 29. September 2020. https://www.dw.com/de/ist-ungarn-eine-kranke-demokratie/a-55095958 (6. Juli 2025).

[118] Vergleich angestellt und auf Donald Trump sowie Jaroslaw Kaczyński ausgedehnt im ersten Jahr der Corona-Pandemie vom Vorsitzenden der Europäischen Volkspartei, Donald Tusk. Textliche und (in polnischer Sprache) filmische Dokumentation: *Sándor Zsíros*: Tusk szerint néhány politikus olyan mint a vírus: az EPP elnöke Or-

Krankheitserreger, „Viktator"[119] höchstselbst, würde es nach einer Schlagzeile aus der ‚Süddeutschen Zeitung' aus dem Jahr 2012 mit Karl Lueger, von 1897 bis 1910 Bürgermeister Wiens – historische Gestalt des „politischen Populismus und Antisemitismus"[120] –, halten: „Was Demokratie ist, bestimmt der Chef", heutzutage also Viktor Orbán.[121] Unter diesem Ministerpräsidenten sei Ungarn – so die publizistische Leitfigur im ideologischen Netzwerk der gerade zitierten Autorin –, zu einem „Fremdkörper im demokratischen Europa"[122] geworden.

VIII. Täuschungen

Ein gängiges Mittel des aus dem Ausland geführten Kampfes gegen die Orbán-Regierungen seit 2010 ist die Täuschung von Lesern, Zuschauern und Zuhörern durch die Verbreitung ganz oder teilweise falscher Nachrichten. Auf diese Weise üben sich Politik und Medien mal voneinander getrennt, mal in gegenseitiger Ermunterung, andermal aus bequemer Angepasstheit im Brauch des Ungarn-*Bashing*. Eine Regel der einschlägigen Wortgefechte besagt: Widerlege, was nicht behauptet wurde.

Die EU habe ihn nicht beauftragt, also habe er nicht in ihrem Namen verhandelt, erboste man sich in der Führung der EU und in deren Sachverständigenzirkeln über Viktor Orbáns Besuche in Kiew, Moskau und Peking im Sommer 2024.[123] Nur wenige waren in der deutschsprachigen Presse bereit, zu bemerken, und mutig, es niederzuschreiben, dass der ungarische Minister-

bántól félti az EU-t. In: Euronews, 1. April 2020. https://hu.euronews.com/2020/04/01/donald-tusk-orbantol-felti-az-eu-t (6. Juli 2025).

119 *Peter Münch*: Gemeinsam gegen den Viktator. Die Opposition war im Ringen mit dem mächtigen Premier lange zersplittert. Nun hat sie ein Thema, das sie eint. In: Süddeutsche Zeitung, 19. Dezember 2018.

120 *Werner Michael Schwarz/Peter Stuiber*: „Raubtiere in Menschengestalt". In: Wien Museum Magazin, 6. Februar 2022. https://magazin.wienmuseum.at/karl-lueger-als-populist-und-antisemit (16. Juli 2025).

121 *Cathrin Kahlweit*: Was Demokratie ist, bestimmt der Chef. In: Süddeutsche Zeitung, 4. Oktober 2016. Zum historischen Muster des (hier abgewandelten) Ausspruchs: Judith Fritz: „Wer ein Jud ist, das bestimme ich". Antisemitismus und jüdisches Leben zur Zeit des Ersten Weltkriegs. In: Die Welt der Habsburger. https://ww1.habsburger.net/de/kapitel/wer-ein-jud-ist-das-bestimme-ich (19. Juli 2025).

122 Pressemitteilung zu *Paul Lendvai*: Orbans Ungarn. Wien 2016. Aus der Einladung zur Buchvorstellung im Linzer Kepler Salon am 21. November 2016: http://www.kepler-salon.at/de/Veranstaltungen/Orbans-Ungarn. Werbetext auch auf der Webseite von Lendvai: http://www.lendvai.at/Indexdeutsch2.htm (beide 6. Juli 2025).

123 *Stephan Löwenstein*: Orbáns Rat a Selenskyj in Kiew. In: Frankfurter Allgemeine Zeitung, 3. Juli 2024; *St. Löwenstein*: Orbáns Zwecke. In: Frankfurter Allgemeine Zeitung, 11. Juli 2024.

präsident das Gegenteil erklärt hatte.[124] Umso mehr Nachrichtensendungen und Leitartikel führten die interessierte deutsche Öffentlichkeit in die Irre, indem sie etwas behaupteten, was die ungarische Regierung nicht bestritt, weil sie selbst der Meinung ist, dass den russisch-ukrainischen Krieg die russische Führung losgetreten hat.[125] Dennoch brachten das deutsche öffentlich-rechtliche Fernsehen und die überregionalen Tageszeitungen die Budapester Regierung in den Verruf der Moskau-Freundschaft, ja sogar der heimlichen Bündnispartnerin, die für die NATO ein „Sicherheitsrisiko" darstelle.[126] Dafür verschleierten oder verschwiegen[127] sie die erste Station der „Friedensmission"[128] Viktor Orbáns in Kiew, während sie die Treffen in Moskau und Peking groß herausstellten. Ein Korrespondent, der das Hauptziel des Besuchs, den von Orbán vorgeschlagenen Waffenstillstand, sachlich hervorhob, wertete die diplomatische Initiative zu einem Manöver Orbáns ab, von den innenpolitischen Problemen seiner Regierung abzulenken.[129] Der deutsche Wirtschaftsminister und Vizekanzler, der zwei Wochen zuvor ebenfalls mit einer Wirtschaftsdelegation in China war, sagte in einem Fernsehinterview, sein eigener Besuch in Fernost sei richtig, der von Orbán falsch gewesen. Dessen Politik vertrete nämlich „ganz häufig nicht den Kerngedanken der Europäischen

---

[124] Z. B. *Daniel Steinvorth*: Kommentar: Die „Friedensmission" von Viktor Orbán sorgt für Aufregung – doch man sollte ihr kein zu großes Gewicht beimessen. In: Neue Zürcher Zeitung, 5. Juli 2024.

[125] *Orsolya Kuli*: Közleményt adott ki a két éve zajló ukrajnai háborúról a magyar kormány. In: Index, 23. Februar 2024. https://index.hu/belfold/2024/02/23/haboru-orosz-ukran-konfliktus-magyar-kormany/ (6. Juli 2025); *Tamás Mázsár*: A magyar kormány nem ismeri el az orosz annexiót. In: 24hu, 29. September 2022. https://24.hu/kulfold/2022/09/29/orosz-ukran-haboru-oroszorszag-ukrajna-elo-hirfolyam-12/ (6. Juli 2025).

[126] *Silke Hahne*: Kommentar: Friedenstaube Orbán: Unterwegs im Interesse des Kreml. In: Deutschlandfunk, 8. Juli 2024. https://www.deutschlandfunk.de/kommentar-viktor-orban-frieden-fuer-russland-100.html (8. Dezember 2024); *Uwe Freitag*: Orbán ist ein Sicherheitsrisiko für die Nato. In: Bild, 6. Juli 2024. https://www.bild.de/politik/ausland-und-internationales/putin-besuch-schreckt-experten-auf-orban-ist-ein-sicherheitsrisiko-fuer-die-nato-668921f6d21ae22be47f7d87 (9. Juli 2025).

[127] *Goffart*: Orban-Besuch; *T.[homas] G.[utschker]*: Scharfe Kritik an Orbán. Ratspräsident Michel verurteilt Reisen. In: Frankfurter Allgemeine Zeitung, 12. Juli 2024; *Mathias Kamp/Meret Baumann*: Viktor Orbáns „Friedensmission" geht weiter. Was will er wirklich von Xi Jinping? In: Neue Zürcher Zeitung, 8. Juli 2024; Trotz Kritik der EU: Orban bei Putin in Moskau eingetroffen. In: Tagesschau, 5. Juli 2024. https://www.tagesschau.de/ausland/europa/orban-putin-moskau-100.html (4. Juli 2025); Orban überraschend in China gelandet. In: Tagesschau, 8. Juli 2025. https://www.tagesschau.de/ausland/asien/orban-china-102.html (4. Juli 2025).

[128] *Viktor Orbán*: Békemisszió. 10 nap alatt a föld körül. https://www.facebook.com/orbanviktor/videos/2024-july-b%C3%A9kemisszi%C3%B3-10-nap-alatt-a-f%C3%B6ld-k%C3%B6r%C3%BCl/1137586464136961/ (4. Juli 2025).

[129] *Löwenstein*: Orbáns Rat; *Löwenstein*: Orbáns Zwecke.

Union, nämlich Liberalität nach innen und europäisches Selbstbewusstsein nach außen, sondern sucht eine manchmal zu große Nähe zu meiner Ansicht nach den falschen politischen Führern".[130] Die sich also in gute Politiker verwandeln, sobald sie Wortführer der politischen Hauptrichtung der EU treffen?

Eines der jüngsten Dokumente des Versuchs, die internationale Öffentlichkeit im europäischen Wettstreit zwischen dem Hauptstrang und dem Nebenstrang zu manipulieren, ist das im Internet zugängliche Schreiben vom 15. Juli 2024, in dem 63 Mitglieder des Europäischen Parlaments die Präsidentinnen und Präsidenten der Europäischen Kommission, des Europäischen Rates und des Europäischen Parlaments auffordern, das Stimmrecht Ungarns im Europäischen Rat auszusetzen, weil Viktor Orbán bei seinen Besuchen in Russland und China einen Waffenstillstand „um jeden Preis" und nicht „zu den Bedingungen der Ukraine" vorgeschlagen habe. Auch dieser Brief verschweigt die Tatsache des Kiewer Besuchs, während er auf „gemeinsame EU-Positionen" verweist, gegen die der ungarische Ministerpräsident verstoßen habe.[131] In dieser Lesart, die sich in den deutschen Medien eingebürgert hat, erscheint der Wille des *Zentrums* als Wille des *Ganzen*, als allgemeingültig.

Eine nach ausgewogener Sachlichkeit strebende Ausnahme, der Chefkorrespondent von Focus Online, bemerkte im Juli 2024 zur ungarischen „Friedensmission", dass Viktor Orbán ein Land vertrete, das zwar ein kleines, zugleich aber ein westeuropäisches sei, und das schon in seiner fünften Amtszeit, als Politiker, der in Russland Gehör finde. Diese Fähigkeit verdiene internationale Aufmerksamkeit, weil der ungarische Ministerpräsident schon bei Ausbruch des russisch-ukrainischen Krieges seine Vermittlungsabsicht angekündigt und nun die drei Hauptstädte im östlichen Machtraum sehr wohl in der richtigen Reihenfolge aufgesucht habe.[132] Beachtenswert ist in diesem Zusammenhang der subtile Hinweis auf eine Besonderheit des politischen Systems Ungarns: Die Bemühung seiner Leitungsakteure, bei aller ideologischer Symbolik in der Praxis den Erfordernissen der Realität zu folgen. Die Spannungen in den internationalen Beziehungen Budapests erzeugt gerade auch der Umstand, dass die Unionsmehrheit die Ideologie über die Realpolitik stellt.

In die ideologisierende Vorgehensweise haben sich mitunter gemutmaßte historische Parallelen eingeschlichen. Ein neueres Beispiel dafür ist der von

---

130 Habeck zum Orbán-Besuch in Peking: „Er spricht nicht für Europa". In: DTS Nachrichtenagentur, 8. Juli 2024. https://regionalheute.de/habeck-zum-orb%C3%A1n-besuch-in-peking-er-spricht-nicht-fuer-europa-1720430163/ (9. Juli 2025).

131 https://www.politico.eu/wp-content/uploads/2024/07/16/CLEAN_Letter-article-7.pdf (4. Juli 2025).

132 *Ulrich Reitz*: Umstrittener Besuch bei Putin: Wir sollten Orban die Daumen halten. In: Focus Online, 5. Juli 2024. https://www.youtube.com/watch?v=SVjw-DyRd1I (4. Juli 2025).

der Präsidentin der Europäischen Kommission gezogene Vergleich von Viktor Orbáns „Friedensmission“ mit der Appeasement-Politik des britischen Premierministers Neville Chamberlain, die 1938 zur Aufteilung der Tschechoslowakei führte.[133] Hierauf reimt sich der Hinweis auf den angeblichen Plan zur Zerstückelung der Ukraine, dessen Umsetzung einen Anspruch eines großungarischen Revisionismus erfüllen würde. Ein Autorenpaar der ‚Frankfurter Allgemeinen Zeitung‘ beschrieb im Frühjahr 2024 die Praxis der heutigen Staatsführung Russlands, in die internationale Öffentlichkeit Falschinformationen zu streuen, um die eigene Eroberungspolitik gegenüber der Ukraine zu legitimieren. Die beiden Publizisten mahnten „historische Korrektheit und Schlüssigkeit“ an, desinformierten aber selbst, und zwar gleich zweifach. Zum einen empörten sie sich im Zusammenhang mit einer vermeintlichen Komplizenschaft Ungarns darüber, dass „das fragliche Gebiet um Uschhorod […] erst infolge der Zerschlagung der Tschechoslowakei durch Hitler 1938 an Ungarn“ gefallen sei.[134] Die historische Tatsache ist hingegen, dass jenes Territorium innerhalb einer größeren Region und mit einer mehrheitlich russinischen Bevölkerung seit dem 11. Jahrhundert bis zum Ende des Ersten Weltkrieges zum Königreich Ungarn gehörte. Die Karpato-Ukraine oder Transkarpatien (*Kárpátalja*) umfasste innerhalb Ungarns die Komitate Bereg, Ugocsa und Ung sowie einen Teil von Marmarosch und Sathmar. Nach 1920 der Tschechoslowakei zugehörig, war sie zwischen 1938/1939–1945 wieder Gebietsteil Ungarns.[135] Indem dieser Artikel zum anderen Anklänge an die revisionistische Politik Budapests vor und während des Zweiten Weltkriegs erzeugen wollte, schlitterte er selbst in die Falle der Putinschen Ideologie hinein, gegen die er das Wort zu führen beabsichtigte. Wer der ungarischen Regierung einen Anspruch auf ukrainisches Territorium andichtet, der ist entweder sprachlich oder auch sachlich außerstande, den Fakten das Mindestmaß an Respekt entgegenzubringen.

Im Thema des russischen Krieges gegen die Ukraine stellt die tonangebende politische Essayistik im deutschen Sprachraum die ungarische Regierung als

---

[133] Kommissionspräsidentin von der Leyen zum Besuch von Premierminister Orbán in Moskau: Appeasement wird Putin nicht aufhalten. In: Europäische Kommission. Vertretung in Deutschland, 5. Juli 2024. https://germany.representation.ec.europa.eu/news/kommissionsprasidentin-von-der-leyen-zum-besuch-von-premierminister-orban-moskau-appeasement-wird-2024-07-05_de (4. Juli 2025). In den Medien mehrfach verwiesen, z. B.: *löw. [Stephan Löwenstein]/T. G. [Thomas Gutschker]*: Kritik an Orbáns Besuch in Moskau. In: Frankfurter Allgemeine Zeitung, 6. Juli 2024.

[134] *Friedrich Schmidt/Reinhard Veser*: Russlands Grenzen: Wie Russland die Ukraine erobern und teilen will. In: F. A. Z.Net, 4. April 2024.

[135] *Meinolf Arens/Daniel Bein*: Karpato-Ukraine. In: Studienhandbuch Östliches Europa. I: Geschichte Ostmittel- und Südosteuropas. 2., überarbeitete und aktualisierte Auflage. Hg. Harald Roth. Köln [u. a.] 2009, 218–221.

Dienerin der russischen Politik hin.[136] Der Kommentator einer der bedeutendsten deutschen Tageszeitungen bezichtigte Orbán im Mai 2024, er verhalte sich in Brüssel „wie ein russischer Agent".[137] Der ungarische Ministerpräsident, schrieb derselbe Autor einige Wochen später, zersetze aus dem Inneren der EU die Einheit von deren Russland- und Ukraine-Politik.[138] Viktor Orbán mache Brüssel, nicht Moskau für den Ausbruch des russisch-ukrainischen Krieges verantwortlich, verschärfte einer der „Ungarn-Experten" den Anwurf.[139] Den Grundton dieser Rhetorik schlug eine US-amerikanisch-polnische Publizistin an, die in den deutschen Medien mit ihrem internationalen Ansehen als Kennerin der Region sowie der Autorität des ihr im Oktober 2024 verliehenen Frankfurter Friedenspreises (!) des Deutschen Buchhandels für die Fortsetzung des russisch-ukrainischen Krieges eintrat, wobei sie als Kriegziel den Regimewechsel in Russland, das heißt, dessen Niederlage angab.[140] Für die Rückeroberung ukrainischer Gebiete, im wesentlichen also das gleiche Ergebnis schrieb der zum außen- und militärpolitischen Berater vorgerückte Historiker von der Ludwig-Maximilians-Universität München in mehreren Artikeln herbei. Als Fachmann des ukrainisch-russischen Raumes riet er der deutschen Ampel-Regierung, die umsichtige Verhandlungsoption aufzugeben und die ukrainische kriegführende Seite mit Waffenhilfe aus Berlin zu unterstützen.[141]

Die einseitige Parteinahme für die Ukraine und die Orbán-Gegnerschaft bedingen sich in Deutschland seit Ausbruch des russisch-ukrainischen Krieges. Die 2024 ausgezeichnete Preisträgerin des Deutschen Buchhandels, die sich auf autoritäre Systeme und deren Machthaber spezialisiert hat,[142] be-

---

136 *Paul Lendvai*: Über die Heuchelei. Täuschungen und Selbsttäuschungen in der Politik. Wien 2024.

137 *Nicolas Busse*: Ohne Ungarn. In: Frankfurter Allgemeine Zeitung, 28. Mai 2024.

138 *Nicolas Busse*: Orbáns Einfluss. In: Frankfurter Allgemeine Zeitung, 6. Juli 2024.

139 Ulf Brunnbauer im Deutschlandfunk am 1. Juli 2024: *Schmidt-Mattern*: „Patrioten für Europa".

140 *Patrick Bahners*: Lernt aus eurem Fall! Anne Applebaums Appell an Deutschland. In: Frankfurter Allgemeine Zeitung, 21. Oktober 2024.

141 *Martin Schulze Wessel*: Der Fluch des Imperiums. Die Ukraine, Polen und der Irrweg in der russischen Geschichte. München 2023; *M. Schulze Wessel*: Putins Endkampf. In: Frankfurter Allgemeine Zeitung, 5. Februar 2024; *M. Schulze Wessel*: Falsches Bewusstsein. In: Frankfurter Allgemeine Zeitung, 18. November 2024. Einen Monat vor Ausbruch des russisch-ukrainischen Krieges für die historisch begründbare Wahrnehmung einer von Russland ausgehenden imperialen Gefahr: *M. Schulze Wessel*: Auf den Spuren des Zaren. In: Frankfurter Allgemeine Zeitung, 24. Januar 2022.

142 *Anne Applebaum*: Die Verlockung des Autoritären. Warum antidemokratische Herrschaft so populär geworden ist. München 2021; *A. Applebaum*: Die Achse der

schrieb den ungarischen Ministerpräsidenten – inmitten überschwänglicher Würdigungen ihres Werkes in den deutschen Medien[143] – mit folgenden Worten: „Orban sieht sich nicht als Teil der europäischen Gemeinschaft. Er sieht sich nicht als vollwertiges, funktionierendes Mitglied der Europäischen Union oder der Nato. Er stellt sich offen auf die Seite von Russland. Einem Land, das nicht nur die Ukraine besetzen und zerstören will, sondern auch offen Sabotage in ganz Europa betreibt, mit politischen Propaganda-Kampagnen."[144] Entsprechend der Angewohnheit dieser Experten-Gruppe zur Pauschalverurteilung des Orbán-Regimes nahm die Autorin bei diesem Interview mit dem ZDF auch zur Innenpolitik der ungarischen Regierung Stellung. Auf die Frage, wie „Autokraten ihre Macht" auszubauen pflegten, gab sie ihre Meinung auf den Ministerpräsidenten in Budapest gemünzt, ohne Belege zum Besten: „Im Fall von Ungarn hat Orban die Verfassung mehrfach geändert, um seine Siegchancen zu verbessern."[145]

Auf dem Problemfeld der Einstellung Budapests zum Krieg Russlands gegen die Ukraine hat sich neulich eine anekdotenartige Kuriosität ereignet, die ein Licht auf die wahren Zustände der Wissenschaftsfreiheit in Ungarn wirft. Ein ungarischer Senior Fellow beim Zentrum für Sicherheit und Verteidigung der Deutschen Gesellschaft für Auswärtige Politik in Berlin und Dozent an der Corvinus-Universität zu Budapest veröffentlichte im Herbst 2024 eine Studie über die Ukraine-Politik der Orbán-Regierung. Darin ließ er an der „Friedensmission" Orbáns vom Sommer 2024 nicht nur kein gutes Haar, sondern schrieb gleichsam deren Scheitern herbei. „Die Forschung für diesen Artikel", gibt die Rubrik zur Personalie an, „wurde im Rahmen des Projekts ‚Tradition und Flexibilität in Russlands Sicherheits- und Verteidigungspolitik' durchgeführt, das vom ungarischen Amt für Forschung, Entwicklung und Innovation gefördert wurde (Nr. 129243)." Dieses Amt (*Nemzeti Kutatási, Fejlesztési és Innovációs Hivatal*) ist eine Behörde der Orbán-Regierung, nämlich

Autokraten. Korruption, Kontrolle, Propaganda. Wie Diktatoren sich gegenseitig an der Macht halten. Aus dem Englischen von Jürgen Neubauer. München 2024.

143 Vgl. *Patrick Bahners*: Das Geheimnis ihrer Millionen. In: Frankfurter Allgemeine Zeitung, 12. Oktober 2024; *Julia Encke*: Die Globalisierung der Propaganda. In: Frankfurter Allgemeine Zeitung, 13. Oktober 2024; *Andreas Platthaus*: Scharfer Blick auf Russland. In: Frankfurter Allgemeine Zeitung, 26. Juni 2024.

144 *Lara Wiedeking*: Pulitzerpreisträgerin Applebaum: Darum geht es Autokraten wie Orban. In: zdfheute, 10. Oktober 2024. https://www.zdf.de/nachrichten/politik/ausland/interview-anne-applebaum-autokraten-100.html (4. Juli 2025).

145 Ebenda. Zu den Verfassungsänderungen in Ungarn *durch das Parlament*: *Bence Bauer/Frank Spengler*: Vierte Verfassungsänderung des Ungarischen Grundgesetzes. Länderbericht Konrad-Adenauer-Stiftung. Budapest 2013. https://www.kas.de/de/web/ungarn/laenderberichte/detail/-/content/vierte-verfassungsaenderung-des-ungarischen-grundgesetzes (21. Juli 2025).

des Ministeriums für Kultur und Innovation (*Kulturális és Innovációs Minisztérium*).[146]

IX. Die Emotionalisierung des Ungarn-Tadels

Das Bild vom autoritären oder gar diktatorischen Ungarn diente in jüngerer Zeit verstärkt als imaginärer Hebel für parteipolitische Interessen in Deutschland und in der EU. Presseleute formulierten vorab Festlegungen für die politische Szene, wie sie selbst von letzterer wiederholt als Sprachrohr verwendet wurden. Die Verquickung von Medien und Politik erreicht vor nationalen oder europäischen Parlamentswahlen Höchststände. Die für die ungarische Opposition im Europäischen Parlament gewonnen Sitze sind spätestens seit 2019 ein Garant dafür, dass ungarische Innenpolitik stets auch in Straßburg und in Brüssel stattfindet. Je länger ihr in der Heimat die Übernahme der Regierung mißlingt, um so dringender benötigt die ungarische Opposition diese Ersatzbühne, auf der sie der Unterstützung deutscher Publizisten und verbündeter Parteien sicher sein kann. Öffentlich-rechtliche und private Fernsehsender haben sich in Deutschland in jüngerer Vergangenheit mit investigativ anmutenden Dokumentarfilmen über Ungarn für parteipolitische Werbung und ideologische Propaganda, gerne vor Landes- oder Europawahlen, zur Verfügung gestellt.[147]

---

[146] *András Rácz*: Kommentar: Eine „Friedensmission“, die der Kapitulation den Weg ebnen soll. Die Ukraine-Politik von Orbáns Ungarn. In: Bundeszentrale für politische Bildung. Ukraine-Analysen, Nr. 306, 15. November 2024. https://www.bpb.de/themen/europa/ukraine-analysen/nr-306/556774/kommentar-eine-friedensmission-die-der-kapitulation-den-weg-ebnen-soll-die-ukraine-politik-von-viktor-orbans-ungarn/. Erstveröffentlichung: https://laender-analysen.de/ukraine-analysen/306/orban-ungarn-ukraine-politik-friedensmission/. Zum Autor: https://dgap.org/de/user/22455/dr-andras-racz. Zum regierungsamtlichen Zuwendungsgeber: https://nkfih.gov.hu/hivatalrol/hivatalrol/kozerdeku-adatok. Zum Projekt: http://nyilvanos.otka-palyazat.hu/index.php?menuid=930&lang=HU&num=129243# (alle 16. Juli 2025).

[147] Ein jüngeres Beispiel, gesendet vor der Europawahl vom 9. Juni 2024: *Kreysler/Eckert*: Propaganda-Angriff. Vgl. in dieser Gattung auswahlweise: *Michael Wech/Leopold Hoesch*: Hallo, Diktator: Orbán, die EU und die Rechtsstaatlichkeit. Broadview Pictures/ZDF/ARTE, 2. Februar 2021. https://www.youtube.com/watch?v=0qmdfkGM88U; *D. Mayer/P Tutsek*: Ungarn: Orban baut Budapest um. Deutsche Welle, 24. Februar 2021. https://www.dw.com/de/ungarn-orban-baut-budapest-um/video-56629056; *Britta Hilpert/Wolf-Christian Ulrich*: Das System Orbán. ZDF, 31. März 2022. https://www.zdf.de/video/dokus/auslandsjournal-die-doku-130/220329-aj-die-doku-ungarn-vor-der-wahl-100; *Wolf-Christian Ulrich*: Orbans schönes Ungarn. zdfheute, 3. März 2021. https://www.zdfheute.de/video/auslandsjournal/generation-corona-106.html (alle 20. Juli 2025).

Zu den Ursachen für diese Art des Umgangs mit Ungarn gehören zwei gewandelte Selbstbilder. Zum einen haben die Führungsetagen der EU die nationale beziehungsweise nationalstaatliche Interessenvertretung zunehmend in den Hintergrund gedrängt. Zum anderen hat sich die Christdemokratie, zuvörderst die deutsche, von ihren klassischen Grundsätzen hin zu Denk- und Handlungsmuster bewegt, die ihr – wie ein Kommentar in der ‚Frankfurter Allgemeinen Zeitung' zum Austritt der ungarischen Regierungspartei Fidesz aus der Europäischen Volkspartei 2021 so treffend festhielt – „eine Mehrheit mit Sozialdemokraten, Liberalen und Grünen" zu verschaffen verheißen.[148] Diese beiden Neuausrichtungen haben im Zusammenwirken den Einfluss des liberaldemokratischen Blocks vergrößert, der es im Streit mit Ungarn um so stärker auf die Delegitimierung der seit 2010 amtierenden Budapester Regierung absieht. Im Zeichen ihrer erneuerten Betriebsphilosophie arbeitet die EU nicht auf eine Harmonisierung unterschiedlicher nationaler Demokratiearten, sondern auf deren Einebnung nach ihrem Mehrheitsmaßstab hin. So wird das seit 2000 im offiziellen Motto der Union „In Vielfalt geeint" („In varietate concordia")[149] festgeschriebene Postulat vom Ziel der Nivellierung der Vielfalt nach vermeintlich allgemeingültigen *europäischen Werten* überlagert. Hierbei handelt es sich, näher betrachtet, um die Aushöhlung des Subsidiaritätsprinzips, das in dem am 7. Februar 1992 in Maastricht unterzeichneten Vertrag über die EU für eine Arbeitsteilung zwischen der zentralen Unionsebene und den nationalen Mitgliedstaaten verankert worden ist.[150] Doch statt eines entsprechenden Interessenausgleichs betreibt die Europäische Kommission heutzutage eine Politik der Interessendurchsetzung. Dafür ist sie aus ihrer ursprünglichen Rolle als „neutrale Hüterin der Verträge" auf das Feld der ideologischen Parteienkämpfe gewechselt.[151] Im Hintergrund ist unschwer die enttäuschte oder unbefriedigte Geltungssucht von Personen zu entdecken, die in der nationalen Politik ihrer Heimatstaaten entweder gescheitert oder nicht zum Zug gekommen und nun bemüht sind, ihr Nachholbedürfnis auf der internationalen Bühne auszuleben.

---

148 *Nikolas Busse*: Abschied von Orbán. In: Frankfurter Allgemeine Zeitung, 2. März 2021.

149 Europäische Union. Grundsätze, Länder, Geschichte. https://european-union.europa.eu/principles-countries-history/symbols/eu-motto_de (4. Juli 2025).

150 Konsolidierte Fassungen des Vertrags über die Europäische Union und des Vertrags über die Arbeitsweise der Europäischen Union. Artikel 5 (ex-Artikel 5 EGV). In: Europäische Union. EUR-Lex. https://eur-lex.europa.eu/legal-content/DE/TXT/?uri=CELEX:12016ME/TXT (4. Juli 2025).

151 *Enrico Liedtke*: Europäische Integration. Watchdog mit Eigeninteresse. In: Internationale Politik und Gesellschaft, 10. August 2020. https://www.ipg-journal.de/rubriken/europaeische-integration/artikel/watchdog-mit-eigeninteresse-4565/ (4. Juli 2025).

In der Geschichte der europäischen Einigung, die sich bis etwa 1943 zurückverfolgen lässt, drängen die Verkünder der angeblich allgemeingültigen *europäischen Werte* das erwähnte, in den 1980er Jahren christdemokratisch ausgeprägte Prinzip der Subsidiarität immer mehr in den Hintergrund.[152] Der stromlinienförmigen Politik der EU mißfällt die Zweiteilung nach Union und Nationalstaat. Deshalb ist in ihrem Umfeld der ursprünglich positiv besetzte Begriff *Souveränität* in die Bezeichnung *Souveränismus* umgewandelt worden, die den Vorwurf einer nationalistischen Europagegnerschaft einschließt. Damit wird nationale Verpflichtung abgewertet, auch wenn sie weder angreift noch zerstört, sondern verteidigt und in günstigen Fällen mit konstruktiven Ansätzen aufwartet. Diffamiert wird der Souveränismus, der auf Befugnissen beharrt, sofern der Nationalstaat – gemäß dem Subsidiaritätsprinzip – in der Lage ist, diese unabhängig und selbständig auszuüben.

Die europäische Wertemagie bezweckt im politischen Tagesgeschäft eine dreifache Wirkung. Sie will eine Immunisierung gegen Sachargumente ermöglichen, dabei die Politisierung der EU nach Parteiinteressen verschleiern und – nicht zuletzt – Ungarn das Recht absprechen, eigene Werte zu haben, die nicht schlechtgeredet zu werden brauchen. Aus dieser angemaßten Höherwertigkeit heraus missbilligt das stattliche Lager der deutschen und europäischen Liberaldemokratie seit 2010 das ungarische „Gesellschaftsbild“, wie es ihm die „weitreichende Liberalität im Westen und vor allem in Deutschland“ als gerechtfertigt vorgibt.[153]

Nach 2010 hat sich die *Emotionalisierung* zur allgemeinen Grundeigenschaft der Kultur- und Systemkritik an der ungarischen Demokratie entwickelt. Sie nährt sich aus der rund fünfzigjährigen deutschen Tradition des „politischen Moralismus“. Dessen Funktionsweise beschrieb der Philosoph Hermann Lübbe 1984 als „rhetorische Praxis des Umschaltens vom Argument gegen Ansichten und Absichten des Gegners auf das Argument der Bezweiflung seiner moralischen Integrität; statt der Meinung des Gegners zu widersprechen, drückt man Empörung darüber aus, daß er sich gestattet, eine solche Meinung zu haben und zu äußern“.[154]

Diese Verhaltensweise schlägt sich in den deutsch-ungarischen Politikbeziehungen sinngemäß nieder, wenn gegenüber der ungarischen Seite Respektlosigkeit geboten scheint. Der neueste dieser Fälle von Überheblichkeit ereig-

---

152 *Christoph Driessen*: Griff nach den Sternen. Die Geschichte der Europäischen Union. Regensburg 2024; *Frank Schorkopf*: Abendland. In: Frankfurter Allgemeine Zeitung, 27. Mai 2024.

153 *Stefan Kornelius*: Budget und Brexit. Europas Doppelkrise. In: Süddeutsche Zeitung, 28./29. November 2020.

154 *Hermann Lübbe*: Politischer Moralismus. Der Triumph der Gesinnung über die Urteilskraft [1984]. Berlin 2019, 120.

nete sich Anfang Oktober 2024, als die diplomatische Vertreterin der grünen Außenpolitik Deutschlands in Ungarn, die Botschafterin in Budapest, in ihrer öffentlichen Rede zum Tag der Deutschen Einheit eine unverhohlene Wahlempfehlung zu Gunsten der ungarischen Opposition abgab.[155] Aus der Psychologie des Zwistes zwischen dem großen und dem kleinen Mitgliedstaat der EU drängt sich der Eindruck auf, dass die Erzählung des großen Deutschland über die Verdorbenheit des kleinen Ungarn immer auch befreien soll: nämlich von der moralischen Last des Dankes für die ungarische Grenzöffnung 1989, die vor 35 Jahren den Weg zur deutschen Wiedervereinigung und zur Überwindung der Teilung Europas öffnete.

X. Die Bruchlinie

Es ist nicht der Gegensatz von Demokratie und Antidemokratie, der die Spannungen im deutsch-ungarischen Beziehungsraum und innerhalb der EU im Zusammenhang mit Ungarn bedingt. Es stehen sich zwei Arten von politischem Europäertum gegenüber: auf der einen Seite die Anhänger eines zentralisierten, auf der anderen Seite diejenigen eines auch – und gerade – in seiner Vielfalt einheitlichen Europa.

Um den Charakter dieses Antagonismus nachzuvollziehen, muss eine Begriffsverwirrung ausgeräumt werden. Die gegenüber dem Hauptstrang der EU kritische politische Essayistik und politologische Fachliteratur nimmt üblicherweise einen Gegensatz zwischen Föderalisten und Souveränisten an.[156] Die Mehrheitspolitik der EU bezeichnet sie als föderalistisch, obwohl die Europäische Kommission unter Billigung großer Teile des Europäischen Parlaments den Anspruch nach Zentralisierung hegt, wenn sie mit ihrer Bemühung um Rechtserweiterung aus Brüssel die Rechtsordnung des Nationalstaates unterzuordnen bestrebt ist. Die Souveränisten sind hingegen die eigentlichen Föderalisten, da sie das Recht des Nationalstaates in europäischer Perspektive für übergeordnet halten und das Subsidiaritätsprinzip für eine kontinentale Machaufgliederung pflegend beibehalten wollen.[157] Im politischen Mehrheitswillen innerhalb der EU verbirgt sich der Ansatz, der die An-

---

155 *Thomas Jansen*: Diplomatischer Eklat. Ungarn braucht keine deutsche Wahlempfehlung. In: F.A.Z.Net, 4. Oktober 2024. https://www.faz.net/aktuell/politik/ausland/ungarn-braucht-keine-wahlempfehlung-einbestellung-der-deutschen-botschafterin-110027272.html (9. Juli 2025).

156 Zwei Beispiele aus Ungarn: *Balázs Orbán*: Húsz éve az Európai Unióban – öt tanulság. In: Index, 1. Mai 2024. https://index.hu/velemeny/2024/05/01/orban-balazs-europai-unio-magyarorszag/ (5. Juli 2025); *Béla Pokol*: Szuverenisták kontra föderalisták. Budapest 2020.

157 Im Sinne der institutionell-funktionalistischen Definition von Föderalismus. Vgl. *Bernd Reissert*: Föderalismus. In: Pipers Wörterbuch zur Politik. I. Politikwissen-

forderung der mitgliedstaatlichen Selbstbestimmung als Souveränismus abkanzelt. Deswegen wird der ungarischen Regierung zum Beispiel im Zusammenhang mit dem russisch-ukrainischen Krieg eine egoistische Vereitelung der internationalen Zusammenarbeit angekreidet.

In den politischen Debatten mit Ungarn kämpfen einerseits die repräsentative, mit der Institution des Volksentscheids angereicherte Demokratie des Nationalstaats, andererseits das europäische Gemeinschaftsrecht gegeneinander. Die in Deutschland bevorzugte Elitendemokratie schränkt das Mitspracherecht des Volkes ein. In diesem Sinne haben beispielsweise die Präsidentin des deutschen Bundestages und die deutsche Außenministerin in der Amtszeit der Regierung von Olaf Scholz öffentlich erklärt, dass die Rolle der NATO im Krieg Russlands gegen die Ukraine und die Sanktionen gegen Russland aufrechterhalten würden, obwohl viele in der deutschen Gesellschaft und sogar in der Wählerschaft der Regierungskoalition anderer Meinung seien.[158] Diese Art der Demokratie erlaubt auf europäischer Ebene nur die Abstimmung über die Zusammensetzung des Parlaments in Straßburg, Brüssel oder Luxemburg, während sie im Fall der Europäischen Kommission auf eine solche Legitimation verzichtet und die Ernennung ihrer Mitglieder Postenschachern überlässt.

In geistiger Hinsicht verläuft der Graben also zwischen der als fremdenfeindlich gebrandmarkten Rechten und der im eigenen Selbstverständnis wertebasierten Linken, die sich im Höherwertigkeitsbewusstsein der liberalen Demokratie als erste oder sogar alleinige Wächterin des Europäertums ausgibt. Diesem Gegensatzpaar entsprechen zwei politische Ideale: das Europa der Nationen und die Vereinigten Staaten von Europa.

Das politische Duell zwischen der Idee eines zentralisierten und eines föderalisierten Europa spielte sich ab, als die Präsidentin der Europäischen Kommission das ungarische Kinderschutzgesetz von 2021 als „Schande“[159] be-

---

schaft. Theorien, Methoden, Begriffe. Hgg. Dieter Nohlen/Rainer-Olaf Schultze. München/Zürich ³1989, 238–244, hier 238–239.

[158] Außenministerin in Prag. Regierung stehe an Seite der Ukraine, „egal, was meine deutschen Wähler denken“, sagt Baerbock. In: Welt, 1. September 2022. https://www.welt.de/politik/ausland/article240801361/Baerbock-Regierung-steht-an-der-Seite-der-Ukraine-egal-was-meine-deutschen-Waehler-denken.html (4. Juli 2025); *Stanislava Walczak*: The Time has Come to Stop and Reevaluate the Priorities. In: Europe right now. https://europerightnow.eu/post/6661814ead1ad7fb14a8cadd (4. Juli 2025). Filmdokumenation der entsprechenden Aussage von Außenministerin Annalena Baerbock vom 31. August 2022: https://www.youtube.com/watch?v=78-_Ou5sH3k&t=5083s (4. Juli 2025).

[159] *Thomas Gutschker/Stephan Löwenstein*: Genug von Ungarns Provokationen. Von der Leyen bezeichnet das neue LGBTQI-Gesetz als „Schande“. Immer mehr EU-Staaten wenden sich gegen das Verhalten von Budapest. In: Frankfurter Allgemeine Zeitung, 24. Juni 2021.

zeichnete, mit der Begründung, dass Homosexualität und Transsexualität europäische Werte seien, die in allen Mitgliedstaaten der EU die gleiche rechtliche Behandlung verdienten, in Ungarn aber mit Füßen getreten würden. Das ungarische Parlament hat in dieser Agenda aber sein eigenes Gesetz verabschiedet, das es über das europäische Gemeinschaftsrecht und den politischen Mehrheitswillen der EU stellt, insofern dem Europäischen Gerichtshof das Recht auf die oberste Gerichtsbarkeit versagt, kurzum: eine „Rechtsvereinheitlichung“ in Europa ablehnt.[160] Die Aufregung über die selbstbestimmte ungarische Gesetzgebung nährt die Reaktionen aus dem Ausland mindestens in dem Maße, wie die Sorge um die Rechte von Schwulen, Lesben und Transgender-Personen. Die anderen beiden internationalen Problemkreise unserer Tage, die Flüchtlings- und Migrationskrise sowie der russisch-ukrainische Krieg, lassen den gesamteuropäischen und den nationalstaatlichen Lösungsansatz ebenso aufeinanderprallen. Ein anschauliches Beispiel dafür ist die Erklärung des Präsidenten des Europäischen Rates, dass Ungarn mit der Ratspräsidentschaft in der zweiten Hälfte des Jahres 2024 nicht die Aufgabe erhalten habe, „die sechs Monate dafür zu nutzen, um nationale Ansichten über die Welt zu vertreten“.[161]

Die ungarische Regierung stellt sich diesem Meinungsstreit mit einer Entschlossenheit, die über das im internationalen Vergleich geringe politische und wirtschaftliche Gewicht des Landes hinwegtäuscht und bisweilen an Kühnheit grenzt. Damit reizt sie die politischen Vertreter großer und mächtiger Staaten, die sich in der Heimat mal kürzer, mal länger in die Opposition zurückziehen müssen, außerdem fall- und streckenweise risikoscheu und schwankend agieren, so dass Zweifel an ihrer Bedeutsamkeit aufkommen. In der Reihe der Europäischen Kommission verfügen sie zudem nicht über die demokratische Legitimation von gewählten Repräsentanten.

XI. Der Befriedungsbedarf

Die Auffassung, wonach das liberale und das nationale Interesse einander widersprechen, will im ideologischen Wettstreit nur eines der Weltbilder als Sieger anerkennen. Ist aber einmal die Versuchung des einen oder des anderen Ausschließlichkeitsanspruchs überwunden, könnte die Befriedung von Nation und Liberalismus für einen offenen und ehrlichen Dialog beginnen.

Eine Voraussetzung dafür ist die ungarische Selbstprüfung. Ein offener und ehrlicher Austausch sollte endlich das Mißverständnis oder die Mißdeutung

---

160 *Balázs Orbán*: Zur ungarischen Konstitutionalität. In: Der ungarische Staat, 349–367, hier 364.

161 Zitiert von *G.[utschker]*: Scharfe Kritik.

herausstellen, wonach der ungarische Illiberalismus die Freiheitsrechte antidemokratisch einschränke oder gar diktatorisch beseitige. Schallend zutreffend ist hingegen der Hinweis, dass die als ungarischer Illiberalismus verschriene politische Idee geradewegs in urliberaler Weise auf das Recht des freien Willens in den Debatten der EU pocht. Erst diese Freiwilligkeit veredelt den Liberalismus zur Idee der Freiheit, Souveränität und Gleichrangigkeit – zu jener Kraft, die in einem pluralistischen, nicht nur demokratischen Rechtsstaat über Parteigrenzen hinweg wohltuende Wirkung zu entfalten vermag.

Parallel zu dieser Begriffsklärung – oder im Anschluss daran – steht die schwierige Aufgabe an, zu prüfen, ob der Illiberalismus überhaupt zur vollen und wahrhaftigen Kennzeichnung des ungarischen Staats- und Gesellschaftssystems taugt. Im vergangenen Jahrzehnt bemühte sich der Begriff, wie oben gesehen, um seine Ausdehnung im christdemokratischen Sinn, wobei er seine höchste Richtschnur zeitweise hervorhob, nämlich die Herrschaft des Rechts, die auch die Regierungsarbeit in Schranken weist. Aus diesem Blickwinkel könnte der Begriff Illiberalismus sogar aus dem ungarischen politischen Wortschatz gestrichen werden – und sei es nur deshalb, weil er ungeeignet ist, das Wesen Ungarns als Staat und Gesellschaft umfassend und glaubwürdig zu beschreiben.

Das europäische Grundprinzip „In Vielfalt geeint“ sollte hingegen häufiger und nachdrücklicher als bisher beschworen werden, wenn die einführend erwähnte Partnersuche in der EU ins Stocken gerät. Die beiden Elemente dieser Losung – Vielfalt und Einheit – sind gleichermaßen wichtig, wie die Haltung etwa der Europäischen Kommission zum Krieg Russlands gegen die Ukraine zeigt. Warum sonst sollte Brüssel mit den baltischen und polnischen Verbündeten für die „Souveränität“ des ukrainischen Staates eine Lanze brechen?[162] Bedingungen für sachnahe Abstimmungen haben sich neuerdings auch in der Flüchtlings- und Migrationskrise herausgeschält, in der die Position der deutschen Regierung weitgehend, wenn auch unausgesprochen, mit jener der ungarischen übereinstimmt, und in Deutschland eine breite gesellschaftliche Zustimmung zur ungarischen Praxis besteht.[163]

Auch in diesem Themenkreis lohnt sich ein Blick auf den zeitgeschichtlichen Ablauf der Problembehandlung, der die Festigkeit der ungarischen Regierungsposition im Gegensatz zur Sprunghaftigkeit und Widersprüchlichkeit der deutschen Politik widerspiegelt. In der im September 2015 ausgebroche-

---

162 *Marika Linntam/Alda Vanaga/Giedrius Puodžiunas/Jan Tombiński*: In der Ukraine steht Europa auf dem Spiel. In: Frankfurter Allgemeine Zeitung, 15. Oktober 2024.

163 Vgl. *Naika Foroutan*: Postmigrantische Gesellschaft in der Krise. Zwischen Migrationsabwehr und Migrationsbedarf. In: Aus Politik und Zeitgeschichte, 1. November 2024. https://www.bpb.de/shop/zeitschriften/apuz/flucht-und-migration-2024/555933/postmigrantische-gesellschaft-in-der-krise/ (4. Juli 2025).

nen Flüchtlings- und Migrantenkrise bot der Wiener Gipfel der Staats- und Regierungschefs vom September 2016 die Aussicht auf eine Konsensfindung im Zeichen des Schutzes der EU-Außengrenzen, also der Eindämmung der illegalen Einwanderung und des Grundsatzes der „flexiblen Solidarität“, die auf eigentümliche Bedingungen in einzelnen Mitgliedstaaten Rücksicht nimmt.[164] Nach dem Referendum in Ungarn am 2. Oktober 2016, das die Flüchtlings- und Migrationspolitik der Orbán-Regierung bestätigte, sowie infolge der zunehmenden Parteipolitisierung der EU verschwand dieses Lösungsmodell jedoch von der Tagesordnung. Gleichzeitig verfestigte sich im internationalen Parteienwettbewerb die These einerseits von der linksorientiert offenen Liberaldemokratie, andererseits vom ausgrenzenden rechten Nationalismus.[165]

Der ideologische Doppelmaßstab verwundert umso mehr, als sich die Standpunkte der Streitparteien in der Sache erheblich angeglichen haben. In Deutschland wird 2024 nicht nur in der Gesellschaft, sondern in der linken Ampel-Koalition die Einführung von Maßnahmen erwogen oder bereits gefordert, für deren Umsetzung Ungarn vom europäischen politischen Mainstream verurteilt und vom Europäischen Gerichtshof bestraft wird.[166] Der aus Deutschland befeuerte europäische Mainstream liefert ein krasses Beispiel für interessengeleitete Doppelzüngigkeit: Ein Europaabgeordneter aus Bayern, der die ungarische Regierung seit 2018, seit dem Frühsommer 2019 verstärkt der Verletzung rechtsstaatlicher Normen und Praxis beschuldigt,[167] forderte im Frühjahr und Sommer 2024 als Vorsitzender der Europäischen Volkspartei einen Stopp der illegalen Einwanderung[168] sowie die Errichtung von „geschlossenen Anlagen“ an den Außengrenzen der EU, „wo Ankommende abgesperrt untergebracht werden“.[169] Ungarn hatte im Mai 2020 ein solches Tran-

---

164 *Cathrin Kahlweit*: Definitionen von Solidarität. Auf dem Flüchtlingsgipfel von elf Ländern in Wien prallen strikte Abwehrpositionen wie die von Ungarn auf großzügigere Aufnahmekonzepte. Beim Setzen von Grenzen ist man sich jedenfalls näher gekommen. In: Süddeutsche Zeitung, 26. September 2016.

165 *Lengyel:* Das Ungarn-Bild, 192–211.

166 *Foroutan*: Postmigrantische Gesellschaft; *Ulrich Vosgerau*: Ein Gericht bricht das Recht. In: Cato. Magazin für neue Sachlichkeit, 1. Oktober 2024.

167 Vgl. Europapolitiker Weber fordert Zugeständnisse von Ungarn. In: Der Spiegel, 10. September 2018. https://www.spiegel.de/politik/deutschland/evp-chef-manfred-weber-fordert-zugestaendnisse-von-ungarn-a-1227398.html (5. Juli 2025).

168 *Manfred Weber*: Die Grünen in einem Lager mit Orban, Kaczynski und Le Pen – beschämend. In: Welt, 16. April 2024. https://www.welt.de/debatte/kommentare/article251026180/EU-Migrationspakt-Die-Gruenen-in-einem-Lager-mit-Orban-und-Le-Pen.html (4. Juli 2025).

169 *Jochen Buchsteiner*: EVP-Chef Manfred Weber. „Meloni will in Europa etwas erreichen“. In: F.A.Z.Net, 1. Juni 2024. https://www.faz.net/aktuell/politik/europawahl/evp-chef-manfred-weber-meloni-will-in-europa-etwas-erreichen-19756588.html (4. Juli 2025).

sitlager an der ungarisch-serbischen Grenze errichtet, womit es ein Urteil des Europäischen Gerichtshofs umsetzte.[170] Dennoch bezeichnete der bayerische Europaabgeordnete Viktor Orbán im Sommer 2024 als Feind der Rechtsstaatlichkeit.[171] Wenige Wochen zuvor deckte er in einem Meinungsartikel zu den Debatten des EU-Migrationspaktes den tieferen Beweggrund der deutschen *Willkommenskultur* auf: die Förderung der „Zuwanderung [...] von denjenigen, die uns nützen", nämlich bei der Behebung des in Deutschland schwerwiegenden Arbeitskräftemangels.[172] Die deutsche Flüchtlings- und Migrationspolitik steht in der Tradition des Gastarbeiterprogramms, das in den 1950er Jahren in Westdeutschland zur Stärkung des Arbeitsmarktes anlief, um für den Beitrag von Ausländern zum Wohlstand der Inländer zu sorgen.[173]

Wenn Viktor Orbán nicht beansprucht, als einer der Ideengeber für die in Deutschland mit einer Verspätung von neuen Jahren eingefädelten Diskussionen und erwogenen Reformen in der Flüchtlings- und Migrationskrise genannt zu werden, dann könnten sich neue Wege der zweiseitigen Entspannung in den deutsch-ungarischen Beziehungen bieten. Neuerdings sind in Deutschland im Zusammenhang mit dem russisch-ukrainischen Krieg auf landespolitischer Ebene Zeichen von Offenheit oder gar Verständnis für die wichtigste Empfehlung der „Friedensmission" Viktor Orbáns, jener des Waffenstillstands, vernehmbar.[174] In der Gender-Frage scheint jedoch ein deutsch-ungarischer gemeinsamer Nenner auf politischer Ebene derzeit nicht erreichbar. In der deutschen Gesellschaft ist zwar in dieser Hinsicht eine konservativere Einstellung wahrnehmbar als in der Berliner Bundesregierung und in manchen Landeskabinetten Deutschlands. Dieses Traditionsbewußtsein macht sich in den öffentlichen Diskursen aber kaum bemerkbar.

---

[170] Nach EuGH-Urteil. Ungarn schließt Transitzone für Asylbewerber. In: Der Spiegel, 21. Mai 2020. https://www.spiegel.de/ausland/ungarn-schliesst-transitzone-fuer-asylbewerber-a-c3a32664-ea25-4a9f-9dc5-67d7ef2d738a (4. Juli 2025).

[171] *Jochen Buchsteiner*: „Brüssel ist aufgewacht". In: Frankfurter Allgemeine Sonntagszeitung, 2. Juni 2024.

[172] *Weber*: Die Grünen.

[173] *Foroutan*: Postmigrantische Gesellschaft; *Axel Schildt*: Die Sozialgeschichte der Bundesrepublik Deutschland bis 1989/90. München 2007.

[174] Vgl. Kretschmer kritisiert Boykott der EU-Kommission gegen Ungarn. In: Süddeutsche Zeitung, 17. Juli 2024. https://www.sueddeutsche.de/politik/diplomatie-kretschmer-kritisiert-boykott-der-eu-kommission-gegen-ungarn-dpa.urn-newsml-dpa-com-20090101-240717-930-176701 (5. Juli 2025); Landeszentrale für politische Bildung Baden-Württemberg: Dossier: Ukraine-Krieg aktuell – Russland-Ukraine-Konflikt erklärt. News – Chronik – Hintergründe – Analysen. 8. Dezember 2024. https://www.lpb-bw.de/ukrainekonflikt (9. Juli 2025).

XII. Auf der Suche nach der Augenhöhe

Wer der Regierung Viktor Orbáns vorwirft, die Verschlechterung der Beziehungen Ungarns zur westlichen Welt verursacht zu haben, der weckt Budapests Verantwortung für die Beilegung oder zumindest Beruhigung der Streitigkeiten. Ein solcher Aufruf zur ausgestreckten ungarischen Hand sollte sich aber in einen breiteren Kontext stellen, um herauszufinden, was und wie die Gegenseite zur neuen Annäherung beitragen könnte. Die Ermutigung der ungarischen Außenpolitik zu einer stärkeren Anpassung an Gepflogenheiten im Westen wirft mindestens zwei begleitende Grundfragen auf: An genau welche Strukturen sollte eine ebenso breitere wie tiefere ungarische Angleichung erfolgen? Und wären denn jene westlichen Verhältnisse in Ungarn und in den ungarisch bewohnten Regionen Ostmitteleuropas einzuführen?

Die Übernahme von Befindlichkeiten aus dem Osten steht außer Frage. Sie dennoch aufzuwerfen hieße, davon abzulenken, dass Ungarn zum Westen gehört und sich mit der wohl überwältigenden Mehrheit seiner Bevölkerung als Teil des Westens begreift. Aber gerade mit der realistischen Einschätzung der eigenen Machtfülle mag seine Regierung nicht darauf verzichten, möglichst fruchtbare Beziehungen auch zum Osten zu unterhalten. Wenn wir die Kontaktpflege zum Osten den großen Staaten nicht verübeln – beispielsweise am Rande des China-Besuchs des deutschen Vizekanzlers im Sommer 2024 –, warum sollten wir sie einem kleinen Staat anlasten?

Es gibt Stimmen, die Ungarn wegen seiner Gebietsgröße sowie seines unterrangigen politischen und wirtschaftlichen Stellenwerts dazu anspornen, sich seine Schwäche einzugestehen und in die Mehrheitsordnung der EU einzufügen.[175] Auffälligerweise wird das Land in der tonangebenden deutschsprachigen Publizistik nicht zu den „unbedingt gewichtigen" Mitgliedsländern gezählt,[176] wegen seiner mutmaßlichen Vorbildrolle aber dennoch gefürchtet.[177] Das „ist schon etwas für den Anführer eines Landes mit zehn Millionen Einwohnern im Karpatenbecken", zeigte sich die deutsche Tagespresse verblüfft, als Viktor Orbán im Sommer 2024 die östlichen Machtzentren in Moskau und Peking besuchte.[178] Aufsehen erregte an anderer Stelle, dass Orbán sogar vom republikanischen Präsidentschaftskandidaten Donald Trump in

---

175 Diese Frage wird auch in Ungarn mehr oder minder offen erörert. Für eine entschlossenere Berücksichtigung der geo- und wirtschaftspolitischen Realitäten des *kleinen* Ungarn plädiert *Iván Bába*: Méretarányos külpolitika. In: Országút, 18. September 2024. https://orszagut.com/kozelet/europai-unio-nato-ukrajna-lengyelorszag-meretaranyos-kulpolitika-6770 (4. Juli 2025).

176 *Mayer*: Souveränismus, 8.

177 *Mayer*: Das schlechte Vorbild.

178 *Löwenstein*: Orbáns Zwecke.

Mar-a-Lago bei der „Peace Mission 5.0“ empfangen wurde, bei einer Begegnung, die der ungarische Ministerpräsident – nach den drei Stationen Kiew, Moskau und Peking – womöglich „in der Eile verzählt“ habe.[179] Neulich kam es zwar vor, dass ein deutscher Journalist sich über das Phänomen „Viktor Donald“ weniger spöttisch als warnend lustig machte.[180] Doch allgemein verübelt es die deutschsprachige Publizistik, dass ein „kleiner Staat wie Ungarn“[181] die Bühne der Weltpolitik überhaupt betritt und dabei sich auch noch „schlecht“ benimmt.[182] Die Gegenprobe mit dem Besuch des UN-Generalsekretärs in Russland im Oktober 2024 ergibt, dass die deutsche Presse aus diesem Anlass keinen Skandal entfachte.[183] Mithin war davon auszugehen, dass gerade ein großer Faktor das unternahm, wofür Viktor Orbán drei Monate zuvor geschmäht worden war.

In den Beziehungen zwischen kleinen und großen Staaten sind es meist die Großen, die wirtschaftlich und militärisch Starken, die den Kurs bestimmen. Ungarn *benimmt sich gerade auch deswegen schlecht*, weil es sich mit seinem engen Handlungsspielraum nicht zufriedengibt. Der tiefere psychologische Grund für die seit anderthalb Jahrzehnten andauernde Ablehnung Ungarns aus dem Westen liegt darin, dass seine Regierung die Regel jener Verhältnismäßigkeit nicht – oder nicht immer – einhält. Es zeugt vom besonderen Selbstwertgefühl Viktor Orbáns, dass er die unverrückbaren Gegebenheiten der internationalen Politik achtet, zugleich aber visionär auftritt. Er erkennt die Größe der Großen an. Dennoch erwartet oder hofft er, dass sie sich in wichtigen Fragen dem kleinen Ungarn annähern oder sogar Ansichten wie das kleine Ungarn vertreten. Auf diese Weise vermengt sich in der Denkart des heutigen *ungarischen Weges* der realistische mit dem idealistischen Ansatz.[184]

Gibt es einen Grund dafür, auf das zu verzichten, was auch den Kleinen gebührt? Dessen müssen sich jedenfalls auch die Kleinen als würdig erwei-

[179] *Thomas Gutschker*: Mission für Frieden 5.0. Orbán und Trump tun sich zusammen. In: Frankfurter Allgemeine Zeitung, 13. Juli 2024.

[180] *Jasper von Altenbockum*: Viktor Donald. In: Frankfurter Allgemeine Zeitung, 3. Dezember 2024.

[181] *Alexander J. Motyl*: Gulasch oder Kommunismus. Orbán wird sich entscheiden müssen. In: Welt, 24. Oktober 2024. https://www.welt.de/debatte/kommentare/article254118058/Ungarn-Gulasch-oder-Kommunismus-Orban-wird-sich-entscheiden-muessen.html (5. Juli 2025).

[182] *Hubert Wetzel*: Nicht wehrlos, aber hilflos. In: Süddeutsche Zeitung, 31. Mai 2024.

[183] Vgl. *Reinhard Veser*: Guterres in Rußland. In: Frankfurter Allgemeine Zeitung, 24. Oktober 2024.

[184] Ähnlich urteilte Edit Oltay (1956–2024) in einem ihrer letzten Aufsätze: *Edit Oltay*: Viktor Orbáns ungarischer Weg. In: Cato. Magazin für neue Sachlichkeit, 5. Oktober 2023.

sen: Der Zubilligung der politisch-moralischen Redlichkeit, und zwar auch bei abweichenden oder gegensätzlichen Meinungen. Gerade deshalb sei ein verborgener Schatz gehoben: der europäische Wert der Gleichrangigkeit. Es reicht nicht, dass die Streitparteien Demokraten sind; sie müssen auch Pluralisten sein, um den freien Willen der Kleinen zu und ihr Recht auf Gleichrangigkeit anzuerkennen und notfalls durchzusetzen. Dieser Pluralismus ist ein urliberaler Wert. Er wandelt die Gleichrangigkeit für beide Seiten in eine Herausforderung um: Für den Kleinen, weil er sich immer wieder auf Augenhöhe erheben muss. Und für den Großen, weil auf Augenhöhe nicht das Maß, sondern die Vernunft und der Verstand die Kraft spenden und verbürgen.

Jahrbuch Wissenschaftsfreiheit, 3 (2026): 393–430
https://doi.org/10.3790/jwf.2026.1472812

Liberal oder autoritär? Der moderne Progressivismus im Gleichstellungs- und Zuwanderungsrecht

Von *Holm A. Leonhardt**

Abstract

Die Rechtspolitik der letzten Jahrzehnte war progressiv. Sie stellte sich meist liberal dar, hatte aber zunehmend restriktive Folgen. Als Ursache dieses Widerspruchs kann die Verleugnung von Naturtatsachen zugunsten eines idealistischen Moralismus angesehen werden. Wieweit unser Rechtssystem bereits progressiv umgestaltet ist, zeigt sich exemplarisch im Gleichstellungs- und Zuwanderungsrecht. In beiden finden sich zivilreligiöse, dogmatische Elemente. Diese entsprechen den Klischees der Schuld- und Sühnekulte für die unterdrückte Frau und den diskriminierten Farbigen (wie auch analog für die ausgebeutete Natur und Tierwelt). Die Praktiken zur Wiedergutmachung sind übertrieben worden. Die Rechtsänderungen widersprechen zudem den soziobiologisch angelegten Verhaltenstendenzen des Menschen, die rechtsanthropologisch berücksichtigt werden sollten. Hinzu kommen Demokratiemängel durch die bestehende Eliten- und Parteienherrschaft. Eine Fortsetzung des woke-progressiven Regimes dürfte zu einer Vertiefung der bestehenden gesellschaftlichen Krise und Spaltung zu führen.

Schlüsselwörter: Progressivismus, Idealismus, Naturalismus, Rechtsanthropologie, Gleichstellungsrecht, Migrationsrecht

Liberal or Authoritarian? The Modern Progressivism in Equality and Immigration Law

Legal policy in recent decades has been progressive. It generally presented itself as liberal, but has had increasingly restrictive consequences. The root of this contradiction can be seen in the denial of natural facts in favor of an idealistic moralism. The extent to which our legal system has already been progressively transformed can exemplary be seen in gender equality law and immigration law. Both contain civil-religious, dogmatic elements. These correspond to the clichés of guilt and atonement cults for oppressed women and discriminated people of color (as well as, analogously, for

* Dr. rer. pol. Holm A. Leonhardt ist pensionierter wissenschaftlicher Bibliothekar und seit 2008 Research Affiliate am Institut für Geschichte der Universität Hildesheim. E-Mail: haxleonhardt@gmail.com.

exploited nature and wildlife). Reparation practices have been exaggerated. Furthermore, the legal changes contradict the socio-biologically determined behavioral tendencies of human beings, which should be considered from a legal anthropological perspective. Added to this are the democratic deficiencies caused by the existing elite and party rule. A continuation of the woke-progressive regime is likely to deepen the existing social crisis and division.

Keywords: progressivism, idealism, naturalism, legal anthropology, equality law, migration law

Die Progressiv-Bewegung, für die seit den 2010er Jahren die kritische Kennzeichnung *woke* steht, ist seit ihren Ursprüngen in den 1960er Jahren in ihrer politischen und ideologischen Bewertung umstritten geblieben.[1] Sie besteht bekanntermaßen aus einem ganzen Strauß von Einzelbewegungen. Diese treten ein für jeweils spezifische moralistische Einzel-Agenden, so für die Befreiung der Frauen vom strukturellen Patriarchat, für die Emanzipation der farbigen Völker vom kolonialen Erbe und strukturellen Rassismus oder für die Rettung von Klima und Natur vor dem Zugriff des Menschen. Von Befreiungszielen angetrieben, lautet die Selbsteinschätzung dieser Eliten auf zugleich *links* und *liberal*, allerdings unter der Maßgabe, dass die neuen Freiheiten den Benachteiligten der bisherigen Lebensweise der Menschheit zugutekommen.

Anders ist demgegenüber die Bewertung des Woke-Moralismus durch seine Gegner und Kritiker, die eher für eine pragmatische Realpolitik stehen. In den 1990er Jahren bereits behaupteten konservative Autoren das Bestehen von Parallelen zwischen totalitären Ideologien und der ökologischen Programmatik fortschrittsbewegter Grüner. So sahen einige im grünen Umwelt- und Naturschutz-Verständnis eine veränderte Neuauflage der „Blut- und Boden-Ideologie“ der Nationalsozialisten. Es war nun aber nicht der gierige *Wucherer* und *Spekulant*, sondern „der Mensch“ generell, der reglementiert werden sollte.[2] Andere Stimmen wiesen darauf hin, dass progressive Ideologen aufgrund ihrer postmarxistischen resp. „neurotischen“ und „angstbesetzten“ Haltung politische Freiheitsräume einzuschränken drohten.[3] Weitere Verfasser erkannten in der neuen Fortschritts-Bewegung „kommunistische Ideen“ und den Versuch zur Schaffung einer „sozialistischen Neuen Weltordnung“.[4] Altsozialistin Sarah Wagenknecht, die sich als *links* im traditionelle Sinne verstand, attestierte der neuen Progressiv-Bewegung, sie gäbe nur vor, „links-

---

[1] Das Thema wird anhand Deutschlands betrachtet, mit gelegentlichen Seitenblicken auf Nachbarländer. Insgesamt aber ist der Woke-Progressivismus eine weltweite, schwerpunktmäßig westliche Bewegung.

[2] *Warnke*, Grüne Ideologie, 1998, S. 446 ff.

[3] Aufgeführt in: *Warnke*, Ideologie, S. 446.

[4] *Mann*, Rote Lügen in grünem Gewand, 2009, Inhaltstext.

liberal" zu sein und sei im Gegenteil „weder links noch liberal".[5] Einig waren sich neuere wie ältere Kritiker somit im Befund eines restriktiven, ja totalitären Denkens aus moralistischer Intoleranz heraus.[6] Die progressiven Eliten würden illiberal werden, wenn ihre besonderen Anliegen bedroht seien, indem sie etwa die freie Meinungsbildung einschränkten.[7]

I. Progressiver Neu-Liberalismus versus realpolitischem Alt-Liberalismus

Jedoch lassen sich für die Liberalität der woke-progressiven Bewegung durchaus Argumente finden. So engagierten sich Parteien dieser Ausrichtung üblicherweise dezidiert für Bürgerrechte und gegen Bürgerpflichten. Darin stimmten sie mit dem klassischen Liberalismus der politischen Mitte weitgehend überein oder übertrafen ihn sogar. Datenschutz und Persönlichkeitsrechte werden von Progressiven hochgehalten, wohingegen eine Wehr- und Dienstpflicht ihretwegen entfallen könnte.[8] Radikale Akteure gingen in der Entpflichtung der Individuen oft noch weiter: Insoweit sie (wie die deutsche Linkspartei und partiell auch die Bündnisgrünen) für ein bedingungsloses Grundeinkommen eintraten,[9] suchten sie Menschen vom Druck, eine ungeliebte Erwerbsarbeit aufnehmen zu müssen, zu befreien. Dasselbe gilt für den Schul- und Bildungsbereich, in dem radikale Reformer Zensuren und Leistungswettbewerb abzuschaffen suchten.[10] Das Eintreten progressiver Eliten für Grundrechte, also menschliche Freiheiten, lässt sich auch anhand der Bürgerrechtsbewegung darlegen:[11] Der Kampf für Frauenrechte gehört seit den 1960er Jahren zu den Hauptanliegen des Linksliberalismus und wird bis heute trotz erheblicher Errungenschaften beibehalten. Parallel dazu engagierten sich Progressive für Flüchtlinge mit der Forderung nach offenen Grenzen und einer inländergleichen Behandlung von Migranten. Selbst auf ökologischem Feld – also die Spezies Mensch transzendierend – steuerte die Progressivbewegung quasi Bürgerrechte an: Mit dem verschärften Artenschutz, so für

---

[5] *Wagenknecht*, Die Selbstgerechten, 2021, S. 12. Ähnlich: *Neiman*, Links ist nicht woke, 2022, Inhaltstext. Im Folgenden wird „linksliberal" dennoch synonym zu „woke-progressiv" weiterverwendet, weil diese Begrifflichkeit eingebürgert ist. Die Kritik am ungerechtfertigten Anspruch bleibt bestehen.

[6] *Pluckrose/Lindsay*, Zynische Theorien, 2022, S. 290 f.; *Madrid Gil*, Woke culture and the history of America, 2023, Abstract.

[7] *Ruhs*, Links-grüne Meinungsmacht, 2025, S. 123 ff.

[8] Handelsblatt online, Wehrpflicht (05. 04. 2025).

[9] Wikipedia, Basic Income Earth Network (01. 04. 2025).

[10] *Becker*, Gefährliche Krabben-Mentalität (12. 04. 2024).

[11] *Leonhardt*, Von Alt-Links zu Neu-Links (2024), S. 163 ff.

den Wolf oder den Biber, sind ab den 1990er Jahren Freiheitsrechte quasi auch auf Tiere übertragen worden.[12]

Die Widersprüchlichkeit des Wokeismus zwischen Liberalität und Restriktivität erschließt sich auch aus den Unterschieden zwischen dem alten Liberalismus des 18. bis frühen 20. Jh. und dem neuen Links-Liberalismus seit den Reformprogrammatiken der 1960er Jahre. Auf die Distanz zwischen beiden Liberalismen ist in der Literatur eingehender von Andreas Reckwitz hingewiesen worden, der für die letzten Jahrzehnte einen „apertistischen Liberalismus" erkannte.[13] Demzufolge sei der Leitfaktor der politischen Veränderungen eine fortschreitende Individualisierung mit paralleler Auflösung sozialer Bindungen. Und in der Tat sind die vormals – so noch in den 1970er bis 1990er Jahren – relativ festen Einordnungen der Bürger in Familien, Vereinen und Parteien einem loseren Gefüge von Patchwork-Verhältnissen, Bürgerinitiativen und Beziehungen im Rahmen sozialer Medien gewichen. Vordenker der Progressivbewegung, wie der Grünen-Ideologe Andreas Audretsch oder die Autoren des *Handwörterbuchs rechtsextremer Kampfbegriffe*, lassen Perspektive und Motivation dieser Entwicklung erkennen: Feste „Gemeinschaften" von Nation bis hin zu Familie seien als repressiv und rückständig abzulehnen[14] und demgegenüber die loseren Beziehungen innerhalb der „Gesellschaft" oder „Zivilgesellschaft" zu bevorzugen. Das zugrundeliegende Menschenbild ist anarchistisch, indem es die völlige Selbstbestimmung des Individuums fordert, dem Staat und anderen Institutionen jedoch misstraut. Freiheiten werden jedoch nicht bedingungslos eingeräumt, sondern den Erfordernissen einer persönlichen „Identität" untergeordnet, und zwar der eigenen wie auch der von Mitmenschen und Mitkreaturen. Diese identitätspolitischen Bedingungen sind gleichsam die Fenster, durch welche moralische Imperative in das kollektive Denken dringen und Teile der Bevölkerung bevorzugen oder benachteiligen. Die entscheidende Abweichung zwischen dem neuen, woken Liberalismus und dem bekannten alten Liberalismus ist somit die Gesellschaftspolitik in einem weiten Sinne. Überließ der klassische politische Liberalismus[15] die von ihm liberal ausgesparten, politisch nicht gesteuerten gesellschaftlichen Rahmenbedingungen der freien Eigenentwicklung, so bezog der

---

[12] Für übergriffige Wölfe galt bis vor kurzem bundesweit das individuelle Schuldprinzip eines gleichsam menschlichen Strafrechts: Die todbringenden wölfischen Attacken auf Nutztiere waren per DNA nachzuweisen, bevor die Entscheidung über einen Abschuss anstand. *Eickhoff*, Neue Regeln für Abschuss von Wölfen (05.01.2024); Bundesumweltministerium, Vorschläge zum Umgang mit dem Wolf (12.10.2023).

[13] *Reckwitz*, Die Gesellschaft der Singularitäten, 2020, S. 110, 371.

[14] *Audretsch*, Zusammen wachsen, 2022, S. 57f.; *Gießelmann* et al., Handwörterbuch rechtsextremer Kampfbegriffe, 2019.

[15] *Schäfers*, Die bürgerliche Gesellschaft, 2017, S. 23ff.; *Stapelfeldt*, Aufstieg und Fall des Individuums, 2014, S. 289ff.

neue progressive Liberalismus hier Haltung, so etwa über das Verhältnis der Geschlechter untereinander, über das der Ethnien untereinander sowie über den Vorrang des Menschen vor den Tieren und seine Verfügung über die Natur. Im Liberalismus vergangener Jahrhunderte behandelte man Frauen und Männer ungleich[16] und hielt die Rollenverteilung zwischen beiden für naturgegeben und gerecht. Rechte im Gemeinwesen besaßen nicht alle darin Ansässigen, so oft nicht Arme und Farbige. Tiere waren als Sachen oder Naturgegenstände rechtlos. Der persönliche Egoismus, für sich und die Seinen zu sorgen, war legitim. Der individuelle wie auch überindividuelle Egoismus waren das soziale Prinzip des klassischen Liberalismus und legitimierte ein fürsorgliches Patriarchat, gruppenmäßig betriebene Egoismen wie Standespolitik oder Nationalismus und den anthropozentrischen Speziesismus gegenüber Tieren und der Natur. In Sachen Menschenbild war der alte Liberalismus im Vergleich mit dem Wokeismus erzkonservativ und mit ihm weitgehend unvereinbar. Im klassischen Liberalismus früherer Jahrhunderte wurden Freiheitsanliegen, die heute als legitim gelten, nicht erkannt oder als widernatürlich abgelehnt. Und auch heutige Liberale der Mitte[17] (ein Großteil der FDP und Teile der Unionsparteien) unterscheiden sich noch deutlich vom liberalen Wokeismus, indem sie nur einen Teil der neuen Freiheitskonzepte übernommen haben.

Es bietet sich somit das Bild einer Modernisierungsdifferenz, gesamtgesellschaftlich wie auch innerhalb des heutigen, zweigeteilten Liberalismus: Auf der einen Seite stehen Traditionalisten, die – obwohl von der Entwicklung scheinbar überholt – an ihren Grundwerten festhalten. Auf der anderen Seite drängen Fortschrittsorientierte auf eine vollständige Emanzipation schutzbedürftiger Menschen und Lebewesen von ihren Benachteiligungen. Für die Ermessung der *Freiheitlichkeit* des linken Progressivismus könnte dessen Politik der letzten Jahrzehnte herangezogen werden, insofern sie sich in der Rechts- und Verfassungsordnung niedergeschlagen hat.

II. Die Verleugnung von Naturzusammenhängen im neuliberalen Denken

Ein Markenzeichen der linksliberalen Eliten ist ihr Credo an *die Wissenschaft*, deren gültiger Stand strikt zu berücksichtigen sei. Innerhalb des wissenschaftstheoretischen Spektrums nehmen Progressive allerdings eine besondere Position ein: Sie stehen für einen dezidiert kulturgeprägten Menschen und erkennen keinen wesentlichen Einfluss von Naturfaktoren auf dessen Charakter an. Dies indes behaupten ihre positivistisch orientierten Forscher-

---

16 *Kocka*, Das lange 19. Jahrhundert, 2001, S. 105 ff.

17 *Walter*, Gelb oder Grün?, 2014, S. 9 ff.

kollegen, denen dafür ein unzulässiger Biologismus, Nativismus, Essenzialismus, Rassismus oder Speziesismus angekreidet wird. Progressive Wissenschaftler stellen sich als gesellschaftlichen Urzustand des Menschen Gruppierungen von Sammlern und Wildbeutern vor, also Urmenschen, die – friedlich und ausgesprochen lernfähig – im Einklang mit der Natur, dem anderen Geschlecht und ihren menschlichen Nachbarn gelebt hätten.[18] Das Böse im Menschen, seine Gewalt und Niedertracht, sei erst später mit der Scheidung der Gesellschaft in Klassen und der Vergewaltigung der Natur durch den Ackerbau entstanden.[19] Diese Ableitung des neu-progressiven Menschenbildes von einem vergangenen Ideal ähnelt äußerlich dem Marxismus des 19. Jh., der seine Geschichtslehre ebenfalls nach dem Stadium eines Urkommunismus beginnen ließ.[20] Damit aber sind die Parallelen zwischen beiden erschöpft: Betrachtet man die anthropologische Studie des Marx-Mitstreiters Friedrich Engels über den „Ursprung der Familie, des Privateigentums und des Staates", so werden Unvereinbarkeiten mit dem heutigen Woke-Moralismus erkennbar. Mit seiner tabulosen Betrachtung urgesellschaftlicher Phänomene wie Mord, Stammeskriege, Frauenraub- und -unterdrückung sowie der Herausbildung der Inzestschranke hätte Engels vor einem progressiven Publikum wenig Anklang gefunden, da er gegen die politisch korrekte Idealisierung der *edlen Wilden* verstoßen hätte.[21]

Statt auf angeborene Grundlagen menschlichen Verhaltens setzten fortschrittliche Wissenschaftler auf eine „Formbarkeit der menschlichen Psyche" und auf die „Vorstellung, alles Böse werde von der Gesellschaft", nicht vom individuellen Menschen hervorgebracht.[22] Deshalb könne die Gesellschaft durch eine kluge Sozialtechnik umgestaltet und befriedet werden. Dazu müssten zunächst die herrschenden Gewaltstrukturen aufgedeckt werden, wozu progressive Wissenschaftler die Methode einer dekonstruierenden Begriffsanalyse anwandten, die sich durchaus einige Meriten erworben hat. Durch Dekonstruktion per Perspektivenwechsel der sachlichen Betrachtung stellte dieser Ansatz vormoderne Auffassungen konsequenter in Frage als bislang geschehen und regte zu weitergehenden Forschungen in den betreffenden Disziplinen an. So konnten – ganz im Sinne der Philosophie der Aufklärung – etliche Zuschreibungen, mit denen Männer, Weiße oder Menschen überhaupt ihre Verfügung über Frauen, Andersfarbige oder die Natur resp. Tiere zu legi-

---

[18] *Pinker*, Das unbeschriebene Blatt, 2018, S. 450, 484–485.

[19] *Kompatscher-Gufler* et al., Human-animal studies, 2017, S. 32 ff.; *Pinker*, Blatt, S. 14.

[20] *Reinisch*, Urkommunismus, 2013.

[21] *Engels*, Ursprung der Familie, 1972, S. 43 ff. Ähnlich wie heutige Progressive sah Engels aber in den nachfolgenden Klassengesellschaften eine besondere Quelle des Bösen. *Engels*, Familie, S. 97.

[22] *Pinker*, Blatt, S. 13 f.

timieren suchten, als Vorurteile entlarvt werden. Im 19. und einem Großteil des 20. Jh. waren diese traditionellen, in sich holzschnittartigen Ansichten mehr oder weniger auch Stand der Wissenschaft gewesen und wurden von Gelehrten – so aus Anthropologie, Biologie, Psychologie und Genetik – ungerührt vertreten. In diese Kategorie gehört die Behauptung, Frauen seien wegen des „physiologischen Schwachsinn des Weibes" generell minderbegabt und lediglich zur Mutterschaft berufen.[23] Ähnliches gilt für die Ansicht, Farbige hätten Defizite bei der Intelligenz und die Weißen seien ihnen anlagemäßig überlegen. Bezogen auf die Tierwelt wurde die vormals umstrittene Auffassung von durchaus empfindsamen Wesen durch neurologische Forschungen bestätigt.[24]

Später hingegen wurde der Konstruktivismus methodisch übertrieben. Wissenschaftler missbrauchten die These, dass alle Begriffe konstruiert seien, zur Vermeidung einer inhaltlichen Auseinandersetzung mit unbequemen Wissensständen. Die Verfahrensformel lautete hier, dass diese oder jene Faktenzuschreibung nur konstruiert und eine inhaltliche Würdigung derselben deshalb überflüssig sei. So konnten Progressive einer Anfechtung ihrer Glaubenssätze durch naturwissenschaftliche Befunde vorbeugen. Diese tauchten ständig neu auf: So bestätigten Naturwissenschaftler gewisse angeborene Differenzen zwischen den Geschlechtern oder menschlichen Populationen. Neurologische Analysen bestätigten keine Wesensgleichheit von Mensch und höheren Tieren, so dass nur auf deren Empfindsamkeit, etwa beim Schlachten, Rücksicht zu nehmen sei.[25]

Diese faktenorientierten Forschungen stießen durchweg auf die Zurückhaltung oder Ablehnung seitens progressiver Wissenschaftler.[26] Berechtigte Positionen positivistischer Forscherkollegen wurden aus politischen Gründen und mit politischen Mitteln bekämpft. Wie kürzlich anhand des Ringens um den Rassebegriff in der Biologie und Anthropologie gezeigt werden konnte,[27] verdichteten progressive Wissenschaftsaktivisten ab ca. 1990 ihr moralistisches Engagement zu einer Strategie der Machtübernahme. Im Verdrängungskampf gegen die als Fortschrittshindernisse empfundenen traditionellen Wissenschaftler wurde zunehmend der faire Wettstreit der Befunde und Argumente eingestellt. Die kommunikative Moral nahm kontinuierlich Schaden, sodass

---

[23] Dies war die These des Neurologen Paul Möbius von 1900: *Schwarzer*, Der sehr kleine Unterschied (01.07.2007).

[24] *Sachser*, Der Mensch im Tier, 2018, Abstract.

[25] *Birch*, The Edge of Sentience, 2024, S. 295.

[26] *Bischof-Köhler*, Entwicklungspsychologie, 2010, S. 154; *Kraus*, 50 Jahre Umerziehung, 2018, S. 68 ff.; *Schwertfeger*, Ideologisch gekapert (2020); *Netzwerk Wissenschaftsfreiheit*, Dokumentation (2025).

[27] *Leonhardt*, Rassebegriff und Subspezies (2025).

„der moralgetriebene Diskurs der Progressiven […] letztlich auf das Niveau einer inquisitorischen Rabulistik" herabsank.[28] Eine vielfach geübte Praxis war die Unterstellung einer von der Gegenseite gar nicht vertretenen, falschen Position mit prompt erfolgender triumphaler Widerlegung. Der letzte Eskalationsschritt der Wissenschaftsaktivisten war die Ausschlusskultur (*cancel culture*) einer Einstufung der Kontrahenten und ihrer Aussagen als politisch rechtsextrem und moralisch indiskutabel. Der vorerst erreichte Sieg der woken Wissenschaftslinie bei *Rasse und Rassismus* hat deren Deutungshoheit im Feld der Lebens- und Sozialwissenschaften gestärkt, aus denen heraus Forderungen nach immer mehr Diversität, insbesondere durch die Aufnahme von Flüchtlingen und Farbigen, erhoben wurde. Für die weiteren Felder progressiver Ideologie dürfte Ähnliches gelten: Die Verleugnung von Naturzusammenhängen bewirkte eine fachliche und politische Polarisierung und Zurückdrängung wertekonservativer Positionen.[29] Es stellt sich die Frage, wie weit dieser Prozess inzwischen gediehen ist, wie weit der linksliberale Zeitgeist mit seiner Aversion gegen Naturbedingtheiten von Menschheit und Gesellschaft unser Rechtssystem bereits geändert hat.

Als einschlägig für die Naturbedingtheit menschlichen Verhaltens kann die *Soziobiologie* oder eine naturalistisch orientierte Anthropologie angesehen werden. Die Soziobiologie ist eine Fortentwicklung der früheren Verhaltensforschung (Ethologie), deren Fundus erweitert wurde um eine evolutionsgenetische Perspektive.[30] Integriert wurden Befunde sowohl der Paläoanthropologie, also prähistorischer Jäger- und Sammlergesellschaften, wie auch der Anthropologie bezüglich historischer und rezenter Jäger- und Sammlergesellschaften sowie eine Psychologie der Geschlechter, die den Einfluss von Selektion und Vererbung berücksichtigt. Das Kalkül dieses Ansatzes ist, dass das natürliche Wesen des Menschen, die angeborenen Grundlagen unseres Verhaltens, immer noch dem der Steinzeit entspricht.[31] Denn 98–99% der Entwicklungsspanne von *homo sapiens* (unsere Art) entfallen auf diese Vorzeit – wenn man 300.000 Jahre Evolution vom archaischen *homo sapiens* zum gegenwärtigen Menschen mit den nur wenigen Tausend Jahren Kulturgesellschaft vergleicht.[32] Beginnend mit einem soziobiologischen Anfangsszenario wäre zu fragen, inwieweit Klassengesellschaft, Religion, Bildung sowie wirtschaftliche und technische Erfordernisse die biologische Grundkonstellation

[28] *Leonhardt*, Rassebegriff, S. 213.

[29] So erlaubt das „Gesetz über die Selbstbestimmung in Bezug auf den Geschlechtseintrag" von 2024, sich unabhängig von der Biologie Namen und Geschlecht jährlich neu auszuwählen.

[30] *Voland*, Soziobiologie, 2023, Inhaltstext.

[31] *Bischof-Köhler*, Von Natur aus anders, 2022, S. 409f.; *Voland*, Soziobiologie, S. 18f.

[32] Wikipedia, Archaischer Homo sapiens (12.07.2025).

überformten. Zur Analyse höherer Moral und Ideologie soll ein religionssoziologischer Ansatz dienen, der den progressiven Zeitgeist als eine Zivilreligion mit einer Reihe einzelner Schuld- und Sühnekulte auffasst.[33] Idealtypisch fänden sich deren Schuldzuweisungen als Begründungen politischer Forderungen wieder. Lehren, aus denen Schuld abgeleitet wird, sind u. a. die feministische, an den Benachteiligungen der Frau orientierte *Gender-Theorie* sowie der antirassistische *Postkolonialismus*.[34] Die Verfolgung der ideologischen Rechtsziele geschieht in einem libertär geprägten politischen Umfeld. Der darin gepflegte Stil zeigt Übereinstimmungen mit der Lehre des Anarchismus: Dessen Praktiken dienen der Abwehr von Fremdbestimmung und der Ausweitung von Freiheiten.[35] Personen aber, die sich dem libertären Konsens verweigern, werden als kooperationsunfähig und gefährlich aufgefasst. Sie werden infolgedessen aus dem Diskurs ausgeschlossen,[36] so in der *Cancel Culture*.

III. Idealismus oder Realismus in progressiv reformierten Rechtsbereichen

Die Prüfung der progressiven Rechtspolitik der letzten Jahrzehnte soll exemplarisch anhand des *Gleichstellungsrechts* für Frauen und des *Zuwanderungsrechts* gegenüber Migranten erfolgen.[37] Welchen Prinzipien entsprechen diese Rechtsnormen? Welche gesicherten Fakten oder offenen Fragen wurden bei ihrer Setzung ignoriert? – Eine zeitgeistige Änderung der Rechtspolitik fällt dabei auf: In der Demokratietheorie gelten die Politische und die Rechts-Anthropologie inzwischen als überholt. Stattdessen werden Modelle *deliberativer Demokratie* diskutiert: Demokratien bräuchten keine Grundmoral und kein vordefiniertes Gemeinwohl, weil die Deliberation, die gründliche Erörterung und Diskussion, zu besseren Ergebnissen führe.[38] Dass so jedoch wortgewandte Eliten effektiver als bisher über eine heterogene Mehrheit von Normalbürgern dominieren könnten, liegt auf der Hand, zumal das delibera-

---

33 *Leonhardt*, Altlinks, S. 163.

34 Weitere Schuld-Narrative betreffen das Verhältnis zu Tieren und der Natur wie auch die verletzte menschliche Würde, so durch Fremdbestimmung im Arbeitsleben oder Despektierlichkeiten aufgrund von Behinderung, Aussehen, sozialer Herkunft etc.

35 *Stehn*, Anarchismus und Recht (01.02.1997).

36 *Stehn*, Anarchismus, S. 6.

37 Ursprünglich enthielt der Aufsatz auch ein Kapitel über *Natur- und Artenschutzrecht*, das ausgelagert wurde unter: https://www.researchgate.net/publication/396256885_Der_moderne_Progressivismus_im_Natur-und_Artenschutzrecht. Dessen Ergebnisse werden im Folgenden punktuell mitberücksichtigt.

38 *Kersting*, John Rawls, 2006; *Mangold*, Demokratische Inklusion, 2021, S. 381 f.

tive Konzept ausdrücklich zur Abwehr von Populismus und Rechtsextremismus empfohlen wurde.[39]

1. Das Gleichstellungsrecht

Männer und Frauen sind zwar gleichermaßen Menschen, unterscheiden sich aber in ihren reproduktiven Eigenschaften. Im Rechtsvergleich wird deshalb zwischen einer reinen *Gleichberechtigung* der Geschlechter und ihrer darüber hinausgehenden *Gleichstellung* unterschieden, bei der Nachteile, die direkt oder indirekt von der Biologie herrühren, kompensiert werden sollen. Zu berücksichtigen wäre, dass sich unsere Lebensweise durch Technisierung, Arbeitsteilung, Geburtenkontrolle und physiologischer Langlebigkeit der Bevölkerung weit von unserem prähistorischen Erbe entfernt hat: Frauen bekamen über Jahrhunderttausende hinweg früh und laufend Kinder, so dass ihnen die Mutter-, Pflege- und Versorgungsrolle von sich aus zufiel und wenig Raum für weitergesteckte Aktivitäten ließ. Eine hierdurch hergestellte genetische Anpassung und Vorprogrammierung könnte in einem Spannungsverhältnis zu den verfolgten Gleichstellungszielen stehen.

Das bundesdeutsche Grundgesetz von 1949 forderte in Artikel 3 Abs. 2 Satz 2, dass „Männer und Frauen […] gleichberechtigt" sind, und in Abs. 3, dass „niemand […] wegen seines Geschlechts […] benachteiligt oder bevorzugt werden" dürfe. Ergänzend hinzu kam Artikel 6 Abs. 4, dass „jede Mutter Anspruch auf den Schutz und die Fürsorge der Gemeinschaft" hat. Derartig schützende, kompensierende geschlechtsspezifische Normen fanden sich auch in Gesetzen etwa zur Begrenzung der Arbeitsbelastung von Frauen und Müttern.[40] Eine systematische Gleichstellungspolitik im heutigen Sinne bildete sich erst ab den 1980er Jahren heraus. Vorher waren die Machtverhältnisse zwischen den Strömungen der Frauenbewegung geklärt worden: In Debatten der 1960er und 1970er Jahre hatte sich der berufsorientierte *Gleichheitsfeminismus* (oder *Karrierefeminismus*) gegen den *Differenzfeminismus* (oder *Mütterfeminismus)* durchgesetzt.[41] Der Hauptstreitpunkt zwischen ihnen war die Kernfrage jeder Gleichstellungspolitik gewesen, nämlich was denn ausgeglichen werden sollte. Für den Differenzfeminismus waren es die besonderen Nachteile für Frauen, die ihrer Mutterschaft und häuslichen Rolle entsprangen. Der Gleichheitsfeminismus hingegen lehnte genau diese traditionelle Stellung der Frau ab und deutete die bisherigen Schutzregelungen für Frauen

[39] *Bächtiger/Dryzek*, Deliberative Democracy, 2024; *Sharon*, Populism and democracy (2019).

[40] Wikipedia, Beschäftigungsverbot und Mutterschutz (30. 07. 2025).

[41] *Gerhard*, Frauenbewegung (2008); *Eyssen*, Der Aufbruch der Frauen in der SPD, 2019.

zu von der Männerwelt gewollten Karrierehemmnissen um.[42] Stattdessen ginge es darum, das „Patriarchat“ zu entmachten, indem immer mehr Frauen unter Abdrängung von Männern in Aufstiegs- und Führungspositionen einrücken sollten. In den 1980er und 1990er Jahren errangen die Gleichheitsfeministinnen in Deutschland wesentliche Erfolge. So erhöhte sich die Repräsentanz von Frauen in Gewerkschaften und progressiven Parteien.[43] Im Öffentlichen Dienst des Bundes und der Länder traten Frauenförder- resp. Gleichstellungsgesetze in Kraft, so im Bund 1994, 2001 und 2015. Die Dienststellen und Unternehmen des Bundes wurden verpflichtet, Gleichstellungsbeauftragte zu bestellen und Gleichstellungspläne aufzustellen.[44] Wie kontrastiert nun die Gleichstellungspolitik in Deutschland mit wissenschaftlichen Befunden und statistischen Daten über das Geschlechterverhältnis?

Eine Fiktion des Gleichheitsfeminismus ist, dass zwischen Frauen und Männern eine potenzielle Wesensgleichheit besteht, weil bestehende Unterschiede sozialisationsbedingt seien.[45] Diese These wurde schon in den 1960er Jahren vertreten, und die später einsetzende Geschlechterforschung zog aus ihr die Konsequenz einer „Null-Hypothese“, nämlich der Annahme, dass es keine angeborene Zweigeschlechtlichkeit gäbe.[46] Feministinnen wie Alice Schwarzer erhofften sich, dass „die Spaltung von Menschen in Männer und Frauen“ aufhebbar sein könnte.[47] 1990 schließlich erweiterte Judith Butler den feministischen Theorieaufbau um die These, dass die Geschlechterbegriffe nicht naturbedingt, sondern durch Sprechakte konstruiert seien.[48] Mit dogmatischer Zähigkeit behaupteten Lobbyistinnen, dass Frauen und Männer entweder für *alle* oder für *weitgehend alle* Berufe gleich befähigt seien. Tatsächlich bestehende Überrepräsentanzen von Männern insbesondere in Leitungsstellen werden von den Gleichheitsfeministinnen als das Resultat von Diskriminierungen im Rahmen eines strukturell bestehenden „Patriarchats“ aufgefasst.[49] So gäbe es eine „gläserne Decke“, die Frauen trotz Qualifiziertheit am Aufstieg in Männer-Domänen hindere.[50] Die Vordenkerinnen der Ge-

---

42 *Eyssen*, Aufbruch, S. 99.

43 *Leonhardt*, Altlinks, S. 175 f.; *Schulze-Eisentraut/Steiger/Ulfig*, Die Quotenfalle, 2017, S. 13.

44 Wikipedia, Bundesgleichstellungsgesetz (22.08.2025).

45 *Kuster*, Mann-Frau (2019) S. 7 f.; *Schwarzer*, Der kleine Unterschied, 1975, S. 188 ff.

46 *Pahnke*, Ethik und Geschlecht, 1992, S. 96.

47 *Schwarzer*, Der grosse Unterschied, 2002.

48 *Redecker*, Zur Aktualität von Judith Butler, 2011, S. 66 ff.

49 *Haug* et al., Wörterbuch des Marxismus, Bd. 4, 2018, S. 294; *Cyba*, Patriarchat (2010).

50 Ministerium für Soziales und Integration, Baden-Württemberg, Frauen in Führungspositionen, 2020.

schlechtergleichheit leiten aus dem unterstellten Komplott der Männer die Notwendigkeit beruflicher Frauenförderung inklusive einer Besetzungsquote ab. Bei der Frage der Qualifiziertheit räumen die Aktivistinnen zwar anatomische und physiologische Unterschiede zwischen den Geschlechtern ein, halten aber die Gleichheitsthese für alle verhaltens- und leistungsrelevanten Kriterien aufrecht. Im Gegensatz dazu bestätigte die naturwissenschaftlich inspirierte Forschung immer wieder angeborene Differenzen zwischen den Geschlechtern. Dabei handelt es sich um die eher weibliche Neigung zu Sprachen und Sozialem sowie die eher männliche zu Mathematik und Technik.[51] Hinzu treten gewisse Unterschiede im Sozialverhalten und in der Leistungsorientierung.[52] Feministische Wissenschaftlerinnen erklärten diese statistischen Befunde jedoch für unerheblich.[53] Die Tatsache, dass Frauen in den als typisch männlich geltenden Merkmalsbereichen durchaus auch vertreten sind und Männer umgekehrt in den typisch weiblichen, interpretierten sie dabei fehl: Dieses Phänomen erklärt sich aus der großen genetischen Varianz innerhalb beider Geschlechter (wie auch innerhalb der Menschheit generell).[54] Das bedeutet, dass genau diese Merkmalsverteilung auch zu erwarten war. Untypische Einzelerscheinungen können nicht als Beleg für eine durchgehende Wesens- und Eignungsgleichheit von Männern und Frauen gewertet werden. Repräsentativ sollte es um Durchschnittswerte, Anteilswerte oder das Distanzmaß zwischen den Merkmalsgipfeln beider Geschlechter gehen.

Die These des Gleichheitsfeminismus, Männer und Frauen seien für alle beruflichen Positionen fast gleichermaßen geeignet, kann somit als falsch zurückgewiesen werden. Dies lässt sich empirisch breit belegen: Die Höchstleistungen der Geschlechter bei Sport, Spiel und Wissenschaft zeigen eine stabil höhere Eignung der Männer für Kampf, Wettbewerb, Technik und strategisches Denken. In den allermeisten Sportarten gibt es aufgrund der erheblichen Leistungsrückstände der Frauen nur getrennte Ausscheidungen. Zu den Kampftruppen der USA sind Frauen seit 2015 zwar zugelassen, aber nur wenige Frauen erfüllten die Anforderungen.[55] Beschränkt man den Geschlechtervergleich auf geistige Leistungen, bleiben immer noch signifikante Unterschiede. So konnten sich, trotz jahrzehntelanger weiblicher Talentförderung, beim Denksport *Schach* keine gemeinsamen, unisexuellen Meisterschaften durchsetzen. Es gab zwar Schachweltmeisterinnen, aber nur in rein weib-

---

51 *Bischof-Köhler*, Natur, S. 273 ff.; *Waal*, Unterschied. Was wir von Primaten über Gender lernen können, 2022, S. 44 ff.

52 *Bischof-Köhler*, Natur, S. 301 ff.

53 Z.B.: *Hagemann-White*, Sozialisation: Weiblich – männlich, 1984, S. 42.

54 Auch innerhalb von Ethnien, Hautfarben oder Rassen: *Edwards*, Human genetic diversity (2003).

55 Bundeswehr-Verband, Frauen in US-Kampftruppen (18.12.2015).

lichen oder Jugendausscheidungen.[56] Beim seit 1901 vergebenen Nobelpreis liegt die Quote weiblicher Preisträger unter 6,5 %.[57] Der weibliche Anteil ist über die Jahrzehnte zwar gestiegen, aber meist noch weit von einer Parität entfernt: Unter den 295 Nobelpreisträgern zwischen 2000 und 2024 befinden sich ganze 37 Frauen, also 12,5 %.[58] Davon entfiel die gute Hälfte (19) auf die zwei sozialen oder kulturellen Bereiche *Frieden* und *Literatur*, worin die Frauen mit 38,8 % immer noch in der Minderzahl blieben. Umgekehrt erreichten sie in den mathematisch-logischen Wissenschaften (= drei Naturwissenschaften plus Wirtschaft) nur 7,9 %. Auch die Berufswahl- und Kriminalstatistiken belegen hartnäckig fortbestehende Mentalitätsunterschiede zwischen Männern und Frauen. So bevorzugen Frauen nach wie vor soziale Berufe oder naturwissenschaftliche mit sozialer Anwendung. Veterinärmedizin-Studenten[59] etwa sind in erdrückender Mehrheit Frauen mit der Perspektive, später neigungsgemäß Tiere zu betreuen. Bei Kriminaldelikten hingegen, insbesondere bei Gewalttaten, sind Frauen gegenüber Männern deutlich unterrepräsentiert.[60] Angesichts der jahrhundertlangen Frauenemanzipation dürften die fortbestehenden Neigungsunterschiede primär biologisch zu erklären sein, weil das Potenzial für eine weitere Änderung der Frauenkultur großenteils ausgeschöpft sein dürfte. Immerhin handelt es sich bei den heutigen jungen Frauen oft um Enkelinnen der 1968er Generation, also um den Nachwuchs von Feministinnen, der emanzipatorisch erzogen wurde. Dies bedeutet somit: Frauen haben *nicht* exakt die gleichen Befähigungs- und Neigungsprofile wie Männer, u. a. nicht in Sachen Einsatz- und Kampfbereitschaft resp. Durchhaltewille.

Ein Nebenschauplatz der Gleichstellungsdebatte war die Frage nach der Schutzbedürftigkeit des weiblichen Geschlechts. Wenn sie bejaht würde, müsste dies auf die beruflichen Einsatzprofile von Frauen wie auch auf die Vorstellung einer gerechten Gesellschaft rückwirken. Für die Spezies Mensch jedenfalls dürften die geringere Körperkraft und Laufgeschwindigkeit der Frau sowie ihre Belastung mit Säugling, Kleinkindern und Schwangerschaft ein Problem dargestellt haben, das sich über Selektion im humanen Genpool niedergeschlagen hat. Die körperliche Überlegenheit und die Charakterausstattung des Mannes waren Teile der Lösung waren die körperliche Überlegenheit und die Charakterausstattung des Mannes. Diese bedeuteten Wehrhaftigkeit gegen wilde Tiere, die der Horde insgesamt nutzt, Kriegsfähigkeit ge-

---

56 Allerdings war die Ungarin Judit Polgár in den 1990er und 2000er Jahren dem Ziel der absoluten Weltspitze sehr nahe gekommen. Spielezar.ch, Das Polgar Experiment (13.06.2013); Wikipedia, Judit Polgár (30.07.2025).

57 Stand 2024: Wikipedia, Liste der Nobelpreisträger (27.07.2025).

58 Errechnet nach: Wikipedia, Liste der Nobelpreisträgerinnen (27.07.2025).

59 *Hachmeister*, Veterinärmedizin hat den höchsten Frauenanteil (06.03.2025).

60 *Neubacher*, Kriminologie, 2023, S. 82 ff.

gen feindliche andere Horden, die gleichfalls der Gruppe insgesamt nutzt, und Durchsetzungsfähigkeit innerhalb der eigenen Horde inklusive des Schutzes eigener Frauen, was dem persönlichen Fortpflanzungserfolg dient. Feministinnen und Progressive haben sich mehrfach gegen die Ergebnisse soziobiologisch ausgerichteter Fachbeiträge gewandt.[61] In diesen wurden Frauen tatsächlich teilweise als opportunistisch und würdelos dargestellt, indem sie die Tendenz hätten, sich starken Männern bereitwillig unterzuordnen und hinzugeben. Die Empörung der Frauenrechtlerinnen richtete sich gegen die offene oder unterschwellige These einer doch notwendigen und naturgegebenen männlichen Vorherrschaft. Die Proteste der Feministinnen uferten jedoch in Skandalisierungskampagnen aus, also Versuchen, unbequeme Forschungen über die Einstellung von Frauen zu männlicher Dominanz und Gewalt zu unterdrücken.[62]

Dem traditionellen Bild von der schutzbedürftigen, schwachen Frau hatten insbesondere die Gleichheitsfeministinnen das von der emanzipierten, starken Frau entgegengestellt, die keinen männlichen Schutz brauche. Das Problem seien im Gegenteil die Männer, welche die Frauen unter diesem Vorwand unterdrücken wollten. Nebenströmungen des heute herrschenden Gleichheitsfeminismus forderten übrigens, nicht unähnlich dem traditionellen Patriarchat, einen organisierten Schutz von Frauen vor Belästigung und Vergewaltigung. Sie prangerten häusliche Gewalt und Femizide an und forderten mehr Frauenhäuser, Frauenparkplätze oder separate Frauenwaggons im ÖPNV.[63] Sogar im progressiven Milieu wurde zeitweilig das Problem diskutiert, dass männliche Gewalt genetisch kodiert und nicht immer kontrollierbar sein könnte. So postete Hamburgs Grünen-Vize Michael Gwosd Anfang 2016 nach den sexistischen Silvesterkrawallen von Köln in tiefer Betroffenheit: „Alle Männer sind potenzielle Vergewaltiger".[64]

Die Soziobiologie ist für die Urgesellschaft der Sammler, Jäger und frühen Bauern zum Ergebnis gekommen, dass friedliche, gewaltfreie Geschlechterverhältnisse zwar möglich waren, tatsächlich aber Frauen von Männern – selektionsrelevant – oft Gewalt erfuhren. Umgekehrt gab es – ebenfalls selektionsrelevant – weibliche Strategien, die Gefahren von Seiten der Männer für sich und ihre Kinder zu entschärfen. So schienen etlichen Frauen männliche Kraft, Überlegenheit und manchmal sogar Gefährlichkeit zu gefallen, so dass sie entsprechende Partner bewusst wählten und sich dadurch einen Beschützer

61 *Meißelbach*, Evolution der Kohäsion, 2019, S. 506 f.

62 *Pinker*, Blatt, S. 514.

63 Change.org, Frauenwagons in U- und S-Bahnen (21.02.2025); *Wolff*, Deutsche Femizide (17.03.2025).

64 Welt.de, Hamburger Grünen-Vize: „Alle Männer sind potenzielle Vergewaltiger" (10.01.2016).

sicherten.[65] Offenbar in dieser Perspektive akzeptierten manche Frauen auch wiederholte Gewalt von Seiten ihrer Partner.[66] Auch das wissenschaftlich belegte *Stockholm-Syndrom*[67] ist, wenn es um männliche Entführer und weibliche Entführungsopfer geht, evolutionserheblich: Wenn geraubte Frauen zu ihren neuen Herren ein positives Verhältnis aufzubauen und viele gemeinsame Kinder großzuziehen vermögen, würde die Weitergabe von Genen, welche weibliche Flexibilität und männliche Dominanz erlauben, gefördert. Die anthropologischen Befunde für Verbreitung und Erfolg männlicher Gewalt in der Urgesellschaft sind erdrückend. So stieß man etwa auf eine Vielzahl prähistorischer „Knochengruben", also Massengräber der Kriege zwischen menschlichen Populationen. Unter den vorgefundenen Skeletten fehlte typischerweise oft das Segment der jungen Frauen.[68] Offensichtlich hatten die angreifenden Männer ebendiese verschont und dann in ihren Stamm mitgenommen. Schimpansen, mit der Spezies Mensch eng verwandt, verhalten sich in ihren Revierkriegen ganz ähnlich:[69] Nach der Massakrierung der Männchen der einen Horde folgen die verbliebenen Schimpansenweibchen den Aggressoren der anderen Horde. Frauenraub war in Stammesgesellschaften ein häufiges Phänomen.[70] Ähnliches gilt für die männliche Bereitschaft zu Gruppenvergewaltigungen in Kriegszeiten, die historisch breit belegt sind.[71] Das Selbstbestimmungsrecht der Frau war somit über weite Evolutionsphasen hinweg von männlicher Gewalt eingeschränkt.[72] Da diese mit mehr Nachkommen belohnt wurde, sind genetische Auswirkungen plausibel. Die Vergewaltigung wäre somit als eine feste Option in einem insgesamt aber formbaren männlichen Sozialverhalten aufzufassen und umgekehrt eine Bewältigung derselben im Rahmen eines flexiblen weiblichen Sozialverhaltens. Beim Studium der politischen Organisation von Stammesgesellschaften fällt ansonsten auf, dass diese vielfach ständisch, insbesondere in separate Männer- und Frauenkulturen gegliedert waren:[73] Männer und Frauen versammelten sich nach Geschlechtern getrennt, um etwa männlicherseits über Jagd, Krieg oder Außenpolitik zu beraten, wohingegen über die weiblichen Themen weniger bekannt

---

[65] *Voland*, Soziobiologie, S. 116 f.

[66] *Voland*, Soziobiologie, S. 156 ff.

[67] Cleveland Clinic, Stockholm Syndrome (24.08.2025).

[68] *Hansen*, Prähistorische Konfliktforschung, 2025, S. 118 ff.

[69] *Voland*, Soziobiologie, S. 111.

[70] *Voland*, Soziobiologie, S. 72 f.; *Helbling*, Politische Ökonomie einfacher Gesellschaften, 2021, S. 720 f.; *Pinker*, Blatt, S. 485.

[71] Z.B. *Labouvie*, Geschlecht, Gewalt, 2023, S. 29, 169–234.

[72] Zur Rechtsstellung der Frau in der Vorgeschichte: *Wesel*, Geschichte des Rechts, 2022, S. 39 f.

[73] *Birket-Smith*, Ferne Völker, 1958; *Rudy*, Ethnosoziologie sowjetischer Völker, 1962.

ist. Frauen durften bedarfsweise aber auch in Männergremien sprechen. Letztere Befunde könnten die universelle Frauenparität in den Gremien der heutigen Konkurrenzdemokratie weiter in Frage stellen, weil diese eher nicht dem ursprünglichen Wesen des Menschen und seinen Geschlechtern entspräche.

Im Fokus wissenschaftlicher und medialer Debatten stand in den letzten Jahrzehnten die Frage, ob Frauen einen Mutterinstinkt bzw. eine Orientierung auf Kinder hätten. Die Forschung bestätigte diese These nur begrenzt. Immerhin ist bei Frauen und Mädchen das Interesse an Babys oder Puppen deutlich größer.[74] Ein quasi Fürsorgeinstinkt ist dennoch bei *beiden* Geschlechtern nachweisbar, wenn auch diese Impulse bei Männern und Jungen schwächer ausfallen.[75] Elternschaft oder allgemein Pflegebefähigung können somit unabhängig vom Geschlecht gelernt werden. Feministinnen feierten dieses Ergebnis als Beweis für die völlige Gleichstellbarkeit von Männern und Frauen bei der Kinderbetreuung.[76] Sie unterschätzten dabei aber die höheren Opportunitätskosten bei den Männern, die eben nicht wie Frauen durch Schwangerschaft, Geburt und Säugen zur Rolle der Bezugsperson geradewegs hingeführt werden.

Angesichts der Verleugnung wesentlicher Befunde über die biologischen Unterschiede zwischen den Geschlechtern und ihrer Konsequenzen ist die heutige Gleichstellungspolitik nicht sachgerecht, sondern ideologisch motiviert. Sie widerspricht einer echten Gleichbehandlung von Männern und Frauen: Männer werden im Berufsleben und in der Politik benachteiligt, Frauen direkt oder indirekt bei der Umsetzbarkeit traditioneller Familienkonzepte. Das Problem des Schutzes von Frauen gegen männliche Gewalt bleibt trotz feministischem Druck bestehen, ja erscheint nicht lösbar, wenn die relevanten Trigger nicht analysiert resp. anerkannt und entschärft werden. Bei einer vollen Berücksichtigung der aufgezeigten Naturfaktoren müssten die Gleichstellungsgesetze als verfassungswidrig befunden werden. Im Übrigen nimmt durch sie die Gesamtgesellschaft Schaden: Indem öfter als sonst nicht die Meistbefähigten auf freie Stellen gelangen, senken Frauenquoten in Beruf und Politik die Leistungsfähigkeit.

2. Das Zuwanderungsrecht

Zuwanderung kann verschiedenartig erfolgen: temporär als befristete Arbeitsmigration, Aufenthaltsduldung oder Asylgewährung, oder aber dauerhaft als Einbürgerung. Zur Rechtsstellung von Ausländern im Inland ist das deut-

---

74 *Waal*, Unterschied, S. 44 f.

75 *Waal*, Unterschied, S. 333 ff.

76 *Rösler/Höllrigl Tschaikner*, Mythos Mutterinstinkt, 2024, S. 202 ff.

sche Ausländerrecht einschlägig, das von Regelungen des Europäischen oder Völkerrechts überwölbt wird.[77] Es beinhaltet u.a. das Asylgesetz, das den Verfassungsgrundsatz von Art. 16a Abs. 1 GG umsetzt.[78] Betrachtet man die Begriffsgeschichte von *Ausländerrecht,* so fällt auf, dass sich seine Konnotation im Lauf des letzten Jahrhunderts geändert hat: Früher auch als *Fremdenrecht* firmierend, wird es inzwischen als *Migrationsrecht* oder *Aufenthaltsrecht* bezeichnet. Das Trennende *Fremder* oder *Ausländer* wird in den neuen Wortbildungen fortgelassen und der Aufenthalt in einem anderen Land sprachlich normalisiert. Der gestiegenen Migration zum Trotz ist jedoch der Nationalstaat die bestimmende politische Organisationsform geblieben, wozu die gewachsene Rolle des Sozialstaats beigetragen hat. Und auch die traditionelle Auffassung der Bürger ist noch vorherrschend, nämlich dass es sich beim Aufenthalts- und Einbürgerungsrecht um einen Interessenausgleich, um ein Geben und Nehmen zwischen Inländern und Ausländern handelt. Wenn Letztere also das Aufenthalts- oder Staatsbürgerrecht (inklusive daraus resultierender Vorteile) erhalten, was kann dann der aufnehmende Staat, was können seine Alt-Bürger von ihnen erwarten? Inwieweit sollten diese Aspiranten vorher ausgesucht und inwieweit darf von ihnen eine Anpassung an die Gastgesellschaft eingefordert werden?

In einer Gesellschaft mit schwacher Demographie, welche ihren Reproduktionsbedarf nicht selbst deckt, ist Arbeitskräfteeinwanderung geboten. Die fehlenden Menschen sollen ersetzt werden; die UNO spricht ausdrücklich vom „replacement“ fehlender Bevölkerungsteile.[79] Genau diese Forderung wird üblicherweise von der politischen Mitte und Wirtschaftskreisen erhoben,[80] während von rechts und links radikalere, ideologisch aufgeladene Positionen vertreten werden. Die Haltung der Progressiven – von Linkspartei über Grüne bis zum linken Flügel der SPD – ist bekannt:[81] Flüchtlinge aller Art, insbesondere aus der postkolonialen Welt, sollen kommen dürfen, weil ihre Aufnahme eine moralische Pflicht sei. Die Gegenposition dazu ist die Ablehnung von Einwanderung durch Rechte, etwa die AfD, wobei die Begründungen zwischen Rasseunverträglichkeit und Kulturunverträglichkeit changieren.[82] International ist darüber hinaus die Position der UNO zu nennen, wie etwa im „Globalen Pakt für eine sichere, geordnete und reguläre Migration“ von 2019:[83]

77 Wikipedia, Ausländerrecht (07.08.2025).

78 Wikipedia, Asylgesetz (Deutschland) (07.08.2025a).

79 UNO, Replacement migration, 2000.

80 *Tirole*, Economics for the common good, Princeton, 2019, S. 263.

81 *Leonhardt*, Altlinks, S. 168 ff.

82 Bundesamt für Verfassungsschutz, Geheimgutachten (2025).

83 UNO, Globaler Pakt für Migration, 2018, S. 3 ff.

„Migration war schon immer Teil der Menschheitsgeschichte, und wir erkennen an, dass sie in unserer globalisierten Welt eine Quelle des Wohlstands, der Innovation und der nachhaltigen Entwicklung darstellt […].“

Alle zitierten Positionen erscheinen unter historischen wie auch soziobiologischen Vorzeichen verfehlt bis unterkomplex. Der Standpunkt der UNO etwa ignoriert in der Tendenz, dass Migration „in unserer globalisierten Welt“ wie auch in den früher schon globalisierten Welten immer auch eine Frage von Macht gewesen ist: Den Bevölkerungsverschiebungen gingen nicht selten Diskriminierungen oder Vertreibungen voraus oder sie führten zu solchen. Immer wieder kam es zu menschlichem Leid, oft zur Dezimierung oder gar Auslöschung ganzer Stämme oder Populationen.[84] Die Siedlungsgeschichte der nordamerikanischen Indianer liest sich als eine Abfolge gewalttätiger Bevölkerungsverschiebungen.[85] Dasselbe gilt sprichwörtlich für die Völkerwanderungszeit der Spätantike, in der Wanderungen oft zu politischer Gewalt, nämlich Machtübernahmen auf fremdem Gebiet führten.[86] Ab Ende des Zweiten Weltkriegs erfolgte Ähnliches unter verschiedenen Ethnien Asiens und Afrikas. Auch das aktuelle Schicksal französischer Juden, die – einem wachsenden Antisemitismus ausweichend – innerhalb von Paris umgezogen oder ganz ausgewandert sind, zeigen diesen Zusammenhang zwischen politischer Gewalt und Migration:[87] Mehrheitlich erst in den 1960er Jahren eingewandert, erfuhren sie den Antisemitismus später hinzugekommener Muslime als eine vitale Bedrohung. Historisch gesehen, konnten nur Gesellschaften, die ihre Einwanderer zu lenken und integrieren verstanden, von ihnen langfristig profitieren. Dazu gehörten die angelsächsischen Einwandererstaaten der Gegenwart und das Römische Reich bis zum 4. Jh., nicht aber die Staaten der Inkas und Azteken oder das untergehende Weströmische Reich des 5. und 6. Jh.. Aktuell stellt sich somit die Frage, wie eine Einwanderungspolitik beschaffen sein sollte, damit sie möglichst harmonisch sei, also dem soziobiologischen Wesen der Menschheit am ehesten entspräche.

Die ansonsten genannten Extrempositionen zur Migration lassen sich, weil ideologisch bedingt, als unnatürlich aussortieren: erstens die kulthafte Befürwortung einer Aufnahme von Fremden und zweitens die biologistisch-rassistische Ablehnung einer Aufnahme von Fremden.[88] Für klassenlose Sammler-

---

84 *Wuketits*, Ausgerottet, 2003, S. 121 ff.

85 *Birket-Smith*, Ferne Völker, S. 54 ff.

86 *Prinz*, Europäische Grundlagen (2004), S. 235 ff.

87 *Hölzl*, Juden aus Frankreich (23.07.2014); *Brändle*, Wie Frankreichs jüdische Bevölkerung (26.10.2021).

88 Die Ablehnung einer Fremdenaufnahme aus Rassegründen klingt zunächst sehr biologisch. Eine solche Kontaktschranke, ausgelöst durch eine unterschiedliche Physiognomie resp. abweichende Schönheitsideale, besteht jedoch typischerweise als *Artenschranke* zwischen Spezies und nicht innerhalb einer Spezies wie Homo sapiens.

und Jägergesellschaften (denen unsere Anlagen noch weitgehend entsprechen dürften) ist weder ein prinzipieller Rassismus noch eine habituelle Verehrung von Fremden bekannt. Phänomene dieser Art finden sich erst in kulturalisierten Klassengesellschaften mit einer Oberschicht von Herrschern und Priestern. In diesem stärker vergeistigten, ideologisierten Milieu konnten Neuankömmlinge u. U. als messianische Heilsfiguren gelten, so wie sie in einigen bekannten Mythen vorbeschrieben sind. Wenn auch die Quellenlage interpretierbar ist, könnte die Sage der Azteken von Quetzalcóatl, dem periodisch wiederkehrenden Fürsten weißer Hautfarbe,[89] ein Vorläufer der heutigen zeitgeistigen Bevorzugung von Zuwanderern sein, denen ja oft der Nimbus von politisch Verfolgten oder Klimaflüchtlingen angetragen wurde. In ähnlicher Tendenz nannten die mexikanischen Hochkultur-Indianer die spanischen Ankömmlinge von 1519 „Götter" und brachten ihnen hohen Respekt entgegen. Der Widerstand der Einheimischen gegen die spanischen Invasoren war somit durch eine mythologische Fehlauffassung gehemmt.

Migration ist offenbar dann positiv, wenn zerstörerische, desorganisierende Potenziale unterbunden werden. Dafür wäre ein konstruktives Sozialklima, ein Konsens zwischen Alt- und Neumitgliedern notwendig – mit dem Ergebnis, dass Zuwanderer tatsächlich die Demographie verbessern, die wirtschaftliche Leistungsfähigkeit erhöhen, genetische Inzucht abstellen sowie neue Ideen und Techniken beisteuern. Für vorgeschichtliche Horden- und Stammesgesellschaften lässt sich eine phasenweise lebhafte Migration archäologisch und genetisch nachweisen.[90] Dabei führten interethnische Kontakte und Nachbarschaften keineswegs immer zu einem Zusammenleben, einer Vermischung und Verschmelzung der Populationen. In zwei bekannten Fällen – der Koexistenz von Neandertalern und Denisovanern[91] mit unserer Art *Homo sapiens* vor 40.000 bis 300.000 Jahren sowie die der europäischen Ackerbauern mit den verbliebenen Jägern und Sammlern vor 6.000 bis 8.000 Jahren[92] – sind zwar Genflüsse nachweisbar, aber diese waren erstaunlich gering. So tragen die Sapiens-Populationen nördlich der Sahara nur zu 1 bis max. 6 % die Gene der Neandertaler und Denisovaner in sich.[93] Parallel zu den wenigen, offenbar zufälligen Vermischungen starben Neandertaler und Denisovaner bei gelegentlicher Nähe zu Homo-sapiens-Gruppen schleichend aus. Die Ursache für die von den Beteiligten offenbar gewollte Distanz könnte in einschneiden-

---

89 *Hinz*, Mythos von den „Weißen Göttern" (2006).

90 *Krause/Trappe*, Die Reise unserer Gene, 2020.

91 Neandertalern und Denisovanern waren prähistorische Menschengruppen, die mit Homo sapiens noch fortpflanzungsfähig waren, sich aber genetisch von ihm unterschieden.

92 *Krause*, Reise unserer Gene, S. 85 ff.; Wikipedia, Neandertaler (04. 06. 2025).

93 Wikipedia, Genfluss archaischer Menschen (13. 07. 2025).

den Unterschieden der Lebenskultur vermutet werden: Domestikation vs. Abwehr des Wolfes[94] zum einen, Landwirtschaft zu Wildnis zum anderen.

Jäger- und Sammlergruppen, und zwar sowohl prähistorisch, historisch wie rezent, begegneten sich mehr oder weniger oft im vorhandenen Terrain. Die weitläufigen Jagdgründe waren nicht politisch abgegrenzt und die Nutzungsansprüche der Horden oder Stämme konnten sich überlappen. Die meisten dieser Begegnungen dürften solche gewesen sein, die unter modernen Bedingungen zwischen unangemeldeten Einreisen und zwischenstaatlichen Grenzkonflikten changierten. Ein wichtiger Faktor für die Migration resp. die Zahl der Begegnungen war offenbar die Bevölkerungsdichte in Beziehung zu den Lebensbedingungen: Verbesserte sich die Nahrungsergiebigkeit, dann vermehrten sich die Populationen, so dass die optimale Jagdgruppengröße überschritten wurde und durch Teilungen der Horden Migrationsdruck entstand. Der umgekehrte Vorgang wäre die Verschmelzung prekär geschrumpfter, zu klein gewordener Jäger- und Sammlergruppen. Seltener dagegen dürften Fälle gewesen sein, die der heutigen Erfahrung von Migration entspricht, nämlich dass kleinere Populationen oder Einzelpersonen laufend und immer wieder Aufnahme in die Horde oder den Stamm begehrten. Die anthropologischen und historischen Befunde zeigen für die Akzeptanz von Migration unter Wildbeuter und Stammesgesellschaften eine große Bandbreite zwischen freundlicher Aufnahme und Gastfreundschaft über eine desinteressierte bis entschiedene Abwehr bis hin zu Tötung, Kannibalismus und Krieg. Die Horden und Stämme dürften nach ihren aktuellen Lebensinteressen gehandelt haben und nicht der Auffassung gefolgt sein, dass Fremde für die eigene Gruppe immer nützlich oder schädlich seien. Mehrfach belegt sind Adoptionen stammesfremder Einzelpersonen oder Gruppen.[95] Dadurch konnte die eigene Demographie, Kriegsfähigkeit, Gebär- und Jagdkraft gestärkt werden. Weitere Aufnahmewege waren Frauenraub, Kriegsgefangenschaft und Knechtschaft oder Sklaverei.[96] Die aufgenommenen fremden Frauen bekamen üblicherweise Kinder und gehörten schon deshalb zum Stamm resp. akzeptierten nolens volens ihre neue Zugehörigkeit. Die Sklaverei oder Knechtschaft sonstiger Einzelpersonen oder Gruppen führte zunächst nicht zur dauerhaften Bildung einer unterdrückten Klasse, sondern blieb temporär. Auch über sonstige gefangene Fremde wurde offenbar nach Nützlichkeitskriterien verfügt: Hielt man sie für

[94] *Shipman*, Invaders. How humans and their dogs, 2015. Für den Neandertaler ist eine Domestikation von Wölfen nicht bekannt. Die jagdliche Zusammenarbeit von Homo sapiens mit gezähmten Wölfen bedeutete einen Überlebensvorteil gegenüber den konkurrierenden Neandertalern. Die wiederum scheuten vermutlich den Kontakt mit den bedrohlichen Mensch-Wolfshund-Rudeln.

[95] *Barnard/Spencer*, Adoption and fostering (2010); *Helbling*, Politische Ökonomie, S. 720 f.

[96] *Thomas*, Slavery (2010).

gefährlich, schädlich oder nutzlos, wurden sie schlicht getötet.[97] Bei einigen Völkerschaften wurden Kriegsgefangene auch kannibalisch verwertet, wobei es seltener auf den Beitrag zur Ernährung ankam als auf eine spirituelle Kraftübernahme von den getöteten Feinden oder Fremden.[98]

Wer entschied aber über die Aufnahme in die Horde oder den Stamm? Es gab hier grundsätzlich zwei Möglichkeiten: Die neue Person wurde durch ein Stammesmitglied eingeführt, etwa als persönliche Beute eines Kriegers. Oder aber mehrere Personen, eine dezimierte Horde etwa, wurden als Gesamtheit aufgenommen. Hierfür war der Stamm insgesamt gefragt, der zustimmen musste. Der letztere Fall entspricht am ehesten den Verhältnissen der heutigen Massenmigration. Wie aber wurden in steinzeitlichen, archaischen Gesellschaften kollektive Entscheidungen getroffen? – Es gilt als erwiesen, dass Menschen früher wie heute eine starke egalitäre Grundorientierung besitzen.[99] Prähistorische Gemeinschaften waren deshalb auch grundsätzlich anarchisch, also für die eigenen Mitglieder herrschaftsfrei aufgebaut.[100] Die Horde oder Stammesgruppe einigte sich auf dem Konsensweg über gemeinsame Angelegenheiten.[101] Wenn darüber oder auch sonst Unzufriedenheit bestand, konnten Stammesmitglieder einzeln oder als Minderheitsgruppe den Stamm verlassen.[102] Anführer, Sprecher oder Häuptlinge übernahmen die organisatorische Führung. Als solche wurden Personen mit Führungsqualitäten bestimmt, denn die konsensual bestimmten Anführer besaßen keine Befehlsautorität, sondern wirkten durch ihre Persönlichkeit.[103]

Über die Aufnahme einer Anzahl von Fremden hätte somit in der Steinzeit die jeweilige Stammesgemeinschaft beraten und beschließen müssen. Die Entscheidung wäre nach Nützlichkeitskriterien, vielleicht auch nach Empathie für die notleidenden Fremden erfolgt. Vergleicht man dieses Szenario, das unserem soziobiologischen Erbe entsprechen dürfte, mit der Flüchtlingsmigration der Gegenwart, so fallen erhebliche Abweichungen auf: Die Entscheidungen über die Aufnahme von Flüchtlingen ist staatlichen Behörden überlassen, die darüber nach abstrakten Rechtsvorschriften entscheiden. Die einheimische Bevölkerung hat in der Regel keinen Einfluss auf die Zuwanderung.

---

97 Im Crow-Creek-Massaker des 14. Jh. wurden etwa 500 ausgemergelte Prärie-Indianer von einem Nachbarstamm hingemetzelt. *Grupe/Harbeck/McGlynn*, Prähistorische Anthropologie, 2015, S. 110; Wikipedia, Crow Creek massacre (04.08.2025).

98 *Arens*, Cannibalism (2010); *Schöppl von Sonnwalden*, Kannibalismus bei nordamerikanischen Indianern, 1992.

99 *Borneman*, Patriarchat, 1975, S. 70; *Meißelbach*, Evolution, S. 503.

100 *Helbling*, Politische Ökonomie, S. 96; *Meißelbach*, Evolution, S. 503; *Wesel*, Geschichte des Rechts, S. 21.

101 *Amborn*, Recht als Hort der Anarchie, S. 30; *Borneman*, Patriarchat, S. 70.

102 *Helbling*, Politische Ökonomie, S. 96, 139; *Wesel*, Geschichte des Rechts, S. 21.

103 *Helbling*, Politische Ökonomie, S. 96; *Borneman*, Patriarchat, S. 70.

Bei der illegalen Migration ist dieser sogar den Regierungen und Staaten entglitten.[104] Aufgrund der Masseneinwanderung kommt es zum Verlust von Ressourcen an die Zugezogenen, über den nicht fallweise demokratisch entschieden wird. Es kommt darüber hinaus zu Begegnungen mit Migranten, deren Nutzen für die Gemeinschaft oder deren Hilfsbedürftigkeit sich den Alt-Bürgern nicht erschließt.[105] Auf diese irritierenden Begegnungen können die Inländer aber nicht wie in der Steinzeit mit Abweisung, Tötung oder Krieg reagieren. Das Gefühl von Machtlosigkeit und von Wut über den Verstoß gegen die eigenen Gruppeninteressen und über ihre eigene Handlungsunfähigkeit macht sich breit.

Warum ist diese Wut auf illegale Migranten und ihre Helfer nicht allgemein? Warum gibt es Personengruppen in den aufnehmenden Gesellschaften, die sich über einen solchen Zuzug unisono freuen? – Die bisherige Erklärung lautete, dass es sich beim Wokeismus um eine Zivilreligion mit neuer Moral handelt, also um eine kulturelle Fortentwicklung. Die Abweichung vom Erbe der Soziobiologie und von einem natürlichen, kleinräumigen Leben lässt sich weiter präzisieren: Zwischen den beiden relevanten Gruppen – die ich *Kosmopoliten* und *Heimatbürger*[106] nennen möchte – besteht eine andersgeartete Gemeinschaftsorientierung. Die Heimatbürger sind geistig und physisch eher ortsfest und regionalorientiert; ihr Dorf, ihre Stadt, Region oder Nation sind die Bezugspunkte, an denen sie Gemeinschaftlichkeit ausmachen und für die sie sich solidarisieren. Auch die Kosmopoliten beziehen sich auf eine soziale Gemeinschaft, aber in einer für Homo sapiens besonderen, nur durch Kultureinfluss erklärbaren Weise. Kosmopoliten bewegen sich in einem Milieu politisch interessierter, international aufgeschlossener Zeitgenossen. Sie sind per Bildung elitär und stehen den herrschenden Klassen nahe.[107] Sie lehnen Gemeinschaftsorientierungen, die kleinräumig oder ethnisch begrenzt sind, zugunsten eines internationalen oder globalen Zuschnitts ab.[108]

Auffällig ist die hohe Affektivität des Konflikts um die Migration. Sie reicht auf Seiten der Gegner der ungeregelten Zuwanderung von Empörung und Hass bis zu Gewaltbereitschaft. Diese Haltung hat bereits zu einigen

---

104 Wikipedia, Illegale Einwanderung und illegaler Aufenthalt (31.07.2025).

105 *Groß* et al., Merkel-Goldstücke, 2023.

106 Analog zu: *Goodhart*, Die „Anywheres" und die „Somewheres" (01.05.2017).

107 Der Unterschied zwischen Kosmopoliten und Heimatbürgern scheint auf einer anderen sozialen Prägung zu beruhen. Bildung oder Reiseerfahrungen sind keine Alleinstellungsmerkmale einer dieser Gruppen.

108 *Leonhardt*, Altlinks, S. 162. Im linksliberalen Lager gilt Patriotismus wenig. Im radikaleren Progressivismus der Grünen und Linken steht jede engere Gemeinschaftlichkeit in Familie, Clan oder Dorf unter Repressionsverdacht. In der politischen Theorie der gewaltbereiten Antifa stehen *Antideutsch* und *Antinational* für eine Ablehnung von Patriotismus und Nationalismus. *Winter*, Antideutsch, 2017, S. 177 ff.

Morden geführt. Auf das Konto unbeherrschter Wutbürger oder auch strategisch vorgehender Rassisten und Rechtsradikaler gehen direkte Anschläge auf Zuwanderer.[109] Eine andere Qualität hatten Angriffe auf Politiker und Amtsträger ab 2014.[110] Wegen deren Verantwortlichkeit für eine großzügige Flüchtlingsaufnahme wurden diese Personen heftig kritisiert, wobei sich ab 2015 das Verdikt „Volksverräter“ einbürgerte.[111] Bundeskanzlerin Angela Merkel musste verbale Attacken dieser Art ertragen, wurde aber nicht physisch angegriffen. Solches war 2015 der Kölner Oberbürgermeisterin Henriette Reker zugestoßen, die nur knapp die Messerattacke eines Flüchtlingsfeindes überlebte.[112] Ähnlich wurde 2017 Andreas Hollstein, Bürgermeister von Altena/NRW, mit einem Messer angegriffen.[113] Walter Lübcke, Regierungspräsident im Bezirk Kassel, wurde schließlich 2019 von einem rechtsextremen Migrationsgegner überfallen und erschossen.[114] – Die Affektivität der asylfreundlichen Progressiven ist üblicherweise kontrollierter, besteht vor allem in Verachtung.[115] Sie äußerte sich in einer Abqualifizierung ihrer politischen Gegner, die stereotyp als Rechtsextreme hingestellt wurden, als bösartige, hassende Personen, mit denen kein Gespräch möglich sei und denen für ihre Argumente „keine Bühne“ gewährt werden dürfe.[116] Es gab jedoch auch linksterroristische Anschläge, die die bekannte anarchistische Begrenzung der Gewalt *auf Sachen* überschritten.[117]

Wie ist die hohe Affektivität im Konflikt um die Flüchtlings- und Migrationsfrage zu erklären? Vergleichsmaßstab wäre die steinzeitliche Horde, deren Anführer oder Sprecher basisdemokratisch von den Mitgliedern bestimmt wurden. Sie hatten sich das Vertrauen und die Lenkbarkeit ihrer Mitstreiter (später: deren Treue und Gehorsam) durch eigene Loyalität und Fürsorge zu verdienen.[118] Diese Konstellation unterscheidet sich erkennbar von der Forderung heutiger Eliten an ihre Bürger, beim Zuzug von Flüchtlingen stillzuhalten oder diesen konstruktiv zu unterstützen. Wenn dabei kein Vorteilskalkül oder keine Empathie zu erwecken war, standen die politischen Führer mit leeren Händen vor den Geführten, denen sie allzu oft eine Überlastung der

---

109 *Schulze*, Rechtsextremismus, 2021, S. 109ff.

110 *Peters*, Angriffe auf Kommunalpolitiker (26.05.2025).

111 *Ziegler*, Empörung der Anständigen, 2021; *Rafid*, Volksverräter (15.11.2023).

112 WDR.de, Attentat auf die Kölner OB-Kandidatin Henriette Reker (17.10.2020).

113 *Hollstein*, Politik muss besser erklärt werden (08.06.2024).

114 Hessenschau.de, Fünf Jahre nach Mord an Walter Lübcke (31.05.2024).

115 *Ziegler*, Empörung.

116 *Rafael/Hoang*, Was tun gegen Radikalisierungen, 2022, S. 266.

117 Z.B.: *Jesse*, Antifaschismus (2021), S. 103f.

118 Dass Führung auf evolutionbiologischen Grundlagen beruht, die durch ein geeignetes Verhalten angesprochen werden könne, bestätigt auch die Literatur über *charismatische Führung*. Z.B. *Wehrlin*, Charismatic Leadership, 2014.

Infrastruktur sowie eine Verschlechterung der Sicherheitslage und öffentlichen Ordnung zumuteten. Unter anarchisch-basisdemokratischen Verhältnissen hätten sich solche Anführer nicht halten können, sondern wären umgehend abgelöst worden. Diese Option aber hatten die migrationsbelasteten Heimatbürger nicht. Die fortbestehende Herrschaft der woke-inspirierten Führer wurde nun aus sozialinstinktiv gespeistem Affekt abgelehnt. Der Vorwurf des Volksverrats war ein sprachlicher Ausdruck ebendieses Affekts, der die Illoyalität gegenüber den zu vertretenden eigenen lokalen, regionalen oder nationalen Interessen beklagt. Skandalisiert wurde die Fehl-Loyalität mit anderen Gruppen als der, für die die Politiker gewählt wurden: Ein politischer Demonstrant bezeichnete Angela Merkel 2017 als „eine Verbrecherin".[119] Andere Argumente bezogen sich auf die zweite Ebene des Betrugs, nämlich dass es nur „Scheinasylanten", „Merkel-Goldstücke" oder „Rapefugees" seien, also betrügerische und schädliche Einwanderer.[120] Aufschlussreich war auch eine Bürgerversammlung von 2015 zur Information über eine neue Erstaufnahmeeinrichtung im Regierungsbezirk Kassel. Regierungspräsident Walter Lübcke hatte seinen Willen, die Einrichtung auch gegen Widerstände und Kritik durchzusetzen, wie folgt unterstrichen:

> „Wer [unter den Anwohnern] diese Werte [eines Flüchtlingsasyls] nicht vertritt, der kann jederzeit dieses Land verlassen, wenn er nicht einverstanden ist." Das sei die Freiheit eines jeden Deutschen.[121]

Daraufhin kam es im Saal zu anhaltenden Protesten. Die Szene wurde wenig später als Video in den sozialen Medien verbreitet. Lübckes kommunikative Fehlleistung war folgende: Er hatte sich diametral von den Bürgern und ihren Sorgen distanziert und damit gegen die (soziobiologisch angelegte) Loyalitätserwartung zwischen Anführer und Geführten verstoßen, mit dem Ergebnis heftiger Affektreaktionen. Lübckes Verhalten wie auch das seiner Gleichgesinnten kann soziobiologisch als Stammesspaltung interpretiert werden. Lübcke hatte diese Option in impulsiver Offenheit angesprochen: *Ihr geht, wir bleiben.* Wie er hätten sich wohl auch andere Progressive von ihren reaktionären Mitbürgern gern getrennt. Im Allgemeinen aber weiß die linksliberale Elite, dass eine solche Verfahrensweise territorial und rechtlich nicht möglich ist. So bleibt Ihr nur die politische Stigmatisierung ihrer Gegner als kommunikative Bannmeile, als Stammesteilung innerhalb des gegebenen Territoriums.

Das Asylrecht in der in Deutschland und Europa praktizierten Form erscheint als Rechtsnorm zur Aufnahme von Zuwanderern ungeeignet, weil es dem soziobiologischen Wesen des Menschen widerspricht. Dadurch, dass die

---

119 *Gensing*, Kampagnen gegen die Kanzlerin (12.09.2017).

120 *Groß* et al., Merkel-Goldstücke.

121 Spiegel.de, Fall Lübcke (21.06.2019).

Aufnahmeentscheidungen bürokratisiert oder politischen Spitzenämtern vorbehalten sind, werden die Inländer oder Staatsbürger im Endeffekt vor vollendete Tatsachen gestellt. Die Unfähigkeit von Verwaltung und Justiz, abgelehnte Asylbewerber und illegale Migranten zurückzuführen, tut ein Weiteres.[122] Weil den Ausländern inländergleiche subjektive Rechte zugestanden werden, können sie die Möglichkeiten des Rechtswegs ausschöpfen, um ihre Abschiebung zu verhindern. Bei dieser Art von Zuwanderung kann ein demokratisches Verhältnis unter den Inländern, nämlich von Führern zu Geführten (Politikern zu Bürgern) nicht hergestellt werden, da weder eine Mitbestimmung der Geführten noch, bei Nichtgefallen, eine prompte Absetzung der Führer möglich ist. Unter diesen Umständen sollte das bestehende Asylrecht abgeschafft werden, wodurch auch das Schlepperwesen und die es flankierende „Anwaltsindustrie" ausgetrocknet würden.[123] Anders hingegen sind Rechtsnormen zur Aufnahme von Arbeitsmigranten zu beurteilen, sofern sie nicht zu einer unkontrollierten Einwanderung führen. Bei der Zuwanderung von Arbeitssuchenden kann die Nützlichkeit den Bürgern anhand der geschlossenen Lücken in Wirtschaft und Sozialwesen plausibel gemacht werden. Die Harmonie zwischen Führern und Geführten ist herstellbar, ggf. durch Befragungen und Plebiszite vor Ort. Bei den Verfahren zur Einbürgerung von Ausländern fällt auf, wie hochgradig manipulierbar sie sind. Dies gilt besonders für die Bedingung einer „Einordnung in die deutschen Lebensverhältnisse", die lediglich über einen leicht trainierbaren Einbürgerungstest abgefragt wird.[124] Welche Haltung die Bewerber tatsächlich, also über die formelle Frage hinaus, zur Stellung der Frau, zum Antisemitismus oder zur westlichen Demokratie einnehmen, wird nicht ermittelt.[125] Auch die Bedingung, für seinen Lebensunterhalt selbst aufzukommen, könnte durch ein Scheinarbeitsverhältnis in der jeweiligen Clan-Gesellschaft oder Kiez-Wirtschaft erfüllt werden. Angesichts dieser nachlässigen Kontrollweise des bundesdeutschen Staates sind auch Islamisten und spätere IS-Kämpfer bereits deutsche Staatsbürger geworden.[126]

---

[122] Tagesschau.de, Woran Abschiebungen in Deutschland scheitern (10.02.2025).

[123] Diesen Begriff zurückweisend: *Podolski*, Zu Alexander Dobrindts ‚Anti-Abschiebe-Industrie' (07.05.2018). Browser-Suchen („Anwalt Asyl") bestätigen jedoch den unterstellten Sachverhalt eindrucksvoll.

[124] Deutscher Bundestag, Drucksache 19/11515, 2019, S. 21 f.

[125] Hier könnten Verhaltenskriterien angewandt werden: Wer etwa Personen des anderen Geschlechts den Handschlag verweigert oder Kleidungsstücke (Schleier) zur sexistischen Abschirmung gegen das andere Geschlecht trägt, verstieße gegen westliche Grundkonventionen.

[126] Deutscher Bundestag, Deutsche IS-Kämpfer können Staatsangehörigkeit verlieren (27.06.2019).

Die Frage nach der Loyalität der Führer zu den Geführten hatte auch Auswirkungen auf den Volksbegriff der Verfassung. Nach der Flüchtlingskrise resp. Willkommenskultur von 2015 revidierte die bundesdeutsche Politik ihren Kurs nicht, sondern setzte auf ideologische Konsolidierung und Machtsicherung. So wurde das Konfliktopfer Walter Lübcke von 2019 mit kritiklosem Pathos zum Märtyrer verklärt und die Gegenseite verdammt, d.h. keiner echten politischen Analyse gewürdigt.[127] Der Vorwurf „Volksverräter", der sich offenkundig auf den Treueeid politischer Amtspersonen bezog, wurde ab seinem gehäuften Aufkommen in 2016 von progressiven Parteigängern propagandistisch zurückgespielt. Dabei unterstellten sie den Verwendern von „Volk", sie hätten von ihm eine zugleich totalitäre wie auch rassistische Auffassung.[128] Typisch für diese Argumentationsweise war, dass weder auf das „Volk" als Verfassungsbegriff und Maßstab für das Gemeinwohl noch auf die subtile Uminterpretation der Verfassung durch Unterstellung eines Rechts auf Einwanderung ungeachtet der Interessen der Bevölkerung eingegangen wurde. Besonders prägnant diffamierte Rafid 2023 die Verwendung von „Volk" resp. „Volksverräter" durch einen argumentativen Rückgriff auf „Volksgemeinschaft":[129]

> „Das Schlimme an ‚Volksverräter' ist: Es […] ein […] Nazi-Begriff. […] Unter den Nationalsozialisten wurde ‚Volksverrat' […] Straftatbestand. Er galt als Angriff auf die sogenannte ‚Volksgemeinschaft' […]. Zu dieser ‚Volksgemeinschaft' zählte nur, wer die nationalsozialistische Weltanschauung teilte und der sogenannten ‚arischen Rasse' angehörte."

Die Jahre 2015–2018 markierten für die Regierung Merkel wie auch für den Verfassungsschutz die Übernahme eines neuen Volksbegriffs. Die Kanzlerin, die ihre Willkommenskultur in der Flüchtlingswelle von 2015 verteidigte, definierte *Volk* in einer ethnisch und sozial entkernten Weise, indem sie 2017 öffentlich befand: „Das Volk ist jeder, der in diesem Land lebt."[130] Ende 2018 erfolgte ein Richtungswechsel an der Spitze des Bundesamts für Verfassungsschutz. Der bisherige Präsident, der deutschkonservative Hans-Georg Maaßen, war in die öffentliche Kritik geraten, indem er bezweifelt hatte, dass es auf Demonstrationen in Chemnitz zu rassistisch motivierten „Hetzjagden" gekommen sei.[131] Kanzlerin Merkel reagierte, indem sie Maaßen abberief und durch Werner Haldenwang (Amtszeit bis 2024) ersetzte. Damit hatte sie einen Behördenleiter neu eingesetzt, der mit ihr in Sachen christlich begründeter

---

127 *Steinhagen*, Rechter Terror, 2021; Hessenschau.de, Mord Lübcke (31.05.2024).

128 *Berschin*, Sprachliche Streitfragen (2017), S. 383.

129 *Rafid*, Volksverräter.

130 Welt.de, Angela Merkel (26.02.2017).

131 Wikipedia, Hans-Georg Maaßen (08.08.2025).

Willkommenskultur übereinstimmte.[132] Dieser hielt ihr auch den Rücken frei, indem er die Belastungen der Bevölkerung kleinredete: Es habe nur eine „sogenannte Flüchtlingskrise" gegeben.[133] Merkels Grenzöffnung von 2015 hatte zwar den Vorwurf „Volksverräter" provoziert, nicht aber die Änderung des Volksbegriffs selbst angestoßen. Der Grundstein dazu wurde schon vorher, offenbar vom progressiven Antirassismus ab Ende der 1980er Jahre gelegt.[134] In den 1990er und 2000er Jahren hatten sich Rechtskonservative und Linksliberale Schlachten um die Auffassung von Volk und Staatsbürger geliefert. In diesem Streit nahmen die national konservativen Akteure, so der Politikprofessor Hans-Helmuth Knütter und der verbeamtete Jurist Josef Schüßlburner dadurch Schaden, dass sie immer mehr als Rechtsextremisten marginalisiert wurden.[135] Beide Protagonisten hatten eine Verschiebung der Verfassungsschutz-Konzeption zu weniger Patriotismus und einer Legitimation linker Anliegen moniert. Das Bundesinnenministerium blieb mit Horst Seehofer noch bis Ende 2021 unter konservativer Leitung. Die Personalstruktur sowohl des Verfassungsschutzamtes wie auch des Bundesinnenministeriums hatte sich jedoch durch die laufende Einstellung von eher linksliberalen Kräften verändert. Nur so ist zu erklären, dass in den Jahren um 2020 eine radikalprogressive Studie „Der Islam gehört (nicht) zu Deutschland" von Imad Mustafa von Seehofers Bundesinnenministerium gefördert wurde.[136] Der Autor problematisierte darin, dass Zuwanderer in die deutsche Gesellschaft repressiv unter eine Leitkultur gestellt würden, während er die Kritikpunkte an muslimischen Einwanderern (wie Clankriminalität, Antisemitismus, Frauenunterdrückung und Ehrenmorde) als Beispiele für „antimuslimischen Rassismus" in Deutschland bezeichnete.

IV. Zur Rolle von *false facts* im politischen und rechtlichen Diskurs

Die obige Prüfung zweier Rechtsfelder hat für die letzten Jahrzehnte erhebliche Änderungen ergeben. Die untersuchten Rechtsreformen waren unter dem Einfluss notorischer Agenda-Wissenschaften erfolgt, nämlich der feministischen Gender-Theorie und des antirassistischen Postkolonialismus. Das vom Progressivismus gezeichnete Bild vom Menschen stand im Widerspruch

[132] Bezeichnenderweise waren sowohl Merkel als auch Haldenwang und der später ermordete Lübcke jeweils kirchlich geprägt oder orientiert. Sie einte die kosmopolitische Auslegung der christlichen Barmherzigkeit gegenüber Flüchtlingen.

[133] Zit. nach: *Wagener*, Kulturkampf um das Volk, 2021, S. 192.

[134] *Leonhardt*, Rassebegriff, S. 222 f., *Leonhardt*, Alt-Links, S. 169 f.

[135] Wikipedia, Hans-Helmuth Knütter und Josef Schüßlburner (19.08.2025).

[136] *Mustafa*, Der Islam gehört (nicht) zu Deutschland, 2023, S. 187.

zu einschlägigen wissenschaftlichen Befunden, die jedoch ignoriert, zurückgewiesen oder kleingeredet wurden. Die Rechtsänderungen beruhten somit auf weitgehend falschen Voraussetzungen. Als Motive dieser Rechtspolitik können neben überzeugtem Idealismus auch Klientelpolitik und Machtfestigung erkannt werden: Jede Frau, die aufgrund von Quote und Bevorzugungspolitik ihre gut bezahlte Stelle erhalten hat, ist eine potenzielle Unterstützerin. Dasselbe gilt für jede Fachkraft, die in staatliche Ämter oder private Organisationen zum Flüchtlingsschutz eingerückt ist. Gleiches gilt analog für die zahlreichen „Aktivist*innen", die ihrem Idealismus, nunmehr alimentiert, ohne wirtschaftliche Nöte folgen können. So belohnt der Progressivismus seine Anhänger und stärkt seine soziale Basis.

Da die moralistischen Eliten (in Deutschland wie in den westlichen Ländern) stets nur eine Minderheit bilden, stehen die aufgezeigten Rechtsänderungen unter dem Verdacht, nicht dem Gemeinwohl, das ja ein Mehrheitswohl sein sollte, zu entsprechen. Plebiszite, mit denen in Deutschland (nach Art. 20 Abs. 2 GG) über die Reforminhalte hätte basisdemokratisch entschieden werden können, wurden von den linksliberalen Parteien nicht angesteuert. Dabei stand die Forderung nach Volksentscheiden vielfach in deren Parteiprogrammen.[137] Aufschlussreich ist hier die Haltung der Grünen, die sich noch in den 1980er und 1990er Jahren als Basisdemokraten verstanden.[138] Im Parteiprogramm von 2020 verwarfen sie Volksabstimmungen, weil sie angeblich vom Rechtsextremismus manipulierbar seien.[139] Für die Grünen, wie auch für die übrigen Progressiven, war ihr Einfluss über den Expertenapparat, die Medien und den Bildungsbereich offenbar politisch ausreichend und wichtiger als eine breite Volkszustimmung. So konnte man die eklatanten Demokratiemängel und die Bevorzugung ausgewählter Minderheitsgruppen bestehen lassen. Den politischen Kontrast dazu bildete die Schweiz, in der tatsächlich in Plebisziten über die Kontrolle der Migration oder auch über den Status des Wolfes verfügt wurde.[140] In der Schweiz gibt es eine Frauenquote für Führungsstellen der Wirtschaft nur als Empfehlung.[141] Die Migration wird strenger als in Deutschland gehandhabt.[142] Das Recht zur Volksabstimmung verschafft dem Schweizer Heimatbürger somit einen gewissen Hebel, sich gegen die für ihn unnatürliche Moral von Gutmenschen, Kosmopoliten und Naturromanti-

---

[137] Mehr Demokratie, Volksentscheid-Positionen der im Bundestag vertretenen Parteien (23.07.2025).

[138] *Mouffe*, Postdemokratie, 2011, S. 9.

[139] Zeit.de, Grünen-Parteitag: Grüne lehnen bundesweite Volksentscheide ab (22.11.2020).

[140] Pro Asyl, Schweizer Volksabstimmung (10.02.2014); Eidgenössisches Departement für Umwelt, Abstimmung über das revidierte Jagdgesetz (27.9.2020).

[141] Swissinfo.ch, 21 Prozent Frauen in Spitzenpositionen (04.05.2024).

[142] *Contarini*, Die Atmosphäre im Asylrecht (2024), S. 351 f.

kern zur Wehr zu setzen. Allerdings ist auch das politische System der Schweiz, die Konkordanzdemokratie, inzwischen wie die umliegenden Konkurrenzdemokratien in eine Krise geraten.[143] Polarisierung und Populismus von rechts und links sind Folge des Herrschaftsstreits zwischen progressiven Eliten und Wertekonservativen.

Von der denkbaren Alternative, einer am Gemeinwohl orientierten Politik, unterscheidet sich die progressive Gegenwart wesentlich durch eine gedrosselte Leistungsfähigkeit der Gesellschaft: Qua gesinnungsmäßige Bevorzugung und Quoten gelangen eher die Linientreuen als die Leistungsfähigen auf Funktionsstellen. Die Kontrollsysteme einer Einhaltung progressiver Standards sowie die Formierung der vielbeschworenen Zivilgesellschaft in Gestalt von NGOs und Bürgerinitiativen kosten ebenfalls Ressourcen, die die Allgemeinheit zu erbringen hat. Erweiterte Einspruchs- und Klagerechte für Verbände, Aktivisten und Adressaten identitätspolitischer Wiedergutmachung erhöhen an verschiedenen Stellen Bürokratie und Justizaufwand. Repressionen gegen Kritiker wegen angeblich rechtsextremer Ansichten spalten Gesellschaft und Wissenschaft. *Cancel Culture* verhindert die freie Forschung über genau jene Sachverhalte, welche die progressive Gesetzgebung und Rechtsfindung ad absurdum führen könnten.

V. Faktenkontrolle als Brandmauer gegen den Extremismus jeder Couleur

Der vorliegende Aufsatz geht – vielleicht naiv – davon aus, dass eine gezielte Aufklärung über politisch wichtige Naturfaktoren einer Fortsetzung der unrealistisch überspannten progressiven Politik der letzten Jahrzehnte entgegensteuern könnte. In Analogie zum Konzept der Brandmauer, die bislang nur gegen den Extremismus von rechts gefordert wurde, könnte überlegt werden, ob es nicht auch eine solche gegen das süße Gift einer zivilbürgerlichen Heilslehre geben sollte. Dieser Idee liegt die Überlegung zugrunde, dass ein illusionärer Idealismus im Endeffekt genauso gefährlich für das Gemeinwesen sein kann wie eine rassistisch-fremdenfeindliche Verhetzung. Indem die Ideologie des woken Gutmenschentums den Menschen Wohltaten und Erleichterungen verspricht, die letztlich nicht umgesetzt werden können oder nur auf Kosten anderer Menschen, zerreißt sie ebenso wie ein harter Rechtsradikalismus die Gesellschaft. Im Stil aber unterscheidet sich der Linksliberalismus mit seinen edlen Versprechungen sehr vom aggressiven Diskriminierungsdiskurs der extremen Rechten: Verantwortungslose Verführung versus verantwortungslose Hetze, so dass beide Seiten – trotz unterschiedlicher Sympathie-

---

[143] *Vatter/Freiburghaus*, Konkordanzdemokratie (08. 12. 2023); *Blick*, Wir Wutbürger (15. 04. 2022).

werte – gleichermaßen als politischer Extremismus aufzufassen sind. Die verantwortungsvollen Demokraten der Mitte sollten zu ihnen folglich in Äquidistanz stehen.

Bei den Naturfaktoren, deren Anerkennung gefördert und deren Verleugnung sanktioniert werden sollte, handelt es sich vor allem um folgende:

– Frauen und Männer sind als Menschen biologisch unterschiedlich, so dass sie zwar gleichberechtigt sein, aber nicht zwanghaft gleichgestellt werden sollten.
– Die Spezies Mensch ist in ihrem Verhalten soziobiologisch konditioniert. Dies gilt auch und insbesondere bei der Aufnahme fremder Artgenossen in ihre Gruppen und Gemeinschaften. Deren Aufnahme erfolgt selektiv und bedarf der Zustimmung der Aufnehmenden. Grundlage dafür ist ein soziales Nutzenkalkül oder eine barmherzige Empathie. Eine bürokratisch erzwungene Aufnahme von Migranten, wie in der Asylpraxis der vergangenen Jahrzehnte, widerspricht dem Wesen unserer Spezies und ist zu vermeiden.
– Der Mensch ist prinzipiell nur eine Tierart und als solche ein Teil der Natur. Naturschutz kann nicht ohne ihn gedacht werden.[144] Alle Spezies unserer Erde kämpfen instinktiv um ihren Erhalt und stellen ihre Eigenbelange in den Mittelpunkt ihres Denkens und Strebens. Speziesismus ist somit normal und jede andere Sichtweise auf die eigene Art eine Instinktstörung.[145] Tierrechte im Sinne menschengleicher Rechte würden das Primat unserer Spezies zu verletzen.

Eine Beachtung dieser Naturfaktoren würde verlorengegangene Entscheidungsspielräume wiederherstellen. Einengende zivilrituelle Pflichten fielen weg: Es bestünde keine Verpflichtung mehr zu einer Frauenquote, die allzu oft Karrieristinnen über ihre Eignung hinaus begünstigte, keine Verpflichtung mehr zur Annahme von Asylanträgen, die oft nur vorgeschoben waren, keine Verpflichtung mehr zu einer letztlich fremdmotivierten Diversität, keine Verpflichtung mehr zum Schutz gefährlicher oder schädlicher Tiere, in denen Naturromantiker die Magie der reinen, unverfälschten Natur erblicken. Sekundär würden damit Bürokratie und Kontrollapparate überflüssig.

Die Liste ignorierter Naturfaktoren könnte noch um weitere Punkte verlängert werden. Wie aber wäre die Anerkennung der abgestrittenen Naturfaktoren

---

144 Z. B.: *Leonhardt*, Der moderne Progressivismus im Natur- und Artenschutzrecht (07. 10. 2025), S. 12.

145 Neben dem Speziesismus ist auch das angeblich diskriminierende *Othering* (eines laufenden Unterscheidenwollens von Feind, Futter, Artgenosse) bei Mensch und Tier instinktiv angelegt. *Leonhardt*, Progressivismus Natur- und Artenschutzrecht, S. 1 f.

im öffentlichen Diskurs durchzusetzen? – Für die Abwehr der Verleugnung säkularer Verbrechen gibt es im deutschen und französischen Strafrecht bereits etablierte Vorbilder, so in Deutschland die Strafbarkeit der Auschwitzlüge (§ 130 StGB) und die weiter gespannten französischen Memorialgesetze, die sich auf die Leugnung einer ganzen Reihe von Menschheitsverbrechen beziehen.[146] Beiden Rechtsbeständen ist gemeinsam, dass sie politische Desinformation abwenden wollen, um eine Fehleinschätzung historischer Großverbrechen und abwegige Schlussfolgerungen daraus zu verhindern. Die Verbreitung zivilreligiöser Heilslehren stellt ebenfalls politisch relevante Desinformation dar. Diese Lehren fallen auch nicht unter eine angestammte Religionsfreiheit, während die von ihnen vertretenen falschen Fakten zu den verfehlten Wiedergutmachungen im Übermaß geführt haben. Zur Abhilfe gegen diese gefährlichen *false facts* könnte in das deutsche Strafgesetzbuch ein Paragraph wie folgt eingefügt werden:

„§ 130 a Desinformation über politisch relevante Wissensgrundlagen

Wer in einer Weise, die geeignet ist, die politische Entscheidungsfähigkeit von Bürgern oder der Gesellschaft zu beeinträchtigen, öffentlich

1. Naturtatsachen in Gestalt angeborener Dispositionen falsch oder einseitig oder unvollständig darstellt und die falsche oder einseitige oder unvollständige Darstellung zur Basis politischer Forderungen macht,
2. historische Fakten im Zusammenhang mit Naturtatsachen wie Rasse, Hautfarbe, Geschlecht und dem Verhältnis zu anderen Spezies falsch oder einseitig oder unvollständig darstellt und die falsche oder einseitige oder unvollständige Darstellung zur Basis politischer Forderungen macht,
3. Personen, die diese Naturtatsachen vertreten, persönlich herabzusetzen oder ihren fachlichen Ruf zu schädigen sucht sowie
4. Vorhaben von Wissenschaftlern zur weiteren Erforschung ebendieser Naturzusammenhänge zu diffamieren sucht,

wird mit einer Freiheitsstrafe von … oder einer Geldstrafe von … bestraft. Außerdem ist er/sie zu einer angemessenen Gegendarstellung der wissenschaftlichen Befundlage verpflichtet. Im Falle persönlicher Herabsetzungen und Rufschädigungen sind die Anschuldigungen öffentlich zu widerrufen."

Diese Regelung richtet sich gegen ein wiederkehrendes Muster von Faktenleugnung und könnte dazu beitragen, die Freiheit der Wissenschaft und ihres Diskurses wiederherzustellen. Ideologisch geleitete Wissenschaftler und Aktivisten könnten naturbezogene Befunde nicht einfach ignorieren oder stereotyp als veraltet oder reaktionär abtun. Auch biologistischen Argumenten von rechts könnte besser begegnet werden. Die Praktiken der *Cancel Culture* dürften per Strafbarkeit zurückgehen. Ergebnisoffene Forschung wäre leichter möglich. Die intensional menschenfreundliche Desinformation der Öffent-

---

[146] *Flaig*, Französische Historikerstreit (2025).

lichkeit durch Gutmenschen würde zurückgehen. Hinzutreten müsste eine Überprüfung des Gemeinnützigkeitsrechts bei Lobbyverbänden. Sonderanliegen, die der Allgemeinheit schaden – wie eine einseitige „Demokratieförderung“ oder der Wolfsschutz[147] – sollten von dieser Allgemeinheit nicht auch noch mitbezahlt werden. Endlich sollte die verfassungsmäßige Empfehlung von Volksabstimmungen (Art. 20 II GG) in die Tat umgesetzt werden. Die Bundestagswahl und Landtagswahlen könnten im Huckepack-Verfahren auch für Referenden genutzt werden. So könnte das Wahlvolk über einzelne politische Fragen direkt abstimmen und seinen Willen unübersehbar kundtun.

Literaturverzeichnis

Amborn, Hermann: Das Recht als Hort der Anarchie. Gesellschaften ohne Herrschaft und Staat, Berlin 2016.

Arens, William: Cannibalism, in: Barnard, Alan/Spencer, Jonathan (Hrsg.): The Routledge encyclopedia of social and cultural anthropology, London 2010, S. 82 f.

Audretsch, Andreas: Zusammen wachsen. Eine neue progressive Bewegung entsteht, Bonn 2022.

Bächtiger, André/*Dryzek*, John S.: Deliberative Democracy for Diabolical Times, Cambridge 2024.

Barnard, Alan/*Spencer*, Jonathan: Adoption and fostering, in: Barnard, Alan/Spencer, Jonathan (Hrsg.): The Routledge encyclopedia of social and cultural anthropology, London 2010, S. 5 f.

Becker, Florian: „Gefährliche Krabben-Mentalität“: Wie wir Schüler bewerten sollten, in: FOCUS online.de, 12. 04. 2024.

Berschin, Helmut: Sprachliche Streitfragen in der deutschen Flüchtlingsdebatte 2015–2016, in: Stettberger, Herbert (Hrsg.): „Frau Merkel hat mich eingeladen“!?, Münster 2017, S. 373 ff.

Birch, Jonathan: The Edge of Sentience: Risk and Precaution in Humans, Other Animals, and AI, Oxford 2024.

Birket-Smith, Kaj: Ferne Völker. Umwelt und Kultur bei sechs Naturvölkern, Zürich 1958.

Bischof-Köhler, Doris: Entwicklungspsychologie, Kulturwissenschaften, Biopsychologie. Evolutionäre Grundlagen geschlechtstypischen Verhaltens, in: Steins, Gisela (Hrsg.): Handbuch Psychologie und Geschlechterforschung, Wiesbaden 2010, S. 153 ff.

Bischof-Köhler, Doris: Von Natur aus anders. Die Psychologie der Geschlechtsunterschiede, 5. Aufl., Stuttgart 2022.

---

[147] Zum schädlichen bis unnötigen Schutz von Wolf, Biber und Feldhamster: *Leonhardt*, Progressivismus Natur- und Artenschutzrecht, S. 5 ff.

Blick.ch: Drohungen nehmen zu – aber warum? Wir Wutbürger 15.04.2022, URL: blick.ch/.

Borneman, Ernest: Das Patriarchat. Ursprung u. Zukunft unseres Gesellschaftssystems, Frankfurt a.M. 1975.

Brändle, Stefan: Wie Frankreichs jüdische Bevölkerung aus den Banlieues vertrieben wird, in: Der Standard, 26.10.2021.

Braun, Stefan: Asylstreit: Fehler, Mythen und Lügen in der Flüchtlingskrise, in: Süddeutsche.de, 28.06.2018.

Bundesamt für Verfassungsschutz: Gutachten zur AfD, Teil A. (Geheimgutachten), 2025, URL: assets.cicero.de/2025-05/Geheimgutachten_Teil%20A.pdf, besucht am: 19.09.2025.

Bundesumweltministerium: Vorschläge zum Umgang mit dem Wolf, 12.10.2023, URL: www.bmuv.de.

Bundeswehr-Verband: Frauen in US-Kampftruppen. In der Schlacht sind jetzt alle gleich 18.12.2015, URL: dbwv.de/.

Change.org: Petition: Frauenwagons in U- und S-Bahnen 21.02.2025, URL: change.org/p/frauenwagons-in-u-und-s-bahnen.

Cleveland Clinic: Stockholm Syndrome, URL: my.clevelandclinic.org/health/diseases/22387-stockholm-syndrome, besucht am: 24.08.2025.

Contarini, Filippo: Die Atmosphäre im Asylrecht, in: Mathis, Klaus (Hrsg.): Inklusion – Exklusion, Berlin 2024, S. 351 ff.

Cyba, Eva: Patriarchat. Wandel und Aktualität, in: Becker, Ruth/Kortendiek, Beate (Hrsg.): Handbuch Frauen- und Geschlechterforschung, 3. Aufl., Wiesbaden 2010, S. 17 ff.

Deutscher Bundestag: Drucksache 19/11515, Berlin 2019.

Deutscher Bundestag: Deutsche IS-Kämpfer können künftig Staatsangehörigkeit verlieren, Berlin 27.06.2019, URL: bundestag.de/webarchiv/.

Edwards, Anthony W. F.: Human genetic diversity. Lewontin's fallacy, in: BioEssays: news and reviews in molecular, cellular and developmental biology, Heft 8, 2003, S. 798 ff.

Eickhoff, Helmut: Neue Regeln für Abschuss von Wölfen 05.01.2024, URL: ndr.de/nachrichten/niedersachsen.

Eidgenössisches Departement für Umwelt, Verkehr, Energie und Kommunikation: Abstimmung über das revidierte Jagdgesetz 27.9.2020, URL: uvek.admin.ch/.

Engels, Friedrich: Der Ursprung der Familie, des Privateigentums und des Staates, in: Marx-Engels-Werke, Berlin 1972, S. 25 ff.

Eyssen, Susanne: Der Aufbruch der Frauen in der SPD. Die Entwicklung der Frauenarbeitsgemeinschaft (ASF) während der 1970er und 1980er Jahre, Leverkusen 2019.

Flaig, Egon: Der französische Historikerstreit. Ein Blick aus der Ferne auf die Erweiterung des § 130 StGB, in: Jahrbuch Wissenschaftsfreiheit, 2025, S. 9 ff.

Gensing, Patrick: Kampagnen gegen die Kanzlerin. Feindbild Merkel 12.09.2017, URL: tagesschau.de/faktenfinder/feindbild-merkel-101.html.

Gerhard, Ute: Frauenbewegung, in: Roth, Roland/Rucht, Dieter (Hrsg.): Die sozialen Bewegungen in Deutschland seit 1945, Frankfurt a. M. 2008, S. 187 ff.

Gießelmann, Bente/et alii (Hrsg.): Handwörterbuch rechtsextremer Kampfbegriffe, 2. Aufl., Schwalbach 2019.

Goodhart, David: Die „Anywheres" und die „Somewheres", in: Rotary Magazin, 01.05.2017.

Groß, Eva/et alii: ‚Merkel-Goldstücke', ‚Rapefugees', ‚System-Medien' und die ‚Volksverräter-Regierung', in: Reineke de Buitrago, Sybille (Hrsg.): Radikalisierungsnarrative online, Wiesbaden 2022, S. 75 ff.

Grupe, Gisela/*Harbeck*, Michaela/*McGlynn*, George C.: Prähistorische Anthropologie, Berlin 2015.

Hachmeister, Cort-Denis: Veterinärmedizin hat den höchsten Frauenanteil aller Studienbereiche 06.03.2025, URL: che.de/2025/.

Hagemann-White, Carol: Sozialisation: Weiblich – männlich?, Opladen 1984.

Handelsblatt-online, Wehrpflicht. Grünen-Fraktionschefin Dröge gegen verpflichtenden „Freiheitsdienst" 05.04.2025, URL: handelsblatt.com/politik/deutschland/wehrpflicht.

Hansen, Svend: Prähistorische Konfliktforschung zwischen Neolithikum und Gegenwart, in: Augstein, Melanie/et alii (Hrsg.): kultURgeschichten, Bielefeld 2025, S. 115 ff.

Haug, Wolfgang Fritz/et alii (Hrsg.): Historisch-kritisches Wörterbuch des Marxismus, Hamburg 2018.

Helbling, Jürg: Neue Politische Ökonomie einfacher Gesellschaften, Wiesbaden 2021.

Hessenschau.de: Fünf Jahre nach Mord an Walter Lübcke, 31.05.2024, URL: hessen schau.de/.

Hinz, Felix: Der Mythos von den „Weißen Göttern" Oktober 2006, URL: motecuhzoma.de/Teules.html.

Hollstein, Andreas: „Politik muss besser erklärt werden" 08.06.2024, URL: boell.de/de/.

Hölzl, Verena: Juden aus Frankreich wandern wegen Antisemitismus nach Israel aus 23.07.2014, URL: spiegel.de/panorama/gesellschaft/.

Jesse, Eckhard: Antifaschismus – gestern und heute, in: Totalitarismus und Demokratie, Heft 1, 2021, S. 89 ff.

Kersting, Wolfgang: Gerechtigkeit und öffentliche Vernunft. Über John Rawls' politischen Liberalismus, Paderborn 2006.

Kocka, Jürgen: Das lange 19. Jahrhundert: Arbeit, Nation und bürgerliche Gesellschaft, 10. Aufl., Stuttgart 2001.

Kompatscher-Gufler, Gabriela/et alii (Hrsg.): Human-animal studies, 2. Aufl., Münster 2017.

Kraus, Josef: 50 Jahre Umerziehung. Die 68er und ihre Hinterlassenschaften, Lüdinghausen 2018.

Krause, Johannes/*Trappe*, Thomas: Die Reise unserer Gene. Eine Geschichte über uns und unsere Vorfahren, Berlin 2020.

Kuster, Friederike: Mann – Frau: die konstitutive Differenz der Geschlechterforschung, in: Kortendiek, Beate/Riegraf, Birgit/Sabisch, Katja (Hrsg.): Handbuch interdisziplinäre Geschlechterforschung, Wiesbaden 2019, S. 3 ff.

Labouvie, Eva (Hrsg.): Geschlecht, Gewalt und Gesellschaft, Bielefeld 2023.

Leonhardt, Holm A.: Der moderne Progressivismus im Natur- und Artenschutzrecht, 07. 10. 2025, URL: researchgate.net/publication/396256885_Der_moderne_Progressivismus_im_Natur-und_Artenschutzrecht.

Leonhardt, Holm A.: Rassebegriff und Subspezies – Zur Genese einer wissenschaftlichen Repression, in: Jahrbuch Wissenschaftsfreiheit, 2025, S. 213 ff.

Leonhardt, Holm A.: Von Alt-Links zu Neu-Links, in: Jahrbuch Wissenschaftsfreiheit, 2024, S. 153 ff.

Madrid Gil, Sonsoles: Woke culture and the history of America, in: Church, Communication and Culture, Heft 1, 2023, S. 18 ff.

Mangold, Anna Katharina: Demokratische Inklusion durch Recht. Antidiskriminierungsrecht als Ermöglichungsbedingung der demokratischen Begegnung von Freien und Gleichen, Tübingen 2021.

Mann, Torsten: Rote Lügen in grünem Gewand. Der kommunistische Hintergrund der Öko-Bewegung, Rottenburg 2009.

Mehr Demokratie: Volksentscheid-Positionen der im Bundestag vertretenen Parteien, URL: mehr-demokratie.de/, besucht am: 23. 07. 2025.

Meißelbach, Christoph: Die Evolution der Kohäsion. Sozialkapital und die Natur des Menschen, Wiesbaden 2019.

Ministerium für Soziales und Integration, Baden-Württemberg: Frauen in Führungspositionen – Chancen und Hemmnisse auf dem Weg durch die gläserne Decke, Stuttgart 2020.

Mouffe, Chantal: „Postdemokratie“ und die zunehmende Entpolitisierung, in: Aus Politik und Zeitgeschichte, Heft 1/2, 2011, S. 3 ff.

Mustafa, Imad: „Der Islam gehört (nicht) zu Deutschland“ – Islam und antimuslimischer Rassismus in Parteiensystem und Bundestag, Bielefeld 2023.

Neiman, Susan: Links ist nicht woke, Berlin 2023.

Netzwerk Wissenschaftsfreiheit: Dokumentation [über Angriffe auf die Wissenschaftsfreiheit], URL: netzwerk-wissenschaftsfreiheit.de/dokumentation/, besucht am: 02. 07. 2025.

Neubacher, Frank: Kriminologie, 5. Aufl., Baden-Baden 2023.

Pahnke, Donate: Ethik und Geschlecht. Menschenbild und Religion in Patriarchat und Feminismus, 2. Aufl., Marburg 1992.

Peters, Maja: Angriffe auf Kommunalpolitiker: „Es gibt den Schlag von Hinten, Fäkalienschmierereien“ 26.05.2025, URL: www1.wdr.de/.

Pinker, Steven: Das unbeschriebene Blatt. Die moderne Leugnung der menschlichen Natur, 2. Aufl., Frankfurt a.M. 2018.

Pluckrose, Helen/*Lindsay*, James: Zynische Theorien. Wie aktivistische Wissenschaft Race, Gender und Identität über alles stellt, München 2022.

Podolski, Tanja: Zu Alexander Dobrindts ‚Anti-Abschiebe-Industrie‘ 07.05.2018, URL: lto.de/recht/hintergruende/h/dobrindt-anti-abschiebe-industrie.

Prinz, Friedrich: Europäische Grundlagen deutscher Geschichte (4.–8. Jahrhundert), in: Haverkamp, Alfred (Hrsg.): Handbuch der deutschen Geschichte, 10. Aufl., Stuttgart 2004, S. 147ff.

Pro Asyl: Schweizer Volksabstimmung: Fatales Signal für den Flüchtlingsschutz in Europa 10.02.2014, URL: proasyl.de/.

Rafael, Simone/*Hoang*, Viet: Was tun gegen Radikalisierungen in Online-Subkulturen?, in: Reineke de Buitrago, Sybille (Hrsg.): Radikalisierungsnarrative online, Wiesbaden 2022, S. 251ff.

Rafid: „Volksverräter“: Schutz oder Angriff gegenüber der Demokratie? Nazi-Deutsch für Anfänger*innen 15.11.2023, URL: youtube.com/watch?v=aax44X5fsbw.

Reckwitz, Andreas: Die Gesellschaft der Singularitäten, 2. Aufl., Berlin 2020.

Redecker, Eva von: Zur Aktualität von Judith Butler, Wiesbaden 2011.

Reinisch, Dieter (Hrsg.): Der Urkommunismus, 2. Aufl., Wien 2013.

Rösler, Annika/*Höllrigl Tschaikner*, Evelyn: Mythos Mutterinstinkt, 3. Aufl., München 2024.

Roth-Weiß, Katharina V.: Der Schutz des wildlebenden Wolfs im Mehrebenensystem, Berlin 2025.

Rudy, Zvi: Ethnosoziologie sowjetischer Völker, Bern 1962.

Ruhs, Julia: Links-grüne Meinungsmacht: Die Spaltung unseres Landes, München 2025.

Sachser, Norbert: Der Mensch im Tier, 2. Aufl., Reinbek 2018.

Schäfers, Bernhard: Die bürgerliche Gesellschaft, Wiesbaden 2017.

Schöppl von Sonnwalden, Herman: Kannibalismus bei den nordamerikanischen Indianern und Eskimo, Wyk 1992.

Schulze, Christoph: Rechtsextremismus, Wiesbaden 2021.

Schulze-Eisentraut, Harald/*Steiger*, Torsten/*Ulfig*, Alexander (Hrsg.): Die Quotenfalle. Warum Genderpolitik in die Irre führt, München 2017.

Schwarzer, Alice: Der grosse Unterschied. Gegen die Spaltung von Menschen in Männer und Frauen, Frankfurt a.M. 2002.

Schwarzer, Alice: Der „kleine“ Unterschied und seine großen Folgen, Frankfurt a.M. 1975.

Schwarzer, Alice: Der sehr kleine Unterschied 01.07.2007, URL: emma.de/artikel/der-sehr-kleine-unterschied-265377.

Schwertfeger, Bärbel: Ideologisch gekapert: Der Klauk-Eklat der Zeitschrift „Wirtschaftspsychologie" 03. 08. 2020, URL: wirtschaftspsychologie-heute.de/.

Sharon, Assaf: Populism and democracy. The challenge for deliberative democracy, in: European Journal of Philosophy, Heft 2, 2019, S. 359 ff.

Shipman, Pat: The invaders. How humans and their dogs drove Neanderthals to extinction, Cambridge, Mass. 2015.

Spiegel.de: Fall Lübcke: Mordverdächtiger nannte Regierungspräsidenten „Volksverräter" 21. 06. 2019, URL: spiegel.de/panorama/justiz/.

Spielezar.ch: Das Polgar Experiment 13. 06. 2013, URL: spielezar.ch/portal/blog/wissen/das-polgar-experiment.

Stapelfeldt, Gerhard: Aufstieg und Fall des Individuums. Kritik der bürgerlichen Anthropologie, Freiburg i. Br. 2014.

Stehn, Jan: Anarchismus und Recht. Nach welchen Prinzipien löst die anarchistische Gesellschaft ihre Konflikte? 01. 02. 1997, URL: graswurzel.net/gwr/1997/02/anarchismus-und-recht/.

Steinhagen, Martin: Rechter Terror. Der Mord an Walter Lübcke und die Strategie der Gewalt, Bonn 2021.

Swissinfo.ch: 21 Prozent Frauen in Spitzenpositionen 04. 05. 2024, URL: swissinfo.ch/ger/21-prozent-frauen-in-spitzenpositionen/76890614.

Tagesschau.de: Woran Abschiebungen in Deutschland scheitern 10. 02. 2025, URL: tagesschau.de/inland/abschiebungen-ausreisen-probleme-100.html.

Thomas, Philip: Slavery, in: Barnard, Alan/Spencer, Jonathan (Hrsg.): The Routledge encyclopedia of social and cultural anthropology, London 2010, S. 509 f.

Tirole, Jean: Economics for the common good, Princeton, Oxford 2019.

UNO: Globaler Pakt für eine sichere, geordnete und reguläre Migration. Konferenz A/CONF.231/3, New York 2018.

UNO: Replacement Migration, New York 2000.

Vatter, Adrian/*Freiburghaus*, Rahel: Die Konkordanzdemokratie in der Polarisierungsspirale 08. 12. 2023, URL: dievolkswirtschaft.ch/.

Voland, Eckart: Soziobiologie. Die Evolution von Kooperation und Konkurrenz, 5. Aufl., Berlin 2023.

Waal, Frans B. M. de: Der Unterschied. Was wir von Primaten über Gender lernen können, Stuttgart 2022.

Wagener, Martin: Kulturkampf um das Volk. Der Verfassungsschutz und die nationale Identität der Deutschen, Reinbek 2021.

Wagenknecht, Sahra: Die Selbstgerechten, Frankfurt a. M. 2021.

Walter, Franz: Gelb oder Grün? Kleine Parteiengeschichte der besserverdienenden Mitte in Deutschland, Bielefeld 2014.

Warnke, Götz: Die grüne Ideologie. Heile-Welt-Mythen, Gesellschaftsutopien und Naturromantik als Ausdruck einer angstbestimmten Politik, Frankfurt a. M. 1998.

WDR.de: Attentat auf die Kölner OB-Kandidatin Henriette Reker 17.10.2020, URL: https://www1.wdr.de/stichtag/stichtag-attentat-henriette-reker-100.html.

Wehrlin, Ulrich: Charismatic Leadership, 2. Aufl., Göttingen 2014.

Welt.de: Angela Merkel: „Das Volk ist jeder, der in diesem Lande lebt" 26.02.2017, URL: welt.de/politik/deutschland/article162407512/.

Welt.de: Hamburger Grünen-Vize: „Alle Männer sind potenzielle Vergewaltiger" 10.01.2016, URL: welt.de/regionales/hamburg/article150824060/.

Wesel, Uwe: Geschichte des Rechts. Von den Frühformen bis zur Gegenwart, 5. Aufl., München 2022.

Wikipedia deutsch: Archaischer Homo sapiens 12.07.2025.

Wikipedia deutsch: Asylgesetz (Deutschland) 07.08.2025.

Wikipedia deutsch: Ausländerrecht 07.08.2025.

Wikipedia deutsch: Beschäftigungsverbot 30.07.2025.

Wikipedia deutsch: Bundesgleichstellungsgesetz 22.08.2025.

Wikipedia deutsch: Genfluss archaischer Menschen zu Homo sapiens 13.07.2025.

Wikipedia deutsch: Hans-Georg Maaßen 08.08.2025.

Wikipedia deutsch: Hans-Helmuth Knütter 11.07.2025.

Wikipedia deutsch: Homo 30.07.2025.

Wikipedia deutsch: Illegale Einwanderung und illegaler Aufenthalt 31.07.2025.

Wikipedia deutsch: Josef Schüßlburner 19.08.2025.

Wikipedia deutsch: Judit Polgár 30.07.2025.

Wikipedia deutsch: Liste der Nobelpreisträger 27.07.2025.

Wikipedia deutsch: Liste der Nobelpreisträgerinnen 27.07.2025.

Wikipedia deutsch: Mutterschutz 30.07.2025.

Wikipedia deutsch: Neandertaler 04.06.2025.

Wikipedia englisch: Basic Income Earth Network 01.04.2025.

Wikipedia englisch: Crow Creek massacre 04.08.2025.

Winter, Marek: Antideutsch in Ostdeutschland, in: Jänicke, Christin/Paul-Siewert, Benjamin (Hrsg.): 30 Jahre Antifa in Ostdeutschland, Münster 2017, S. 177 ff.

Wolff, Kristina: Deutsche Femizide 17.03.2025, URL: change.org/p/frau-bundesinnen ministerin-faeser-setzen-sie-die-istanbul-konvention-endlich-um.

Wuketits, Franz M.: Ausgerottet – ausgestorben. Über den Untergang von Arten, Völkern und Sprachen, Stuttgart, Leipzig 2003.

Zeit.de: Grünen-Parteitag: Grüne lehnen bundesweite Volksentscheide ab 22.11.2020, URL: zeit.de/politik/deutschland/2020-11/.

Ziegler, Robert Hugo: Die Empörung der Anständigen und der Hass der Verratenen, in: Helfritzsch, Paul/Müller Hipper, Jörg (Hrsg.): Die Emotionalisierung des Politischen, Bielefeld 2021, S. 285 ff.